Zoom 2 p-V 図の見方～気体の状態変化を読み取る～

第8章 2 ➡ p.50

●残りの変数 T はどこ？

温度 T は圧力 p, 体積 V の反比例グラフの係数となっている。つまり, T が変化すると p-V 図は右図のように変化する。

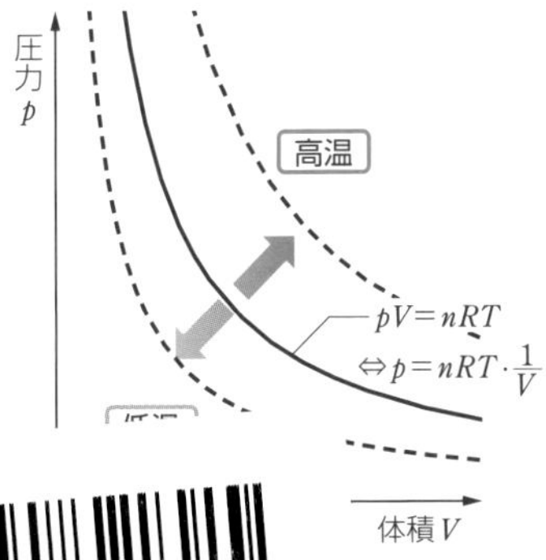

● p-V 図で見る仕事 ＝「面積」

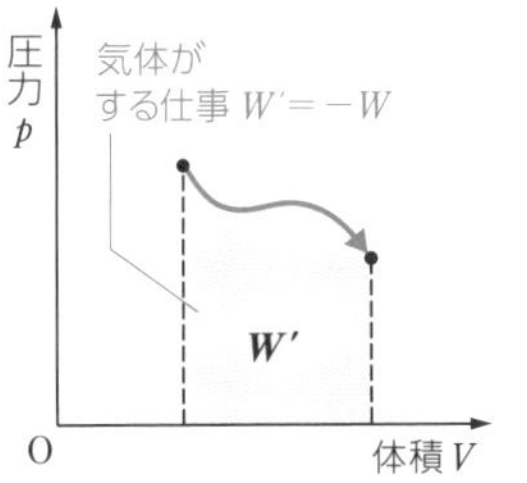

V が増加しているので, この気体は外部に仕事をしている。

➡ 面積＝「する仕事」

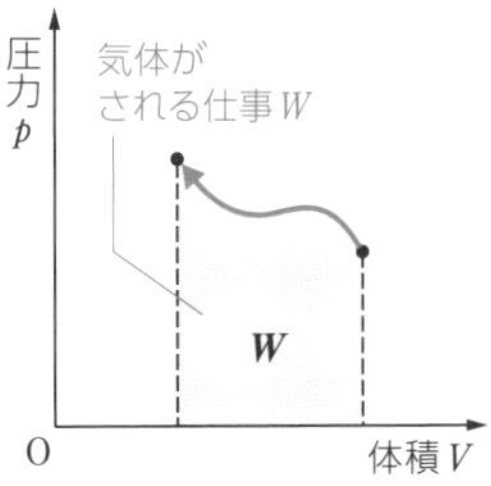

V が減少しているので, この気体は外部に仕事をされている。

➡ 面積＝「される仕事」

● …気体の状態変化と p-V 図

定積変化

圧力増加（吸熱）

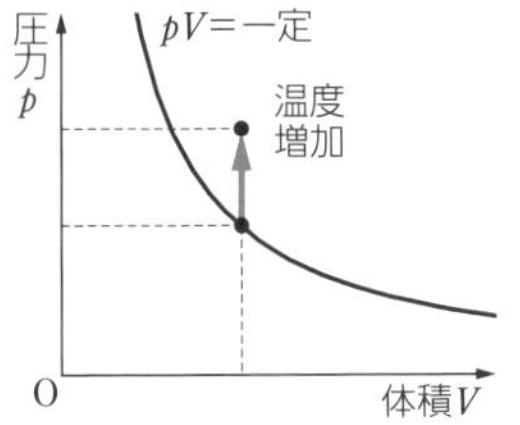

熱力学第一法則
$\Delta U=Q+W$
⬇ 正 ⬇ 正 ⬇ 0

圧力減少（放熱）

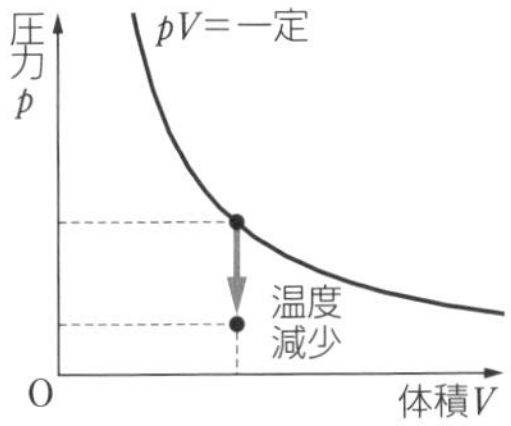

熱力学第一法則
$\Delta U=Q+W$
⬇ 負 ⬇ 負 ⬇ 0

定圧変化

体積増加（膨張）

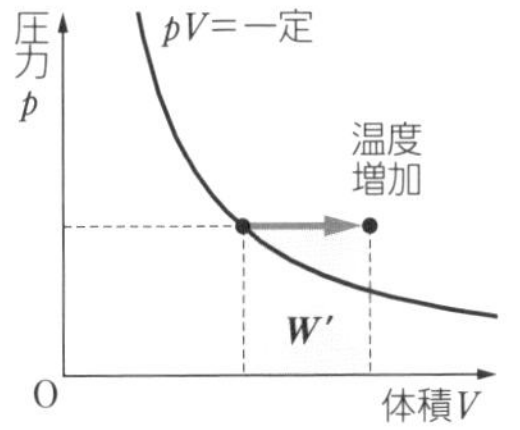

熱力学第一法則
$\Delta U=Q+W$
⬇ 正 ⬇ 正 ⬇ 負

気体がする仕事
$W'=-W=p\Delta V$
⬇ 正 ⬇ 負

体積減少（圧縮）

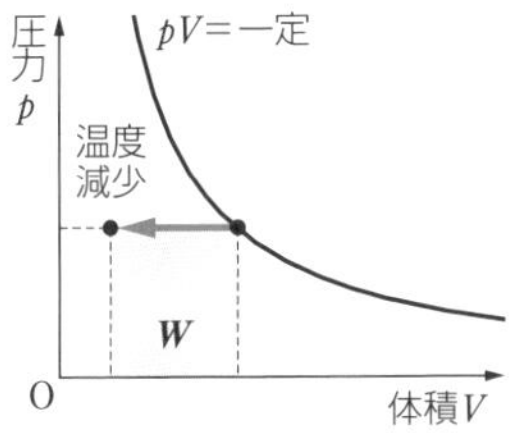

熱力学第一法則
$\Delta U=Q+W$
⬇ 負 ⬇ 負 ⬇ 正

気体がされる仕事
$W=-p\Delta V$

等温変化

体積増加（膨張）

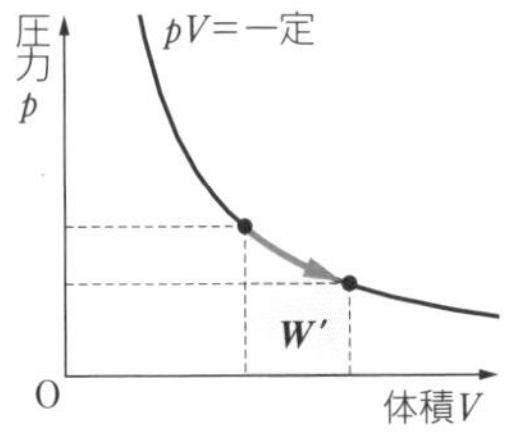

熱力学第一法則
$\Delta U=Q+W$
⬇ 0 ⬇ 正 ⬇ 負

気体がする仕事
$W'=-W$
⬇ 正 ⬇ 負

体積減少（圧縮）

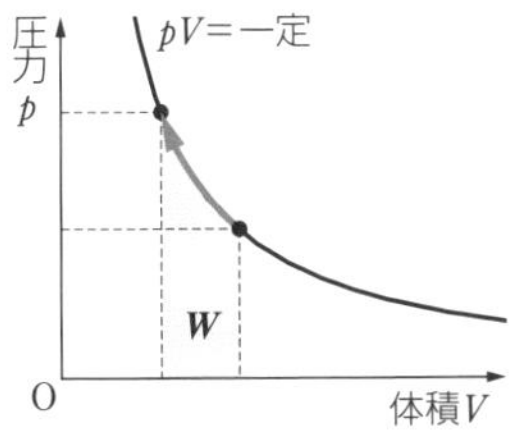

熱力学第一法則
$\Delta U=Q+W$
⬇ 0 ⬇ 負 ⬇ 正

気体がされる仕事
W

断熱変化

体積増加（膨張）

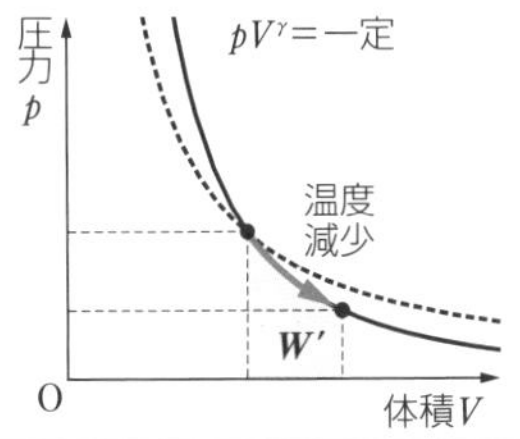

熱力学第一法則
$\Delta U=Q+W$
⬇ 負 ⬇ 0 ⬇ 負

気体がする仕事
$W'=-W$
⬇ 正 ⬇ 負

体積減少（圧縮）

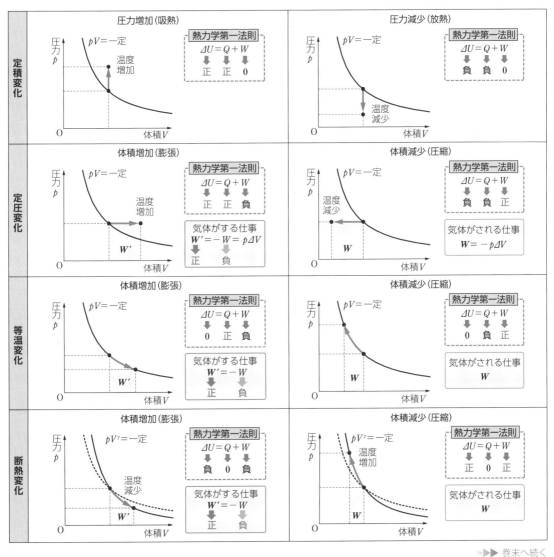

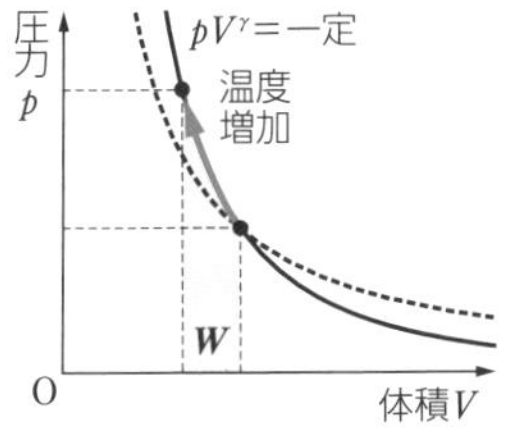

熱力学第一法則
$\Delta U=Q+W$
⬇ 正 ⬇ 0 ⬇ 正

気体がされる仕事
W

▶▶ 巻末へ続く

新課程
リード Light ノート物理

■数研出版編集部編

本書は，物理の内容を 5 編・23 章に分け，さらに各章を節単位に分けて構成しました。さらに，各節は下記のような 3 つの内容で構成してあります。

リード A　(要項)その節の重要事項を要約してわかりやすくまとめました。ポイントとなる事項や公式などを手軽に確認できます。

リード B　(基礎 CHECK)本格的な問題練習に入る前に，その準備として基礎的な知識を確かめる問題を扱い，そのあとに解答を入れました。

リード C　(Let’s Try!)その節での代表的な型の問題を例題としてとり上げ，指針として解法の要領を記述し，そのあとに解答を入れました。問題を解く上で，押さえておくべき点を適宜 POINT として簡潔に示しました。
問題タイトルの右側に，次に進むべき問題の番号を➡1のように示しました。また，例題ごとに，すぐ後ろに関連する問題を並べました。例題で学習した考え方をくり返して演習することができます。例題との対応を▶例題1のように示しました。

なお，各編末の リード C⁺ (編末問題)では，基本の定着をはかるための問題を扱いました。

また，本書では次のような特集や印を扱いました。必要に応じてご利用ください。

巻末チャレンジ問題　大学入学共通テスト形式の問題や思考力・判断力・表現力を養える問題を扱いました。

◉印　「物理基礎」の範囲として扱っている内容を含む問題や記述などにつけました。

考印　思考力・判断力・表現力を問う問題につけました。

答 え の 部　自習によって問題を解くとき，正解が得られたかどうかを自ら吟味してもらう目的で，巻末に リード C　リード C⁺　巻末チャレンジ問題 の答えを入れました。

※デジタルコンテンツのご利用について
下のアドレスまたは右の QR コードから，本書のデジタルコンテンツ(リード A の確認問題，例題の解説動画)を利用することができます。

https://cds.chart.co.jp/books/aey0y8ac2y

なお，インターネット接続に際し発生する通信料等は，使用される方の負担となりますのでご注意ください。

目　次

第 1 編　力と運動
第 1 章　平面内の運動 ……… 2
第 2 章　剛体にはたらく力のつりあい …… 6
第 3 章　運動量の保存 ……… 14
第 4 章　等速円運動・慣性力 ……… 22
第 5 章　単振動 ……… 28
第 6 章　万有引力 ……… 34
編末問題 ……… 40

第 2 編　熱と気体
第 7 章　気体の法則 ……… 44
第 8 章　気体分子の運動・気体の状態変化 … 48
編末問題 ……… 56

第 3 編　波
第 9 章　正弦波の式 ……… 60
第10章　平面上を伝わる波 ……… 63
第11章　音の伝わり方 ……… 66
第12章　ドップラー効果 ……… 68
第13章　光の性質・レンズ ……… 72
第14章　光の干渉と回折 ……… 79
編末問題 ……… 84

第 4 編　電気と磁気
第15章　静電気力と電場・電位 ……… 88
第16章　コンデンサー ……… 96
第17章　電流 ……… 102
第18章　直流回路 ……… 104
第19章　電流と磁場 ……… 112
第20章　電磁誘導 ……… 119
第21章　交流と電気振動 ……… 126
編末問題 ……… 134

第 5 編　原子
第22章　電子と光 ……… 138
第23章　原子と原子核 ……… 146
編末問題 ……… 154

巻末特集　巻末チャレンジ問題
大学入学共通テストに向けて ……… 156
思考力・判断力・表現力を養う問題 …… 161

第1章 平面内の運動

リードA

1 速度の合成と分解

◉＝「物理基礎」の範囲内の項目

リードAの確認問題

◉(1) **直線上の速度の合成**　互いに平行な速度 v_1, v_2 の合成速度 v は　$\boldsymbol{v}=\boldsymbol{v_1}+\boldsymbol{v_2}$

(2) **平面上の速度の合成**　2方向の速度 $\vec{v_1}$, $\vec{v_2}$ の合成速度 $\vec{v}$ は, $\vec{v_1}$ と $\vec{v_2}$ とを隣りあう2辺とする平行四辺形の対角線で表される。速度 $\vec{v_1}$, $\vec{v_2}$ が直角をなす場合, 合成速度 $\vec{v}$ は

$$v=\sqrt{v_1{}^2+v_2{}^2},\quad \tan\theta=\frac{v_2}{v_1}$$

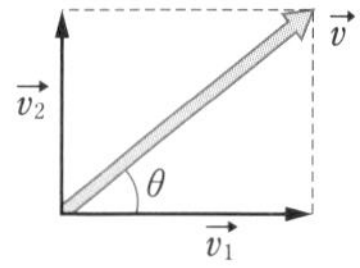

(3) **速度の分解**　速度 $\vec{v}$ を互いに直角な2方向に分解するとき

$\vec{v}$ **の x 成分**　$v_x=v\cos\theta$

y 成分　$v_y=v\sin\theta$

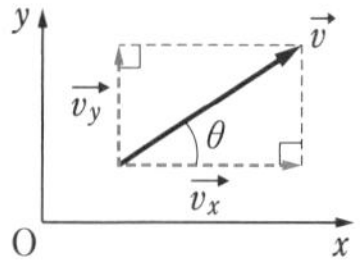

リードC

Let's Try!

例題 1　速度の合成　➡1

解説動画

　流れの速さが2.0m/sのまっすぐな川がある。この川を, 静水上を4.0m/sの速さで進む船で移動する。

(1) この船で川を直角に横切りたい。へさきを向けるべき図の角 θ の値を求めよ。

(2) (1)のとき, 川幅60mを横切るのに要する時間 t〔s〕を求めよ。

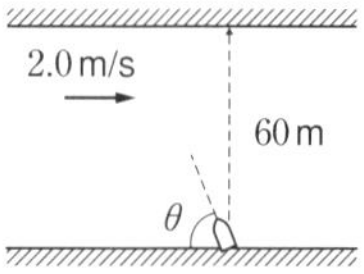

指針 (1) 船(静水上)の速度と川の流れの速度の合成速度の向きが, 川の流れと垂直になればよい。

解答 (1) 船が川の流れに対して直角に進むので, 右図のように, 船(静水上)の速度と川の流れの速度の合成速度が, 川の流れと垂直になる。ここで, △PQRは辺の比が $1:2:\sqrt{3}$ の直角三角形である。

よって　$\theta=60°$

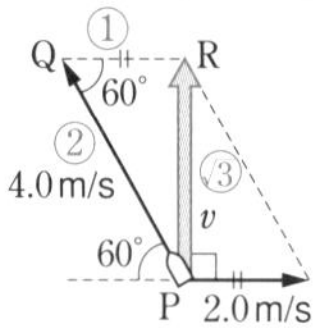

(2) 合成速度の大きさを v〔m/s〕とすると, 直角三角形の辺の比より　$v=2.0\times\sqrt{3}$ m/s

この速さで60mの距離を進むので

$$t=\frac{60}{2.0\times\sqrt{3}}=\frac{60\times\sqrt{3}}{2.0\times3}=10\sqrt{3}\text{ s}$$

ここで, $\sqrt{3}=1.73$ として

$t=10\times1.73=17.3\fallingdotseq$**17s**

注 $\sqrt{3}=1.732\cdots$ や, $\sqrt{2}=1.414\cdots$ などの値は覚えておこう。

1. 速度の分解 ◉　一定の速さで流れる幅30mの川を船で横切るため, 船首を川岸に対して直角の方向に向けて一定の速さで進んだが, 実際には川岸に対して30°の方向に進み, 15秒で対岸に達した。

(1) このとき, この船の岸に対する速さ v は何m/sか。

(2) この船の静水上での速さ v_1 は何m/sか。

(3) 川の流れの速さ v_2 は何m/sか。

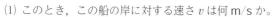

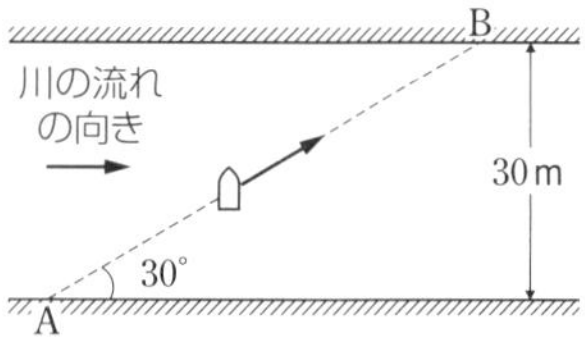

(1) ＿＿＿＿　(2) ＿＿＿＿　(3) ＿＿＿＿

▷例題1

2 相対速度

◉＝「物理基礎」の範囲内の項目　　リードAの確認問題

◉(1) **直線上の相対速度**　速度 v_B の物体Bを速度 v_A の観測者Aが見たとき，Aに対するBの相対速度 v_{AB} は

$$\boldsymbol{v}_{AB}=\boldsymbol{v}_B-\boldsymbol{v}_A$$

(2) **平面上の相対速度**　$\overrightarrow{v_{AB}}=\overrightarrow{v_B}-\overrightarrow{v_A}$

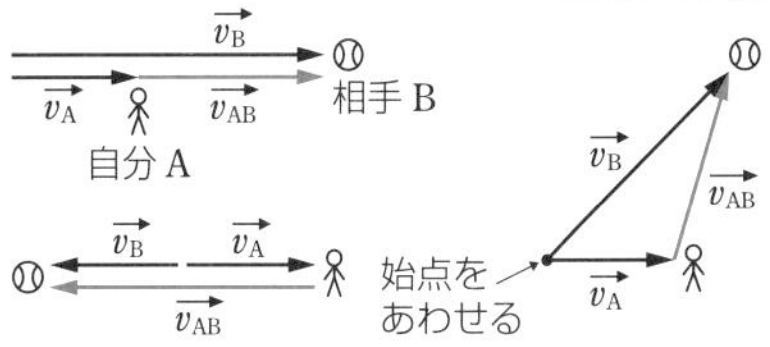

リード C

Let's Try!

例題 2　相対速度

➡ 2　解説動画

湖を東西に横切る橋を，自動車Aが東向きに 10m/s，自動車Bが西向きに 15m/s の速さで進んでいる。

(1) Aに対するBの相対速度はどの向きに何 m/s か。

(2) この橋の下をモーターボートCが北向きに 10m/s の速さで進んだ。Aに対するCの相対速度はどの向きに何 m/s か。

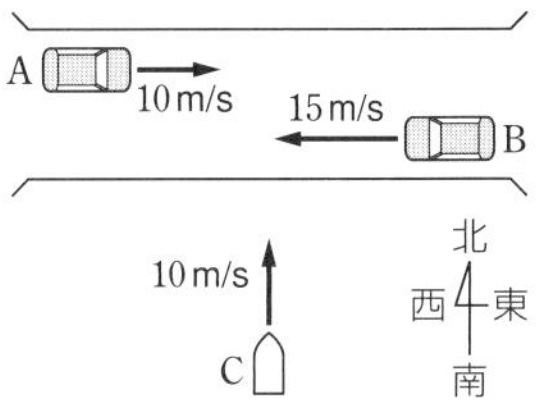

指針　一直線上の運動の場合，AとBの速度をそれぞれ v_A，v_B とすると，Aに対するBの相対速度は $v_{AB}=v_B-v_A$ である。平面上の運動の場合には，ベクトルを用いて $\overrightarrow{v_{AB}}=\overrightarrow{v_B}-\overrightarrow{v_A}$ となる（$\overrightarrow{v_{AB}}$ は，$\overrightarrow{v_A}$ と $\overrightarrow{v_B}$ の始点をそろえて，$\overrightarrow{v_A}$ の終点から $\overrightarrow{v_B}$ の終点にベクトルをかく）。

解答 (1) 東向きを正とすると，$v_A=+10$ m/s，$v_B=-15$ m/s だから

$v_{AB}=v_B-v_A=(-15)-(+10)=-25$ m/s

よって　**西向きに 25m/s**

(2) $\overrightarrow{v_{AC}}$ は右図のようになる。A，Cの速さは等しく，$v_A=v_C$ であるから，$\overrightarrow{v_{AC}}$ の大きさは，直角三角形の辺の比より

$v_{AC}=\sqrt{2}\,v_A=10\sqrt{2}=10\times1.41$
$=14.1\fallingdotseq14$ m/s

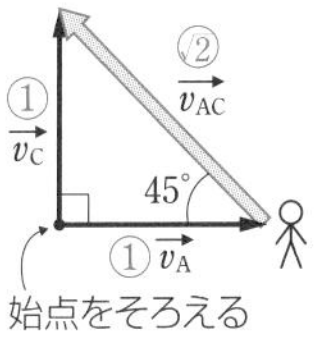

よって　**北西の向きに 14m/s**

別解 $\overrightarrow{v_{AC}}=\overrightarrow{v_C}-\overrightarrow{v_A}=\overrightarrow{v_C}+(-\overrightarrow{v_A})$ より，$\overrightarrow{v_C}$ と $-\overrightarrow{v_A}$ を合成して考えることもできる。

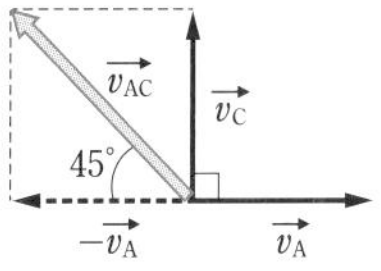

2. 相対速度　鉛直に降っている雨を，水平な線路上を速さ 4.0m/s で走る電車Aの窓から見ると，鉛直と 30° の角度をなして降っているように見えた。

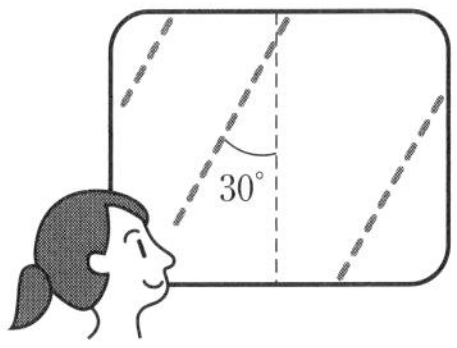

(1) 雨の降る速さ $v_{雨}$〔m/s〕を求めよ。また，電車Aの窓から見た雨の降る速さ $v_{A雨}$〔m/s〕を求めよ。

(2) 電車Aとすれ違う電車Bの窓から見ると，雨は鉛直と 60° の角度をなして降っているように見えた。電車Bの速さ v_B〔m/s〕を求めよ。

(1) $v_{雨}$：　　　$v_{A雨}$：　　　(2)

▷ 例題 2

リード A

3 水平投射

リードAの確認問題

物体を初速度 v_0 で水平方向に投げ出す水平投射の運動では，投げた点を原点O，初速度 v_0 の向きに x 軸，鉛直下向きに y 軸をとる。

水平方向（x 軸方向）		鉛直方向（y 軸方向）
等速直線運動	運動	自由落下
0	加速度	$+g$
v_0	初速度	0
$v_x=v_0$	時刻 t での速度	$v_y=gt$
$x=v_0t$	時刻 t での位置	$y=\frac{1}{2}gt^2$

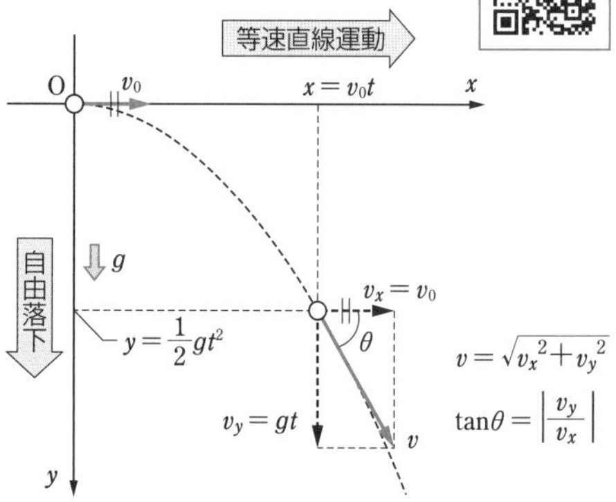

リード C

Let's Try!

例題 3　水平投射

➡3　解説動画

地上14.7mの高さから小球を水平方向に初速度9.8m/sで投げた。重力加速度の大きさを9.8m/s^{2}とする。

(1) 小球が地面に当たるまでの時間 t〔s〕を求めよ。

(2) 地面に当たるまでに水平方向に飛んだ距離 x〔m〕を求めよ。

(3) 小球が地面に当たるときの速度の大きさ V〔m/s〕と，地面となす角 θ を求めよ。

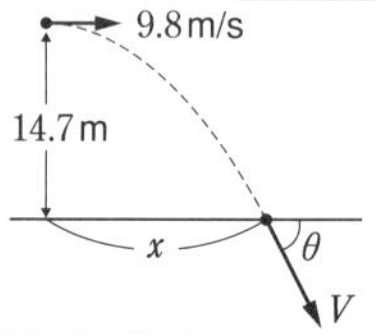

指針 投げた点から水平（x）方向に等速直線運動，鉛直下（y）向きに自由落下をする。

解答 (1) y 方向について

「$y=\frac{1}{2}gt^2$」より　$14.7=\frac{1}{2}\times9.8\times t^2$

$t=\sqrt{3}=1.73\fallingdotseq$ **1.7s**

(2) x 方向について

$x=v_0t=9.8\times\sqrt{3}$

$=9.8\times1.73$

$\fallingdotseq$ **17m**

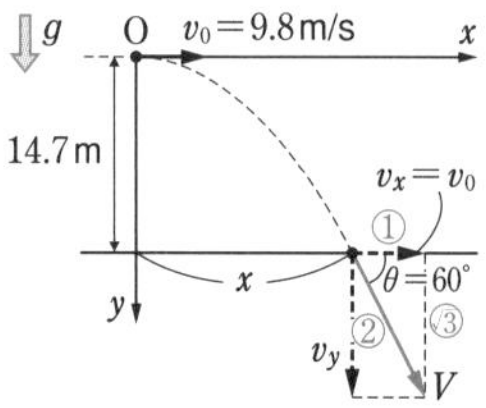

(3) $v_x=v_0=9.8$m/s

$v_y=gt=9.8\sqrt{3}$ m/s

図のように，v_x，v_y，V からなる三角形は $1:2:\sqrt{3}$ の直角三角形なので

$V=v_x\times2\fallingdotseq$ **20m/s**

$\theta=$ **60°**

POINT

水平投射

水平方向：等速直線運動

鉛直方向：自由落下

3. 水平投射 ●　高さ40mのがけの上から，海に向かって小石を水平に速さ21m/sで投げ出した。重力加速度の大きさを9.8m/s^{2}とする。

(1) 投げ出してから小石が海面に落下するまでの時間 t〔s〕を求めよ。

(2) 海面に落下するまでに，小石が水平方向に飛んだ距離 x〔m〕を求めよ。

(3) 海面に落下するときの，小石の鉛直方向の速さ v_y〔m/s〕を求めよ。

(4) 海面に落下するときの，小石の速さ v〔m/s〕を求めよ。

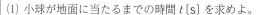

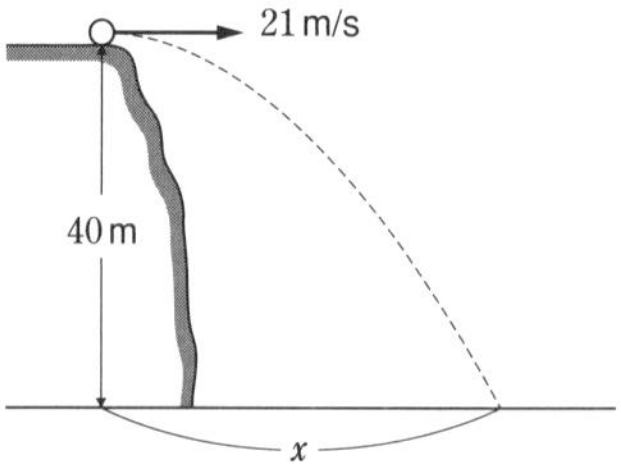

(1)　　　　(2)　　　　(3)　　　　(4)

▷例題3

4 斜方投射

リードAの確認問題

物体を初速度 v_0 で水平から角度 θ の方向に投げ出す斜方投射の運動では，投げた点を原点O，水平方向の分速度の向きに x 軸，**鉛直上向きに y 軸**をとる。

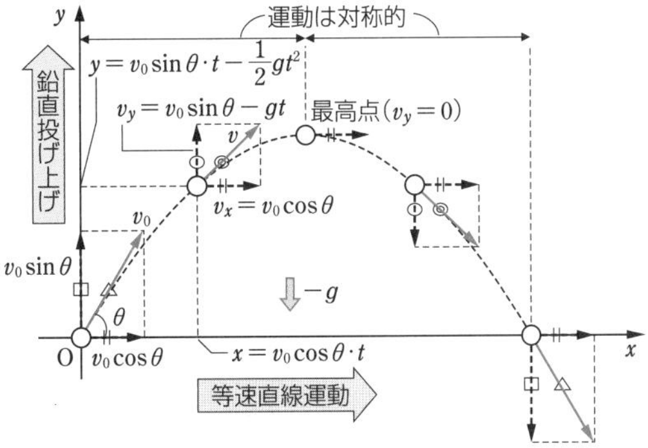

水平方向（x 軸方向）		鉛直方向（y 軸方向）
等速直線運動	運動	鉛直投げ上げ
0	加速度	$-g$
$v_0\cos\theta$	初速度	$v_0\sin\theta$
$v_x=v_0\cos\theta$	時刻 t での速度	$v_y=v_0\sin\theta-gt$
$x=v_0\cos\theta\cdot t$	時刻 t での位置	$y=v_0\sin\theta\cdot t-\frac{1}{2}gt^2$

リードC

Let's Try!

例題 4 斜方投射

➡4 解説動画

地上から水平より 30° 上向きに，初速度 20m/s で小球を投げ上げた。重力加速度の大きさを 9.8m/s² とする。

(1) 初速度の水平成分 v_{0x}，鉛直成分 v_{0y} を求めよ。

(2) 最高点に達するまでの時間 t_1[s] と，最高点の高さ h[m] を求めよ。

(3) 再び地上にもどるまでの時間 t_2[s] と，水平到達距離 x[m] を求めよ。

指針 投げた点から水平(x)方向に等速直線運動，鉛直上(y)向きに加速度 $-g$ の等加速度運動をする。**最高点($v_y=0$ の点)**を境に上りと下りが対称になることに注目する。

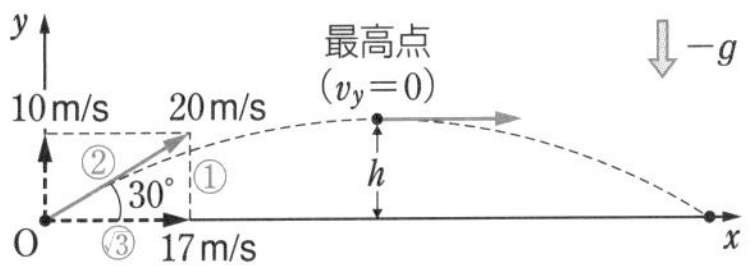

解答 (1) **解法1** 直角三角形の辺の長さの比より　$20:v_{0x}=2:\sqrt{3}$

よって　$v_{0x}=20\times\frac{\sqrt{3}}{2}=10\sqrt{3}=10\times1.73=17.3≒$**17m/s**

$20:v_{0y}=2:1$　　よって　$v_{0y}=20\times\frac{1}{2}=$**10m/s**

解法2 $v_{0x}=20\cos30°$，$v_{0y}=20\sin30°$ からも導ける。

(2) 鉛直投げ上げの式「$v=v_0-gt$」を y 成分について立てると，最高点では $v_y=0$ より

$0=10-9.8t_1$　　$t_1=1.02\cdots≒$**1.0s**

「$v^2-v_0{}^2=-2gy$」より　　$0^2-10^2=-2\times9.8\times h$

$h=\frac{100}{2\times9.8}=5.10\cdots≒$**5.1m**

(3) 対称性より　$t_2=2t_1=2.04≒$**2.0s**

x 方向には等速直線運動をするから「$x=vt$」より

$x=17.3\times2.04=35.2\cdots≒$**35m**

> **POINT**
> **斜方投射**
> **水平方向：**等速直線運動
> **鉛直方向：**鉛直投射

4. 斜方投射 ● 地上 39.2m の高さの塔の上から，小球を水平から 30° 上方に初速度 19.6m/s で投げた。重力加速度の大きさを 9.8m/s² とし，次の問いに有効数字2桁で答えよ。

(1) 小球が達する最高点の高さ H は地上何mか。

(2) 小球が地上に落下した点と塔の間の水平距離 l は何mか。

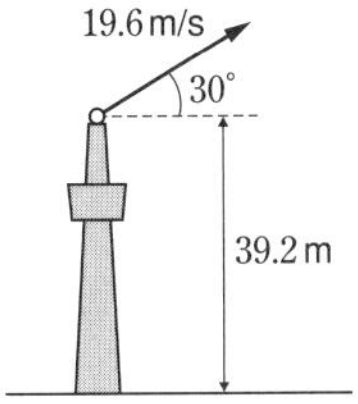

(1) ＿＿＿＿＿＿　(2) ＿＿＿＿＿＿

▷例題4

第2章 剛体にはたらく力のつりあい

リードA

1 剛体にはたらく力のつりあい

リードAの確認問題

a 力のモーメント

(1) **剛体**　大きさをもち，力を加えても変形しない理想的な物体。

(2) **剛体にはたらく力の移動**
剛体にはたらく力を作用線上で移動させても，その効果は変わらない。

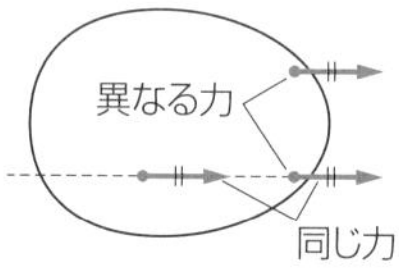

(3) **力のモーメント**　点Oから力Fの作用線までの距離がlのとき，点Oのまわりの力FのモーメントMは

$$M=Fl$$

(単位：N·m)

力のモーメントは
反時計回り…正
時計回り……負

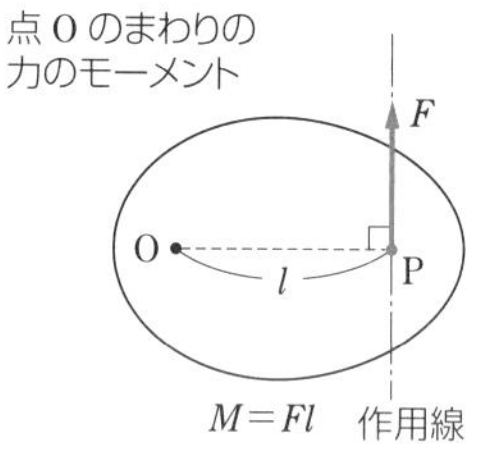

力とOPが垂直でない場合
(点Pは力の作用点)

方法①
点Oから
力の作用線に
垂線を下ろす

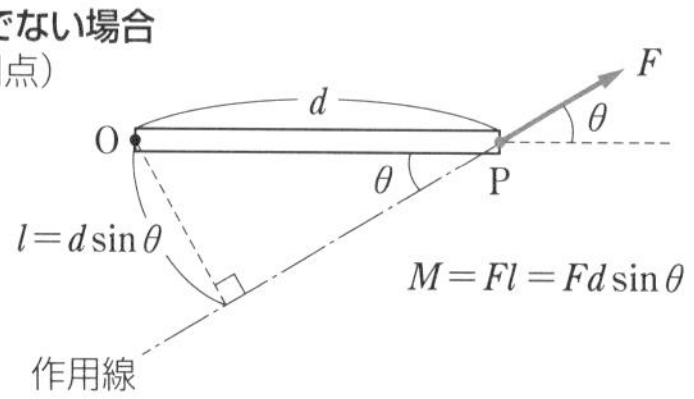

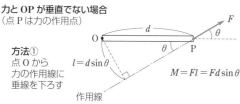

方法②
力を垂直な2方向
に分解する

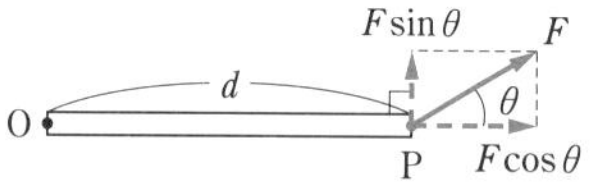

$M=F\sin\theta\times d=Fd\sin\theta$

b 剛体にはたらく力の合力

(1) **平行でない2力の合力**
2力をそれぞれの作用線の交点まで移動させて，平行四辺形の法則で合成する。

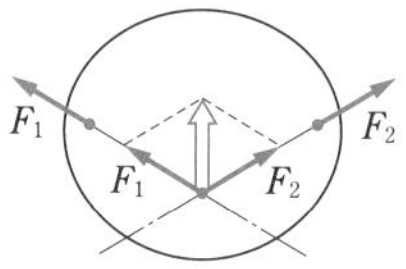

(2) **平行な2力の合力**

① F_1，F_2が同じ向きに平行なとき

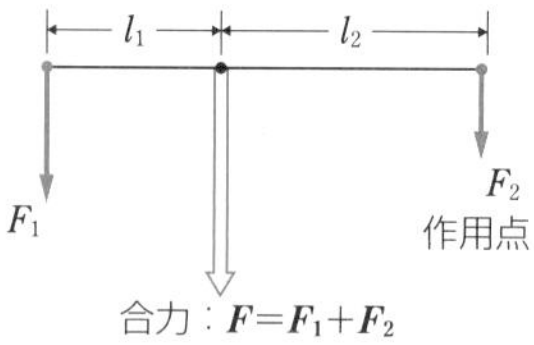

作用点：**逆比に内分**する点
$l_1:l_2=F_2:F_1$

合力：$F=F_1+F_2$

② F_1，F_2が逆向きに平行なとき（$F_1\neq F_2$）

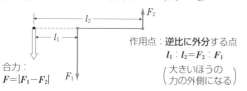

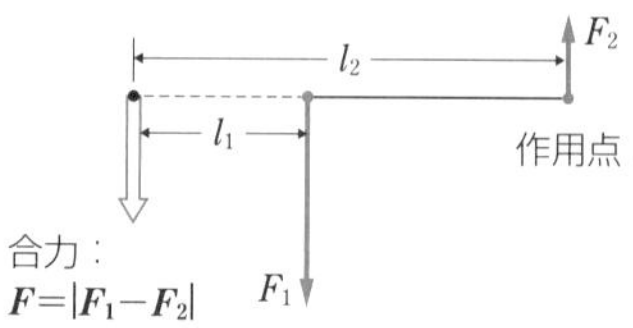

作用点：**逆比に外分**する点
$l_1:l_2=F_2:F_1$
（大きいほうの力の外側になる）

合力：
$F=|F_1-F_2|$

(3) **偶力**　大きさが等しく向きが反対の平行な2力で，合成できない。
偶力のモーメント $M=Fl$
(l：作用線間の距離)

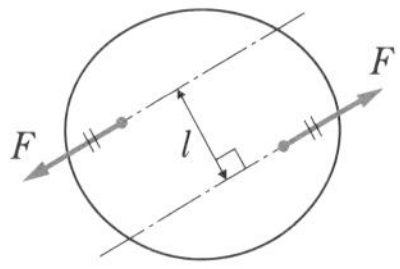

偶力は剛体を回転させようとする能力だけをもつ。

c 剛体のつりあい

(1) **剛体のつりあいの条件**　剛体にはたらく力がつりあうとき

① **力のベクトルの和が$\vec{0}$**　$\vec{F_1}+\vec{F_2}+\vec{F_3}+\cdots=\vec{0}$

$$\begin{cases}\text{力の}x\text{成分の和が}0 & F_{1x}+F_{2x}+F_{3x}+\cdots=0\\ \text{力の}y\text{成分の和が}0 & F_{1y}+F_{2y}+F_{3y}+\cdots=0\end{cases}$$

② **任意の点(回転軸)のまわりの力のモーメントの和が0**

$$M_1+M_2+M_3+\cdots\cdots=0$$

(2) **回転軸の選び方**　作用線が回転軸を通る力のモーメントは0なので

① 大きさが未知の力が2つあるときは，その**一方の作用点を回転軸**として選ぶとよい。

② 複数の力がはたらくときは，**なるべく多くの力がはたらく点を回転軸**として選ぶとよい。

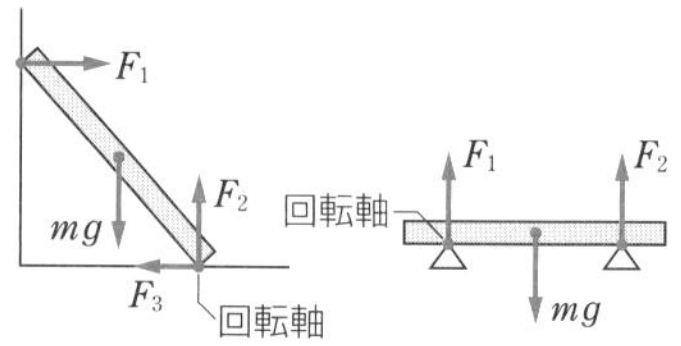

(3) **力のモーメントのつりあいの式の立て方**

方法①　回転軸から力の作用線に垂線を下ろす

反時計回り　時計回り
$T\times l\sin\theta-mg\times\dfrac{l}{2}=0$

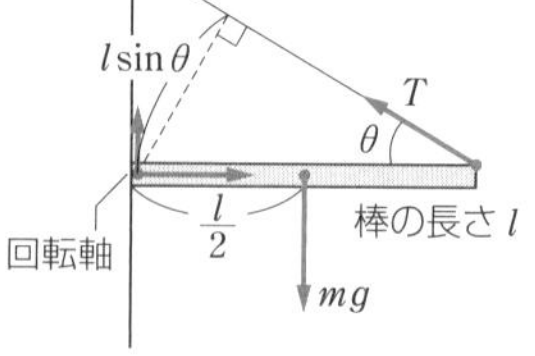

方法②　力を垂直な2方向に分解する

反時計回り　時計回り
$T\sin\theta\times l-mg\times\dfrac{l}{2}=0$

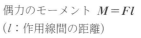

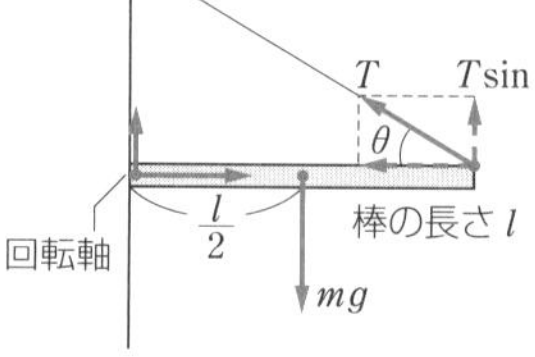

基礎 CHECK

1. 図に示すように，大きさが $F_1=30$N，$F_2=60$N，$F_3=40$N，$F_4=20$N の力が物体にはたらいている。点P，Q，Rは点Oからそれぞれ 0.20m，0.40m，0.60m の位置にある。各力の点Oのまわりの力のモーメント M_1，M_2，M_3，M_4〔N·m〕を求めよ。反時計回りを正とする。

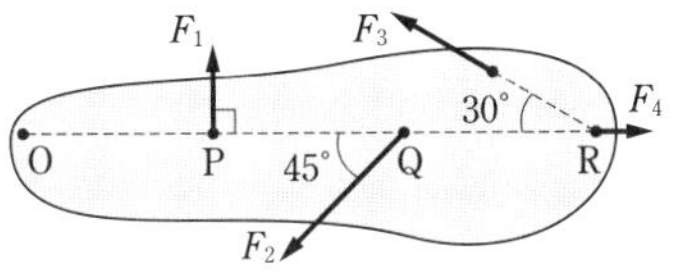

M_1：〔　　　〕　M_2：〔　　　〕
M_3：〔　　　〕　M_4：〔　　　〕

2. 右図の各力の点Oのまわりの力のモーメントを求めよ。ただし，力の大きさは5.0N，縦横の1目盛りは0.10m，反時計回りを正とする。

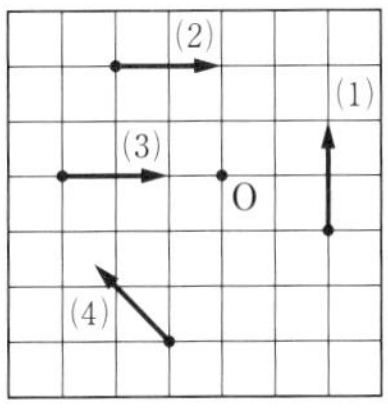

(1)〔　　　〕
(2)〔　　　〕
(3)〔　　　〕
(4)〔　　　〕

3. 次の(1)，(2)について，合力 $\vec{F}$ を作図せよ。また，(3)，(4)について，合力 $\vec{F}$ の大きさ F〔N〕，および，ABを通る直線上での合力の作用点をCとして，AC：CBの比を求めよ。

(1)

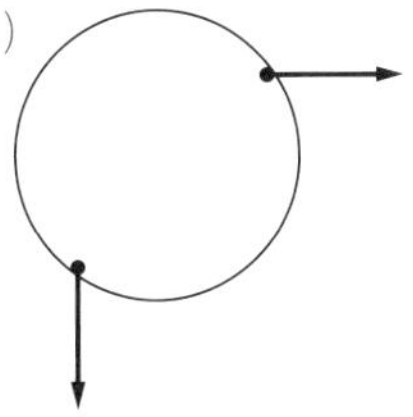

(2)

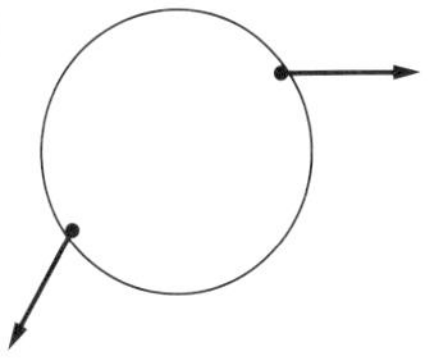

(3)

(4)

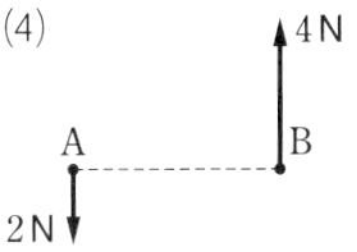

F：〔　　　〕　F：〔　　　〕
比：〔　　　〕　比：〔　　　〕

4. 半径20cmのハンドルの左右に図のように10Nの力を加えたときの偶力のモーメント M〔N·m〕を求めよ。反時計回りを正とする。

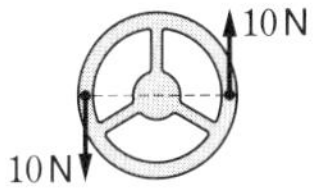

〔　　　〕

解答

1. 点Oから各力の作用線までの距離を l_1，l_2，l_3，l_4 とする。

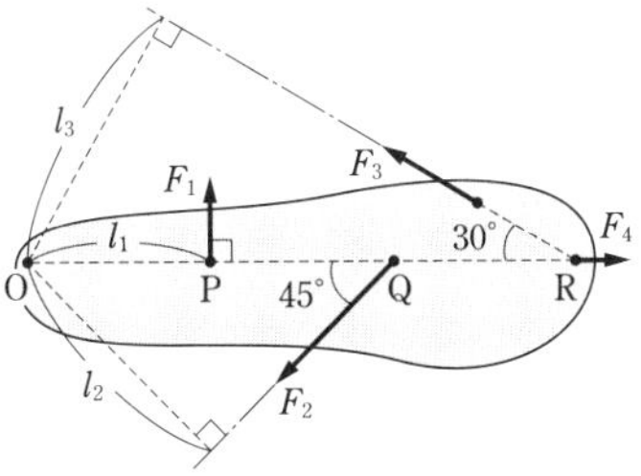

図より

$l_1=0.20$m

$l_2=0.40\times\sin 45°$
$=0.20\sqrt{2}$ m

$l_3=0.60\times\sin 30°$
$=0.30$m

$l_4=0$m

力のモーメントの式「$M=Fl$」より，反時計回りを正として

$M_1=F_1l_1=30\times0.20$
$=$**6.0N·m**

$M_2=-F_2l_2=-60\times0.20\sqrt{2}$
$=-12\times1.41=-16.92≒$**−17N·m**

$M_3=F_3l_3=40\times0.30=$**12N·m**

$M_4=F_4l_4=$**0N·m**

2. 点Oからそれぞれの力の作用線までの距離を l_1〜l_4〔m〕とすると，次図より

$l_1=0.20$m，　$l_2=0.20$m

$l_3=0$m，　$l_4=0.20\times\sqrt{2}$ m

符号に注意して力のモーメントを求めると

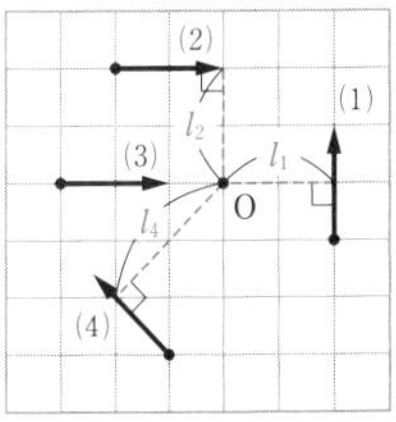

(1) $M=5.0\times0.20=$**1.0N·m**

(2) $M=-5.0\times0.20=$**−1.0N·m**

(3) $M=5.0\times0=$**0N·m**

(4) $M=-5.0\times0.20\times\sqrt{2}$
≒**−1.4N·m**

3. (1)

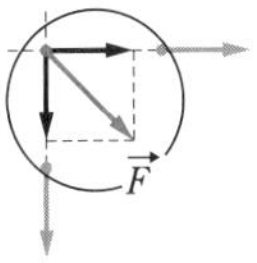

(2)

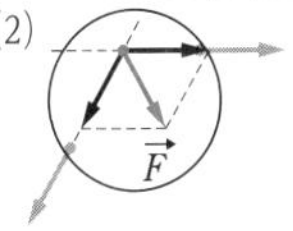

(3) $F=2+3=$**5N**
AC：CB
$=$**3：2**

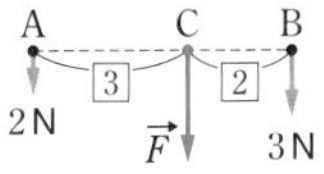

(4) $F=4-2=$**2N**
AC：CB
$=4：2$
$=$**2：1**

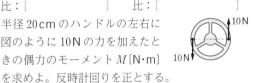

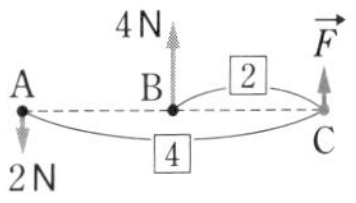

4. 偶力のモーメントの式より，反時計回りを正として
$M=Fl=10\times0.40=$**4.0N·m**

Let's Try!

例題 5 棒のつりあい

➡6

解説動画

長さ 20cm で質量 1.0kg の一様な棒 AB の両端におもりをつるし，A から 7.0cm の点Pに糸をつけ，天井からつるした。このとき糸の張力は 98N となり，棒は水平につりあった。A，B につるしたおもりの質量 m_A，m_B〔kg〕を求めよ。重力加速度の大きさを $g=9.8\,\mathrm{m/s^2}$ とする。

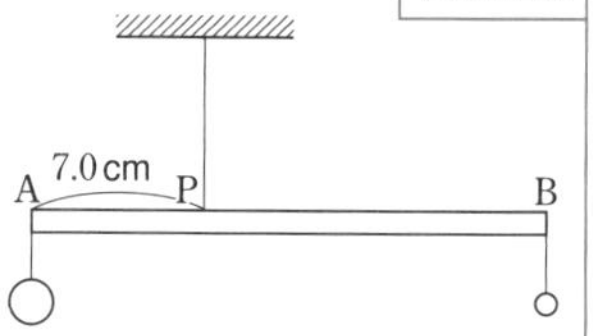

指針 未知の力(おもりの重力)が A，B に加わるので，その一方の点のまわりの力のモーメントのつりあい，および鉛直方向の力のつりあいを考える。

解答 点Aのまわりの力のモーメントのつりあいより

$10g\times7.0-1.0g\times10-m_Bg\times20=0$　　よって　$m_B=\mathbf{3.0kg}$

鉛直方向の力のつりあいより

$10g-m_Ag-1.0g-3.0g=0$　　よって　$m_A=\mathbf{6.0kg}$

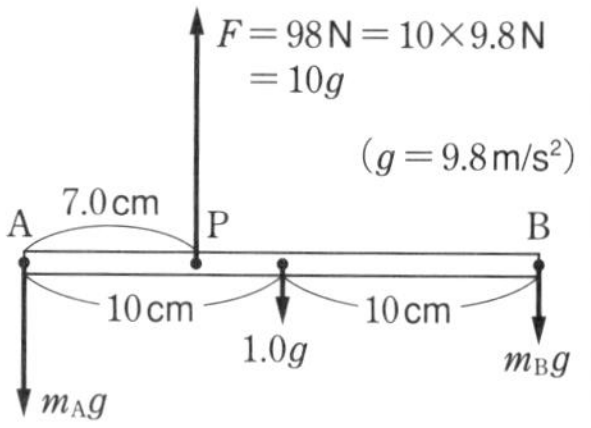

5. 剛体のつりあい 共通の軸をもち，半径が 10cm と 30cm の 2 つの円板を固定した装置がある。軸を水平に支え，図のように 2 つのおもりを下げたとき，円板はどちらにも回転しなかった。おもりBの質量 m〔kg〕を求めよ。

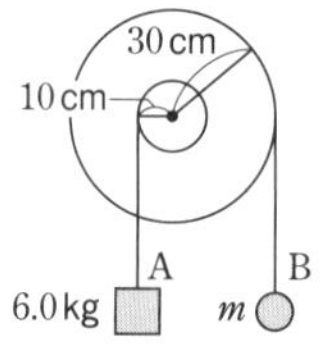

6. 棒のつりあい 自然の長さの等しい 2 つのばね A，B を天井からつるし，他端に長さ 30cm，重さ 16N の一様な棒を図のように点 P，Q でつるしたら，ばねはともに 10cm 伸びて，棒は水平につりあった。ばね A，B のばね定数 k_A，k_B は何 N/m か。

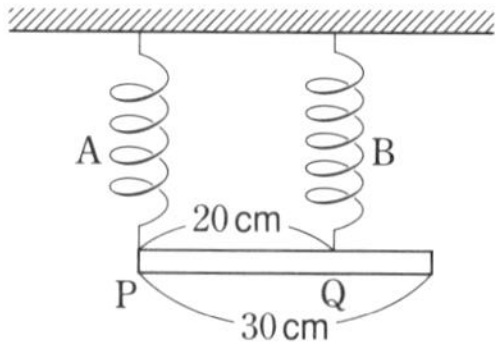

k_A：　　　　k_B：

▷例題 5

例題 6　棒のつりあい

➡7

解説動画

長さ l の軽い棒の一端Aを鉛直なあらい壁にあて，他端Bと壁面Cを糸で結ぶ。この棒に質量 m のおもりをAから距離 d の点Pに下げたら，棒は水平で糸は棒と30° の角をなしてつりあった。このときの，糸の張力の大きさ T，A端にはたらく摩擦力の大きさ F，垂直抗力の大きさNを，重力加速度の大きさを g として求めよ。

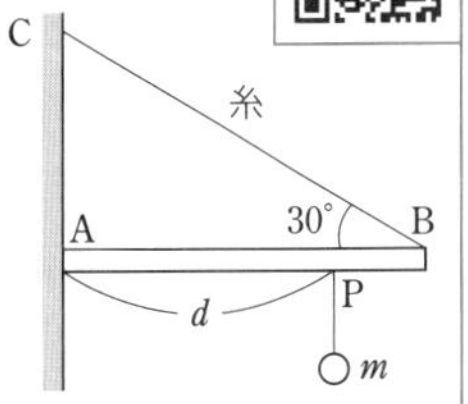

指針　Aのまわりの力のモーメントのつりあい，鉛直方向，水平方向の力のつりあいを考える。

解答　棒には図の力がはたらく。張力Tを水平，鉛直方向に分解する。力の作用線が集中している点Aのまわりの力のモーメントのつりあいの式より

$\frac{1}{2}T\times l-mg\times d=0$　　$T=\boldsymbol{\frac{2mgd}{l}}$

鉛直方向の力のつりあいの式を立て，Tを代入すると

$F+\frac{1}{2}T-mg=0$　　$F=mg-\frac{1}{2}\times\frac{2mgd}{l}=\boldsymbol{mg\left(1-\frac{d}{l}\right)}$

水平方向の力のつりあいの式を立て，Tを代入すると

$N-\frac{\sqrt{3}}{2}T=0$　　$N=\frac{\sqrt{3}}{2}\times\frac{2mgd}{l}=\boldsymbol{\frac{\sqrt{3}\,mgd}{l}}$

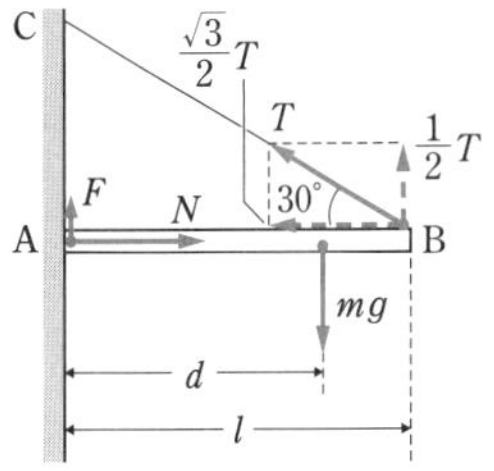

7. 棒のつりあい　長さ 0.60m，重さ 60N の一様な棒 AB を，A端につけた糸でつるし，力Fを加えて図(a)～(c)のように支えた ((a) 力Fは水平　(b) 力Fは鉛直上向き　(c) 棒 AB は水平)。それぞれの場合の糸の張力T〔N〕とF〔N〕の大きさを求めよ。

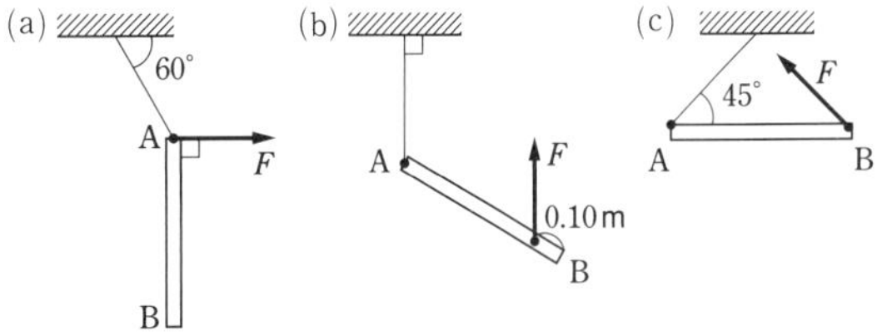

(a) T：　　　　F：　　　　(b) T：　　　　F：

(c) T：　　　　F：

▷例題6

リード C

例題 7 壁に立てかけた棒のつりあい

➡8

解説動画

質量 m，長さ $2l$ の一様な棒 AB を，水平であらい床と鉛直でなめらかな壁の間に，水平から θ の角をなすように立てかけた。重力加速度の大きさを g とする。

(1) 棒が静止しているとき，壁からの垂直抗力の大きさ N_A，床からの垂直抗力の大きさ N_B，摩擦力の大きさ F を求めよ。

(2) 棒が倒れないためには，$\tan\theta$ がいくら以上であればよいか。ただし，棒と床の間の静止摩擦係数を μ とする。

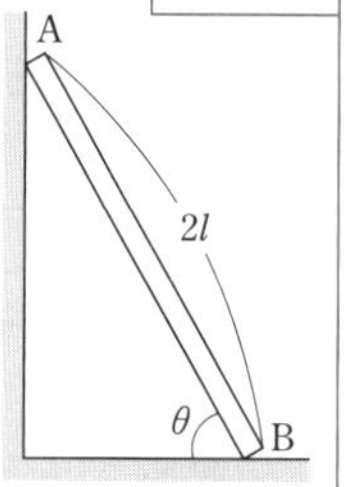

指針 Bのまわりの力のモーメントのつりあい，鉛直方向と水平方向の力のつりあいを考える。

解答 (1) 棒にはたらく力を図示する。Bのまわりの力のモーメントのつりあいより

$mg \times l\cos\theta - N_A \times 2l\sin\theta = 0$

$N_A = \boldsymbol{\frac{mg}{2\tan\theta}}$

鉛直方向のつりあいより

$N_B - mg = 0$　　よって　$N_B = \boldsymbol{mg}$

水平方向のつりあいより

$N_A - F = 0$

$F = N_A = \boldsymbol{\frac{mg}{2\tan\theta}}$

(2) F が最大摩擦力 μN_B をこえなければよいので

$F \leqq \mu N_B$

$\frac{mg}{2\tan\theta} \leqq \mu mg$

$\tan\theta \geqq \boldsymbol{\frac{1}{2\mu}}$

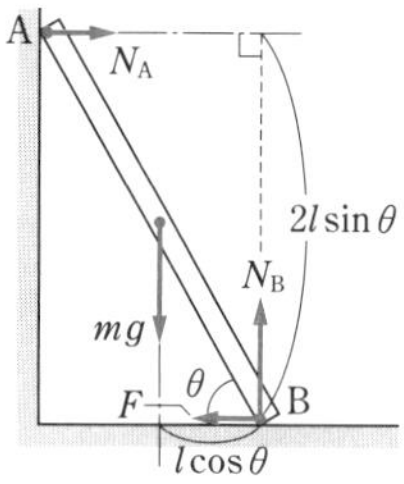

8. 壁に立てかけた棒のつりあい 長さ l〔m〕の軽い棒 AB を，水平であらい床と鉛直でなめらかな壁の間に，水平から 60° の角度をなすように立てかける。棒のA端から $\frac{1}{3}l$ 離れた点に重さ W〔N〕のおもりをつるしたところ，棒は静止した。

(1) 棒が壁から受ける垂直抗力の大きさを N_A〔N〕，床から受ける垂直抗力の大きさを N_B〔N〕，摩擦力の大きさを F〔N〕とする。N_A，N_B，F をそれぞれ求めよ。

(2) 棒の立てかける角度を変化させたとき，棒が倒れないためには，角度を何度以上にすればよいか。ただし，棒と床の間の静止摩擦係数を $\frac{2}{3}$ とする。

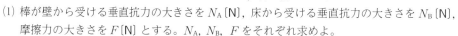

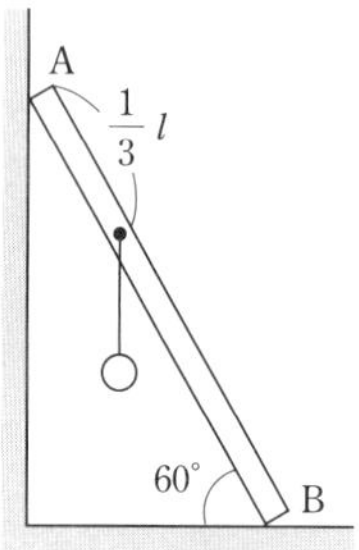

(1) N_A：　　　N_B：　　　F：　　　(2)

▷例題 7

2 重心

リードAの確認問題

a 重心

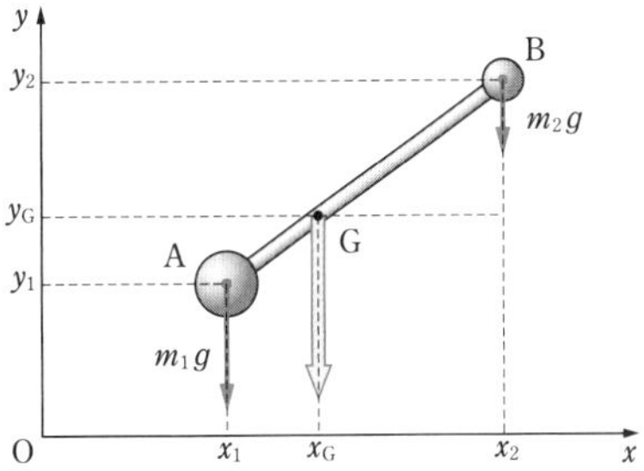

(1) **重心**　物体の各部分にはたらく重力の合力の作用点。質量 m_1，m_2，……の小物体が座標 x_1，x_2，……の所にあるとき

重心の座標 $\boldsymbol{x_G=\dfrac{m_1x_1+m_2x_2+\cdots\cdots}{m_1+m_2+\cdots\cdots}}$

一般の剛体の重心の座標 (x_G，y_G) は

$$x_G=\frac{m_1x_1+m_2x_2+\cdots}{m_1+m_2+\cdots},\quad y_G=\frac{m_1y_1+m_2y_2+\cdots}{m_1+m_2+\cdots}$$

(2) **物体の形状と重心の位置**　一様な棒，円板，球の重心は中心に，対称軸のある物体の重心はその対称軸の上にある。

(3) **2物体の重心**　2物体それぞれの重心間を質量の逆比で内分した点が，全体の重心Gになる。

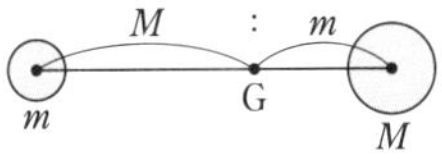

b 剛体が傾く条件

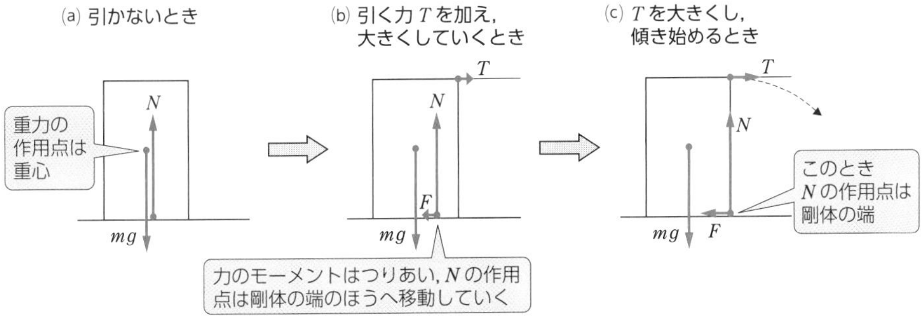

剛体が傾くかすべりだすかの条件

① 摩擦力が十分に大きいと仮定して，剛体が傾く瞬間の摩擦力の大きさ F を求める。

② F と最大摩擦力 μN との大小関係を考える（μ は静止摩擦係数）。

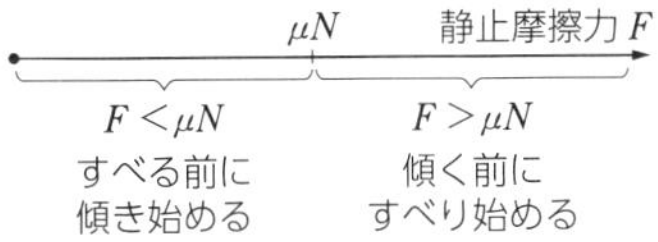

リード B

基礎 CHECK

1. 質量 2.0kg と 3.0kg の球 A，B を軽い棒で結んだら，それぞれの中心間の距離が 40cm であった。図のように x 軸をとるとき，全体の重心Gの座標 x_G〔cm〕を求めよ。

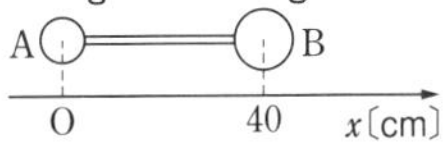

〔　　　　　〕

解答

1. 重心の式「$x_G=\dfrac{m_1x_1+m_2x_2}{m_1+m_2}$」より　　$x_G=\dfrac{2.0\times0+3.0\times40}{2.0+3.0}=24\,\text{cm}$

Let's Try!

例題 8 重心

➡ 9, 10

解説動画

次のような，厚さ一様の板について，点Oから重心までの距離 x を求めよ。

(1) 大小の 2 つの正方形をつないだ板。

(2) 半径 r の円板から半径 $\dfrac{r}{2}$ の内接円を切り取った板。

(1)

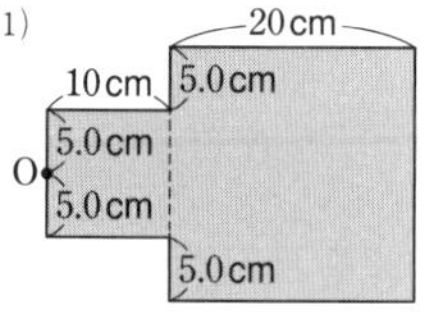

(2)

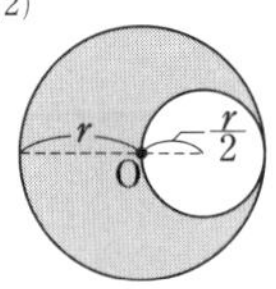

指針 (2)は切り取った円を元通りにはめ込むと，重心は大きい円の中心になると考える。

解答 (1) 2 つの正方形の面積比は 1：4 なので，重さはそれぞれ W，$4W$ と表すことができる。点Oからそれぞれの重心 G_1，G_2 までの距離は 5.0cm，20cm であるから

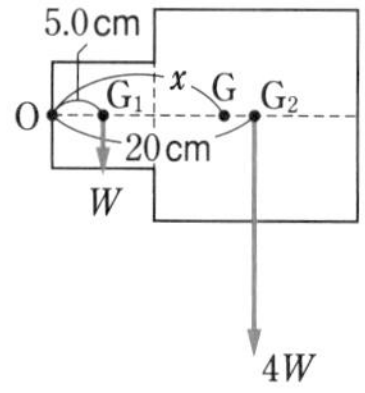

$$x=\frac{W\times5.0+4W\times20}{W+4W}=17\,\text{cm}$$

(2) 切り取った円板の重さを W とすると，残りの部分の重さは $3W$ である。求める重心を G，切り取った円板の重心を G′ とすると，O は GG′ を重さの逆比に内分する点であるから

$$x:\frac{r}{2}=W:3W$$

よって $x=\dfrac{r}{6}$

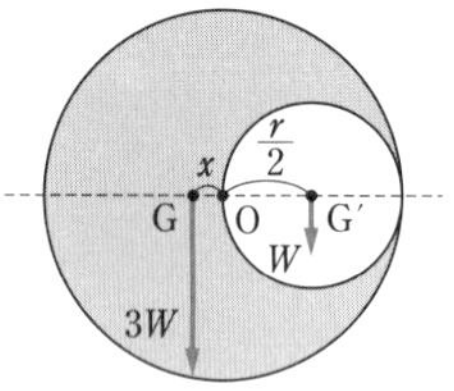

9. 重心 ● 長さ 1.8m の一様な針金を，図のように一端から 0.60m の所で直角に曲げ，L 字形にする。このときの針金の重心の位置の座標 $(x_G,\ y_G)$ を求めよ。

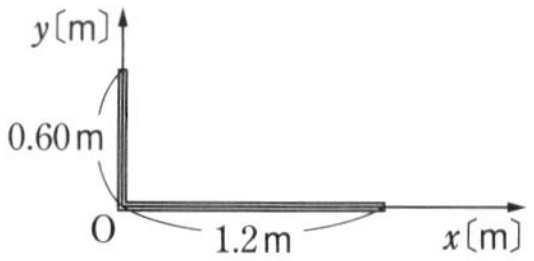

x_G：＿＿＿＿＿＿　y_G：＿＿＿＿＿＿

▷ 例題 8

10. 重心 ● 図のように，1 辺 0.84m の正方形 ABCD の一様な板から，OF＝0.42m が対角線となる正方形を切り抜いた。点 E，F はそれぞれ辺 AB，CD の中点である。この板の重心Gの位置を求めよ。

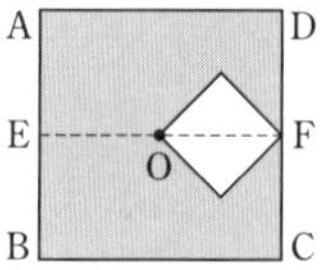

＿＿＿＿＿＿＿＿

▷ 例題 8

例題 9　物体が傾く条件

➡ 11

解説動画

　図のように，質量が m で，縦，横の長さが h，l の直方体の一様な物体を水平であらい床の上に置き，物体の上端に糸をつけて水平に引く。重力加速度の大きさを g とする。

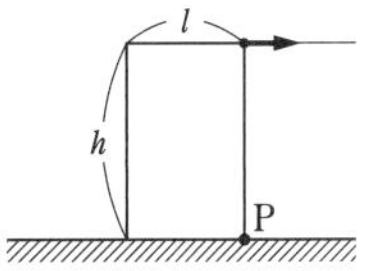

(1) 引く力の大きさが T をこえたとき，物体は床の上をすべることなく図の点Pの位置を軸に傾き始めた。T を求めよ。

(2) (1)のようになるための床と物体の間の静止摩擦係数 μ の条件を求めよ。

指針 (1) 物体が傾き始めるとき，物体の底面は床から浮き上がるが，端の点Pだけは床に接したままである。このとき，垂直抗力 N と静止摩擦力 F の作用点は点Pにある。

(2) 傾き始めるときの静止摩擦力 F が，最大摩擦力 μN より小さければよい。

解答 (1) 物体にはたらく力は図のようになる。物体は点Pの位置を軸に傾き始めるので，垂直抗力 N と静止摩擦力 F はともに点Pにはたらく。点Pのまわりの力のモーメントのつりあいより

$$mg\times\frac{l}{2}-T\times h=0 \quad よって \quad T=\boldsymbol{\frac{mgl}{2h}}$$

(2) 水平方向の力のつりあいより

$$T-F=0 \quad よって \quad F=T=\frac{mgl}{2h}$$

鉛直方向の力のつりあいより

$$N-mg=0$$

よって　$N=mg$

物体が床の上をすべることなく傾き始める条件は

$$F<\mu N$$

よって　$\dfrac{mgl}{2h}<\mu\times mg$

したがって　$\boldsymbol{\mu>\frac{l}{2h}}$

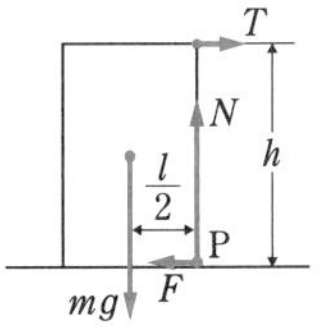

11. 物体が傾く条件 ●　あらい水平面上にある重さ 24N の一様な直方体の物体を，図の点Oにつけたひもで水平方向に引く。

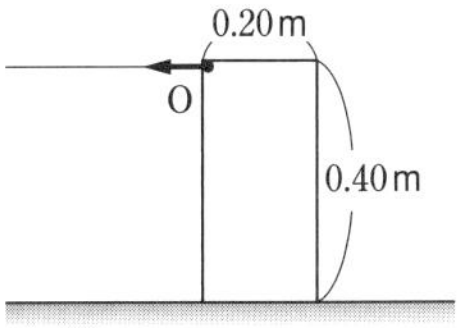

(1) 引く力を大きくしていくと，引く力の大きさが F_0〔N〕をこえた直後に，物体は水平面上をすべることなく傾き始めた。F_0 を求めよ。

(2) (1)で，物体が水平面上をすべり始める前に傾き始めるためには，物体と水平面との間の静止摩擦係数がある値 μ_0 以上である必要がある。μ_0 を求めよ。

(1)＿＿＿＿＿＿　(2)＿＿＿＿＿＿

▷ 例題 9

第3章 運動量の保存

リード A

1 運動量と力積・運動量保存則

リード A の確認問題

a 運動量と力積

(1) **運動量**　物体の運動の勢い（激しさ）を表すベクトル量。質量 m〔kg〕の物体の速度が $\vec{v}$〔m/s〕のときの運動量 $\vec{p}$〔kg·m/s〕は

$$\vec{p}=m\vec{v}$$

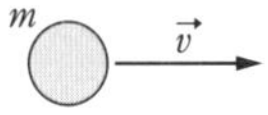

(2) **力積**　力 $\vec{F}$〔N〕を時間 Δt〔s〕だけ加えたとき，物体に与えた力積 $\vec{I}$〔N·s〕は　$\vec{I}=\vec{F}\Delta t$

b 運動量と力積の関係（1つの物体に注目する）

(1) 物体の運動量の変化は，その間に物体に与えられた力積に等しい。

$$m\vec{v'}-m\vec{v}=\vec{F}\Delta t$$

運動量の変化　力積

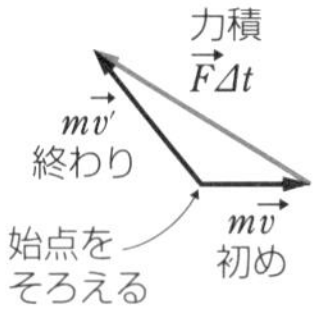

$\left(\begin{array}{ccccc} m\vec{v} & + & \vec{F}\Delta t & = & m\vec{v'} \\ \text{初め} & & \text{力積} & & \text{終わり} \end{array} \right)$

(2) **平均の力**　力が時間とともに変化する場合，F-t 図の面積が力積を表す。

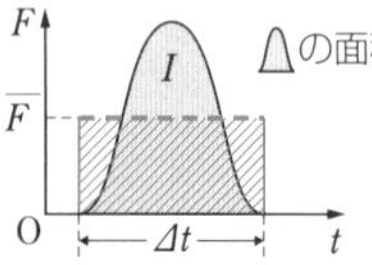

△の面積＝力積（＝長方形の面積）

$$\text{平均の力}\ \overline{F}=\frac{\text{力積}}{\text{力の作用時間}}=\frac{\text{運動量の変化}}{\text{力の作用時間}}$$

c 内力と外力

(1) **内力**　物体系の中で互いに及ぼしあう力

(2) **外力**　物体系の外の物体から及ぼされる力

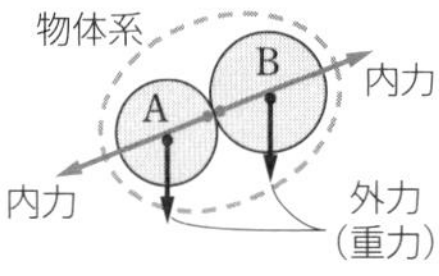

d 運動量保存則（複数の物体に注目する）

(1) 物体系が内力を及ぼしあうだけで外力を受けていないとき，全体の運動量は変化しない。

$$m_1\vec{v_1}+m_2\vec{v_2}=m_1\vec{v_1}'+m_2\vec{v_2}'=\text{一定}$$

(2) **直線上の衝突**　運動量（速度）の向きを，正・負の符号を用いて区別し，保存の式をつくる。

(3) **斜めの衝突**　互いに垂直な2方向への運動量の成分について保存の式をつくる。

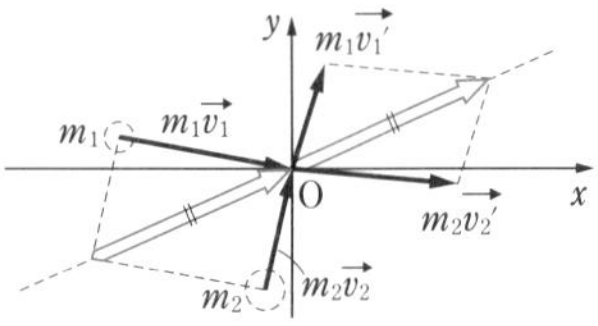

$$\begin{cases} m_1v_{1x}+m_2v_{2x}=m_1v_{1x}'+m_2v_{2x}' \\ m_1v_{1y}+m_2v_{2y}=m_1v_{1y}'+m_2v_{2y}' \end{cases}$$

リード B

基礎 CHECK

1. 質量 2.0kg の物体が，東向きに 1.4m/s の速さで進んでいる。この物体の運動量の大きさと向きを求めよ。

大きさ：〔　　　　〕

向き：〔　　　　〕

2. 質量 4.0kg，速度 2.0m/s の台車に，速度と同じ向きに 5.0N の力を 2.0 秒間加えると，速度は v'〔m/s〕となった。台車に与えられた力積 I〔N·s〕と v'〔m/s〕を求めよ。

I：〔　　　　〕　v'：〔　　　　〕

3. 40m/s の速さで水平に飛んできた質量 0.20kg のボールをバットで打ったところ，ボールは同じ速さで鉛直に上がった。運動量の変化の大きさを求めよ。

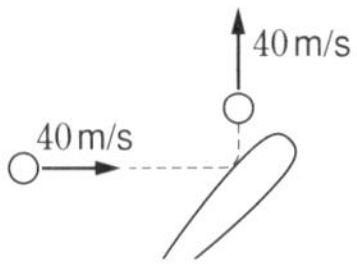

〔　　　　〕

4. 質量 2.0kg，速さ 3.0m/s の台車Aが，静止している 1.0kg の台車Bに衝突したところ，台車Aの速さは衝突前と同じ向きに 1.0m/s となった。衝突後のBの速さ v' は何 m/s か。

〔　　　　〕

解答

1. 運動量の大きさ p は，「$p=mv$」より
$p=2.0\times1.4=$ **2.8kg·m/s**
運動量の向きは速度と同じで，**東向き**

2. 「$I=F\Delta t$」より，$I=5.0\times2.0=$ **10N·s**
運動量と力積の関係「$mv'-mv=F\Delta t$」より
$4.0\times v'-4.0\times2.0=5.0\times2.0$
よって　$v'=$ **4.5m/s**

3. バットに当たる前後の運動量の大きさは
$p=mv=0.20\times40=8.0$kg·m/s
図より，運動量の変化の大きさは
$8.0\times\sqrt{2}\fallingdotseq$ **11kg·m/s**

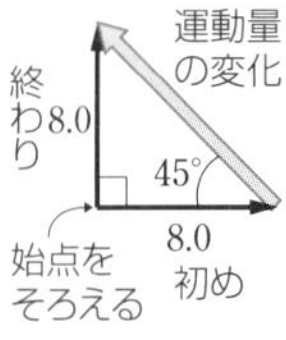

4. 運動量保存則より
$2.0\times3.0+1.0\times0=2.0\times1.0+1.0\times v'$
よって　$v'=$ **4.0m/s**

Let's Try!

例題 10 運動量と力積

➡ 12

解説動画

速さ 10m/s で飛んできた質量 0.20kg のボールがある。次のそれぞれの場合，ボールに与える力積 I の大きさと向きを求めよ。

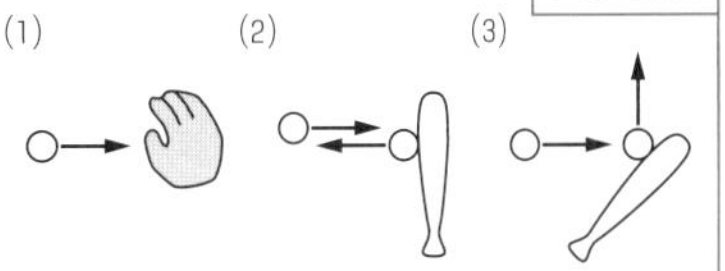

(1) ボールを受け止める場合
(2) 逆向きに同じ速さで打ちかえす場合
(3) 90° 方向を変えて同じ速さで飛ばす場合

指針 (1), (2) 一直線上での運動なので，衝突前のボールの速度の向きを正とする。
(3) 力積(ベクトル)＝運動量の変化(運動量ベクトルの差) $\vec{I}=m\vec{v'}-m\vec{v}=m\vec{v'}+(-m\vec{v})$

解答 (1) $I=mv'-mv$
$=0.20\times0-0.20\times10=-2.0$ N·s
すなわち，**飛んできたボールの向きと反対**に，大きさ **2.0N·s** の力積を与える。

(2) $I=mv'-mv$
$=0.20\times(-10)-0.20\times10$
$=-4.0$ N·s
すなわち，**飛んできたボールの向きと反対**に，大きさ **4.0N·s** の力積を与える。

(3) ボールの衝突前の運動量 $m\vec{v}$，衝突後の運動量 $m\vec{v'}$，与えた力積 $\vec{I}$ のそれぞれのベクトルは図のようになる。すなわち，**飛んできたボールに向かって角度 45° の向き**に，大きさ
$\sqrt{2}\,mv=\sqrt{2}\times0.20\times10\fallingdotseq$ **2.8N·s**
の力積を与える。

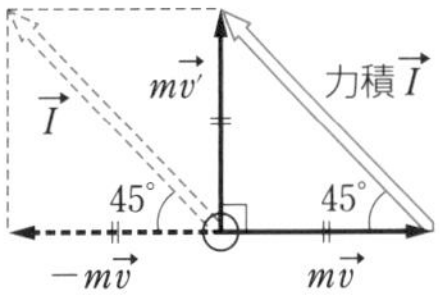

12. 運動量と力積 ● ピッチャーが投げた質量 0.15kg のボールをバッターがセンター方向(正面)へ打ちかえした。このとき，30m/s の速さで水平に飛んできたボールを仰角 60° の方向に 30m/s の速さで打ちかえしたものとする。

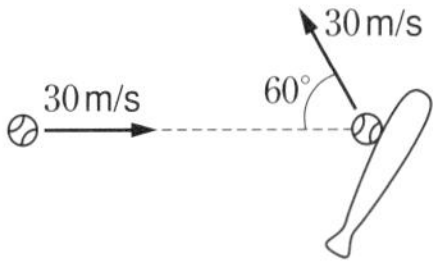

(1) バットがボールに加えた力積 I の大きさはいくらか。
(2) ボールとバットの接触時間が 1.0×10^{-2} 秒であったとすると，ボールが受けた平均の力 $\overline{F}$ の大きさは何 N か。

(1) ＿＿＿＿　(2) ＿＿＿＿

▷ 例題10

13. 運動量と力積 ● 質量 3.0kg の物体が x 軸上を正の向きに 5.0m/s の速さで進んできて，原点を通過した瞬間から，時間の経過とともに右図のように変化する力が x 軸の正の向きに加わった。

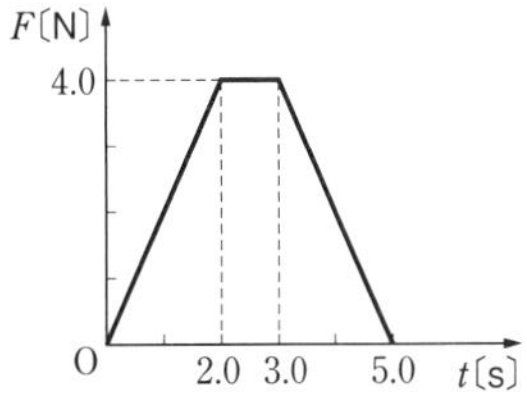

(1) 0〜5.0秒の間に物体が力から受けた力積の大きさ I は何 N·s か。
(2) 0〜5.0秒の間に物体が受けた平均の力 $\overline{F}$ は何 N か。
(3) $t=5.0$ s のときの物体の速度 v' は何 m/s か。

(1) ＿＿＿＿　(2) ＿＿＿＿　(3) ＿＿＿＿

例題 11 直線上の運動量の保存(合体)

➡ 14, 15

解説動画

なめらかな水平面の上にある一直線上を，質量 1.0kg の台車Aが速さ 0.25m/s で，質量 2.0kg の台車Bが速さ 0.35m/s で互いに逆向きに進んで衝突し，一体になった。衝突後一体になった台車の速度 v〔m/s〕を求めよ。

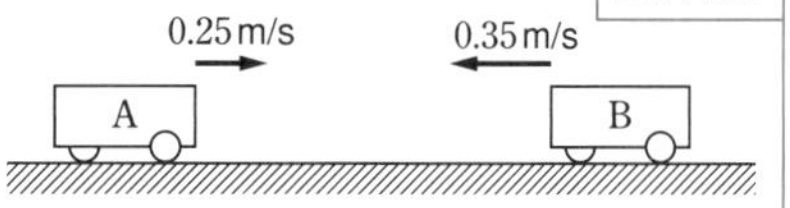

指針 一直線上での衝突なので正の向きを定め，運動量の正負を考慮して，運動量の保存を表す式をつくる。

解答 初めのAの速度の向きを正の向きとすると，運動量保存則により

$$1.0\times0.25+2.0\times(-0.35)=(1.0+2.0)v$$

よって　$v=-0.15$m/s

$v<0$ であるから，**初めのBの速度の向きに，速さ 0.15m/s で進む。**

14. 運動量の保存(合体) ● 天井に糸の一端を固定し，他端に質量 M の木片をつるす。水平方向から質量 m の弾丸が速さ v で木片の中心に命中し，弾丸は木片の中に止まり，両者一体となって運動を始めた。重力加速度の大きさを g とする。

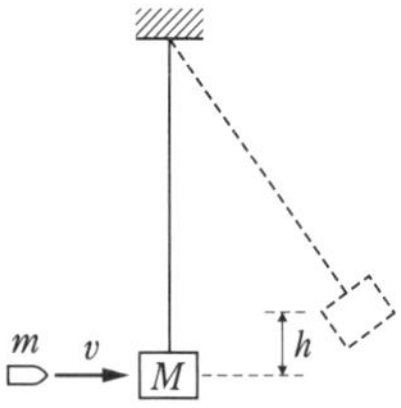

(1) 一体となった直後の速さ V を求めよ。

(2) 木片はどれだけの高さまで上がるか。最下点からの高さ h を求めよ。

(1) ＿＿＿＿＿＿　(2) ＿＿＿＿＿＿

▷例題11

15. 動く板の上での物体の運動 ● 右の図のように，質量 m の小物体が質量 M の大きな板の上にのっている。小物体と板との間の動摩擦係数を μ とし，板と床との間の摩擦を無視する。時刻 $t=0$ において，小物体に右向きの初速度 v_0 を与えると，板も同時に動き始めた。右向きを正の向きとし，重力加速度の大きさを g とする。

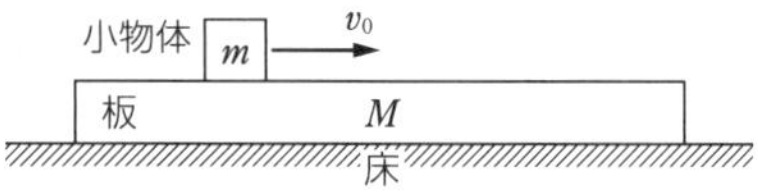

(1) 小物体が板に対して静止したときの板の速さ V を求めよ。

(2) 小物体に初速度を与えてから，小物体が板に対して静止するまでの時間 t を求めよ。

(1) ＿＿＿＿＿＿　(2) ＿＿＿＿＿＿

▷例題11

例題 12 直線上の運動量の保存(分裂)

➡ 16, 17

解説動画

なめらかな水平面上に質量 1.0kg の台車Aと質量 2.0kg の台車Bがある。台車A，Bの間に軽いばねをはさんで糸でつなぎ，Bを前にして速さ 0.50m/s で進ませながら糸を焼き切ったら，Aは逆向きに速さ 0.30m/s で進んだ。分離後のBの速度 v'〔m/s〕を求めよ。

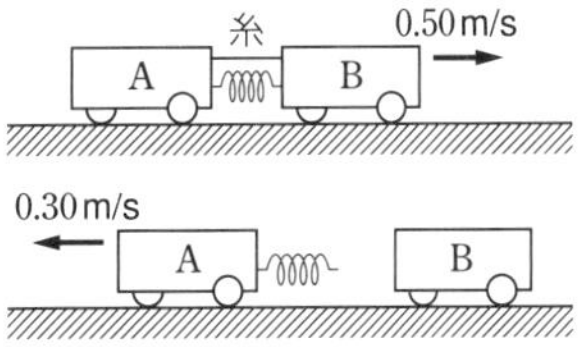

指針 一直線上での分裂なので正の向きを定め，運動量の正負を考慮して，運動量の保存を表す式をつくる。ばねの弾性力は内力であるから，運動量保存則が成りたつ。

解答 初めの速度の向きを正の向きとすると，運動量保存則により

$$(1.0+2.0)\times0.50=1.0\times(-0.30)+2.0v'$$

よって　$v'=0.90$ m/s

$v'>0$ であるから，**初めの速度の向きに，速さ 0.90 m/s で進む。**

16. 運動量の保存(分裂) ● なめらかで水平な氷の上に静止している質量 60kg の人が，質量 3.0kg の物体を水平方向に速度 20m/s で投げた。このとき，人が物体と反対向きに動く速さ v〔m/s〕を求めよ。

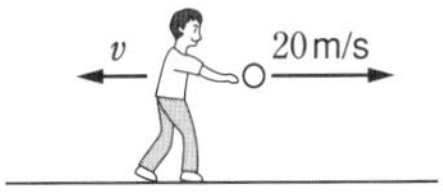

▷例題12

17. 運動量の保存と相対速度 ● 質量 m〔kg〕の頭部Aと質量 M〔kg〕の尾部Bからなるロケットが速度 v〔m/s〕で進んでいるとき，尾部Bを頭部Aに対する相対的な速さ u〔m/s〕で一瞬のうちに分離した。

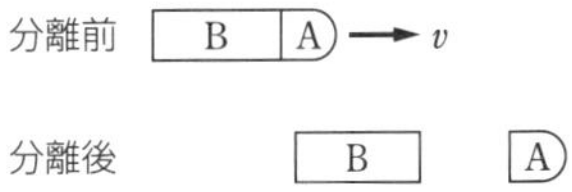

(1) 分離後の頭部Aの速度を v_A〔m/s〕，尾部Bの速度を v_B〔m/s〕として，v_A，v_B，u の関係を示せ。

(2) 頭部Aの速度 v_A〔m/s〕を求めよ。

(1)　　　　(2)

▷例題12

第3章

リード C

例題 13 平面上の運動量の保存

➡ 18

解説動画

なめらかな水平面の x 軸上を正の向きに 6.0m/s の速さで進んでいた質量 0.10kg の小球Aと，y 軸上を正の向きに 4.0m/s の速さで進んでいた質量 0.20kg の小球Bが原点Oで衝突した。衝突後のAの速度の x 成分が 2.0m/s，y 成分が 5.0m/s であるとすると，Bはどのような方向へ速さ何 m/s で進んだか。衝突後のBの速度の向きは，x 軸となす角を θ とするときの $\tan\theta$ の値で答えよ。

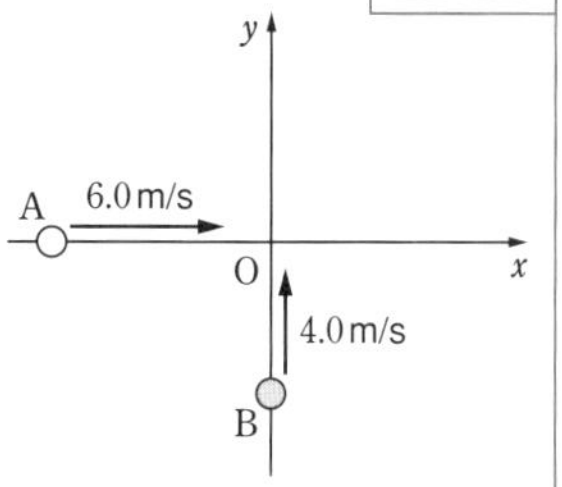

指針 衝突後のBの速度の x，y 成分を仮定し，それぞれの方向で運動量保存則の式を立てる。

解答 衝突後のBの速度の x，y 成分をそれぞれ v_x，v_y〔m/s〕とすると，x 方向と y 方向について運動量の各成分の和がそれぞれ保存されるから

x 方向：$0.10\times6.0=0.10\times2.0+0.20v_x$

y 方向：$0.20\times4.0=0.10\times5.0+0.20v_y$

この2式から v_x と v_y を求めると

$v_x=2.0$m/s，$v_y=1.5$m/s

したがって，Bの速さ v は

$$v=\sqrt{v_x{}^2+v_y{}^2}$$
$$=\sqrt{2.0^2+1.5^2}=\mathbf{2.5\,m/s}$$

$$\tan\theta=\frac{v_y}{v_x}=\frac{1.5}{2.0}=\mathbf{0.75}$$

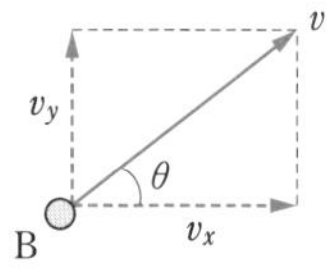

POINT

平面内での衝突・分裂 運動量を互いに垂直な2方向の成分に分解し，各方向について運動量保存則を適用

18. 平面上の運動量保存則 ● 図のように，なめらかな水平面上を，質量 0.20kg の小球Aが速さ 2.0m/s で進んできて，静止していた質量 0.60kgの小球Bと衝突した。衝突後の小球A，Bの運動の向きが図のようであるとき，衝突後の小球Aの速さ v_1'〔m/s〕と小球Bの速さ v_2'〔m/s〕を求めよ。

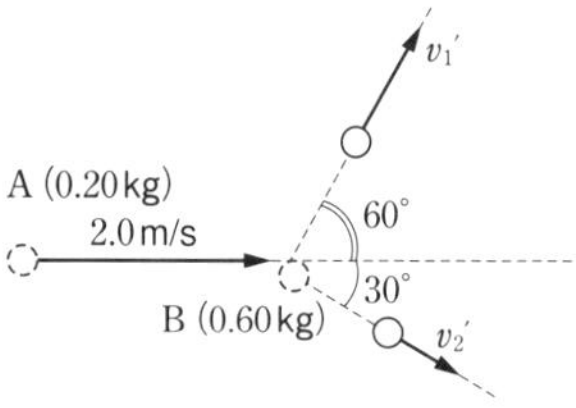

v_1'：

v_2'：

▷ 例題13

2 反発係数(はねかえり係数)

リード Aの確認問題

a 直線上の2物体の衝突

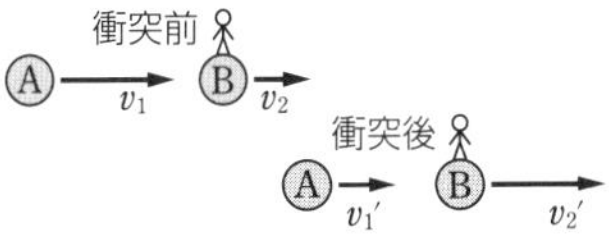

(1) **反発係数 e** 衝突後に遠ざかる速さと衝突前に近づく速さの比。衝突直前，直後の2球の速度をそれぞれ v_1, v_2, v_1', v_2' とすると反発係数 e は

$$e=-\frac{v_1'-v_2'}{v_1-v_2}=\frac{|\text{衝突後の相対速度}|}{|\text{衝突前の相対速度}|}$$

注 v_1, v_2, v_1', v_2' は速度だから，向きを正，負の符号で区別する。

(2)
- $e=1$ **(完全)弾性衝突** 最もよくはねかえる。力学的エネルギーが保存。
- $0 \leqq e<1$ **非弾性衝突** 力学的エネルギーは保存されない。
- $e=0$ **完全非弾性衝突** 衝突後2物体は合体する。

b 壁や床との衝突

(1) **正面衝突** 壁や床は動かない(速度0)として

$$e=\frac{|\boldsymbol{v}'|}{|\boldsymbol{v}|}=-\frac{\boldsymbol{v}'}{\boldsymbol{v}}$$

(2) **斜めの衝突** ①面に平行な成分 $v_x'=v_x$
②面に垂直な成分 $v_y'=-ev_y$

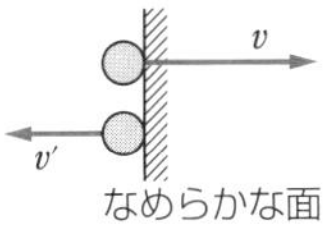

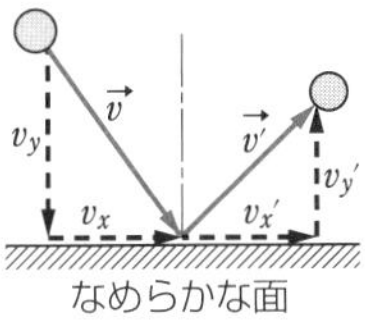

参考 床と小球の衝突

$$e=\frac{|v'|}{|v|}=\sqrt{\frac{h'}{h}}=\frac{t'}{t}$$

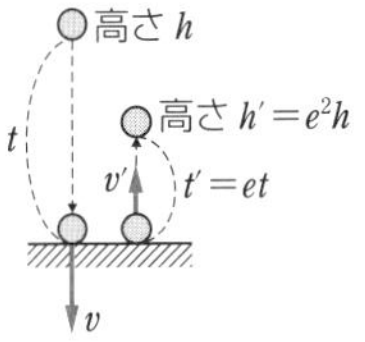

c 運動量と力学的エネルギー

(1)
- 力学的エネルギーが保存 ← 保存力以外の力が仕事をしない場合(摩擦力がない場合，衝突のない場合など)
- 運動量が保存 ← 外力がはたらかない場合

(2) 衝突の場合，弾性衝突($e=1$)のときのみ，力学的エネルギーも保存される。

d 2物体の運動のまとめ

(1) **衝突後に一体となる場合**($e=0$)
運動量保存則より
$mv_0+MV_0=(m+M)v'$

(2) **分裂する場合**
運動量保存則より $0=mv+MV$

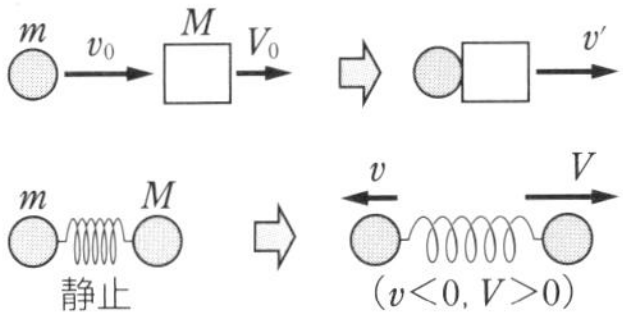

(3) **直線上での衝突の場合**
・運動量保存則と反発係数の式を立てる。
・弾性衝突($e=1$)の場合，力学的エネルギーは保存される。

(4) **運動量が保存 ⟺ 重心の速度が一定**

参考 静止物体が分裂する場合

$$\frac{|v|}{|V|}=\frac{\frac{1}{2}mv^2}{\frac{1}{2}MV^2}=\frac{M}{m}$$

(質量の逆比となる)

リード B

基礎 CHECK

1. ボールが速さ 20m/s で壁に垂直に当たり，速さ 16m/s ではねかえった。ボールと壁の間の反発係数 e の値を求めよ。

[　　　　　]

2. x 軸上を正の向きに速さ 12m/s で進む小球1と，x 軸上を負の向きに速さ 8.0m/s で進む小球2が衝突し，小球1は速さ 3.0m/s で正の向きに，小球2は速さ 7.0m/s で正の向きに運動した。2球の間の反発係数 e の値を求めよ。

[　　　　　]

解答

1. 反発係数の式「$e=-\frac{v'}{v}$」より

$$e=-\frac{-16}{20}=\mathbf{0.80}$$

2. 反発係数の式「$e=-\frac{v_1'-v_2'}{v_1-v_2}$」より

$$e=-\frac{3.0-7.0}{12-(-8.0)}=\mathbf{0.20}$$

Let's Try!

例題 14 床との衝突

➡ 19

解説動画

高さ 1.60m の所から床にボールを落とすと，ボールは高さ 0.90m の所まではね上がった。重力加速度の大きさを 9.8m/s² とする。

(1) 衝突直前と衝突直後のボールの速さ v_1，v_2 はそれぞれ何 m/s か。
(2) ボールと床との間の反発係数 e はいくらか。
(3) 次に落ちてきて，床に当たってはね上がる高さ h' は何mか。

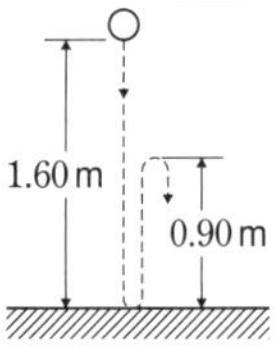

指針 (2) 反発係数は「$e=-\dfrac{v'}{v}$」で求められる。 (3)「$h'=e^2h$」を用いても求められる。

解答 (1) 衝突直前の速さ v_1 は，自由落下の式「$v^2=2gy$」より

$v_1{}^2=2\times9.8\times1.60$

よって $v_1=$ **5.6m/s**

衝突直後の速さ v_2 は，鉛直投射の式「$v^2-v_0{}^2=-2gy$」より

$0^2-v_2{}^2=-2\times9.8\times0.90$

よって $v_2=$ **4.2m/s**

(2) 反発係数は「$e=-\dfrac{v'}{v}$」より

$e=-\dfrac{-4.2}{5.6}=$ **0.75**

(3) 落ちてきて床に当たる直前の速さも 4.2m/s である。よって，はねかえった直後の速さを v_3 とすると

$v_3=(0.75\times4.2)\,\text{m/s}$

ここで，はね上がる高さ h' は，鉛直投射の式「$v^2-v_0{}^2=-2gy$」より

$0^2-(0.75\times4.2)^2=-2\times9.8\times h'$

よって $h'=0.506\cdots\fallingdotseq$ **0.51m**

別解「$h'=e^2h$」より

$h'=0.75^2\times0.90\fallingdotseq$ **0.51m**

19. 床との衝突 高さ 10m の所からボールを静かにはなして床に落としたら衝突してはね上がり，6.4m (最高点) の高さに達した。重力加速度の大きさを 9.8m/s² とする。

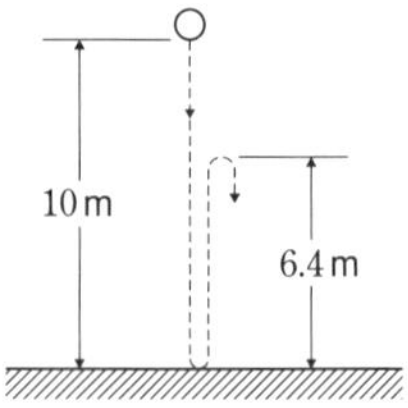

(1) 反発係数 e を求めよ。
(2) 手をはなしてから床ではねかえり，6.4m の最高点に達するまでの時間 T〔s〕を求めよ。
(3) 2回目に床に衝突する直前の速さと衝突直後の速さをそれぞれ求めよ。

(1) ＿＿＿＿ (2) ＿＿＿＿ (3) 直前： 直後：

▷ 例題14

例題 15　反発係数（２物体の衝突）　➡ 20, 21　解説動画

一直線上で，質量 2.0kg の小球Aが速さ 4.0m/s で，質量 1.0kg の小球Bが速さ 6.0m/s で，互いに逆向きに進んで衝突した。２球の間の反発係数を 0.50 とする。

(1) 衝突後の２球の速度 v_1'，v_2'〔m/s〕を求めよ。

(2) 衝突により失われた力学的エネルギーを求めよ。

指針　**運動量の保存を表す式**　$m_1v_1+m_2v_2=m_1v_1'+m_2v_2'$

反発係数の式　$e=-\dfrac{v_1'-v_2'}{v_1-v_2}$

を連立方程式として解く。一直線上の衝突なので正の向きを決め，速度として扱う。

解答　(1) 衝突前のAの速度の向きを正とすると，運動量保存則から

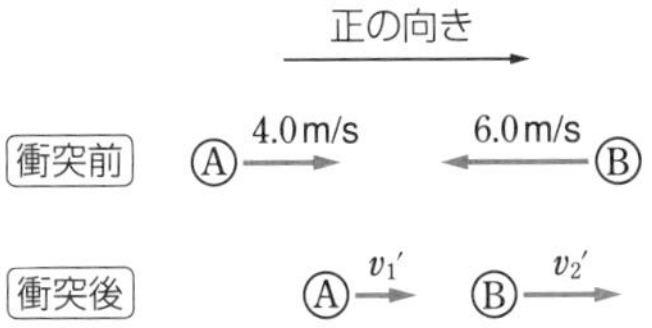

$$2.0\times4.0+1.0\times(-6.0)=2.0v_1'+1.0v_2'$$

反発係数の式は　$0.50=-\dfrac{v_1'-v_2'}{4.0-(-6.0)}$

この２式から

$v_1'=-1.0\,\mathrm{m/s}$，$v_2'=4.0\,\mathrm{m/s}$

したがって，**Aは 1.0m/s，Bは 4.0m/s で，どちらも衝突前の速度と逆向き**にはねかえる。

(2) 衝突前の力学的エネルギー E_1 は

$$E_1=\frac{1}{2}\times2.0\times4.0^2+\frac{1}{2}\times1.0\times6.0^2=34\,\mathrm{J}$$

衝突後の力学的エネルギー E_2 は

$$E_2=\frac{1}{2}\times2.0\times1.0^2+\frac{1}{2}\times1.0\times4.0^2=9.0\,\mathrm{J}$$

衝突による力学的エネルギーの変化 $\varDelta E$ は

$$\varDelta E=E_2-E_1=9.0-34=-25\,\mathrm{J}$$

よって，失われた力学的エネルギーは **25 J**

POINT

一直線上での衝突

運動量保存則の式
反発係数の式　} ⟹ 連立

20. **反発係数（２物体の衝突）**　一直線上を右向きに速さ 21m/s で進む質点P（質量 4.0kg）と，同一直線上を左向きに速さ 14m/s で進む質点Qが衝突し，質点Pは速さ 3.0m/s で左向きに，質点Qは速さ 2.0m/s で右向きに運動した。

(1) 質点Qの質量 m〔kg〕を求めよ。

(2) 質点PとQとの間の反発係数 e の値はいくらか。

(1)＿＿＿＿＿＿＿＿　(2)＿＿＿＿＿＿＿＿

▷例題15

21. **弾性衝突と完全非弾性衝突**　なめらかな水平面上で静止している質量 m の小球Bに，質量 m の小球Aを速さ v_0 で衝突させる。図の右向きを正の向きとする。

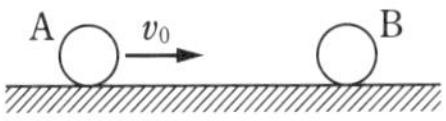

(1) 衝突が弾性衝突の場合について，衝突後の小球Aの速度 v_A と小球Bの速度 v_B を求めよ。また，衝突前後での力学的エネルギーの変化を求めよ。

(2) 衝突が完全非弾性衝突の場合について，衝突後の小球Aの速度 v_A と小球Bの速度 v_B を求めよ。また，衝突前後での力学的エネルギーの変化を求めよ。

(1) v_A：　　　　v_B：　　　　変化：

(2) v_A：　　　　v_B：　　　　変化：

▷例題15

等速円運動・慣性力

リードA

1 等速円運動

リードAの確認問題

a 弧度法

(1) **弧度法** 半径と等しい長さの円弧に対する中心角を 1rad とする角度の表し方。半径 r〔m〕, 中心角 θ〔rad〕のとき, 円弧の長さを l〔m〕とすると

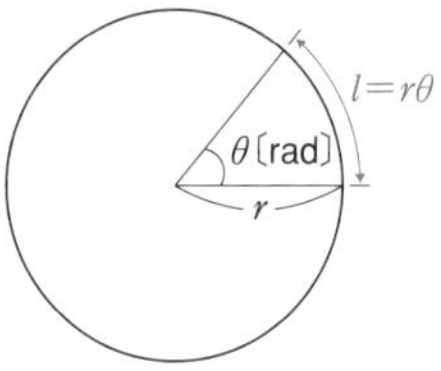

$$l=r\theta,\quad \theta=\frac{l}{r}$$

(2) **度(°)とラジアンの対応**

$$360^\circ=2\pi\text{rad}(\text{全円周}),\quad 1\text{rad}=\frac{180^\circ}{\pi}\fallingdotseq 57.3^\circ$$

b 等速円運動

(1) **等速円運動** 円周上を一定の速さで回る運動。

(2) **角速度 ω** 単位時間当たりの回転角。角速度 ω〔rad/s〕, 半径 r〔m〕の等速円運動で, 時間 t〔s〕の間の回転角を θ〔rad〕, 移動距離を l〔m〕とすると

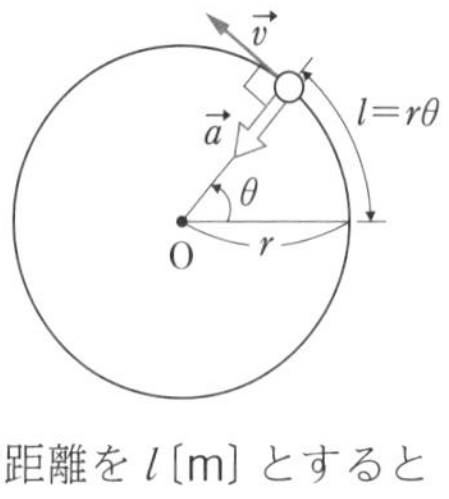

$$\boldsymbol{\omega=\frac{\theta}{t},\quad \theta=\omega t,}\quad l=r\theta$$

(3) **速度 $\vec{v}$** 方向は円の接線方向。速さ v は

$$v=\frac{l}{t}=r\frac{\theta}{t}=r\omega \qquad \text{よって}\qquad \boldsymbol{v=r\omega}$$

(4) **周期 T** 1回転する時間。

$$\boldsymbol{T=\frac{2\pi r}{v}=\frac{2\pi}{\omega}}$$

(5) **回転数 n** 単位時間当たりの回転の回数。

$$\boldsymbol{n=\frac{1}{T}}=\frac{v}{2\pi r}=\frac{\omega}{2\pi},\qquad \omega=2\pi n$$

(6) **加速度(向心加速度) $\vec{a}$** 円の中心を向く。大きさ a は

$$\boldsymbol{a=\frac{v^2}{r}=r\omega^2}$$

c 等速円運動に必要な力

(1) **向心力** 向心加速度を生じさせる力。常に円の中心を向く。

(2) **等速円運動の運動方程式(中心方向)**

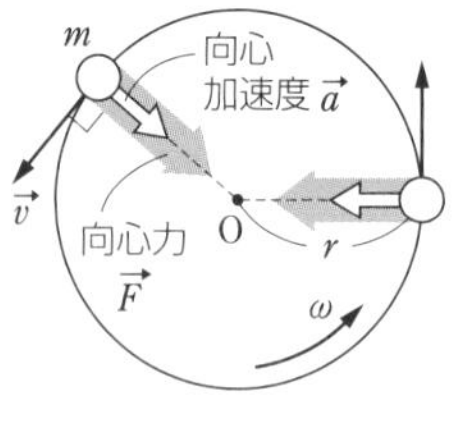

$$\boldsymbol{m\frac{v^2}{r}=\text{合力 または } mr\omega^2=\text{合力}}$$

リードB

基礎CHECK

1. 等速円運動する物体が0.50秒間に90°回転した。90°は何radか。また, この物体の角速度 ω は何rad/sか。

90°:〔　　　〕
ω:〔　　　〕

2. 円周上を角速度2.0rad/sで等速円運動する物体について, 次の値を求めよ。

(1) 周期 T〔s〕　(2) 回転数 n〔Hz〕

(1)〔　　　〕
(2)〔　　　〕

3. 物体が一定の速さで円運動している。この物体の速度の向きと加速度の向きを答えよ。

速度の向き:〔　　　〕
加速度の向き:〔　　　〕

4. なめらかな水平面上で, 質量0.50kgの小球をつけた長さ2.0mの糸の他端を中心にして, 角速度3.0rad/sの等速円運動をさせた。次の値を求めよ。

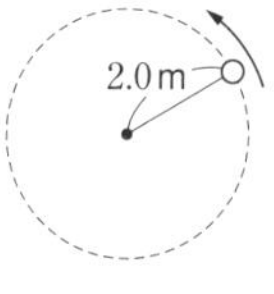

(1) 速さ v〔m/s〕　(2) 加速度の大きさ a〔m/s²〕
(3) 円運動を続けるのに必要な力の大きさ F〔N〕

(1)〔　　　〕
(2)〔　　　〕
(3)〔　　　〕

解答

1. $360^\circ=2\pi\text{rad}$ であるから　$90^\circ=\frac{\pi}{2}\text{rad}$

「$\omega=\frac{\theta}{t}$」より　$\omega=\frac{\pi/2}{0.50}=\pi\fallingdotseq\boldsymbol{3.1\text{rad/s}}$

2. (1) 周期は「$T=\frac{2\pi}{\omega}$」より　$T=\frac{2\pi}{2.0}=\pi\fallingdotseq\boldsymbol{3.1\text{s}}$

(2) 回転数は「$n=\frac{1}{T}$」より　$n=\frac{1}{\pi}=\frac{1}{3.14}\fallingdotseq\boldsymbol{0.32\text{Hz}}$

3. 速度の向き:**円の接線の向き**
加速度の向き:**円の中心に向かう向き**

4. (1) 速さは「$v=r\omega$」より
$v=2.0\times3.0=\boldsymbol{6.0\text{m/s}}$

(2) 加速度の大きさは「$a=r\omega^2$」より
$a=2.0\times3.0^2=\boldsymbol{18\text{m/s}^2}$

(3) 運動方程式「$ma=F$」より
$0.50\times18=F$　よって　$F=\boldsymbol{9.0\text{N}}$

Let's Try!

例題 16 等速円運動

➡ 22, 23

解説動画

なめらかな水平面上の点Oに，長さ 0.50m の軽い糸の一端を固定し，他端に質量 1.0kg の物体をつけ，速さ 2.0m/s の等速円運動をさせた。

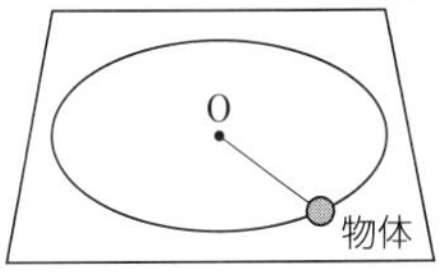

(1) 等速円運動の周期 T〔s〕を求めよ。
(2) 物体の角速度 ω〔rad/s〕を求めよ。
(3) 物体の加速度 a〔m/s²〕の向きと大きさを求めよ。
(4) この運動を続けるのに必要な向心力 F〔N〕の向きと大きさを求めよ。
(5) 糸が 18N までの張力に耐えられるとするとき，最大の角速度 ω'〔rad/s〕を求めよ。

指針 糸の張力が等速円運動の向心力の役割をしている。

解答 (1) 等速円運動の周期の式「$T=\dfrac{2\pi r}{v}$」より

$$T=\frac{2\times3.14\times0.50}{2.0}\fallingdotseq\mathbf{1.6\,s}$$

(2) 等速円運動の速度の式「$v=r\omega$」より

$$\omega=\frac{v}{r}=\frac{2.0}{0.50}=\mathbf{4.0\,rad/s}$$

(3) 等速円運動の加速度の式「$a=r\omega^2$」より

$$a=0.50\times4.0^2=\mathbf{8.0\,m/s^2}$$

向きは**円の中心点 O を向く。**

(4) 等速円運動の向心力の式「$F=mr\omega^2$」より

$$F=1.0\times0.50\times4.0^2=\mathbf{8.0\,N}$$

向きは**円の中心点 O を向く。**

(5) 角速度が最大のとき

$$F=mr\omega'^2=18$$

が成りたつ。

$$F=1.0\times0.50\times\omega'^2=18$$

よって　$\omega'^2=36$　ゆえに　$\omega'=\mathbf{6.0\,rad/s}$

22. 等速円運動 ● なめらかな水平面上の点Oに，長さ r〔m〕の軽い糸の一端を固定し，他端に質量 m〔kg〕の物体をつけ，角速度 ω〔rad/s〕の等速円運動をさせた。

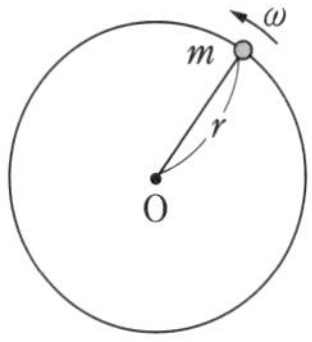

(1) 糸が物体を引く力の大きさを S〔N〕として，物体の半径方向についての運動方程式を立てよ。
(2) 角速度 ω〔rad/s〕を m，r，S を用いて表せ。

(1) ______________________　(2) ______________

▷ 例題16

23. 等速円運動 ● なめらかな水平面上の点Oに，自然の長さが l_0〔m〕の軽いつる巻きばねの一端をつけ，他端に質量 m〔kg〕の小球をつけて，角速度 ω〔rad/s〕で等速円運動をさせると，ばねの長さは l〔m〕になった。

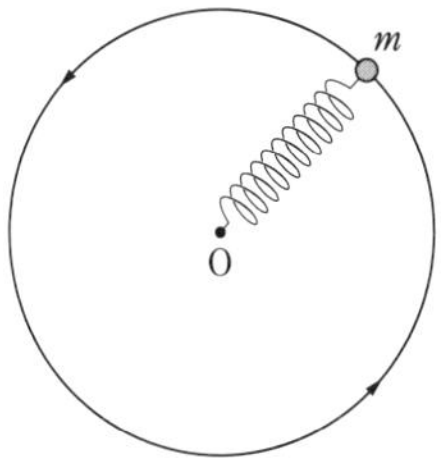

(1) 小球の加速度の向きと大きさ a〔m/s²〕を求めよ。
(2) この円運動に必要な向心力の大きさ F〔N〕を求めよ。
(3) このばねのばね定数 k〔N/m〕を求めよ。

(1) 向き：　　　　a：　　　　(2)　　　　(3)

▷ 例題16

第4章

リード A

2 慣性力 ➡ 巻頭 Zoom ①

リードAの確認問題

a 慣性力

(1) **慣性力** 加速度 $\vec{a}$ で運動する観測者が物体を観測するとき，物体には実際にはたらく力のほかに，みかけの力(慣性力) $-m\vec{a}$ がはたらくように見える。 大きさ：ma 向き：$\vec{a}$ と逆向き

注 慣性力は実在する力ではなく，作用・反作用の考えが成りたたない。

(2) **慣性系**(静止または等速直線運動をする観測者から見る場合) 実際にはたらく力だけで，運動の法則が成立。

(3) **非慣性系**(加速度運動をする観測者から見る場合) 実際にはたらく力のほかに，慣性力 $-m\vec{a}$ を加えると運動の法則が成立。

(4) **みかけの重力加速度** 図の場合，$g'=\sqrt{g^2+a^2}$ となる。

車内の観測者

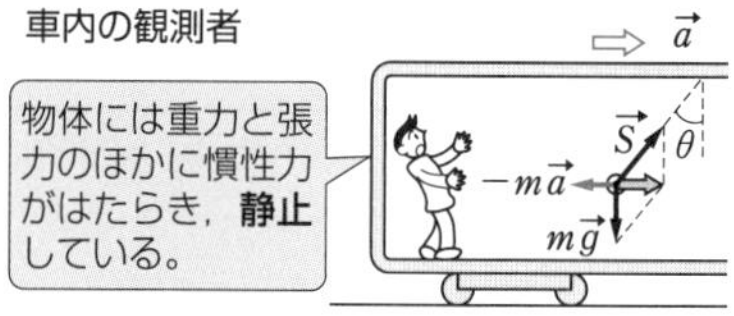

b 遠心力

(1) **遠心力** 物体とともに円運動をしている観測者から見たときに現れる慣性力。

大きさ：$m\dfrac{v^2}{r}$ または $mr\omega^2$

向き：半径方向外向き(向心力と逆向き)

物体とともに回転している観測者

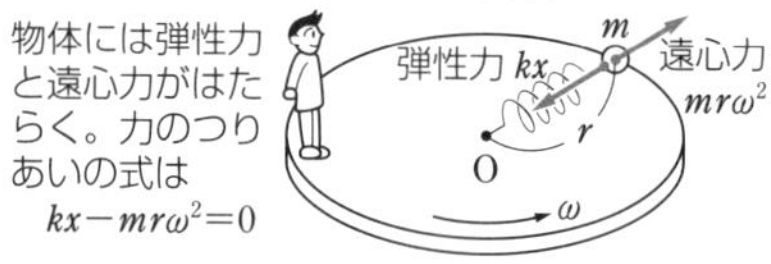

(2) 遠心力を用いると，円運動を「力のつりあい」の問題として扱うことができる。

c 鉛直面内の円運動

(1) 遠心力の大きさ：$m\dfrac{v^2}{r}$ または $mr\omega^2$

(2) 力学的エネルギー保存則が成立する。
→v を求めて遠心力の式に代入する。

(3) 遠心力を含めて，半径方向の力のつりあいの式を立てる。

参考 地上に静止した観測者から見て，半径方向の運動方程式を立ててもよい。

(4)
- 面から離れない
  →垂直抗力≧0
- 面から離れずに1回転する
  →最高点で 垂直抗力≧0
- 糸がたるまない
  →糸の張力≧0

リード B

基礎 CHECK

1. 下向きの加速度 2.0m/s² で下降中のエレベーターの中に質量 50kg の人がいる。人にはたらく慣性力の大きさ f〔N〕と向きを求めよ。

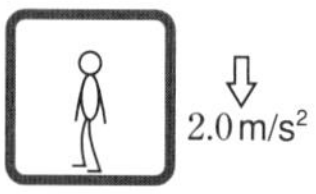

f：〔 〕
向き：〔 〕

2. 自動車が速さ 20m/s で半径 800m の円周上の道を走るとき，質量 60kg の運転手が受ける遠心力の大きさ F〔N〕を求めよ。

〔 〕

3. 長さ r の軽い糸の一端に質量 m の小球をつけた振り子がある。小球とともに動く観測者の立場で考えて，糸と鉛直方向のなす角が θ の位置で，小球が鉛直面内を速さ v で運動しているときに小球にはたらく遠心力の大きさ f と，糸の張力の大きさ S を求めよ。重力加速度の大きさを g とする。

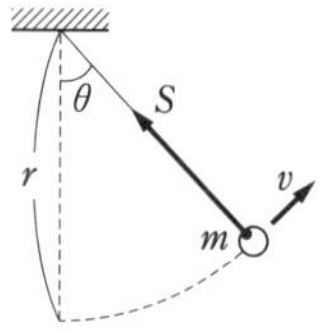

f：〔 〕
S：〔 〕

解答

1. 慣性力は加速度の向きと反対向きであるから，慣性力の向きは**上向き**。
$f=ma=50\times2.0=\mathbf{1.0\times10^2\,N}$

2. 遠心力の大きさは「$F=m\dfrac{v^2}{r}$」より
$F=60\times\dfrac{20^2}{800}=\mathbf{30\,N}$

3. 遠心力の大きさ f は $f=\boldsymbol{m\dfrac{v^2}{r}}$

小球には図のような力がはたらくので，半径方向の力のつりあいより

$S-mg\cos\theta-m\dfrac{v^2}{r}=0$

よって $S=\boldsymbol{mg\cos\theta+m\dfrac{v^2}{r}}$

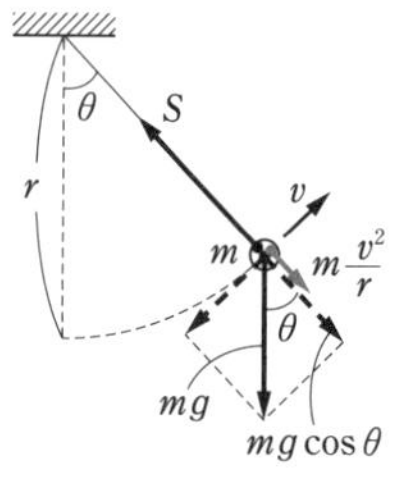

Let's Try!

例題17 慣性力

➡ 24, 25

解説動画

一定の大きさの加速度 a で進行中の電車の天井から質量 m のおもりを糸でつるした。電車内の人には，糸が鉛直方向から角度 θ 傾いて静止しているように見えた。重力加速度の大きさを g とする。

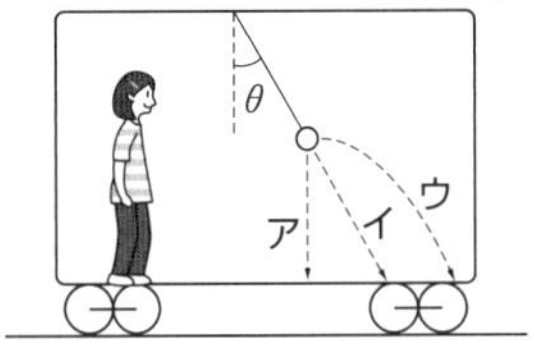

(1) 電車の加速度の向きは右向きか左向きのどちらか。
(2) $\tan\theta$ の値を求めよ。
(3) 糸がおもりを引く力の大きさ S を，m，g，a を用いて表せ。
(4) 突然糸が切れた。電車内の人から見ると，おもりの軌道は**ア**～**ウ**のいずれか。

指針 電車に乗った観測者から見ると，おもりには慣性力がはたらいているように見える。その向きは，電車の加速度の向きと反対である。

解答 (1) 糸の傾きより慣性力の向きは右向きである。よって，加速度の向きは**左向き**。

(2) 電車内の人から見ると，重力，糸が引く力，慣性力の3力がつりあっているように見える。
力のつりあいより

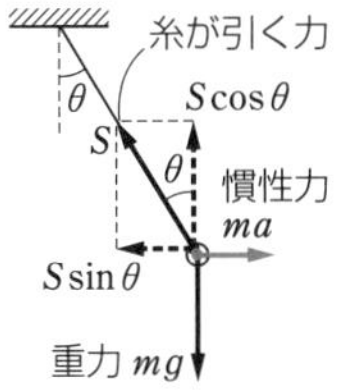

水平方向：$S\sin\theta - ma = 0$　……①
鉛直方向：$S\cos\theta - mg = 0$　……②

①，②式より　$\tan\theta = \dfrac{\sin\theta}{\cos\theta} = \boldsymbol{\dfrac{a}{g}}$

(3) 糸が引く力の大きさ S は三平方の定理より
$S = \sqrt{(mg)^2 + (ma)^2} = \boldsymbol{m\sqrt{g^2 + a^2}}$

(4) 電車内の人から見ると，おもりは重力と慣性力を受けて運動するように見える。したがって，それらの合力の向きに，等加速度直線運動を行う。よって　**イ**

24. 慣性力 ● エレベーターの床に台はかりを置いておもりをのせる。エレベーターが静止しているとき，目盛りは 49N を示した。重力加速度の大きさを $9.8\,\mathrm{m/s^2}$ とする。

(1) エレベーターが上向きに $1.2\,\mathrm{m/s^2}$ の加速度で動いているとき，はかりの針は何Nを示すか。
(2) はかりの針が 40N を示しているとき，エレベーターはどんな運動をしているか。

(1) ______　(2) ______

▷ 例題17

25. 慣性力 ● リフトの中に質量 m の小球が，天井から軽い糸でつるされている。このリフトを上向きの加速度 a で上昇させた。リフトの床から小球までの高さを h，重力加速度の大きさを g とする。

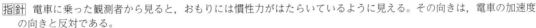

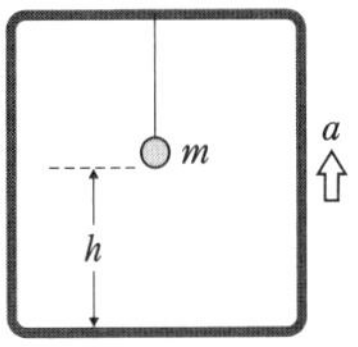

(1) 糸が小球を引く力の大きさ S を，m，g，a を用いて表せ。
(2) 糸が突然切れたとする。糸が切れてから，小球がリフトの床に当たるまでの時間 t を，g，a，h を用いて表せ。

(1) ______　(2) ______

▷ 例題17

リード C

例題 18 円錐振り子

➡ 26, 27

解説動画

長さ l の糸の上端を固定し，下端に質量 m のおもりをつるし，水平面内で等速円運動させる。糸が鉛直線となす角を θ とし，重力加速度の大きさを g とする。

(1) おもりとともに回転する観測者から見ると，おもりはどのような運動に見えるか。

(2) 円運動の周期 T を求めよ。

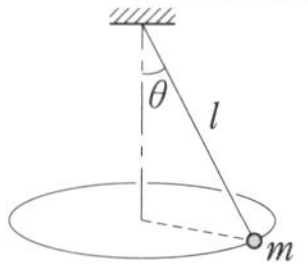

指針 (1) 重力と糸が引く力と遠心力がつりあっている。

解答 (1) おもりは**静止している**ように見える。

(2) 円運動の半径は $r=l\sin\theta$ である。おもりとともに回転する観測者から見ると，重力 mg，糸が引く力 S，遠心力「$F=mr\omega^2$」の 3 力がつりあっている。よって，

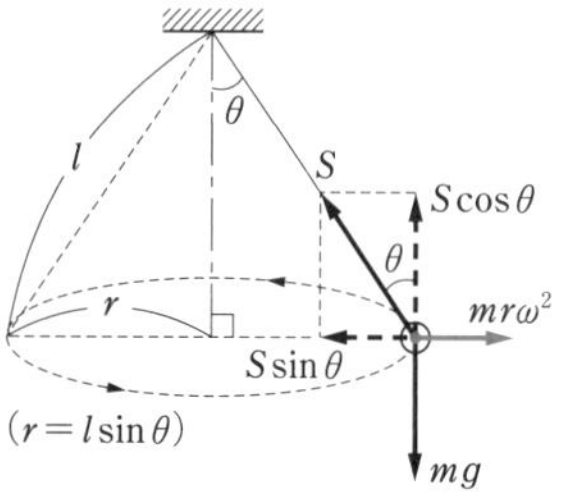

力のつりあいの式は

水平方向：$S\sin\theta-ml\sin\theta\cdot\omega^2=0$　……①

鉛直方向：$S\cos\theta-mg=0$　……②

①，②式より　$S=\dfrac{mg}{\cos\theta}$，$\omega=\sqrt{\dfrac{g}{l\cos\theta}}$

周期の式「$T=\dfrac{2\pi}{\omega}$」より　$T=2\pi\sqrt{\dfrac{l\cos\theta}{g}}$

参考 地上に静止している観測者の立場で考えると等速円運動の運動方程式は $mr\omega^2=S\sin\theta$ となる。

26. 円錐振り子 ●　図のように，自然の長さ l，ばね定数 k のばねの上端を固定し，下端に質量 m の小球をつるして，水平面内で角速度 ω の等速円運動をさせる。このときのばねの伸びを Δl，ばねが鉛直線となす角を θ とする。また，重力加速度の大きさを g とする。

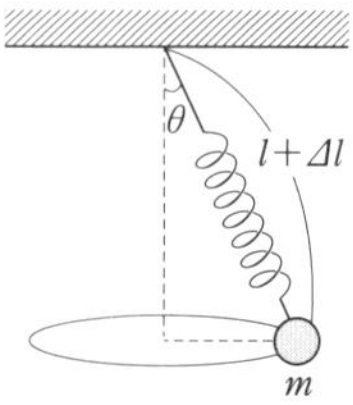

(1) 小球とともに回転する立場から見たときの，水平方向と鉛直方向の力のつりあいの式を立てよ。

(2) Δl を k，θ，m，g を用いて表せ。また，円運動の周期 T を k，l，θ，m，g を用いて表せ。

(1) 水平方向：　　　　　　鉛直方向：

(2) Δl：　　　　T：

▷例題18

27. 円錐振り子 ●　図に示すように，なめらかな水平面 CD 上の点Eに，長さ H の細い棒を鉛直に立てる。棒の頂点Fに，長さ $L(L>H)$ の軽い糸の一端を結び，糸の他端に質量 m の小球を取り付ける。重力加速度の大きさを g とし，糸は伸び縮みしないものとする。

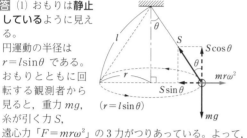

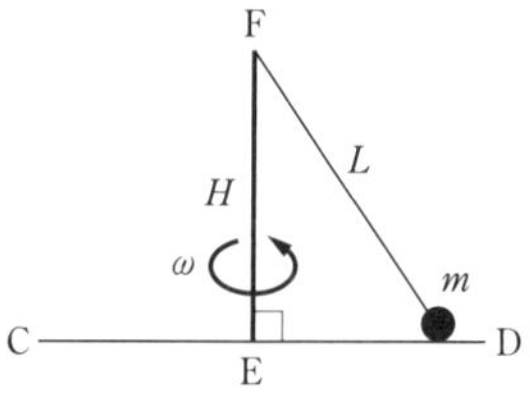

(1) 小球が鉛直棒のまわりを，一定の角速度 ω で回転しているとき，糸の張力の大きさ T，および小球が CD 面から受ける垂直抗力の大きさ N を求めよ。

(2) 角速度をゆっくりと増加していくと，小球は CD 面から浮き上がろうとした。そのときの角速度を求めよ。

(1) T：　　　　N：　　　　(2)

▷例題18

例題 19 鉛直面内の円運動

➡ 28　解説動画

図のように，なめらかな斜面と半径 r のなめらかな半円筒面が点Aでつながっている。質量 m の小球を，点Aからの高さ h の斜面上の点Pで静かにはなしたところ，小球は面にそって運動し，最高点Bを通過した。重力加速度の大きさを g とする。

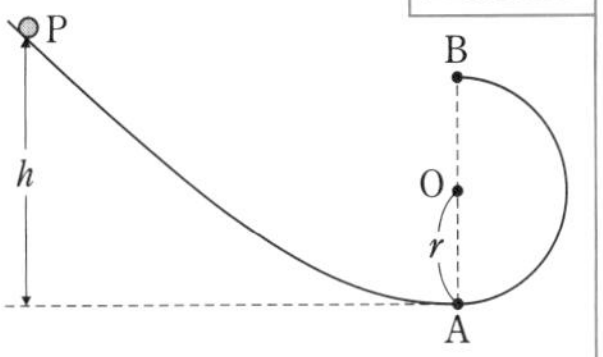

(1) 点Bを通過するときの小球の速さ v を求めよ。

(2) 点Bを通過するために，h が満たすべき条件を求めよ。

指針　最高点Bで受ける垂直抗力が0以上であれば，小球は点Bを通過できる。

解答　(1) 点Aを重力による位置エネルギーの基準とし，点Pと点Bの間で力学的エネルギー保存則を立てると

$$0+mgh=\frac{1}{2}mv^2+mg\cdot 2r$$

よって　$v=\boldsymbol{\sqrt{2g(h-2r)}}$

(2) 点Bで小球が円筒面から受ける垂直抗力の大きさを N とする。小球とともに運動する観測者から見ると，点Bにおいて小球には重力，垂直抗力，遠心力がはたらき，これらがつりあっている。したがって

$$m\frac{v^2}{r}-N-mg=0$$

よって

$$N=m\frac{v^2}{r}-mg$$

$$=m\frac{2g(h-2r)}{r}-mg$$

$$=\left(\frac{2h}{r}-5\right)mg$$

$N\geqq 0$ であれば，小球は面を離れずに点Bを通過できる。したがって

$$N=\left(\frac{2h}{r}-5\right)mg\geqq 0$$

ゆえに　$\boldsymbol{h\geqq\frac{5}{2}r}$

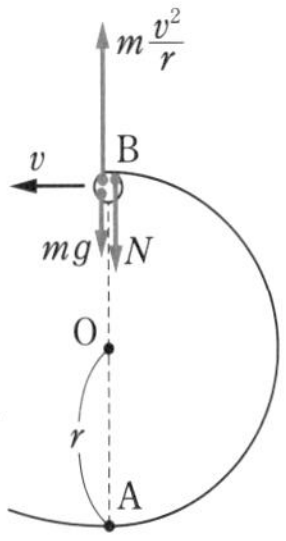

28. **鉛直面内の円運動** ●　長さ l の軽い糸の一端に質量 m の小球をつけ，他端を点Oに固定する。小球が最下点Aにあるとき，小球に水平方向の初速度を与えたら，小球は鉛直面内で運動し，最高点Bを糸がたるむことなく通過した。重力加速度の大きさを g とする。

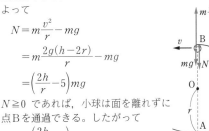

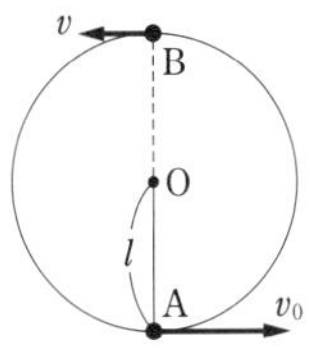

(1) 最高点Bを通過する速さの最小値 v を求めよ。

(2) 小球に与える速さの最小値 v_0 を求めよ。

(3) この糸のかわりに同じ長さの軽く硬い棒とした場合，最高点Bを通過するには，小球に与える速さはいくらより大きくすればよいか。

(1) ＿＿＿＿＿＿　(2) ＿＿＿＿＿＿　(3) ＿＿＿＿＿＿

▷ 例題19

第5章 単振動

1 単振動

リードAの確認問題

a 等速円運動と単振動

等速円運動の正射影が単振動。
(等速円運動を横から見れば単振動)

変位 x と時間 t の関係：$x = A\sin\omega t$ (正弦曲線)

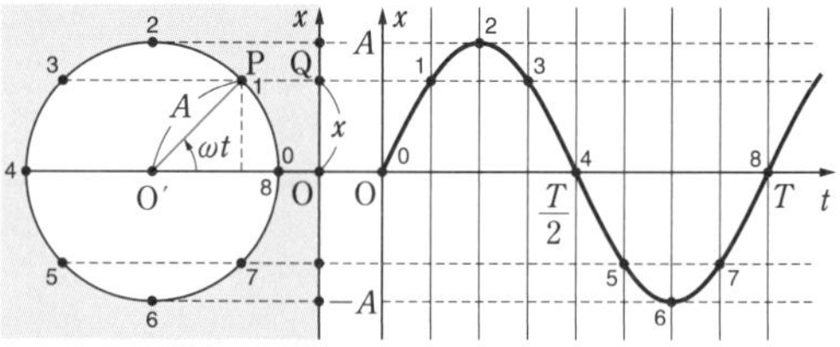

b 単振動

(1) 変位・速度・加速度

変位
$x = A\sin\omega t$

速度
$v = A\omega\cos\omega t$

加速度
$a = -A\omega^2\sin\omega t$
$= -\omega^2 x$

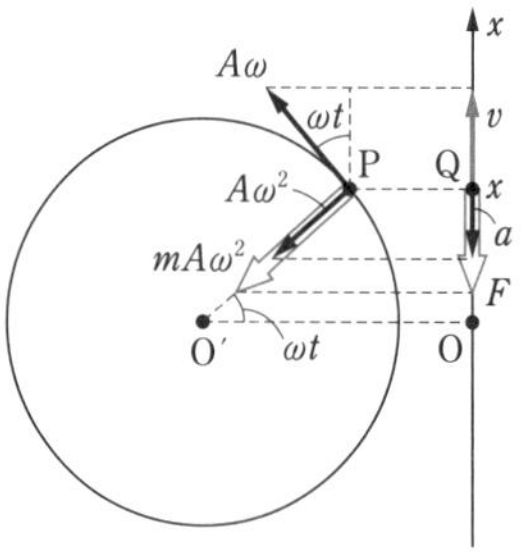

(2) 単振動の関係式

速度の最大値 $v_{最大} = A\omega$

加速度の最大値 $a_{最大} = A\omega^2$ $(a = -\omega^2 x)$

周期 T，振動数 f，角振動数 ω の関係：

$$T = \frac{2\pi}{\omega},\quad f = \frac{1}{T},\quad \omega = \frac{2\pi}{T} = 2\pi f$$

c 単振動に必要な力

(1) **復元力**　常に振動の中心を向き(変位と逆向き)，変位の大きさに比例する力。

$F = -Kx$ (K：正の定数)

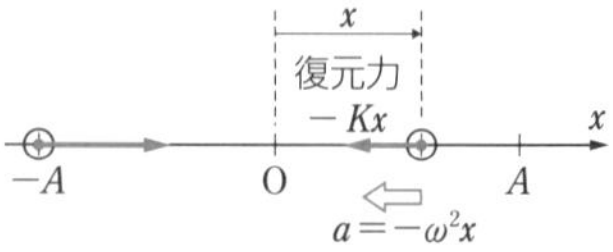

(2) **単振動の運動方程式**　$ma = -Kx$

$a = -\dfrac{K}{m}x$　　$a = -\omega^2 x$ と比較して　$\omega = \sqrt{\dfrac{K}{m}}$　$(K = m\omega^2)$

(3) **単振動の周期**　$T = \dfrac{2\pi}{\omega} = 2\pi\sqrt{\dfrac{m}{K}}$

基礎 CHECK

1. 振動数 5.0Hz の単振動の周期 T〔s〕と角振動数 ω〔rad/s〕を求めよ。

T：〔　　　〕
ω：〔　　　〕

2. 時刻 t〔s〕における位置 x〔m〕が，$x = 0.20\sin 0.50\pi t$ で表される単振動について，振幅 A〔m〕，角振動数 ω〔rad/s〕，周期 T〔s〕を求めよ。

A：〔　　　〕
ω：〔　　　〕
T：〔　　　〕

3. 図のように，物体が点 P，Q を両端として振幅 A〔m〕，角振動数 ω〔rad/s〕の単振動をしている。

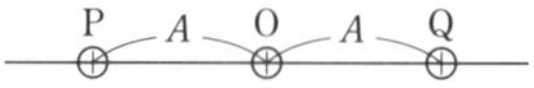

表の空欄を埋めよ。加速度は右向きを正とする。

	点P	点O	点Q
速さ v〔m/s〕	①	②	③
加速度 a〔m/s²〕	④	⑤	⑥

4. 点Oを中心に点A，B間を周期6.0秒で単振動をしている物体がある。

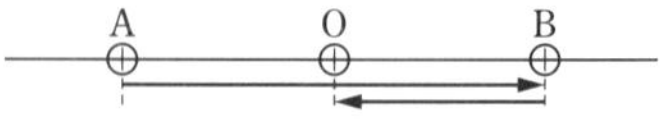

(1) AからBに達するまでの時間を求めよ。
(2) BからOに達するまでの時間を求めよ。

(1)〔　　　〕 (2)〔　　　〕

解答

1. 「$f = \dfrac{1}{T}$」より　$T = \dfrac{1}{f} = \dfrac{1}{5.0} = $ **0.20 s**

「$\omega = \dfrac{2\pi}{T}$」より　$\omega = \dfrac{2\pi}{0.20} \fallingdotseq$ **31 rad/s**

2. 「$x = A\sin\omega t$」と比較して　$A = $ **0.20 m**

$\omega = 0.50\pi \fallingdotseq$ **1.6 rad/s**　　$T = \dfrac{2\pi}{\omega} = \dfrac{2\pi}{0.50\pi} = $ **4.0 s**

3. 単振動は，半径A，角速度ωの等速円運動の正射影。
① **0 m/s**　② **$A\omega$〔m/s〕**　③ **0 m/s**
④ **$A\omega^2$〔m/s²〕**　⑤ **0 m/s²**　⑥ **$-A\omega^2$〔m/s²〕**

4. (1) A→Bの時間は，周期6.0秒の1/2である。
よって **3.0秒**
(2) B→Oの時間は，周期6.0秒の1/4である。
よって **1.5秒**

Let's Try!

例題20 単振動の変位，速度，加速度

➡ 29, 30

解説動画

時刻 t〔s〕における変位 x〔m〕が $x=4.0\sin 0.50t$ と表される単振動を考える。

(1) 時刻 t〔s〕における速度 v〔m/s〕と加速度 a〔m/s²〕を t を用いて表せ。

(2) 速度が正の向きに最大になるときの変位 x_1〔m〕と加速度 a_1〔m/s²〕を求めよ。

(3) 加速度が正の向きに最大になるときの変位 x_2〔m〕と速度 v_2〔m/s〕を求めよ。

指針 単振動の式を整理しておく。変位「$\boldsymbol{x=A\sin\omega t}$」，速度「$\boldsymbol{v=A\omega\cos\omega t}$」，加速度「$\boldsymbol{a=-A\omega^2\sin\omega t}$」

解答 (1) $x=4.0\sin 0.50t$ と単振動の変位の式「$x=A\sin\omega t$」の係数を比較して振幅 $A=4.0$m，角振動数 $\omega=0.50$rad/s

よって，時刻 t〔s〕における速度 v〔m/s〕は

$$v=A\omega\cos\omega t=4.0\times 0.50\cos 0.50t$$
$$=\mathbf{2.0\cos 0.50}\boldsymbol{t} \quad \cdots\cdots①$$

また，時刻 t〔s〕における加速度 a〔m/s²〕は

$$a=-A\omega^2\sin\omega t=-4.0\times 0.50^2\sin 0.50t$$
$$=\mathbf{-1.0\sin 0.50}\boldsymbol{t} \quad \cdots\cdots②$$

(2) 速度が最大となるのは①式より $0.50t=2\pi n$（n は整数）のときである。このとき

$x_1=4.0\sin 2\pi n=$**0m**　$a_1=-1.0\sin 2\pi n=$**0m/s²**

(3) 加速度が最大となるのは②式より $0.50t=\dfrac{3\pi}{2}+2\pi n$（$n$ は整数）のときである。このとき

$$x_2=4.0\sin\left(\frac{3\pi}{2}+2\pi n\right)=\mathbf{-4.0m}$$
$$v_2=2.0\cos\left(\frac{3\pi}{2}+2\pi n\right)=\mathbf{0m/s}$$

29. 単振動の周期 ● ある物体が単振動をしている。単振動の中心から 0.20m 離れた点の加速度の絶対値が 0.80m/s² であった。この単振動の角振動数 ω〔rad/s〕と周期 T〔s〕を求めよ。

ω：　　　　　T：

▷ 例題20

30. 単振動の式 ● 線分 PQ（=0.40m）の中点Oに置かれた小球に，時刻 0 のときにQの向きに速度を与えると，PQ を往復する周期 2.0 秒の単振動をした。

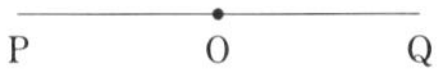

(1) 小球のOからの変位を x とするとき，x の時間変化のようすをグラフに表し，任意の時刻 t のときの x を表す式を書け。ただし，右向きを正の向きとする。

(2) 振動中心Oを右向きに通過してから $\dfrac{1}{6}$ 秒後の小球のOからの位置 x〔m〕を求めよ。

(3) (2)のときの小球の速度 v〔m/s〕と加速度 a〔m/s²〕を求めよ。

(4) 加速度 a と x との間の関係式を求めよ。

(1)
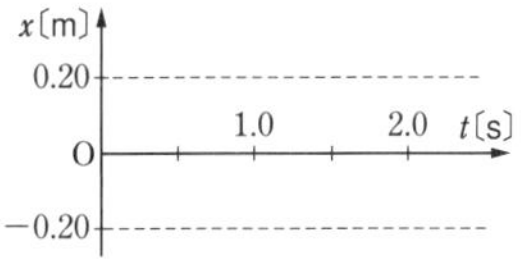

x：

(2)

(3) v：　　　　　a：

(4)

▷ 例題20

リードA

リードAの確認問題

2 単振動の例

a ばね振り子

(1) **水平ばね振り子** 振動の中心O：ばねが自然の長さの位置

合力 $F=-kx$ 周期 $T=2\pi\sqrt{\dfrac{m}{k}}$

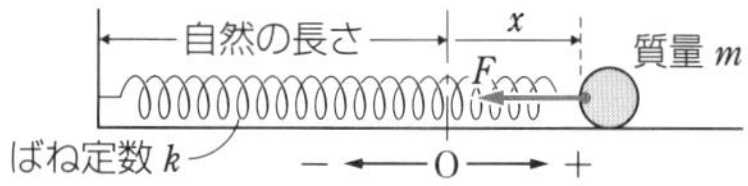

(2) **鉛直ばね振り子** 振動の中心O：つりあいの位置（$kx_0=mg$）

合力 $F=mg-k(x_0+x)$

$=mg-kx_0-kx=-kx$

周期 $T=2\pi\sqrt{\dfrac{m}{k}}$

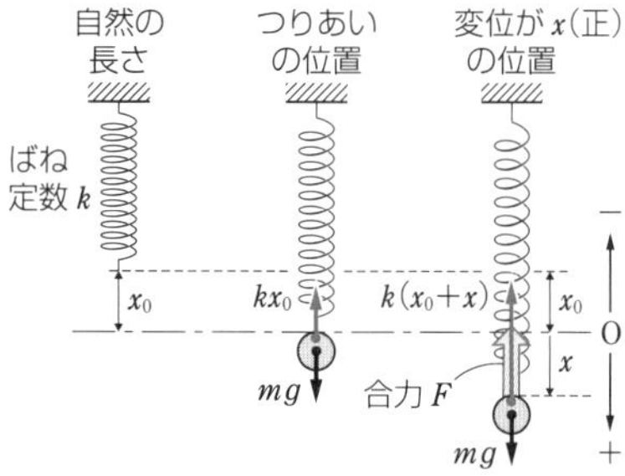

参考 斜面上，摩擦のある面上，電車内などでも $T=2\pi\sqrt{\dfrac{m}{k}}$ が成りたつ。

b 単振動のエネルギー

単振動の力学的エネルギーEは一定。

$$E=\frac{1}{2}mv^2+\frac{1}{2}kx^2=\frac{1}{2}kA^2=\frac{1}{2}mv_{最大}{}^2=2\pi^2mf^2A^2$$

$$=一定 \quad (k=m\omega^2=m(2\pi f)^2)$$

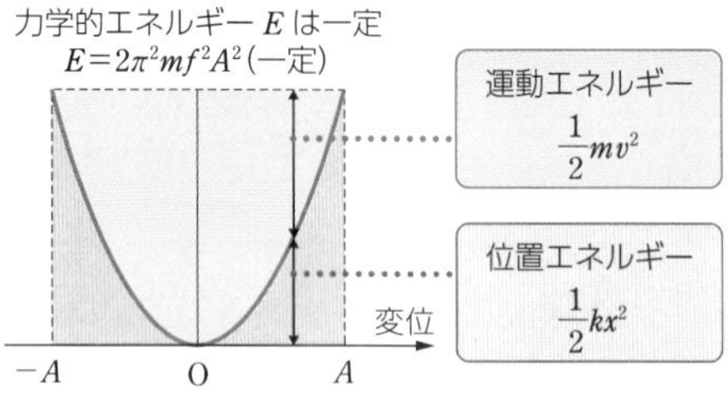

c 単振り子

(1) **単振り子** 振幅が小さい場合，重力の接線方向の成分を復元力として単振動する。

合力 $F=-mg\sin\theta \fallingdotseq -mg\dfrac{x}{l}=-\dfrac{mg}{l}x \implies K=\dfrac{mg}{l}$

周期 $T=2\pi\sqrt{\dfrac{m}{K}}=2\pi\sqrt{\dfrac{l}{g}}$

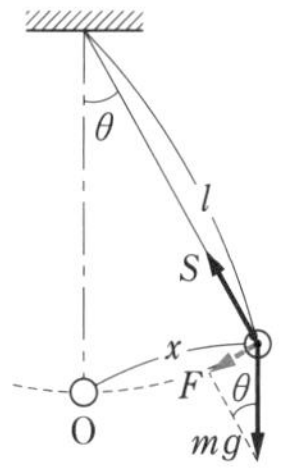

参考 エレベーター内などではみかけの重力加速度 g' を用いる。

(2) **振り子の等時性** 周期Tは振幅に無関係。

リードB

基礎CHECK

1. 次の各場合に，ばね振り子の周期はもとの周期の何倍になるか。

(1) おもりの質量を2倍にする。

(2) 振幅を2倍にする。

(1)〔　　　〕 (2)〔　　　〕

2. 次の各場合に，単振り子の周期はもとの周期の何倍になるか。

(1) おもりの質量を2倍にする。

(2) 糸の長さを2倍にする。

(1)〔　　　〕 (2)〔　　　〕

3. 長さ1.8mの単振り子の周期を求めよ。重力加速度の大きさを9.8m/s²とする。

〔　　　〕

解答

1. ばね振り子の周期の式「$T=2\pi\sqrt{\dfrac{m}{k}}$」より

(1) 質量を2倍にすると周期は $\sqrt{2}$ **倍**。

(2) 周期は振幅によらない。よって，振幅を2倍にすると周期は **1倍**。

2. 単振り子の周期の式「$T=2\pi\sqrt{\dfrac{l}{g}}$」より

(1) 周期は質量によらない。よって，質量を2倍にすると周期は **1倍**。

(2) 糸の長さを2倍にすると周期は $\sqrt{2}$ **倍**。

3. 単振り子の周期の式「$T=2\pi\sqrt{\dfrac{l}{g}}$」より

$$T=2\pi\sqrt{\frac{1.8}{9.8}}=2\pi\sqrt{\frac{9}{49}}=2\pi\times\frac{3}{7}\fallingdotseq \mathbf{2.7\,s}$$

Let's Try!

例題 21 水平ばね振り子

➡ 31, 32

解説動画

ばね定数 5.0N/m の軽いつる巻きばねを，なめらかな水平面上に置き，一端を固定し，他端に質量 0.20kg の小球をとりつける。小球を水平方向に距離 0.40m だけ引いてからはなすと，小球は単振動をする。

(1) この単振動の周期 T〔s〕を求めよ。

(2) 小球の加速度の大きさの最大値 a_0〔m/s²〕を求めよ。

(3) 小球がもつ力学的エネルギー E〔J〕を求めよ。

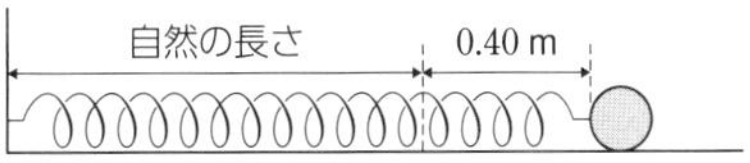

指針 (2) 単振動の加速度の最大値 a_0＝等速円運動の加速度 $A\omega^2$

解答 (1) $T=2\pi\sqrt{\dfrac{m}{k}}=2\pi\sqrt{\dfrac{0.20}{5.0}}=\dfrac{2\pi}{5}\fallingdotseq$ **1.3 s**

(2) $a_0=A\omega^2=A\left(\dfrac{2\pi}{T}\right)^2=A\left(\sqrt{\dfrac{k}{m}}\right)^2=0.40\times\dfrac{5.0}{0.20}=$ **10 m/s²**

(3) $E=\dfrac{1}{2}kA^2=\dfrac{1}{2}\times5.0\times0.40^2=$ **0.40 J**

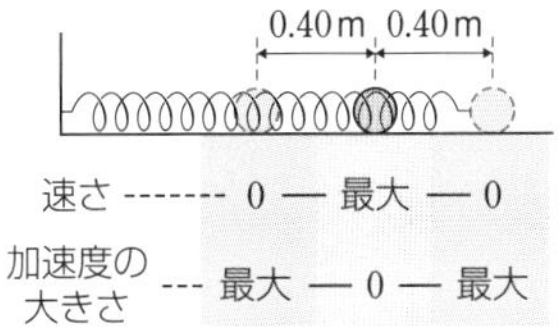

31. 水平ばね振り子 ばね定数 8.0N/m の軽いつる巻きばねをなめらかな水平面上に置き，一端を固定し，他端に質量 0.50kg の小球を取りつける。ばねが自然の長さから 0.20m 伸びた状態になるまで小球を移動させてから静かにはなすと，小球は単振動をする。次の値を求めよ。

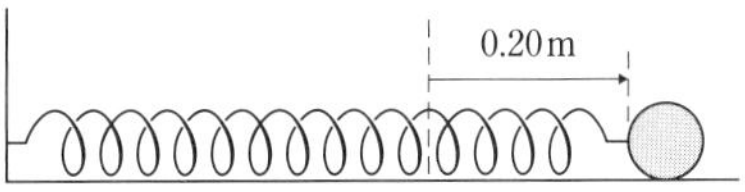

(1) 振幅 A〔m〕　(2) 周期 T〔s〕　(3) 小球の速さの最大値 v_0〔m/s〕

(4) 小球にはたらく力の大きさの最大値 F_0〔N〕

(1)　(2)　(3)　(4)

▷ 例題 21

32. 2本のばねにつながれた物体の運動 図のように，なめらかな水平面上に置かれた質量mの物体に，ばね定数がそれぞれ k_1，k_2 の軽いばね A，B をつけ，他端をそれぞれ壁 P，Q に固定する。このときばね A，B はともに自然の長さであった。このときの物体の位置Oを原点とし，右向きをx軸の正の向きとする。物体を正の向きに x_0 だけ移動させてから手をはなすと，物体は単振動をした。

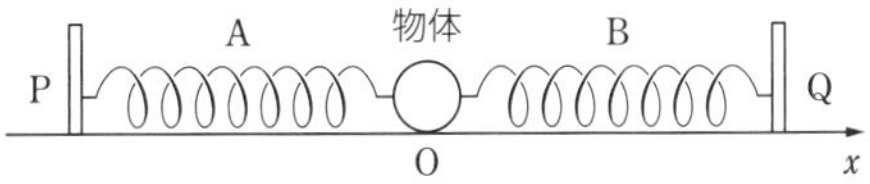

(1) 物体が位置xにきたとき，物体にはたらく力Fと物体の加速度aを求めよ。

(2) 物体の加速度の大きさが最大になる位置xを求めよ。

(3) 単振動の周期Tを求めよ。

(1) F：　a：　(2)　(3)

▷ 例題 21

リード C

例題22 鉛直ばね振り子

➡ 33

解説動画

軽いばねの一端に質量mの小球をつけ，天井からつり下げるとばねが長さl_0だけ伸びて静止した。このときの小球の位置を原点Oとし，鉛直下向きにx軸をとる。次に，ばねが自然の長さとなるまで小球を持ち上げて静かにはなしたところ，小球は単振動をした。重力加速度の大きさをgとする。

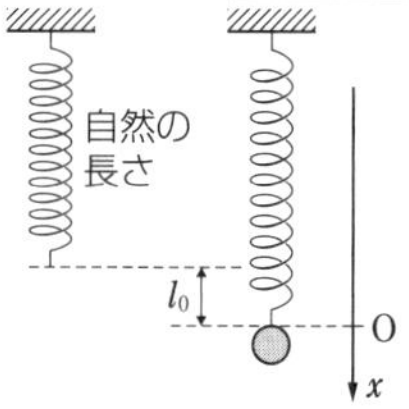

(1) このばねのばね定数kを求めよ。

(2) 位置xを通過するときの小球の加速度aを求めよ。

(3) 単振動の角振動数ωを求めよ。

(4) 小球をはなしてから，初めて小球が原点Oを通過するまでの時間t_1と，そのときの速さv_1を求めよ。

指針 ばね振り子ではつりあいの位置が振動の中心。振幅＝振動の中心からの最大変位

解答 (1) 点Oでの力のつりあいより

$mg-kl_0=0$ よって $k=\boldsymbol{\dfrac{mg}{l_0}}$

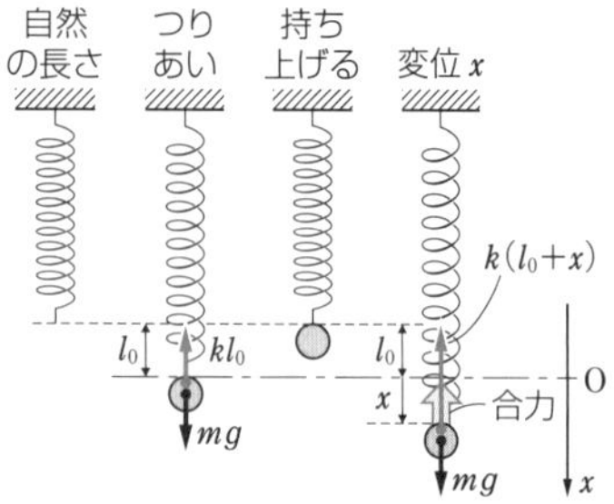

(2) 位置xのとき，ばねの伸びはl_0+xである。運動方程式を立てると

$$ma=mg-k(l_0+x)=mg-\frac{mg}{l_0}(l_0+x)$$
$$=-\frac{mg}{l_0}x$$

よって $a=\boldsymbol{-\dfrac{g}{l_0}x}$

(3) (2)の結果を「$a=-\omega^2x$」と比較して $\omega=\boldsymbol{\sqrt{\dfrac{g}{l_0}}}$

(4) 周期をTとおくと，小球が初めて点Oを通過するまでの時間t_1は

$$t_1=\frac{1}{4}T=\frac{1}{4}\times\frac{2\pi}{\omega}=\boldsymbol{\frac{\pi}{2}\sqrt{\frac{l_0}{g}}}$$

点Oを通過するとき，速さは最大。「$v_{最大}=A\omega$」より

$$v_1=l_0\omega=l_0\sqrt{\frac{g}{l_0}}=\boldsymbol{\sqrt{gl_0}}$$

33. 鉛直ばね振り子 ● 図のように，ばね定数kの軽いばねの上端Aを固定し，下端Bに質量mのおもりをつけて鉛直につるし，おもりを静止させた。その状態から時刻0のときにおもりに鉛直下向きに大きさvの速度を与えたところ，おもりは単振動を始めた。重力加速度の大きさをgとする。

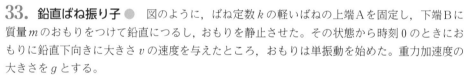

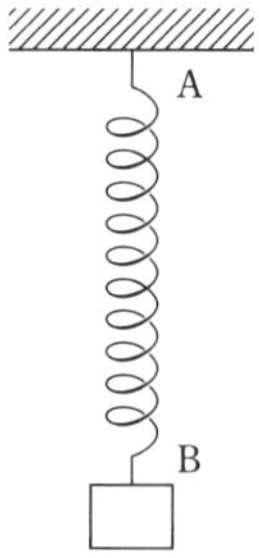

(1) 静止させたときのばねの自然の長さからの伸びx_0はいくらか。

(2) 単振動の振幅Aと周期Tを求めよ。

(3) おもりが初めて最高点に達する時刻tを求めよ。

(4) おもりが最高点に達したとき，ばねがちょうど自然の長さとなるようなvを求めよ。

(1) ______ (2) A： ______ T： ______

(3) ______ (4) ______

▷ 例題22

34. 単振り子 図のように，長さ l の軽い糸に，大きさの無視できる質量 m のおもりをつけて振動させる。おもりの最下点を原点Oとし，水平方向右向きに x 軸をとり，重力加速度の大きさを g とする。

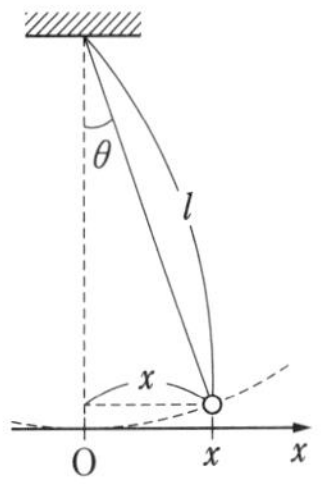

(1) 糸が鉛直線と角 θ をなすとき，おもりにはたらく力の，円の接線方向の成分 F を m，g，θ を用いて表せ(F，θ はともに反時計回りを正とする)。
(2) 力 F を m，l，g，x を用いて表せ。
(3) 振れが小さい場合，力 F は水平方向にはたらくとみなせる。このとき，F が復元力となり，おもりは単振動をする。振動の周期 T を求めよ。
(4) この実験を上向きの加速度 α で上昇するエレベーターの中で行うと，周期 T' はいくらになるか。

(1) ______ (2) ______ (3) ______ (4) ______

考 **35. 単振り子の周期** 単振り子の周期は，次の(1)~(4)の場合にもとの何倍になるか答えよ。ただし，いずれの場合も振れは小さいものとする。
(1) 振幅を半分にする。 (2) 糸の長さを2倍にする。 (3) おもりの質量を2倍にする。
(4) 月面上(重力加速度が地球上の6分の1)にもっていく。

(1) ______ (2) ______ (3) ______ (4) ______

第6章 万有引力

リードA

1 惑星の運動

リードAの確認問題

a ケプラーの法則

(1) **第一法則**　惑星は太陽を1つの焦点とするだ円上を運動する。

(2) **第二法則**　惑星と太陽とを結ぶ線分が一定時間に通過する面積は一定である。

(面積速度一定の法則)　面積速度 $\frac{1}{2}rv\sin\theta=\frac{1}{2}r_1v_1=\frac{1}{2}r_2v_2=$一定

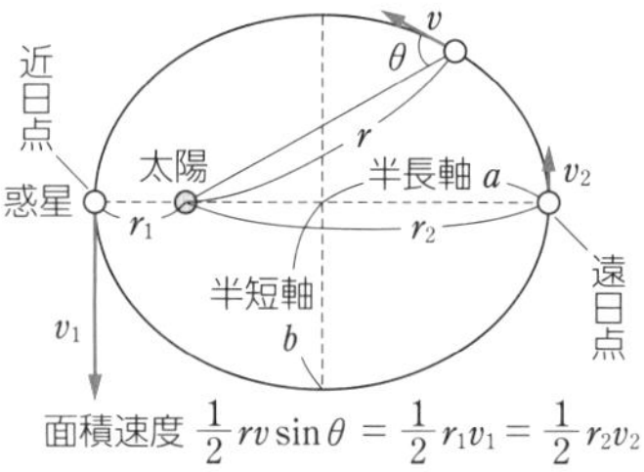

(3) **第三法則**　すべての惑星について，惑星の公転周期 T の2乗と軌道だ円の長半径(半長軸の長さ) a の3乗の比は一定になる。

$$\frac{T^2}{a^3}=k \quad (k\text{は定数})$$

リードB

基礎CHECK

1. 惑星は太陽を1つの［ア］とする［イ］上を運動する。

ア：〔　　　〕　イ：〔　　　〕

2. 右図の惑星の軌道について，点P(近日点)での惑星の速さが v_1 のとき，点Q(遠日点)での速さ v_2 を求めよ。また，半長軸の長さ a を求めよ。

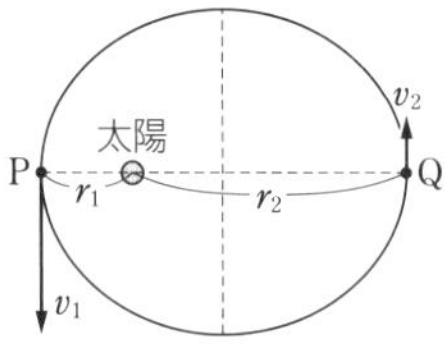

v_2：〔　　　〕
a：〔　　　〕

解答

1. ケプラーの第一法則より　(ア) **焦点**　(イ) **だ円**

2. ケプラーの第二法則(面積速度一定の法則)より

$\frac{1}{2}r_1v_1=\frac{1}{2}r_2v_2$　ゆえに　$v_2=\boldsymbol{\frac{r_1}{r_2}v_1}$

長軸の長さが r_1+r_2 で，半長軸の長さはその半分であるから

$a=\boldsymbol{\frac{r_1+r_2}{2}}$

リードC

Let's Try!

例題23 ケプラーの法則

➡36

解説動画

惑星の公転周期を T，軌道だ円の半長軸の長さを a とすると，T と a の間にはすべての惑星について［ア］=一定　の関係が成りたつ。また，図のA，B，Pでの速さと太陽の中心からの距離に関して　$\frac{1}{2}r_1v_1=$［イ］=［ウ］　が成りたつ。

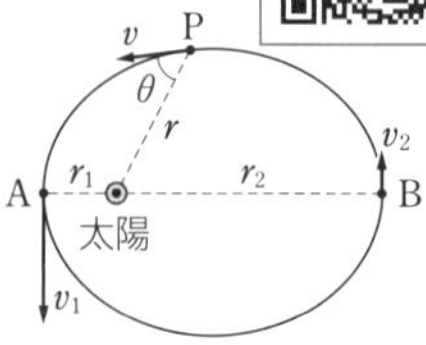

指針　ケプラーの第二法則と第三法則を用いる。

解答　(ア) $\boldsymbol{\frac{T^2}{a^3}}$　(イ) $\frac{1}{2}r_2v_2\sin 90°=\boldsymbol{\frac{1}{2}r_2v_2}$　(ウ) $\boldsymbol{\frac{1}{2}rv\sin\theta}$

36. ケプラーの法則　右図のような，太陽を1つの焦点とする，半長軸の長さ $5r$，半短軸の長さ $4r$ のだ円軌道を運動する惑星があったとする。図のAでの惑星の速さを v とするとき，BおよびCでの惑星の速さ v_B，v_C をそれぞれ v で表せ。

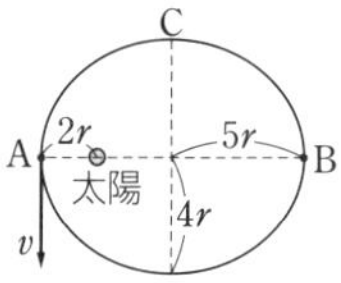

v_B：＿＿＿＿　v_C：＿＿＿＿

▷例題23

2 万有引力

リードAの確認問題

a 万有引力の法則

2つの物体が及ぼしあう万有引力の大きさ F〔N〕は，2物体の質量 m_1，m_2〔kg〕の積に比例し，距離 r〔m〕の2乗に反比例する。 $\boldsymbol{F=G\frac{m_1m_2}{r^2}}$ **万有引力定数** $G=6.67\times10^{-11}\,\mathrm{N\cdot m^2/kg^2}$

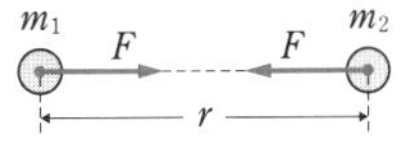

b 重力

(1) **重力** 地球が物体に及ぼす万有引力と，地球の自転による遠心力との合力。遠心力は，その大きさが最大となる赤道上でも万有引力の約 1/300 であるから，通常は「重力＝万有引力」と考えてよい。

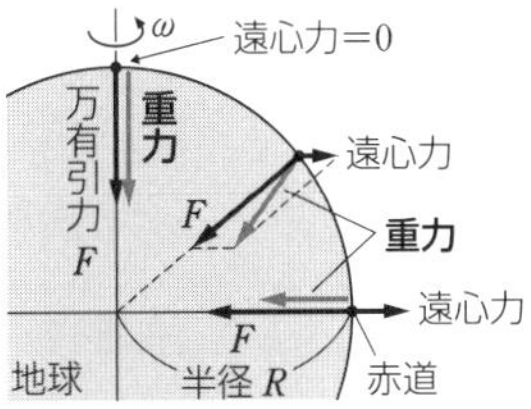

(2) **重力と重力加速度**（遠心力を無視した場合）
地球の質量を M，半径を R とするとき，質量 m の物体にはたらく重力の大きさ

① 地球上　重力の大きさ $mg=G\frac{Mm}{R^2}$　　重力加速度の大きさ $\boldsymbol{g=\frac{GM}{R^2}}$

注　G や M が与えられていないとき，$\boldsymbol{GM=gR^2}$ の式を用いるとよい。

② 高さ h　重力の大きさ $mg'=G\frac{Mm}{(R+h)^2}$

重力加速度の大きさ $g'=\frac{GM}{(R+h)^2}=\left(\frac{R}{R+h}\right)^2g$

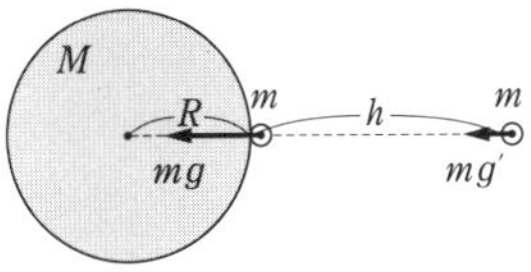

c 万有引力による位置エネルギー

質量 M の物体の重心Oから距離 r の点Pにある物体（質量 m）がもつ万有引力による位置エネルギー U は，無限遠を基準（位置エネルギー $U=0$）とすると

$$\boldsymbol{U=-G\frac{Mm}{r}}$$

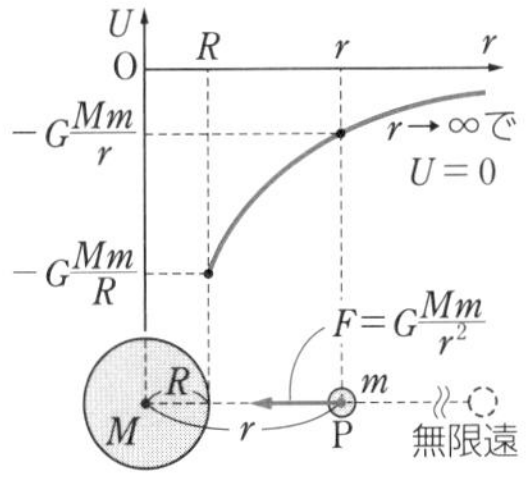

リード B

基礎 CHECK

1. 質量 60kg の2物体が 2.0m 離れているとき，2物体が及ぼしあう万有引力の大きさ F〔N〕を求めよ。万有引力定数を $6.7\times10^{-11}\,\mathrm{N\cdot m^2/kg^2}$ とする。

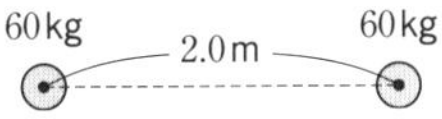

〔　　　　〕

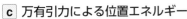

2. 地球上での重力加速度の大きさ g を，万有引力定数 G，地球の半径 R，地球の質量 M を用いて表せ。ただし，地球の自転の影響は無視する。

〔　　　　〕

3. 地球の自転を考慮したとき，北極での重力加速度と赤道上での重力加速度はどちらが大きいか。

〔　　　　〕

4. 地球の質量を M，万有引力定数を G とする。地球の中心から距離 r 離れた点Pにある質量 m のロケットの万有引力による位置エネルギー U_1 は，無限遠を基準として $U_1=$ ［ア］ と表される。距離 $2r$ 離れた点Qにある場合の位置エネルギー U_2 は，$U_2=$ ［イ］ となるから，U_1 と U_2 の大小関係は ［ウ］ となる。

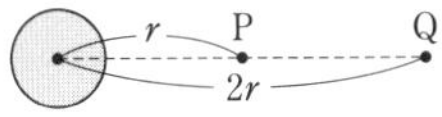

ア：〔　　　　〕

イ：〔　　　　〕

ウ：〔　　　　〕

解答

1. 万有引力の式「$F=G\frac{m_1m_2}{r^2}$」より

$F=(6.7\times10^{-11})\times\frac{60\times60}{2.0^2}=6.03\times10^{-8}\fallingdotseq\boldsymbol{6.0\times10^{-8}\,\mathrm{N}}$

2. 「重力＝万有引力」より

$mg=G\frac{Mm}{R^2}$　　よって　$g=\boldsymbol{\frac{GM}{R^2}}$

3. 地球の自転を考慮した場合，北極では遠心力0で，赤道上では万有引力と逆向きに遠心力が生じる。よって，**北極での重力加速度のほうが大きい。**

4. 万有引力による位置エネルギーの式

「$U=-G\frac{Mm}{r}$」より　(ア) $U_1=\boldsymbol{-G\frac{Mm}{r}}$

(イ) $U_2=\boldsymbol{-G\frac{Mm}{2r}}$　　(ウ) $\boldsymbol{U_1<U_2}$

Let's Try!

例題 24 重力加速度

➡ 37, 38, 39

解説動画

地球を半径Rの球とみなし，自転の影響を無視したときの地球上における重力加速度の大きさをgとする。また，地球上より鉛直方向にhの高さの点における重力加速度の大きさをg'とする。

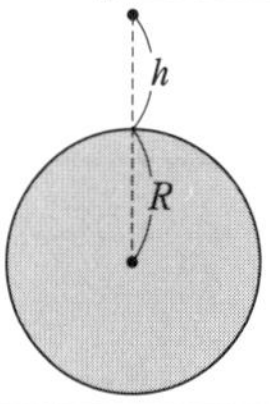

(1) g'をg，R，hで表せ。

(2) hとg'の関係を，hを横軸に，g'を縦軸にとってグラフに表せ。縦軸には，$h=0$，R，$2R$におけるg'の値をgを単位として記せ。

指針 地球上では質量mの物体にはmgの重力がはたらく。自転による遠心力が無視できる場合，重力は地球による万有引力に等しい。

解答 (1) 地球上で質量mの物体にはたらく重力は，地球の質量をMとして

$$mg=G\frac{Mm}{R^2}\quad (G：万有引力定数)\qquad \cdots\cdots①$$

高さhの点における重力は

$$mg'=G\frac{Mm}{(R+h)^2}\qquad \cdots\cdots②$$

②式÷①式より $\dfrac{g'}{g}=\dfrac{R^2}{(R+h)^2}$

ゆえに $g'=\left(\dfrac{\boldsymbol{R}}{\boldsymbol{R+h}}\right)^2\boldsymbol{g}$

(2) グラフは，$h=-R$，$g'=0$ を漸近線とする単調減少の曲線になる。**下図**

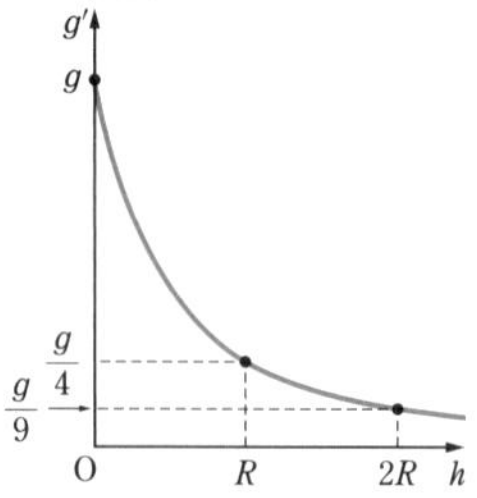

37. 地球の質量 ● 万有引力定数 $G=6.7\times10^{-11}\mathrm{N\cdot m^2/kg^2}$，地球の半径 $R=6.4\times10^3\mathrm{km}$，地球上での重力加速度の大きさ $g=9.8\mathrm{m/s^2}$ として，地球の質量M〔kg〕を求めよ。地球の自転の影響は無視してよい。

▷ 例題 24

考 **38. 月面での重力加速度** ● 月の半径は地球の半径の $\dfrac{7}{26}$，月の質量は地球の質量の $\dfrac{1}{81}$ であるとする。地球上での重力加速度の大きさを $9.8\mathrm{m/s^2}$ として，月面上における重力加速度の大きさを有効数字2桁で求めよ。

▷ 例題 24

39. 重力の大きさ ● 地球の質量をM，半径をR，自転の角速度をω，万有引力定数をGとして，質量mの物体にはたらく重力を，地球の自転を考慮して求める。

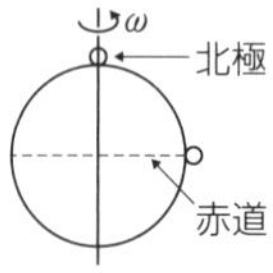

(1) 北極での重力を求めよ。

(2) 赤道での重力を求めよ。

(1) ＿＿＿＿ (2) ＿＿＿＿

▷ 例題 24

3 万有引力を受ける物体の運動

リードAの確認問題

a 人工衛星の運動

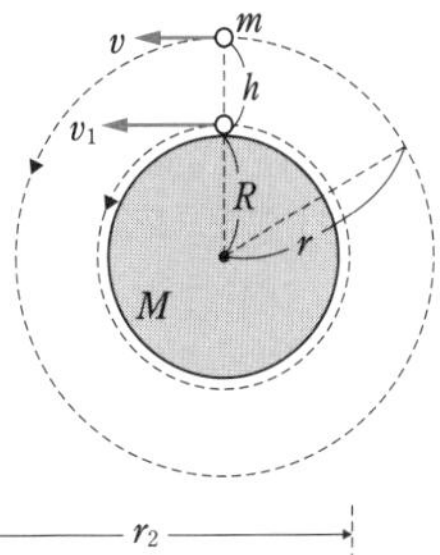

(1) **地球の表面からの高さ h の円軌道**（半径 $r=R+h$）

$$m\frac{v^2}{r}=G\frac{Mm}{r^2}\ \text{より}\quad v=\sqrt{\frac{GM}{r}}=\sqrt{\frac{gR^2}{R+h}}$$

(2) **地球の表面すれすれの円軌道**（半径 $r=R$）

$$v_1=\sqrt{\frac{GM}{R}}=\sqrt{gR}\fallingdotseq 7.91\,\text{km/s}$$ （**第一宇宙速度**）

(3) **静止衛星**　地球の自転と同じ周期（1日）で，赤道上を回る。

b 力学的エネルギーの保存

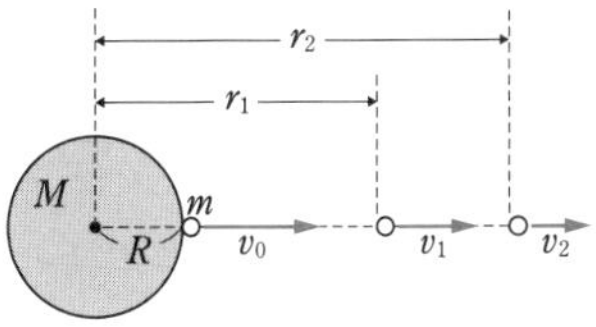

(1) $$\boldsymbol{\frac{1}{2}mv_1{}^2+\left(-G\frac{Mm}{r_1}\right)=\frac{1}{2}mv_2{}^2+\left(-G\frac{Mm}{r_2}\right)=\text{一定}}$$

(2) **第二宇宙速度**　地球の表面から打ち上げた物体が，無限遠へ行ってしまう最小の初速度。

$$\frac{1}{2}mv_0{}^2+\left(-G\frac{Mm}{R}\right)\geqq 0\quad\text{（無限遠で速さが0以上）}\qquad v_0\geqq\sqrt{\frac{2GM}{R}}=\sqrt{2gR}\fallingdotseq 11.2\,\text{km/s}$$ （**第二宇宙速度**）

(3) **だ円軌道の運動の扱い方**

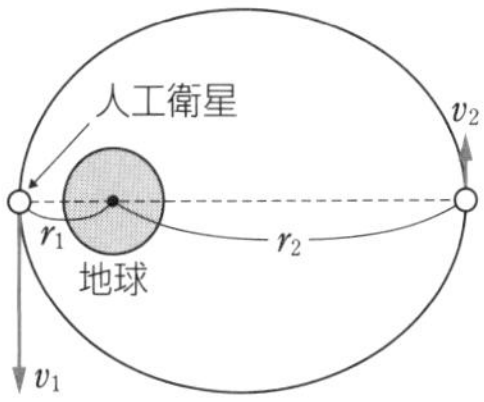

① ケプラーの第二法則より　$\frac{1}{2}r_1v_1=\frac{1}{2}r_2v_2$

② 力学的エネルギー保存則より　$\frac{1}{2}mv_1{}^2+\left(-G\frac{Mm}{r_1}\right)=\frac{1}{2}mv_2{}^2+\left(-G\frac{Mm}{r_2}\right)$

③ 2式を連立して v_1，v_2 を求める。

注　周期 T を求めるには，すでに周期のわかっている別の円軌道・だ円軌道との間で，ケプラーの第三法則の式 $\left(\frac{T^2}{a^3}=\frac{T_0{}^2}{a_0{}^3}\right)$ を立てる。

リードB

基礎CHECK

1. 地球のまわりの半径 r の円周上を，速さ v で回る人工衛星がある。この円周上での重力加速度の大きさを g' とするとき，v を r と g' で表せ。

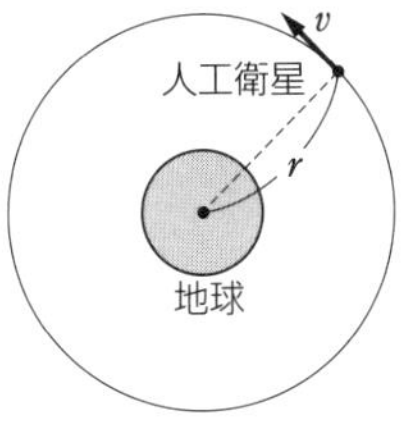

〔　　　　　　〕

2. 地上から，第一宇宙速度 $v_1=\sqrt{\frac{GM}{R}}$，第二宇宙速度 $v_2=\sqrt{\frac{2GM}{R}}$ で打ち上げた質量 m の物体の力学的エネルギーをそれぞれ E_1，E_2 とする。E_1，E_2 を m，G，M，R を用いて表せ。G は万有引力定数，M は地球の質量，R は地球の半径である。

E_1：〔　　　　　　〕　E_2：〔　　　　　　〕

解答

1. 人工衛星の質量を m とすると，重力加速度の大きさが g' であるから，人工衛星が地球から受ける万有引力の大きさは mg' に等しい。運動方程式「$m\frac{v^2}{r}=F$」より

$$m\frac{v^2}{r}=mg'\qquad\text{よって}\quad v^2=rg'$$

$$v=\boldsymbol{\sqrt{rg'}}$$

2. 地表での万有引力による位置エネルギー U は

$U=-G\frac{Mm}{R}$ であるから

$$E_1=\frac{1}{2}m\left(\sqrt{\frac{GM}{R}}\right)^2+U=\frac{GMm}{2R}-G\frac{Mm}{R}=\boldsymbol{-\frac{GMm}{2R}}$$

$$E_2=\frac{1}{2}m\left(\sqrt{\frac{2GM}{R}}\right)^2+U=\frac{GMm}{R}-G\frac{Mm}{R}=\boldsymbol{0}$$

第6章

Let's Try!

例題 25 人工衛星の運動

➡ 40, 41 解説動画

地球の表面すれすれの円軌道を，一定の速さで運動する人工衛星がある。地球の質量をM，地球の半径をR，万有引力定数をGとする。

(1) 人工衛星の速さvと周期Tを求めよ。

(2) 地表からの高さがRの円軌道の場合，人工衛星の速さと周期は(1)の何倍になるか。

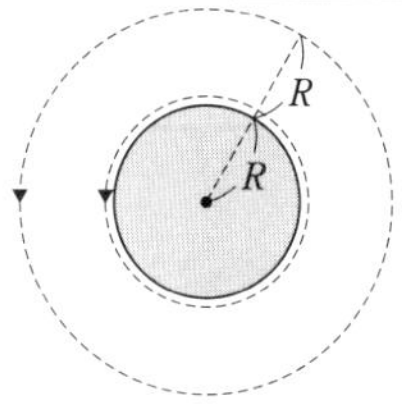

指針 (1) 万有引力「$F=G\dfrac{m_1m_2}{r^2}$」が向心力となり，人工衛星は半径Rの等速円運動をする。

解答 (1) 人工衛星の質量をmとする。運動方程式「$m\dfrac{v^2}{r}=F$」より

$$m\frac{v^2}{R}=G\frac{Mm}{R^2}\qquad v=\sqrt{\frac{GM}{R}}$$

周期 $T=\dfrac{2\pi R}{v}=2\pi R\sqrt{\dfrac{R}{GM}}$

(2) 地表からの高さがRのとき，円軌道の半径は$2R$である。(1)の結果のRを$2R$に置きかえると

速さ $v'=\sqrt{\dfrac{GM}{2R}}=\dfrac{1}{\sqrt{2}}v=\dfrac{\sqrt{2}}{2}v$

よって $\dfrac{\sqrt{2}}{2}$ **倍**

周期 $T'=2\pi\cdot 2R\sqrt{\dfrac{2R}{GM}}=2\sqrt{2}\,T$

よって $2\sqrt{2}$ **倍**

40. ケプラーの法則と万有引力の法則 月は地球を中心とする半径rの円軌道を描くとして，月の公転周期Tとrの関係を求めてみる。月が円軌道を描くための向心力は，地球と月との間の万有引力である。地球と月の質量をそれぞれM，m，月が地球を回る角速度をω，万有引力定数をGとする。

(1) 月が等速円運動するのに必要な向心力の大きさF_1を求めよ。

(2) 月にはたらく万有引力の大きさF_2を求めよ。

(3) 周期Tと半径rとの関係として，$\dfrac{T^2}{r^3}$をG，Mで表せ。

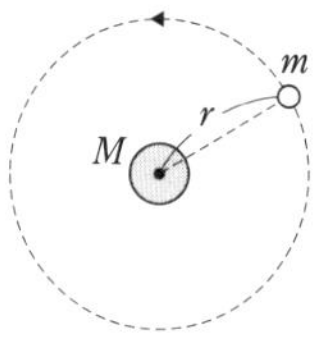

(1) ＿＿＿＿ (2) ＿＿＿＿ (3) ＿＿＿＿

▷ 例題25

41. 静止衛星 地球上の物体にはたらく重力は，物体と地球との間にはたらく万有引力のみによるものとし，地球の半径をR，地球上における重力加速度の大きさをgとする。

(1) 人工衛星が地表から高さhの距離で赤道上空を円運動するとき，その周期をR，h，gを含む式で表せ。

(2) (1)における人工衛星の周期を地球自転周期T_0に等しくするための，衛星の地表からの高さをT_0，R，gを含む式で表せ。

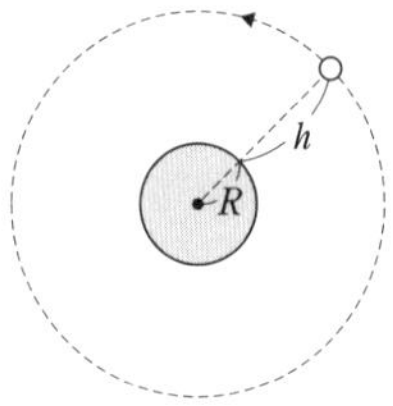

(1) ＿＿＿＿ (2) ＿＿＿＿

▷ 例題25

例題26 万有引力による位置エネルギー

➡42

解説動画

地球の表面から速さ v_0 で鉛直上方に物体を発射したとき，到達する最大の高さ h を考える。地球の半径を R，地球上での重力加速度の大きさを g とする。

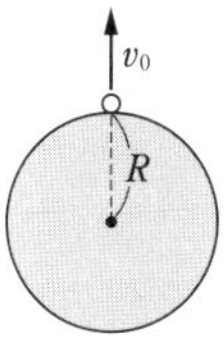

(1) 万有引力による位置エネルギーを考え，v_0 を g，R，h で表せ。

(2) h が R に比べて十分に小さいとき，v_0 はどのように表されるか。

(3) v_0 を大きくすると，物体は地球上にもどらなくなる。このとき，v_0 はいくら以上にすればよいか。g，R で表せ。

指針 万有引力定数 G，地球の質量 M が問題文に与えられていないので，「$GM=gR^2$」を用いて g，R で表す。

解答 (1) 物体の質量を m とする。力学的エネルギー保存則より

$$\frac{1}{2}mv_0^2+\left(-G\frac{Mm}{R}\right)=0+\left(-G\frac{Mm}{R+h}\right)$$ （G：万有引力定数，M：地球の質量）

$$\frac{1}{2}mv_0^2=\frac{GMm}{R}-\frac{GMm}{R+h}=\frac{GMm}{R}\left(1-\frac{R}{R+h}\right)=\frac{GMm}{R}\cdot\frac{R+h-R}{R+h}=\frac{GMm}{R}\cdot\frac{h}{R+h}$$

ここで $GM=gR^2$ より　$\frac{1}{2}mv_0^2=\frac{gR^2\cdot m}{R}\cdot\frac{h}{R+h}$　　よって　$v_0=\boldsymbol{\sqrt{\frac{2gRh}{R+h}}}$

(2) h が R に比べて十分に小さいとき，$\frac{h}{R}\fallingdotseq 0$ より　$v_0=\sqrt{\frac{2gRh}{R+h}}=\sqrt{\frac{2gh}{1+\frac{h}{R}}}\fallingdotseq\boldsymbol{\sqrt{2gh}}$

(3) 地球上にもどらないようにするには，h が無限遠であればよい。

このとき，$\frac{R}{h}\fallingdotseq 0$ より　$v_0=\sqrt{\frac{2gRh}{R+h}}=\sqrt{\frac{2gR}{\frac{R}{h}+1}}\fallingdotseq\boldsymbol{\sqrt{2gR}}$

42. 人工衛星のエネルギー ● 質量 m の人工衛星が地球の表面すれすれの円軌道を回っている。地球の半径を R とし，地球上での重力加速度の大きさを g とする。ただし，地球の自転による影響は無視でき，位置エネルギーの基準は無限遠にとるものとする。

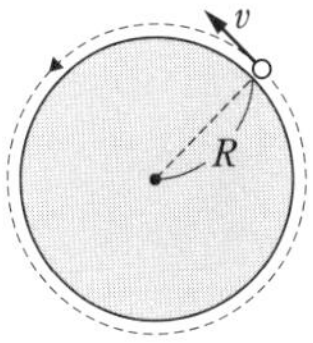

(1) このときの人工衛星の速さ v を求めよ。

(2) 人工衛星の力学的エネルギー E を求めよ。

(3) 人工衛星が無限に遠くへ行くには，さらにどれだけのエネルギーが必要か。

(1) ＿＿＿＿　(2) ＿＿＿＿　(3) ＿＿＿＿

▷例題26

第6章

編末問題

考 43. バスケットボールのシュート バスケットボールのシュートをモデル化して考える。図のように，水平な床上の点Oから高さ $2H$ の位置を点Aとする。また，点Oから水平方向の距離 $6H$，床からの高さ $3H$ の位置を点Bとする。点Aから水平方向となす角 θ($45^\circ<\theta<90^\circ$)で小球を初速度 v_0 で投げ出し，小球が最高点を通過した後，床に落ちることなく，水平方向となす角 45° で点Bを通過するようにしたい。次の問いに答えよ。ただし，重力加速度の大きさを g とし，空気抵抗はないものとする。

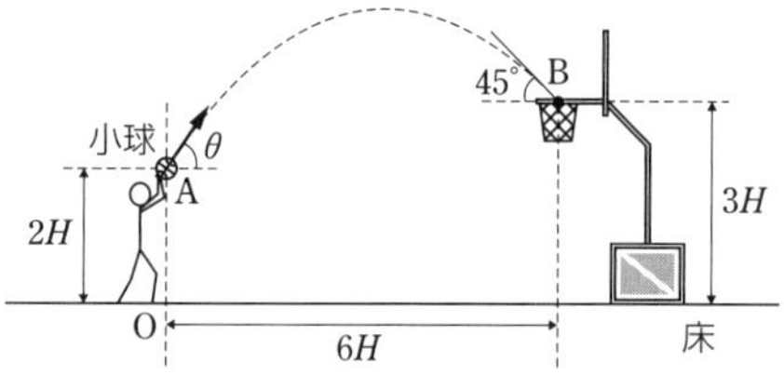

(1) 小球が点Bに達するまでの時間を v_0，H，θ で表せ。

(2) 小球が点Bに達したとき，小球の鉛直方向の速さを v_0，g，H，θ で表せ。

(3) $\tan\theta$ の値を求めよ。 〔20 富山県大 改〕

(1) ______ (2) ______ (3) ______

44. すべらずに転倒する円柱 図のように，直径 a，高さ b の密度の一様な円柱を，あらい板の上に置き，板の一端をゆっくり持ち上げる。板と円柱の間の静止摩擦係数を μ とするとき，円柱がすべらずに転倒するための μ の条件を不等式で表せ。 〔16 センター試験〕

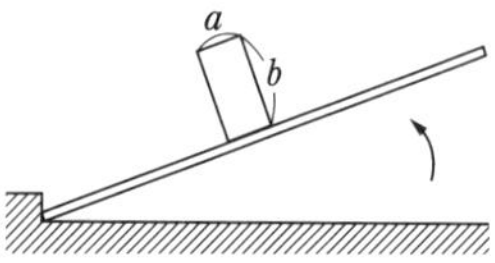

______

45. 壁との斜衝突 図のように，質量mの小球を点Oからなめらかな壁に向かって，水平に速さv_0で投げたところ，小球は鉛直な壁面上の点Pではねかえって，水平な床の上の点Qに落ちた。点Oの床からの高さをh，壁からの距離をL，小球と壁の間の反発係数を$e(0<e<1)$，重力加速度の大きさをgとする。ただし，小球は壁に垂直な鉛直面内で運動するものとする。

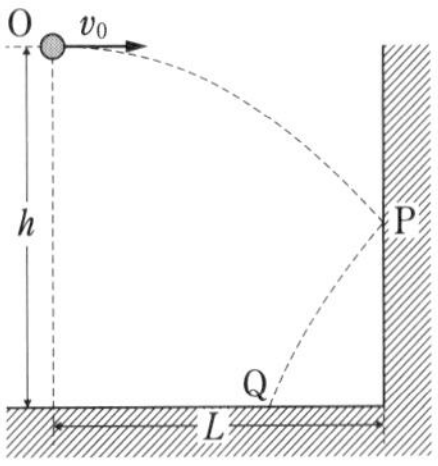

(1) 小球を投げてから点Pに当たるまでの時間t_1を，v_0，Lを用いて表せ。

(2) 小球を投げてから点Qに落ちるまでの時間t_2を，e，g，h，v_0，Lのうち必要なものを用いて表せ。

(3) 点Oから投げた直後の小球の力学的エネルギーE_0と，点Qに落ちる直前の力学的エネルギーE_1の差E_0-E_1を，e，g，h，m，v_0のうち必要なものを用いて表せ。 〔15 センター試験〕

(1) ＿＿＿＿ (2) ＿＿＿＿ (3) ＿＿＿＿

46. 慣性力 水平な面上に置かれた，傾角θのなめらかな斜面上に小物体をのせ，斜面を一定の加速度で水平に運動させたところ，小物体は斜面に対して静止していた。重力加速度の大きさをgとする。

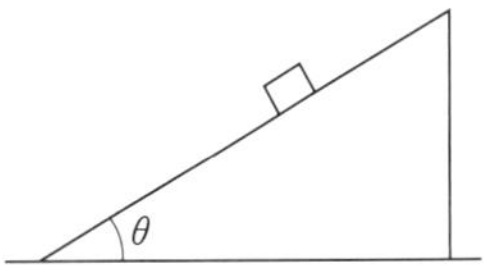

(1) 斜面の加速度の大きさaと向きを求めよ。

(2) 斜面の加速度の大きさを(1)の2倍の$2a$としたところ，小物体は斜面にそって上昇した。斜面から見た，小物体の加速度の大きさαを求めよ。

(1) 大きさ： 向き： (2)

編末問題

47. 円筒面上をすべり落ちる運動 図の曲面ACは点Oを中心とする半径R，中心角90°のなめらかな円筒の一部で，Aから左はなめらかな水平面である。質量mの小球を，速さv_0で水平面から円筒面に向かってすべらせたところ，点Bで面を離れて床に落ちた。A，B間の任意の点をP，∠AOP＝θ，重力加速度の大きさをgとし，小球の運動は円筒の断面に平行な面内に限られるとする。

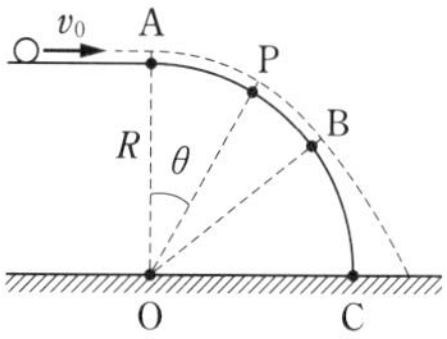

(1) 点Pにおける小球の速さvを求めよ。
(2) 点Pで面が小球に及ぼす力の大きさNを求めよ。
(3) 小球が点Aですぐに面から離れ，水平投射となるときのv_0の最小値v_{min}を求めよ。

(1) ＿＿＿＿ (2) ＿＿＿＿ (3) ＿＿＿＿

48. 単振動する台上の物体 図のように，下端を固定した自然の長さlのばねCで水平な台Bを支え，その上に物体Aをのせた装置がある。ばねCのばね定数をkとし，ばねの質量は無視する。また，物体Aの質量をm，台Bの質量をMとする。重力加速度の大きさをgとする。

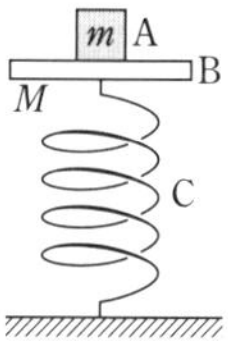

(1) この装置がつりあったときの，自然の長さからのばねの縮みx_0はいくらか。

つりあいの位置からさらに長さXだけばねを縮めて手をはなすと，物体Aと台Bは一体となって，つりあいの位置を振動の中心とする単振動をした。以下の問いでは，解答にx_0を用いてよい。

(2) つりあいの位置を原点Oとし，鉛直上向きにx軸をとる。台Bの変位がxであるとき，物体Aが台Bから受ける抗力をN，加速度をaとして，物体Aと台Bの運動方程式を立てよ。
(3) 物体Aが台Bから離れずに運動するために，ばねを縮める長さXが満たすべき条件を求めよ。

(1) ＿＿＿＿ (2) 物体A：＿＿＿＿

台B：＿＿＿＿ (3) ＿＿＿＿

考 49. 人工衛星の打ち上げ 図のように，地球を質量M，半径R_0の球とし，地球上から打ちだした質量mの小物体Sを，地球上から高さR_1の円周上で等速円運動させ，人工衛星にする。ここで，地球の質量は地球の中心に集中しているとし，地球の自転の影響，空気による抵抗，および地球以外からSにはたらく力は無視できるとする。万有引力定数をGとして，次の問いに答えよ。

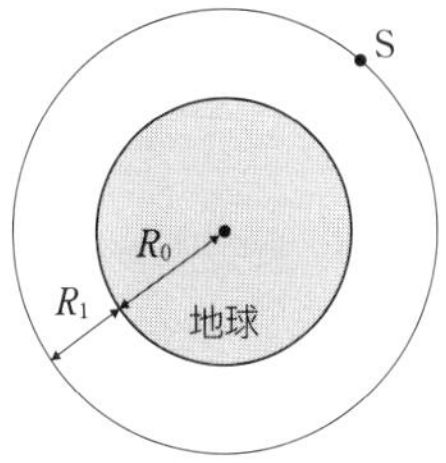

(1) 地球上から初速度の大きさV_0で鉛直上向きに打ちだされたSが，高さR_1に達するのに必要なV_0の最小値を，M，G，R_0，R_1を用いて表せ。

(2) 高さR_1にあるSが，その高さで等速円運動する人工衛星になるために必要な円軌道の接線方向の速さVを，M，G，R_0，R_1を用いて表せ。

(3) 高さR_1で等速円運動しているSの周期を，V，R_0，R_1を用いて表せ。

(4) (1)～(3)までは地球の自転の影響を無視してきたが，実際の人工衛星の打ち上げでは地球の自転の影響は無視できない。人工衛星の発射基地は日本では種子島，アメリカではフロリダ州など南の地方に集中している。地球の自転の影響を考えて，人工衛星の発射基地を緯度の低い地域に設置することが多い理由を答えよ。

〔13 徳島大〕

(1) ＿＿＿＿ (2) ＿＿＿＿ (3) ＿＿＿＿ (4) ＿＿＿＿

50. だ円軌道上の運動 地球の半径をR，地球上での重力加速度の大きさをgとする。いま，地表からの高さRのところを円軌道を描いて回る質量mの人工衛星があるとする。

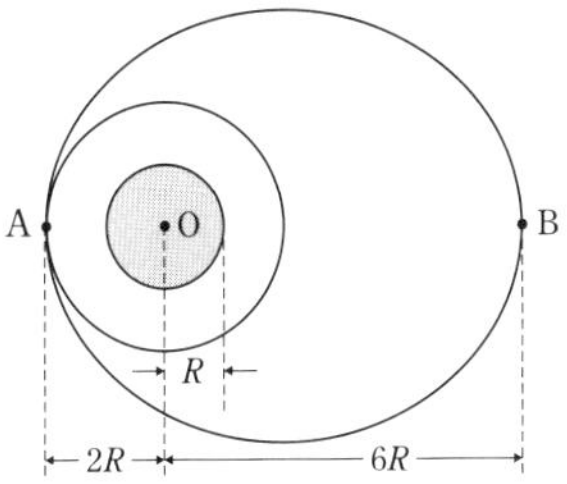

(1) 人工衛星の速さv_0を求めよ。 (2) 人工衛星の周期T_0を求めよ。

軌道上の点Aで人工衛星を加速し，速さをv_1にしたところ，図の点Aが近地点，点Bが遠地点となるだ円軌道に移り，OB＝$6R$，点Bでの速さはv_2となった。

(3) 点Aおよび点Bについて力学的エネルギー保存則を表す式を立てよ。

(4) v_2をv_1で表せ。 (5) v_1およびv_2を求めよ。

(6) このだ円軌道を回る人工衛星の周期Tを求めよ。

(1) ＿＿＿＿ (2) ＿＿＿＿ (3) ＿＿＿＿

(4) ＿＿＿＿ (5) v_1： v_2： (6) ＿＿＿＿

編末問題

第7章 気体の法則

リード A

1 気体の法則

リード Aの確認問題

a 気体の圧力

単位面積当たりの力を圧力という。面積 S〔m^2〕に F〔N〕の力が加わるとき

圧力 $p=\dfrac{F}{S}$〔Pa〕　　$1\,Pa=1\,N/m^2$
$1\,atm \fallingdotseq 1.013\times10^5\,Pa$

気体の入った容器では，非常に多くの気体分子が容器の壁面に衝突し，圧力が生じる。どの壁面でも圧力は等しい。

b ボイルの法則

温度が一定のとき，一定質量の気体の体積 Vは，圧力 p に反比例する。

pV＝一定

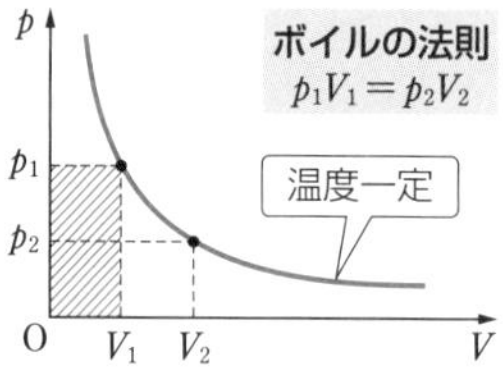

c シャルルの法則

圧力が一定のとき，一定質量の気体の体積 Vは，絶対温度 T に比例する。

$\dfrac{V}{T}$＝一定

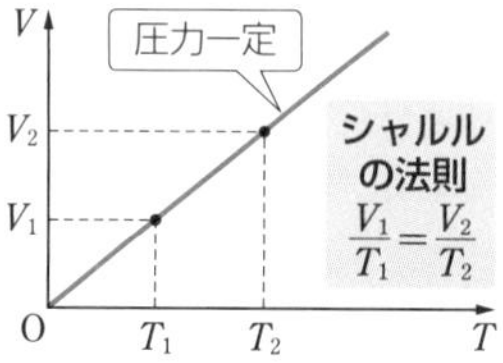

d ボイル・シャルルの法則

一定質量の気体の体積 Vは圧力 p に反比例し，絶対温度 Tに比例する。

$\dfrac{pV}{T}$＝一定

分子間にはたらく力や分子の大きさが無視できる気体を**理想気体**という。理想気体はボイル・シャルルの法則が正確に成りたつ。

e 理想気体の状態方程式

(1) **モル**　粒子 6.02×10^{23} 個の集まりを 1 モル (mol) という。モルを単位として表した物質の量を**物質量**，6.02×10^{23}/mol を**アボガドロ定数**という。

(2) **理想気体の状態方程式**　n〔mol〕の理想気体の圧力を p，体積を V，絶対温度を Tとすると

$pV=nRT$　（R：気体定数）

(3) **気体定数**　標準状態 (0°C＝273K, $1\,atm=1.013\times10^5\,Pa$) で理想気体 1 mol の体積は 22.4L ($=2.24\times10^{-2}\,m^3$) なので

$$R=\frac{pV}{nT}=\frac{(1.013\times10^5)\times(2.24\times10^{-2})}{1\times273}$$
$$=8.31\,J/(mol\cdot K)$$

リード B

基礎 CHECK

1. 図のように，なめらかに動くピストンに F〔N〕の力を加え，断面積 S〔m^2〕の円筒形の容器に気体を密封する。大気圧を p_0〔Pa〕とするとき，大気がピストンを押す力 F_0〔N〕，気体の圧力 p〔Pa〕を求めよ。

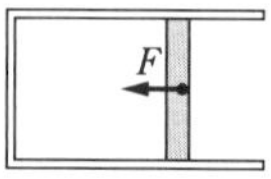

F_0：〔　　　　　〕
p：〔　　　　　〕

2. 一定量の気体の温度を一定に保って体積を 2 倍にすると，圧力は何倍になるか。

〔　　　　　〕

3. 一定量の気体の圧力を一定に保って絶対温度を 2 倍にすると，体積は何倍になるか。

〔　　　　　〕

4. 一定量の気体の圧力を 1.5 倍，絶対温度を 3 倍にすると，体積は何倍になるか。

〔　　　　　〕

5. 体積 $0.083\,m^3$，圧力 $3.0\times10^5\,Pa$，温度 300K の気体がある。この気体の物質量 n は何 mol か。気体定数 $R=8.3\,J/(mol\cdot K)$ とする。

〔　　　　　〕

解答

1.「$p=\dfrac{F}{S}$」より，$F_0=p_0S$〔N〕
ピストンにはたらく力のつりあいより

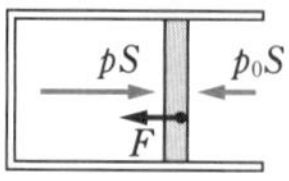

$pS-p_0S-F=0$　　よって　$p=p_0+\dfrac{F}{S}$〔Pa〕

2. ボイルの法則「pV＝一定」より，体積 Vを 2 倍にすると，圧力 p は $\dfrac{1}{2}$ **倍**

3. シャルルの法則「$\dfrac{V}{T}$＝一定」より，絶対温度 Tを 2 倍にすると，体積 Vは **2 倍**

4. ボイル・シャルルの法則「$\dfrac{pV}{T}$＝一定」より，圧力 p を 1.5 倍，絶対温度 Tを 3 倍にすると，体積 Vは **2 倍**

5. 気体の状態方程式「$pV=nRT$」より

$$n=\frac{pV}{RT}=\frac{(3.0\times10^5)\times0.083}{8.3\times300}=\mathbf{10\,mol}$$

Let's Try!

例題 27 ボイルの法則，シャルルの法則 ➡ 51, 52 解説動画

圧力 2.0×10^5 Pa，温度 27 °C，体積 3.0×10^{-2} m^3 の気体がある。

(1) 温度を一定に保って圧力を 1.0×10^5 Pa にすると，体積 V_1 は何 m^3 になるか。

(2) 気体をもとの状態にもどした後，圧力を一定に保って温度を −73 °C にすると，体積 V_2 は何 m^3 になるか。

指針 (1) 温度が一定なので，ボイルの法則「pV = 一定」を用いる。

(2) 圧力が一定なので，シャルルの法則「$\dfrac{V}{T}$ = 一定」を用いる。T は絶対温度（単位 K）であることに注意。

解答 (1) ボイルの法則「pV = 一定」より

$$(2.0\times10^5)\times(3.0\times10^{-2})=(1.0\times10^5)\times V_1$$

よって $V_1=\dfrac{(2.0\times10^5)\times(3.0\times10^{-2})}{1.0\times10^5}=\mathbf{6.0\times10^{-2}\ m^3}$

(2) シャルルの法則「$\dfrac{V}{T}$ = 一定」より

$$\frac{3.0\times10^{-2}}{273+27}=\frac{V_2}{273+(-73)}$$

よって $V_2=\dfrac{(3.0\times10^{-2})\times200}{300}=\mathbf{2.0\times10^{-2}\ m^3}$

注 温度は絶対温度にして代入する。
27 °C = (273 + 27) K　　−73 °C = {273 + (−73)} K

51. ボイルの法則 ● コップを逆さまにして，ある湖の湖面から湖底までゆっくり沈めた。このとき，コップ内の水面から湖の水面までの高さが 15 m であった。このとき，コップ内の空気の体積は，コップを沈める前の体積の何倍になるか。ただし，大気圧は 1.0×10^5 Pa とし，水温は一定で，空気の温度と水温は等しいとする。また，水圧は，水深 10 m ごとに 1.0×10^5 Pa ずつ増えるものとする。

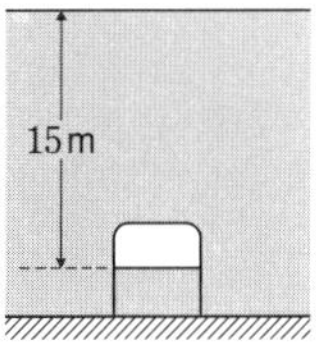

▷ 例題 27

52. シャルルの法則 ● 図のように，フラスコに細いガラス管をつけてその上部を水平に保ち，水銀滴を入れておく。フラスコを温めると水銀滴は管内を移動していく。

(1) このとき，フラスコ内の空気（水銀滴の所まで）の圧力，温度，体積，質量のうち，変化していないものは何か。

(2) フラスコ内の空気を，初めの温度 15 °C から 31 °C まで温めると，初め 500 cm^3 あった空気の体積が変化した。変化後の体積 V〔cm^3〕を求めよ。

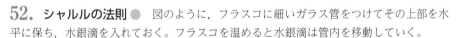

(1)　　　　(2)

▷ 例題 27

例題28 ボイル・シャルルの法則

➡ 53, 54

解説動画

円筒形の容器になめらかに動くピストンで空気を封じ，図のように横にして置く。このとき容器の底からピストンまでの長さは 18cm，気体の温度は 300K，大気圧は 1.0×10^5Pa であった。この容器を温め，内部の温度を 400K にするとピストンは移動したが，容器にとりつけられたストッパーで止められた。このとき容器の底からピストンまでの長さは 20cm であった。容器内の圧力 p〔Pa〕を求めよ。

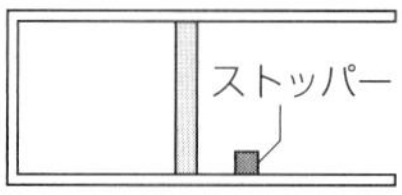

指針 加熱前の容器内の圧力は大気圧と等しい。変化の前後でボイル・シャルルの法則を用いる。

解答 加熱前の容器内の圧力は 1.0×10^5Pa

容器の底面積を S とし，ボイル・シャルルの法則「$\dfrac{pV}{T}=$一定」より

$$\frac{(1.0\times10^5)\times18\times S}{300}=\frac{p\times20\times S}{400}$$

よって　$p=\mathbf{1.2\times10^5}$**Pa**

注 体積 V の単位は，左辺と右辺で一致していればよい。

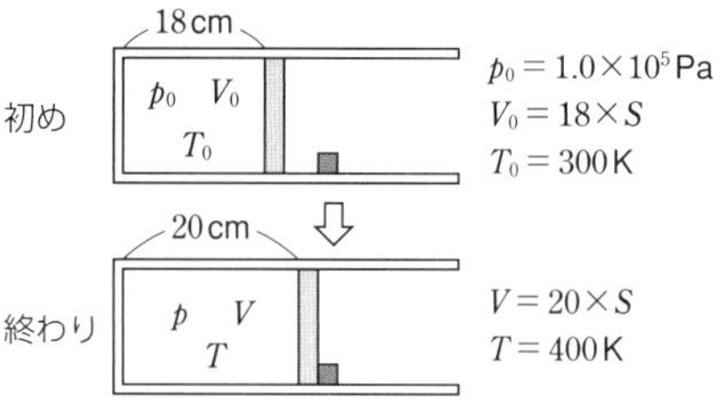

53. ボイル・シャルルの法則 ● 圧力 2.0×10^5Pa，温度 27°C，体積 3.0×10^{-2}m^3 の気体を，圧力 1.0×10^5Pa，温度 87°C にすると，体積 V は何 m^3 になるか。

▷ 例題28

54. ボイル・シャルルの法則 ● 断面積 1.4×10^{-3}m^2 の円筒形の容器に，なめらかに動く軽いピストンで気体を封じる。このとき，容器の底からピストンまでの高さは 24cm，気体の温度は 300K，大気圧は 1.0×10^5Pa であった。重力加速度の大きさを 9.8m/s^2 とする。

このピストンの上に質量 10kg のおもりをのせ，内部の気体の温度を 340K にしたときの，容器の底からピストンまでの高さ h〔cm〕を求めよ。

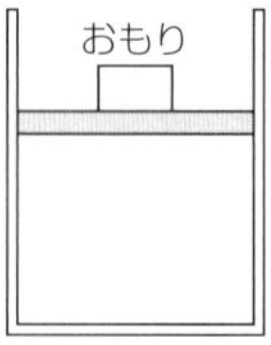

▷ 例題28

例題 29 気体の状態方程式

➡ 55, 56

解説動画

なめらかに動く質量 M〔kg〕のピストンをそなえた底面積 S〔m^2〕の円筒形の容器に，1mol の理想気体が入っている。重力加速度の大きさを g〔m/s^2〕，大気圧を p_0〔Pa〕，気体定数を R〔J/(mol·K)〕とする。

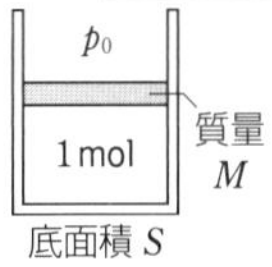

(1) 気体の温度が T_0〔K〕のとき，容器の底からピストンまでの高さ l_0 はいくらか。

(2) 加熱して気体の温度を T_0〔K〕から T〔K〕にした。気体の体積の増加 $\varDelta V$ はいくらか。

指針 ピストンが自由に移動できるから，気体の圧力 p は一定である。

解答 (1) 気体の圧力を p〔Pa〕とすると，力のつりあいより

$$pS - p_0S - Mg = 0$$

$$pS = p_0S + Mg \quad \cdots\cdots ①$$

「$pV = nRT$」より

$$p(Sl_0) = RT_0$$

①式を代入して

$$(p_0S + Mg)l_0 = RT_0$$

よって $l_0 = \dfrac{\boldsymbol{RT_0}}{\boldsymbol{p_0S + Mg}}$〔m〕

(2) 加熱の前後で「$pV = nRT$」を立てて

前：$p(Sl_0) = RT_0 \quad \cdots\cdots ②$

後：$p(Sl_0 + \varDelta V) = RT \quad \cdots\cdots ③$

③式−②式より

$$p\varDelta V = R(T - T_0)$$

$$\varDelta V = \frac{R(T - T_0)}{p} = \frac{RS(T - T_0)}{pS} = \frac{\boldsymbol{RS(T - T_0)}}{\boldsymbol{p_0S + Mg}}\text{〔m}^3\text{〕}$$

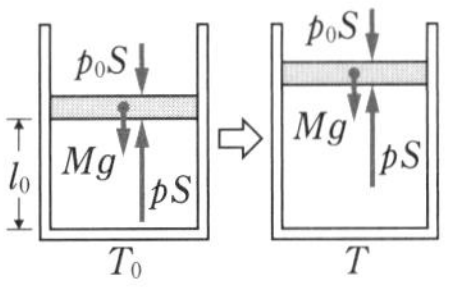

参考 圧力が一定のとき，体積の変化量 $\varDelta V$ と温度の変化量 $\varDelta T$ の間には，「$p\varDelta V = nR\varDelta T$」の関係がある。この関係を用いて解いてもよい。

55. 気体の状態方程式 ●

体積 V で口の細い瓶が，口をあけたまま 27°C の大気中に置かれている。これを 87°C の湯の中に口だけ出して入れる。

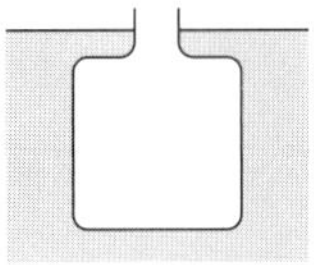

(1) しばらくたつと，内部の空気の温度も 87°C になった。瓶を湯の中に入れる前後の気体の状態方程式を立てよ。ただし，大気圧を p〔Pa〕，温まる前後の瓶の内部の物質量をそれぞれ n，n'〔mol〕とし，気体定数を R〔J/(mol·K)〕とする。

(2) 初めに瓶の内部にあった空気の何 % が外部に逃げるか。

(1) 前：　　　　　　　　　後：　　　　　　　　　(2)

▶ 例題29

56. 気体の状態方程式 ●

容積 $2V_0$ の容器Aと，容積 V_0 の容器Bが細い管で連結され，4.5mol の理想気体が温度 300K で密閉されている。

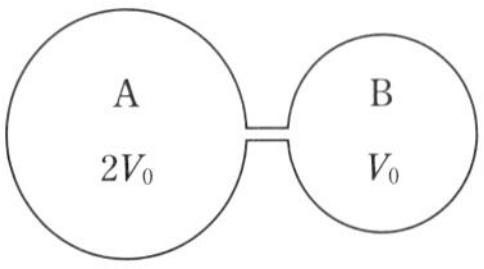

(1) 容器Bの中には何 mol の気体があるか。

(2) 次に，容器Bの気体の温度を 300K に保ったまま，容器Aの温度を 400K まで上昇させた。どちらからどちらの容器へ，何 mol の気体が移動したか。

(1)　　　　　　　　　(2)

▶ 例題29

第8章 気体分子の運動・気体の状態変化

1 気体分子の運動

リードAの確認問題

a 分子運動と圧力

気体の圧力は，多くの気体分子が不規則に壁に衝突する際に及ぼす力積によって生じる。

① 1回の衝突での壁への力積 $2mv_x$，時間 t では $\dfrac{v_x t}{2L}$ 回衝突

② 力積の合計　$2mv_x\times\dfrac{v_x t}{2L}$ $(=\bar{f}t)$ ⟶ 力 $\bar{f}=\dfrac{mv_x{}^2}{L}$

③ 全分子（N個）による力　$F=N\times\dfrac{m\overline{v_x{}^2}}{L}=\dfrac{Nm\overline{v_x{}^2}}{L}$

④ **圧力** $\boldsymbol{p}=\dfrac{F}{S}=\dfrac{F}{L^2}=\dfrac{Nm\overline{v_x{}^2}}{L^3}=\dfrac{Nm\overline{v_x{}^2}}{V}=\boldsymbol{\dfrac{Nm\overline{v^2}}{3V}}$　（V：体積）

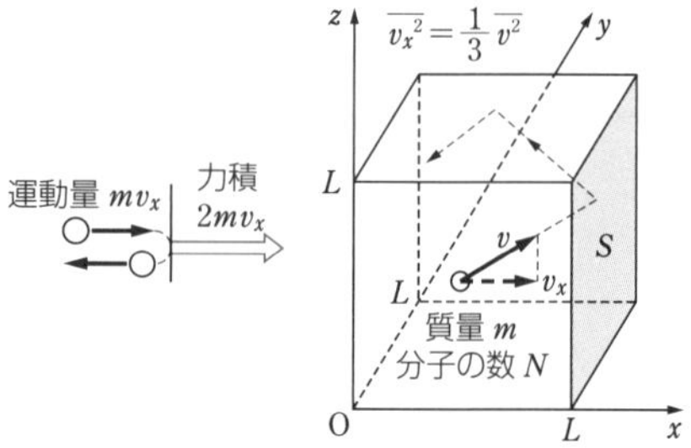

b 平均運動エネルギーと絶対温度

(1) 圧力 p の式と，理想気体の状態方程式 $pV=nRT$（n：物質量，R：気体定数，T：絶対温度）を用いて

$$pV=\frac{Nm\overline{v^2}}{3}=nRT \qquad よって \qquad \boldsymbol{\frac{1}{2}m\overline{v^2}}=\frac{3nRT}{2N}=\boldsymbol{\frac{3}{2}\times\frac{R}{N_A}T=\frac{3}{2}kT}$$

N_A：アボガドロ定数（$N=nN_A$），**ボルツマン定数** $\boldsymbol{k=\dfrac{R}{N_A}=1.38\times10^{-23}}$ **J/K**

理想気体では平均運動エネルギーは気体の種類によらず，温度だけで決まる。

(2) **二乗平均速度**　気体のモル質量を M〔kg/mol〕とすると $mN_A=M$ より $\sqrt{\overline{\boldsymbol{v}^2}}=\sqrt{\dfrac{3R}{mN_A}T}=\sqrt{\boldsymbol{\dfrac{3R}{M}T}}$

参考　分子量が M_0 の気体のモル質量は $M=M_0$ g/mol$=M_0\times10^{-3}$ kg/mol

リードB

基礎 CHECK

1. 理想気体が示す圧力の大きさは，気体分子が単位時間に容器の壁から受ける［ア］の変化の平均値に比例し，理想気体の絶対温度は，気体分子がもつ［イ］の平均値に比例する。

ア：〔　　　　〕
イ：〔　　　　〕

2. 絶対温度が2倍になると，分子の平均運動エネルギーは何倍になるか。また，そのときの二乗平均速度は何倍になるか。気体は理想気体であるとする。

平均運動エネルギー：〔　　　　〕
二乗平均速度：〔　　　　〕

3. ヘリウム，アルゴンはいずれも単原子分子理想気体とみなすことができ，分子量をそれぞれ4，40とする。これらの気体が同じ温度の場合を考え，ヘリウム，アルゴンのそれぞれの分子の平均運動エネルギーを $\overline{E}$，$\overline{E_1}$，二乗平均速度を $\sqrt{\overline{v^2}}$，$\sqrt{\overline{v_1{}^2}}$ とするとき，$\overline{E_1}$ を $\overline{E}$ で表せ。また，$\sqrt{\overline{v_1{}^2}}$ を $\sqrt{\overline{v^2}}$ で表せ。

$\overline{E_1}$：〔　　　　〕
$\sqrt{\overline{v_1{}^2}}$：〔　　　　〕

解答

1.「運動量の変化＝力積」での力積の反作用が，圧力の原因。理想気体では，分子の平均運動エネルギーは絶対温度に比例する。

(ア) **運動量**　(イ) **運動エネルギー**

2. 分子の平均運動エネルギーを $\overline{E}$ とすると，$\overline{E}$ は絶対温度 T に比例する。よって，絶対温度 T が2倍になると，$\overline{E}$ は**2倍**になる。

二乗平均速度を $\sqrt{\overline{v^2}}$，分子の質量を m とすると

$$\overline{E}=\frac{1}{2}m\overline{v^2} \qquad よって \qquad \sqrt{\overline{v^2}}=\sqrt{\frac{2\overline{E}}{m}}$$

絶対温度 T が2倍になると，$\overline{E}$ が2倍となるから，二乗平均速度は $\sqrt{2}$ **倍**になる。

3. ヘリウム分子，アルゴン分子の質量を m，m_1 とすると，ボルツマン定数を k として，絶対温度 T のとき

$$\overline{E}=\frac{1}{2}m\overline{v^2}=\frac{3}{2}kT \qquad \overline{E_1}=\frac{1}{2}m_1\overline{v_1{}^2}=\frac{3}{2}kT$$

と表されるから，$\overline{E_1}$ は $\overline{E}$ に等しい。よって $\boldsymbol{\overline{E_1}=\overline{E}}$

また，分子量が4，40であるから，$m_1=10m$ となる。

これを $\dfrac{1}{2}m\overline{v^2}=\dfrac{1}{2}m_1\overline{v_1{}^2}$ に代入すると

$$\frac{1}{2}m\overline{v^2}=\frac{1}{2}\cdot10m\overline{v_1{}^2} \qquad よって \qquad \overline{v^2}=10\overline{v_1{}^2}$$

したがって　$\boldsymbol{\sqrt{\overline{v_1{}^2}}=\dfrac{1}{\sqrt{10}}\sqrt{\overline{v^2}}}$

Let's Try!

例題30 気体分子の運動

➡ 57

解説動画

質量 m，分子量 M_0 の気体分子 N 個が体積 V の容器内にあって，気体の圧力が p であるとき，分子の速さの２乗の平均を $\overline{v^2}$ とすると，$p=\dfrac{Nm\overline{v^2}}{3V}$ が成りたつ。アボガドロ定数を N_A，気体定数を R とする。

(1) m(kg単位)を M_0，N_A で表せ。　(2) 状態方程式を用いて，$\sqrt{\overline{v^2}}$ を M_0，温度 T，R で表せ。

(3) 分子量２の水素と分子量32の酸素の混合気体がある。その温度が一様であるとすると，水素分子の二乗平均速度は酸素分子の二乗平均速度の何倍であるか。

指針 (1) 分子量 M_0 は，1 mol当たりの分子の質量(g単位)を表す。

解答 (1) 1 mol (N_A 個)の気体分子の質量(kg単位)は

$M_0\times10^{-3}=mN_A$　よって　$m=\boldsymbol{\dfrac{M_0\times10^{-3}}{N_A}}$

(2) 気体の物質量を n〔mol〕とする。状態方程式「$pV=nRT$」を用いて

$pV=\dfrac{Nm\overline{v^2}}{3}=nRT$　よって　$\overline{v^2}=\dfrac{3nRT}{Nm}$

(1)の式と，$N=nN_A$ の関係式を代入して

$\overline{v^2}=\dfrac{3nRT}{nN_A}\cdot\dfrac{N_A}{M_0\times10^{-3}}=\dfrac{3RT}{M_0\times10^{-3}}$

よって　$\sqrt{\overline{v^2}}=\boldsymbol{\sqrt{\dfrac{3RT}{M_0\times10^{-3}}}}$

(3) T が一定のとき，$\sqrt{\overline{v^2}}$ は $\dfrac{1}{\sqrt{M_0}}$ に比例し，水素は酸素に対して M_0 が $\dfrac{2}{32}=\dfrac{1}{16}$ 倍より，$\sqrt{\overline{v^2}}$ は $\dfrac{1}{\sqrt{1/16}}=$ **4倍**

57. 気体分子の運動 ●　一辺の長さ L の立方体の容器に，質量 m(kg単位)の気体分子が N 個入っている。図のように座標軸をとるとき，以下の文中の［　］に適当な数式または数値を入れよ。

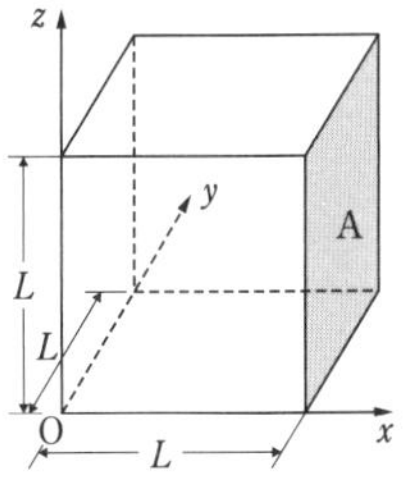

(1) １個の分子が図のなめらかな壁面Aに x 方向の速度成分 v_x で弾性衝突したとき，分子の運動量の変化は［ア］なので，壁面Aに与える力積は［イ］である。この分子は時間 t の間に［ウ］回壁面Aと衝突するので，この分子によって壁面Aが受ける平均の力の大きさは $f=$［エ］である。

(2) 全分子の速度の２乗の平均値 $\overline{v^2}$ を三平方の定理を用いて各成分の２乗の平均値で表すと $\overline{v^2}=\overline{v_x{}^2}+\overline{v_y{}^2}+\overline{v_z{}^2}$ であり，等方性より全分子は平均的に $\overline{v_x{}^2}=\overline{v_y{}^2}=\overline{v_z{}^2}$ なので，［エ］を用いて N 個の分子が，壁面Aに与える力を $\overline{v^2}$ を用いて表すと $F=$［オ］となる。したがって，壁面Aにはたらく圧力は $p=$［カ］である。

(3) 状態方程式 $pV=nRT$ と［カ］を比較すると，分子１個の平均運動エネルギー $\overline{E}$ はアボガドロ定数 N_A (物質量 $n=N/N_A$)，気体定数 R，絶対温度 T を用いて表すと $\overline{E}=$［キ］となる。ここで N_A 個の分子の質量が分子量 M_0(g単位)であることを考慮すれば，［キ］より分子の二乗平均速度は，M_0，R，T を用いて $\sqrt{\overline{v^2}}=$［ク］と表される。

(1) ア：　　イ：　　ウ：　　エ：

(2) オ：　　カ：　　(3) キ：　　ク：

▷ 例題30

リードA

2 気体の状態変化 ➡巻頭 Zoom ②

リードAの確認問題

a 気体の内部エネルギー

単原子分子理想気体の内部エネルギー　物質量 n〔mol〕，温度 T〔K〕のとき

$U=\frac{3}{2}nRT$　(R：気体定数)　変化量 $\Delta U=\frac{3}{2}nR\Delta T$

b 熱力学第一法則

内部エネルギーの変化を ΔU〔J〕，物体が受け取った熱量を Q〔J〕，物体が外部から**された**仕事を W〔J〕としたとき　$\Delta U=Q+W$　（W：物体がされた仕事）

c 気体が外部にする仕事

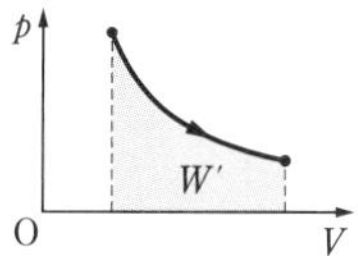

(1) V が増加するとき，p-V 図の面積は気体が外部にした仕事 W' を示す。

(2) 定圧変化の場合　$W'=p\Delta V(=nR\Delta T)$

(3) 気体が外部からされた仕事 W との関係は　$W=-W'$

注　熱力学第一法則は「W'」を用いて「$\Delta U=Q-W'$　（W'：物体がした仕事）」と表せる。仕事の定義が「W」なのか「W'」なのかをはっきりさせること。

d 定積変化（等積変化）

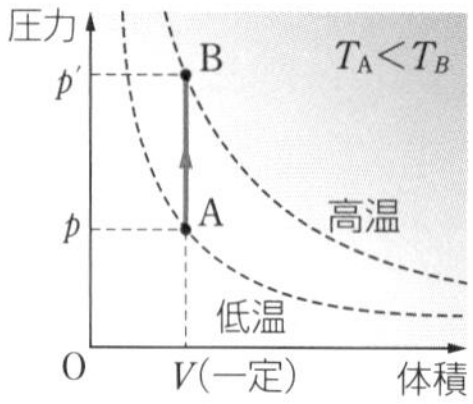

(1) 気体の体積を一定に保って行う状態変化。

(2) 体積一定（$\Delta V=0$）
⟶ $W=0$
熱力学第一法則
「$\Delta U=Q+W$」より　$\Delta U=Q$

(3) 定積モル比熱（定容モル比熱）C_V〔J/(mol·K)〕
$Q=nC_V\Delta T$　（定積変化のとき成立）
$\Delta U=Q$ より　$\Delta U=nC_V\Delta T$

注　$\Delta U=nC_V\Delta T$ はどのような変化でも成立。

e 定圧変化（等圧変化）

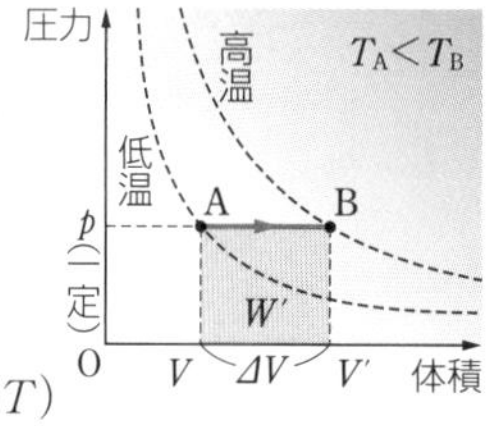

(1) 気体の圧力を一定に保って行う状態変化。

(2) 圧力一定
⟶ 気体がした仕事
$W'=p\Delta V$　（$=nR\Delta T$）
気体がされた仕事　$W=-W'=-p\Delta V$
熱力学第一法則「$\Delta U=Q+W$」より
$\Delta U=Q-p\Delta V$

(3) 定圧モル比熱 C_p〔J/(mol·K)〕
$Q=nC_p\Delta T$　（定圧変化のとき成立）

参考　$C_p=C_V+R$（マイヤーの関係）

f 等温変化

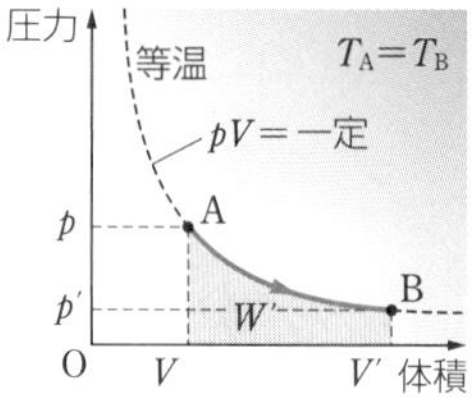

(1) 気体の温度を一定に保って行う状態変化。ボイルの法則「$pV=$一定」が成立。

(2) 温度一定（$\Delta T=0$）
⟶ $\Delta U=0$
熱力学第一法則「$\Delta U=Q+W$」より
$Q=-W$　または　$Q=W'$
（W：気体がされた仕事，W'：気体がした仕事）

g 断熱変化

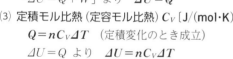

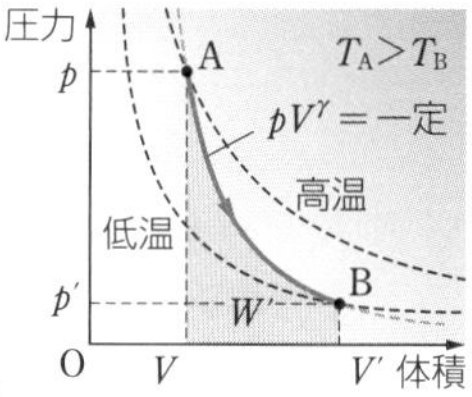

(1) 気体との熱の出入りをなくして行う状態変化。ポアソンの法則「$pV^\gamma=$一定」が成立。
（$\gamma=C_p/C_V$：比熱比
単原子分子では　$\gamma=5/3$）

(2) 熱の出入りなし
⟶ $Q=0$
熱力学第一法則「$\Delta U=Q+W$」より
$\Delta U=W$　または　$\Delta U=-W'$
例：断熱圧縮：$W>0$ ⟶ $\Delta U>0$（温度上昇）
　　断熱膨張：$W<0$ ⟶ $\Delta U<0$（温度下降）

h 気体のモル比熱

(1) **モル比熱 C**　物質1molの温度を1K高めるのに必要な熱量。物質 n〔mol〕の温度を ΔT〔K〕高めるのに必要な熱量は　$Q=nC\Delta T$

(2) 気体のモル比熱は条件によって異なる。

	定積変化	定圧変化
モル比熱	定積モル比熱 C_V	定圧モル比熱 C_p
吸収する熱量	$Q=nC_V\Delta T$	$Q=nC_p\Delta T$
内部エネルギーの変化	$\Delta U=nC_V\Delta T$	

(3) 気体のモル比熱は，**単原子分子**（He，Ne など）と**二原子分子**では異なる。

	定積モル比熱	定圧モル比熱	比熱比
単原子分子理想気体	$C_V=\frac{3}{2}R$	$C_p=\frac{5}{2}R$	$\gamma=\frac{C_p}{C_V}=\frac{5}{3}$
二原子分子理想気体	$C_V=\frac{5}{2}R$	$C_p=\frac{7}{2}R$	$\gamma=\frac{C_p}{C_V}=\frac{7}{5}$

i 熱効率

熱を仕事に変える装置を熱機関という。熱機関が熱量 Q_{in} を吸収し，合計 W' の仕事を行って熱量 Q_{out} を放出したとき，$W'=Q_{in}-Q_{out}$ より，この熱効率は $e=\dfrac{W'}{Q_{in}}=\dfrac{Q_{in}-Q_{out}}{Q_{in}}$ $(0\leqq e<1)$

j 2つの容器による気体の混合

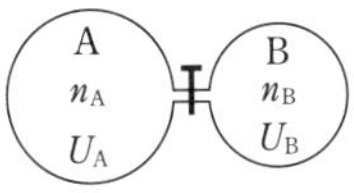

(1) 容器内の物質量の総和は変化しない。 $n_A+n_B=$一定

(2) 断熱容器ならば，内部エネルギーの総和も保存される。 $U_A+U_B=$一定

k 気体の状態変化

(1) 状態ごとに p，V，T，および n を仮定する。

(2) 状態ごとに成りたつ関係式 $pV=nRT$
(問題で要求された文字式に書きかえ可能)
注 ピストンを含む問題では，ピストンにはたらく力のつりあいを考える。

(3) 状態間を結ぶ関係式 $\dfrac{p_1V_1}{T_1}=\dfrac{p_2V_2}{T_2}$，
$\varDelta U=Q+W$ $(W=-W')$，$\varDelta U=nC_V\varDelta T$
(定圧変化では，気体がした仕事 $W'=p\varDelta V=nR\varDelta T$ も成立。)

(4) p-V 図をかき，どのような変化かを調べる。p-V 図の面積は仕事を表す。

例 このような表を完成させるとよい。

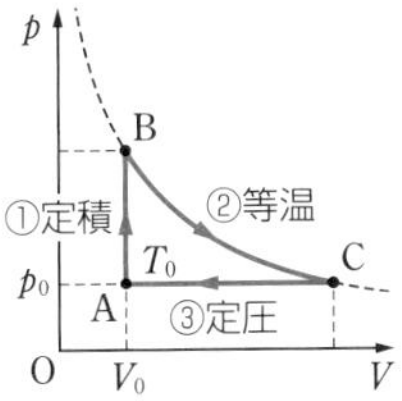

	Q	$=\varDelta U$	$+W'$
① A→B	+	+	0
② B→C	+	0	+
③ C→A	−	−	−
一周	+	必ず 0	+

(W' は気体がした仕事)

基礎CHECK

1. (1) n〔mol〕の単原子分子理想気体の，温度 T_0〔K〕における内部エネルギー U〔J〕はいくらか。気体定数を R〔J/(mol·K)〕とする。
〔　　　〕

(2) この状態での気体の圧力 p_0〔Pa〕，体積 V_0〔m^3〕を用いて，U〔J〕を表せ。
〔　　　〕

2. 気体の状態が右の図の**ア**～**エ**の経路で変化する。これらが，定積変化，定圧変化，等温変化，断熱変化のいずれかであるとすると，**ア**～**エ**はそれぞれどの変化であるか。

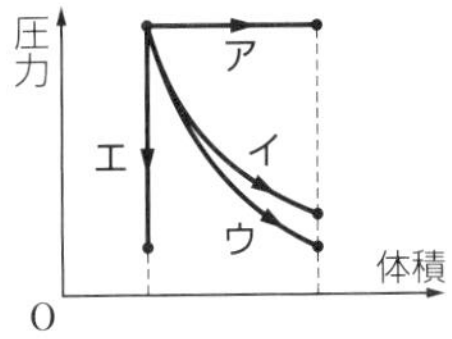

ア：〔　　　〕 **イ**：〔　　　〕
ウ：〔　　　〕 **エ**：〔　　　〕

3. 一定量の理想気体に熱を加えた。(1) 定積変化 (2) 定圧変化 (3) 等温変化の説明として適当なものをそれぞれ①～③から選べ。
① 加えられた熱はすべて内部エネルギーになる。
② 加えられた熱はすべて外部への仕事に使われる。
③ 加えられた熱は，一部が外部への仕事に使われ，残りが内部エネルギーになる。

(1)〔　　　〕
(2)〔　　　〕
(3)〔　　　〕

4. 断熱変化で，気体を膨張させて外部に仕事をさせると，温度はどうなるか。
〔　　　〕

解答

1. (1)「$U=\dfrac{3}{2}nRT$」より $U=\dfrac{3}{2}\boldsymbol{nRT_0}$〔J〕
(2) 状態方程式「$pV=nRT$」より
$p_0V_0=nRT_0$ よって $U=\dfrac{3}{2}\boldsymbol{p_0V_0}$〔J〕

2. (ア) 圧力一定であるから**定圧変化**
(エ) 体積一定であるから**定積変化**
等しい体積変化に対して，等温変化より断熱変化のほうが圧力変化が大きい。よって
(イ) **等温変化** (ウ) **断熱変化**

3. 熱力学第一法則「$\varDelta U=Q+W$」を用いる。気体がした仕事を W' とすると $W=-W'$ より $\varDelta U=Q-W'$
よって $Q=\varDelta U+W'$ ……ⓐ
(1) 定積変化では，$W'=0$ であるから
$Q=\varDelta U$ よって ①
(2) ⓐ式より，定圧変化では，加えられた熱は，一部が外部への仕事に使われ，残りが内部エネルギーになる。
よって ③
(3) 等温変化では，$\varDelta U=0$ であるから
$Q=W'$ よって ②

4. 「$\varDelta U=Q+W$」で $Q=0$ より $\varDelta U=W=-W'$
(W'：気体がした仕事)
$W'>0$ なので $\varDelta U<0$ よって，温度は**下がる**。

Let's Try!

例題 31 内部エネルギーの保存

➡ 59 解説動画

2つの断熱容器A，Bが体積の無視できる細管で結ばれていて，それぞれの体積は $3V_0$，$2V_0$ である。Aに圧力 $2p_0$，温度 T_0 の気体を入れ，Bに圧力 p_0，温度 $3T_0$ の気体を入れてコックを開いた。コックを開いて十分時間がたった後の気体の圧力 p と，温度 T を求めよ。気体は単原子分子理想気体とする。

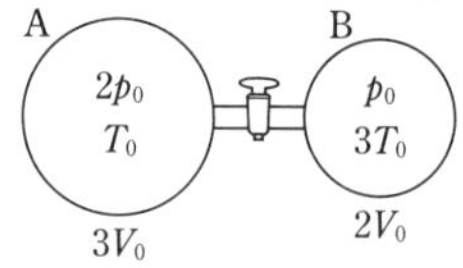

指針 気体の混合で，外部と熱のやりとりがなければ内部エネルギーは保存される。

解答 混合の前後で内部エネルギーの総和は保存される。

単原子分子理想気体の内部エネルギー「$U=\frac{3}{2}nRT$」は，状態方程式「$pV=nRT$」を用いて「$U=\frac{3}{2}pV$」と表されるので

（混合前のA）（混合前のB）（混合後の全体）

$$\frac{3}{2}\times 2p_0\times 3V_0+\frac{3}{2}\times p_0\times 2V_0=\frac{3}{2}\times p\times(3V_0+2V_0)$$

よって　$p=\frac{8}{5}p_0$

混合の前後で，気体の物質量の総和は変化しない。

物質量は「$n=\frac{pV}{RT}$」と表されるので

（混合前のA）（混合前のB）（混合後の全体）

$$\frac{2p_0\times 3V_0}{RT_0}+\frac{p_0\times 2V_0}{R\times 3T_0}=\frac{p\times(3V_0+2V_0)}{RT}$$

（R：気体定数）

よって　$\frac{20p_0V_0}{3T_0}=\frac{5pV_0}{T}$

ゆえに　$T=\frac{15p}{20p_0}T_0=\frac{3}{4p_0}\times\frac{8}{5}p_0\times T_0=\frac{6}{5}T_0$

58. 気体の内部エネルギー ● 1原子で1分子を構成する1molの理想気体がある。ボルツマン定数を k，アボガドロ定数を N_A として，次の問いに答えよ。

(1) 絶対温度 T のときの内部エネルギーはいくらか。

(2) 体積を一定に保って，温度を1度上げるのに要するエネルギーはいくらか。

(3) 温度を一定に保って，体積を2倍にしたとき，内部エネルギーは何倍になるか。

(4) 圧力を一定に保って，体積を2倍にしたとき，内部エネルギーは何倍になるか。

(1)＿＿＿＿　(2)＿＿＿＿　(3)＿＿＿＿　(4)＿＿＿＿

59. 内部エネルギーの保存 ● 図のように，2つの断熱容器1，2が体積の無視できる細管で結ばれていて，それぞれの体積は V_1，V_2 である。容器1には温度 T_1 の単原子分子理想気体 n_1〔mol〕が封入され，2つの容器間の栓は閉じられている。次の各場合について，栓を開けてしばらく時間をおいたときの，容器1，2を占める気体の温度 T，および圧力 p をそれぞれ求めよ。気体定数を R とする。

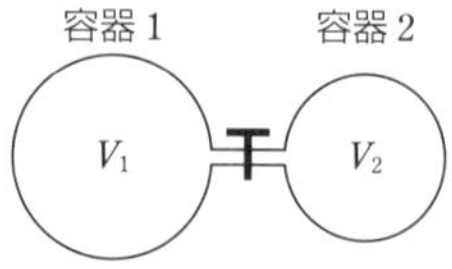

(1) 容器2が真空である場合

(2) 容器2に温度 T_2 の単原子分子理想気体 n_2〔mol〕が封入されている場合

(1) T：＿＿＿＿　p：＿＿＿＿　(2) T：＿＿＿＿　p：＿＿＿＿

▶ 例題31

例題32 p-V 図の見方

➡60

解説動画

右の p-V 図でA→Bは定積変化，B→Cは定圧変化，C→Dは断熱変化，D→Aは等温変化である。

(1) A，B，C，Dの温度 T_A，T_B，T_C，T_D の間の大小関係を $T_A > T_B = T_C > T_D$ のように答えよ。

(2) 各変化ごと，および一周について，内部エネルギーの増加 ΔU，気体がした仕事 W'，気体が吸収した熱量 Q の符号(＋，0，－)を答えよ。

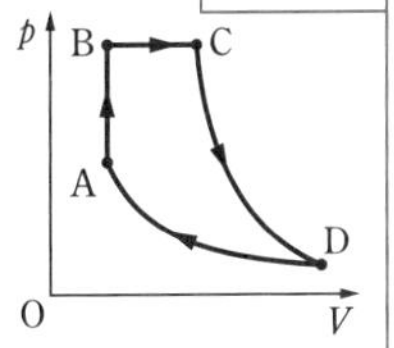

指針 グラフ上に等温曲線を描いて考える。右上になるほど高温。仕事は膨張のとき正で p-V 図の面積に等しい。
「$\Delta U = Q + W$」，「$W = -W'$」より「$Q = \Delta U + W'$」となる。

解答 (1)「$pV = nRT$」より，

p は $\dfrac{T}{V}$ に比例するので，等温曲線は右図のようになる。

$T_C > T_B > T_A = T_D$

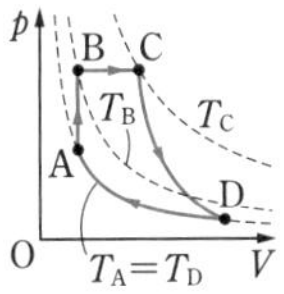

(2) $\Delta U = nC_V\Delta T$ より，ΔU は ΔT に比例するので，温度上昇(下降)のとき ΔU は正(負)。
「$W' = p\Delta V$」より，体積 V が増加(減少)のとき W' は正(負)。
Q の符号は「$Q = \Delta U + W'$」から判断。
一周するともとの温度にもどり $\Delta U = 0$。

W' はグラフで囲んだ面積。

(2)の答え

	ΔU	W'	Q
A→B(定積)	＋	0	＋
B→C(定圧)	＋	＋	＋
C→D(断熱)	－	＋	0
D→A(等温)	0	－	－
一周	0	＋	＋

60. 気体の状態変化 ● 一定量の理想気体の圧力 p と体積 V を，過程①→②→③→④の順序でゆっくり変化させた。

(1) 気体が外部に正の仕事をするのはどの過程か。

(2) 内部エネルギーが増加するのはどの過程か。

(3) 気体が熱を吸収するのはどの過程か。

(4) ①→②→③→④の1サイクルで，気体が外部にする仕事 W' を求めよ。

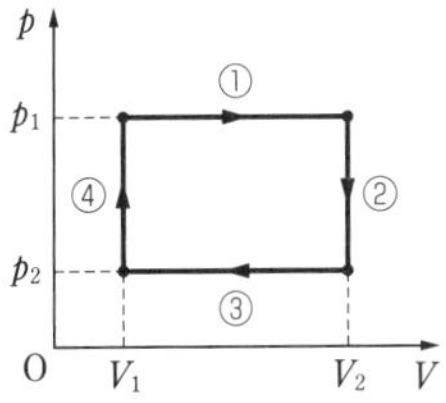

(1)

(2)

(3)

(4)

▶例題32

リード C

例題 33　定圧変化

➡ 61　解説動画

なめらかに動くピストンを備えたシリンダーに温度 T_0〔K〕の単原子分子理想気体 n〔mol〕が入っている。この気体をゆっくり加熱したら，膨張して温度が $3T_0$〔K〕になった。気体定数を R〔J/(mol·K)〕とする。

(1) 内部エネルギーの増加量 $\varDelta U$ を求めよ。
(2) 気体が外部に対してした仕事 W' を求めよ。
(3) 気体が吸収した熱量 Q を求めよ。
(4) この気体の定圧モル比熱 C_p を求めよ。

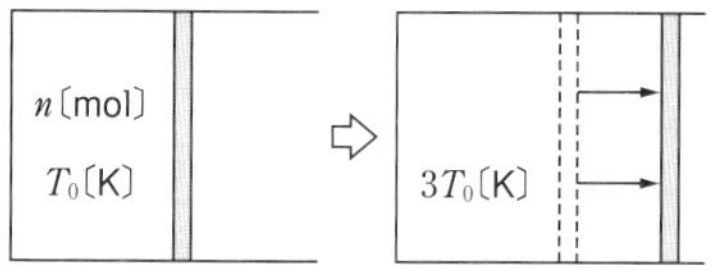

指針　なめらかに動くピストンであるから，この変化は定圧変化である。「$\varDelta U=\dfrac{3}{2}nR\varDelta T$」，「$W'=p\varDelta V$」，「$\varDelta U=Q+W$」($W=-W'$)，「$Q=nC_p\varDelta T$」より求める。

解答　(1) 温度上昇 $\varDelta T=3T_0-T_0=2T_0$〔K〕より

$$\varDelta U=\frac{3}{2}nR\varDelta T=\frac{3}{2}nR\cdot 2T_0=\boldsymbol{3nRT_0}\text{〔J〕}$$

(2)「$W'=p\varDelta V=nR\varDelta T$」を用いて

$$W'=nR\cdot 2T_0=\boldsymbol{2nRT_0}\text{〔J〕}$$

(3) 気体がした仕事 W' を用いて熱力学第一法則を書きかえると「$\varDelta U=Q-W'$」となり，「$Q=\varDelta U+W'$」なので

$$Q=3nRT_0+2nRT_0=\boldsymbol{5nRT_0}\text{〔J〕}$$

(4)「$Q=nC_p\varDelta T$」より　$5nRT_0=nC_p\cdot 2T_0$

よって　$C_p=\boldsymbol{\dfrac{5}{2}R}$〔J/(mol·K)〕

61. 定圧変化　次の文の□の中に正しい式を入れよ。

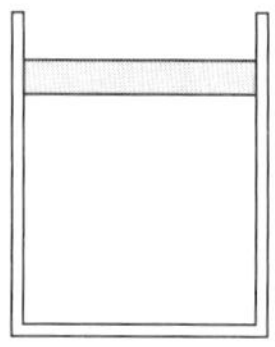

図のように，上ぶたがなめらかに動くことができる容器の中に，単原子分子理想気体が n〔mol〕入っている。上ぶたの質量は M〔kg〕，断面積は S〔m^2〕，また大気圧は p_0〔Pa〕である。重力加速度の大きさは g〔m/s^2〕，気体定数は R〔J/(mol·K)〕とする。

初め温度 T_0〔K〕に保たれていた気体に，熱を加えて温度を T〔K〕に上げた。この結果，気体の圧力，体積，内部エネルギーは，それぞれ $\varDelta p=$[ア]〔Pa〕，$\varDelta V=$[イ]〔m^3〕，$\varDelta U=$[ウ]〔J〕だけ増加した。この変化で気体が外にした仕事 W' は[エ]〔J〕，また，気体に加えられた熱量 Q は[オ]〔J〕である。

ア：＿＿＿＿　イ：＿＿＿＿　ウ：＿＿＿＿

エ：＿＿＿＿　オ：＿＿＿＿

▷例題33

例題 34　気体の状態変化

➡ 62　解説動画

1mol の単原子分子理想気体を容器の中に封入し，圧力 p と体積 V を図の A→B→C→A の順序でゆっくり変化させた。C→A は温度 T_0 の等温変化であり，その際気体は外部へ熱量 Q_0 を放出した。次の量を，T_0，Q_0，および，気体定数 R のうち必要なものを用いて表せ。また，問いに答えよ。

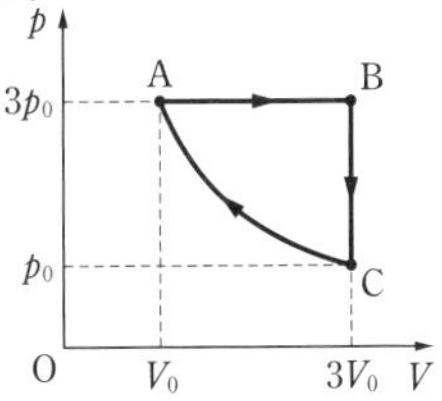

(1) 状態Bの温度 T_B

(2) A→B の過程で気体が外部にした仕事 W_{AB} と気体が吸収した熱量 Q_{AB}

(3) B→C の過程で気体が外部にした仕事 W_{BC} と気体が吸収した熱量 Q_{BC}

(4) C→A の過程で気体が外部にした仕事 W_{CA}

問　$Q_0=1.1RT_0$ のとき，１サイクルの熱効率 e を有効数字２桁で求めよ。

指針　各過程での Q，$\varDelta U$，W' を表にまとめながら考えるとよい。熱効率を求めるとき，「気体がした仕事」は正の仕事・負の仕事をあわせた正味の仕事を考える。一方，「気体が吸収した熱量」には，気体が放出した熱量を含めない。

解答　(1) 状態AとBとでシャルルの法則を用いると

$$\frac{V_0}{T_0}=\frac{3V_0}{T_B}\qquad よって\quad T_B=\mathbf{3T_0}$$

(2) Aでの状態方程式より　$3p_0V_0=RT_0$　……①

A→B は定圧変化であるから「$W'=p\varDelta V$」(W'：気体がした仕事)より

$$W_{AB}=3p_0\times(3V_0-V_0)=6p_0V_0$$

①式を用いて　$W_{AB}=\mathbf{2RT_0}$

このときの内部エネルギーの変化 $\varDelta U_{AB}$ は

「$\varDelta U=\dfrac{3}{2}nR\varDelta T$」より

$$\varDelta U_{AB}=\frac{3}{2}\times1\times R(3T_0-T_0)=3RT_0$$

「$Q=\varDelta U+W'$」より　$Q_{AB}=3RT_0+2RT_0=\mathbf{5RT_0}$

(3) B→C は定積変化なので，$W_{BC}=\mathbf{0}$ である。このときの内部エネルギーの変化 $\varDelta U_{BC}$ は

$$\varDelta U_{BC}=\frac{3}{2}\times1\times R(T_0-3T_0)=-3RT_0$$

「$Q=\varDelta U+W'$」より　$Q_{BC}=-3RT_0+0=\mathbf{-3RT_0}$

注　$Q_{BC}<0$ であるから，実際には気体は熱を放出したことがわかる。

(4) C→A は等温変化なので，内部エネルギーの変化 $\varDelta U_{CA}=0$ である。気体が放出した熱量は Q_0 である(吸収した熱量は $-Q_0$)から「$Q=\varDelta U+W'$」より

$$-Q_0=0+W_{CA}$$

よって　$W_{CA}=\mathbf{-Q_0}$

以上の結果を下の表にまとめる。

	Q =	$\varDelta U$ +	W'
A→B（定圧）	$5RT_0$	$3RT_0$	$2RT_0$
B→C（定積）	$-3RT_0$	$-3RT_0$	0
C→A（等温）	$-Q_0$	0	$-Q_0$
一周	$2RT_0-Q_0$	0	$2RT_0-Q_0$

問　気体がした正味の仕事 W' は

$$W'=W_{AB}+W_{BC}+W_{CA}=2RT_0-Q_0$$

気体が吸収した熱量 Q_{in} は　$Q_{in}=5RT_0$

よって　$e=\dfrac{W'}{Q_{in}}=\dfrac{2RT_0-Q_0}{5RT_0}$

ここで，$Q_0=1.1RT_0$ を代入すると

$$e=\frac{2RT_0-1.1RT_0}{5RT_0}=\frac{0.9}{5}=\mathbf{0.18}$$

62. **気体の状態変化**　単原子分子理想気体を容器の中に封入し，圧力 p と体積 V を図の A→B→C→A の順序でゆっくり変化させた。A→B は等温変化であり，その際気体は外部から熱量 Q_0 を吸収した。次の量を，p_0，V_0，Q_0 のうち必要なものを用いて表せ。

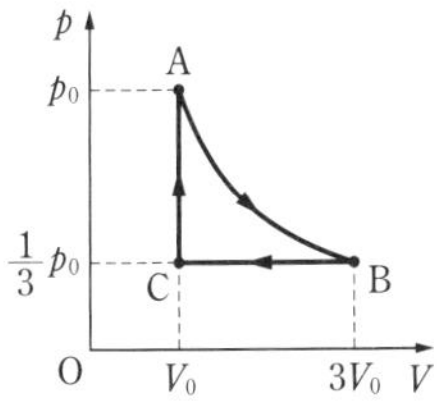

(1) A→B の過程で気体が外部にした仕事 W_{AB}

(2) B→C の過程で気体が外部にした仕事 W_{BC} と気体が吸収した熱量 Q_{BC}

(3) C→A の過程で気体が外部にした仕事 W_{CA} と内部エネルギーの変化 $\varDelta U_{CA}$

(4) １サイクル (A→B→C→A) の熱効率 e

(1) ＿＿＿＿　(2) W_{BC}：＿＿＿＿　Q_{BC}：＿＿＿＿

(3) W_{CA}：＿＿＿＿　$\varDelta U_{CA}$：＿＿＿＿　(4) ＿＿＿＿

▶ 例題34

編末問題

63. 気体の圧力 図のように，水平な台上に固定されたシリンダー内に，断面積がそれぞれ $4S$，S のなめらかに動くピストンによって気体が密封されている。左右のピストンにはともに軽い糸が結ばれ，左側の糸には台に固定されたなめらかに動く滑車を通して質量 m のおもりがつるされている。右側のピストンは大きさ F の力で引っ張られ，左右のピストン，およびおもりはすべて静止した状態にある。大気圧を p_0，重力加速度の大きさを g とする。

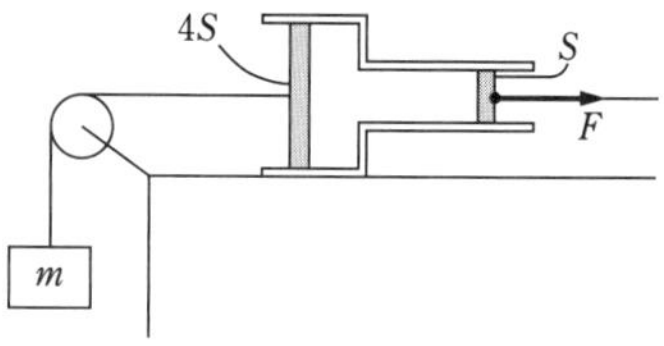

(1) シリンダー内の気体の圧力を p とする。左側のピストンにはたらく力を考えて，p を m，S，p_0，g で表せ。
(2) F を m，g で表せ。

(1) ________ (2) ________

64. 連結された2つのピストン 図のように，それぞれの断面積が $2S$ と S である，2つの断熱容器A，Bの中にともに1molの理想気体を入れ，真空中の水平面に固定し，ピストンを固い棒で連結し一体化させる。ピストンが静止したとき，それぞれの容器内の気体の体積は V_A，V_B で，容器A内の気体のほうが容器B内の気体よりも温度が高かった。ただし，ピストンと棒は軽く，なめらかに動くものとする。

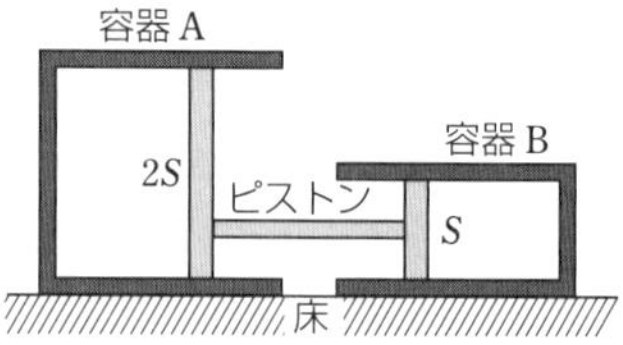

(1) ピストンが静止した状態でのA，B内の気体の圧力を P_A，P_B とするとき，P_B を P_A で示せ。

次にB内の気体をA内と同じ温度になるまでゆっくり温めたところ，ピストンは左に距離 x だけ移動し，再び静止した。このときのA，B内の気体の絶対温度を T'，それぞれの気体の圧力を P_A'，P_B' とする。

(2) 気体定数を R として容器A内の気体の状態方程式を S，x，P_A'，V_A，T'，R を用いて表せ。また容器B内の気体の状態方程式を S，x，P_B'，V_B，T'，R を用いて表せ。
(3) ピストンが x だけ左に移動した後の容器A，Bそれぞれの気体の体積を V_A，V_B のみを用いて表せ。

〔16 東京都市大〕

(1) ________ (2) A： ________ B： ________

(3) A： ________ B： ________

65. 気体がする仕事　図1のように，なめらかに動くピストンで理想気体を封じた容器がある。ピストンにはばねがついていて，ばねの一端は容器に固定されている。この気体を熱したところピストンはゆっくり右に動き，気体の圧力と体積は p-V 図上で図2のように状態 A(p_1, V_1) から状態 B(p_2, V_2) に変化した。

(1) 気体がピストンにした仕事 W〔J〕を求めよ。

(2) 初めの状態Aのとき，ばねは自然の長さであった。状態Bでばねに蓄えられている弾性エネルギー E〔J〕を求めよ。

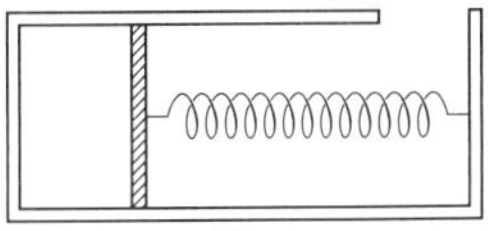

図1

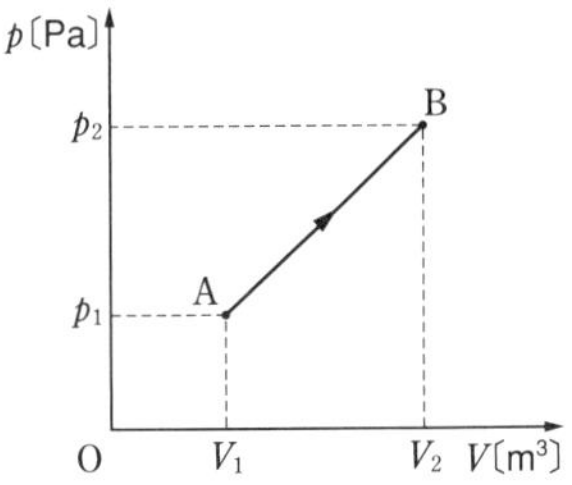

図2

(1)　　　　(2)

考 66. マイヤーの関係　容器内に物質量 n〔mol〕の単原子分子理想気体をなめらかに動くピストンによって密閉し，温度を T_A〔K〕とした。この単原子分子理想気体に熱量を与えて温度を上げることを考える。

気体定数を R〔J/(mol·K)〕とすると，温度 T〔K〕における n〔mol〕の単原子分子理想気体の内部エネルギーは $\frac{3}{2}nRT$〔J〕で与えられることを用いて，次の問いに答えよ。

図1のように，ピストンを固定した状態で気体を加熱し，気体の温度を T_B〔K〕($T_B > T_A$) とした（操作1）。

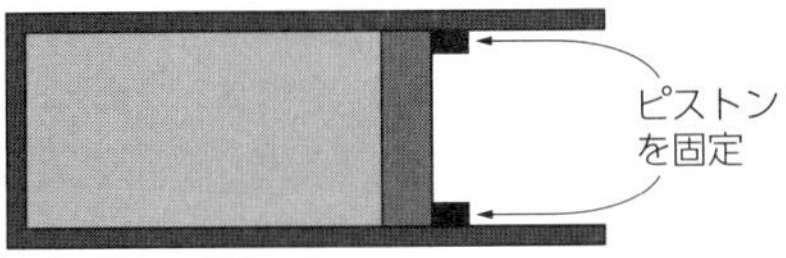

図1

図2

(1) 操作1で気体が外部にした仕事 W_1〔J〕，気体に与えられた熱量 Q_1〔J〕を求めよ。

(2) 操作1におけるモル比熱 C_1〔J/(mol·K)〕を求めよ。

図2のように，ピストンが自由に動く状態で気体を加熱し，気体の温度を T_B〔K〕($T_B > T_A$) とした（操作2）。

(3) 操作2で気体が外部にした仕事 W_2〔J〕，気体に与えられた熱量 Q_2〔J〕を求めよ。

(4) 操作2におけるモル比熱 C_2〔J/(mol·K)〕が $C_1 + R$ と表されることを示せ。

(5) 図2の状態から，ピストンを急激に押しこみ気体の体積を減少させると，熱量を与えなくても気体の温度が上昇した。この理由を説明せよ。〔22 島根大 改〕

(1) W_1：　　　Q_1：　　　(2)

(3) W_2：　　　Q_2：　　　(4)

(5)

67. 断熱変化 圧力 1.2×10^5 Pa，体積 8.0×10^{-4} m^3，温度 540K の状態Aにある単原子分子理想気体が断熱膨張して，体積 2.7×10^{-3} m^3 の状態Bになった。ただし断熱変化では，圧力 p，体積 V，温度 T の間に $pV^{\gamma}=$一定 と $TV^{\gamma-1}=$一定 の関係が成りたつ。

(1) 状態Bの温度 T_B は何Kか。ただし，γ の値を $\frac{5}{3}$ とする。

(2) 状態Aから状態Bになるとき，気体の内部エネルギーの変化 ΔU は何Jか。

(3) 状態Aから状態Bになるとき，気体が外部にした仕事 W' は何Jか。

(1)＿＿＿＿＿＿ (2)＿＿＿＿＿＿ (3)＿＿＿＿＿＿

68. 断熱板で仕切られた気体 図のように，なめらかに移動できる断熱板Cで A室，B室に仕切られた断熱シリンダー内に，同種の単原子分子の理想気体を封入した。このとき，A室，B室ともに圧力は p_0〔Pa〕，体積は V_0〔m^3〕，温度は T_0〔K〕であった。また，B室には温度調節器Hが取りつけてある。

いま，温度調節器HからB室内の気体に熱をゆっくり加えたところ，A室は $T_1(>T_0)$〔K〕，B室は $T_2(>T_0)$〔K〕になり，断熱板Cは静止した。

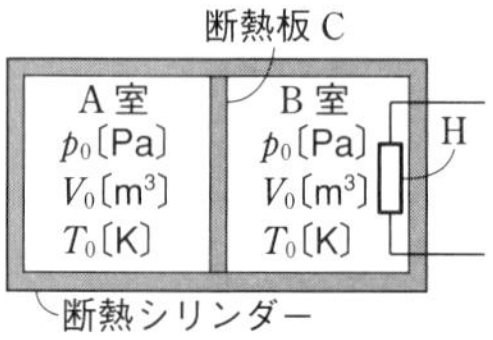

(1) B室内の気体の内部エネルギーの変化の大きさ ΔU_B〔J〕を求めよ。

(2) A室内の気体が，B室内の気体にされた仕事 W_A〔J〕を求めよ。

(3) 温度調節器Hが，B室内の気体に加えた熱量 Q〔J〕を求めよ。 〔東京慈恵医大〕

(1)＿＿＿＿＿＿ (2)＿＿＿＿＿＿ (3)＿＿＿＿＿＿

69. 気体の状態変化 なめらかに動くピストンがついたシリンダー内に理想気体を入れたところ，圧力 p_0，体積 V_0，温度 T_0 になった。この状態から，図1に示す3つの過程により，気体の体積を V_1 に減少させる。過程①は断熱変化，過程②は等温変化，過程③は定圧変化である。

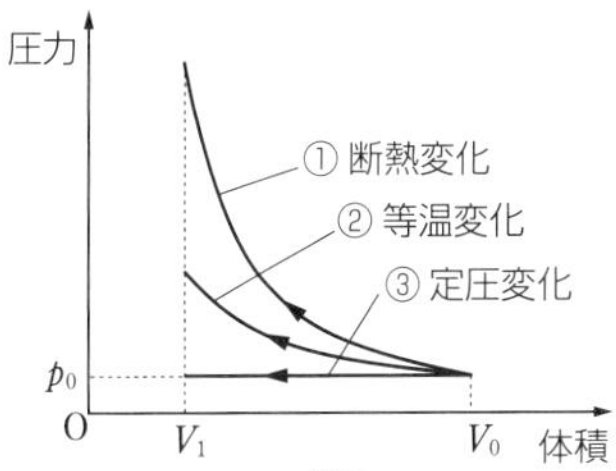

図1

(1) 熱の出入りがない過程はどの過程か。
(2) 内部エネルギーが変化しない過程はどの過程か。
(3) 過程①，②，③において，気体が外部からされる仕事をそれぞれ W_1，W_2，W_3 とする。これらの大小関係はどのようになるか。
(4) 図2に示した温度と体積の関係を表す実線**ア**～**エ**のうち3つは，過程①，②，③に対応する。どの実線が過程①，②，③に対応するかそれぞれ答えよ。〔センター試験 改〕

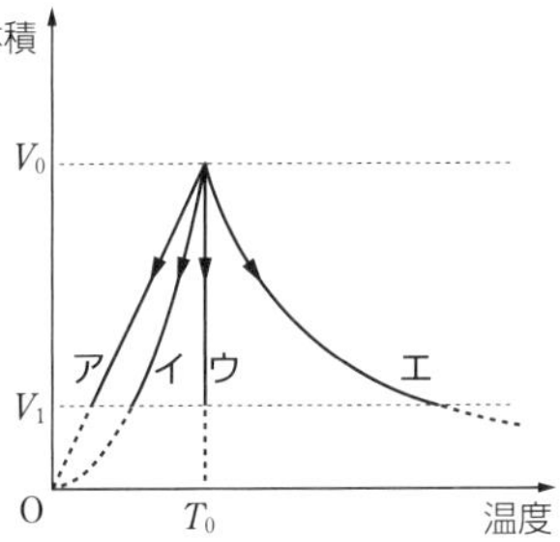

図2

(1)　(2)　(3)

(4) ①　②　③

70. 気体の状態変化 なめらかに動くピストンをもつシリンダーに1.0molの単原子分子理想気体が入っている。気体の圧力 p と体積 V を図のようにA→B→C→D→Aの順序でゆっくり変化させたとき，以下の問いに答えよ。なお，B→Cの過程は温度一定であり，気体定数 R は8.3J/(mol·K)とする。数値は有効数字2桁で求めよ。

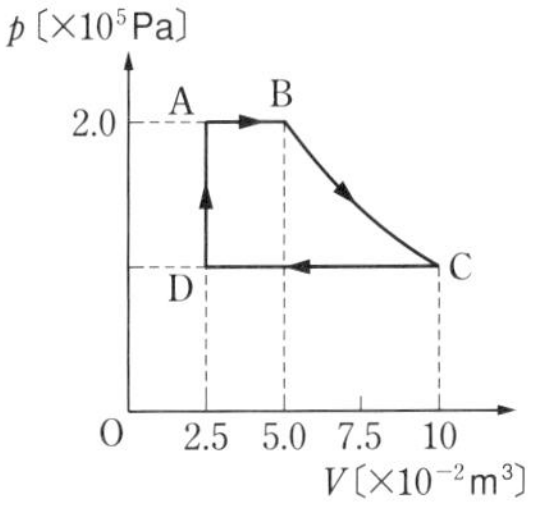

(1) Dにおける圧力 p_D と絶対温度 T_D を求めよ。
(2) 過程D→Aにおける内部エネルギーの変化量 ΔU_{DA} を求めよ。
(3) 全過程A→B→C→D→Aにおける気体の体積 V と絶対温度 T のグラフをかけ。また，右上図にならい〔　〕内に T および V の単位を入れよ。〔熊本大 改〕

(1) 圧力：

温度：

(2)

(3) T〔　〕

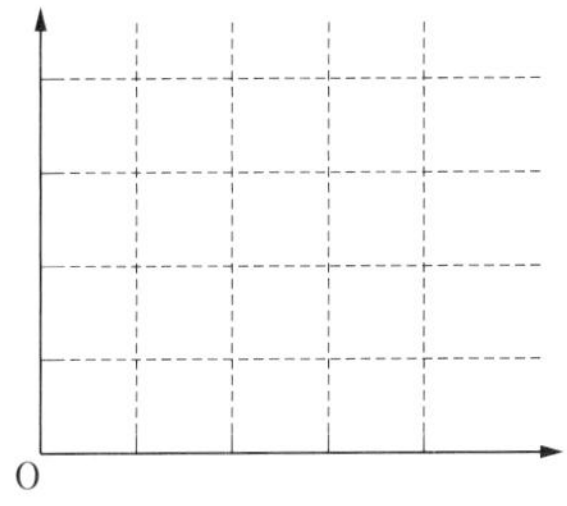

V〔　〕

第9章 正弦波の式

1 正弦波の式

リードAの確認問題

a 等速円運動と単振動 ➡第4章1b，第5章1

物体が円周上を一定の速さで回る運動を**等速円運動**という。この物体を真横から見ると，一定の幅で往復運動しているように見える。このような運動を**単振動**という。

等速円運動 ⟹	単振動
（等速円運動の正射影が単振動）	
半径 A〔m〕	振幅 A〔m〕
角速度 ω〔rad/s〕 $\boldsymbol{\theta=\omega t}$	角振動数 ω〔rad/s〕
周期 T〔s〕	周期 T〔s〕 $\boldsymbol{T=\frac{2\pi}{\omega}}$
回転数 n〔Hz〕	振動数 f〔Hz〕 $\boldsymbol{f=\frac{1}{T}}$

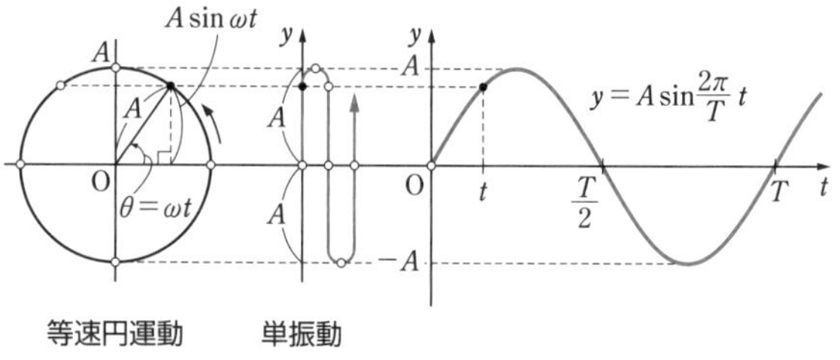

単振動のグラフは正弦曲線。 $\boldsymbol{y=A\sin\omega t=A\sin\frac{2\pi}{T}t}$

b 正弦波の式

(1) **正の向きに進む正弦波**

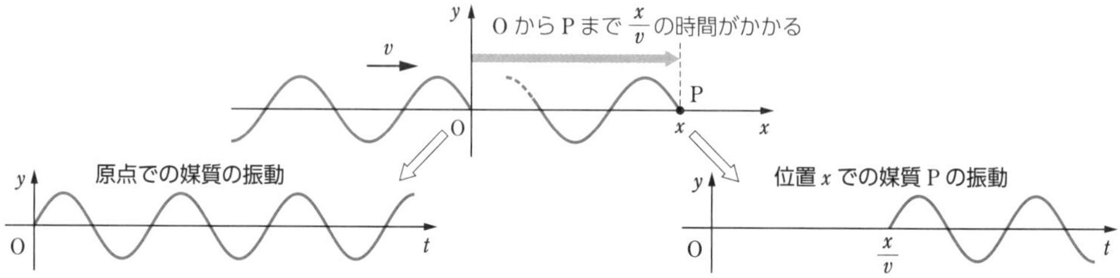

原点：$y=A\sin\frac{2\pi}{T}t$

P：$y=A\sin\frac{2\pi}{T}\left(t-\frac{x}{v}\right)$

原点での振動が $\frac{x}{v}$ 遅れて伝わるから，Pの振動は原点の $t-\frac{x}{v}$ での振動と同じである。

波長を λ とすると，$vT=\lambda$ より $\boldsymbol{y=A\sin2\pi\left(\frac{t}{T}-\frac{x}{\lambda}\right)}$

(2) **負の向きに進む正弦波** 上式の－を＋で置きかえればよい。 $\boldsymbol{y=A\sin2\pi\left(\frac{t}{T}+\frac{x}{\lambda}\right)}$

(3) **位相** 媒質の振動状態を表す量。$2\pi\left(\frac{t}{T}\mp\frac{x}{\lambda}\right)$ が位相である。

基礎 CHECK

1. 原点の媒質の時刻 t〔s〕における変位 y〔m〕が $y=1.5\sin2.0t$ と表されるとき，振幅 A〔m〕と角振動数 ω〔rad/s〕を求めよ。

A：〔　　　　　〕
ω：〔　　　　　〕

2. 位置 x〔m〕の媒質の，時刻 t〔s〕における変位 y〔m〕が $y=2.0\sin2\pi\left(\frac{t}{1.2}-\frac{x}{0.80}\right)$ と表されるとき，振幅 A〔m〕，周期 T〔s〕，波長 λ〔m〕を求めよ。

A：〔　　　　　〕
T：〔　　　　　〕
λ：〔　　　　　〕

解答

1.「$y=A\sin\omega t$」と比較して　$A=$**1.5m**，$\omega=$**2.0rad/s**

2.「$y=A\sin2\pi\left(\frac{t}{T}-\frac{x}{\lambda}\right)$」と比較して　$A=$**2.0m**，$T=$**1.2s**，$\lambda=$**0.80m**

Let's Try!

例題35 正弦波の式

➡71, 72　解説動画

時刻 t〔s〕における位置 x〔m〕の変位 y〔m〕が次式で表される波がある。

$$y=1.0\sin 50\pi\left(t-\frac{x}{10}\right) \quad \cdots\cdots①$$

(1) この波の振幅 A〔m〕，周期 T〔s〕，波長 λ〔m〕，振動数 f〔Hz〕，速さ v〔m/s〕を求めよ。
(2) 原点の，時刻 t〔s〕における変位 y〔m〕を表す式を示せ。
(3) $t=1.0$s のとき $x=5.0$m の点の媒質の変位はいくらか。

指針 $y=A\sin\dfrac{2\pi}{T}\left(t-\dfrac{x}{v}\right)$ か，$y=A\sin 2\pi\left(\dfrac{t}{T}-\dfrac{x}{\lambda}\right)$ と比較する。

解答 (1) $y=1.0\sin 50\pi\left(t-\dfrac{x}{10}\right)$

$=1.0\sin 2\pi\left(25t-\dfrac{25}{10}x\right)$

$y=A\sin 2\pi\left(\dfrac{t}{T}-\dfrac{x}{\lambda}\right)$ と比較すると

$A=$**1.0m**

また，t と x の係数を比較して

$\dfrac{1}{T}=25$　よって　$T=\dfrac{1}{25}=$**0.040s**

$\dfrac{1}{\lambda}=\dfrac{25}{10}$　よって　$\lambda=\dfrac{10}{25}=$**0.40m**

「$f=\dfrac{1}{T}$」より　$f=$**25Hz**

「$v=f\lambda$」より　$v=25\times0.40=$**10m/s**

(2) ①式に $x=0$m を代入して

$y=1.0\sin 50\pi\left(t-\dfrac{0}{10}\right)$

$=$**1.0sin50πt**

(3) ①式に $t=1.0$s，$x=5.0$m を代入して

$y=1.0\sin 50\pi\left(1.0-\dfrac{5.0}{10}\right)$

$=1.0\sin 25\pi$

$=$**0m**

注　mを整数とすると $\sin m\pi=0$ である。

POINT

正の向きに進む正弦波の式

$$y=A\sin 2\pi\left(\frac{t}{T}-\frac{x}{\lambda}\right) \quad \text{または} \quad y=A\sin\frac{2\pi}{T}\left(t-\frac{x}{v}\right)$$

71. 単振動の式 ● 直線上を運動する点の，原点からの変位 y〔m〕が時刻 t〔s〕において $y=0.3\sin 4\pi t$ で表されるとき，振動の振幅 A〔m〕，周期 T〔s〕，振動数 f〔Hz〕を求めよ。

A：＿＿＿＿　T：＿＿＿＿　f：＿＿＿＿

▷例題35

72. 正弦波の式 ● x 軸上を正の向きに進む正弦波の，座標 x〔m〕の点の時刻 t〔s〕における変位 y〔m〕が $y=0.20\sin\pi(5.0t-0.10x)$ で表されるとき，この波の振幅 A〔m〕，周期 T〔s〕，波長 λ〔m〕，振動数 f〔Hz〕，速さ v〔m/s〕を求めよ。

A：＿＿＿＿　T：＿＿＿＿　λ：＿＿＿＿

f：＿＿＿＿　v：＿＿＿＿

▷例題35

リード C

例題 36 正弦波の式

➡ 73, 74

解説動画

正弦波の横波が x 軸上を正の向きに速さ 40m/s で進んでいる。図は原点の媒質の変位 y〔m〕と時刻 t〔s〕との関係を示している。

(1) 原点の媒質における y と t の関係を式で表せ。

(2) 座標 x〔m〕の点の媒質の，時刻 t〔s〕における変位 y〔m〕を表す式をつくれ。

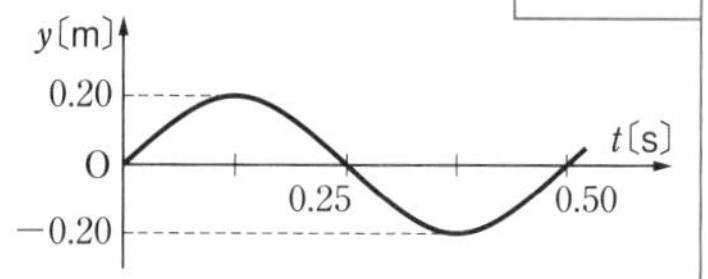

指針 (1) 単振動の式 $y=A\sin\dfrac{2\pi}{T}t$ (2) 座標 x には原点での振動が $\dfrac{x}{v}$ 遅れて伝わる。

解答 (1) 図から振幅 0.20m，周期 0.50 秒であるから，

「$y=A\sin\dfrac{2\pi}{T}t$」より

$$y=0.20\sin\frac{2\pi}{0.50}t$$

$$=\mathbf{0.20\sin 4.0\pi t}$$

(2) 波の速さが 40m/s なので，座標 x〔m〕には，原点の振動が $\dfrac{x}{40}$〔s〕遅れて伝わる。

$t \to t-\dfrac{x}{40}$ とおきかえて

$$y=\mathbf{0.20\sin 4.0\pi\left(t-\frac{x}{40}\right)}$$

POINT

速さ v で正の向きに伝わる波

原点の振動が位置 x に $\dfrac{x}{v}$ 遅れて伝わる $\left(t \to t-\dfrac{x}{v}\right)$

73. 正弦波の式 x 軸上を正の向きに進む波長 6.0m の正弦波がある。原点における時刻 t〔s〕での変位 y〔m〕は $y=2.0\sin 8.0\pi t$ で表される。

(1) この波の周期 T〔s〕，速さ v〔m/s〕を求めよ。

(2) 座標 x〔m〕の点の，時刻 t〔s〕における変位 y〔m〕を表す式をつくれ。

(1) T :　　　　v :　　　　(2)

▷ 例題 36

74. 正弦波の式 x 軸上を正の向きに正弦波が進んでいる。時刻 0 秒のときは図の実線の波形であったが，A の谷が 0.10 秒後に A′ まで進んで破線の波形になった。

(1) この波の振幅 A〔m〕，波長 λ〔m〕，周期 T〔s〕を求めよ。

(2) 原点の，時刻 t〔s〕における変位 y_0〔m〕を表す式をつくれ。

(3) 座標 x〔m〕の点の，時刻 t〔s〕における変位 y〔m〕を表す式をつくれ。

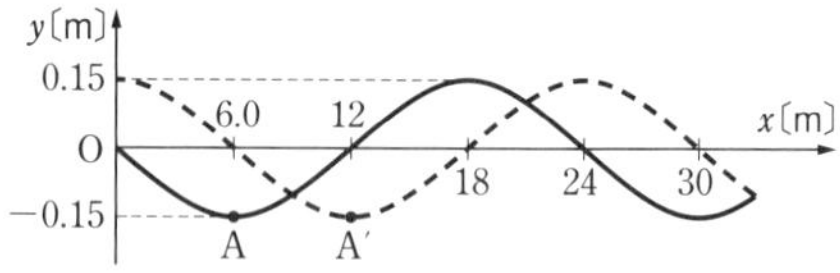

(1) A :　　　　λ :　　　　T :

(2)　　　　(3)

▷ 例題 36

第10章 平面上を伝わる波

1 平面上を伝わる波

リードAの確認問題

a 波面　波面(同位相の点を連ねた面)と波の進む向きは常に垂直となる。

b 波の干渉　2つの波源 S_1, S_2 から同位相, 同振幅の波が出ているとき, 波源 S_1, S_2 から媒質上の点までの距離を l_1, l_2 とすると

強めあう点：$|l_1 - l_2| = m\lambda = 2m \times \dfrac{\lambda}{2}$

弱めあう点：$|l_1 - l_2| = \left(m + \dfrac{1}{2}\right)\lambda = (2m+1) \times \dfrac{\lambda}{2}$　($m = 0,\ 1,\ 2,\ \cdots$)

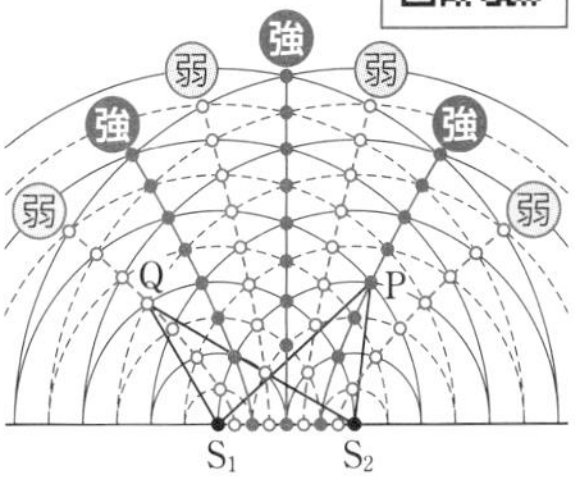

c ホイヘンスの原理

ある瞬間の波面の各点からは, 波の進む前方に**素元波**が出る。これらの素元波に共通に接する面が次の瞬間の波面になる。

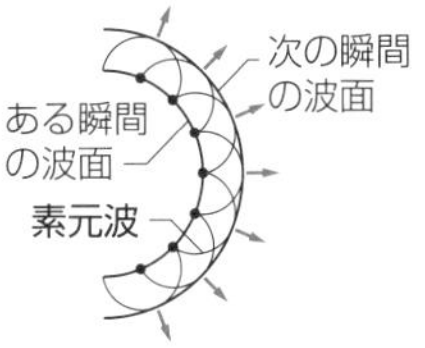

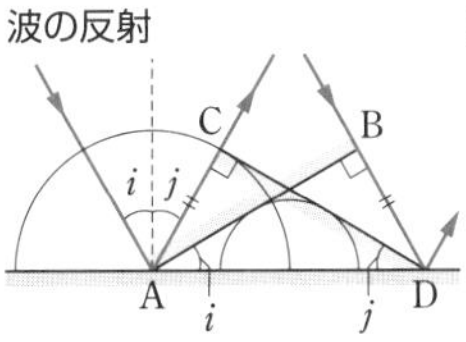

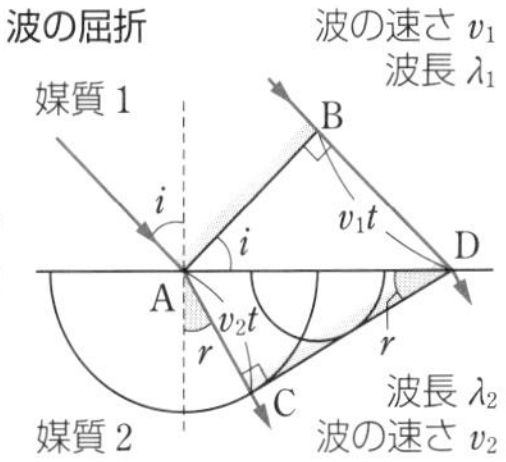

d 波の反射

波が異なる媒質の境界面に入射して反射するとき　**反射の法則　入射角 i = 反射角 j**

反射では波長 λ, 振動数 f (周期 T) は変化しない。

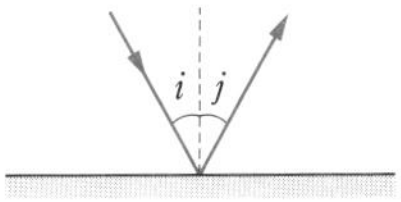

e 波の屈折

波が媒質1から媒質2へ進むとき　**屈折の法則**　$\dfrac{\sin i}{\sin r} = \dfrac{v_1}{v_2} = \dfrac{\lambda_1}{\lambda_2} = n_{12}$ (一定)

n_{12} を媒質1に対する媒質2の**屈折率**(**相対屈折率**)という。

屈折では振動数 f (周期 T) は変化しない。

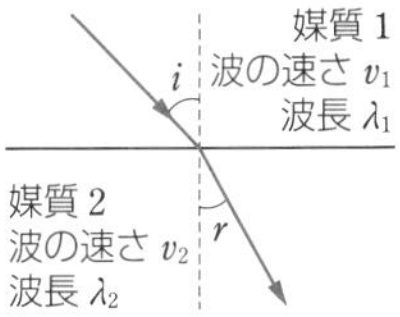

f 波の回折　波が障害物のすき間を通った後, 障害物の背後にまわりこむ現象。すき間が狭いほど, 波長が長いほど目立って現れる。

リード B

基礎CHECK

1. 図は媒質1から媒質2へ平面波が入射し, 境界面で屈折したようすを示している。このとき, 入射角 i と屈折角 r はそれぞれいくらか。

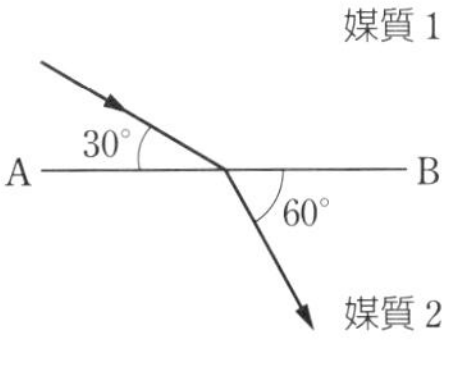

i：[　　　　]　r：[　　　　]

2. 波が媒質1から媒質2に進むとき, 媒質1中の速さは 8.0m/s, 媒質2中の速さは 5.0m/s であった。媒質1に対する媒質2の屈折率 n_{12} を求めよ。

[　　　　]

3. 平面波が, 幅の異なるすき間①, ②をもつ堤防に垂直に入射するとき, 回折がより目立つのは①, ②いずれか。

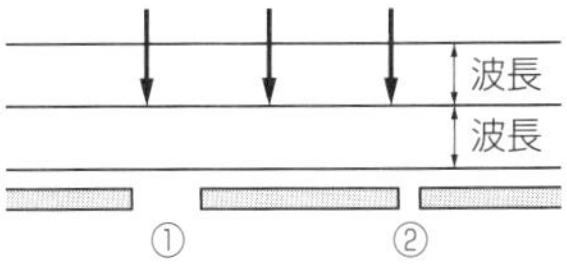

[　　　　]

解答

1. 入射角, 屈折角は境界面に垂直な直線と, 入射波, 屈折波の進行方向がそれぞれなす角である。
よって, 図より
$i = 60°$, $r = 30°$

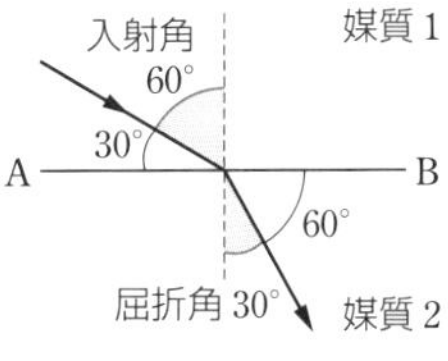

2. 屈折の法則「$n_{12} = \dfrac{v_1}{v_2}$」より

$$n_{12} = \frac{8.0}{5.0} = \mathbf{1.6}$$

3. すき間が狭いほうが回折が目立つ。よって　②

Let's Try!

例題 37 水面波の干渉

➡ 75, 76

解説動画

6.0cm 離れた水面上の2点 S_1, S_2 から，振幅の等しい波長 2.0cm の同位相の波が出ている。図の実線は山，破線は谷の波面を表している。波の減衰は無視する。

(1) 図中に，2つの波が弱めあっている点を連ねた線(節線という)をかけ。

(2) 線分 S_1S_2 と交わる節線は何本あるか。

(3) S_1 と S_2 の振動を逆位相にした場合，線分 S_1S_2 上に腹は何か所あるか。

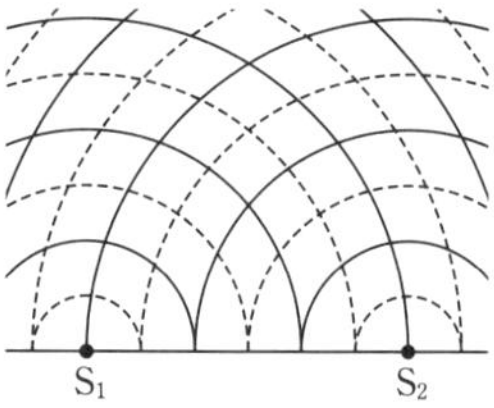

指針 (1) 山の波面と谷の波面の交点で，両波源からの距離の差が等しい点を連ねる。

解答 (1)

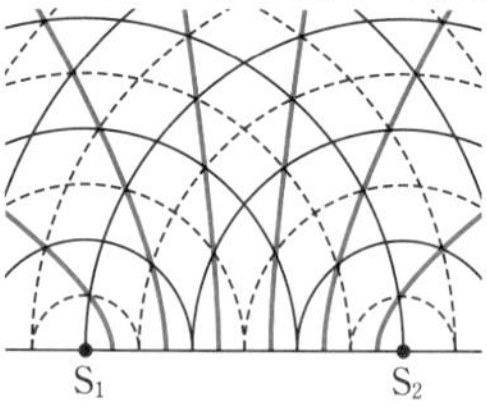

(2) 上の図より計 **6 本**。

別解 線分 S_1S_2 の中点は強めあい，腹となる。これを基準にして，線分 S_1S_2 上の腹と節の位置を求めてもよい。

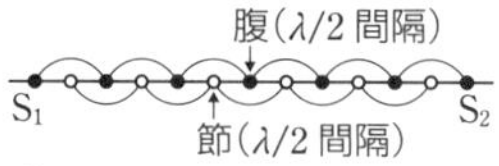

(3) (2)の場合とは節と腹の位置が逆になる。よって，答えは **6 か所**。

75. 水面波の干渉 ● 水面上の2点 S_1, S_2 から波長 4.0cm, 振幅 0.25cm の同位相の波が出ている。右図の点 A, B, C はどのような振動をするか。波の減衰は考えないものとする。

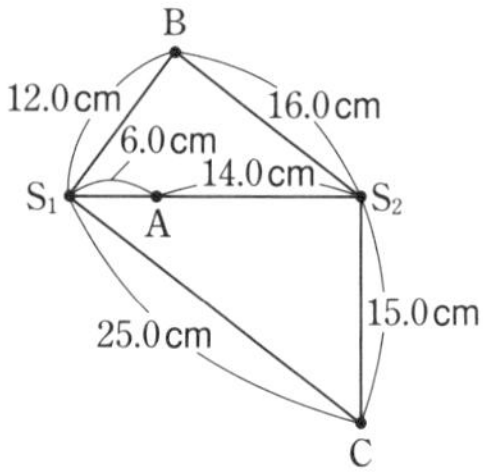

A：

B：

C：

▷ 例題 37

76. 水面波の干渉 ● 水面上の2つの波源 S_1 と S_2 が同位相で振動して，波長が 2.0cm の波を出している。図の実線はある瞬間における波の山の波面，破線は谷の波面を表している。水面波の減衰は考えないものとする。

(1) $PS_1 - PS_2 = 2.0\text{cm}$ を満たす点を連ねた線を図に示せ。また，この線上の点はどのような振動をするか。

(2) 線分 S_1S_2 上には定在波(定常波)ができている。S_1S_2 上にある定在波の腹の位置を S_1 からの距離で表せ。

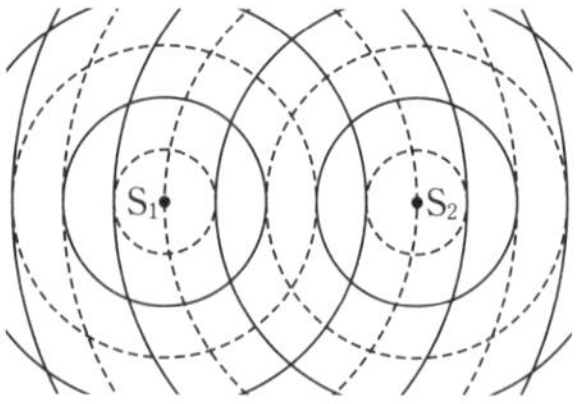

(1)

(2)

▷ 例題 37

例題38 波の屈折

➡ 77, 78　解説動画

媒質1の中を矢印の向きに進んできた平面波が境界面XYに入射し，屈折して媒質2へ進む。図はある瞬間の入射波の山の波面を示す。入射波の波長は3.0cm，振動数は8.0Hz，媒質1に対する媒質2の屈折率は2.0とする。

(1) (a) 媒質1の中での波の速さ v_1 は何cm/sか。
　(b) 媒質2の中を進む波の波長 λ_2 は何cmか。
(2) 図の時刻における屈折波の波面(山を連ねた線)を作図せよ。

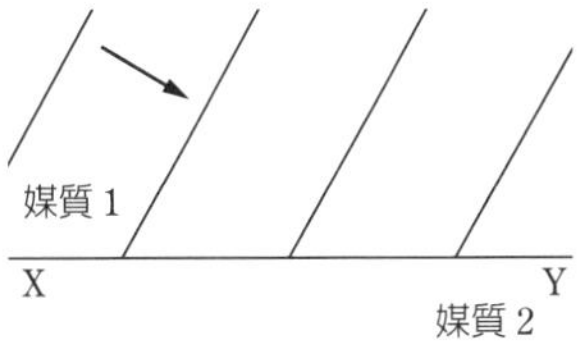

指針 (2) $2.0=\frac{v_1}{v_2}$ より，$v_2=\frac{v_1}{2}$　媒質2での波の速さは媒質1での波の速さの半分となる。

解答 (1) (a) $v_1=f_1\lambda_1=8.0\times3.0=$ **24cm/s**　(b) $\frac{\lambda_1}{\lambda_2}=n_{12}=2.0$　$\lambda_2=\frac{3.0}{2.0}=$ **1.5cm**

(2) 右図のように，媒質1での波の進行方向BCをかく。Aで媒質2に入った波の速さは，媒質1での速さの半分となるから，Aを中心として半径が $\frac{1}{2}$BCの円をかく。Cからこの円に引いた接線の接点をDとすると，ADが屈折波の進行方向となる。よって，CDが屈折波の波面となり，他もこれと平行に入射波の波面とつながった直線をかく。

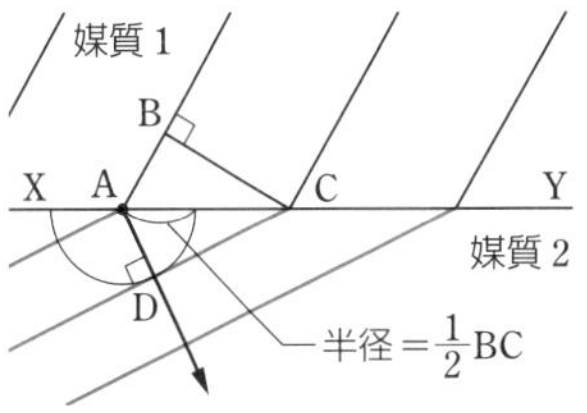

77. 波の屈折 ●　媒質1から媒質2へ平面波が入射し，図のように波面が境界面となす角度が60°から30°に変わった。媒質1での波の速さは5.1m/s，振動数は17Hzである。$\sqrt{3}=1.7$ とする。

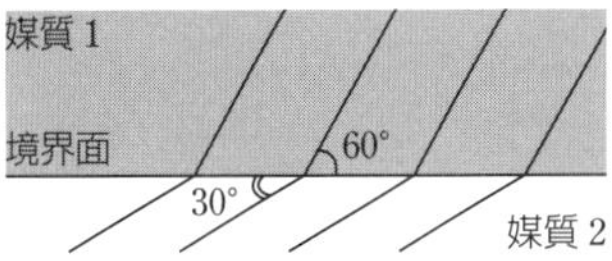

(1) 入射角 i〔°〕と屈折角 r〔°〕を求めよ。
(2) 媒質1に対する媒質2の屈折率 n_{12} を求めよ。
(3) 媒質2での波の速さを求めよ。
(4) 媒質1での入射波の波長 λ_1〔m〕と媒質2での屈折波の波長 λ_2〔m〕を求めよ。

(1) i：　　r：　　(2)

(3)　　(4) λ_1：　　λ_2：

▷ 例題38

78. 波の屈折 ●　媒質1の中を進んできた平面波が境界面ABで屈折して媒質2へ進む。図はある瞬間における入射波の山の波面を示す。媒質1での波の速さ v_1〔cm/s〕は9.0cm/s，入射波の振動数 f〔Hz〕は2.5Hz，媒質1に対する媒質2の屈折率 n_{12} は2.0とする。

(1) 媒質1での入射波の波長 λ_1〔cm〕，媒質2での屈折波の波長 λ_2〔cm〕，媒質2での波の速さ v_2〔cm/s〕を求めよ。
(2) 図の瞬間における屈折波の山の波面を図にかけ。

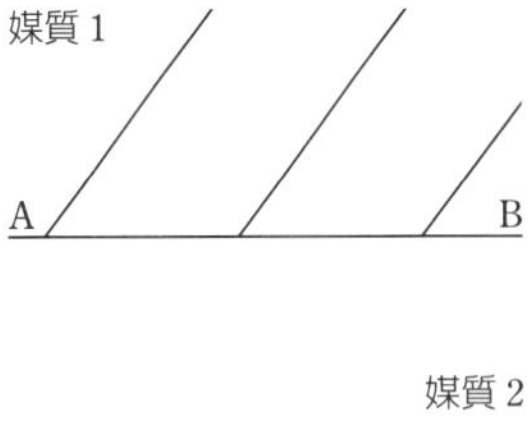

(1) λ_1：　　λ_2：　　v_2：

▷ 例題38

第11章 音の伝わり方

リードA

1 音の伝わり方

◉＝「物理基礎」の範囲内の項目　　リードAの確認問題

◉ a 音波

(1) **音波**　媒質（固体，液体，気体）中を伝わる縦波（疎密波）。
一般の波と同様に，反射，屈折，回折，干渉などの現象が起こる。

(2) **音の大きさ（強さ）**……同じ振動数の音では，振幅が大きいほど大きく聞こえる。
音の高さ……振動数が大きいほど高く，小さいほど低く聞こえる。
音色……波形の違いによって音色が異なる。波形は倍音の混じり方で決まる。

(3) **音の速さ**　1気圧，t〔°C〕の空気中を伝わる音の速さ（音速）V〔m/s〕は　　$\boldsymbol{V=331.5+0.6t}$

b 音の反射・屈折・回折・干渉

(1) **音の反射**　音波は壁などによって反射する。このとき，反射の法則に従う。

(2) **音の屈折**　音波は異なる媒質の境界面で屈折する。このとき，屈折の法則に従う。
同じ媒質中でも温度などの違いによって音の速さが異なる場合には屈折する。

音の反射

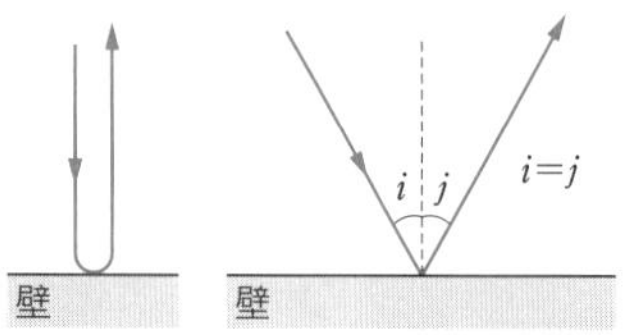

音の屈折

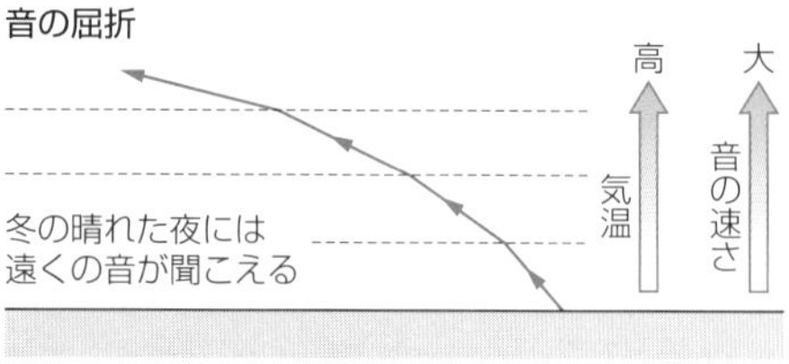

(3) **音の回折**　音波は，回折によって障害物の背後にも届く。

(4) **音の干渉**

2つの音源 S_1，S_2 から同じ音波が出ているとき，媒質上の点までの距離を l_1，l_2 とすると

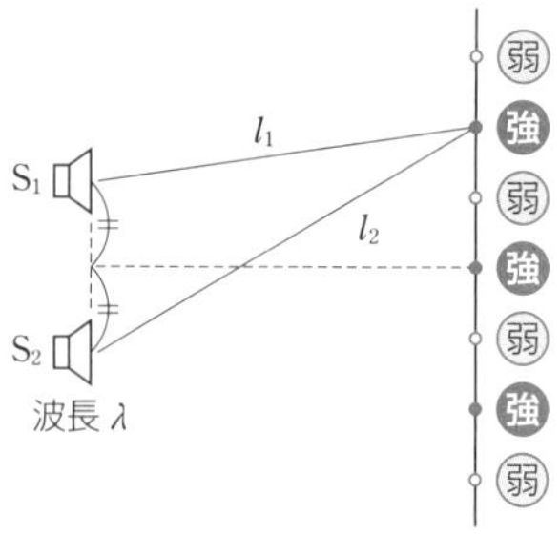

強めあう点：$|\boldsymbol{l_1-l_2}|=\boldsymbol{m\lambda=2m\times\frac{\lambda}{2}}$

弱めあう点：$|\boldsymbol{l_1-l_2}|=\left(\boldsymbol{m+\frac{1}{2}}\right)\boldsymbol{\lambda=(2m+1)\times\frac{\lambda}{2}}$　$(\boldsymbol{m}=0,\ 1,\ 2,\ \cdots)$

◉ c うなり

振動数がわずかに異なる2つの音（振動数 f_1，f_2〔Hz〕）が干渉して，強弱をくり返す現象。波の数が1つ違うと，1回のうなりとなる。1秒間当たりに生じるうなりの回数 f は　$\boldsymbol{f=|f_1-f_2|}$

リードB

基礎CHECK

◉＝「物理基礎」の範囲内の問題

◉**1.** 人に聞こえる音の振動数の範囲はおよそ20～20000 Hzである。音の速さを340m/sとして，人に聞こえる音の波長の範囲を求めよ。

〔　　　　　〕

◉**2.** 空気中の音の速さ V〔m/s〕は温度を t〔°C〕として，$V=331.5+0.6t$ と表される。最低気温と最高気温が10°C違う日の音の速さの違いはいくらか。

〔　　　　　〕

解答

1. 「$V=f\lambda$」より，最大の波長は $\frac{340}{20}=17$m，最小の波長は $\frac{340}{20000}=0.017$m
したがって　**0.017m～17m**

2. $V=331.5+0.6t$ より，音の速さの違いは $0.6\times10=$**6m/s**

Let's Try!

例題39 音の干渉

➡ 79, 80

解説動画

3.0m 離れた2点A，Bにあるスピーカーから振動数 $f=1.7\times10^2$Hz の同じ強さの音が出ている。直線ABから4.0m離れた直線XY上でこの音を聞くと，A，Bから等距離の点Oでは極大であったが，OからYに向かって次第に小さくなり，Oから1.5mの点Pで極小となった。

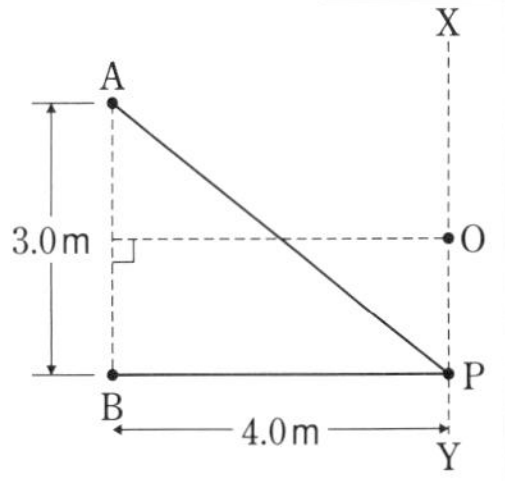

(1) 音源A，Bでの振動は，同位相，逆位相のどちらか。
(2) この音波の波長 λ〔m〕と，このときの音の速さ V〔m/s〕を求めよ。
(3) 次に，スピーカーの振動数を徐々に上げていくとき，点Pで次に音の大きさが極小になるときの振動数 f'〔Hz〕を求めよ。

指針 (2), (3) APを三平方の定理で求め，AP−BP が半波長の何倍になるかを考える。

解答 (1) 経路差0の位置Oで同位相で重なり強めあっているので，音源での振動も**同位相**。

(2) $AP=\sqrt{3.0^2+4.0^2}=5.0$m
$BP=4.0$m
経路差 $\Delta l=AP-BP=1.0$m
Pが音の強さの極小点になる条件は
$$\Delta l=(2m+1)\frac{\lambda}{2}\quad(m=0,1,2,\cdots)$$
Oから移動してPが最初の極小点なので
$m=0$ より　$\lambda=2\Delta l=$ **2.0m**
$V=f\lambda=(1.7\times10^2)\times2.0$
$=$ **3.4×10^2m/s**

(3) このときの音波の波長を λ' とする。Oから移動してPが2番目の極小点なので，(2)の式で，$m=1$ より
$$\Delta l=\frac{3}{2}\lambda'\qquad よって\quad \lambda'=\frac{2}{3}\Delta l$$
$V=f\lambda$，$V=f'\lambda'$ より
$$V=f\lambda=f\times2\Delta l \quad\cdots\cdots①$$
$$V=f'\lambda'=f'\times\frac{2}{3}\Delta l \quad\cdots\cdots②$$
①式＝②式 より
$$f\times2\Delta l=f'\times\frac{2}{3}\Delta l$$
$f'=3f=$ **5.1×10^2Hz**

79. 音の干渉 ● 図のように2つのスピーカー S_1 と S_2 から等しい音が出ている。この音の振動数は 1.7×10^2Hz であり，音の速さは 3.4×10^2m/s である。

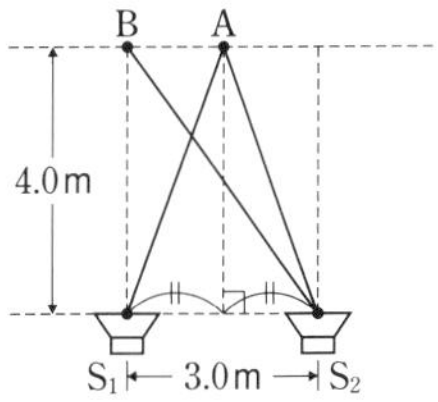

(1) この音の波長 λ〔m〕を求めよ。
(2) 点Aは音が強めあう点か，弱めあう点か。
(3) 点Bは音が強めあう点か，弱めあう点か。

(1) ＿＿＿＿＿＿　(2) ＿＿＿＿＿＿　(3) ＿＿＿＿＿＿

▷ 例題39

80. 音の干渉 ● 右の図の装置はクインケ管といい，Pから送りこんだ音がPAQとPBQの2経路に分かれて伝わり，Qで干渉する。この装置でPAQとPBQの長さが等しい状態から，PAQの部分をしだいに引き出したところ，0.10m引き出したときに初めて干渉によって音が聞こえなくなった。音の速さは 3.4×10^2m/s とする。

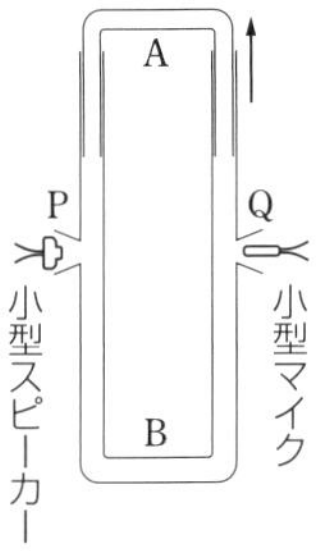

(1) 小型スピーカーから出る音の波長 λ〔m〕と振動数 f〔Hz〕を求めよ。
(2) 1オクターブ高い音（振動数が2倍の音）をPから送りこんで同様の実験をする。初めて音が聞こえなくなるのは，PAQを何m引き出したときか。

(1) λ：＿＿＿＿＿＿　f：＿＿＿＿＿＿　(2) ＿＿＿＿＿＿

▷ 例題39

第12章 ドップラー効果

リード A

1 ドップラー効果 ➡ 巻末 Zoom ③

リードAの確認問題

a 音源が動く場合（観測者は静止）

音源が動くと波長が変化する。音源が振動数 f の音を発しながら，速さ v_S で観測者に近づくとき，音の速さを V，観測者が受け取る音の波長を λ'，観測される振動数を f' とすると

$$\lambda'=\frac{V-v_S}{f}=\frac{V-v_S}{V}\lambda,\quad f'=\frac{V}{\lambda'}=\frac{V}{V-v_S}f$$

音源が観測者から遠ざかる場合は v_S を負と考える。

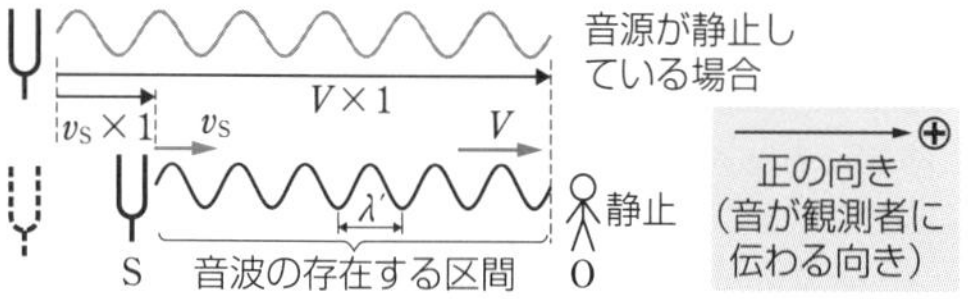

b 観測者が動く場合（音源は静止）

観測者が速さ v_O で音源から遠ざかるとき，1秒当たりに受け取る波の長さ（＝みかけの音の速さ）は V から $V-v_O$ に変化する。よって

$$f'=\frac{V-v_O}{\lambda}=\frac{V-v_O}{V}f$$

観測者が音源に近づく場合は v_O を負と考える。

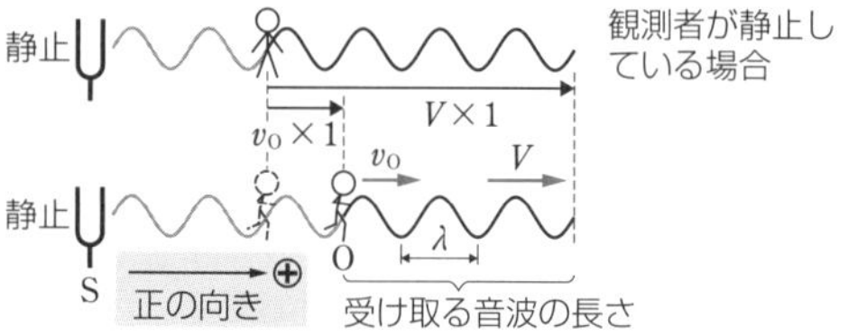

c 音源と観測者が動く場合

音源が動くことによって波長が λ' に変化し，さらに観測者が動くことによって1秒当たりに受け取る波の長さ（＝みかけの音の速さ）が V から $V-v_O$ に変化する。

$$f'=\frac{V-v_O}{\lambda'}=\frac{V-v_O}{V-v_S}f$$

（v_S と v_O の符号は音源から観測者へ向かう向きを正とする。）

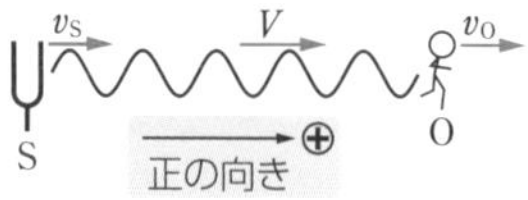

d 反射板がある場合

(1) 反射板は観測者の立場で音を受ける。

(2) この振動数の音を音源の立場で送り返し，その音を実際の観測者が受ける。

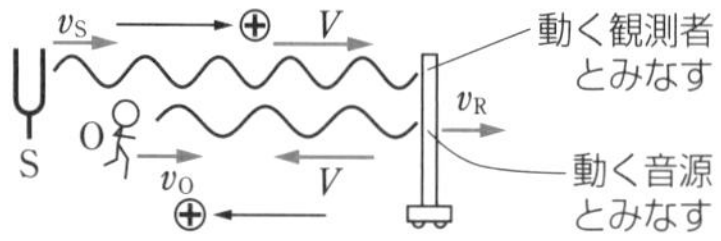

e 風がある場合

音の速さは，風の速さの分だけ変化する。

f 斜め方向のドップラー効果

音源Sと観測者Oを結ぶ直線方向の速度成分を用いる。右図の場合

$$f'=\frac{V}{V-v_S\cos\theta}f$$

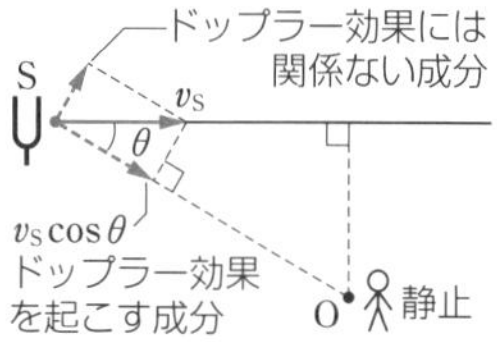

g 音の継続時間

音源が出した波の数＝観測者が受ける波の数　$ft=f't'$

リード B

基礎 CHECK

1. 音源が，静止している観測者に近づくとき

(1) 観測者が受け取る音の波長は，音源が静止している場合に受け取る音の波長 {① より長い　② より短い　③ と等しい}。［　　　］

(2) 観測者が受け取る音の振動数は，音源の振動数 {① より大きい　② より小さい　③ と等しい}。［　　　］

2. 静止している音源から観測者が遠ざかるとき

(1) 観測者が受け取る音の波長は，観測者が静止している場合に受け取る音の波長 {① より長い　② より短い　③ と等しい}。［　　　］

(2) 観測者が受け取る音の振動数は，音源の振動数 {① より大きい　② より小さい　③ と等しい}。［　　　］

解答

1. (1) 音の進む向きに，音源自体も動いているので，観測者に向かう音の波長は短くなる。よって　②

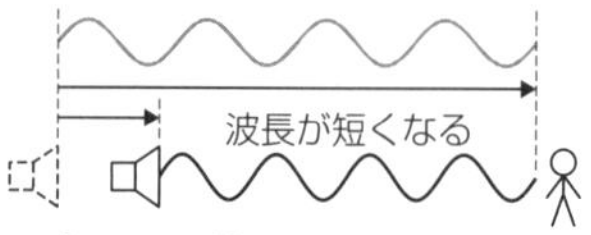

(2) 音の速さは変わらず，音の波長が短くなるので，「$v=f\lambda$」より振動数は大きくなる。よって　①

2. (1) 音の波長は運動する観測者から見ても変わらない。よって　③

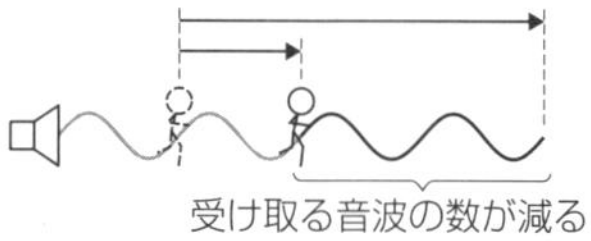

(2) 音の波長は変わらないが，観測者が音源から遠ざかるため，1秒間に観測者が受け取る音波の数は減り，振動数 f は小さくなる。よって　②

Let's Try!

例題 40 音源が動く場合のドップラー効果

➡ 81

解説動画

自動車がサイレンを鳴らしながら近づいてくる。サイレンの振動数を 800Hz，自動車の速さを 20m/s，音の速さを 340m/s とする。

(1) 自動車の前方に伝わる音の波長 λ〔m〕を求めよ。
(2) 自動車の前方に静止している人の聞く音の振動数 f〔Hz〕を求めよ。

指針 運動する音源の前方に伝わる音の波長は，もとの波長より短くなる。
1秒間に出された音波がどこからどこまでの区間に存在するかを考える。

解答 (1) 1秒間に音源から出る音波の数は 800 個である。
また，1秒間に音は 340m 進み，音源は音の進む向きに 20m 進むので，音波（1波長分）は $340-20=320$ m の区間に 800 個存在する。

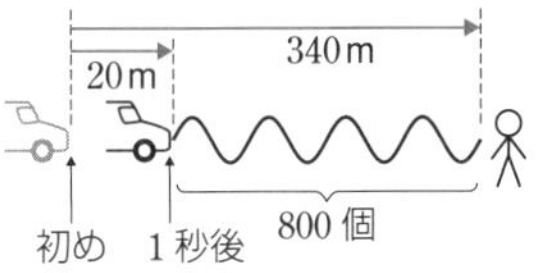

よって $\lambda=\dfrac{320}{800}=$ **0.400m**

(2) 波長 $\lambda=0.400$ m の音が速さ $V=340$ m/s で進むので，「$v=f\lambda$」より

$$f=\frac{V}{\lambda}=\frac{340}{0.400}=\mathbf{850\,Hz}$$

別解 ドップラー効果の式「$f'=\dfrac{V-v_0}{V-v_S}f$」より

$$f=\frac{340-0}{340-20}\times800=\mathbf{850\,Hz}$$

81. 音源が動く場合のドップラー効果 ● 振動数 630Hz の音を出しながら，25m/s の速さで進む自動車がある。音の速さは 340m/s とする。

(1) 自動車の前方での音の波長 λ は何 m か。
(2) 自動車の前方で静止した観測者が受ける音の振動数 f は何 Hz か。

(1) ＿＿＿＿＿ (2) ＿＿＿＿＿

▷ 例題 40

82. 水面波のドップラー効果 ● 水深が一定な水槽中の静かな水面に，細い針金の先端につけた小球Pを触れさせ，水面波を発生させる。この水面波は一定の速さ V〔m/s〕で，円形に広がっていく。小球は一定の速度で水面上を移動できるようになっている。

図は，小球Pを毎秒 5.0 回水面に触れさせながら x 軸の正の向きに速さ v〔m/s〕で移動させたとき，発生した水面波をある時刻に観測したものである。図の実線は水面波の山の位置を表している。

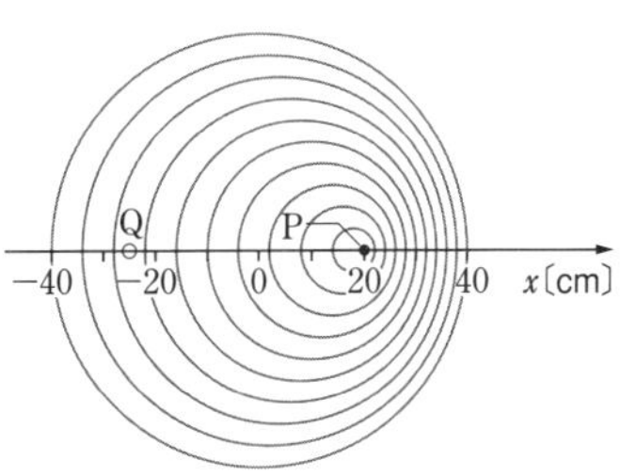

(1) 水面波の伝わる速さ V〔m/s〕を求めよ。
(2) 小球Pの移動の速さ v〔m/s〕を求めよ。
(3) 図のQの位置で観測される水面波の振動数 f〔Hz〕を求めよ。

(1) ＿＿＿＿＿ (2) ＿＿＿＿＿ (3) ＿＿＿＿＿

例題 41 音源と観測者が動く場合のドップラー効果

➡ 84　解説動画

パトカーが振動数 f〔Hz〕の音を出しながら，速さ u〔m/s〕で進んでいる。その前方を同じ向きに自転車に乗った人Oが速さ v〔m/s〕で進んでいる。音の速さを V〔m/s〕とする。

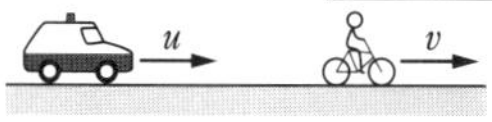

(1) Oが観測する振動数 f'〔Hz〕を求めよ。
(2) パトカーが追い越した後にOが観測する振動数 f''〔Hz〕を求めよ。

指針 ドップラー効果の式「$f'=\dfrac{V-v_0}{V-v_S}f$」を用いる。音源の速度 v_S と観測者の速度 v_0 は，音源から観測者の向き（音の伝わる向き）を正として考える。

解答 (1)「$f'=\dfrac{V-v_0}{V-v_S}f$」に対して

音源の速度 $v_S=u$
観測者の速度 $v_0=v$
を代入して

$$f'=\frac{V-v}{V-u}f\ \text{〔Hz〕}$$

(2) パトカーが追い越した後では
音源の速度 $v_S=-u$
観測者の速度 $v_0=-v$
を代入して

$$f''=\frac{V+v}{V+u}f\ \text{〔Hz〕}$$

POINT

ドップラー効果

$$f'=\frac{V-v_0}{V-v_S}f$$

音の伝わる向き ⊕

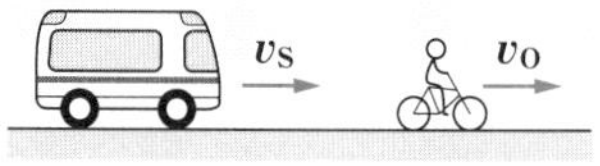

83. 観測者が動く場合のドップラー効果 ● 振動数 680Hz のサイレンが鳴っているとき，サイレンに向かって 10m/s の速さで近づく人は，このサイレンの音を何 Hz の音として聞くか。音の速さを 340m/s とする。

84. 音源と観測者が動く場合のドップラー効果 ● 2台の電車 A，B が互いに等しい速さ 20m/s ですれ違った。電車Bに乗っている人は，電車Aの出す振動数 720Hz の音を何 Hz の音として聞くか。すれ違う前と後について求めよ。音の速さを 340m/s とする。

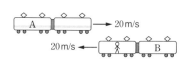

前：　　　　後：

▷ 例題 41

例題42 壁で反射する場合のドップラー効果

➡ 85 解説動画

静止している観測者の前方に完全に音を反射する壁がある。観測者と壁との間で振動数450Hzのおんさを3m/sの速さで壁に近づけながら鳴らす。音の速さを340m/sとする。

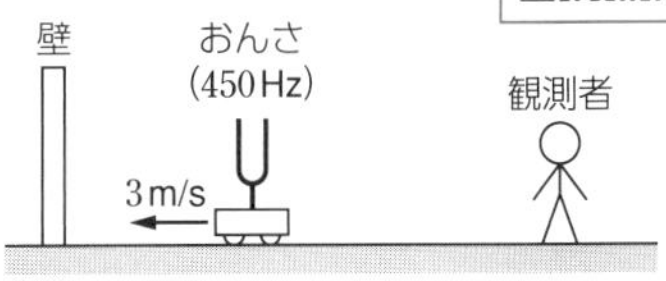

(1) 観測者がおんさから直接観測する音の振動数 f_1〔Hz〕を求めよ。

(2) 観測者が聞く，壁から反射してくる音の振動数 f_2〔Hz〕を求めよ。

指針 (2) 壁には，音源とは異なる振動数の音が届き，その音を観測者に向かって反射している。

解答 (1)「$f'=\frac{V}{V-v_S}f$」に $v_S=-3$m/s, $V=340$m/s, $f=450$Hz を代入して

$$f_1=\frac{340}{340-(-3)}\times450$$
$$=446.0\cdots\fallingdotseq \mathbf{446Hz}$$

(2) 壁は静止しているので，壁からの反射音の振動数 f_2 は壁におんさから届く振動数に等しい。
「$f'=\frac{V}{V-v_S}f$」に $v_S=3$m/s, $V=340$m/s, $f=450$Hz を代入して

$$f_2=\frac{340}{340-3}\times450=454.0\cdots\fallingdotseq \mathbf{454Hz}$$

第12章

85. 反射板がある場合のドップラー効果 ● 振動数が f_0 のおんさSの両側に観測者Pと反射板Rがある。PとSは静止し，Rが速さ v でSから遠ざかるように動くと，Pにはうなりが聞こえた。音の速さを V $(V>v)$ とする。

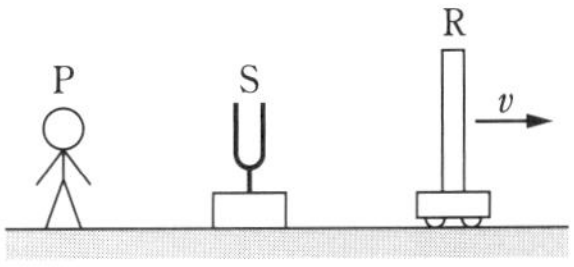

(1) Rが受け取るSからの音の波長 λ_1 と振動数 f_1 を求めよ。

(2) Pが聞くRからの反射音の波長 λ_2 と振動数 f_2 を求めよ。

(3) Pが聞く，1秒当たりのうなりの回数 N を求めよ。

(1) λ_1： f_1：

(2) λ_2： f_2： (3)

▷例題42

86. 風がある場合のドップラー効果 ● 図のように，右向きに一定の速さ w の風が吹いている中で，観測者Oと音源Sが一直線上に並んでいる場合を考える。音源Sが出す音の振動数を f とし，無風状態での音の速さを V $(V>w)$ とする。

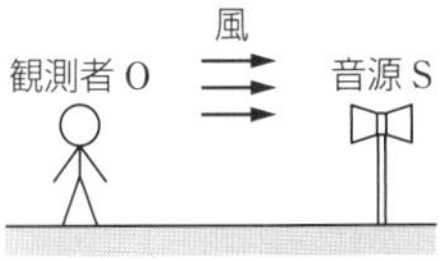

(1) 図の右向きに進む音の速さ V_R と，図の左向きに進む音の速さ V_L を求めよ。

(2) 音源Sが一定の速さ v_S で，静止している観測者Oから，図の右向きに遠ざかる場合，Oが観測する音の振動数 f' を求めよ。

(1) V_R： V_L： (2)

第13章 光の性質・レンズ

リード A

1 光の性質と進み方

リードAの確認問題

a 光とその種類

・**白色光**　いろいろな波長の光からなる光
単色光　1つの波長の光からなる光
・真空中の光の速さは，$c=3.00\times10^8\,\mathrm{m/s}$
絶対屈折率 n の媒質中では　$v=\dfrac{c}{n}$

赤外線	可視光線 赤 橙 黄 緑 青 紫	紫外線
	$7.6\times10^{-7}\sim8.3\times10^{-7}\,\mathrm{m}$ ↑	↑ $3.6\times10^{-7}\sim4.0\times10^{-7}\,\mathrm{m}$

波長（長）⟵⟶（短）

b 光の反射・屈折

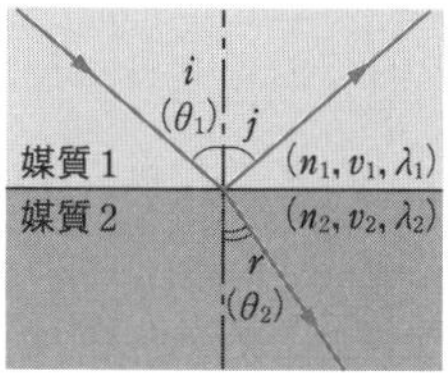

(1) **反射の法則**　**入射角 i＝反射角 j**

(2) **絶対屈折率**　光が真空中からある媒質中へ入射するときの相対屈折率をその媒質の**絶対屈折率**（または単に**屈折率**）という。

注　特別な場合を除いて，空気は真空とみなし，屈折率は1とする。

(3) **屈折の法則**

媒質1に対する媒質2の相対屈折率 n_{12}

$$n_{12}=\frac{\sin i}{\sin r}=\frac{v_1}{v_2}=\frac{\lambda_1}{\lambda_2}=\frac{n_2}{n_1}$$

$$n_1\sin\theta_1=n_2\sin\theta_2=\text{一定}$$
$$n_1v_1=n_2v_2$$
$$n_1\lambda_1=n_2\lambda_2$$

振動数 f は変わらない。

c 全反射

全反射　光が屈折率の大きい媒質（n_1）から小さい媒質（n_2）へ入射する場合，入射角が**臨界角** i_0 より大きくなると，入射光は全部反射する。

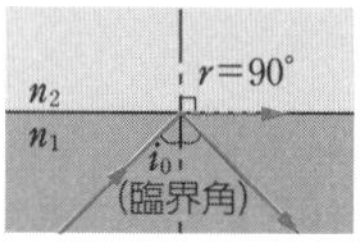

$n_1\sin i_0=n_2\sin 90°=n_2$　（空気では　$n_2=1$）　　$\sin i_0=\dfrac{n_2}{n_1}$

注　臨界角は屈折角が90°になる入射角。

d 光の分散

光の分散　波長による屈折率の違いにより，いろいろな光に分かれる現象。
波長の短い光（紫）のほうが大きく屈折する。
・**連続スペクトル**　白熱灯などから
・**線スペクトル**　水銀灯，ネオン管などから

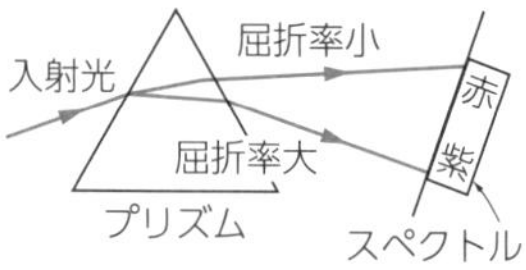

e 光の散乱

光の散乱　光が空気中のちりや分子に当たって四方に散らされる現象。波長の短い青色光のほうが波長の長い赤色光よりよく散乱される。

f 偏光

偏光　太陽光のようにいろいろな方向の振動面をもつ光を**自然光**という。自然光を**偏光板**に通すと，特定の方向の振動面だけの光（**偏光**）になる。光の偏りの現象は，光が横波であることを示している。

リード B

基礎 CHECK

1. 真空中から屈折率1.5のガラス中へ，真空中での波長が $6.0\times10^{-7}\,\mathrm{m}$ の光が入射した。ガラス中での光の速さ v〔m/s〕，波長 λ〔m〕，振動数 f〔Hz〕はいくらか。真空中の光の速さは $3.0\times10^8\,\mathrm{m/s}$ であるとする。

v：〔　　　〕
λ：〔　　　〕
f：〔　　　〕

2. 白色光はプリズムによっていろいろな色の光に分けられる。この現象を光の［ a ］という。このとき，赤色光と青色光では，［ b ］のほうが大きく曲がる。

a：〔　　　〕　b：〔　　　〕

3. 自然光が反射すると特定方向に偏って振動する光となる。この光を［　　］という。

〔　　　〕

解答

1. 屈折の法則を用いる。

$\dfrac{3.0\times10^8}{v}=1.5$ より　$v=\mathbf{2.0\times10^8\,m/s}$

$\dfrac{6.0\times10^{-7}}{\lambda}=1.5$ より　$\lambda=\mathbf{4.0\times10^{-7}\,m}$

「$v=f\lambda$」より　$f=\dfrac{v}{\lambda}=\dfrac{2.0\times10^8}{4.0\times10^{-7}}=\mathbf{5.0\times10^{14}\,Hz}$

参考　振動数は真空中での値と変わらない。

2. (a) **分散**　(b) **青色光**

3. **偏光**

Let's Try!

例題 43 光の屈折

➡ 88　解説動画

真空中を進む光が図のように屈折率 $n=\sqrt{2}$ のガラスに光を入射角 45° で入射したところ，光は屈折してガラス中に進んだ。

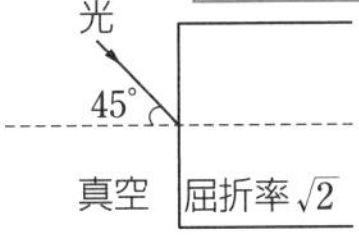

(1) 屈折角 r〔°〕を求めよ。
(2) 真空中を進む光の波長は，5.8×10^{-7} m であった。ガラス中での光の波長 λ は何 m か。
(3) 真空中の光の速さを 3.0×10^{8} m/s としたとき，ガラス中の光の速さ v は何 m/s か。

指針 屈折の法則の式に与えられた値を正しく適用する。

解答 (1) 屈折の法則「$n_{12}=\dfrac{\sin i}{\sin r}$」より　$\sqrt{2}=\dfrac{\sin 45°}{\sin r}$

$\sqrt{2}=\dfrac{1}{\sqrt{2}}\times\dfrac{1}{\sin r}$　　よって　$\sin r=\dfrac{1}{2}$

したがって　$r=$**30°**

(2) 屈折の法則「$n_{12}=\dfrac{\lambda_1}{\lambda_2}$」より

$\sqrt{2}=\dfrac{5.8\times10^{-7}}{\lambda}$

よって　$\lambda=\dfrac{5.8\times10^{-7}}{\sqrt{2}}=\dfrac{(5.8\times10^{-7})\times\sqrt{2}}{2}$

$=2.9\times10^{-7}\times1.41$

$\fallingdotseq\mathbf{4.1\times10^{-7}}$ **m**

(3) 屈折の法則「$n_{12}=\dfrac{v_1}{v_2}$」より

$\sqrt{2}=\dfrac{3.0\times10^{8}}{v}$

よって　$v=\dfrac{3.0\times10^{8}}{\sqrt{2}}=\dfrac{(3.0\times10^{8})\times\sqrt{2}}{2}$

$=1.5\times10^{8}\times1.41$

$\fallingdotseq\mathbf{2.1\times10^{8}}$ **m/s**

87. 光の速さ ●　太陽から出た光が地球に届くのに要する時間 t〔s〕を求めよ。太陽から地球までの距離を 1.5×10^{11} m，光の速さを 3.0×10^{8} m/s とする。

88. 光の屈折 ●　屈折率 $n=1.5$ の媒質中から屈折率 1 の空気中へ光を入射角 $i=30°$ で入射させる。空気中の光の速さを $c=3.0\times10^{8}$ m/s，媒質中での光の波長を $\lambda=4.0\times10^{-7}$ m として，以下の問いに答えよ。

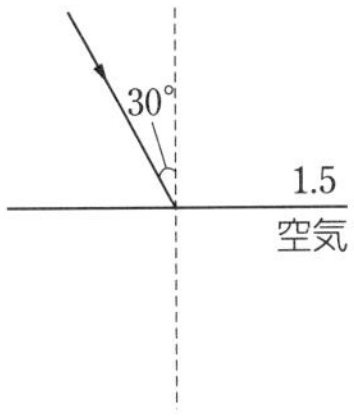

(1) 媒質中での光の速さ v〔m/s〕，空気中での光の波長 λ_0〔m〕を求めよ。
(2) 屈折角を r として，$\sin r$ を求めよ。

(1) v：　　　　λ_0：　　　　(2)

▷ 例題 43

例題 44 見かけの深さ，全反射

➡89, 90

解説動画

次の文中の ＿＿ を正しく埋めよ。

図のように，屈折率 n の液体中，深さ d〔m〕の位置に点光源Pがある。この点光源からの光(真空中での波長 λ〔m〕，振動数 f〔Hz〕)を境界面のすぐ上の空気中で観測する。

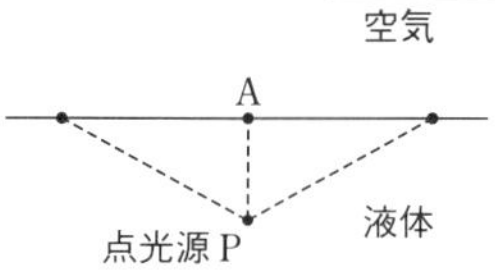

(1) 液体中でのこの光の速さは［ア］〔m/s〕である。

(2) 点光源真上の地点Aから見たときの点光源の見かけの深さは［イ］〔m〕である。一般に，角 θ が非常に小さい場合，$\sin\theta \fallingdotseq \tan\theta$ と近似できることを用いてよい。

(3) 点光源Pからの光は，入射角が臨界角 θ_C をこえると，水面で全反射する。このとき，$\sin\theta_C=$［ウ］である。

指針 (ア) 屈折の法則より $n=\dfrac{c}{v}$ (c：真空中の光の速さ，v：媒質中の光の速さ)

(イ) 点光源Pを，真上近くの空気中から見ると，目に入る屈折光線の延長線上の点P′の位置にあるように見える。

(ウ) 臨界角 θ_C における屈折角は 90° になる。

解答 (ア) 真空中の光の速さを c，液体中の光の速さを v とする。

波の基本式より $c=f\lambda$　屈折の法則より $n=\dfrac{c}{v}$

よって $v=\dfrac{c}{n}=\dfrac{\boldsymbol{f\lambda}}{\boldsymbol{n}}$〔m/s〕

(イ) 光源Pを出て液面で屈折し観測者に入る光は，点P′から出たように見える(右図)。P′の見かけの深さを d'，空気の屈折率を1とする。屈折の法則より

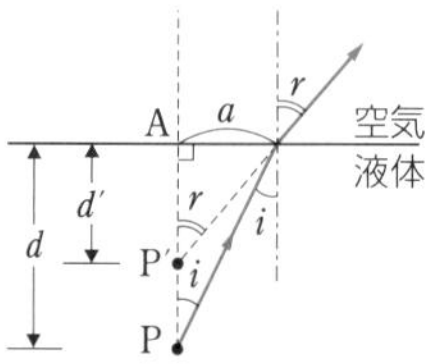

$$\frac{\sin i}{\sin r}=\frac{1}{n} \quad \cdots\cdots①$$

また

$$\sin i \fallingdotseq \tan i=\frac{a}{d} \quad \cdots\cdots②$$

$$\sin r \fallingdotseq \tan r=\frac{a}{d'} \quad \cdots\cdots③$$

以上①，②，③式より

$$\frac{a/d}{a/d'}=\frac{1}{n} \quad \text{ゆえに} \quad d'=\frac{\boldsymbol{d}}{\boldsymbol{n}}\text{〔m〕}$$

(ウ) 入射角が臨界角 θ_C のとき，屈折角が 90° となるので，屈折の法則より

$$\frac{\sin\theta_C}{\sin 90°}=\frac{1}{n}$$

よって $\sin\theta_C=\dfrac{\boldsymbol{1}}{\boldsymbol{n}}$

89. 見かけの深さ ● 水深 1.0m のプールの底を真上から見ると，深さは何mに見えるか。ただし，水の屈折率を $\dfrac{4}{3}$ とする。また，角 θ がきわめて小さいとき，$\sin\theta \fallingdotseq \tan\theta$ と近似できることを用いてよい。

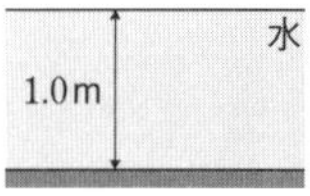

▷例題44

90. 光の屈折と全反射 ● 図のような断面をもった屈折率 $\sqrt{3}$ のプリズムがある。その1つの面に，図のように空気中から 60° の入射角で光を入射させた。光の進路を図示せよ。ただし，全反射以外の反射光はかかなくてよい。また，屈折や全反射が起こる点での入射角，屈折角，反射角を図中に記入せよ。なお，空気の屈折率は1とする。

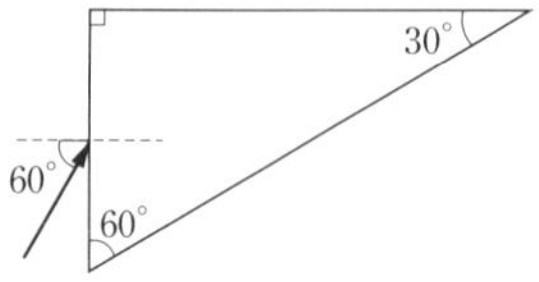

〔鹿児島大 改〕

▷例題44

2 レンズ

リードAの確認問題

a 凸レンズによる像の作図

① 光軸に平行な光は，後方の焦点を通る。
② 前方の焦点を通る光は，光軸に平行に進む。
③ レンズの中心を通る光は，直進する。

(a) 実像をつくる場合

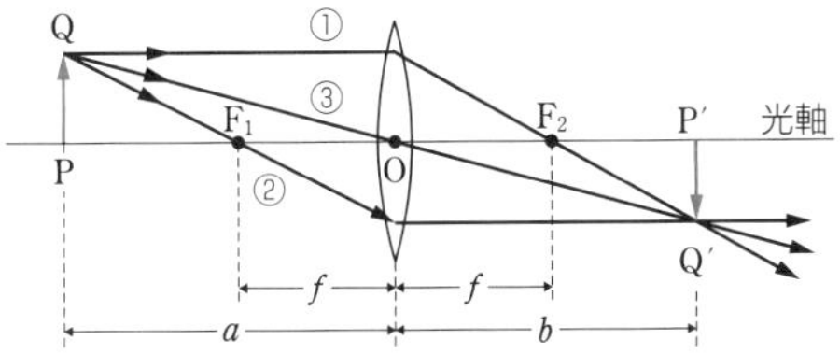

(b) 虚像をつくる場合

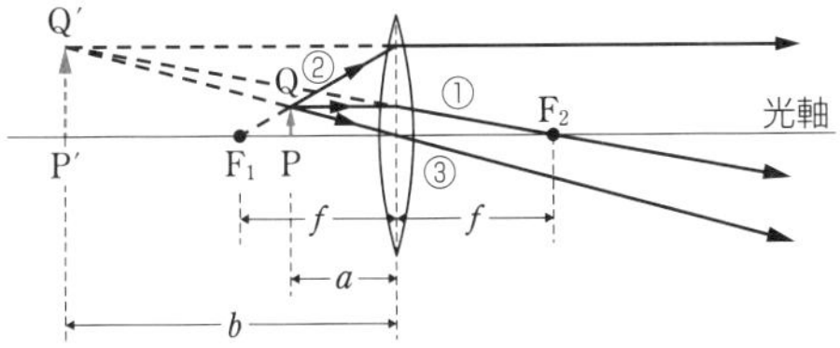

b 凹レンズによる像の作図

① 光軸に平行な光は，前方の焦点から出たように進む。
② 後方の焦点へ向かう光は，光軸に平行に進む。
③ レンズの中心を通る光は，直進する。

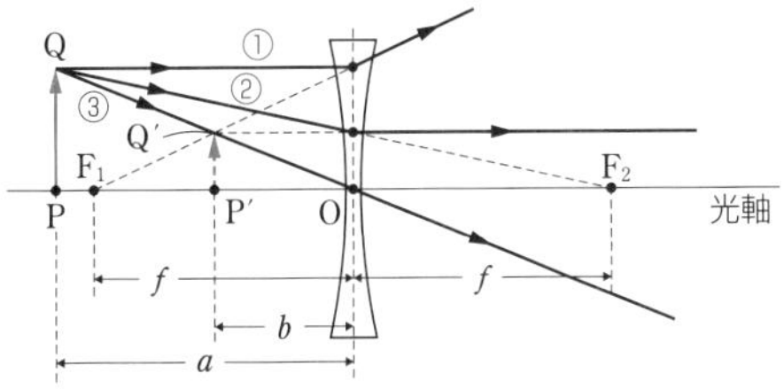

c レンズの式

写像公式 $\dfrac{1}{a}+\dfrac{1}{b}=\dfrac{1}{f}$

像の倍率 $m=\dfrac{P'Q'}{PQ}=\left|\dfrac{b}{a}\right|$

レンズから物体までの距離 a：レンズの前方(実際の物体)のとき正
レンズから像までの距離 b：レンズの後方(実像)のとき正
　　レンズの前方(虚像)のとき負
焦点距離 f：凸レンズのとき正　凹レンズのとき負

リードB

基礎CHECK

1. 次の(1)～(4)の位置に物体を置くとき，凸レンズや凹レンズによる物体の像はどのようになるか。正立・倒立，実像・虚像の組合せで答えよ。F_1，F_2 はレンズの焦点とする。

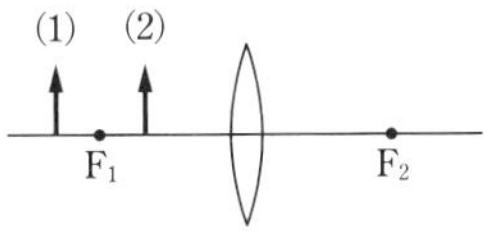

(1)［　　　］
(2)［　　　］

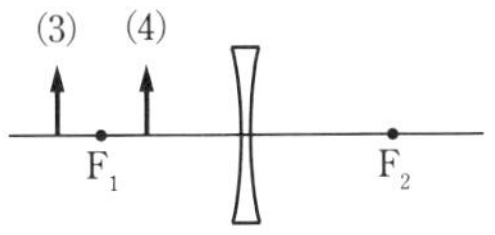

(3)［　　　］
(4)［　　　］

2. 焦点距離 20 cm の凸レンズの光軸上で，レンズの前方 30 cm の所に物体を置くと，レンズの後方どれだけの位置に像ができるか。

［　　　］

3. 焦点距離 20 cm の凹レンズの光軸上で，レンズの前方 30 cm の所に物体を置くと，レンズの前方または後方どれだけの位置に像ができるか。

［　　　］

解答

1. (1) **倒立実像**　(2) **正立虚像**
(3) **正立虚像**　(4) **正立虚像**

2. レンズの式(写像公式)「$\dfrac{1}{a}+\dfrac{1}{b}=\dfrac{1}{f}$」で，$a=30\,\text{cm}$，$f=20\,\text{cm}$ とおくと

$\dfrac{1}{30}+\dfrac{1}{b}=\dfrac{1}{20}$　よって　$\dfrac{1}{b}=\dfrac{1}{20}-\dfrac{1}{30}=\dfrac{1}{60}$

$b=$**60 cm**

3. 凹レンズなので，レンズの式「$\dfrac{1}{a}+\dfrac{1}{b}=\dfrac{1}{f}$」で，

$a=30\,\text{cm}$，$f=-20\,\text{cm}$ とおくと

$\dfrac{1}{30}+\dfrac{1}{b}=\dfrac{1}{-20}$

よって　$\dfrac{1}{b}=-\dfrac{1}{20}-\dfrac{1}{30}=-\dfrac{5}{60}=-\dfrac{1}{12}$

$b=-12\,\text{cm}$

ゆえに，**レンズの前方 12 cm**(に虚像ができる)

Let's Try!

例題 45 凸レンズによる像

➡ 91, 93 解説動画

焦点距離 20cm の凸レンズの前方 30cm の位置に，大きさ 15cm の物体を図のように置いた。

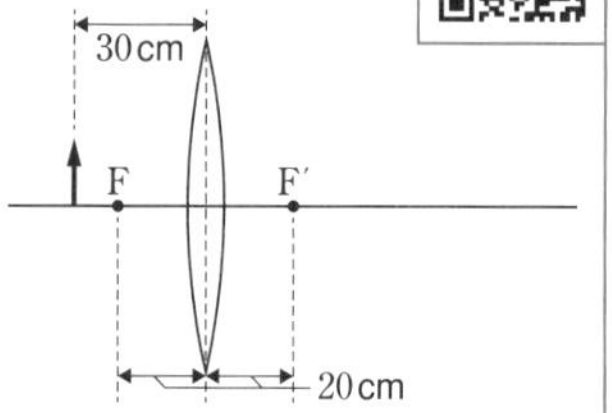

(1) 物体の像を作図により求めよ。
(2) 像の位置，大きさ，種類を求めよ。
(3) 物体を 1.0cm 下に動かすと，像はどちら向きに何 cm 移動するか。
(4) 凸レンズの下半分を黒い紙でおおうと，物体の像はどのように変化するか。

指針 (1) 光軸に平行な光，焦点を通る光，レンズの中心を通る光のいずれかを利用する。

解答 (1) ①光軸に平行な光，②前方の焦点を通る光，③レンズの中心を通る光をかいて求める。**図 a**

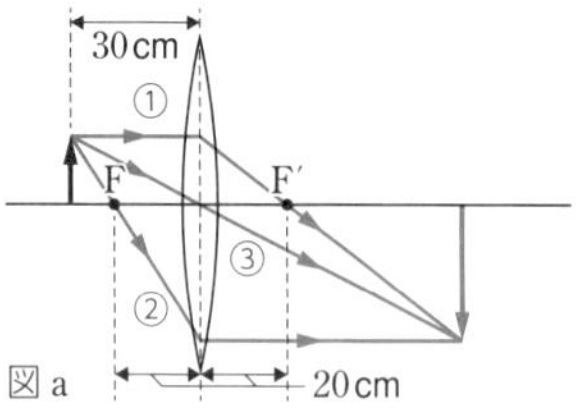

図 a

(2) 写像公式より $\dfrac{1}{30}+\dfrac{1}{b}=\dfrac{1}{20}$ よって $b=60\,\text{cm}$

$b>0$ であるから，凸レンズの後方に倒立実像ができる。また

$$\left|\frac{b}{a}\right|=\left|\frac{60}{30}\right|=2.0$$

より，倍率は 2.0 倍である。

レンズの後方 60cm に大きさ 30cm の倒立実像。

(3) 倍率 2.0 倍の倒立実像であるから，像は物体と反対向きに 2.0 倍，つまり**上に 2.0cm** 移動する。

(4) レンズの下半分は光が透過しなくなるが，上半分を通った光によって像は形成される。ただし，像を形成する光の量は減少するため，像全体は**暗くなる**。

91. 凸レンズによる像 ● 物体から 90cm 離れた所にスクリーンが置いてある。焦点距離が 20cm の凸レンズを物体とスクリーンの間で移動させたところ，スクリーン上に鮮明な像ができるレンズの位置は 2 つあった。2 つの位置の物体からの距離を求めよ。

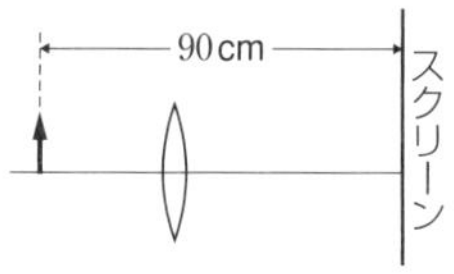

▷例題45

92. 凹レンズによる像 ● 焦点距離 30cm の凹レンズがある。物体をこのレンズから 60cm の位置に置くと，レンズの［ア］方，［イ］cm の位置に，倍率［ウ］倍の［エ］像ができる。

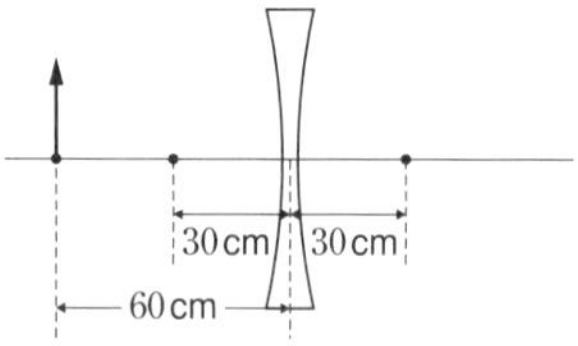

ア：　　イ：　　ウ：　　エ：

93. 凸レンズによる像 ● 焦点距離 30cm の凸レンズがある。物体を凸レンズの前方 50cm の位置に置いた。

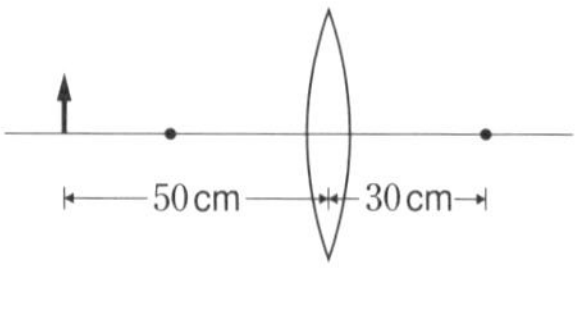

(1) 物体の像の位置を作図によって求めよ。
(2) 凸レンズの下半分を黒い紙でおおった。このとき，物体の像はどのように変化したか。

(1)

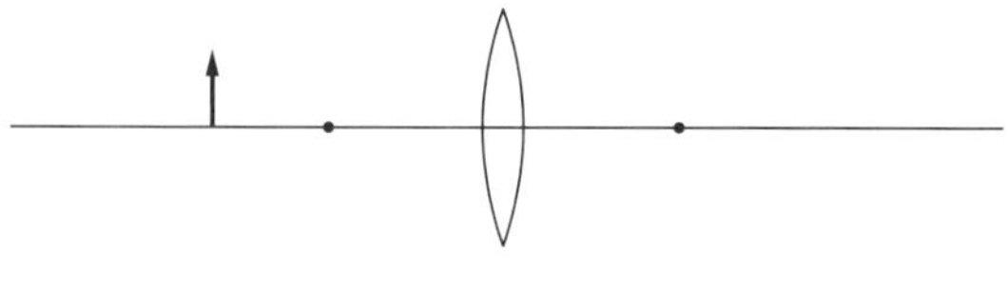

(2)

▷例題45

リードAの確認問題

3 鏡

a 平面鏡

平面の鏡面をもつ鏡で，鏡面に対して，物体と対称な位置に虚像ができる。

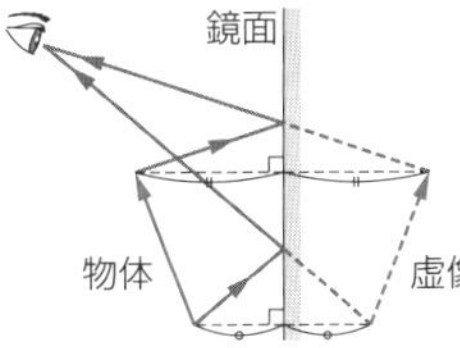

b 球面鏡

鏡面が球面になっている鏡で，凹面鏡と凸面鏡がある。球面半径が十分大きい場合，焦点があるとみなせる。

(1) 凹面鏡による像の作図
① 主軸に平行な光は，反射後，焦点を通る。
② 焦点を通る光は，反射後，主軸に平行に進む。
③ 球面の中心を通る光は，反射後，同じ直線を逆向きに進む。

(2) 凸面鏡による像の作図
① 主軸に平行な光は，反射後，焦点から出たように進む。
② 焦点に向かう光は，反射後，主軸に平行に進む。
③ 球面の中心に向かう光は，反射後，同じ直線を逆向きに進む。

(1) ⓐ凹面鏡による実像

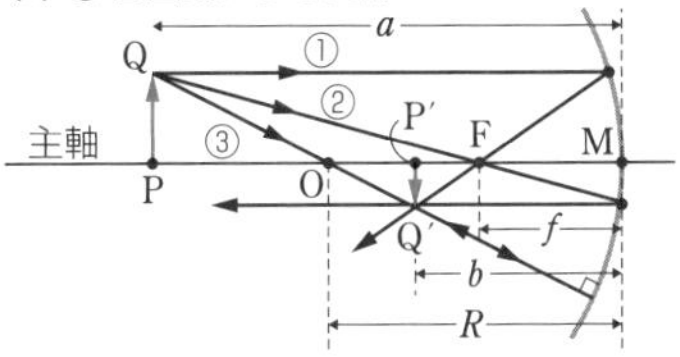

(1) ⓑ凹面鏡による虚像

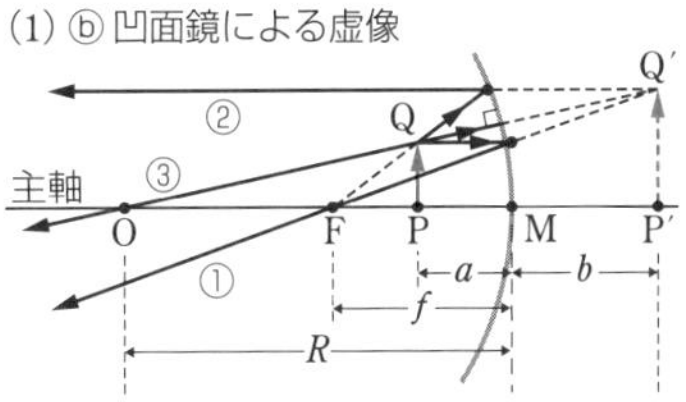

(2) 凸面鏡による虚像

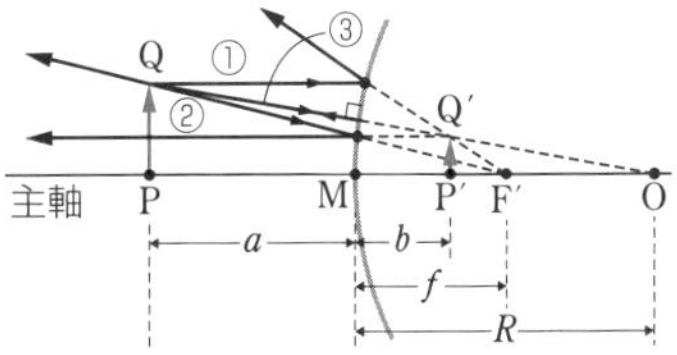

c 球面鏡の式

写像公式 $\dfrac{1}{a}+\dfrac{1}{b}=\dfrac{1}{f}$

像の倍率 $m=\dfrac{P'Q'}{PQ}=\left|\dfrac{b}{a}\right|$

f と R の関係 $f=\dfrac{R}{2}$

a：物体の位置
b：像の位置
f：焦点距離
R：球面半径
m：倍率

	凹面鏡		凸面鏡
f, R	正		負
a	正（$a>f$）	正（$a<f$）	正
b	正	負	負
像	倒立実像	正立虚像	正立虚像

リードB

基礎CHECK

1. 平面鏡を鉛直に立て，その前方に物体を置くと，鏡面の後方に正立虚像ができる。平面鏡を物体から水平方向に10cmだけ遠ざけると，像の位置は何cm移動するか。

〔　　　　〕

2. 凹面鏡は，遠方からくる光を［ a ］る性質をもっている。凸面鏡は，平面鏡より［ b ］い範囲の光が目に届くので，カーブミラーなどに利用されている。

a：〔　　　　〕　b：〔　　　　〕

3. 焦点距離10cmの凹面鏡の前方35cmの主軸上に物体を置いた。像ができる位置と，できた像が実像か虚像かを答えよ。

像の位置：〔　　　　〕
像：〔　　　　〕

解答

1. 平面鏡では，鏡面に関して物体と対称な位置に像ができる。図より，像が移動する距離は **20cm**

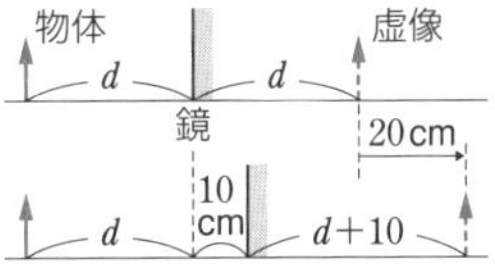

2. (a) **集め**　(b) **広**

3. 凹面鏡なので，球面鏡の式「$\dfrac{1}{a}+\dfrac{1}{b}=\dfrac{1}{f}$」で，$a=35$cm，$f=10$cm とおくと

$\dfrac{1}{35}+\dfrac{1}{b}=\dfrac{1}{10}$　よって　$\dfrac{1}{b}=\dfrac{1}{10}-\dfrac{1}{35}=\dfrac{5}{70}=\dfrac{1}{14}$

ゆえに　$b=14\text{cm}>0$

よって，**鏡の前方14cm**に(倒立)**実像**ができる。

第13章

Let's Try!

例題 46 凹面鏡による像

➡ 94

解説動画

焦点距離 30cm の凹面鏡の前方 15cm の位置に，大きさ 10cm の物体を図のように置いた。

(1) 物体の像を作図により求めよ。

(2) 像の位置，大きさ，種類を求めよ。

(3) 物体を凹面鏡に近づけると像はどうなるか。

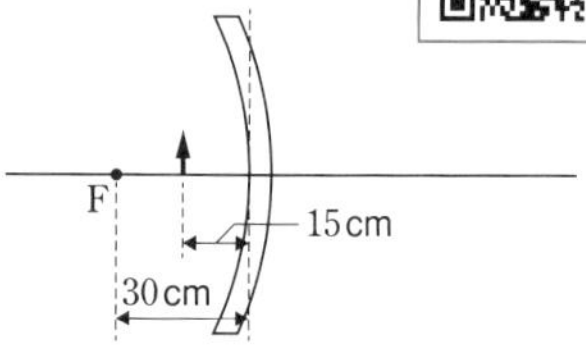

指針 (1) 主軸に平行な光，焦点から出た (ように進む) 光を利用して作図する。

解答 (1) ①主軸に平行な光，②焦点から出たように進む光をかいて求める。**図 a**

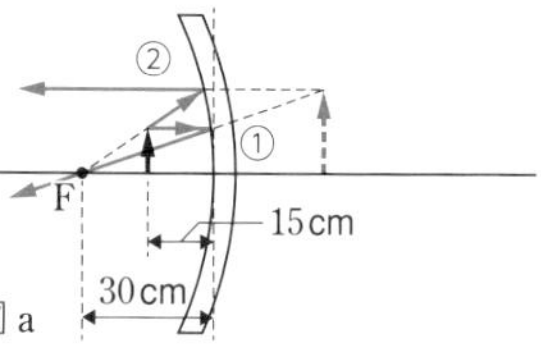

図 a

(2) 写像公式より $\dfrac{1}{15}+\dfrac{1}{b}=\dfrac{1}{30}$

よって　$b=-30\,\text{cm}$

$b<0$ であるから，凹面鏡の後方に虚像ができる。

また $\left|\dfrac{b}{a}\right|=\left|\dfrac{-30}{15}\right|=2.0$　より，倍率は 2.0 倍である。

凹面鏡の後方 30cm に大きさ 20cm の正立虚像。

(3) **正立虚像は凹面鏡に近づき，大きさは小さくなって 10cm に近づく。**

94. 球面鏡による像の作成 次の(1)～(4)のように，焦点距離 30cm の球面鏡の前に物体 PQ が置かれている。点 C は球面の中心，点 F は焦点である。それぞれの場合について物体の像 P′Q′ を作図せよ。

(1)

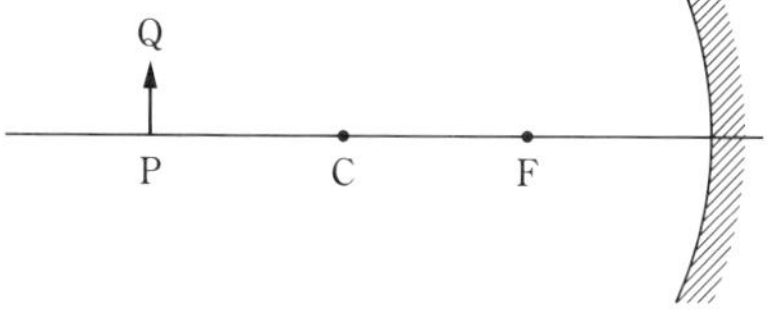

(2)

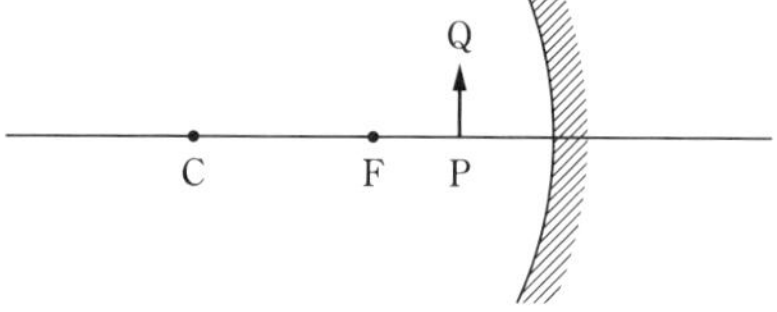

(3)

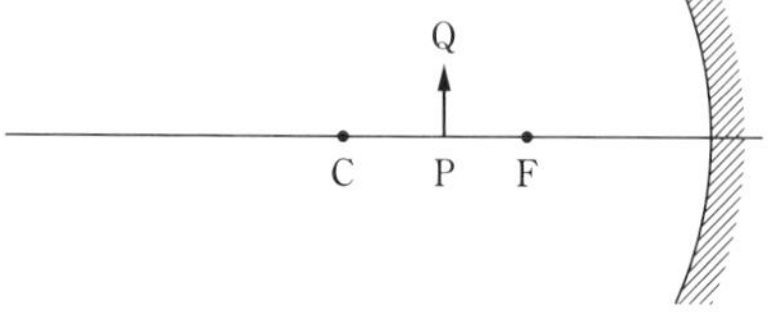

(4)

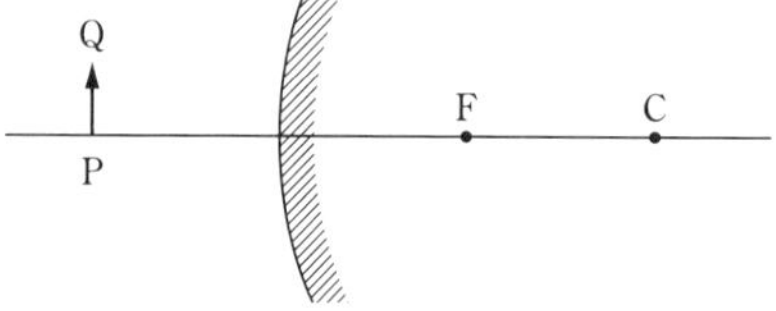

▷ 例題 46

95. 凸面鏡 球面の半径が 60cm の凸面鏡がある。この凸面鏡を使って，自分の顔を 25cm 離れた位置に見るためには，凸面鏡を顔から何 cm 離して見ればよいか。

第14章 光の干渉と回折

1 光の干渉と回折 ➡ 巻末 Zoom ④

リードAの確認問題

a 光の干渉の考え方

Ⅰ．2つの経路の光が干渉

Ⅱ．経路差（距離の差） Δl

Ⅲ．光路差（真空中の距離の差に換算）[※1] $\Delta l \to n\times\Delta l$

Ⅳ．反射での位相反転のチェック[※2]

Ⅴ．干渉条件

- $n\times\Delta l = 0 + m\lambda = m\lambda$ （明）　←反転なしの場合
- $n\times\Delta l = \frac{1}{2}\lambda + m\lambda = \left(m+\frac{1}{2}\right)\lambda$ （明）　←反転1回の場合

（$m=0,\ 1,\ 2,\ \cdots$）

※1 媒質中の距離 l は真空中の距離 nl に相当し，この nl を**光路長**（または**光学距離**）という。

光路長＝屈折率×距離

光路長の差を**光路差**という。

※2 反射による位相の変化

屈折率 n 大 ⤼ 小：自由端反射…位相変化なし

屈折率 n 小 ⤼ 大：固定端反射…位相が π 変化（半波長分変化）

注 屈折光では位相変化なし。

b ヤングの実験

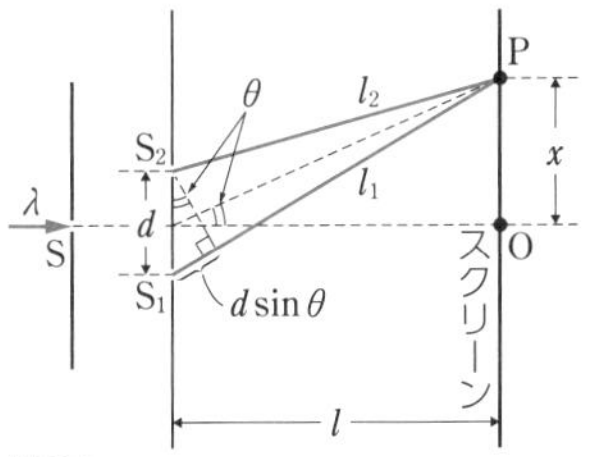

・$\Delta l = |l_1 - l_2| \fallingdotseq d\sin\theta$

$\fallingdotseq d\tan\theta = \frac{d}{l}x$

・光路差　$1\times\Delta l$

位相反転はなし

・$\frac{d}{l}x = m\lambda$ …**明線**

$\frac{d}{l}x = \left(m+\frac{1}{2}\right)\lambda$ …**暗線**

・明線の位置　$x = m\times\frac{l\lambda}{d}$　　明線間隔　$\Delta x = \frac{l\lambda}{d}$

c 回折格子

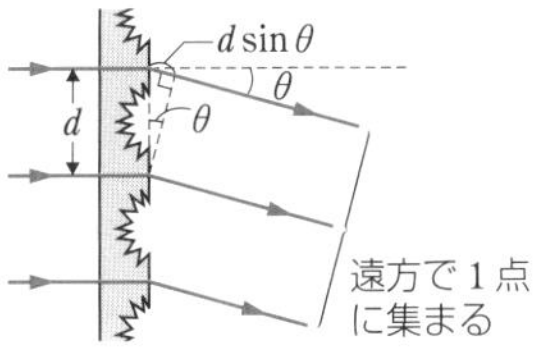

格子定数（筋と筋の間隔）を d，回折角を θ とすると

・$\Delta l = d\sin\theta$

・光路差　$1\times\Delta l$

位相反転はなし

・$d\sin\theta = m\lambda$ …**明線**

d 薄膜による光の干渉

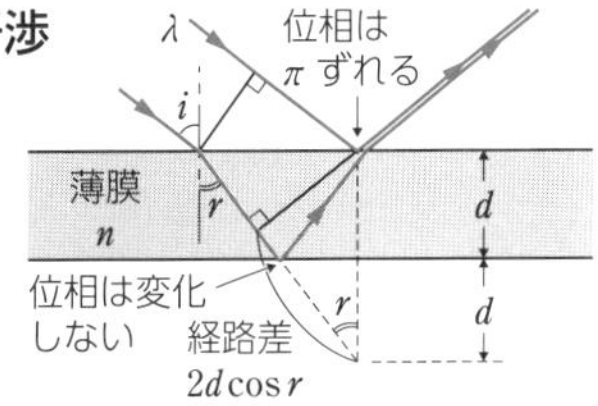

・$\Delta l = 2d\cos r$

・光路差

$n\times\Delta l = 2nd\cos r$

・位相反転1回の場合は

$2nd\cos r = \left(m+\frac{1}{2}\right)\lambda$ …**明線**

e くさび形空気層における光の干渉

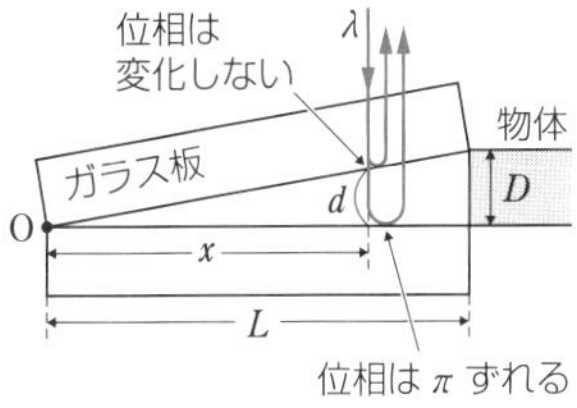

2枚のガラス板がはさむ空気層の厚さを d とする。

・$\Delta l = 2d$

・光路差　$1\times 2d$

位相反転1回

・$2d = \left(m+\frac{1}{2}\right)\lambda$ …**明線**

参考 $x : d = L : D$ より　$d = \frac{Dx}{L}$

f ニュートンリング

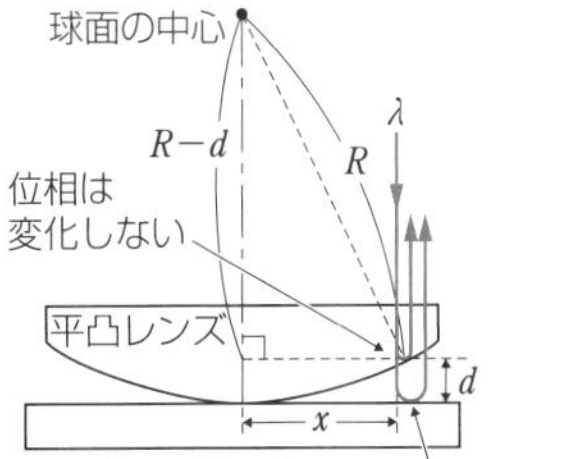

$R^2 = (R-d)^2 + x^2$

$R^2 = R^2 - 2Rd + d^2 + x^2$

$d^2 \fallingdotseq 0$ として　$2d \fallingdotseq \frac{x^2}{R}$

平面ガラスとレンズにはさまれた空気層の厚さを d とする。

・$\Delta l = 2d$　　・光路差　$1\times 2d$　　位相反転1回

・$2d = \left(m+\frac{1}{2}\right)\lambda$ …明環

ここで，レンズの球面半径を R とすると，レンズの中心からの距離 x では

$2d \fallingdotseq \frac{x^2}{R}$　よって　$\frac{x^2}{R} = \left(m+\frac{1}{2}\right)\lambda$ …**明環**

リード B

基礎 CHECK

1. 空気中にある厚さ d，屈折率 n の薄膜（表面と裏面は平行）の表面に，単色光を垂直に当てた。表面で反射する光Ⅰと，膜に入って裏面で反射し，再び空気中に出てくる光Ⅱとの経路差はいくらか。また，光路差はいくらか。

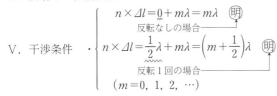

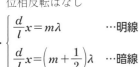

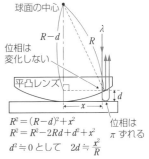

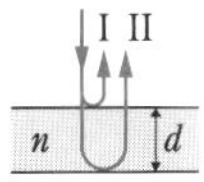

経路差：〔　　　　　　〕　光路差：〔　　　　　　〕

解答 **1.** 図より，経路差＝$2d$，光路差＝屈折率×経路差＝$2nd$

Let's Try!

例題47 ヤングの実験

➡96 解説動画

次の文中の□を適切に埋めよ。

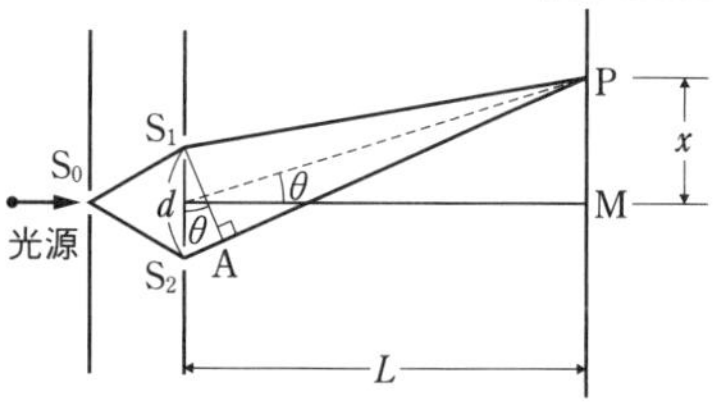

図のようなヤングの実験の装置がある。スリット S_1 と S_2 の間隔を d，スリットとスクリーンの間の距離を L とする。また，点Aは S_1 から S_2P に引いた垂線の交点である。スリット S_0 から出る光の波長が λ のとき，スクリーンの中央Mから x の位置Pに m 番目（$m=0$，1，2，…）の明線が観測された。このとき，経路差 S_2P-S_1P は m，λ を用いて［ア］と表される。また，d が L に比べて十分小さいとすると，図から，経路差は d，$\sin\theta$ を用いて，［イ］と表すことができる。このとき，θ が十分小さいので，$\sin\theta \fallingdotseq \tan\theta = \dfrac{x}{L}$ が成りたち，その結果 x は λ，m，d，L を用いて［ウ］で表される。したがって，隣りあう明線の間隔 Δx は λ，d，L を用いて［エ］で表される。また，この装置全体を屈折率 n の液体で満たして実験すると，明線の間隔は Δx の［オ］倍となる。

指針 (ウ) 与えられた近似式を用い，経路差＝整数×波長 の式をつくる。
(エ) m 番目の明線の位置を x，$(m+1)$ 番目の明線の位置を x' とすると $\Delta x = x'-x$ である。
(オ) 波長が $\dfrac{1}{n}$ 倍になるので，明線の間隔も $\dfrac{1}{n}$ 倍になる。

解答 (ア) $S_2P-S_1P=\boldsymbol{m\lambda}$
(イ) $S_2P-S_1P \fallingdotseq S_2A=\boldsymbol{d\sin\theta}$
(ウ) $S_2P-S_1P \fallingdotseq d\tan\theta=\dfrac{dx}{L}=m\lambda$

したがって　$x=\boldsymbol{m\dfrac{L\lambda}{d}}$

(エ) $(m+1)$ 番目の明線の位置を x' とすると

$$\Delta x = x'-x=(m+1)\frac{L\lambda}{d}-m\frac{L\lambda}{d}=\boldsymbol{\frac{L\lambda}{d}}$$

(オ) $\Delta x' = \dfrac{L}{d}\cdot\dfrac{\lambda}{n}=\dfrac{L\lambda}{d}\cdot\dfrac{1}{n}=\boldsymbol{\dfrac{1}{n}}\Delta x$

96. ヤングの実験 ● 次の□を正しく埋めよ。

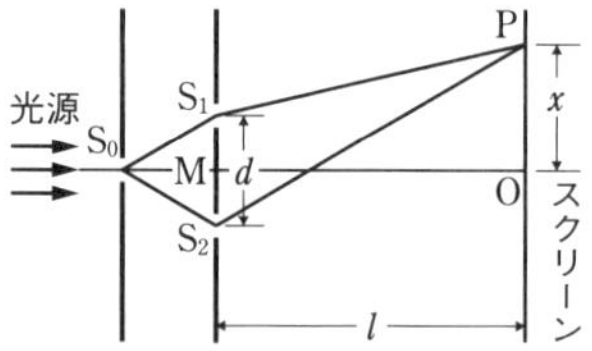

図のように，単色光源をスリット S_0 およびスリット S_1，S_2 を通してスクリーンに当てる。S_0 と S_1，S_2 の中点Mを通る直線とスクリーンの交点をOとする。スリット S_1，S_2 の間隔を d，MOの距離を l とする。また，空気の屈折率を1とする。これは，実験を行った科学者の名前から［ア］の実験とよばれている。

スクリーン上で点Oから距離 x だけ離れた点をPとするとき，距離 S_1P は［イ］，距離 S_2P は［ウ］となる。ここで，x や d に比べて l が十分大きいとする。$|\alpha|$ が1に比べて十分小さい場合に成立する近似式 $\sqrt{1+\alpha}=(1+\alpha)^{\frac{1}{2}} \fallingdotseq 1+\dfrac{\alpha}{2}$ を使うと，S_2P と S_1P の光路差は［エ］となる。波長を λ とすると，点Pで明線となる条件式は m($m=0$，1，2，…)を用いて［オ］となる。

問　波長 4.5×10^{-7}m の青色の単色光源を用いたとき，隣りあう明線の間隔は［カ］mとなる。ただし，$d=0.10$mm，$l=1.0$m とする。〔北見工大 改〕

ア：＿＿＿＿　イ：＿＿＿＿　ウ：＿＿＿＿

エ：＿＿＿＿　オ：＿＿＿＿　カ：＿＿＿＿

▶例題47

例題48 回折格子

➡ 97　解説動画

次の文中の □ を適切に埋めよ。

図に示すように，ガラス板の表面に多数の細いみぞを等間隔に刻み，その裏面から面に垂直に平行光線を入射させる。そして，ガラス面の法線と角 θ をなす方向に進む光について考える。みぞの間隔を d としたとき，みぞとみぞの間の隣りあう2点AとBから出た光の光路差は [ア] である。光の波長を λ とすると，[ア] = [イ] ($m=0$, 1, 2, …) の条件が満たされるとき，2つの光は強めあう。このとき，A，Bだけでなく，C，Dなどからの光も強めあうので，上の条件を満たす方向に強い光が出てくる。

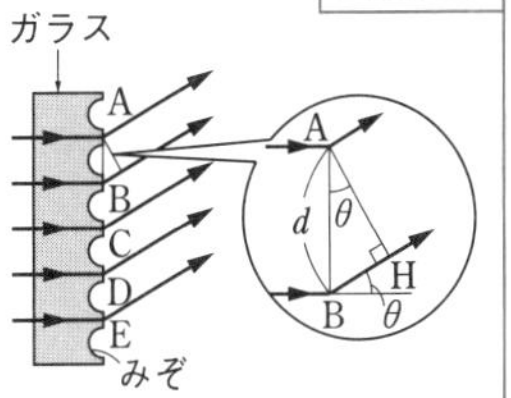

波長 $\lambda=5.2\times10^{-7}$m の平行光線を垂直に当てたところ，入射方向から角 3.0° ($\sin3.0^\circ=0.052$) をなす方向に，$m=2$ の明るい線が現れた。ガラス板の表面に刻まれたみぞの数は，1cm当たり [ウ] 本である。

指針 (ア) AとBから出た光は平行とみなせるから，光路差は問題の図のBHである。ガラス板は空気中にあると考えられるから，光路差と経路差は等しい。
(イ) 強めあいの条件は，光路差＝整数×波長　である。
(ウ) 条件式よりみぞの間隔 d をcm単位で計算し，その逆数を求める。

解答 (ア) BH＝$\boldsymbol{d\sin\theta}$
(イ) $d\sin\theta=\boldsymbol{m\lambda}$
(ウ) 上の式より　$d=\dfrac{m\lambda}{\sin\theta}=\dfrac{2\times(5.2\times10^{-7})}{0.052}$

$d=2.0\times10^{-5}\text{m}=2.0\times10^{-3}\text{cm}$
したがって，1cm当たりの本数は
$\dfrac{1}{2.0\times10^{-3}}=\boldsymbol{5.0\times10^2}$ 本

97. 回折格子 ●　図のように，格子定数 d の回折格子Gに波長 λ の平行光線を垂直に当てて，スクリーンS上に干渉縞(じま)をつくった。GとSの距離を l，スクリーン上の最も明るい明線と次の明線までの距離を D，最初の回折角を θ〔rad〕とする。ただし，θ は十分小さく，$\sin\theta\fallingdotseq\tan\theta$ が成りたつものとする。

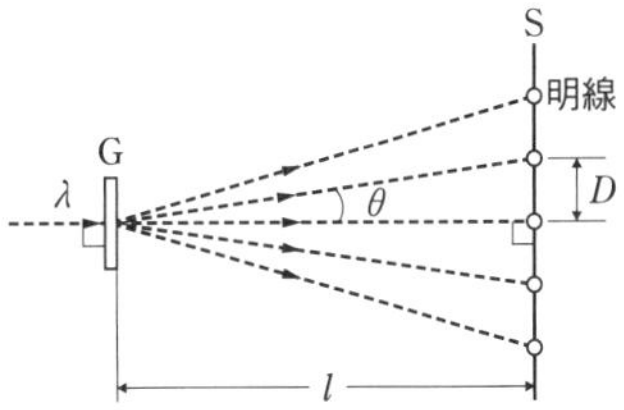

(1) この光の波長 λ を，d，l，D を用いて表せ。
(2) 波長 λ の光のかわりに，白色光を当てたとき，中央の最も明るい明線と次の明線は，それぞれどのようになるか。
(3) 格子定数 $d=5.0\times10^{-6}$m の回折格子に可視光を垂直に当てたところ，回折角 $\theta'=0.10$rad の方向に干渉縞の明線が観察された。この可視光の波長 λ' を有効数字2桁で求めよ。ただし，可視光の波長範囲は $3.8\times10^{-7}\text{m}\sim7.7\times10^{-7}\text{m}$ であり，$\sin\theta'\fallingdotseq\theta'$ が成りたつものとする。

(1) ＿＿＿＿　(2) 中央の明線：＿＿＿＿

次の明線：＿＿＿＿　(3) ＿＿＿＿

▷例題48

例題 49 薄膜による光の干渉

➡98　解説動画

図のように，屈折率 n，厚さ d の薄膜を，屈折率が n より大きい物質の表面につけたものがある。波長 λ の単色光を，屈折率1の大気側から，この薄膜に入射角 i で入射させた。

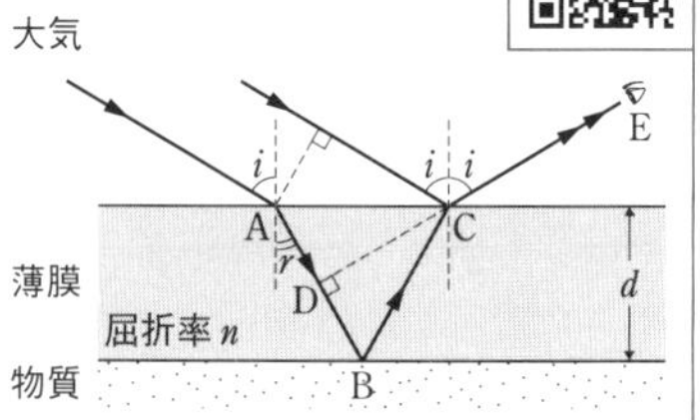

(1) 光が点Bおよび点Cで反射する前後で位相は逆になるか。それとも変わらないか。

(2) 点Aに入射し点Bで反射して点Cを通過する光と，点Cで反射する光について，位相差をもたらす経路差と光路差を図の屈折角 r を用いてそれぞれ表せ。

(3) (2)で，両方の光を遠方の点Eで観測したとき，暗く見えるための条件式を求めよ。

(4) この単色光を薄膜に垂直に入射させたとき，反射光が最も弱められる場合の最小の膜の厚さ d を求めよ。

指針 点B，点Cでの反射はいずれも，屈折率小の媒質から大の媒質へ入射する場合なので，位相が変化する。強めあい・弱めあいの条件式を光路差で書くときは，真空中(または空気中)の波長を用いる(経路差で書くときは，膜中の波長を用いる)。(4)は垂直入射なので，$r=0°$

解答 (1) 点C：屈折率小の媒質から屈折率大の媒質へ入射する場合なので，反射の際，位相は**逆になる**。

点B：物質の屈折率は膜の屈折率より大きいから，点Cと同様，反射の際，位相は**逆になる**。

(2) 図より

経路差 $=\mathrm{DB}+\mathrm{BC}=\mathrm{DC'}$

$=\boldsymbol{2d\cos r}$

光路差 $=n\times$ 経路差

$=\boldsymbol{2nd\cos r}$

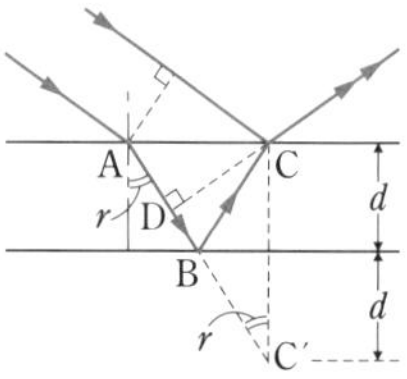

(3) 点Bと点Cの反射で，ともに位相が逆になるので，暗く見えるための条件式を，光路差で考えれば

$$\boldsymbol{2nd\cos r=\left(m+\frac{1}{2}\right)\lambda}\quad (m=0,\ 1,\ 2,\ \cdots)\quad \cdots\cdots①$$

注 経路差では　$2d\cos r=\left(m+\dfrac{1}{2}\right)\dfrac{\lambda}{n}$

(4) $r=0°$ より $\cos r=1$ だから，①式より

$2nd=\left(m+\dfrac{1}{2}\right)\lambda$

最小の膜の厚さは，$m=0$ より

$2nd=\dfrac{\lambda}{2}$　　よって　$d=\boldsymbol{\dfrac{\lambda}{4n}}$

98. 薄膜による光の干渉

右の図1のように，屈折率 n，厚さ d の薄膜を，屈折率が n より大きい物質の表面につけたものがある。波長 λ の単色光が，屈折率1の空気中から薄膜に対して垂直に入射している。

(1) 光が境界面Ⅰ・Ⅱで反射する前後で位相が逆になるか，変わらないかをそれぞれ答えよ。

(2) 境界面Ⅰで反射する光と，境界面Ⅱで反射する光が干渉したとき，光が弱めあうための条件式を，n，d，λ および整数 m $(m=0,\ 1,\ 2,\ \cdots)$ を用いて表せ。

(3) 反射光が弱めあうような最小の膜の厚さ d を求めよ。

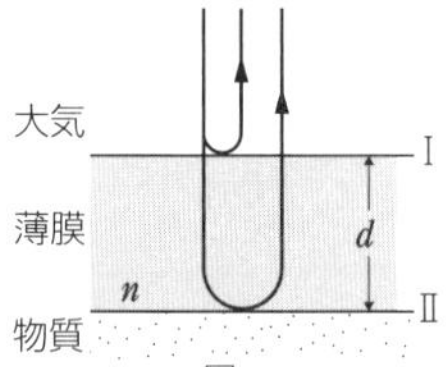

図1

(4) 次に図2のように，図1と同じ薄膜に光を入射角 i で入射している状況を考える。

(a) 点Aに入射し点Bで反射して点Cを通過する光と，点Cで反射する光の両方を遠方の点Eで観測したとき，暗く見えるための条件式を，n，d，λ，屈折角 r および整数 m $(m=0,\ 1,\ 2,\ \cdots)$ を用いて表せ。

(b) 入射角 i が大きくなると，(a)の2つの光の経路差はどうなるか。

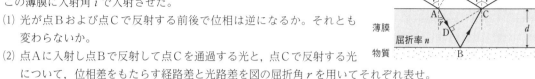

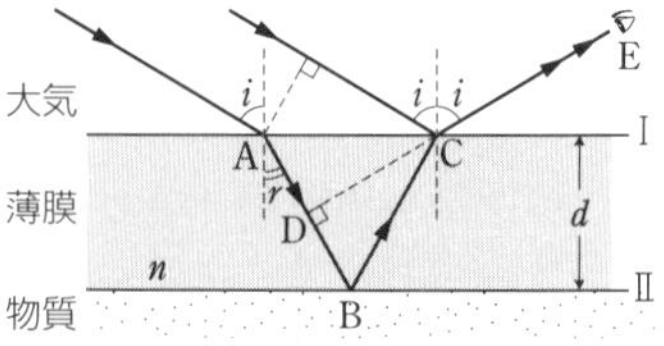

図2

(1) Ⅰ：　　　　Ⅱ：　　　　(2)

(3)　　　　(4) (a)　　　　(b)

▷例題49

例題 50 くさび形空気層による光の干渉

➡ 99　解説動画

2枚の平行平板ガラスの交点Oから $L=0.10\,\mathrm{m}$ 離れた位置に厚さ D〔m〕のアルミ箔(はく)をはさむ。真上から波長 $\lambda=6.0\times10^{-7}\,\mathrm{m}$ の光を当てて，上から反射光を観察すると干渉縞(じま)が見えた。交点Oから x〔m〕の位置Pでの空気層の厚さを d〔m〕とする。

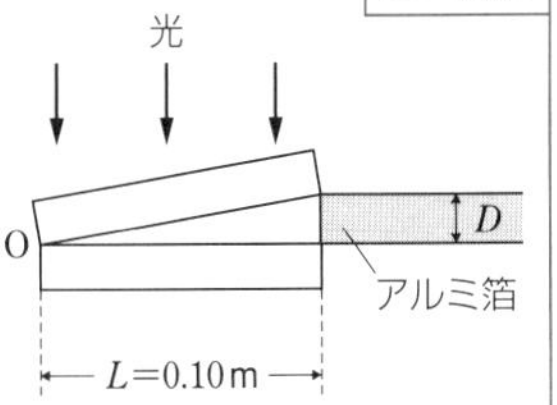

(1) 位置Pに明線が見えるときの $2d$ を λ, m ($m=0,\ 1,\ 2,\ \cdots$) を用いて表せ。

(2) 点O付近に見えるのは明線か，それとも暗線か。

(3) 位置Pに明線が見えるときの x を λ, L, D, m ($m=0,\ 1,\ 2,\ \cdots$) を用いて表せ。

(4) 明線の間隔が 2.0mm のとき，はさんだアルミ箔の厚さ D〔m〕はいくらか。

指針 2枚のガラス板がなす角は小さいので，光は空気層の上面，下面へ垂直に入射するとみなしてよい。屈折率はガラスのほうが空気より大きいので，空気層の上面での反射では位相に変化はなく，下面での反射では位相が逆になる。

解答 (1) 空気層の上面と下面で反射する光の経路差は厚さ d の往復分で $2d$ である。図1のように，下面での反射でだけ位相が逆になるから，点Pに明線が見える条件は

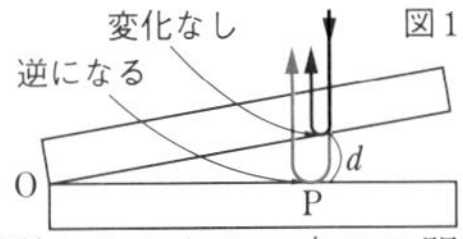

$$2d=\left(m+\frac{1}{2}\right)\lambda\ \text{〔m〕}\quad (m=0,\ 1,\ 2,\ \cdots\cdots)\quad \cdots\cdots①$$

(2) 交点Oでは経路差は $2d=0$ で，空気層下面での反射光は位相が逆になり，上面での反射光は位相が変わらないので，交点O付近では両者が打ち消しあい，**暗線**となる。

(3) 図2において，三角形の相似比より $\dfrac{d}{x}=\dfrac{D}{L}$

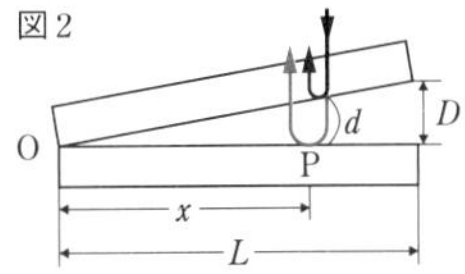

したがって　$d=\dfrac{D}{L}x$

これを①式に代入して　$2\times\dfrac{D}{L}x=\left(m+\dfrac{1}{2}\right)\lambda$

ゆえに

$$x=\left(m+\frac{1}{2}\right)\frac{L\lambda}{2D}\ \text{〔m〕}\quad\cdots\cdots②$$

(4) 明線の間隔を Δx とすると（Δx は m のときと，$m+1$ のときの x の差），②式より

$$\Delta x=\left\{(m+1)+\frac{1}{2}\right\}\frac{L\lambda}{2D}-\left(m+\frac{1}{2}\right)\frac{L\lambda}{2D}=\frac{L\lambda}{2D}$$

これを D について解き，数値を代入すると

$$D=\frac{L\lambda}{2\Delta x}=\frac{0.10\times(6.0\times10^{-7})}{2\times(2.0\times10^{-3})}=\mathbf{1.5\times10^{-5}\,m}$$

99. くさび形空気層による光の干渉

図のように，2枚のガラス板に細い繊維をはさみ，波長 λ が $5.9\times10^{-7}\,\mathrm{m}$ の単色光を照射したところ，図の 5.0cm の間に明線が 5.0mm 間隔で見えた。

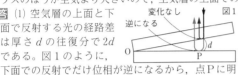

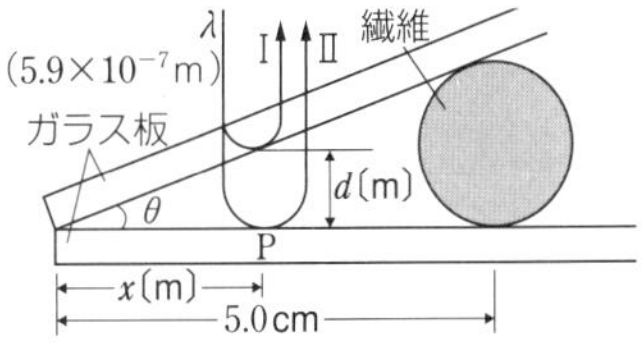

(1) 点Pが明線になる条件を，すき間 d, λ, m ($m=0,\ 1,\ 2,\ \cdots$) を用いて表せ。

(2) 点Pが明線になる条件を，くさび形の頂点からの距離 x，くさび形の角 θ, λ, m ($m=0,\ 1,\ 2,\ \cdots$) を用いて表せ。

(3) ある明線とその隣の明線の間隔を Δx とする。Δx を λ, θ を用いて表せ。

(4) 細い繊維の太さを求めよ。

(1) ＿＿＿＿　(2) ＿＿＿＿　(3) ＿＿＿＿　(4) ＿＿＿＿

▷ 例題50

編末問題

100. 正弦波の式 図のように x 軸上を正の向きに進む正弦波がある。横軸は位置 x〔m〕，縦軸は媒質の変位 y〔m〕をそれぞれ表している。時刻 $t=0$s のときに図の実線の波形であった正弦波が，時刻 $t=0.5$s のときにはじめて破線の位置に進んだ。次の問いに答えよ。

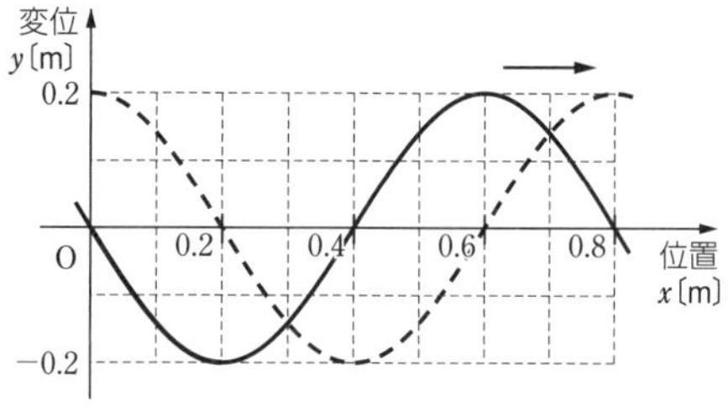

(1) この正弦波の波長，速さ，振動数を求めよ。

(2) 時刻 t〔s〕における位置 x〔m〕での媒質の変位 y〔m〕を $y=a\sin\left\{2\pi\left(\dfrac{t}{b}-\dfrac{x}{c}\right)\right\}$ と表すとき，a，b，c に入る数値を，単位をつけて答えよ。

(3) 位置 $x=0$m における，媒質の変位 y〔m〕と時間 t〔s〕との関係を表すグラフをかけ。〔21 神奈川大 改〕

(1)波長： 速さ： 振動数：

(2)a： b： c：

(3)
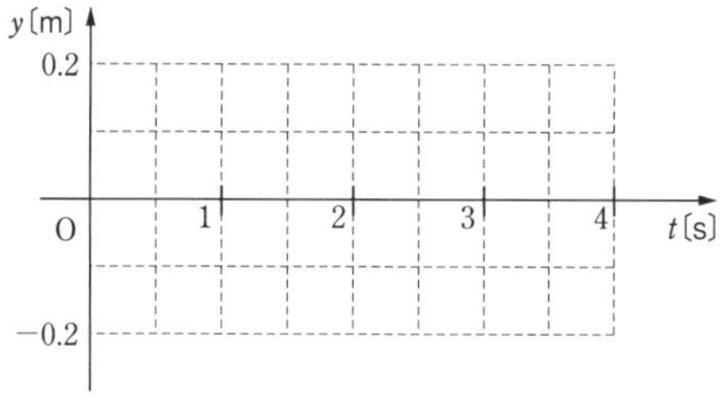

101. 水面波の干渉 図のように，水路に仕切り板を置き，水路にそった方向に小さく振動させたところ，仕切り板の両側において周期 T で互いに逆位相の水面波が発生した。2つの水面波は，水路を伝わった後，出口Aと出口Bから広がって水路の外で干渉した。水面波の速さは，水路の中と外で等しく，v であるとする。また，水路の幅の影響は無視してよい。

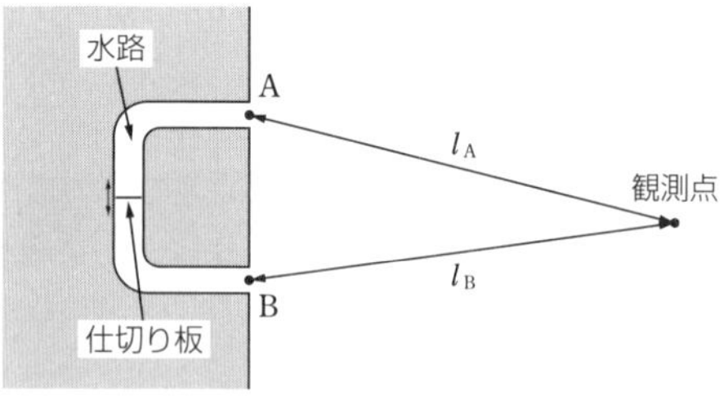

(1) 初め，仕切り板の振動の中心は，出口Aまでの経路の長さと出口Bまでの経路の長さが等しくなる位置にあった。出口Aおよび出口Bから観測点までの距離をそれぞれ l_A，l_B とするとき，干渉によって水面波が強めあう条件を，l_A，l_B，v，T，m（$m=0, 1, 2, \cdots$）を用いて表せ。

(2) 次に，仕切り板の振動の中心位置を水路にそって d だけずらしたところ，(1)の状況において2つの水面波が強めあっていた場所が，弱めあう場所となった。d の最小値を，v，T を用いて表せ。〔15 センター試験〕

(1) (2)

102. ドップラー効果 電車が一定の振動数の警笛を鳴らしながら一定の速さでホームを通過した。このときホームにいた人に聞こえた警笛の振動数は，電車が近づいてくるときに 800Hz，遠ざかるときに 600Hz であった。電車の速さは何 m/s か。ただし音の速さを 340m/s とする。 〔東北学院大〕

考 103. 日の出と日の入りの時刻 朝や夕方の太陽光は，図のように，大気層に大きな入射角で入射するため，屈折の影響が大きく現れる。この結果，日の出と日の入りの時刻は，地球に大気がないと仮定した場合と比べてどのように変化するか簡単に説明せよ。

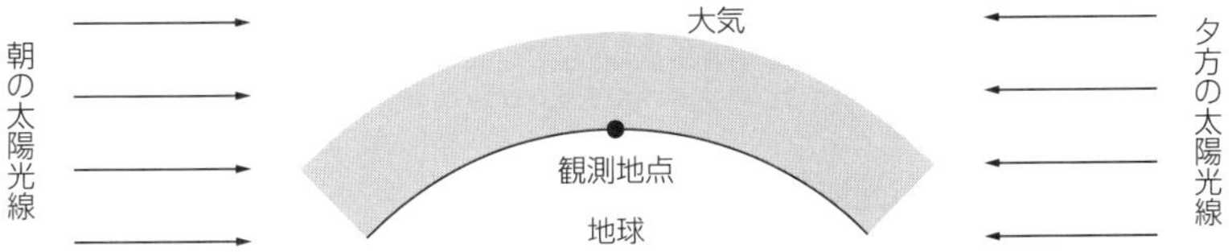

〔センター試験 改〕

104. 光ファイバー 図は，中心軸が一致した円柱状のガラス1(屈折率 n_1)と円筒状のガラス2(屈折率 n_2)を組み合わせて作られたガラス棒の断面である。ガラス棒の長さは，直径に対して十分に長い。いま，単色の可視光線が図のように真空からガラス棒の中心軸上の点Pに，中心軸に対して入射角 α〔rad〕で入射し，屈折角 β〔rad〕で進んだ。真空の絶対屈折率は1で，$n_1>n_2>1$ であるとし，α は $0<\alpha<\frac{\pi}{2}$ であるとする。

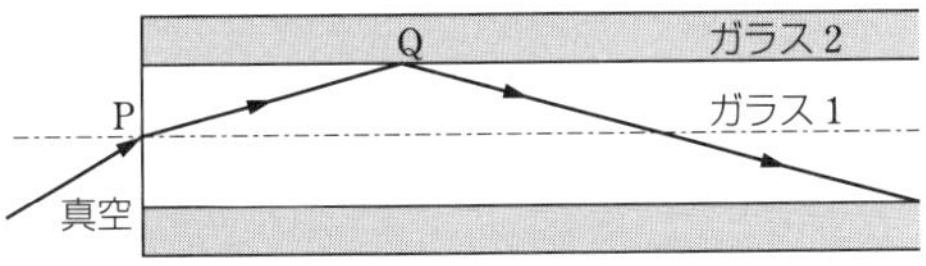

(1) α と β の間に成りたつ関係式を求めよ。
(2) 図のようにガラス1の中を進んできた単色光線が，ガラス2との境界面上の点Qで全反射した。$\sin\alpha$ の満たすべき条件を，n_1，n_2 を用いて表せ。
(3) この単色光線が，α の値によらずガラス1とガラス2の境界面で全反射をくり返しながら進むための n_1 の条件を n_2 を用いて表せ。 〔15 芝浦工大〕

(1)　(2)　(3)

考 105. 虹 ● 空気中に浮かんでいる多くの水滴に太陽光が入射すると，2回屈折するとき
の分散によって虹(主虹)ができる。図には，水滴に入射する白色光線と，水滴内を進み屈折
して水滴を出ていく赤色光線の進路がかかれている。水滴入射後の紫色光線の進路を大まか
に図示し，虹の外側は赤色と紫色のいずれになるか答えよ。

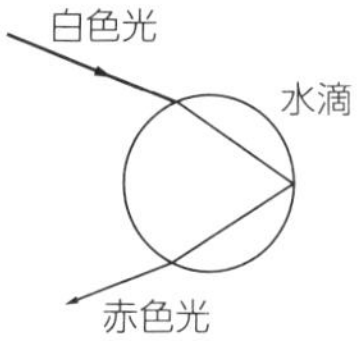

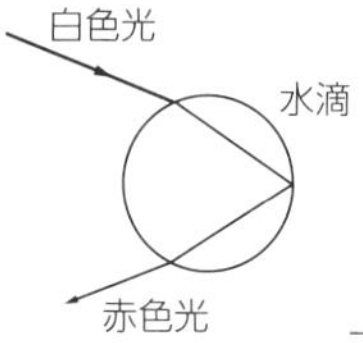

考 106. 液体のレンズ ● 水の入った透明な円筒型のコップに，
レンズのようなはたらきがあることが知られている。縁の薄い透
明な円筒型のコップに水を注ぎ，観測者Oから見て，コップの真
後ろに物体を置いた(図1)。「あ」の文字(図2)が，物体の観測者
から見える側の表面に貼られ，この文字をコップ越しに観測する

ことができた。(1)，(2)の場合について，観測者から「あ」の文字はどのように見えるか。観測者から見える形と
して考えられるものを，次の①〜⑥からすべて選べ。

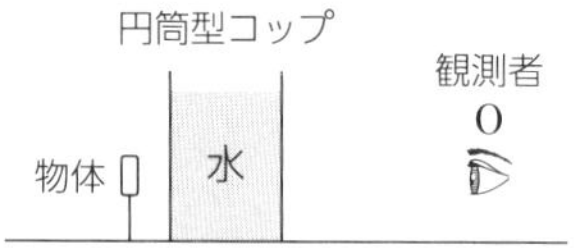

(1) 物体が，このレンズの焦点よりもレンズに近い側の位置に置かれているとき。

(2) 物体が，焦点の外側に置かれているとき。

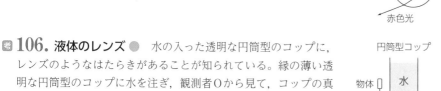

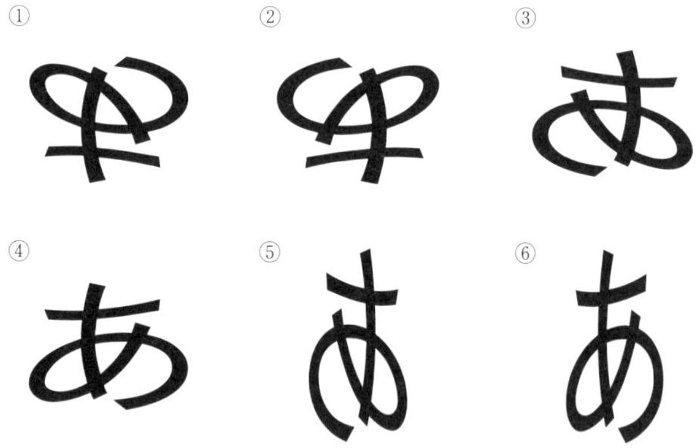

[21 金沢工大 改]

(1) ＿＿＿＿＿＿＿＿＿＿ (2) ＿＿＿＿＿＿＿＿＿＿

107. ニュートンリング　図のように，平面ガラス板の上に球面の半径が R〔m〕の平凸レンズを置き，その上方から波長 λ〔m〕の単色光を当てる。このときの反射光を上から観察すると，同心円の縞(しま)模様が見える。ガラス板と平凸レンズの接点Oから r〔m〕の位置Pでの空気層の厚さを d〔m〕とする。

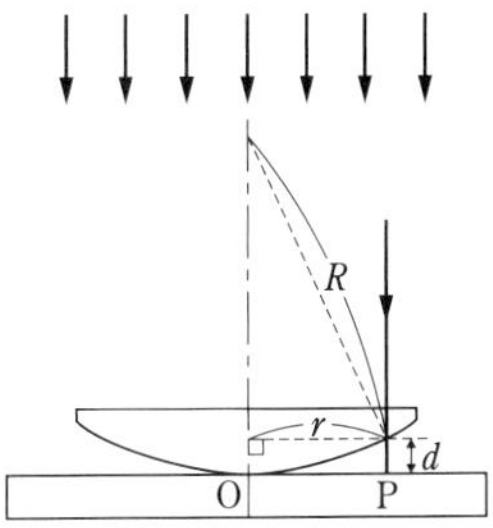

(1) 位置Pが暗く見えるときの $2d$ を λ，m ($m=0$，1，2，…) を用いて表せ。

(2) 点O付近は明るく見えるか，暗く見えるか。

(3) 同心円の中心Oから m 番目の暗環の半径 r を λ，R，m ($m=0$，1，2，…) を用いて表せ。ただし，ガラスとレンズの間にはさまれた空気層の厚さは，R に比べて十分小さいものとする。

(4) ガラスとレンズの間を屈折率 n の液体で満たしたところ，同心円の縞模様の半径が変化した。このとき，中心Oから m 番目の暗環の半径 r' は，間が空気の場合の m 番目の暗環の半径 r の何倍になるか。ただし，n はガラスの屈折率より小さいものとし，空気の屈折率は1とする。

(5) 下から透過光を観察した場合も，同心円の縞模様が見える。反射光の縞模様とどのように違うか。

(1) ______　(2) ______

(3) ______　(4) ______

(5) ______

第15章 静電気力と電場・電位

リード A

1 静電気

◉ =「物理基礎」の範囲内の項目

リードAの確認問題

◉ a 静電気

(1) **静電気**　異なる物質どうしを摩擦したときに生じる電気のように，流れていない電気。物体が電気をもつことを**帯電**という。

(2) **電荷**　帯電した物体がもつ電気を**電荷**といい，正電荷と負電荷の 2 種類がある。

(3) **静電気力**　電荷間にはたらく力。同種の電荷間は斥(せき)力，異種の電荷間は引力。

◉ b 物体が帯電するしくみ

(1) **原子の構造**　負の電気をもつ電子と正の電気をもつ原子核とでできている。原子全体としては，正負が打ち消しあって帯電していない。

(2) **電気素量**　電子のもつ電気量（負電荷）の絶対値。

$e=1.6\times10^{-19}$ C

(3) **イオン**　**陽イオン**…原子が電子（負電荷）を放出して正の電気を帯びたもの。

陰イオン…原子が電子を取りこんで負の電気を帯びたもの。

(4) **帯電**　電子を失ったほうが正，電子を得たほうが負に帯電する。

(5) **導体**　電気をよく通す物質。金属では**自由電子**が電気を運ぶ。

不導体（絶縁体）　アクリルやビニルなど電気を通しにくい物質。**誘電体**ともいう。

c 電気量保存の法則

物体どうしが電気をやりとりするときには，その前後で電気量の総和は変わらない。

d クーロンの法則

(1) **電気量の単位**　C（クーロン）

(2) **クーロンの法則**　電気量の大きさを q_1，q_2〔C〕，距離を r〔m〕とすると，2 つの電荷の間にはたらく静電気力の大きさ F〔N〕は

$$F=k\frac{q_1q_2}{r^2}$$

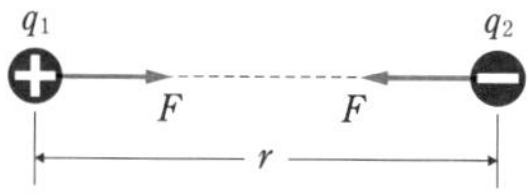

（k は比例定数，真空中で $k_0=9.0\times10^9$ N·m²/C²）

e 静電誘導

(1) **静電誘導**　帯電していない導体に帯電体を近づけると，導体内の自由電子が移動し，

帯電体に近い側…帯電体と異符号の電気

帯電体から遠い側…帯電体と同符号の電気

が現れる。

(2) **誘電分極**　不導体に帯電体を近づけると，導体の場合と同様に電気が現れる。

(3) **静電誘導（導体）と誘電分極の違い**

① 静電誘導（導体）による電荷は，実際に自由電子が移動して現れた電荷なので，正・負別々にとり出せる。

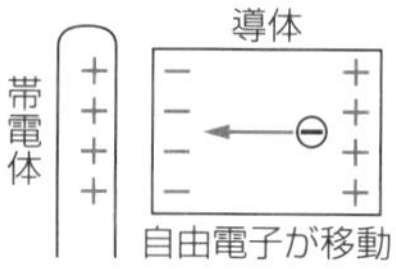

② 誘電分極による電荷は，分子・原子内の電子の配置のずれによるものなので，外部にとり出すことはできない。

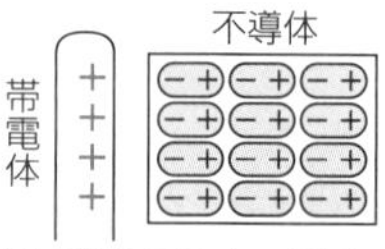

原子や分子の中で電子の位置がわずかにずれる

リード B

基礎 CHECK

1. 電気量 $+3.0\times10^{-7}$ C と -6.0×10^{-7} C の小球を 0.30 m 離しておくとき，及ぼしあう静電気力の大きさ F〔N〕を求めよ。また，力は引力か，斥力か。クーロンの法則の比例定数を 9.0×10^9 N·m²/C² とする。

F：〔　　　　〕〔　　　　〕

2. 金属棒 AB を不導体の台上に支え，AB の延長上から B 端に向け，正の帯電体を金属棒に近づけるとき，A 端に現れる電荷は正・負どちらか。

〔　　　　〕

解答

1. クーロンの法則「$F=k\frac{q_1q_2}{r^2}$」より

$$F=(9.0\times10^9)\times\frac{(3.0\times10^{-7})\times(6.0\times10^{-7})}{0.30^2}$$

$=\mathbf{1.8\times10^{-2}}$ **N**

2 つの電荷が異符号なので，**引力**。

2. 静電誘導によって，近づけた帯電体から遠い端に当たる A 端には帯電体の電荷と同種の電荷が現れるので，**正**。

Let's Try!

例題 51 帯電した小球のつりあい

➡ 108, 109

解説動画

長さ 0.30m の 2 本の軽い糸の下端にそれぞれ 0.50kg の小球 A，B をつけ，等量の正電荷を与える。2 本の糸の上端を一致させてつり下げると 2 本の糸は 90° の角度をなした。クーロンの法則の比例定数を $9.0\times10^{9}\,\mathrm{N\cdot m^2/C^2}$，重力加速度の大きさを $10\,\mathrm{m/s^2}$ とする。

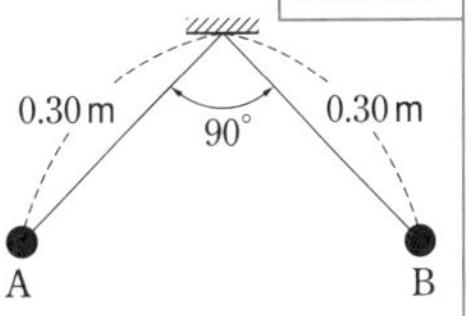

(1) 小球Aにはたらく静電気力の大きさ F〔N〕を求めよ。
(2) 小球Aのもつ電気量 q〔C〕を求めよ。

指針 A，B ともに，重力 mg，静電気力 F，糸の張力 T の 3 力がつりあう。

解答

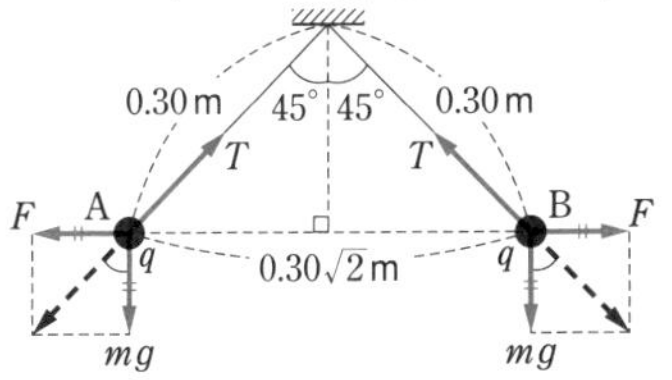

(1) このとき，糸と鉛直線とのなす角は $(90°\div2=)\,45°$ となり，A，B にはたらく力は上図のようになる。図より $\dfrac{F}{mg}=\tan45°=1$

よって $F=mg=0.50\times10=$ **5.0N**

(2) つりあいの状態での AB 間の距離 r は $r=0.30\sqrt{2}\,\mathrm{m}$

クーロンの法則「$F=k\dfrac{q_1q_2}{r^2}$」より

$$5.0=(9.0\times10^9)\times\frac{q^2}{(0.30\sqrt{2}\,)^2}$$

よって $q=$ **1.0×10^{-5}C**

参考 このときの糸の張力 T は $T\sin45°=F$ より
$T=\sqrt{2}\,F=1.41\cdots\times5.0\fallingdotseq7.1\mathrm{N}$

108. 静電気力のつりあい ● 図のように，正方形の各頂点に 4 つの点電荷を固定した。それぞれの電気量は q，Q，Q'，Q である。ただし，$Q>0$，$q>0$ である。電気量 q の点電荷にはたらく静電気力がつりあうとき，Q' を求めよ。

〔15 センター試験〕

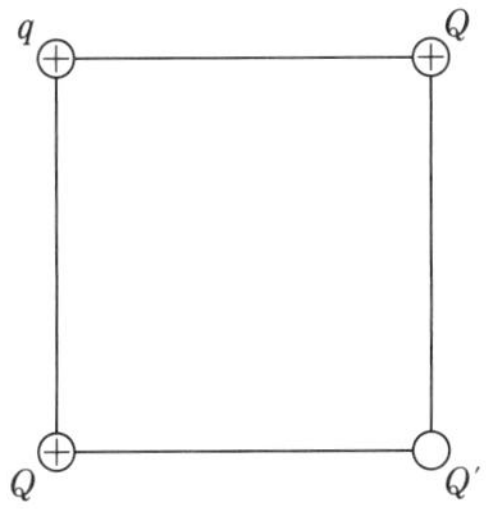

▶ 例題 51

109. 電気量の保存と静電気力 ● 真空中にそれぞれ 3.0×10^{-8}C，-1.0×10^{-8}C の電荷をもつ 2 つの金属球が 0.10m 離して置かれている。2 球の材質，形状，大きさは等しいとし，クーロンの法則の比例定数を $9.0\times10^{9}\,\mathrm{N\cdot m^2/C^2}$ とする。

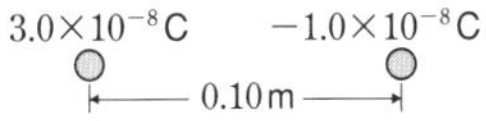

(1) 2 球が及ぼしあう力の大きさは何 N か。また，その力は引力か，斥力か。
(2) 2 球をいったん接触させた後，再び 0.10m 引き離す。各球の電荷はそれぞれ何 C になるか。
(3) このとき，2 球が及ぼしあう力の大きさは何N か。また，この力は引力か，斥力か。

(1) 大きさ： 種類：

(2) 右の球： 左の球：

(3) 大きさ： 種類：

▶ 例題 51

リード C

例題 52 箔検電器

➡ 111

解説動画

次の ▭ を正か負で正しく埋めよ。

箔の閉じている帯電していない箔検電器の金属板に，正に帯電した帯電棒を接触させてから遠ざけると箔が開いた。このとき箔は ア に帯電している。続いて，この箔検電器の金属板に，別の帯電棒を遠くからゆっくりと近づけていくと，開いていた箔が閉じた。このことから，この帯電棒は イ に帯電していることがわかる。さらにこの帯電棒を金属板に近づけていくと，閉じていた箔が再び開いた。このとき箔は ウ に帯電している。

指針 帯電棒を箔検電器の金属板に近づけると，金属板には帯電棒と異符号の電気が引き寄せられて帯電棒と異符号の電気を帯びるようになる。一方，帯電棒から遠い箔は帯電棒と同符号の電気を帯びるようになる。

解答 (ア) 正に帯電した帯電棒の接触によって帯電棒にあった正の電荷が金属板に移動し，帯電棒を遠ざけた後も，図aのように箔検電器全体が正の電気を帯びるようになったため箔は開いた状態になる。よって **正**

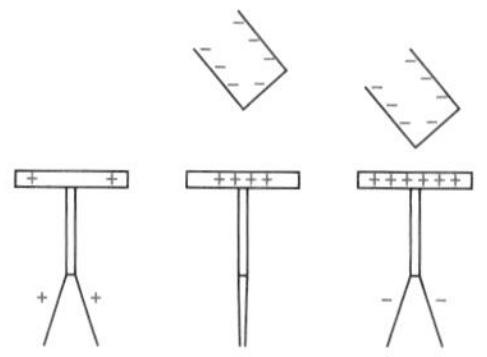

図a　図b　図c

参考 実際には箔検電器から帯電棒のほうに負の電荷をもつ自由電子が移動する。

(イ) 正に帯電して開いていた箔が閉じたことから，箔にあった正の電気が負に帯電した帯電棒を近づけた金属板へと引き寄せられ，図bのように箔が電気的に中性になって閉じたことがわかる。よって **負**

(ウ) 負に帯電した帯電棒をさらに金属板に近づけると，さらに多くの正の電気が金属板に引き寄せられて，図cのように箔は電気的に中性の状態から負に帯電した状態になって開く。よって **負**

110. 静電誘導 ● 図のように，絹糸でつるした2つの金属球A，Bを接触させる。負に帯電した塩化ビニル管Cを，左側からAに近づけたままAとBを離し，その後Cを遠ざける。

次に，金属球A，Bのかわりに，2つの不導体球A′，B′を用いて，上と同様の操作を行う。操作後，A，B，A′，B′の電荷は，次のうちどれか。

① 正　② 負　③ 帯電していない

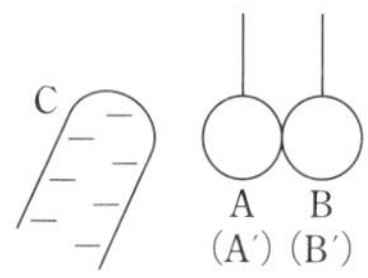

A：＿＿＿＿　B：＿＿＿＿　A′：＿＿＿＿　B′：＿＿＿＿

111. 箔検電器 ● 次の{ }内から正しいものを選べ。また，問いに答えよ。

(1) 箔検電器がある。はじめ，箔は閉じていたとする。負に帯電した棒を上部の金属円板に近づけると(a){① 静電誘導 ② 誘電分極}により，金属円板は(b){① 正 ② 負}に，箔は(c){① 正 ② 負}に帯電し，箔は(d){① 開く ② 閉じたままである}。

(2) 次に，帯電した棒を近づけたまま，箔検電器の金属円板に指を触れる。このとき，箔は(e){① 開いたままである ② 閉じたままである ③ 開く ④ 閉じる}。これは，箔検電器から(f){① 正 ② 負}の電気が人体に逃げるためである。

(3) 続いて指を金属円板から離し，次に棒を遠ざけた。このとき，箔は(g){① 開く ② 閉じる ③ 開いたままである ④ 閉じたままである}。

問 この後，再び負に帯電した棒を上部の金属円板に近づけると，箔はどうなるか。

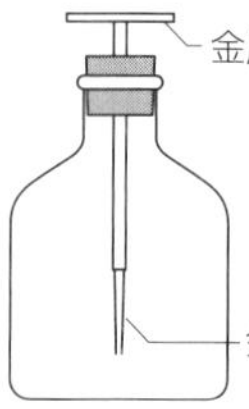

(1)(a)＿＿ (b)＿＿ (c)＿＿ (d)＿＿　(2)(e)＿＿ (f)＿＿

(3)(g)＿＿　問：＿＿＿＿

▷ 例題52

2 電場

リードAの確認問題

a 電場と電場ベクトル

物理量	主な記号	単位
電気量	q, Q	C
電場の強さ	E	N/C=V/m
電位・電位差	V	V

(1) **電場**　電荷を置いたとき，それに静電気力がはたらく空間には**電場**（**電界**）が生じているという。

(2) **電場ベクトル**　+1C の電荷が受ける力が $\vec{E}$〔N〕のとき

電場ベクトル $\vec{E}$ $\begin{cases} \vec{E} \text{ の向き　……電場の向き} \\ \vec{E} \text{ の大きさ……電場の強さ} \end{cases}$

(3) **電場の単位　N/C**

(4) q〔C〕の電荷が電場 $\vec{E}$〔N/C〕から受ける力 $\vec{F}$〔N〕は　$\boldsymbol{\vec{F}=q\vec{E}}$

b 点電荷のまわりの電場

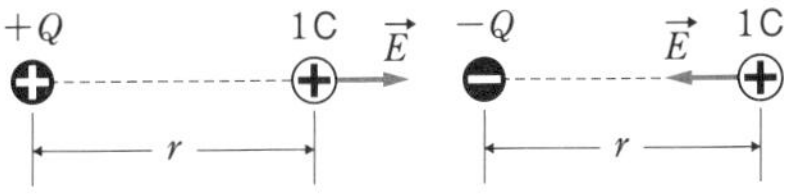

電気量の大きさ Q〔C〕の電荷が距離 r〔m〕の点につくる電場の強さ E〔N/C〕は　$\boldsymbol{E=k\dfrac{Q}{r^2}}$

c 電場の重ねあわせ

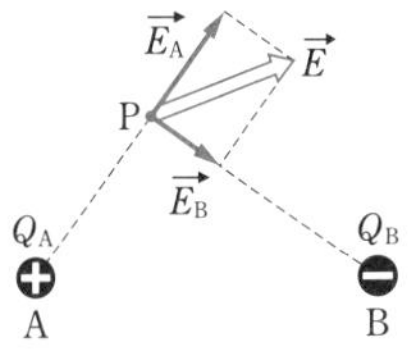

2点A，Bに電荷があるとき，点Pにおける電場は，A，Bに各電荷が単独にあるときにPにつくる電場ベクトルを合成すると得られる。

d 電気力線

電場内に引いた線で，その接線が電場ベクトル $\vec{E}$ の方向を表す。

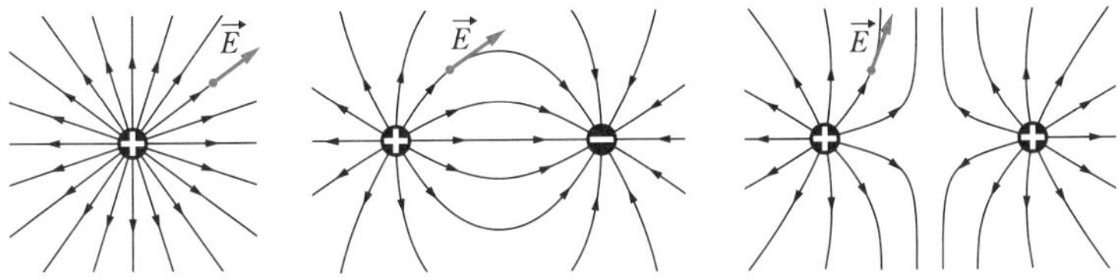

(1) 正電荷から出て負電荷に入る。

(2) 折れ曲がったり，枝分かれしたり，交差したりしない。

(3) 電場の強さ E〔N/C〕の所では，電場の方向と垂直な面 $1\,\text{m}^2$ 当たり E 本の割合で引く。
電場が強い所ほど電気力線は密である。$\boldsymbol{E}$〔**N/C**〕$\longleftrightarrow$ $\boldsymbol{E}$〔**本/m²**〕

e ガウスの法則

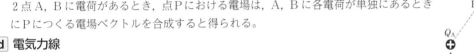

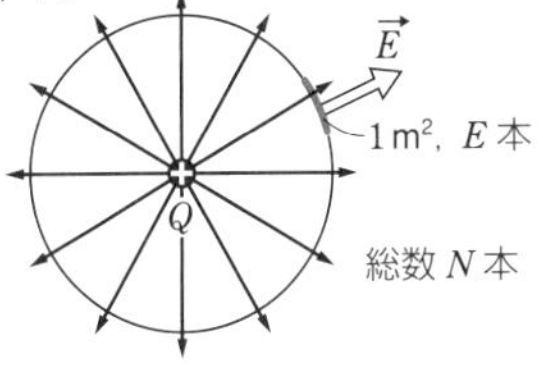

Q〔C〕の電荷から出る電気力線の総数を N 本とすると

$$\boldsymbol{N=4\pi k_0 Q}\quad \left(N=k_0\frac{Q}{r^2}\times 4\pi r^2=4\pi k_0 Q\right)$$

リード B

基礎 CHECK

1. $+2.0\times10^{-6}$C の電荷が東向きに 4.0×10^{-2}N の力を受ける場所の電場の強さ E〔N/C〕を求めよ。また，その向きはどの向きか。

強さ：〔　　　　〕
向き：〔　　　　〕

2. x 軸の原点に -9.0×10^{-6}C の電荷を固定する。x 軸上で，原点から正の向きに 0.30m 離れた点の電場の強さ E〔N/C〕を求めよ。また，その向きはどの向きか。クーロンの法則の比例定数を $9.0\times10^{9}\,\text{N}\cdot\text{m}^2/\text{C}^2$ とする。

強さ：〔　　　　〕
向き：〔　　　　〕

解答

1. 電場と静電気力の関係式「$F=qE$」より

$$E=\frac{F}{q}=\frac{4.0\times10^{-2}}{2.0\times10^{-6}}=\boldsymbol{2.0\times10^{4}}\,\textbf{N/C}$$

正の電荷が東向きの力を受けるので，電場の向きは**東向き**。

2. 点電荷のまわりの電場の式「$E=k\dfrac{Q}{r^2}$」より

$$E=(9.0\times10^{9})\times\frac{9.0\times10^{-6}}{0.30^2}=\boldsymbol{9.0\times10^{5}}\,\textbf{N/C}$$

固定された電荷が負なので電気力線は固定された電荷に向かう。よって，電場の向きは **x 軸の負の向き**。

Let's Try!

例題 53 クーロンの法則・電場の強さ

➡ 112, 113

解説動画

右の図のように，x 軸上の点A，Bにそれぞれ $+q$，$-q\,(q>0)$ の電気量をもつ小球があり，それらの間の距離は $2a$ である。小球の半径は a に比べて非常に小さいとし，また，クーロンの法則の比例定数を k とする。

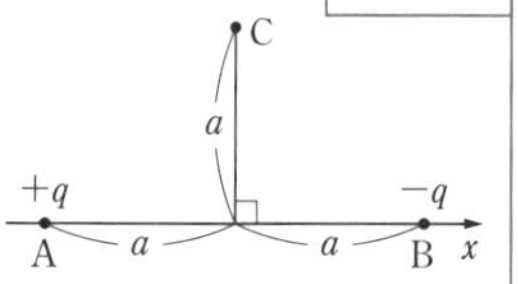

(1) 2つの小球間にはたらく静電気力の大きさはいくらか。

(2) 線分 AB の垂直2等分線上で，x 軸より a の距離にある点Cでの電場の強さ E_C を求めよ。また，その向きを矢印で示せ。

指針 (1) クーロンの法則「$F=k\dfrac{q_1q_2}{r^2}$」

(2) 点A，Bにある電荷が点Cにつくる電場をそれぞれ $\vec{E_A}$，$\vec{E_B}$ とすると
$\vec{E_C}=\vec{E_A}+\vec{E_B}$

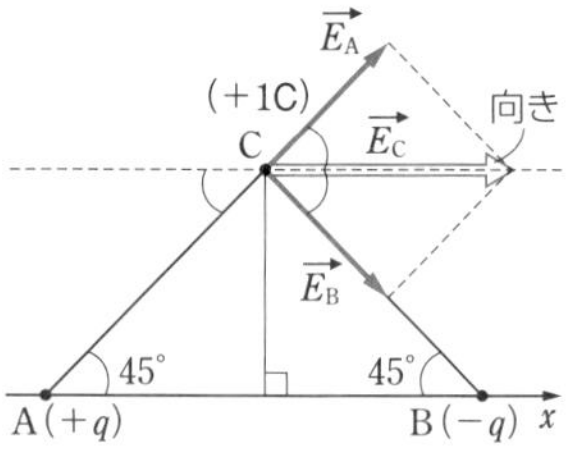

解答 (1) 静電気力の大きさ $F=k\dfrac{q\cdot q}{(2a)^2}=\boldsymbol{k\dfrac{q^2}{4a^2}}$

(2) $AC=BC=\sqrt{2}\,a$ であるから

$|\vec{E_A}|=|\vec{E_B}|=k\dfrac{q}{(\sqrt{2}\,a)^2}=k\dfrac{q}{2a^2}$

図より　$E_C=2\times|\vec{E_A}|\cos 45°=\sqrt{2}\,|\vec{E_A}|=\boldsymbol{\dfrac{\sqrt{2}\,kq}{2a^2}}$

向きは図のようになる。

POINT

F と E を混同するな

静電気力 $F=k\dfrac{q_1q_2}{r^2}$，　**電場** $E=k\dfrac{Q}{r^2}$

112. 2つの点電荷による電場 ●　2点A，Bの間隔は $2r$〔m〕で，Aには $+4q$〔C〕の正電荷，Bには $-q$〔C〕の負電荷を置く。Mは線分 AB の中点である。クーロンの法則の比例定数を k〔N・m²/C²〕とする。

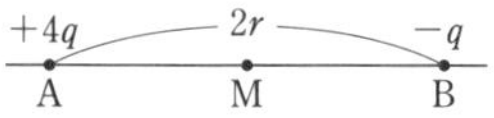

(1) 点A上の電荷による点Mの電場 $\vec{E_A}$ を求めよ。

(2) A，B上の2つの電荷による点Mの電場 $\vec{E}$ を求めよ。

(3) 電場が0となる点の位置を求めよ。

(1) ______　(2) ______　(3) ______

▷ 例題53

113. 電場の重ねあわせ ●　1辺の長さが 2.0m の正三角形 ABC がある。図のように，$+2.0\times10^{-9}$C の点電荷を点Aに，-2.0×10^{-9}C の点電荷を点Bに置く。クーロンの法則の比例定数を $k=9.0\times10^{9}$N・m²/C² として次の問いに答えよ。

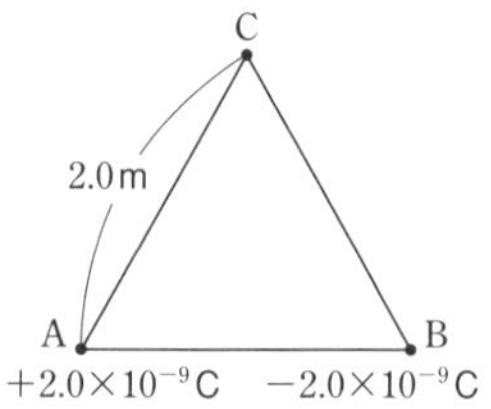

(1) 点Cでの電場ベクトルを作図により求めよ。また，この電場ベクトルの大きさはいくらか。

(2) このときの電気力線の概略を図示せよ。

(2)

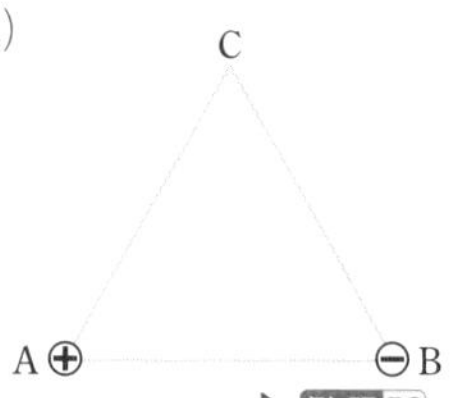

(1) ______

▷ 例題53

3 電位と電位差

リードAの確認問題

a 電位

(1) **静電気力による位置エネルギー** 静電気力は保存力であり，位置エネルギーを考えることができる。

(2) **電位** q〔C〕の電荷が静電気力による位置エネルギー U〔J〕をもつとき，その点の電位 V〔V〕は

$V=\frac{U}{q}$（＋1 C の電荷のもつ静電気力による位置エネルギーを表す）

(3) **電位の単位** V（ボルト）＝J/C

(4) q〔C〕の電荷が電位 V〔V〕の点でもつ静電気力による位置エネルギー U〔J〕は **$U=qV$**

(5) **点電荷のまわりの電位** 電気量 Q〔C〕の電荷から距離 r〔m〕の点の電位 V〔V〕は **$V=k\frac{Q}{r}$（無限遠を基準）**

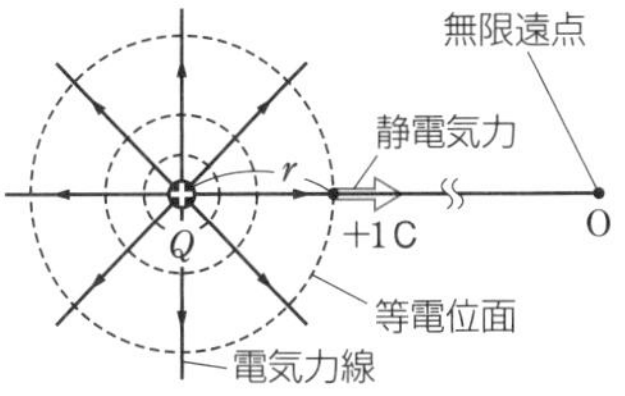

(6) **等電位面** 電位が等しい点を連ねた面（平面上で電位が等しい点を連ねた線を**等電位線**という）。間隔が密な所ほど電場が強い。等電位面と電気力線は直交する。

b 電位差

(1) 電位差 V〔V〕の 2 点間を，低電位のほうへ電荷 q〔C〕が移動するときに，静電気力がする仕事 W〔J〕は
$W=qV$（途中の経路には無関係）

(2) **一様な電場と電位差** 強さ E〔N/C〕の一様な電場内の，電場の向きにそった 2 点間の距離が d〔m〕，電位差が V〔V〕のとき **$V=Ed$，$E=\frac{V}{d}$〔N/C＝V/m〕**

c 静電気力を受ける電荷の運動

電場内を静電気力のみを受けて運動する電荷では，運動エネルギーと静電気力による位置エネルギーとの和は保存される。 **$\frac{1}{2}mv^2+qV$＝一定**

d 電場内の導体

電場内に導体を置くと，導体内の自由電子が電場と反対の向きに移動し，導体の表面に正・負等量の電荷が現れる。

(1) 導体内部の電場は 0 で，導体全体は等電位。

(2) 導体の表面は等電位面で，電気力線は表面に垂直。

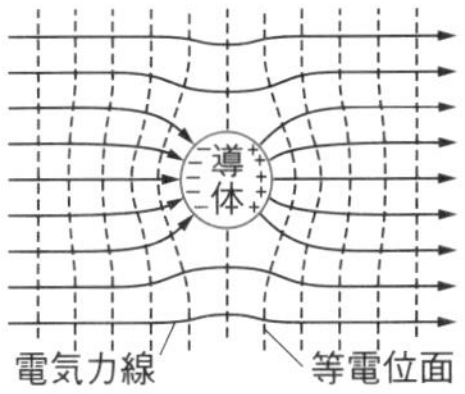

e 静電遮蔽（しゃへい）

導体で囲まれた内部には，外部の電場の影響は及ばない。

リードB

基礎CHECK

1. -6.0×10^{-6} C の電荷から 3.0 m 離れた点Aの電位 V〔V〕を求めよ。ただし，電位の基準点は無限遠とし，クーロンの法則の比例定数を 9.0×10^9 N·m²/C² とする。 〔　　　〕

2. 点Aは点Bより 10 V だけ高電位である。AからBへ＋1 C の電荷をゆっくりと移動させるとき，静電気力がする仕事 W〔J〕を求めよ。また，外力がする仕事 W'〔J〕を求めよ。
W：〔　　　〕 W'：〔　　　〕

3. 金属平板 2 枚を 2.0×10^{-2} m 離して平行に向かいあわせ，10 V の電圧を加えたところ，平板間に一様な電場ができた。この電場の強さ E〔V/m〕を求めよ。 〔　　　〕

解答

1. 点電荷のまわりの電位の式「$V=k\frac{Q}{r}$」より

$V=(9.0\times10^9)\times\frac{(-6.0\times10^{-6})}{3.0}=\mathbf{-1.8\times10^4}$ **V**

2. 電荷を電場中で移動させたときの静電気力がする仕事の式「$W=qV$」より $W=q(V_A-V_B)=1\times10=$ **10 J**
また，静電気力とつりあう外力の向きは，電場と逆向きだから，外力のする仕事 W' は $W'=-W=$ **−10 J**

3. 一様な電場での，電場と電位差の関係式「$E=\frac{V}{d}$」より

$E=\frac{10}{2.0\times10^{-2}}=\mathbf{5.0\times10^2}$ **V/m**

Let's Try!

例題54 一様な電場内での陽イオンの運動

➡ 114

解説動画

x 軸に平行な一様な電場があり，位置 x〔m〕とその点の電位 V〔V〕との関係は，図のように表される。

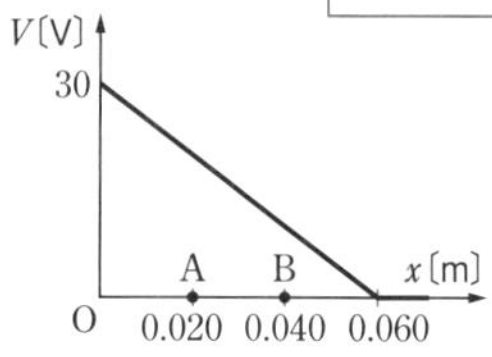

(1) 点Aと点Bの電場ベクトルを $\vec{E_A}$，$\vec{E_B}$〔V/m〕とする。
$\vec{E_A}$，$\vec{E_B}$ の強さと向きをそれぞれ求めよ。

(2) AB間の電位差 V_{AB}〔V〕を求めよ。

次に，点Aに電気量 3.2×10^{-19}C の陽イオンを静かに置いたところ，イオンは電場から力を受けて動きだした。

(3) イオンが電場から受ける力の大きさ F〔N〕を求めよ。

(4) イオンが点Bに達したときの運動エネルギー K〔J〕を求めよ。

指針 電場の強さ $E=\dfrac{V}{d}$　電荷が受ける力 $F=qE$　電荷を運ぶ仕事 $W=qV$

解答 (1) 一様な電場なので

$$E_A=E_B=E=\frac{V}{d}=\frac{30}{0.060}$$
$$=\mathbf{5.0\times10^2\,V/m}$$

電場の向きは，高電位→低電位 の向き。よって，$\vec{E_A}$，$\vec{E_B}$ ともに **x 軸の正の向き**

(2) AB間の距離 $d'=0.020$m より

$$V_{AB}=Ed'$$
$$=(5.0\times10^2)\times0.020=\mathbf{10\,V}$$

(3) $F=qE$

$$=(3.2\times10^{-19})\times(5.0\times10^2)$$
$$=\mathbf{1.6\times10^{-16}\,N}$$

(4) AB間で電場がイオンにした仕事

$$W=qV_{AB}$$

イオンの運動エネルギーの変化＝電場がした仕事 W より

$$K-0=qV_{AB}$$

よって　$K=(3.2\times10^{-19})\times10$

$$=\mathbf{3.2\times10^{-18}\,J}$$

POINT
一様な電場
電場の強さ $E=\dfrac{V}{d}$ ←電位差 ←距離

114. 一様な電場 図のように，2枚の大きな平面金属板A，Bを6.0cmの間隔で平行に置き，その間に2点P，Qをとる。点PはAから2.0cm，点QはA，Bの中央である。両金属板間に12Vの電位差を与え，A，B間に一様な電場をつくる。このとき，Aが高電位であるとする。

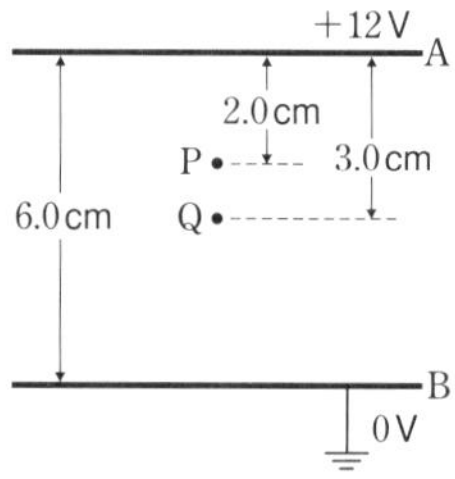

(1) A，B間の電場の向きを示せ。

(2) 点Pおよび点Qにおける電場の強さをそれぞれ求めよ。

(3) 点P，点Qの電位はそれぞれ何Vか。ただし，板Bは接地してある。

(1)　　　　　　(2) P：　　　　　Q：

(3) P：　　　　　Q：

▷ 例題54

例題55 電場のする仕事

➡115, 116

解説動画

図は帯電した2枚の金属平行板の端近くの電場の等電位線を示している。

2枚の金属板の間の電位差は 1.2×10^2V であり，等電位線は10V間隔で示してある。いま，$+3.2\times10^{-15}$C の電荷を図に示したA→B→C→D→Eの経路にそって運ぶとき，各区間で電場による力がする仕事はそれぞれ何Jか。

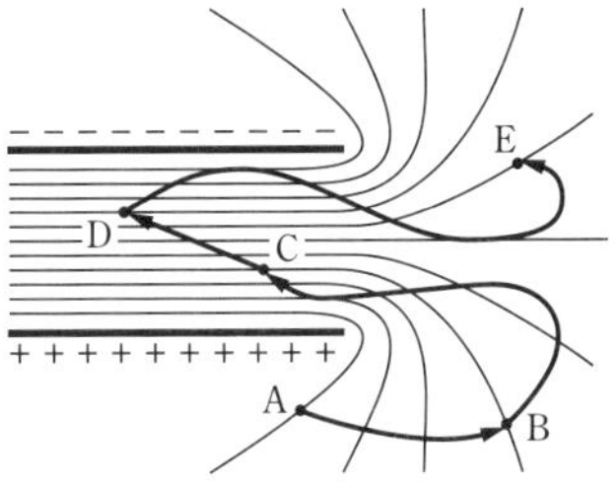

指針 電場のする仕事は経路によらず，始点と終点との間の電位差だけで決まる。$W=qV$

解答 電場がする仕事 W は

W＝電荷×始点と終点の電位差

$=qV$

$W_{AB}=(3.2\times10^{-15})\times30$

$=\mathbf{9.6\times10^{-14}}$ **J**

B，Cは等電位なので　$W_{BC}=0$

$W_{CD}=(3.2\times10^{-15})\times40$

$\fallingdotseq\mathbf{1.3\times10^{-13}}$ **J**

$W_{DE}=(3.2\times10^{-15})\times(-10)$

$=\mathbf{-3.2\times10^{-14}}$ **J**

115. 電荷を運ぶ仕事

次の文中の□に適当な用語，数式，または数値を入れよ。

強さ E〔N/C〕の一様な電場中において，電気量 q〔C〕の電荷が電場の向きに距離 d〔m〕だけ進むと，電荷が電場から受ける仕事は $W=$［ア］〔J〕となる。

右図の破線は固定された正，負等量の電荷のまわりの2.0Vごとの［イ］を表している。3.0×10^{-8}C の正電荷をAからDまで実線の経路にそってゆっくりと運ぶとき，外力がする仕事は，A→Bの区間で［ウ］J，B→Cの区間で［エ］J，C→Dの区間で［オ］Jである。〔熊本大 改〕

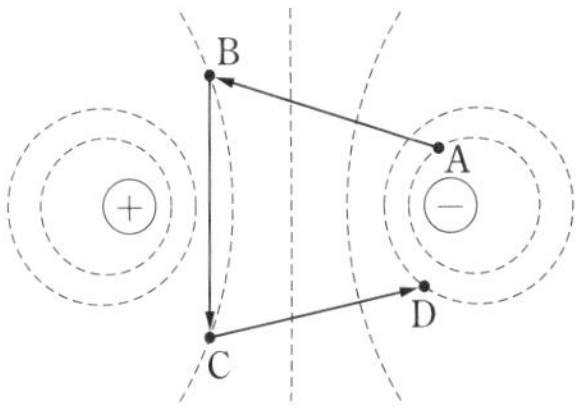

ア：　　イ：

ウ：　　エ：　　オ：

▷例題55

116. 電場・電位

図のように，xy 平面上の点 A$(a,\ 0)$ に電気量 $+8q$〔C〕の点電荷を，点 B$(0,\ 2a)$ に $-q$〔C〕の点電荷を固定した（$a>0$，$q>0$）。クーロンの法則の比例定数を k〔N·m²/C²〕とする。

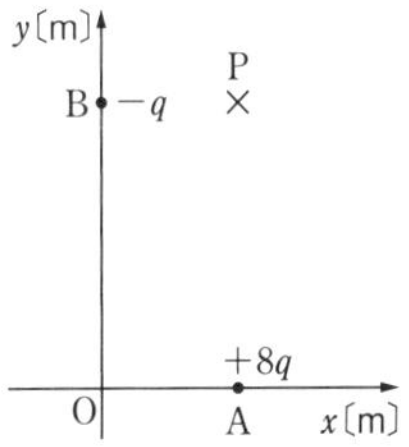

(1) 点 P$(a,\ 2a)$ における電場の強さ E〔N/C〕を求めよ。また，その向きは次の①～④のどの向きと同じか。

① $\overrightarrow{OP}$　② $\overrightarrow{PO}$　③ $\overrightarrow{AB}$　④ $\overrightarrow{BA}$

(2) 無限遠を基準として，Pの電位 V_P〔V〕を求めよ。

(3) 外力を加えて，電気量 $+2q$〔C〕の電荷をPから原点Oまでゆっくりと動かす。このとき，この力のする仕事 W〔J〕を求めよ。〔福岡大 改〕

(1) 強さ：　　向き：　　(2)　　(3)

▷例題55

第16章 コンデンサー

リードⒶ

1 コンデンサー

リードAの確認問題

a コンデンサー

2枚の金属板を向かいあわせ，それぞれに正・負等量の電荷を与えると，電荷を蓄えることができる。

物理量	主な記号	単位
電気量	Q	C
電気容量	C	F
電位差	V	V
静電エネルギー	U	J

b 電気容量

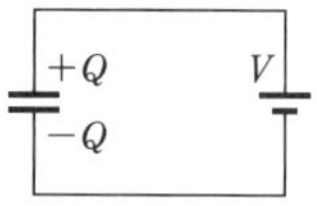

$Q \propto V$

(1) 蓄えられる電気量 Q〔C〕は極板間の電位差 V〔V〕に比例する。

$$Q=CV \quad (C\text{：電気容量})$$

注 極板間の電場は一様であり，「$V=Ed$」(E：電場，d：極板間距離) が成立。

(2) **電気容量の単位** F(ファラド)=C/V，　1μF$=10^{-6}$F，1pF$=10^{-12}$F

(3) **平行板コンデンサーの電気容量** 極板の面積 S〔m²〕，極板間距離 d〔m〕の平行板コンデンサーの電気容量 C〔F〕は

$$C=\varepsilon\frac{S}{d} \quad \left(\varepsilon\text{：誘電率，真空中では } \varepsilon_0=\frac{1}{4\pi k_0}=8.85\times10^{-12}\,\text{F/m}\right)$$

(4) **比誘電率** 真空の誘電率を ε_0，極板間が真空(≒空気)のとき，および誘電体を満たしたときの電気容量を，それぞれ C_0，C とすると

$$\varepsilon_r=\frac{C}{C_0}=\frac{\varepsilon}{\varepsilon_0} \quad (\varepsilon_r\text{：比誘電率})$$

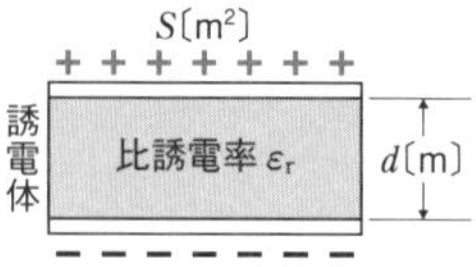

(5) **耐電圧** コンデンサーの極板間に加えてよい最大電圧。

リード B

基礎CHECK

1. 電気容量 2.0μF のコンデンサーに 100V の電池をつなぐとき，蓄えられる電気量 Q〔C〕を求めよ。

〔　　　　〕

2. 極板の間隔が 1.50×10^{-3} m，極板の面積が 6.00×10^{-4}m² である平行板コンデンサーの電気容量 C〔F〕を求めよ。極板間は真空で，真空の誘電率を 8.85×10^{-12} F/m とする。

〔　　　　〕

3. 空気中に置かれた平行板コンデンサーの極板の間隔を $\frac{1}{2}$ 倍に狭め，さらに，極板の対向面積を 2 倍に広げると，コンデンサーの電気容量は初めの何倍になるか。

〔　　　　〕

4. コンデンサーの極板の間に，比誘電率 5 の油を満たすと，電気容量は初めの何倍になるか。

〔　　　　〕

解答

1. コンデンサーが蓄える電気量と極板間電圧の式「$Q=CV$」より

$Q=(2.0\times10^{-6})\times100=$ **2.0×10^{-4} C**

2. 電気容量の式「$C=\varepsilon\frac{S}{d}$」より

$C=8.85\times10^{-12}\times\frac{6.00\times10^{-4}}{1.50\times10^{-3}}=$ **3.54×10^{-12} F**

3. 初めのコンデンサーの電気容量を C_0 とおく。電気容量の式「$C=\varepsilon\frac{S}{d}$」より

$$C_0=\varepsilon_0\frac{S}{d}$$

一方，極板の間隔を狭め，対向面積を広げると

$$C=\varepsilon_0\frac{2S}{\frac{d}{2}}=4\varepsilon_0\frac{S}{d}=4C_0$$

よって　**4倍**

4. 比誘電率の定義より

$\varepsilon_r=\frac{C}{C_0}=5$　　よって　**5倍**

Let's Try!

例題 56 平行板コンデンサー

➡ 117, 118

解説動画

Cは両極板の間が空気で満たされている平行板コンデンサー，Sはスイッチ，Eは電池である。空気の比誘電率は1とする。

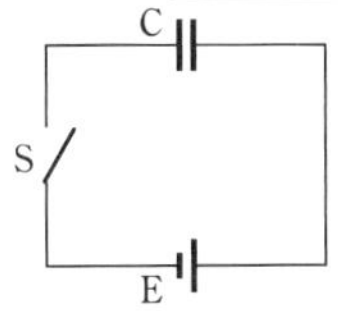

(1) スイッチSを閉じてコンデンサーを一定電圧で充電した。次に，Sを開き極板間隔を2倍に変えた。このとき，極板間の電位差は何倍になるか。

(2) スイッチSを閉じて，コンデンサーの極板間の電位差が一定値になった。次に，Sを閉じたままにして，両極板の間を比誘電率5の誘電体で満たした。このとき，極板上に蓄えられる電気量および極板間の電場の強さは，この誘電体を入れないときのそれぞれ何倍になるか。

指針 (1) 充電後Sを開くと，極板上の電気量Qは一定に保たれる。
(2) Sを閉じたままのとき，両極板の間の電位差Vは一定に保たれる。

解答 (1) 極板間隔dが2倍になると，電気容量$C\left(=\varepsilon\dfrac{S}{d}\right)$は$\dfrac{1}{2}$倍になる。電位差「$V=\dfrac{Q}{C}$」より，$Q$が一定，$C$が$\dfrac{1}{2}$倍のとき$V$は**2倍**になる。

(2) 比誘電率 $\varepsilon_r=5$ の誘電体で満たすと，電気容量$C(=\varepsilon_r C_0)$は5倍になる。電気量「$Q=CV$」より，Cが5倍，Vが一定のときQは**5倍**になる。
電場の強さ「$E=\dfrac{V}{d}$」より，V，dが変わらないから，Eは変わらない。**1倍**

117. 平行板コンデンサー ● 図のように，極板A，Bをもつ平行板コンデンサーがスイッチSを通して電池につながれている。スイッチSを閉じたところ，コンデンサーには9.0×10^{-11}Cの電荷がたまった。

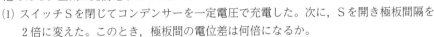

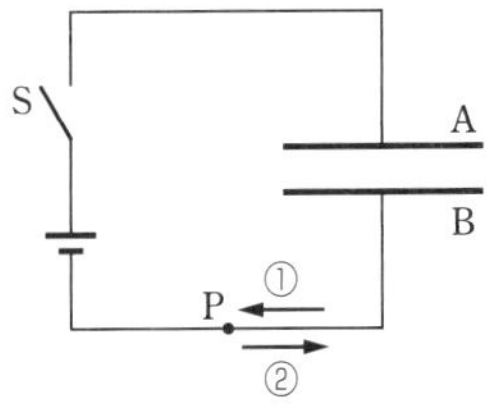

(1) スイッチSを閉じたまま，極板の間隔を3倍に広げた。その後十分に時間がたったとき，コンデンサーに蓄えられている電気量Q〔C〕を求めよ。

(2) (1)の操作において，点Pを流れた電流の向きは①か②のどちらか。また，このとき点Pを通過した電気量の大きさは何Cか。

(1) ＿＿＿＿ (2) 向き：＿＿＿＿ 大きさ：＿＿＿＿

▷ 例題56

118. 比誘電率 ● 空気中に置かれた，電気容量1.0×10^3pFの平行板コンデンサーがある。極板に電池をつないで2.0×10^2Vの電圧を加えた。空気の比誘電率は1.0とする。

(1) 正極板に蓄えられる電気量Q_1〔C〕を求めよ。

(2) 電池をつないだまま，極板間を比誘電率2.0の絶縁体で満たしたときの，正極板に蓄えられる電気量Q_2〔C〕を求めよ。

(3) (2)で入れた絶縁体をいったん取り除いてから，電池を取り外し，絶縁体を再び満たしたときの，極板間の電位差V〔V〕を求めよ。

(1) ＿＿＿＿ (2) ＿＿＿＿ (3) ＿＿＿＿

▷ 例題56

リードA

2 コンデンサーの接続と静電エネルギー

リードAの確認問題

a 並列接続

極板間の電位差 V〔V〕が等しい。

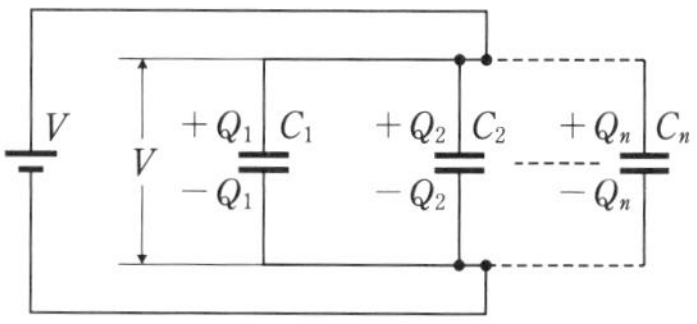

(1) 合成容量 $C=C_1+C_2+\cdots\cdots+C_n$

(2) 電位差 $V_1=V_2=\cdots\cdots=V_n=V$(共通)

(3) 電気量 $Q=Q_1+Q_2+\cdots\cdots+Q_n$

(4) 電気量の比 $Q_1:Q_2:\cdots\cdots:Q_n=C_1:C_2:\cdots\cdots:C_n$

b 直列接続

初期電荷が0ならば，蓄えられる電気量 Q〔C〕が等しい。

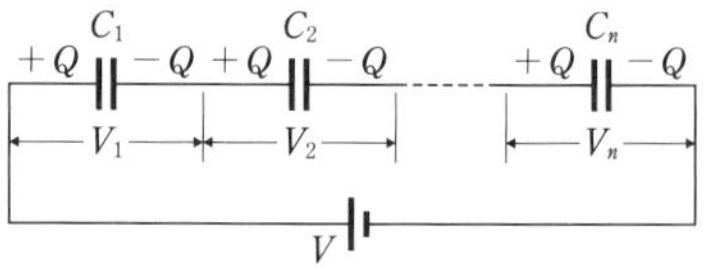

(1) 合成容量 $\dfrac{1}{C}=\dfrac{1}{C_1}+\dfrac{1}{C_2}+\cdots\cdots+\dfrac{1}{C_n}$

(2) 電気量 $Q_1=Q_2=\cdots\cdots=Q_n=Q$(共通)

(3) 電位差 $V=V_1+V_2+\cdots\cdots+V_n$

(4) 電位差の比 $V_1:V_2:\cdots\cdots:V_n=\dfrac{1}{C_1}:\dfrac{1}{C_2}:\cdots\cdots:\dfrac{1}{C_n}$

c 静電エネルギー

極板間電圧 V〔V〕で充電されたコンデンサーに蓄えられる静電エネルギー U〔J〕は $U=\dfrac{1}{2}QV=\dfrac{1}{2}CV^2=\dfrac{Q^2}{2C}$

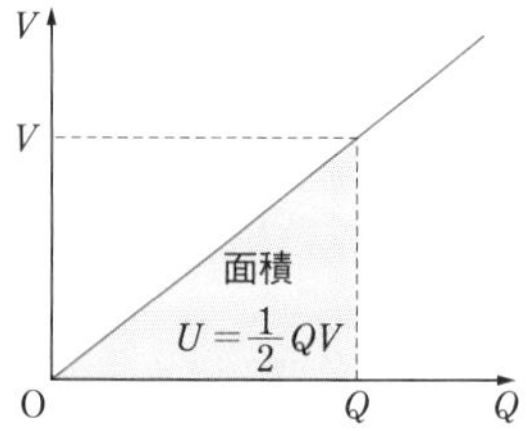

d 電池がする仕事

コンデンサーを充電するとき，電池がする仕事 W_0〔J〕は $W_0=QV\ (=2U)$

(W_0 の半分はジュール熱として失われる)

リードB

基礎CHECK

1. 電気容量が3.0μF，6.0μFの2つのコンデンサーを，並列接続および直列接続したときの合成容量 C_A〔μF〕，C_B〔μF〕を求めよ。

C_A：〔　　　〕

C_B：〔　　　〕

2. 電気容量が2.0μFのコンデンサーを50Vに充電する。このとき，コンデンサーに蓄えられる静電エネルギー U〔J〕を求めよ。

〔　　　〕

3. 図の回路のスイッチSを閉じて，15Vの電池で電荷が蓄えられていなかったコンデンサーCを充電したところ，コンデンサーに 6.0×10^{-5} Cの電荷が蓄えられた。コンデンサーに蓄えられている静電エネルギー U〔J〕を求めよ。また，充電の過程において電池がした仕事 W_0〔J〕を求めよ。

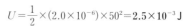

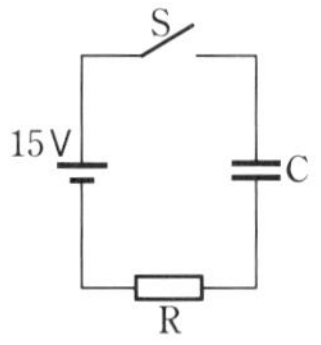

U：〔　　　〕

W_0：〔　　　〕

解答

1. 並列接続の合成容量の式「$C=C_1+C_2$」より

$C_A=3.0+6.0=$ **9.0μF**

直列接続の合成容量の式「$\dfrac{1}{C}=\dfrac{1}{C_1}+\dfrac{1}{C_2}$」より

$\dfrac{1}{C_B}=\dfrac{1}{3.0}+\dfrac{1}{6.0}=\dfrac{3}{6.0}=\dfrac{1}{2.0}$

よって $C_B=$ **2.0μF**

2. 静電エネルギーの式「$U=\dfrac{1}{2}CV^2$」より

$U=\dfrac{1}{2}\times(2.0\times10^{-6})\times50^2=\mathbf{2.5\times10^{-3}\ J}$

3. 静電エネルギーの式「$U=\dfrac{1}{2}QV$」より

$U=\dfrac{1}{2}\times6.0\times10^{-5}\times15=\mathbf{4.5\times10^{-4}\ J}$

電池がした仕事 $W_0=QV$ より

$W_0=QV=6.0\times10^{-5}\times15=\mathbf{9.0\times10^{-4}\ J}$

Let's Try!

例題 57 合成容量

➡ 120

解説動画

電気容量がそれぞれ C_1, C_2, C_3 の3個のコンデンサー C_1, C_2, C_3 と起電力が V の電源により，図のような回路をつくる。$C_1=3\,\mu F$, $C_2=2\,\mu F$, $C_3=4\,\mu F$, $V=300\,V$ のときに，次の値を求めよ。

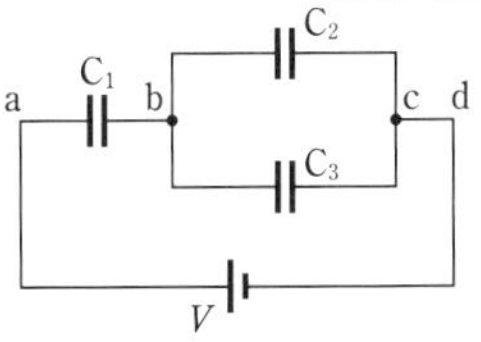

(1) ad 間の合成容量 C　(2) ab 間の電位差 V_1　(3) bc 間の電位差 V_2

(4) コンデンサー C_1, C_2, C_3 のそれぞれに蓄えられる電気量 Q_1, Q_2, Q_3

指針 3つ以上のコンデンサーが接続されているときの合成容量は，回路全体のコンデンサーの接続を確認しながら，部分的な合成容量から求めていく。本問では，並列部分の C_2, C_3 の合成容量を求めてから，C_1 との直列接続を考える。また，回路のコンデンサーに関する未知量を求めるときは，1つ1つのコンデンサーの電気容量 C，極板間電圧 V，蓄えられた電気量 Q をそれぞれ考え，回路全体の電圧や電気量の式を立てる。

解答 (1) C_2 と C_3 の合成容量を C_{23} とすると，この部分は並列なので　$C_{23}=2+4=6\,\mu F$

回路全体では C_1 と C_{23} の直列接続と考えて

$$\frac{1}{C}=\frac{1}{C_1}+\frac{1}{C_{23}}=\frac{1}{3}+\frac{1}{6}=\frac{3}{6}=\frac{1}{2}$$

よって　$C=2\,\mu F$

(2), (3), (4) 回路全体の電圧の関係より

$V_1+V_2=300$ ……①

また，個々のコンデンサーに蓄えられた電気量と極板間電圧の式より

$Q_1=C_1V_1$, $Q_2=C_2V_2$, $Q_3=C_3V_2$ ……②

3つのコンデンサーに蓄えられた電気量の関係より

$Q_1=Q_2+Q_3$ ……③

②, ③式より　$C_1V_1=C_2V_2+C_3V_2$

C_1, C_2, C_3 の値を代入して

$3V_1=2V_2+4V_2$　よって　$V_1=2V_2$ ……④

①, ④式より　$2V_2+V_2=300$

よって　$V_1=\mathbf{200\,V}$,　$V_2=\mathbf{100\,V}$

②式より，$1\,\mu F=1\times10^{-6}\,F$ なので，

$Q_1=(3\times10^{-6})\times200=\mathbf{6\times10^{-4}\,C}$

$Q_2=(2\times10^{-6})\times100=\mathbf{2\times10^{-4}\,C}$

$Q_3=(4\times10^{-6})\times100=\mathbf{4\times10^{-4}\,C}$

119. コンデンサーの直列接続

電荷を蓄えていない，$2.0\,\mu F$ のコンデンサー C_1 と $6.0\,\mu F$ のコンデンサー C_2 を直列に接続してその両端に 16V の電圧を加える。

(1) 合成容量は何 μF か。

(2) 各々のコンデンサーに加わる電圧と，蓄えられる電気量を求めよ。

(1) ________　(2) C_1 電圧：　　電気量：

C_2 電圧：　　電気量：

120. 合成容量

電気容量がそれぞれ $C_1=2.0\,\mu F$, $C_2=8.0\,\mu F$, $C_3=2.4\,\mu F$ のコンデンサー C_1, C_2, C_3 に起電力 $E=15\,V$ の電源を接続して図のような回路をつくる。電源を接続する前は，各コンデンサーに電荷は蓄えられていないものとする。

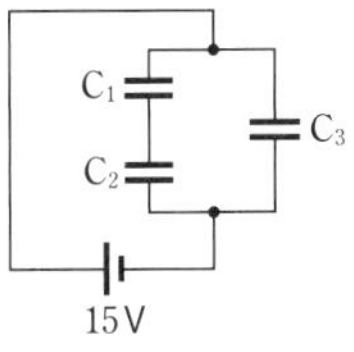

(1) 3つのコンデンサーについての合成容量 C〔μF〕を求めよ。

(2) C_1, C_2, C_3 の3つのコンデンサーを1つのコンデンサーとみなしたときに蓄えられる電気量 Q〔C〕を求めよ。また，C_1, C_2, C_3 にそれぞれ蓄えられる電気量 Q_1〔C〕, Q_2〔C〕, Q_3〔C〕を求めよ。

(1) ________　(2) Q：　　Q_1：

Q_2：　　Q_3：

▷ 例題 57

リード C

例題 58 金属板を挿入したコンデンサー

➡121

解説動画

極板間の距離 d〔m〕，電気容量 C〔F〕の平行板コンデンサーを起電力 V〔V〕の電池につないだ。このとき，極板間の電場の強さは［ア］〔V/m〕である。次に，極板と同じ面積で厚さ $\frac{d}{2}$〔m〕の金属板を両極板間に平行に入れる。この場合，金属板内の電場の強さは［イ］〔V/m〕，極板と金属板間の電場の強さは［ウ］〔V/m〕となり，コンデンサーの電気容量は［エ］〔F〕となる。

指針 金属板を挿入したときの電気容量は，挿入によってできた２つのコンデンサーを直列に接続したときの合成容量と同じになる。

解答 (ア) 図１より

$$E=\frac{V}{d}\text{〔V/m〕}$$

図１

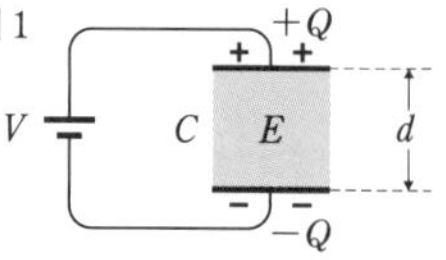

(イ) 金属板（導体）内の電場の強さは **0**

(ウ) 図２のように，金属板と上の極板との距離を x とし，求める電場の強さを E'〔V/m〕とする。

$$V=E'x+E'\left(\frac{d}{2}-x\right) \quad E'=\frac{2V}{d}\text{〔V/m〕}$$

図２

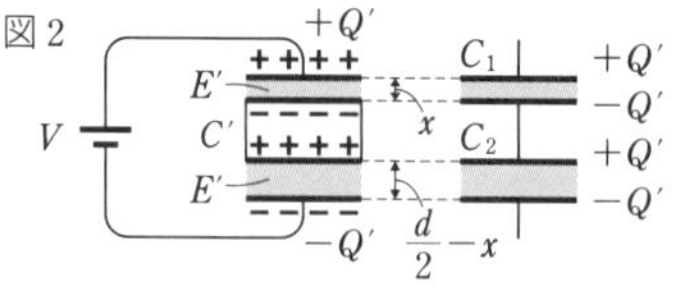

(エ) 図２の２つのコンデンサーの電気容量 C_1，C_2 は

$$C_1=\varepsilon\frac{S}{x},\quad C_2=\varepsilon\frac{S}{(d/2)-x}$$

電気容量 C_1，C_2 のコンデンサーを直列に接続したときの合成容量を C' とすると

$$\frac{1}{C'}=\frac{1}{C_1}+\frac{1}{C_2}=\frac{x}{\varepsilon S}+\frac{(d/2)-x}{\varepsilon S}=\frac{d}{2\varepsilon S}$$

よって　$C'=\varepsilon\frac{S}{d}\times 2=\mathbf{2C}$〔F〕

注 極板間に金属板を入れる場合，金属板を一方の極板に接するように入れ，極板間隔が $d/2$ に狭められたコンデンサーと考えることもできる。

121. 金属板の挿入 ●

間隔 d だけ離れた極板 A，B からなる電気容量 C の平行板コンデンサー，起電力 V の電池とスイッチ S からなる図１のような回路がある。

スイッチ S を閉じた。

(1) コンデンサーに蓄えられた静電エネルギー U を求めよ。

次に，スイッチ S を閉じたまま，厚さ $\frac{d}{2}$ の金属板 P を図２のように極板 A，B に平行に極板間の中央に挿入した。

(2) 極板 A，B 間での，極板 A からの距離と電位の関係を表すグラフをかけ。

(3) また，このとき極板 A に蓄えられた電気量 Q を求めよ。

さらに，スイッチ S を開いた後，金属板 P を取りさった。

(4) このときの極板間の電位差 V' を求めよ。

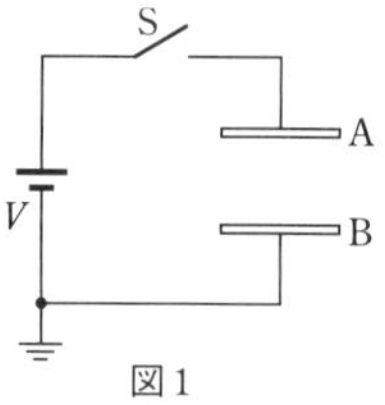

図１

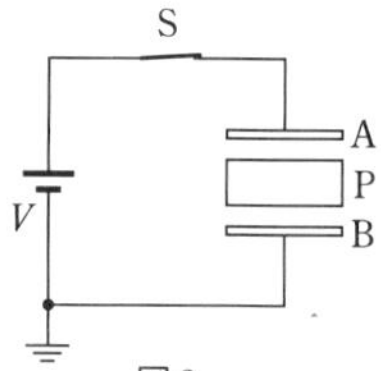

図２

(1) ＿＿＿＿＿＿

(3) ＿＿＿＿＿＿

(4) ＿＿＿＿＿＿

(2)

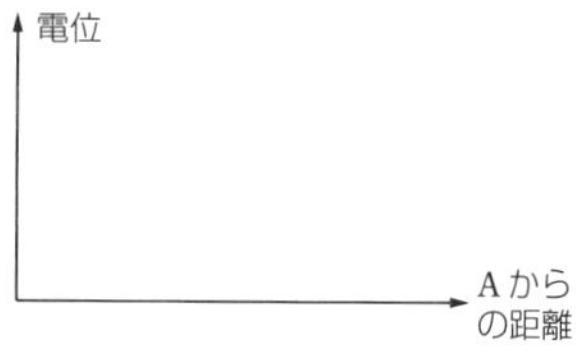

▷例題58

例題59 コンデンサーの接続と静電エネルギー

➡ 122

解説動画

図でEは 3.0V の電池，S は切りかえスイッチ，C_1，C_2 はそれぞれ 1.0F，2.0F のコンデンサーで，最初 C_1，C_2 に電荷はないものとする。

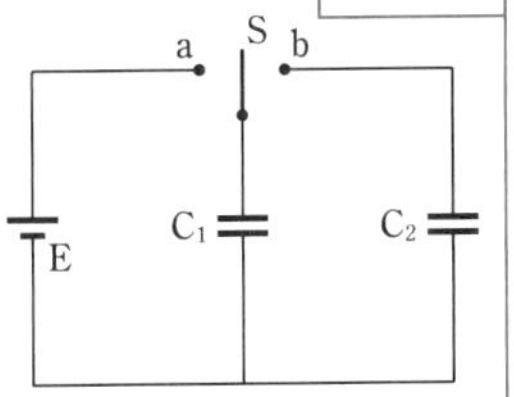

(1) S を a 側に倒す。十分に時間がたつと C_1 が蓄える電気量 Q は何 C か。また，C_1 が蓄える静電エネルギー U は何 J か。
(2) 続いて S を b 側に倒したとき，C_1，C_2 がそれぞれ蓄える電気量 Q_1，Q_2 は何 C か。
(3) S を a から b に切りかえる前後で失われた静電エネルギーは何 J か。

指針 (1) コンデンサーに蓄えられる静電エネルギーは $U=\frac{1}{2}QV=\frac{1}{2}CV^2=\frac{Q^2}{2C}$
(2) 電池に接続していないので，C_1 と C_2 に蓄えられた電気量の和は保存される。また，C_1 と C_2 に加わる電圧は等しくなる。
(3) 電荷の移動(電流)のため，導線から熱が発生し，静電エネルギーが減少する。

解答 (1) $Q=C_1V=1.0\times3.0=\mathbf{3.0\,C}$

$U=\frac{1}{2}C_1V^2=\frac{1}{2}\times1.0\times3.0^2=\mathbf{4.5\,J}$

(2) C_1 と C_2 が蓄える電気量は，どちらも上の極板が正と仮定する。
電気量の保存より　$Q_1+Q_2=3.0\,C$
C_1，C_2 の極板間の電圧を V'〔V〕とすると
$Q_1=C_1V'$，$Q_2=C_2V'$
上の 3 式より　$V'=1.0\,V$，$Q_1=\mathbf{1.0\,C}$，$Q_2=\mathbf{2.0\,C}$

(3) S を a から b に切りかえた後に C_1，C_2 に蓄えられている静電エネルギーの和 U'〔J〕は

$$U'=\frac{1}{2}Q_1V'+\frac{1}{2}Q_2V'=\frac{1}{2}(Q_1+Q_2)V'$$
$$=\frac{1}{2}(1.0+2.0)\times1.0=1.5\,J$$

よって，静電エネルギーの減少量は
$\varDelta U=U-U'=4.5-1.5=\mathbf{3.0\,J}$

122. コンデンサーの接続 ● 図で C_1 は電気容量 4.0μF のコンデンサー，C_2 は同じく 8.0μF のコンデンサー，S はスイッチ，E は電圧 3.0×10^2 V の直流電源である。初め C_1，C_2 に電荷はないとする。

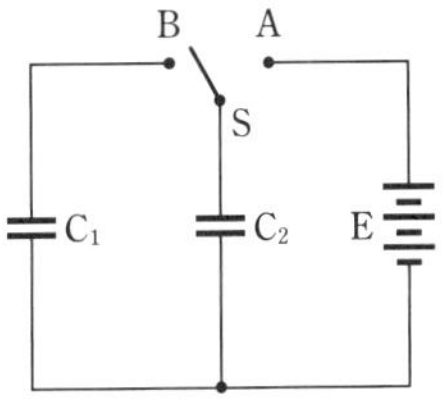

(1) スイッチ S を A 側に倒し，C_2 を充電する。このとき，C_2 に蓄えられる電気量 Q_2〔C〕を求めよ。
(2) 次に，スイッチ S を B に切りかえた。C_1 の両端の電圧 V_1〔V〕を求めよ。
(3) スイッチを切りかえる前後で，C_1，C_2 に蓄えられている静電エネルギーの和はどのように変化したか。
(4) 再びスイッチ S を A に切りかえ，充電した後 B に倒した。C_1 の電圧 V_2〔V〕を求めよ。

(1) ＿＿＿＿　(2) ＿＿＿＿
(3) ＿＿＿＿
(4) ＿＿＿＿

▷例題59

第17章 電流

リードA

1 電流と電気抵抗

◉＝「物理基礎」の範囲内の項目　リードAの確認問題

◉ a 電流

時間 t〔s〕の間に通過する電気量を Q〔C〕, 電流の大きさを I〔A〕とすると

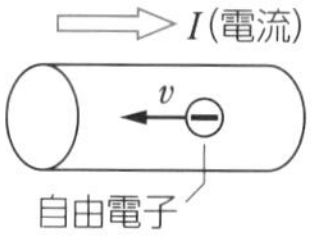

$$Q=It,\ I=\frac{Q}{t}$$

電流の向きは正の電気が移動する向き。
自由電子の移動の向きは電流の向きと逆。

◉ b オームの法則

導体中を流れる電流 I は両端の電圧 V に比例する。

$$I=\frac{V}{R},\ V=RI\quad (R：抵抗)$$

c 抵抗率

◉(1) **抵抗率**　抵抗 R は導体の長さ l に比例し，断面積 S に反比例する。

$$R=\rho\frac{l}{S}$$ （抵抗率 ρ は物質の材質や温度によって定まる定数）

(2) **抵抗率の温度変化**　0℃における抵抗率を ρ_0, t〔℃〕における抵抗率を ρ とすると

$$\rho=\rho_0(1+\alpha t)\quad (\alpha〔1/\mathrm{K}〕：抵抗率の温度係数)$$

◉ d ジュール熱・電力量・電力

R〔Ω〕の抵抗に電圧 V〔V〕を加え，電流 I〔A〕を t〔s〕間流したとき

(1) **ジュール熱**

$$Q=IVt=I^2Rt=\frac{V^2}{R}t〔\mathrm{J}〕$$

（ジュールの法則）

(2) **電力量**　電流がする仕事。

$$W=IVt=I^2Rt=\frac{V^2}{R}t〔\mathrm{J}〕$$

(3) **電力**　電流がする仕事の仕事率。

$$P=\frac{W}{t}=IV=I^2R=\frac{V^2}{R}〔\mathrm{W}〕$$

◉ e 抵抗の接続

(1) **直列接続**　各抵抗に流れる電流が等しい

$V=V_1+V_2$

合成抵抗 R は

$$R=R_1+R_2$$

$V_1：V_2=R_1：R_2$

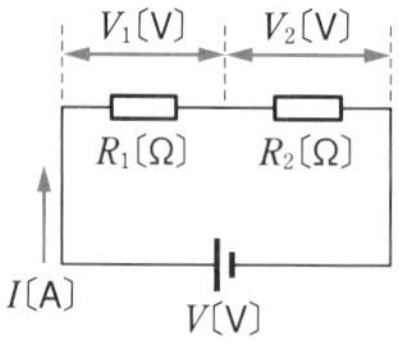

(2) **並列接続**　各抵抗に加わる電圧が等しい

$I=I_1+I_2$

$$\frac{1}{R}=\frac{1}{R_1}+\frac{1}{R_2}$$

$I_1：I_2=\frac{1}{R_1}：\frac{1}{R_2}=R_2：R_1$

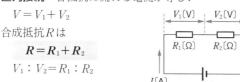

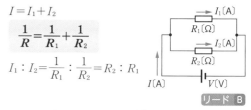

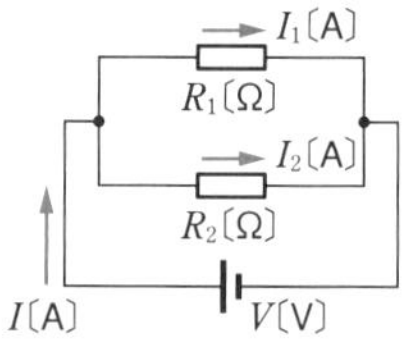

リードB

基礎CHECK

◉＝「物理基礎」の範囲内の問題

◉**1.** ある金属線の断面を，20秒間に6.0Cの電荷が通過するとき，電流 I は何Aか。

〔　　　　　〕

◉**2.** 抵抗線A，Bは同じ材質でつくられ，Aの抵抗値は3.0Ωとする。抵抗線Bの長さ，断面積が，Aの長さ，断面積のそれぞれ2倍，4倍であるとき，Bの抵抗値は何Ωか。

〔　　　　　〕

3. ある金属の0℃での抵抗率は 8.5×10^{-8} Ω·m である。この金属の20℃での抵抗率 ρ〔Ω·m〕を求めよ。抵抗率の温度係数を 6.5×10^{-3}/K とする。

〔　　　　　〕

◉**4.** 100V用400Wのヒーターを100Vの電圧で使用しているとき，ヒーターを流れる電流 I は何Aか。

〔　　　　　〕

解答

1.「$I=\frac{Q}{t}$」より　$I=\frac{6.0}{20}=$ **0.30A**

2. 抵抗率の式「$R=\rho\frac{l}{S}$」を用いると，Aの抵抗値 $R_A=\rho\frac{l}{S}$ について，$l\to2l$, $S\to4S$ としたものがBの抵抗値 R_B になるので　$R_B=\rho\frac{2l}{4S}=\frac{1}{2}\times\rho\frac{l}{S}=\frac{1}{2}R_A$

よって　$R_B=\frac{1}{2}R_A=\frac{1}{2}\times3.0=$ **1.5Ω**

3.「$\rho=\rho_0(1+\alpha t)$」より

$\rho=8.5\times10^{-8}\times(1+6.5\times10^{-3}\times20)$

$\fallingdotseq$ **9.6×10^{-8} Ω·m**

4. 電力の式「$P=IV$」より　$I=\frac{P}{V}=\frac{400}{100}=$ **4.00A**

Let's Try!

◉＝「物理基礎」の範囲内の問題

例題 60 ◉電流

➡ 123

解説動画

図のように，金属棒に 1.6 A の電流が右向きに流れている。1 個の自由電子は $e=-1.6\times10^{-19}$ C の電気量をもっているとする。

(1) 金属棒の中の自由電子はどちら向きに移動しているか。

(2) 金属棒の断面を 1.0 秒間に通過していく電気量の絶対値 Q〔C〕を求めよ。

(3) 金属棒の断面を 1.0 秒間に通過していく自由電子の数 n を求めよ。

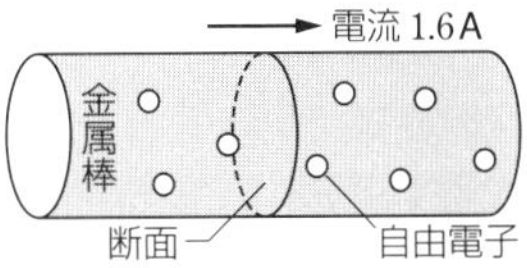

指針 電流の向きは正の電気が移動する向きと定められており，自由電子の流れと逆である。
電流を I〔A〕とすると，金属棒の断面を t〔s〕間に通過していく電気量 Q〔C〕は $\boldsymbol{Q=It}$。

解答 (1) 自由電子の移動の向きは電流の向きと逆で，**左向き**。

(2)「$Q=It$」に $I=1.6$ A，$t=1.0$ s を代入して
$Q=1.6\times1.0=$**1.6 C**

(3) $Q=n|e|$ より
$$n=\frac{Q}{|e|}=\frac{1.6}{1.6\times10^{-19}}=\mathbf{1.0\times10^{19}}\text{ 個}$$

◉123. 電流

図のように，導線に 4.0 A の電流が左向きに流れている。電子 1 個がもつ電気量の大きさを 1.6×10^{-19} C とする。

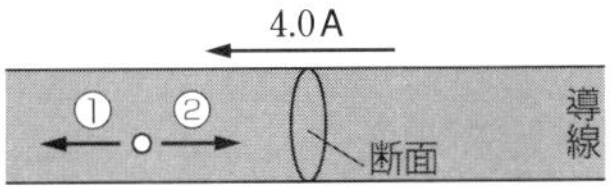

(1) 自由電子の移動する向きは図の①，②どちらの向きか。

(2) 1.0 分の間に導線の断面を通過する電気量の絶対値 Q〔C〕と，導線の断面を通過する自由電子の個数 n を求めよ。

(1) ______　(2) Q：______　n：______

▷例題 60

◉考 124. 抵抗の接続とジュール熱

図のように，抵抗 A，B，C を電池に接続する。

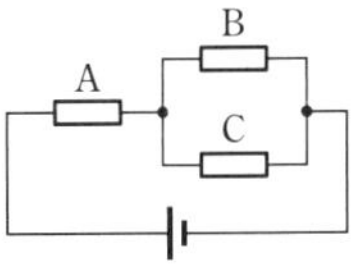

(1) A，B，C が同じ抵抗値をもつ場合，同じ時間内に，A で発生するジュール熱は B で発生するジュール熱の何倍になるか。

(2) A と B が同じ抵抗値をもち，C が B の 2 倍の抵抗値をもつ場合，同じ時間内に，A で発生するジュール熱は C で発生するジュール熱の何倍になるか。

(1) ______　(2) ______

第18章 直流回路

リード A

1 直流回路

リードAの確認問題

a 電子の運動による電流のモデル化

導体(断面積 S〔m²〕)中の自由電子(電気量 $-e$〔C〕)の平均の速さを v〔m/s〕，単位体積当たりの数を n〔1/m³〕とすると，電流の大きさ I〔A〕は

$$I=envS$$

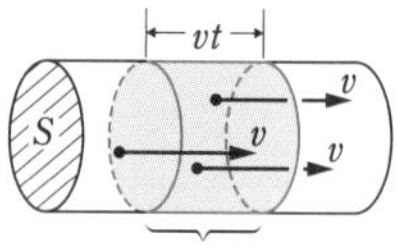

体積 vtS 中に $nvtS$ 個の自由電子がある

b 直列接続

各抵抗を流れる電流 I〔A〕は等しい。

(1) **合成抵抗**　$\boldsymbol{R=R_1+R_2+\cdots\cdots+R_n}$

(2) **電圧**　$V=V_1+V_2+\cdots\cdots+V_n$

(3) **電流**　$I_1=I_2=\cdots\cdots=I_n=I$(共通)

c 並列接続

各抵抗の両端の電圧 V〔V〕は等しい。

(1) **合成抵抗**　$\boldsymbol{\dfrac{1}{R}=\dfrac{1}{R_1}+\dfrac{1}{R_2}+\cdots\cdots+\dfrac{1}{R_n}}$

(2) **電流**　$I=I_1+I_2+\cdots\cdots+I_n$

(3) **電圧**　$V_1=V_2=\cdots\cdots=V_n=V$(共通)

d 電流計・電圧計

(1) **電流計**　回路に直列につなぐ。一般に，電流計の内部抵抗 r_A は小さい。

(2) **分流器**　電流計の測定範囲を n 倍にするには，分流器 $R_A=\dfrac{r_A}{n-1}$ を並列につなぐ。

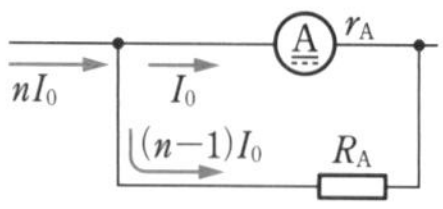

(3) **電圧計**　回路の 2 点に並列につなぐ。一般に，電圧計の内部抵抗 r_V は大きい。

(4) **倍率器**　電圧計の測定範囲を n 倍にするには，倍率器 $R_V=(n-1)r_V$ を直列につなぐ。

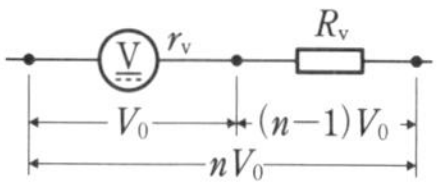

e キルヒホッフの法則

Ⅰ　回路中の交点について
流れこむ電流の和＝流れ出る電流の和

Ⅱ　回路中の一回りの閉じた経路について
起電力の和＝電圧降下の和

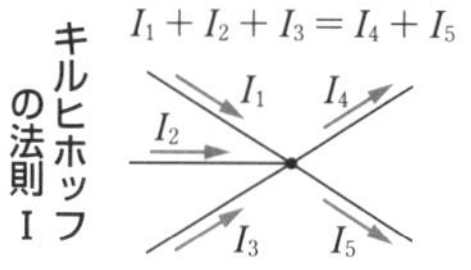

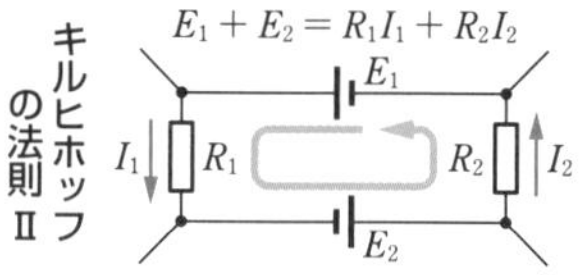

f 電池の起電力と内部抵抗

電流 I〔A〕が流れているときの電池(起電力 E〔V〕，内部抵抗 r〔Ω〕)の端子電圧 V〔V〕は

$\boldsymbol{V=E-rI}$　$(V=RI)$

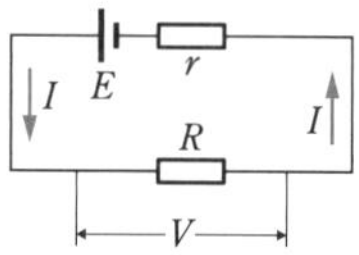

g ホイートストンブリッジ

抵抗器の未知抵抗 R_x〔Ω〕を測定するのに用いられる回路。右図の検流計Gに電流が流れないとき

$\boldsymbol{\dfrac{R_1}{R_2}=\dfrac{R_3}{R_x}}$　　よって　$R_x=R_3\cdot\dfrac{R_2}{R_1}$

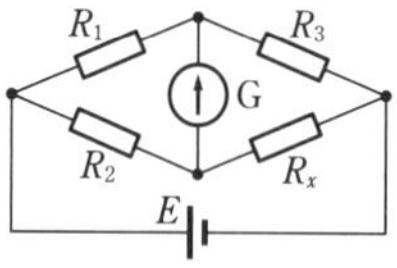

h 非直線抵抗

白熱電灯のように，電流と電圧の関係を表すグラフが直線にならない抵抗。
非直線抵抗の電流-電圧グラフに，回路によって定まる電流と電圧の関係を表すグラフをかきこみ，交点の値を求める。

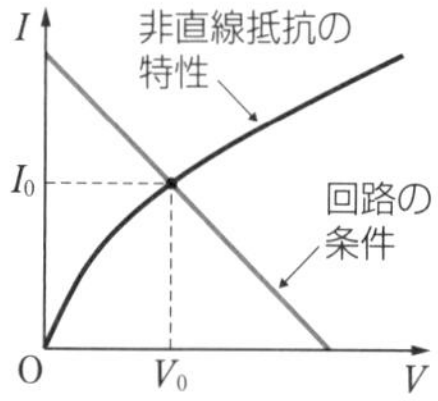

i コンデンサーを含む直流回路

(1) **スイッチを入れた瞬間**　コンデンサーの電位差はスイッチを入れる直前と同じ。

(2) **十分に時間が経過**　電子の移動が終わり，コンデンサーに電流は流れない。

リード B

基礎CHECK

1. 図の回路に流れている電流を I_1，I_2，I_3〔A〕とする。これらの間に成りたつ関係式を 2 つつくれ。

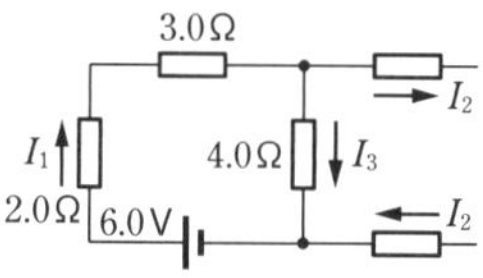

〔　　　　　　　　　　〕
〔　　　　　　　　　　〕

2. 起電力が 1.6V，内部抵抗が 0.50Ω の電池から 1.0A の電流が起電力の向きに流れているとき，端子電圧 V は何Vか。

〔　　　　　〕

解答

1. 図の点aにおいて，キルヒホッフの法則Ⅰを適用すると $I_1=I_2+I_3$
また，図の閉回路において，キルヒホッフの法則Ⅱを適用すると

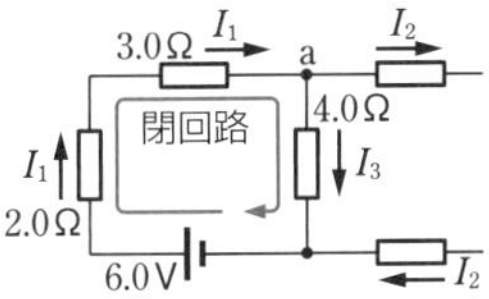

$6.0=2.0\times I_1+3.0\times I_1+4.0\times I_3$

2. 端子電圧の式「$V=E-rI$」において，
$E=1.6$V，$r=0.50$Ω，$I=1.0$A だから
$V=1.6-0.50\times1.0=$**1.1V**

リード C

Let's Try!

例題 61 電流計の分流器，電圧計の倍率器

➡ 125, 126

解説動画

次の文中の □ に適当な数値または用語を入れよ。

(1) 最大目盛り 30mA，内部抵抗 9.0Ω の電流計で，300mA までの電流を測定するためには，この電流計と ア 列に イ Ω の抵抗をつなげばよい。

(2) 最大目盛り 5.0V，内部抵抗 3.0kΩ の電圧計で，30V までの電圧を測定するためには，この電圧計と ウ 列に エ kΩ の抵抗をつなげばよい。

指針 それぞれ図のように，R〔Ω〕の分流器，R'〔kΩ〕の倍率器をつなげばよい。

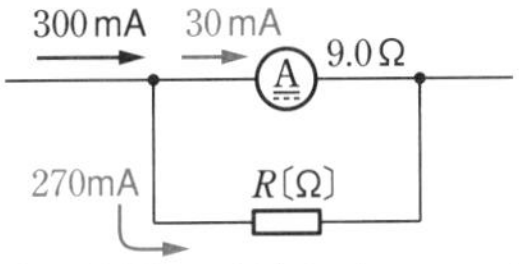

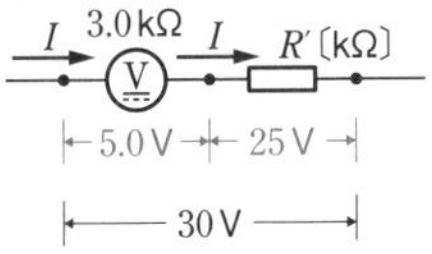

解答 (1) 270mA の電流を R〔Ω〕の抵抗に分流させる。
「抵抗 R〔Ω〕の両端の電位差＝電流計の両端の電位差(並列)」 だから
$R\times(270\times10^{-3})=9.0\times(30\times10^{-3})$
よって $R=1.0$Ω
(ア) **並** (イ) **1.0**

(2)「抵抗 R'〔kΩ〕を流れる電流＝電圧計を流れる電流(直列)」 だから
$$\frac{5.0}{3.0\times10^3}=\frac{25}{R'\times10^3}$$
よって $R'=15$kΩ
(ウ) **直** (エ) **15**

考 125. 電流計・電圧計 ● 導線Rの抵抗値をテスター(回路試験器)ではかったところ，2.0Ω であった。これを別の方法で確かめようと思い，導線Rに電流 I〔A〕を流し，Rの両端の電圧 V〔V〕を測定して，$R=\dfrac{V}{I}$ の式から求めようとした。このとき，図1，図2 どちらの回路にしたらよいか。ただし，電流計の内部抵抗は 2.0Ω であり，電圧計の内部抵抗は 2.0kΩ であるとする。

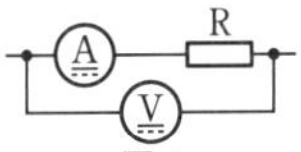

図1

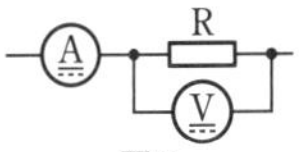

図2

▷例題61

126. 電流計の分流器，電圧計の倍率器 ● 最大 1.0A まで測定可能な内部抵抗 3.0Ω の電流計がある。これを適当な抵抗と組み合わせて 3.0A までの電流を測定可能にするには， ア Ω の抵抗をこの電流計と イ に接続するとよい。また，100V までの電圧を測定可能にするには，この電流計と ウ に エ Ω の抵抗を接続するとよい。

ア：　　イ：　　ウ：　　エ：

▷例題61

例題62 キルヒホッフの法則

➡127

解説動画

図のような電気回路があり，$E_1=12.0$V，$E_2=6.0$V，$R_1=3.0\Omega$，$R_2=6.0\Omega$，R_3 は可変抵抗である。E_1，E_2 の内部抵抗は無視できる。

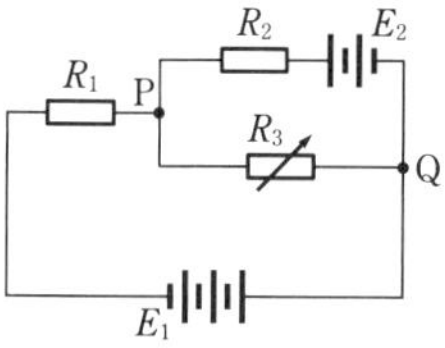

(1) R_3 が x〔Ω〕のとき，R_3，R_2 を左向きに流れる電流をそれぞれ I，I'〔A〕として，キルヒホッフの法則から，$E_1R_3R_1E_1$ の閉回路で成りたつ関係式を示せ。

(2) 同じようにして，$E_2R_2R_3E_2$ の閉回路で成りたつ関係式を示せ。

(3) 上の2つの関係式から R_3 を流れる電流 I を，x の関数として表せ。

指針 (1) 点Pにキルヒホッフの法則Ⅰを適用して，R_1 に流れる電流を I と I' で表し，法則Ⅱの式を立てる。
(2) R_3 を流れる電流は $-I$ として式を立てることになる。

解答 各抵抗を流れる電流は図のようになる。
キルヒホッフの法則Ⅰより，R_1を流れる電流は $I+I'$〔A〕

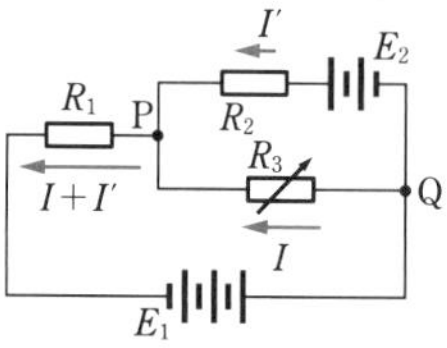

(1) キルヒホッフの法則Ⅱより
$E_1=R_3I+R_1(I+I')$

よって　$\mathbf{12.0=xI+3.0(I+I')}$
$\mathbf{=(3.0+x)I+3.0I'}$　……①

(2) (1)と同様にして　$E_2=R_2I'-R_3I$
よって　$\mathbf{6.0=6.0I'-xI}$　……②

(3) ①×2−② より
$(6.0+3x)I=18.0$
よって　$I=\dfrac{18.0}{6.0+3x}=\mathbf{\dfrac{6.0}{x+2.0}}$〔A〕

127. キルヒホッフの法則

図の回路で，E_1，E_2 はそれぞれ 12V，24V の電池，R_1，R_2，R_3 はそれぞれ 40Ω，40Ω，160Ω の抵抗，Sはスイッチである。

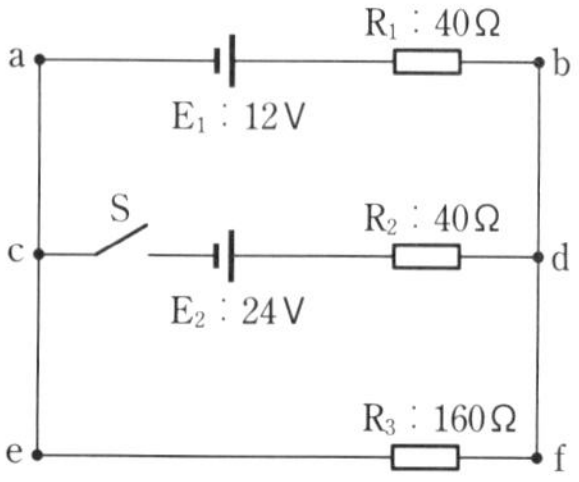

初め，スイッチSは開いている。

(1) このとき，抵抗 R_1 に流れる電流 I は何Aか。

(2) 抵抗 R_1 と R_3 で消費される電力の和 P は何Wか。

次に，スイッチSを閉じた。

(3) 抵抗 R_1 に流れる電流 I_1 の大きさは何Aか。また，R_1，R_2，R_3 に流れる電流の向きはそれぞれどの向きか。

〔拓殖大 改〕

(1) ＿＿＿＿＿＿　(2) ＿＿＿＿＿＿

(3) I_1：＿＿＿＿＿＿　R_1：＿＿＿＿＿＿

R_2：＿＿＿＿＿＿　R_3：＿＿＿＿＿＿

▷例題62

例題63 電池から供給される電力

➡ 128, 129　解説動画

右の図は，起電力E，内部抵抗rの直流電源に，可変抵抗器(抵抗値Rは自由に変えられる)をつないだ回路を示している。

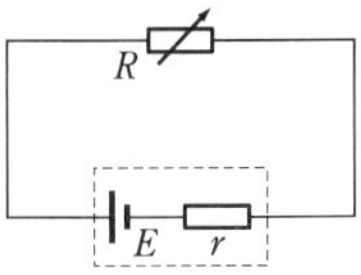

(1) 可変抵抗器を流れる電流Iを求めよ。　(2) 可変抵抗器に加わる電圧Vを求めよ。
(3) 全回路で消費される電力P_0をE，r，Rで表せ。
(4) 可変抵抗器で消費される電力P_1をE，r，Rで表せ。
(5) P_1の最大値を求めよ。また，そのときのRを求めよ。
(6) P_0-P_1は何を意味するか，15字以内で説明せよ。

指針 キルヒホッフの法則Ⅱ $E=RI+rI$，電圧降下 $V=RI$，電力 $P=IV=I^2R$ などの式を用いる。

解答 (1) キルヒホッフの法則Ⅱより

$E=RI+rI$

よって　$I=\dfrac{\boldsymbol{E}}{\boldsymbol{R+r}}$

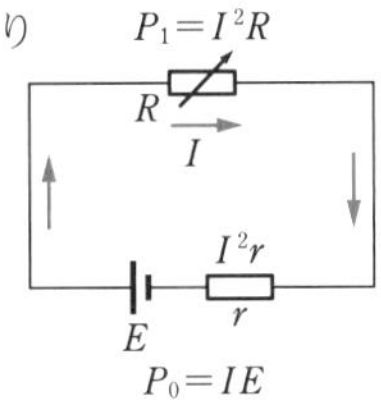

(2) オームの法則「$V=RI$」より

$V=RI=\dfrac{\boldsymbol{R}}{\boldsymbol{R+r}}\boldsymbol{E}$

(3) 電力の式「$P=IV$」より

$P_0=IE=\dfrac{\boldsymbol{E^2}}{\boldsymbol{R+r}}$

(4) 電力の式「$P=I^2R$」より $P_1=I^2R=\left(\dfrac{\boldsymbol{E}}{\boldsymbol{R+r}}\right)^2\boldsymbol{R}$

(5) (4)より

$$P_1=\left(\frac{E}{R+r}\right)^2R=\left(\frac{E\sqrt{R}}{R+r}\right)^2$$
$$=\frac{E^2}{(\sqrt{R}+r/\sqrt{R})^2}=\frac{E^2}{(\sqrt{R}-r/\sqrt{R})^2+4r}$$

よって，$\sqrt{R}=\dfrac{r}{\sqrt{R}}$，すなわち，$R=\boldsymbol{r}$ のとき，P_1は最大となり，最大値は $\dfrac{\boldsymbol{E^2}}{\boldsymbol{4r}}$

(6) $E=RI+rI$ より　$IE=I^2R+I^2r$

よって　$P_0=P_1+I^2r$　　すなわち $P_0-P_1=I^2r$

P_0-P_1は **内部抵抗rで消費される電力。**

128. 電池の起電力と内部抵抗の測定 ● 5つの異なる抵抗をそれぞれ電池に接続し，抵抗両端の電圧と流れる電流を測定したところ，図1の結果を得た。これは，図2のように，電池を，内部抵抗とよばれる抵抗rと電圧(起電力)Eの直流電源が，直列接続されたものと考えることにより説明される。

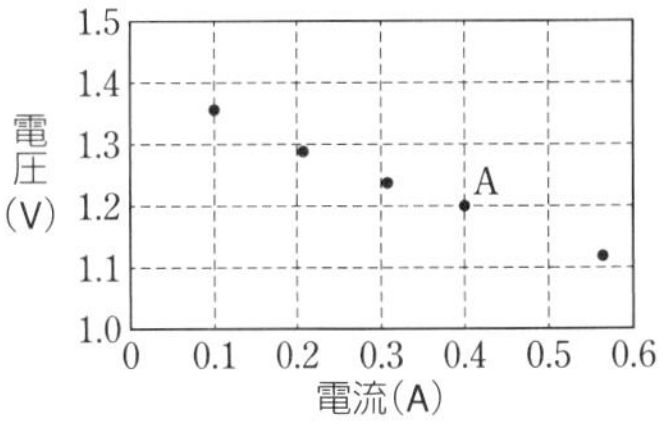

図1

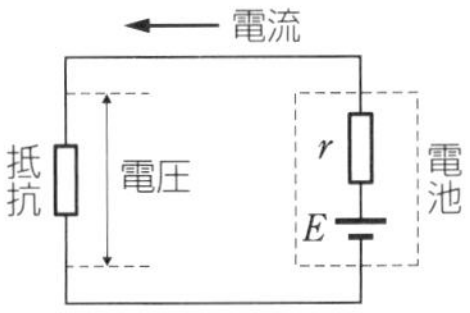

図2

(1) 図1の結果から，電池の起電力E〔V〕と内部抵抗r〔Ω〕を求めよ。
(2) 図1のAの状態のとき，電池が供給する電力P_E〔W〕と抵抗で消費される電力P_A〔W〕を求めよ。　〔センター試験 改〕

(1) E：　　　　r：　　　　(2) P_E：　　　　P_A：

▷ 例題63

129. 電力 ● 図のように，可変抵抗と4.0Ωの抵抗を接続し，20Vの電源につなぐ。回路全体の消費電力が20Wのとき，可変抵抗の抵抗値は［ア］Ωであり，可変抵抗での消費電力が最大になるときの可変抵抗の抵抗値は［イ］Ωである。〔神戸学院大 改〕

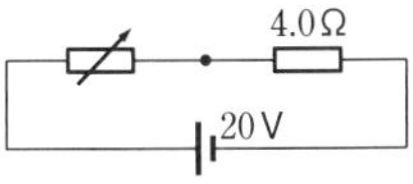

ア：　　　　イ：

▷ 例題63

第18章

リード C

例題64 電流-電圧特性曲線

➡130

解説動画

豆電球と 2.0Ω の抵抗を直列に接続し，起電力 1.5V の電池につなぐ。図は，豆電球に加わる電圧と流れる電流の関係を表すグラフである。電池の内部抵抗は無視する。

(1) 豆電球の両端の電圧を V〔V〕，回路を流れる電流を I〔A〕として，V と I の関係を式で表せ。

(2) V と I を求めよ。

(3) 豆電球で消費される電力 P_1〔W〕と，抵抗で消費される電力 P_2〔W〕を求めよ。

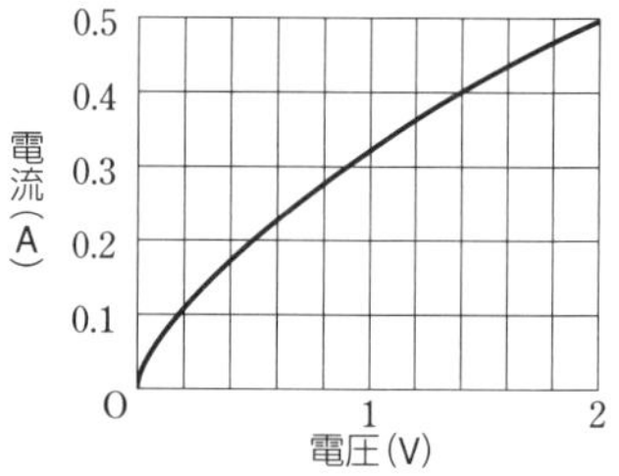

指針 (1)「電池の起電力＝豆電球の両端の電圧＋抵抗の両端の電圧」より求める。
(2) (1)で求めた関係を問題のグラフにかき，交点の値を読み取る。

解答 (1) 抵抗の両端の電圧は $2.0I$〔V〕で与えられる。これと V の合計が電池の起電力に等しいので（図a）

$$1.5 = V + 2.0I$$

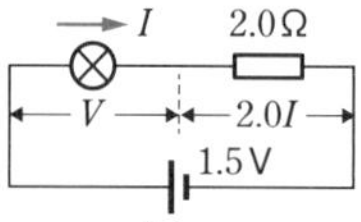

図 a

(2) (1)の関係式を豆電球の電流-電圧特性のグラフにかきこむと，図bのようになる。グラフの交点を読み取ると　$V = $ **0.90 V**　$I = $ **0.30 A**

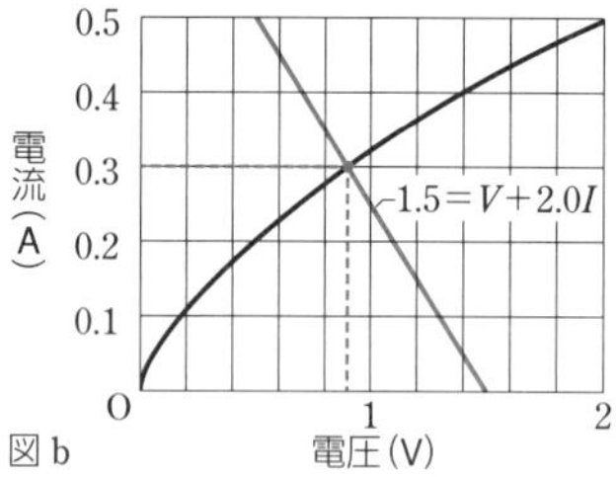

図 b

(3)「$P = IV$」より　$P_1 = 0.30 \times 0.90 =$ **0.27 W**
「$P = I^2R$」より　$P_2 = 0.30^2 \times 2.0 =$ **0.18 W**

130. 電流-電圧特性曲線 ● 図1は電球⊗（1個）に加えられた電圧と，それを流れる電流との関係を示すグラフである。

(1) 図2のように，3個の電球と起電力 12V の電池をつないだ場合，回路に流れる電流 I を求めよ。

(2) 図3のように，2個の電球と 10Ω の固定抵抗および起電力 8.0V の電池をつないだ場合，電流計を通る電流 I_A を求めよ。

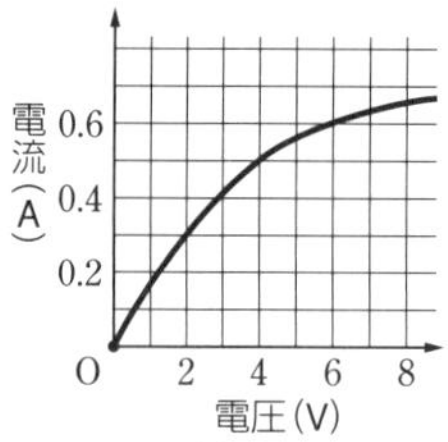

図 1

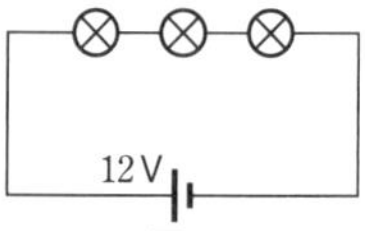

図 2

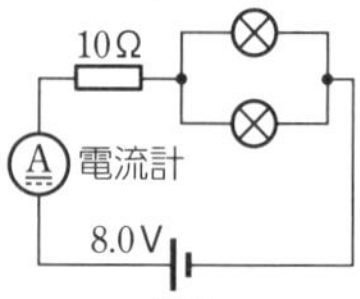

図 3

(1) ＿＿＿＿　(2) ＿＿＿＿

▷例題64

例題 65 コンデンサーを含む回路

➡131

解説動画

図の回路で，電池Eの起電力は15V，抵抗R_1の抵抗値は10Ω，抵抗R_2の抵抗値は20Ω，コンデンサーCの電気容量は8.0μFである。スイッチSは開いていて，コンデンサーCには電気量が蓄えられていない。電池の内部抵抗はないものとして次の問いに答えよ。

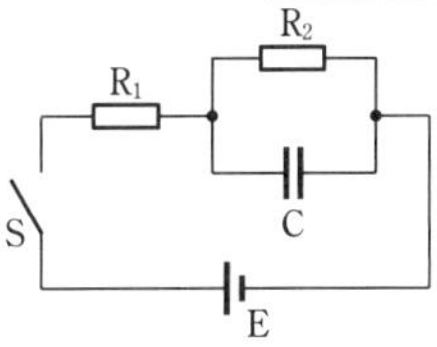

(1) Sを閉じた瞬間，R_1，R_2を流れる電流i_1〔A〕，i_2〔A〕を求めよ。

(2) Sを閉じて十分時間がたったとき，R_2を流れる電流I〔A〕を求めよ。また，コンデンサーCに蓄えられる電気量Q〔C〕を求めよ。

指針 (1) コンデンサーは，外部から充電され始めたときは抵抗のない導線とみなせる。
(2) コンデンサーの充電終了後，コンデンサーには電荷が流れこまない。

解答 (1) Sを閉じた瞬間は，Cに蓄えられている電気量は0で，極板間の電位差も0であるから，Cは抵抗のない導線とみなせる。よって図1より

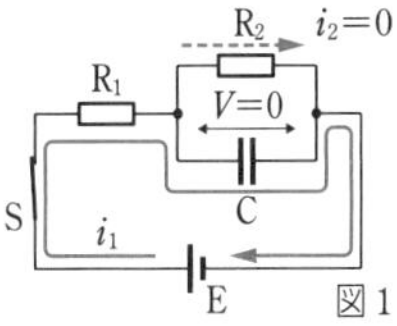

図1

$$i_1=\frac{E}{R_1}=\frac{15}{10}=\mathbf{1.5\,A}$$
$$i_2=\mathbf{0\,A}$$

(2) 十分に時間がたつと，充電が終了し，Cには電荷が流れこまなくなる。よって図2より

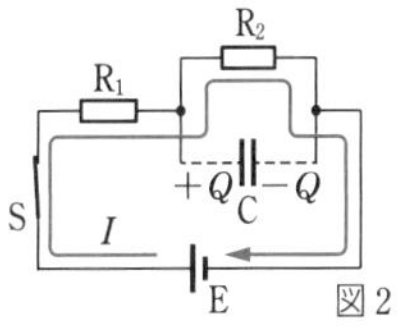

図2

$$I=\frac{E}{R_1+R_2}=\frac{15}{10+20}=\mathbf{0.50\,A}$$

また，CはR_2と並列なので，Cに加わる電位差Vは
$$V=R_2I=20\times0.50=10\,V$$
よってCに蓄えられる電気量Qは
$$Q=CV=(8.0\times10^{-6})\times10=\mathbf{8.0\times10^{-5}\,C}$$

131. コンデンサーを含む回路 ●

図のように，内部抵抗が無視できる電池E，電荷のないコンデンサーC，抵抗R_1，R_2，スイッチS_1，S_2を接続する。初め，S_1，S_2は開いている。

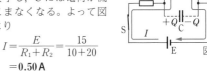

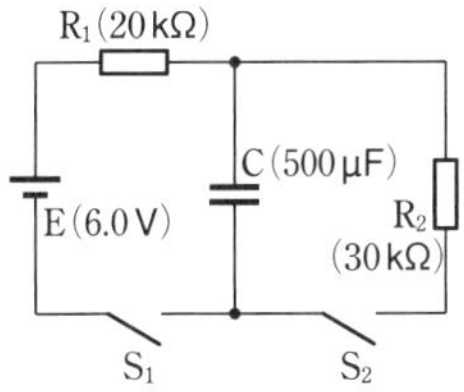

(1) S_1を閉じた瞬間に，R_1に流れる電流I_1〔mA〕を求めよ。

(2) 十分時間がたった後，コンデンサーCに蓄えられる電気量Q〔C〕を求めよ。

(3) 次に，S_1を開き，S_2を閉じた。この瞬間に，R_2に流れる電流I_2〔mA〕を求めよ。

(4) 再び，S_1も閉じて，十分時間がたった後，R_2に流れる電流I_2'〔mA〕とコンデンサーCに蓄えられる電気量Q'〔C〕を求めよ。

〔九州産大 改〕

(1) ______ (2) ______

(3) ______ (4) I_2'： ______ Q'： ______

▷例題65

リードA

2 半導体

リードAの確認問題

a 半導体

常温における抵抗率が，導体と不導体の中間にあり，抵抗率が温度上昇にともなって小さくなる物質。**真性半導体**(Si，Ge など)と**不純物半導体**がある。

b 不純物半導体

(1) **n 型半導体**　Si や Ge の結晶中に微量の P や Sb(価電子が 5 個)を混ぜたもの。電流の担い手(キャリア)は自由電子。

(2) **p 型半導体**　Si や Ge の結晶中に微量の Al や In(価電子が 3 個)を混ぜたもの。電流の担い手は**ホール(正孔)**。

c 半導体の利用

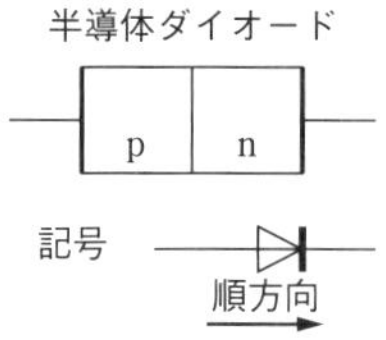

(1) **半導体ダイオード**　p 型半導体と n 型半導体を接合させたもの(**pn 接合**という)。**整流作用**がある。

　p 側が正のとき(**順方向**) ⟶ 電流が流れる。

　p 側が負のとき(**逆方向**) ⟶ 電流は流れない。

(2) **トランジスター**　3 個の不純物半導体を組み合わせた接合体。n 型半導体を 2 つの p 型半導体ではさんだ **pnp 型トランジスター**と，p 型半導体を 2 つの n 型半導体ではさんだ **npn 型トランジスター**とがある。電流の**増幅作用**と，電流の ON-OFF の状態をつくる**スイッチング作用**をもつ。

リードB

基礎 CHECK

1. 半導体は導体と不導体の中間の抵抗率をもち，Si や Ge などの半導体では温度が上がると抵抗率が［ア］なる。Si や Ge に微量の P や Al などの物質を入れた半導体を［イ］といい，このような微量の物質を入れない高純度の半導体を［ウ］という。

ア：〔　　　〕
イ：〔　　　〕
ウ：〔　　　〕

2. 半導体において電流を伝える担い手を［ア］といい，n 型半導体では［イ］，p 型半導体では［ウ］である。

ア：〔　　　〕
イ：〔　　　〕
ウ：〔　　　〕

3. Si の結晶に不純物として微量の P を加えると，できる半導体材料は n 型になるか，p 型になるか。ただし，P は 5 つの価電子をもつ。

〔　　　〕

4. 半導体ダイオードは，［ア］型半導体 →［イ］型半導体の向きに電圧を加えると電流が流れ，逆向きの場合には電流は流れない。これを［ウ］作用という。

ア：〔　　　〕
イ：〔　　　〕
ウ：〔　　　〕

5. 右の回路で電球がつくのはスイッチ S を①，②どちらに入れたときか。

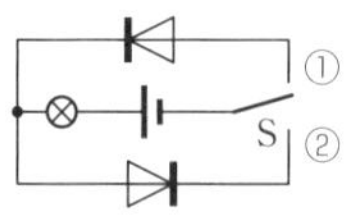

〔　　　〕

6. トランジスターは，小さな電流の変化を，大きな電流の変化に変えることができる。この作用を何というか。

〔　　　〕

解答

1. (ア) **小さく**　(イ) **不純物半導体**　(ウ) **真性半導体**

2. (ア) **キャリア**　(イ) **電子**　(ウ) **ホール(正孔)**

3. P は 5 つの価電子をもつので，最外殻の電子数は 5 である。よって Si 結晶中に入ったとき，共有結合に必要な 4 個の電子のほかに 1 個の電子が余るので電子過剰型，すなわち **n 型**半導体となる。

4. (ア) **p**　(イ) **n**　(ウ) **整流**

5. ダイオードは順方向のとき電流が流れるので，S を②に入れたとき。よって　②

6. **増幅作用**

Let's Try!

例題66 ダイオードと直流回路

➡ 132

解説動画

図1はある半導体ダイオードの両端に加えた電圧と電流との関係を示す。このダイオードに，10Ω の抵抗と，内部抵抗の無視できる起電力 6.0V の電池を順方向に接続して，図2のような回路をつくった。この回路を流れる電流の値と，ダイオードの両端の電圧の値を求めたい。

(1) ダイオードの両端の電圧 V〔V〕は，回路を流れる電流 I〔A〕によって変化する。V と I との関係を表す式を求めよ。

(2) (1)で得られた V と I との関係を，図1にかき入れよ。

(3) この回路を流れる電流の値と，ダイオードの両端の電圧の値を求めよ。

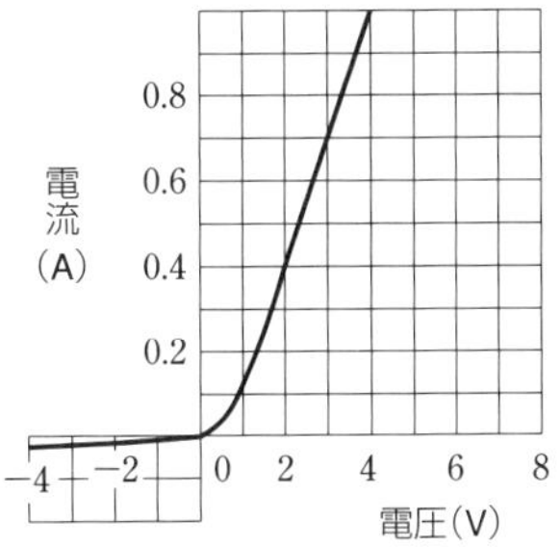

図1

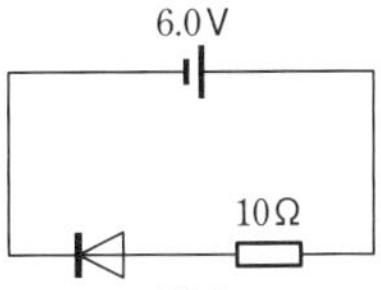

図2

指針 ダイオードに加わる電圧と流れる電流はオームの法則に従わない。回路図の条件を満たす V-I 直線をかいて交点の電圧，電流を読み取る。

解答 (1) ダイオードに加わる電圧と，抵抗に加わる電圧の和は電池の起電力に等しい。キルヒホッフの法則Ⅱより

$$V+10I=6.0$$

(2) 右図

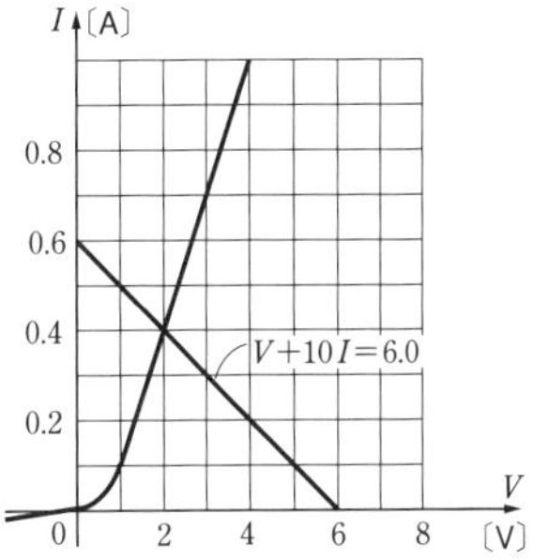

(3) グラフの交点から

$$\begin{cases} I=0.40\,\text{A} \\ V=2.0\,\text{V} \end{cases}$$

132. ダイオードを含む回路

次の □ に適当な数値を入れよ。

図の電気回路において，$E=1.5$V，$R=1.5\times10^3\,\Omega$ のとき回路に流れる電流は［ア］mA，抵抗に加わる電圧は［イ］V である。このとき，ダイオードの消費電力は［ウ］mW である。ただし，このダイオードの電流-電圧特性は図のグラフのようになる。また，電池の内部抵抗は無視できるものとする。

〔南山大 改〕

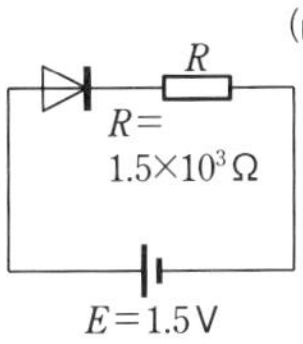

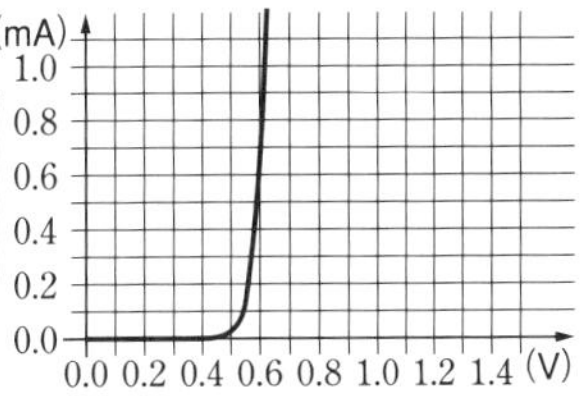

ア：　　　　イ：　　　　ウ：

▶ 例題66

第19章 電流と磁場

リードA

1 磁場(磁界)

リードAの確認問題

a 磁気力に関するクーロンの法則

(1) **磁気量の単位　Wb(ウェーバ)**

(2) **磁気力に関するクーロンの法則**　2つの磁極の間にはたらく磁気力の大きさ F〔N〕は，磁気量を m_1，m_2〔Wb〕，磁極間の距離を r〔m〕とすると

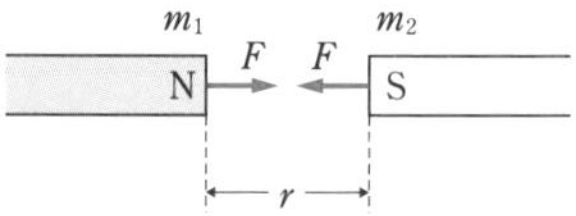

$$F=k_{\mathrm{m}}\frac{m_1m_2}{r^2}$$ （k_{m} は比例定数，真空中では $k_{\mathrm{m}}=6.33\times10^4\,\mathrm{N\cdot m^2/Wb^2}$）

b 磁場

(1) **磁場の向き**　磁石のN極が磁場から受ける力の向き。

(2) **磁場の強さ**　1Wbの磁極(N極)が磁場から受ける力の大きさ。磁場の向きと，磁場の強さを大きさとしてもつベクトルを**磁場ベクトル**という。

(3) **磁場の単位　N/Wb＝A/m**

(4) m〔Wb〕の磁極が磁場 $\vec{H}$〔N/Wb〕から受ける力 $\vec{F}$〔N〕は　$\vec{F}=m\vec{H}$

(5) **磁力線**　磁場内に，磁場の向きに引いた線。その接線が $\vec{H}$ の方向を表す。$\vec{H}$ に垂直な断面 $1\,\mathrm{m^2}$ 当たり H 本の割合で引く。

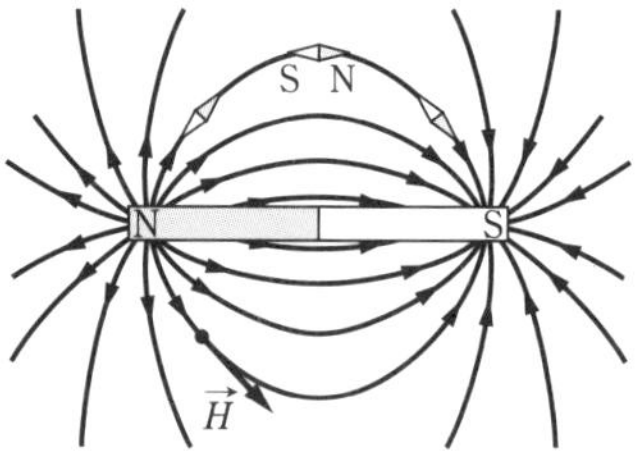

c 直線電流がつくる磁場

(1) **磁場の向き**　右ねじの進む向き(電流)と回る向き(磁場)の関係。

(2) **磁場の強さ**　直線電流 I〔A〕から距離 r〔m〕の点の磁場の強さ H〔A/m〕は　$$H=\frac{I}{2\pi r}$$

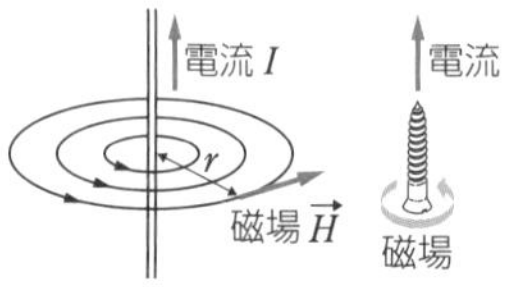

d 円形電流がつくる磁場

(1) **磁場の向き**　右手の親指以外の指先の向き(電流)と親指の向き(磁場)の関係。

(2) **磁場の強さ**　半径 r〔m〕の円形電流 I〔A〕の，円の中心の磁場の強さ H〔A/m〕は　$$H=\frac{I}{2r}$$ $\left(巻数 N では，H=N\dfrac{I}{2r}\right)$

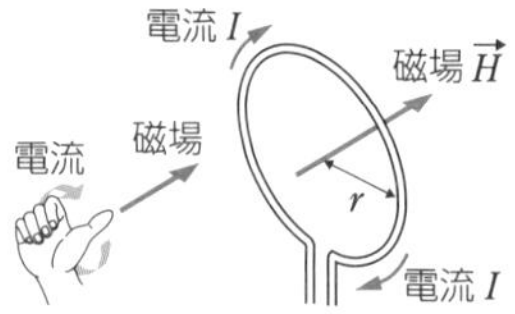

e ソレノイドの電流がつくる磁場

(1) **磁場の向き**　右手の親指以外の指先の向き(電流)と親指の向き(磁場)の関係。

(2) **磁場の強さ**　単位長さ当たりの巻数を n〔1/m〕とすると　$$H=nI$$

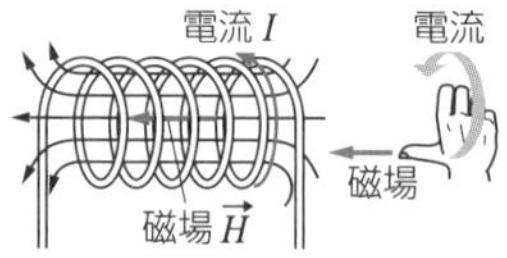

リードB

基礎CHECK

1. 2.0Aの直線電流から0.10m離れた点での磁場の強さ H〔A/m〕を求めよ。

〔　　　　　　〕

2. 半径0.20mの円形コイルに0.80Aの電流を流す。円の中心の磁場の強さ H〔A/m〕を求めよ。

〔　　　　　　〕

3. 200回巻いた長さ10cmで中が空いたソレノイドに0.50Aの電流を流す。ソレノイド内の磁場の強さ H〔A/m〕を求めよ。

〔　　　　　　〕

解答

1. 直線電流がつくる磁場の式「$H=\dfrac{I}{2\pi r}$」より

$$H=\frac{2.0}{2\times3.14\times0.10}\fallingdotseq\mathbf{3.2\,A/m}$$

2. 円形電流がつくる磁場の式「$H=\dfrac{I}{2r}$」より

$$H=\frac{0.80}{2\times0.20}=\mathbf{2.0\,A/m}$$

3. 1m当たりの巻数

$$n=\frac{200}{0.10}=2.0\times10^3\,/\mathrm{m}$$

ソレノイドを流れる電流がつくる磁場の式「$H=nI$」より

$$H=(2.0\times10^3)\times0.50=\mathbf{1.0\times10^3\,A/m}$$

Let's Try!

例題67 直線電流がつくる磁場

➡ 133, 134

解説動画

水平面内で自由に回転できる小磁針の上 1.0 cm の所に，水平に南北方向に導線を張って電流を流したところ，磁針は 30° 回転して止まった。このとき流した電流 I〔A〕を求めよ。
ただし，地磁気の水平成分は 25 A/m とする。

指針 地磁気の磁場の水平成分 $\vec{H_0}$〔A/m〕と直線電流のつくる磁場 $\vec{H}$〔A/m〕の合成磁場の方向に磁針は振れる。

解答 電流の向きを右図のように仮定する。

直線電流がつくる磁場の式「$H=\dfrac{I}{2\pi r}$」より

$$H=\frac{I}{2\times3.14\times(1.0\times10^{-2})}$$
$$=\frac{I}{6.28\times10^{-2}}$$

一方，右図より

$$H=H_0\tan30°$$
$$=25\times\frac{1}{\sqrt{3}}$$

両式より

$$I=\left(25\times\frac{1}{\sqrt{3}}\right)\times(6.28\times10^{-2})$$
$$\fallingdotseq \mathbf{0.91\,A}$$

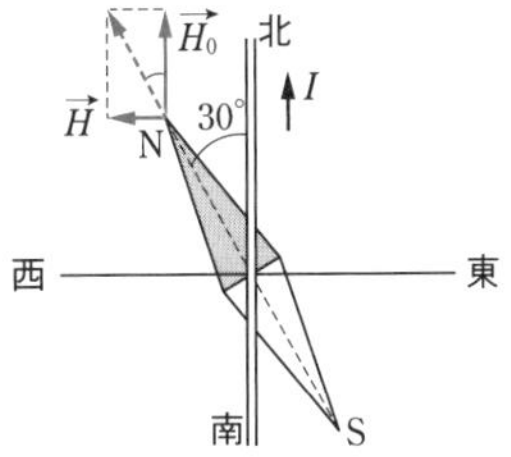

133. 直線電流がつくる磁場 ●

水平面内で回転できる磁針が，初め南北を指して静止している。次のように電流を流したとき，磁針のN極はどのように動くか。

(1) 磁針の真上に南から北へ電流を流す。

(2) 磁針のN極の北側で，鉛直上方から下方へ電流を流す。

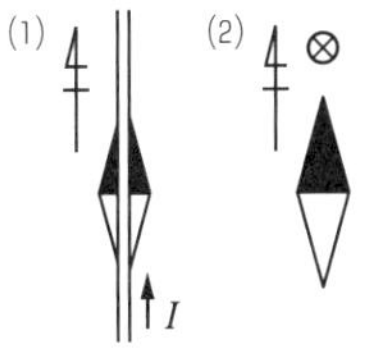

(1) ＿＿＿＿　(2) ＿＿＿＿

▷ 例題67

134. 直線電流がつくる磁場 ●

鉛直方向に張った導線に鉛直上向きの電流を流し，導線に垂直な平面内に小磁針を置いて電流のつくる磁場を調べる。右図はその平面を真上から見たもので，電流の位置を原点O，南北方向に y 軸，東西方向に x 軸をとった座標で点の位置を示す。地球の磁場の水平成分の向きは y 軸の正の向きとする。導線に 4.0π A（π は円周率）の電流を流したところ，点 P_2 に置いた小磁針のN極が北西の向き（y 軸の正の向きから反時計回りに 45° の向き）に振れた。

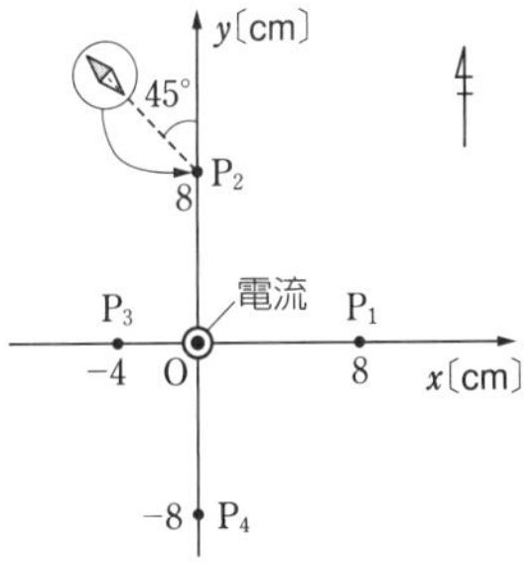

(1) 地球の磁場の水平成分 H_0〔A/m〕を求めよ。

(2) 点 P_1，P_3 にそれぞれ小磁針を置いたとき，小磁針のN極はどちらを向くか。

(3) 点 P_4 に置いた小磁針のN極が，y 軸の正の向きから時計回りに 60° の角をなす向きに振れるようにするには，電流を何Aにすればよいか。

(1) ＿＿＿＿　(2) P_1：＿＿＿＿　P_3：＿＿＿＿　(3) ＿＿＿＿

▷ 例題67

例題 68 磁場の合成

➡ 135, 136

解説動画

2本の平行な長い直線の導線A，Bが，図のように一直線上に 2.0×10^{-2} m の間隔をおいて並べられ，Aには紙面の裏から表の向きに $I_1=6.28$ A，Bには紙面の表から裏の向きに $I_2=6.28$ A の電流を流した。導線A，Bに流れる電流が，Bより 2.0×10^{-2} m 右側の一直線上の点Cの位置につくる合成磁場の向きと強さを求めよ。

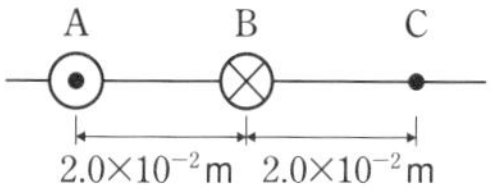

指針 直線電流がつくる磁場の式「$H=\dfrac{I}{2\pi r}$」を用いて，それぞれの導線がつくる磁場の強さを求めてから合成する。右ねじの進む向き(電流)と回る向き(磁場)との関係により図をかく。

解答 電流 I_1，I_2 が点Cの位置につくる磁場をそれぞれ $\vec{H_1}$，$\vec{H_2}$〔A/m〕とし，それらの合成磁場を $\vec{H}$〔A/m〕とすると，$\vec{H_1}$，$\vec{H_2}$ は反対向きにできるので

$$H=H_2-H_1=\frac{I_2}{2\pi r_2}-\frac{I_1}{2\pi r_1}$$
$$=\frac{6.28}{2\pi}\times\left(\frac{1}{2.0\times10^{-2}}-\frac{1}{4.0\times10^{-2}}\right)$$
$$=25\text{ A/m}$$，**紙面にそって下向き**

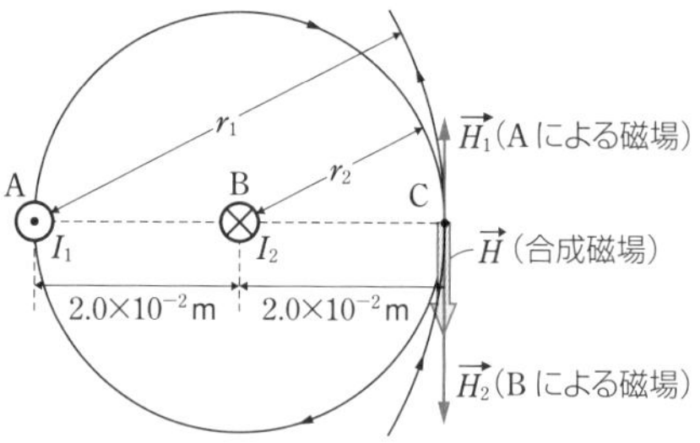

POINT 直線電流がつくる磁場

強さ：$H=\dfrac{I}{2\pi r}$　　向き：右ねじの関係から求める

135. 直線電流の磁場の合成

次の ☐ に適当な数式，数値または記号を入れよ。

図のように，真空中に紙面に垂直な2本の直線状導線A，Bがある。紙面上で，ABを結ぶ直線と垂直に，Aから距離 r 離れた点をPとする。このとき，∠ABP＝60° である。

Aに紙面の裏から表の向きに電流 I_A を，Bに表から裏の向きに電流 I_B を流す。このとき，点Pに電流 I_A，I_B がつくる磁場をそれぞれ $\vec{H_A}$，$\vec{H_B}$ とすると，$\vec{H_A}$ の強さは $H_A=\dfrac{I_A}{2\pi r}$，$\vec{H_A}$ の向きは図の [ア] となる。また，$\vec{H_B}$ の強さは $H_B=$ [イ]，$\vec{H_B}$ の向きは図の [ウ] となる。$\vec{H_A}$ と $\vec{H_B}$ の合成磁場の向きが図の(d)のとき，$I_B=$ [エ] $\times I_A$ である。

〔拓殖大 改〕

各矢印の間の角度は30°

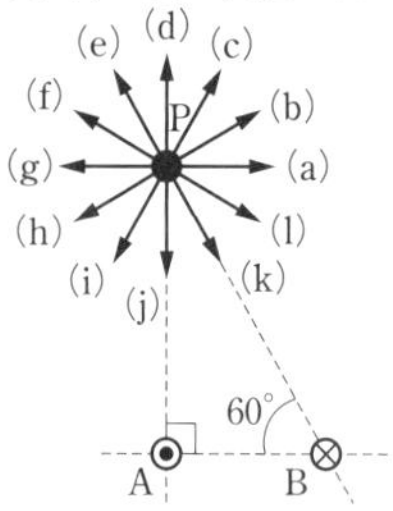

ア：＿＿＿＿　イ：＿＿＿＿　ウ：＿＿＿＿　エ：＿＿＿＿

▷ 例題68

136. 直線電流と円形電流の合成磁場

図のように，半径 a の円形電流 I_1 と，それがつくる平面に垂直な直線電流 I_2 の導線が接している。ただし，2つの導線は絶縁されている。

(1) 点Oにおける磁場の強さ H を求めよ。

(2) 点Oにおける磁場の方向と，円形電流の平面とのなす角を θ とする。$\tan\theta$ の値を求めよ。

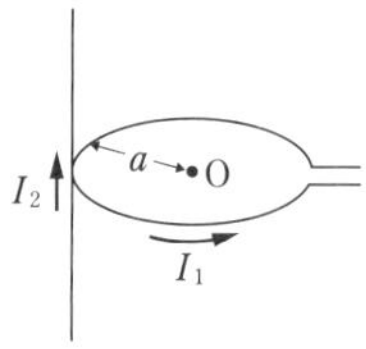

(1) ＿＿＿＿　(2) ＿＿＿＿

▷ 例題68

リードA

2 電流が磁場から受ける力

リードAの確認問題

a 直線電流が受ける力

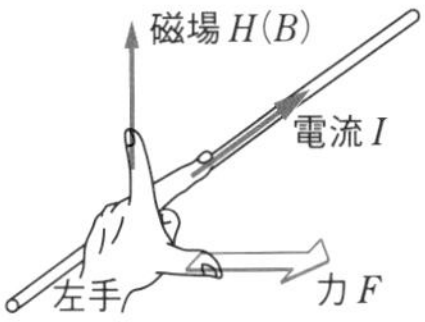

(1) **フレミングの左手の法則**　力Fの向きを求める。
　　中指→電流 I　　人差し指→磁場 H　　親指→力 F

(2) **電流が磁場から受ける力の大きさ**　導線(電流 I〔A〕, 磁場内の長さ l〔m〕)が磁場(磁束密度 B〔T〕)から受ける力の大きさ F〔N〕は

> **I と B が垂直のとき　$F=IBl$**
> **I と B が角 θ をなすとき　$F=IBl\sin\theta$**

b 磁束密度

(1) **磁束密度**　磁場ベクトル $\vec{H}$ の μ(物質の**透磁率**)倍のベクトル
　　$\vec{B}=\mu\vec{H}$　(真空中では $\mu_0=1.26\times10^{-6}$N/A^2 ($\mu_0=4\pi\times10^{-7}$N/A^2))

(2) **磁束密度の単位**　T(テスラ)=N/(A·m)=Wb/m^2

(3) **磁束**　$\vec{B}$〔T〕に垂直な断面 S〔m^2〕を通る磁束線の数(**磁束**) Φ〔Wb〕は　$\Phi=BS$

物理量	主な記号	単位
磁気量	m	Wb
磁場の強さ	H	N/Wb=A/m
磁束密度	B	T=Wb/m^2
磁束	Φ	Wb

c 平行電流が及ぼしあう力

r〔m〕だけ離れた十分に長い2本の平行導線に流れる直線電流 I_1, I_2〔A〕が及ぼしあう力の大きさ F〔N〕は,

長さ l〔m〕につき　$F=\dfrac{\mu I_1 I_2}{2\pi r}l$

リードB

基礎CHECK

1. 紙面の表から裏へ向かう一様な磁場がある(右図)。磁場に垂直な導線に電流 I を矢印の向きに流すと, 導線はどの向きの力を受けるか。

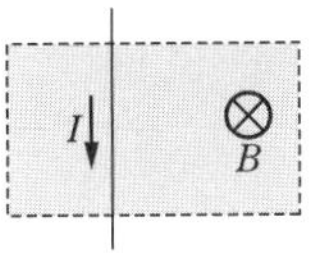

〔　　　　　〕

2. 磁束密度 5.0×10^{-3}T の一様な磁場中に, 磁場に対して垂直に導線を置き, 2.0A の電流を流した。この導線の 0.10m の部分が受ける力の大きさ F〔N〕を求めよ。

〔　　　　　〕

3. 右図のように, 磁束密度Bの一様な磁場の中に電流 I が流れている導線①が磁場に垂直に置かれ, ab の部分が磁場から大きさFの力を受けている。この導線を, ②のように磁場と 60° の角をなすように傾けると, ab の部分が磁場から受ける力の大きさはどうなるか。F を用いて表せ。

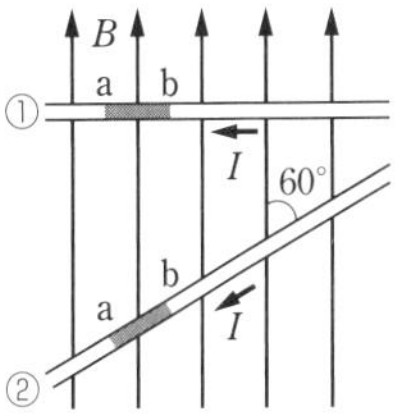

〔　　　　　〕

4. 直線状導線2本を 0.2m 離して平行に並べ, 2A と 4A の電流を流したとき, 各導線の長さ 1m の部分にはたらく力の大きさ F〔N〕を求めよ。透磁率を $4\pi\times10^{-7}$N/A^2 とする。

〔　　　　　〕

解答

1. フレミングの左手の法則を適用する。導線が受ける力の向きは**右向き**。

2. 電流が磁場から受ける力の式「$F=IBl$」より
$F=2.0\times(5.0\times10^{-3})\times0.10$
$=\mathbf{1.0\times10^{-3}N}$

3. 電流が磁場から受ける力の式「$F=IBl\sin\theta$」より, ②の場合の力の大きさ F' は
$$F'=F\sin60^\circ=\frac{\sqrt{3}}{2}F$$

4. 平行電流が及ぼしあう力の式「$F=\dfrac{\mu I_1 I_2}{2\pi r}l$」より
$$F=\frac{(4\pi\times10^{-7})\times2\times4}{2\pi\times0.2}\times1=8\times10^{-6}\text{N}$$

第19章

Let's Try!

例題 69 平行電流が及ぼしあう力

➡ 137

解説動画

図のように，AB，A′B′ の2本の平行に置いた導線に I，I' の電流を流す。ただし，2本の導線の間の距離を r，真空の透磁率を μ_0 とする。また，I，I' は，図の向きに流れているとする。

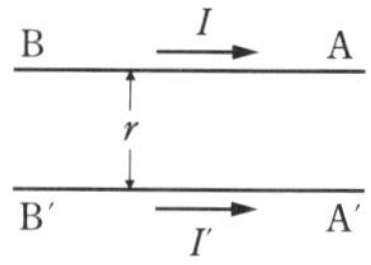

(1) 電流 I が，導線 A′B′ の位置につくる磁場の磁束密度の大きさ B と向きを求めよ。
(2) A′B′ 上の長さ l の部分にはたらく力 F の大きさと向きを求めよ。

指針 磁束密度と磁場の式「$B=\mu H$」，電流が磁場から受ける力の式「$F=IBl$」を用いる。

解答 (1) 直線電流がつくる磁場の式「$H=\dfrac{I}{2\pi r}$」と，磁束密度 B と磁場の関係式「$B=\mu H$」より

$$B=\boldsymbol{\frac{\mu_0 I}{2\pi r}}$$

右ねじの法則より，磁場の向きは，**紙面の表から裏の向き**。

(2) 電流が磁場から受ける力の式「$F=IBl$」より

$$F=I'\frac{\mu_0 I}{2\pi r}l=\boldsymbol{\frac{\mu_0 II'l}{2\pi r}}$$

フレミングの左手の法則より，力 F は**図の下から上の向き**。

137. 平行電流が及ぼしあう力 ● 図のように，xy 水平面上の原点Oを通り鉛直上向き（紙面の裏から表の向き）に 4A の直線電流，原点から 2m 離れた x 軸上の点Pを通り鉛直下向き（紙面の表から裏の向き）に 2A の直線電流が流れている。

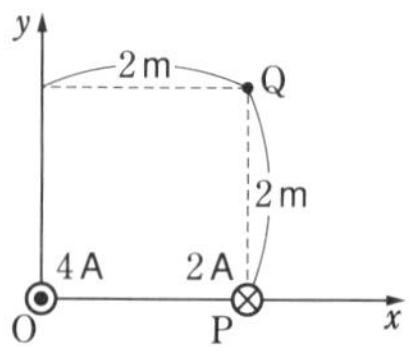

(1) 原点を通る直線電流 1m 当たりにはたらく力の大きさと向きを求めよ。ただし，真空の透磁率を $4\pi\times10^{-7}\,\mathrm{N/A^2}$ とする。
(2) x 軸上の点Pから y 軸の正の向きに 2m 離れた xy 水平面上の点Qでの磁束密度の大きさと向きを求めよ。
(3) 点Qを通り鉛直上向きに 10A の電流を流した。この直線電流 1m 当たりにはたらく力の大きさと向きを求めよ。

〔山口大 改〕

(1) 大きさ：　　　　　向き：

(2) 大きさ：　　　　　向き：

(3) 大きさ：　　　　　向き：

▷ 例題 69

リードA

3 ローレンツ力

リードAの確認問題

a ローレンツ力

(1) 電気量 q〔C〕($q>0$) の粒子が磁場(磁束密度 B〔T〕)に垂直に速さ v〔m/s〕で運動しているとき，粒子にはたらく力の大きさ f〔N〕は $f=qvB$

(2) **ローレンツ力の向き**　正電荷の運動の向きを電流の向きとして，フレミングの左手の法則を用いる。

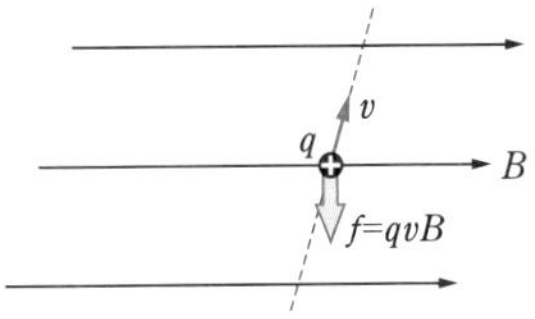

b 一様な磁場内の荷電粒子の運動

(1) **磁場に垂直に入射する場合**　ローレンツ力は運動方向に垂直であり，仕事をしない。ローレンツ力が向心力となり，粒子は等速円運動をする。

半径 $r=\dfrac{mv}{qB}$　　周期 $T=\dfrac{2\pi m}{qB}$

(周期 T は，粒子の速さ v によらない)

(2) **磁場に斜めに入射する場合**　粒子はらせん運動をする。

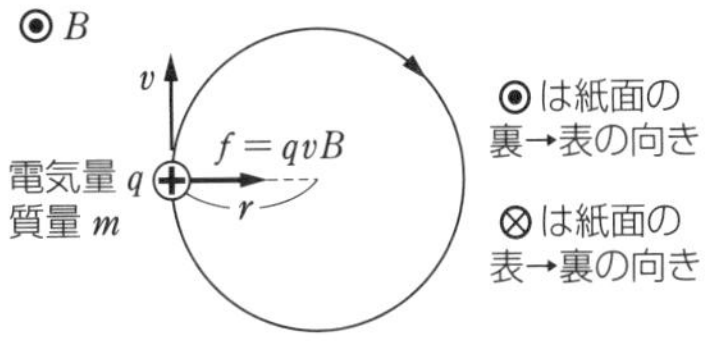

リードB

基礎CHECK

1. 図のように，紙面の表から裏の向きの一様な磁場がある領域に，磁場に垂直に荷電粒子が入射する。正電荷をもつ場合と負電荷をもつ場合について，磁場のある領域の境界面上の点Pに達した直後に受けるローレンツ力の向きをそれぞれ図に矢印で示せ。また，その後の粒子の磁場内での軌道の概形をそれぞれ図に示せ。

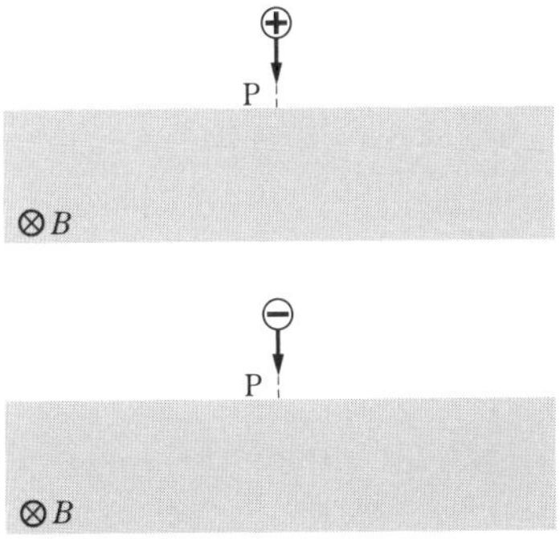

2. 荷電粒子(電気量の大きさ q)が磁束密度 B の磁場(紙面の裏から表向き)内で，速さ v で等速円運動している(右図)。粒子が磁場から受けている力の大きさ f を求めよ。また，この粒子の電荷は，正か負か。

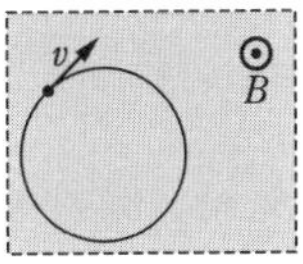

f：〔　　　　〕
符号：〔　　　　〕

3. 荷電粒子が磁場から受けるローレンツ力は，粒子の運動方向に［ア］なので，［イ］をしない。したがって粒子の［ウ］エネルギーは一定である。粒子が一様な磁場に斜めに入射してローレンツ力だけを受ける場合，磁場に垂直な面内の粒子の運動は［エ］運動，磁場に平行な方向の運動は［オ］運動となり，これらを合成した粒子の軌道は［カ］になる。

ア：〔　　　　〕　イ：〔　　　　〕
ウ：〔　　　　〕　エ：〔　　　　〕
オ：〔　　　　〕　カ：〔　　　　〕

解答

1. フレミングの左手の法則により，正電荷の粒子では点Pで右向き，負電荷の粒子では点Pで左向きのローレンツ力を受ける。また，このローレンツ力が等速円運動の向心力となるので，磁場内の軌道は半円になり，入射速度と同じ大きさ，反対向きの速度で磁場の領域から出ていく。

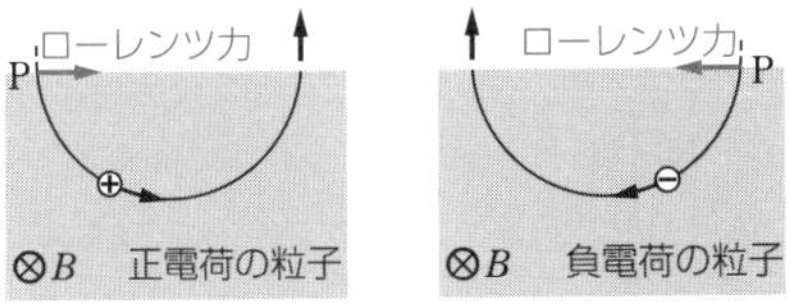

2. ローレンツ力の式より
$f=qvB$
フレミングの左手の法則より，粒子は**正**電荷であることがわかる。

3. (ア) **垂直**　(イ) **仕事**
(ウ) **運動**　(エ) **等速円**
(オ) **等速直線**　(カ) **らせん**

Let's Try!

例題 70 ローレンツ力

➡ 138, 139

解説動画

真空中で図の正方形 abcd の内部を磁場が紙面に対して垂直に貫いている。いま，質量 m〔kg〕，電気量 e〔C〕の陽子が，a から r〔m〕離れた図の位置から ad に垂直，かつ磁場に垂直に速さ v〔m/s〕で入射し， a と b との間から ab に対して垂直に磁場の外へ飛び出した。磁場は abcd の内部のみにあり，一様であるとする。また，陽子は紙面内を運動するものとし，重力の影響は無視する。

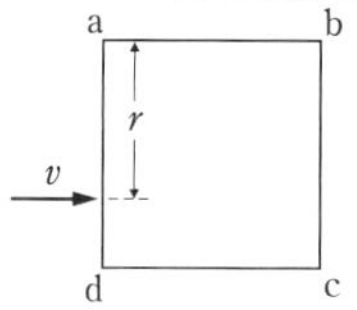

(1) この磁場の向きと磁束密度の大きさを求めよ。

(2) 陽子が磁場内に入射してから磁場の外に飛び出すまでの時間を求めよ。

指針 磁場に垂直に入射した荷電粒子は，磁場から運動方向に垂直なローレンツ力 f を受け，この力を向心力として等速円運動をする。磁場の向きは，正電荷の運動の向きを電流の向きとして，フレミングの左手の法則で考える。

解答 (1) ad に垂直に入射した陽子が，ab に垂直に磁場を抜け出たことから，陽子は点 a を中心とする半径 r〔m〕の円軌道を運動し，ローレンツ力は軌道の中心点 a を向いていたことがわかる。フレミングの左手の法則より，磁場の向きは**紙面の表から裏の向き**である。磁束密度を B〔T〕とすると，等速円運動の運動方程式より

$$m\frac{v^2}{r}=evB \quad よって \quad B=\boldsymbol{\frac{mv}{er}}〔T〕$$

(2) 磁場内の円弧は円の 4 分の 1 だから，飛び出すまでの時間を t〔s〕とすると

$$vt=\frac{2\pi r}{4} \quad よって \quad t=\boldsymbol{\frac{\pi r}{2v}}〔s〕$$

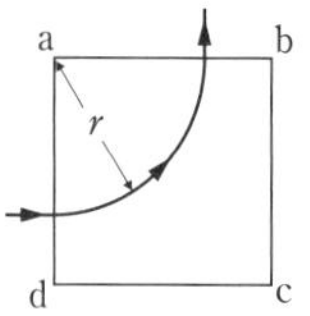

138. 磁場内の荷電粒子の運動 ● 質量 m〔kg〕，電気量 $-e$〔C〕の電子が磁束密度 B〔T〕の磁場中において，磁場の方向に垂直な面内で v〔m/s〕の速さで，図に示す向きに円運動をしている。

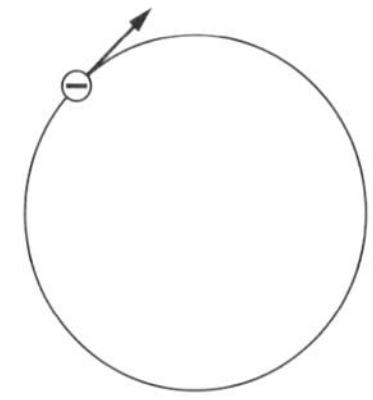

(1) 磁場の向きを答えよ。

(2) 円運動の半径 R〔m〕を求めよ。

(3) 円運動の周期 T〔s〕を求めよ。

(1) ＿＿＿＿＿＿　(2) ＿＿＿＿＿＿　(3) ＿＿＿＿＿＿

▷例題70

139. 磁場内のイオンの運動 ● 図のように，初速度 0 でイオン源から出たイオンを電位差 V〔V〕で加速し，スリット S から磁束密度 B〔T〕の一様な磁場中に垂直に入射させる装置を真空中においた。質量が M_1〔kg〕と M_2〔kg〕で，電荷がいずれも q〔C〕であるような 2 種類のイオンを入射させたところ，いずれも磁場中で円軌道を描いて半周した後に，S からの距離がそれぞれ L_1〔m〕と L_2〔m〕の点に達した。質量 M_1 のイオンの磁場中での速さを v_1〔m/s〕とする。

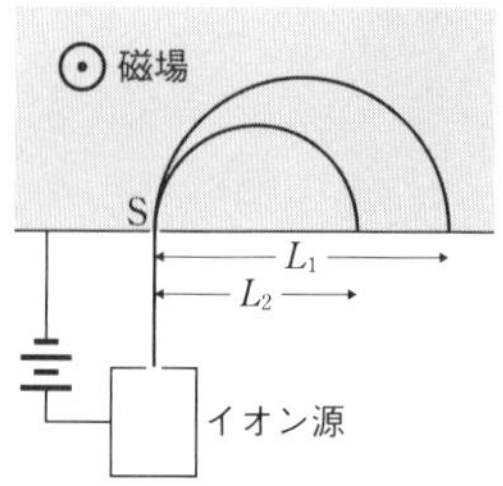

(1) v_1〔m/s〕を M_1，q，V を用いて表せ。

(2) L_1〔m〕を M_1，v_1，q，B を用いて表せ。

(3) $\dfrac{L_1}{L_2}$ を M_1，M_2 を用いて表せ。

(1) ＿＿＿＿＿＿　(2) ＿＿＿＿＿＿　(3) ＿＿＿＿＿＿

▷例題70

第20章 電磁誘導

1 電磁誘導

リードAの確認問題

a 電磁誘導の法則

コイルを貫く磁束が変化すると，コイルに**誘導起電力**が生じる。回路が閉じていると，この起電力によって電流(**誘導電流**)が流れる。

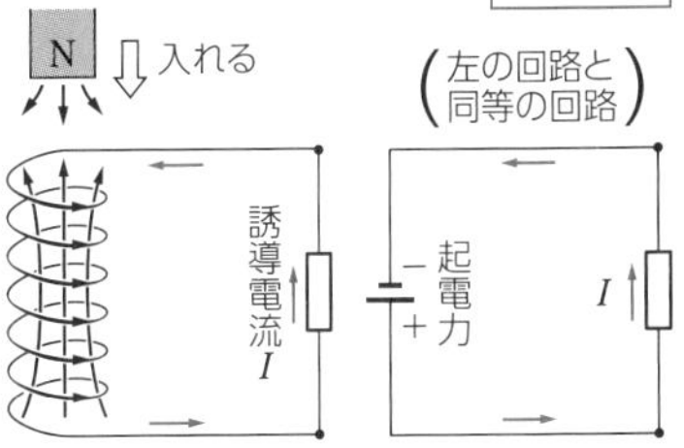

(1) **レンツの法則**　誘導起電力は，それによって流れる誘導電流のつくる磁束が，外から加えられた磁束の変化を打ち消すような向きに生じる。

(2) **ファラデーの電磁誘導の法則**　1巻きコイルを貫く磁束が時間 Δt〔s〕の間に $\Delta\Phi$〔Wb〕だけ変化するときに生じる誘導起電力 V〔V〕は　$V=-\dfrac{\Delta\Phi}{\Delta t}$　で，負の符号はレンツの法則を示す。コイルが N 回巻きのときは　$V=-N\dfrac{\Delta\Phi}{\Delta t}$

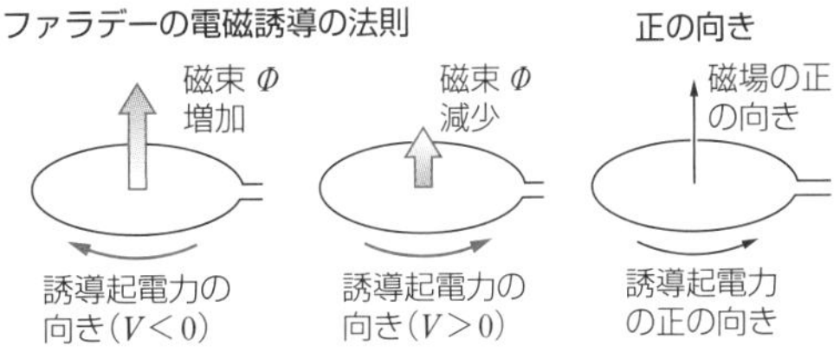

b 磁場を横切る導線に生じる誘導起電力

一様な磁場(磁束密度 B〔T〕)の中で導線(磁場内の長さ l〔m〕)を速さ v〔m/s〕で磁場に垂直に動かすとき，生じる誘導起電力の大きさ V〔V〕は　$V=vBl$

注　この場合の誘導起電力は，導線内の電子が磁場から受けるローレンツ力によって生じるものである。

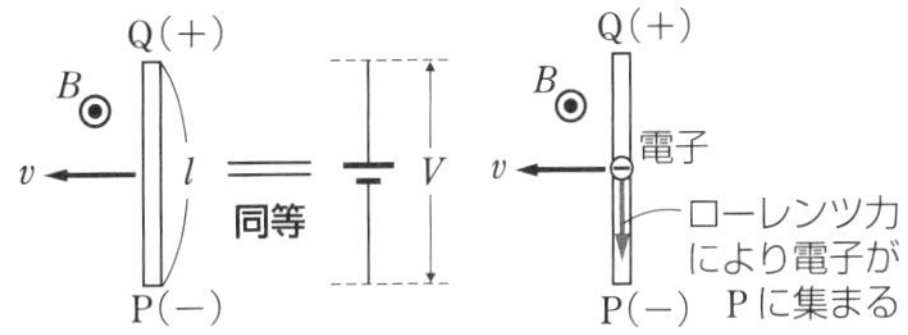

c 渦電流

コイルではなく金属板に磁石を近づけた場合にも，金属板には電流が流れる。この誘導電流を**渦電流**という。渦電流の向きは，レンツの法則から求められる。

d 誘導起電力とエネルギー

導線に流れる誘導電流 I は，磁場から運動を妨げる向きの力 IBl を受ける。導線を等速度 v で動かすためには，この力とつりあう外力 $F=IBl$ を速度 v の向きに加える必要がある。このとき，「外力がする仕事 W＝抵抗で発生するジュール熱 Q」が成立している。

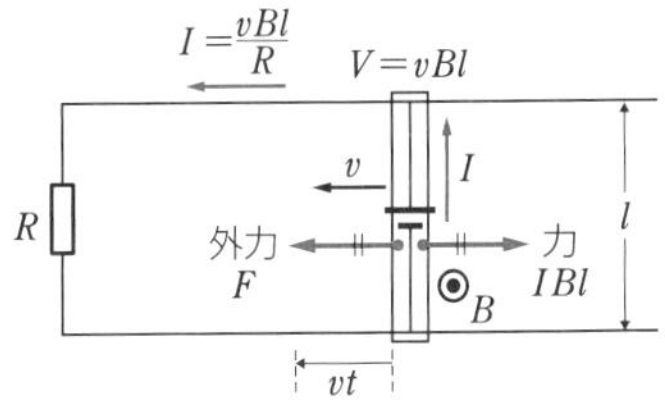

リードB

基礎CHECK

1. 図1(S極をコイルに近づける)，図2(N極からコイルを遠ざける)のそれぞれの場合，端子A，Bの電位は，どちらが高くなるか。

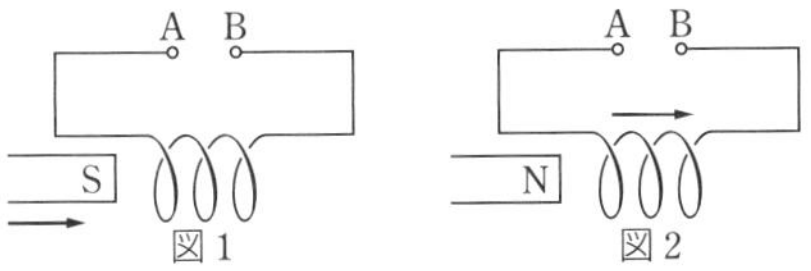

図1　　図2

〔　　　　〕〔　　　　〕

2. 図のように，紙面に垂直に表から裏に向かう磁束密度 $B=0.50$ T の一様な磁場内を，長さ 0.10 m の導体の棒PQが，磁場に垂直に速さ $v=1.0$ m/s で矢印の向きに運動している。このとき，PとQとでは，どちらの電位が何V高くなっているか。

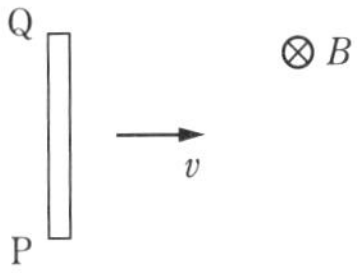

〔　　　　〕

解答

1. 図1では，コイルを貫く左向きの磁束(磁石の磁束)が増加し，図2では，コイルを貫く右向きの磁束(磁石の磁束)が減少するので，レンツの法則により，この変化を妨げる右向きの磁束を生じさせるような誘導起電力が，図a，図bのように発生する。AB間に負荷(抵抗など)をつなぐと，図1，図2ともに，Bから電流が流れ出るので**B**の電位が高くなる。

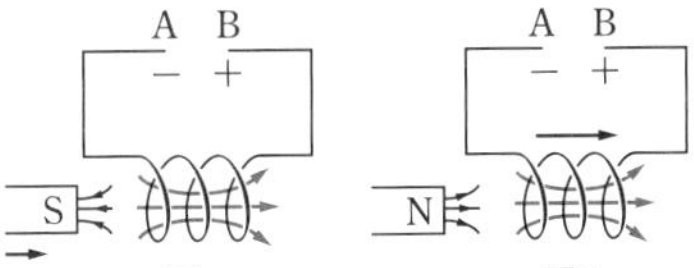

図a　　図b

2. 誘導起電力の式「$V=vBl$」より
$V=1.0\times0.50\times0.10=\mathbf{5.0\times10^{-2}}$ **V**
導体PQ内ではP→Qの向きに起電力が生じる。PQに負荷(抵抗)をつなぐと，Qから電流が流れ出るので，**Q**の電位が高い。

Let's Try!

例題 71 コイルに生じる誘導起電力

➡ 140

解説動画

図1のように，巻数50回で断面積が $0.02\,m^2$ の円形コイルがある。コイルを貫く磁束密度を変化させると，コイルに起電力が生じる。時刻 $t=0$ 秒から10秒の間の，磁束密度の変化(図1の向きを正とする)が図2で表されるとき，$t=0$ 秒から10秒の間の，点aを基準としたコイルの起電力(bの電位) V の変化をグラフで示せ。

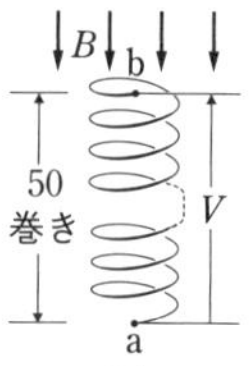

図1

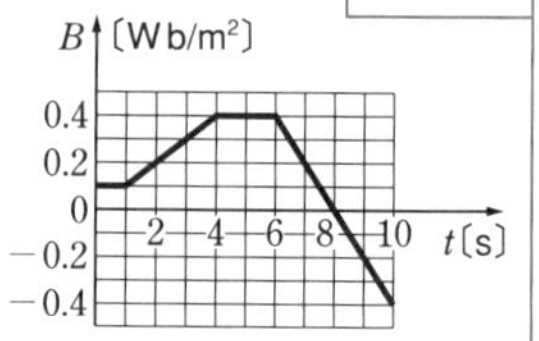

図2

指針 ファラデーの電磁誘導の法則「$V=-N\dfrac{\Delta\Phi}{\Delta t}$」と $\Delta\Phi=\Delta B\cdot S$ を用いる。

誘導起電力の向き：レンツの法則，右ねじの法則を利用。a，b間に抵抗Rを接続した場合に，誘導電流の向きがb→R→aであれば，aに対してbの電位は正，反対の場合は負。

解答 $t=0\sim1\,s$，$4\sim6\,s$：$\Delta B=0$ より $V=0\,V$

$$t=1\sim4\,s：|V|=\left|-50\times\frac{0.4-0.1}{4-1}\times0.02\right|=0.1\,V$$

誘導電流はb→R→aの向きに流れ，bの電位は正。

$$t=6\sim10\,s：|V|=\left|-50\times\frac{(-0.4)-0.4}{10-6}\times0.02\right|=0.2\,V$$

誘導電流はa→R→bの向きに流れ，bの電位は負。

上の結果より，グラフは右の図のようになる。

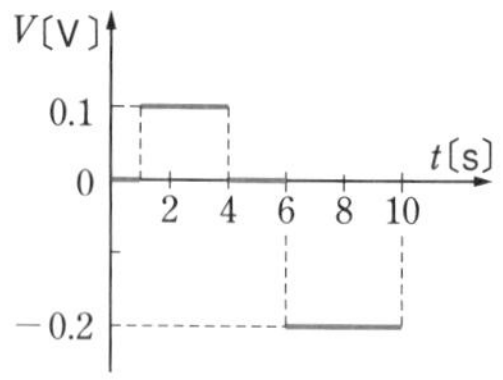

140. コイルに生じる誘導起電力 ● 断面積が $0.10\,m^2$ のコイルPQと抵抗Rを含む図のような回路がある。このコイルを貫く磁束密度をQからPの向きに毎秒 $1.5\times10^{-2}\,T$ の割合で増加させた。コイルの巻数 N は 2.0×10^3 であり，コイルの電気抵抗は考えない。

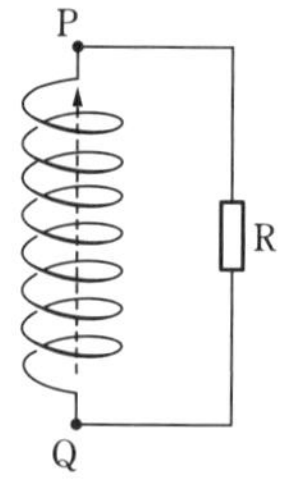

(1) コイルには誘導起電力が生じる。PとQではどちらが高電位か。

(2) この起電力の大きさはいくらか。

(3) 抵抗Rが $5.0\,\Omega$ のとき，回路に流れる電流はいくらか。

(1) ＿＿＿＿　(2) ＿＿＿＿　(3) ＿＿＿＿

▷ 例題71

例題72 ローレンツ力と誘導起電力

➡141

解説動画

次の文の □ を埋めよ。また，{ }の中からは適当なものを選べ。

図のように，鉛直上向きに一様な磁束密度 B の磁場中の水平面上で，長さ l の導体棒 MN を速さ v で移動させる。移動の向きは MN に垂直である。棒中の 1 個の電子(電気量 $-e$)にはたらくローレンツ力の大きさは [1] である。その力を受けて電子が移動するため，棒の {(2) (ア) M (イ) N} 側の端は正，もう一方の端は負に帯電する。これによって棒中に電場 E が発生する。この電場によって，1 個の電子にはたらく力の大きさは [3] である。この力がローレンツ力とつりあうと，電子の移動は止まり，このとき $E=$ [4] となることから，棒の両端 MN 間に発生する電位差は [5] となる。

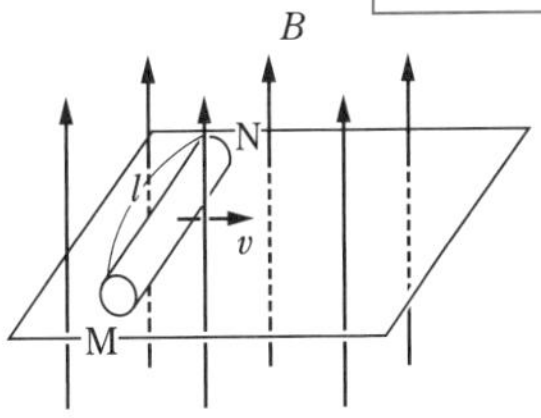

指針 導体棒中の電子が受けるローレンツ力(evB)をもとに，誘導起電力の向きと大きさを導く。

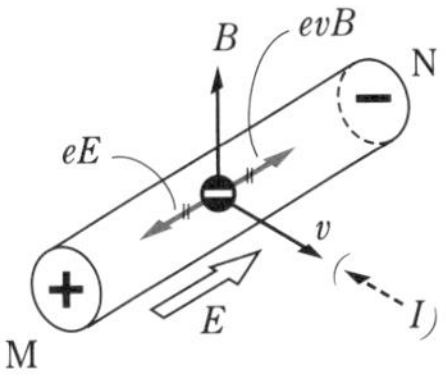

解答 (1) $\boldsymbol{evB}$

(2) 電子が N 側に移動するため，正に帯電するのは(ア) **M 側**

(3) $\boldsymbol{eE}$

(4) 力のつりあい $eE=evB$ より $E=\boldsymbol{vB}$

(5) MN 間の電位差 $V=El=\boldsymbol{vBl}$

141. ローレンツ力と誘導起電力 ● 磁束密度が 1.0×10^{-2} T の磁場中に，磁場に対して垂直に金属棒 PQ(長さ 0.50m)を置く。磁場は紙面に垂直で，紙面の表から裏へ向かう向きである。この棒を，図のように磁場にも棒にも垂直な向きに速さ 10m/s で動かす。

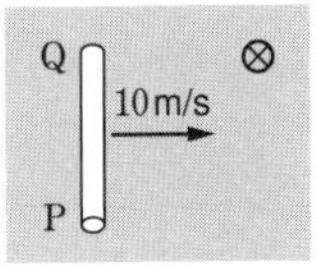

(1) PQ 間に生じる誘導起電力の大きさ V [V] を求めよ。

(2) 図において，正の電荷が現れるのは，P 端か，Q 端か。

第20章

(1) ＿＿＿＿ (2) ＿＿＿＿

▶例題72

例題73 磁場を横切る長方形コイルに生じる誘導起電力

➡142

解説動画

図のように，影をつけた長方形の領域に，磁束密度 $B=10\,\mathrm{T}$ の一様な磁場(紙面の裏→表)がある。そこに，ABの長さが $l=0.1\,\mathrm{m}$ の1巻きコイルABCDを，一定の速さ $v=0.1\,\mathrm{m/s}$ で磁場と垂直に挿入する。コイル全体の抵抗値を $R=0.1\,\Omega$ とする。

(1) 図の(a)，(b)および(c)の各状態で，コイルに流れる電流の大きさをそれぞれ求めよ。

(2) 図の(b)の状態のとき，コイルに流れる電流が磁場から受ける力の大きさと向きを求めよ。

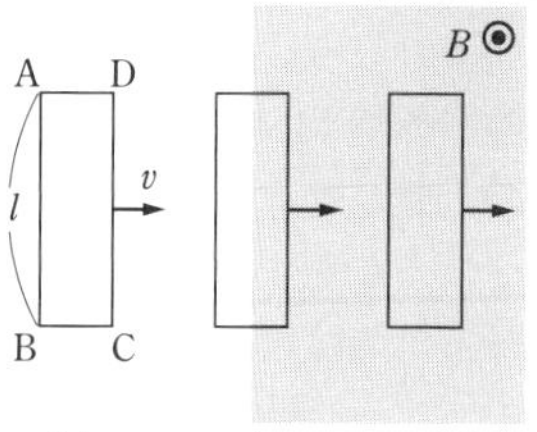

(a)　(b)　(c)

指針 コイルを貫く磁束 Φ(=磁束密度 B ×コイルの面積 S)が変化すると，コイルに誘導起電力が生じる。その大きさは $V=\left|-N\dfrac{\Delta\Phi}{\Delta t}\right|$ (Nは巻数)である。向きはレンツの法則により判断する。

解答 (1) (a)と(c)の状態のとき：
短い時間 Δt の間の磁束の変化 $\Delta\Phi=0$
よって　$V=0\,\mathrm{V}$
誘導電流の大きさ $I=\dfrac{V}{R}=$ **0 A**
(b)の状態のとき：$\Delta\Phi=B\cdot\Delta S=B(lv\cdot\Delta t)$
よって
$$V=\left|\frac{\Delta\Phi}{\Delta t}\right|=vBl=0.1\times10\times0.1=0.1\,\mathrm{V}$$
ゆえに　$I=\dfrac{V}{R}=\dfrac{0.1}{0.1}=$ **1 A**

(2) (b)の状態のときは，レンツの法則により，コイルには時計回りの誘導電流が流れる(右図)。磁場から力を受けるのは，コイルのAD，BC，CDの部分であるが，ADとBCにはたらく力は打ち消しあうので，コイルが磁場から受ける力はCDにはたらく力になる。この力の大きさ F は $F=IBl$ より
$F=1\times10\times0.1=$ **1 N**
力の向きは，フレミングの左手の法則より，
D→A の向き(左向き)

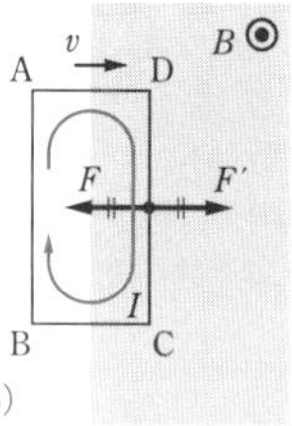

(b)

142. 磁場を通過する正方形コイルに生じる誘導起電力 ● 図のように，1辺の長さ a の正方形ABCDの1巻きコイルが一定の速さ v で x 軸の負から正の向きに移動し，1辺の長さ $b(b>a)$ の正方形EFGHの磁場領域を通過した。磁場領域には紙面に垂直に表から裏に磁束密度 B の一様な磁場が加わっている。コイルの全抵抗は R，磁場領域の中心は座標原点Oにあり，コイルの中心は x 軸上を移動するものとして次の問いに答えよ。

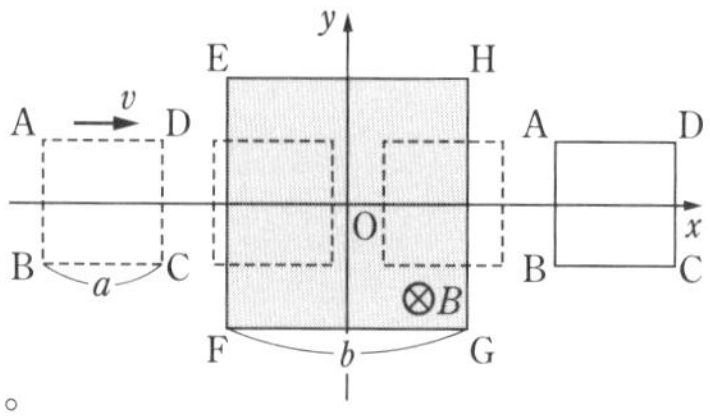

(1) コイルの1辺DCが磁場に入り始めたときの誘導起電力の大きさ V を求めよ。

(2) このとき，コイルに流れる電流の大きさ I_0 を求めよ。また，その向きをA，B，C，Dを用いて表せ。

(3) コイルの1辺DCが磁場に入った時刻を $t=0$ とし，コイル全体が磁場から出た時刻を $t=t_1$ とする。その間の電流 I と時間 t との関係をグラフで表せ。ただし，電流の向きはCからDに向けて流れるときを正とする。

〔琉球大 改〕

(1) ______________

(2) 大きさ：______________

向き：______________

(3)
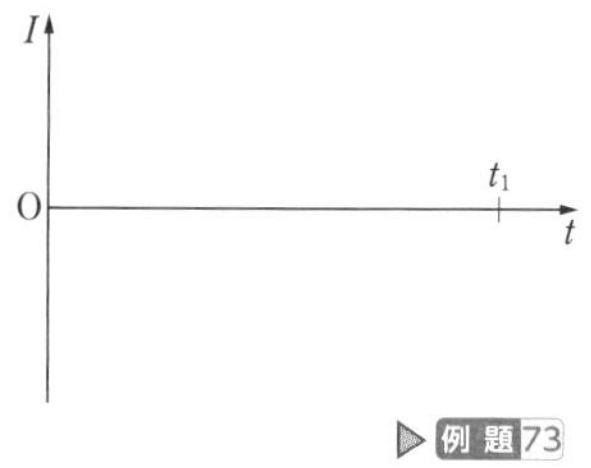

▷ 例題73

例題74 磁場を横切る金属棒に生じる誘導起電力

➡143　解説動画

真空中に金属レールが水平に置かれ，その上を金属棒がなめらかに移動できるようになっている。金属棒の長さは l〔m〕で，レールの間隔に等しい。図1のように，xyz 軸をとる。このとき，磁束密度 B〔T〕の磁場が z 軸の正の向きに加えられている。また，金属棒の抵抗は R〔Ω〕である。

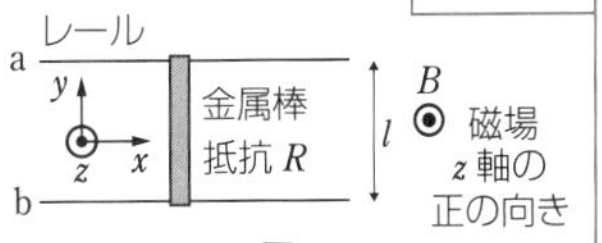

図1

図2のように，端子 a，b 間に起電力 E〔V〕の電池(内部抵抗0)を接続したところ，金属棒は動き始めた。x 軸の正の向きに速さ v〔m/s〕で動いている金属棒について

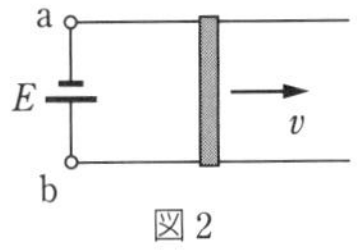

図2

(1) 両端に発生する誘導起電力の大きさ V〔V〕を求めよ。

(2) 流れる電流の大きさ I〔A〕と向きを求めよ。　(3) 加わる力の大きさ F〔N〕を求めよ。

(4) 十分な時間が経過して金属棒の速さが一定になったときの速さ v_0〔m/s〕を求めよ。

指針 金属棒に生じる誘導起電力の大きさは vBl〔V〕である。向きは，レンツの法則と右ねじの法則とから判断する。

解答 z 軸の負の向きの磁場をつくる向きに誘導起電力 V が発生(レンツの法則)。V の向きは E の向きと反対になる(右ねじの法則)。

(1) $V = vBl$〔V〕　……①

(2) キルヒホッフの法則Ⅱより　$E - V = RI$　……②

よって　$I = \dfrac{E - vBl}{R}$〔A〕，**y 軸の正の向き**

(3) $F = IBl = \left(\dfrac{E - vBl}{R}\right)Bl$〔N〕　……③

(4) F は x 軸の正の向きで(フレミングの左手の法則)，棒は加速され，v の増加とともに V も増す。V が E に達すると，②，③式より $I=0$，$F=0$ となり，速さは v_0 で一定になる。③式で，$v=v_0$ のとき $F=0$ より

$E - v_0Bl = 0$　　よって　$v_0 = \dfrac{E}{Bl}$〔m/s〕

143. 磁場を横切る導線に生じる誘導起電力

鉛直上向きの一様な磁束密度 B〔T〕の磁場中に，水平に置かれた図のような回路がある。R は R〔Ω〕の抵抗，m は質量 m〔kg〕のおもり，PQ はコの字形の導線上を長方形を描きながらなめらかに動く長さ l〔m〕の軽い導線である。鉛直につるされたおもり m は，なめらかに動く軽い滑車を通して，PQ に軽いひもでつながれている。なお，重力加速度の大きさを g〔m/s^2〕とする。

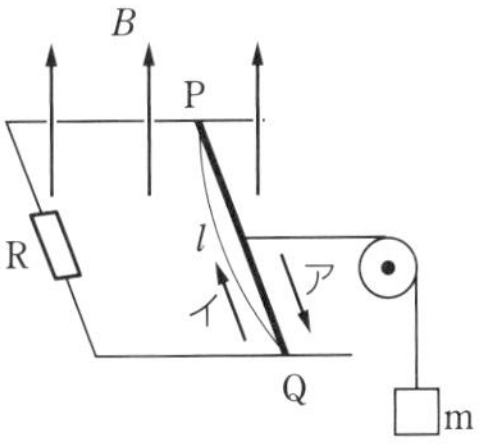

(1) おもりの速さが v〔m/s〕のとき，導線 PQ を流れる電流の大きさは何 A か。その向きは図のアとイのどちらか。

(2) (1)のとき，導線 PQ が磁場から受ける力の大きさは何 N か。

(3) (1)のとき，おもりの加速度の大きさは何 m/s^2 か。

(4) やがておもりは一定の速さで落下する。このときの速さは何 m/s か。

(5) (4)のとき，おもりに作用する重力が1秒間にする仕事は何 J か。

(6) (4)のとき，抵抗Rで1秒間に発生するジュール熱は何 J か。　〔九州産大 改〕

(1) 大きさ：＿＿＿＿　向き：＿＿＿＿　(2) ＿＿＿＿

(3) ＿＿＿＿　(4) ＿＿＿＿　(5) ＿＿＿＿　(6) ＿＿＿＿

▷例題74

リードA

リードAの確認問題

2 自己誘導と相互誘導

a 自己誘導

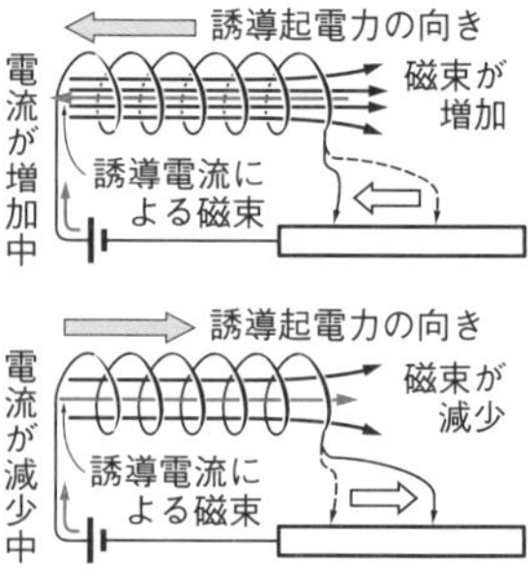

コイルに流れる電流を変化させると，コイルを貫く磁束が変化するので，そのコイル自身に，磁束の変化を打ち消す向きに誘導起電力が生じる。

時間 Δt〔s〕の間に電流が ΔI〔A〕だけ変化したとき，自己誘導によってコイルの両端に生じる誘導起電力 V〔V〕は

$$V=-L\frac{\Delta I}{\Delta t}$$

比例定数Lをコイルの**自己インダクタンス**という。

単位はH(**ヘンリー**)を用いる。

b コイルに蓄えられるエネルギー

電流 I〔A〕の流れているコイル(自己インダクタンス L〔H〕)に蓄えられるエネルギー U〔J〕は

$$U=\frac{1}{2}LI^2$$

c 相互誘導

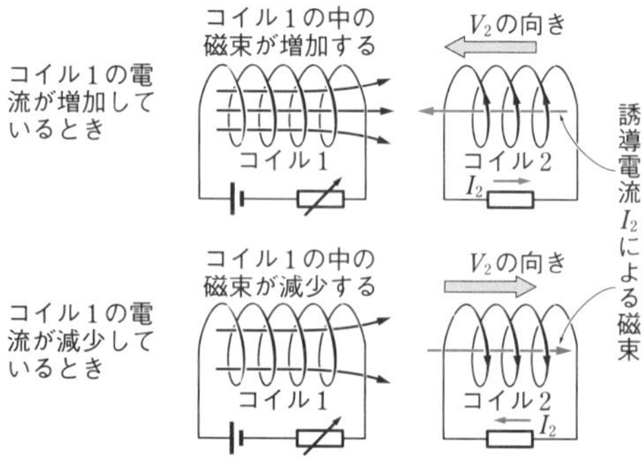

コイル1に流れる電流を，時間 Δt〔s〕の間に ΔI_1〔A〕だけ変化させたとき，コイル2に生じる誘導起電力 V_2〔V〕は

$$V_2=-M\frac{\Delta I_1}{\Delta t}$$

比例定数Mを**相互インダクタンス**という。

単位はHを用いる。

物理量	主な記号	単位
自己インダクタンス	L	H
相互インダクタンス	M	H

リードB

基礎CHECK

1. 自己インダクタンス1.2Hのコイルに流れる電流を，0.10秒間に一様に0.20A減少させた。このとき，コイルに生じる誘導起電力の大きさは何Vか。

〔　　　　〕

2. 自己インダクタンス0.30Hのコイルに2.0Aの電流を流す。このコイルが蓄えているエネルギー U〔J〕を求めよ。

〔　　　　〕

3. 次の図で，コイル1の回路のスイッチSを
(ア) 閉じたとき，(イ) 開いたとき　のそれぞれの場合，コイル2の端子P，Qの電位はどちらが高くなるか。

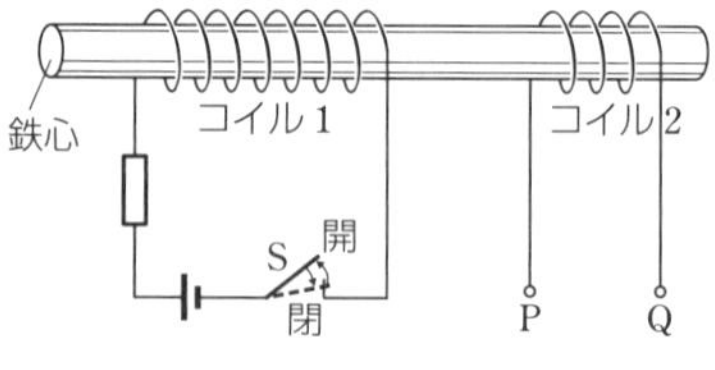

(ア)〔　　　　〕

(イ)〔　　　　〕

解答

1. 「$V=-L\frac{\Delta I}{\Delta t}$」より

$$|V|=\left|-L\frac{\Delta I}{\Delta t}\right|=1.2\times\frac{0.20}{0.10}=\mathbf{2.4\,V}$$

2. 「$U=\frac{1}{2}LI^2$」より

$$U=\frac{1}{2}\times0.30\times2.0^2=\mathbf{0.60\,J}$$

3. PQを負荷(抵抗)でつないでレンツの法則を適用する。

(ア) スイッチSを閉じると鉄心の中で右向きの磁束が増えるので，コイル2には左向きの磁束を生じるような誘導電流が流れる。負荷中はP→Qの向きに流れるので，**P**の電位が高い。

(イ) (ア)とは逆に，コイル2には右向きの磁束を生じるような誘導電流が流れる。負荷中はQ→Pの向きに流れるので，**Q**の電位が高い。

Let's Try!

例題 75 自己誘導

➡ 144

解説動画

図のような，自己インダクタンス 0.10H のコイル，25Ω の抵抗，電圧 10V の電源，スイッチ S からなる回路がある。

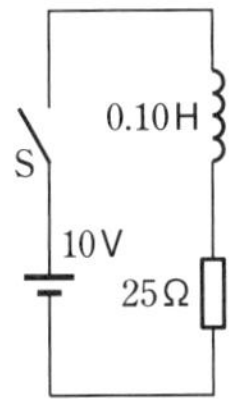

(1) S を閉じた直後に，回路に流れる電流 I_0 は何 A か。

(2) S を閉じてから十分に時間が経過したとき，回路に流れる電流 I_1 は何 A か。

(3) (2)のとき，コイルに蓄えられるエネルギー U は何 J か。

指針 スイッチ S を閉じると，コイルに流れる電流が変化し，コイル内部に生じる磁場が変化する。そのため，電磁誘導によって，コイルに流れる電流が変化するのを妨げる向きに，誘導起電力が生じる。このため，スイッチを閉じても，電流は瞬時には変化しない。

解答 (1) S を閉じた直後は，コイルに流れる電流が増加するのを妨げる向きに誘導起電力が生じるため，回路を流れる電流は瞬時には変化しない。したがって

$I_0 = \mathbf{0\,A}$

(2) S を閉じてから十分に時間が経過すると，コイルに流れる電流は一定になるため，コイルには誘導起電力は生じなくなる。

したがって，オームの法則より

$$I_1 = \frac{V}{R} = \frac{10}{25} = \mathbf{0.40\,A}$$

(3) コイルに蓄えられるエネルギーの式「$U = \frac{1}{2}LI^2$」より

$$U = \frac{1}{2}LI_1{}^2 = \frac{1}{2} \times 0.10 \times 0.40^2 = \mathbf{8.0 \times 10^{-3}\,J}$$

144. 自己誘導 ● 図のような，自己インダクタンス L〔H〕のコイル L，抵抗値 R_1，R_2〔Ω〕の 2 つの抵抗 R_1，R_2，電圧 V_0〔V〕の電源，スイッチ S からなる回路がある。

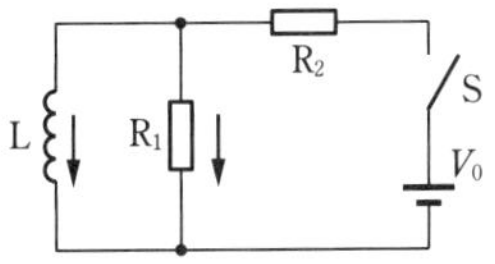

(1) S を閉じた直後，抵抗 R_1 およびコイル L に流れる電流 I_R，I_L〔A〕とコイル L に生じる誘導起電力の大きさ V_L〔V〕を求めよ。電流の向きは，図の矢印の向きを正とする。

(2) S を閉じて十分に時間が経過したとき，抵抗 R_1 およびコイル L に流れる電流 I_R'，I_L'〔A〕とコイル L に生じる誘導起電力の大きさ V_L'〔V〕を求めよ。電流の向きは，図の矢印の向きを正とする。

(1) I_R ：　　　I_L ：　　　V_L ：

(2) I_R' ：　　　I_L' ：　　　V_L' ：

▷ 例題 75

145. 相互誘導 ● 図 1 のように，コイル 1 とコイル 2 が鉄心に巻いてある。コイル間の相互インダクタンスが 0.02 H のとき，コイル 1 に図 2 に示すような，時間とともに変化する電流 I_1 (図の右回りに流れるときを正とする)を流すと，コイル 2 の端子電圧 V_2 (図の右回りに誘導電流が流れるときを正とする)はどのようになるか。グラフで示せ。

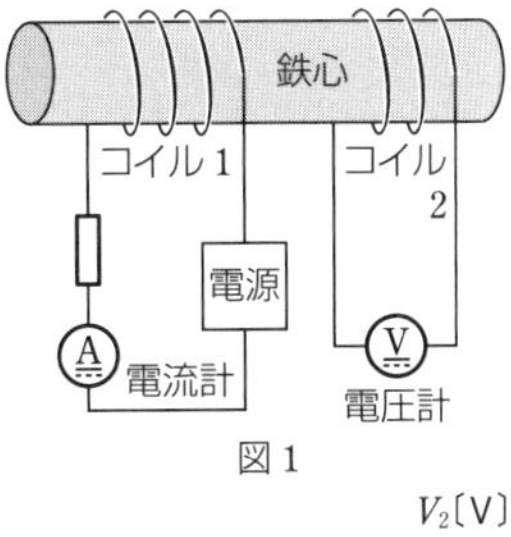

図 1

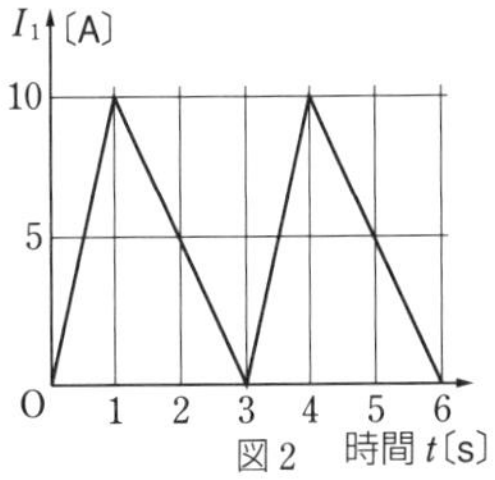

図 2

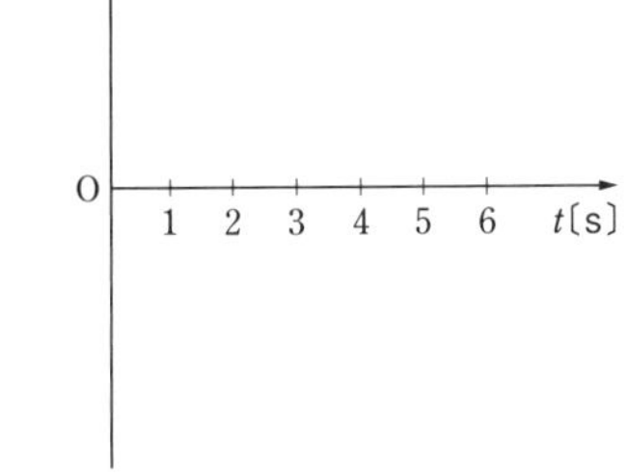

第21章 交流と電気振動

リード A

1 交流 ➡ 巻末 Zoom ⑤

リードAの確認問題

a 交流の発生

磁場の磁束密度を B〔T〕，コイルの角速度を ω〔rad/s〕(振動数 f〔Hz〕，周期 T〔s〕) とすると，時刻 t〔s〕のときのコイルに生じる誘導起電力 V〔V〕は，最大値を V_0〔V〕とすると

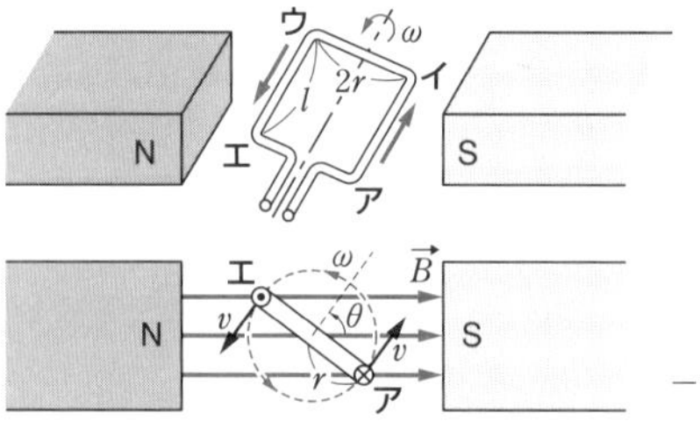

辺アイの誘導起電力 $vBl\sin\theta$
コイル全体の誘導起電力 $V=2vBl\sin\theta$
ここで $v=r\omega,\ \theta=\omega t$ より
$V=2r\omega Bl\sin\omega t$

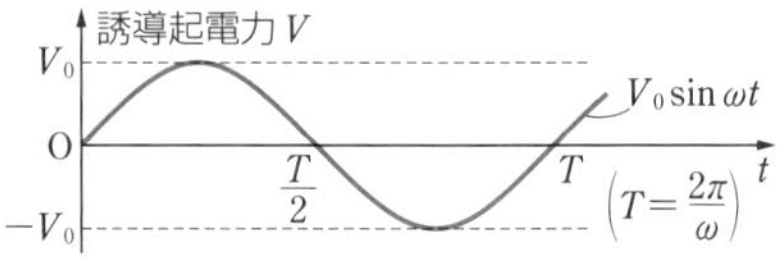

$V=V_0\sin\omega t$ (ただし，$V_0=2r\omega Bl$，ω：**角周波数**)

周期 $T=\dfrac{2\pi}{\omega}$，周波数 $f=\dfrac{1}{T}=\dfrac{\omega}{2\pi}$ ($\omega=2\pi f$)

b 交流回路

⑴ **交流の実効値** 交流の電流や電圧の大きさについて，そこから計算される電力が直流と同等の効果をもつような値。その大きさは，最大値の $1/\sqrt{2}$ 倍となる。

交流電流の実効値 $I_e=\dfrac{1}{\sqrt{2}}I_0$ 交流電圧の実効値 $V_e=\dfrac{1}{\sqrt{2}}V_0$

⑵ **電圧と電力** 交流電流 $I=I_0\sin\omega t$ が，抵抗，コイル，コンデンサーに流れているときの電圧と電力は下表のようになる(電流の正の向きを定め，その向きに電流を流そうとする電圧を正とする)。

	抵 抗 R〔Ω〕	コイル L〔H〕	コンデンサー C〔F〕
抵抗としてのはたらき	抵抗値 R〔Ω〕	リアクタンス ωL〔Ω〕	リアクタンス $\dfrac{1}{\omega C}$〔Ω〕
電 圧 V	$V=V_0\sin\omega t$ 実効値 $V_e=RI_e$	$V=V_0\sin\left(\omega t+\dfrac{\pi}{2}\right)$ $V_e=\omega LI_e$	$V=V_0\sin\left(\omega t-\dfrac{\pi}{2}\right)$ $V_e=\dfrac{1}{\omega C}I_e$
電流と比べた電圧の位相	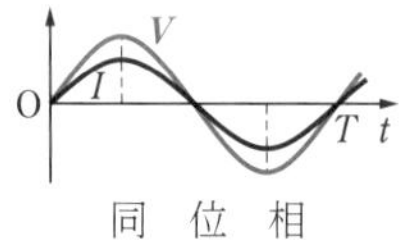 同 位 相	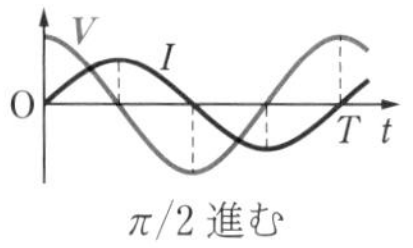 $\pi/2$ 進む	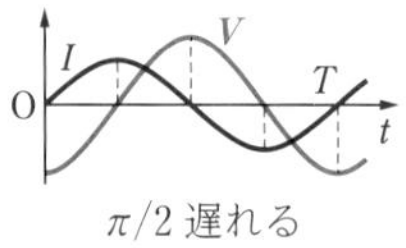 $\pi/2$ 遅れる
消費電力の平均	$I_eV_e=\dfrac{1}{2}I_0V_0$	0	0

⑶ **変圧器** 電圧の比 $V_{1e}:V_{2e}=N_1:N_2$，理想的な変圧器の場合 $I_{1e}V_{1e}=I_{2e}V_{2e}$

c 交流回路のインピーダンス

⑴ **インピーダンス Z** 回路全体の，交流に対する抵抗のはたらきをする量。 $Z=\dfrac{V_0}{I_0}=\dfrac{V_e}{I_e}$

⑵ **直列回路のインピーダンス** R，L，C の直列回路で，電流に対する電圧の位相は，L では $\pi/2$ 進み，C では $\pi/2$ 遅れるので電源電圧を V とすると $V_0{}^2=V_{R0}{}^2+(V_{L0}-V_{C0})^2$

$V_{R0}=RI_0$，$V_{L0}=\omega LI_0$，$V_{C0}=\dfrac{1}{\omega C}I_0$ より

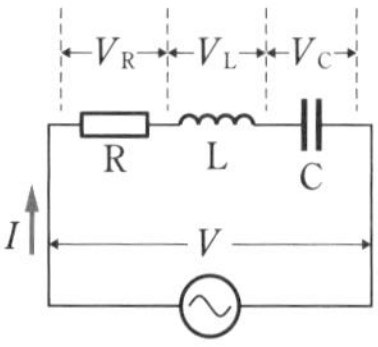

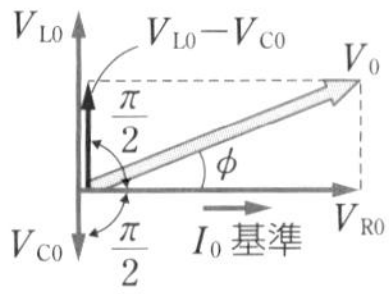

$$Z=\sqrt{R^2+\left(\omega L-\frac{1}{\omega C}\right)^2} \qquad V_0=ZI_0$$

直列回路の消費電力の時間平均は $\overline{P}=RI_e{}^2=I_eV_e\cos\phi$

d 共振

抵抗，コイル(L〔H〕)，コンデンサー(C〔F〕)の直列回路に交流電圧(実効電圧一定)を加えたとき，電流が最も大きくなる周波数(**共振周波数**) f_0〔Hz〕は $f_0=\dfrac{1}{2\pi\sqrt{LC}}$

e 電気振動

(1) **固有周波数** 電気容量 C〔F〕のコンデンサーを充電した後，自己インダクタンス L〔H〕のコイルを通して放電させると，固有周波数 f〔Hz〕，周期 T〔s〕の振動電流が流れる。

$$f=\frac{1}{2\pi\sqrt{LC}},\quad T=2\pi\sqrt{LC}$$

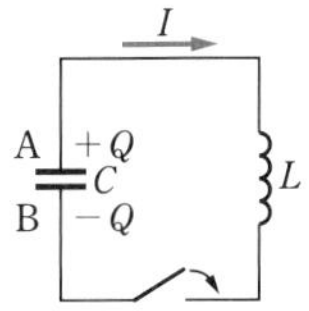

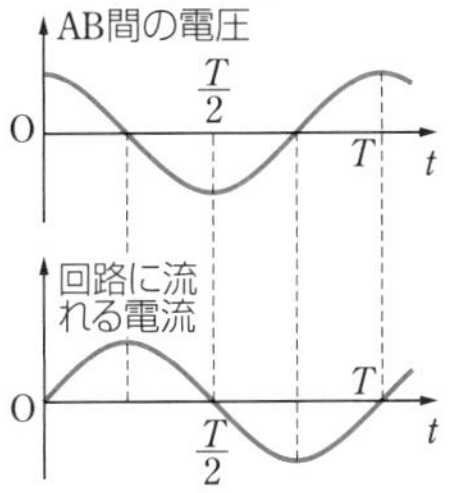

(2) **電気振動とエネルギー** 電気振動は，コンデンサーとコイルが，静電エネルギーと磁気エネルギーをやりとりする現象で，初めの AB 間の電圧を V_0〔V〕とすると，回路の抵抗が 0 の場合

$$\frac{1}{2}LI^2+\frac{1}{2}CV^2=\frac{1}{2}CV_0{}^2=\text{一定}$$

リード B

基礎 CHECK

1. 交流発電機のコイルの角速度 ω を 2 倍にしたとき，発生する交流電圧の最大値と周波数はそれぞれ何倍になるか。

最大値：〔　　　〕
周波数：〔　　　〕

2. 実効値が 20V の交流電源の電圧の最大値 V_0〔V〕を求めよ。

〔　　　〕

3. 50Ω の抵抗に周波数 50Hz，実効値 100V の交流電圧を加えたとき，次の値を求めよ。

(ア) 電流の瞬間最大値 I_0〔A〕
(イ) 抵抗の消費電力の時間平均 $\overline{P}$〔W〕

(ア)〔　　　〕
(イ)〔　　　〕

4. 自己インダクタンス 1.0H のコイルに，周波数 50Hz，実効値 100V の交流電圧を加えたとき，次の値を求めよ。

(ア) 流れる電流の実効値 I_{Le}〔A〕
(イ) 消費電力の時間平均 $\overline{P_{\mathrm{L}}}$〔W〕

(ア)〔　　　〕
(イ)〔　　　〕

5. 電気容量 4.0μF のコンデンサーに，周波数 50Hz，実効値 12V の交流電圧を加えたとき，次の値を求めよ。

(ア) 流れる電流の実効値 I_{Ce}〔A〕
(イ) 消費電力の時間平均 $\overline{P_{\mathrm{C}}}$〔W〕

(ア)〔　　　〕
(イ)〔　　　〕

6. 巻数 200 回の一次コイルと，巻数 50 回の二次コイルからなる変圧器がある。一次コイルに交流電圧 100V を加えるときの，二次コイルの電圧 $V_{2\mathrm{e}}$〔V〕を求めよ。

〔　　　〕

7. 抵抗とコイルを直列接続した回路に実効値 15V の交流電圧を加えたところ，回路には実効値 0.50A の電流が流れた。この回路のインピーダンス Z〔Ω〕を求めよ。

〔　　　〕

8. 電気容量 10μF のコンデンサーを充電した後，自己インダクタンス 10H のコイルを通して放電させるときの，流れる振動電流の周波数 f〔Hz〕を求めよ。

〔　　　〕

解答

1. コイルの角速度を 2 倍にすると，コイルが磁場を横切る速さも 2 倍になるから，交流電圧の最大値も **2 倍**になる。また，「$\omega=2\pi f$」より，周波数 f も **2 倍**になる。

2. 「$V_{\mathrm{e}}=\frac{1}{\sqrt{2}}V_0$」より　$V_0=\sqrt{2}\,V_{\mathrm{e}}=1.41\times20\fallingdotseq\mathbf{28\,V}$

3. 「$V_{\mathrm{e}}=RI_{\mathrm{e}}$」より　$I_{\mathrm{e}}=\frac{V_{\mathrm{e}}}{R}=\frac{100}{50}=2.0\,\mathrm{A}$

(ア) 「$I_{\mathrm{e}}=\frac{1}{\sqrt{2}}I_0$」より　$I_0=\sqrt{2}\,I_{\mathrm{e}}=1.41\times2.0\fallingdotseq\mathbf{2.8\,A}$

(イ) 「$P=I_{\mathrm{e}}V_{\mathrm{e}}$」より　$\overline{P}=2.0\times100=\mathbf{2.0\times10^2\,W}$

4. (ア) コイルのリアクタンスの式「ωL」より

$$I_{\mathrm{Le}}=\frac{V_{\mathrm{Le}}}{\omega L}=\frac{V_{\mathrm{Le}}}{2\pi fL}=\frac{100}{2\times3.14\times50\times1.0}\fallingdotseq\mathbf{0.32\,A}$$

(イ) $\overline{P_{\mathrm{L}}}=\mathbf{0\,W}$

5. (ア) コンデンサーのリアクタンスの式「$\frac{1}{\omega C}$」より

$$I_{\mathrm{Ce}}=\frac{V_{\mathrm{Ce}}}{1/\omega C}=2\pi fCV_{\mathrm{Ce}}$$
$$=2\times3.14\times50\times(4.0\times10^{-6})\times12\fallingdotseq\mathbf{1.5\times10^{-2}\,A}$$

(イ) $\overline{P_{\mathrm{C}}}=\mathbf{0\,W}$

6. 「$V_{1\mathrm{e}}:V_{2\mathrm{e}}=N_1:N_2$」より

$$V_{2\mathrm{e}}=\frac{N_2}{N_1}V_{1\mathrm{e}}=\frac{50}{200}\times100=\mathbf{25\,V}$$

7. インピーダンスの式「$Z=\frac{V_{\mathrm{e}}}{I_{\mathrm{e}}}$」より　$Z=\frac{15}{0.50}=\mathbf{30\,\Omega}$

8. 固有周波数の式「$f=\frac{1}{2\pi\sqrt{LC}}$」より

$$f=\frac{1}{2\times3.14\times\sqrt{10\times(10\times10^{-6})}}\fallingdotseq\mathbf{16\,Hz}$$

Let's Try!

例題76 交流発電機

➡146 解説動画

図1のように，一様な磁場(磁束密度の大きさB)の中で，1辺の長さlの正方形コイルABCDが，磁場に垂直な軸を中心にして一定の角速度ωで回転している。時刻$t=0$においてコイル面は磁場と垂直であり，コイルを回転軸方向から見たとき，時刻tで図2のようにθだけ回転していたとする。

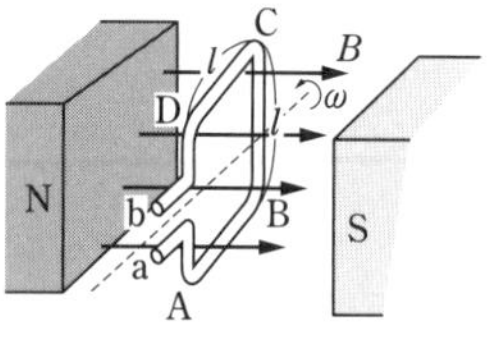

図1

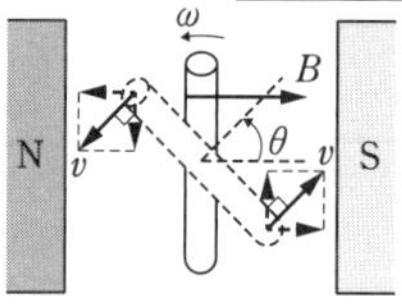

図2

(1) コイルの辺ABの回転速度vを，l，ωを用いて表せ。

(2) 時刻tのとき，辺ABに生じる誘導起電力V_{AB}を，B，l，ω，tを用いて表せ。ただし，誘導起電力はA→B→C→Dの向きを正とする。

(3) コイル全体に生じる誘導起電力Vをグラフで示せ。

指針 コイルの辺BCと辺DAは磁場を横切らないので誘導起電力は生じない。

解答 (1) 等速円運動の速さの式「$v=r\omega$」より

$$v=\frac{1}{2}l\omega$$

(2) 図2(時刻t)のとき，辺ABの速度と磁場のなす角は$\theta=\omega t$で，コイルを右向きに貫く磁束が減少しているので，レンツの法則からコイルを右向きに貫く磁束が増加するようにコイルに電流が流れる(A→B→C→Dの向き)ので，辺ABに生じる誘導起電力は正で

$$V_{AB}=vBl\sin\theta=\frac{1}{2}l\omega\cdot Bl\sin\omega t$$

$$=\frac{1}{2}\omega Bl^2\sin\omega t$$

(3) 辺CDにも辺ABと同じ符号で同じ大きさの誘導起電力が生じるが，辺BCと辺DAには誘導起電力は生じない。したがって，コイル全体に生じる誘導起電力は

$$V=2V_{AB}=2\times\frac{1}{2}\omega Bl^2\sin\omega t=\omega Bl^2\sin\omega t$$

周期をTとすると　$T=\dfrac{2\pi}{\omega}$

よって，Vのグラフは下図のようになる。

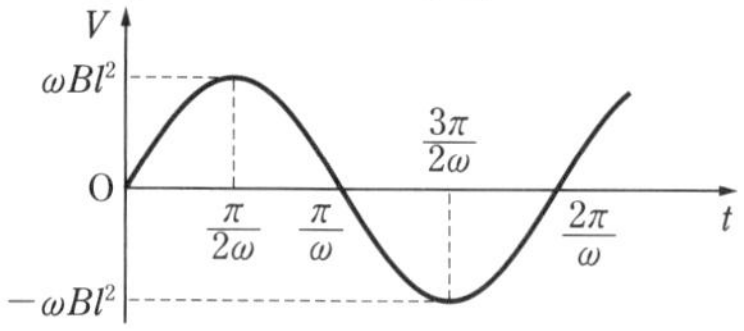

146. 交流の発生

次の文中の□を正しく埋めよ。

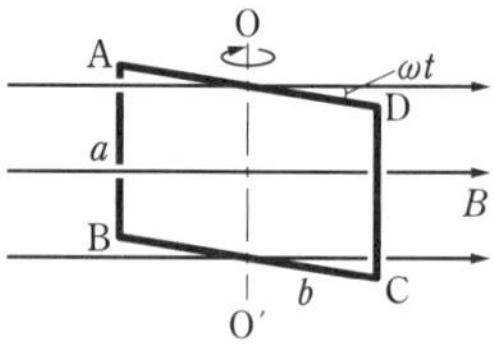

図のように，磁束密度B〔T〕の一様な磁場の中で，1回巻きの長方形のコイルABCD(AB$=a$〔m〕，BC$=b$〔m〕)を，磁場の方向に垂直でADとBCの中点を通る中心軸OO′のまわりに，一定の角速度ω〔rad/s〕でO側から見て時計回りに回転させる。コイルの抵抗はR〔Ω〕であり，その自己インダクタンスは無視する。ADが図のように磁場の方向と角度ωt〔rad〕$\left(0<\omega t<\dfrac{\pi}{2}\right)$をなす位置にきたとき，コイルを貫く磁束は［ア］〔Wb〕である。このとき，ABとCDは速さ［イ］〔m/s〕で等速円運動をしており，磁場に垂直な方向には［ウ］〔m/s〕の速さで動いているので，磁場の方向から見たコイルの面積が増加する。それにつれて，コイルを貫く磁束が増加し，その変化率は［エ］〔Wb/s〕である。したがって，コイルには大きさ［オ］〔V〕の誘導起電力が生じ，［カ］〔A〕の誘導電流が［キ］の向きに流れる。

ア：＿＿＿＿　イ：＿＿＿＿　ウ：＿＿＿＿

エ：＿＿＿＿　オ：＿＿＿＿　カ：＿＿＿＿　キ：＿＿＿＿

▷例題76

例題 77 抵抗で消費される電力

➡ 147

解説動画

抵抗 R（抵抗値 R）に交流電圧 $V=V_0\sin\omega t$ を加えると，各時刻に，電流 I が流れ，電力 P が消費される。

(1) R を流れる電流 I および R で消費される電力 P の式を求めよ。また，V のグラフにならって，I，P の時間的変化のだいたいのようすをグラフにかけ。

(2) 1 周期にわたる平均の電力 $\overline{P}$ を求めよ。

(3) (2)の平均の電力 $\overline{P}$ を V，I の実効値 V_e，I_e を使って表せ。

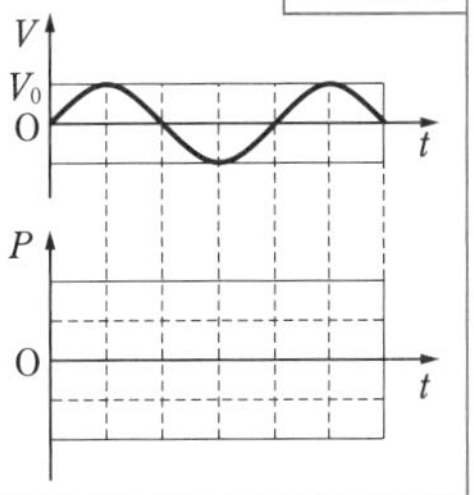

指針 抵抗では，V と I の位相が一致するので（同符号），電力 $P\geqq 0$

解答 (1) $I=\dfrac{V}{R}=\dfrac{\boldsymbol{V_0}}{\boldsymbol{R}}\sin\boldsymbol{\omega t}$

$P=IV=\dfrac{\boldsymbol{V_0}^2}{\boldsymbol{R}}\sin^2\boldsymbol{\omega t}$

I，P のグラフは右の図のようになる。

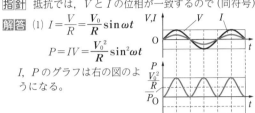

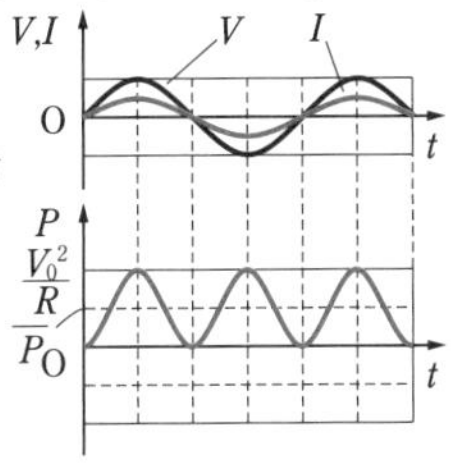

(2) $\cos 2\theta=1-2\sin^2\theta$ を用いて

$$P=\frac{V_0^2}{R}\sin^2\omega t=\frac{V_0^2}{2R}(1-\cos 2\omega t)$$

$\cos 2\omega t$ の 1 周期の平均は 0 になるので

$$\overline{P}=\frac{\boldsymbol{V_0}^2}{\boldsymbol{2R}}$$

(3) $V_e=\dfrac{V_0}{\sqrt{2}}$，$I_e=\dfrac{I_0}{\sqrt{2}}=\dfrac{V_0}{\sqrt{2}\,R}$ より　$\overline{P}=\boldsymbol{I_e V_e}$

147. 交流の実効値 ● 周波数 50 Hz，電圧の実効値 100 V の交流電源に 100 Ω の抵抗をつなぐ。以下の問いに有効数字 2 桁で答えよ。

(1) 抵抗を流れる交流電流の周波数 f は何 Hz か。

(2) 抵抗を流れる交流電流の実効値 I_e は何 A か。

(3) 抵抗を流れる交流電流の最大値 I_0 は何 A か。

(4) 抵抗で消費される消費電力の時間平均 $\overline{P}$ は何 W か。

第21章

(1) ________　(2) ________

(3) ________　(4) ________

▶ 例題 77

例題 78 交流のグラフ

➡ 148, 149

解説動画

コイルに図1のような交流電圧を加えたところ，コイルに流れる電流は図2のように変化した。

(1) コイルのリアクタンス X_L を求めよ。

(2) コイルの自己インダクタンス L を求めよ。

(3) 同じ交流電圧をコンデンサーに加えたときの電流 I の時間変化を，図2にかきこめ。電流の最大値はコイルの場合と同じであったとする。

図1
図2

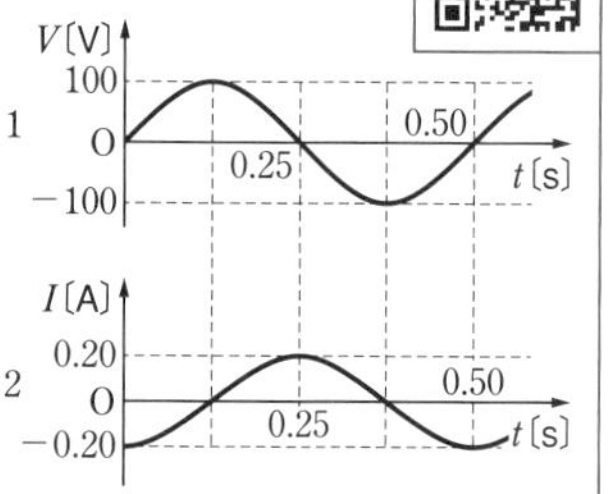

指針 (3) コイルでは，交流電流の位相は交流電圧に比べて $\frac{\pi}{2}$ 遅れるのに対し，コンデンサーでは $\frac{\pi}{2}$ 進む。

解答 (1) リアクタンスと電圧，電流の関係式より

$$X_L = \frac{V_e}{I_e} = \frac{V_0}{I_0} = \frac{100}{0.20} = \mathbf{5.0 \times 10^2\,\Omega}$$

(2) 図より $T = 0.50\,\text{s}$　よって　$f = \frac{1}{T} = 2.0\,\text{Hz}$

コイルのリアクタンスの式 $X_L = \omega L$ より

$$L = \frac{X_L}{\omega} = \frac{X_L}{2\pi f} = \frac{5.0 \times 10^2}{2 \times 3.14 \times 2.0} \fallingdotseq \mathbf{40\,H}$$

(3) コンデンサーでは，交流電流の位相は交流電圧に比べて $\frac{\pi}{2}$ 進む。したがって，電流 I の時間変化は**図a**の実線のようなグラフになる。

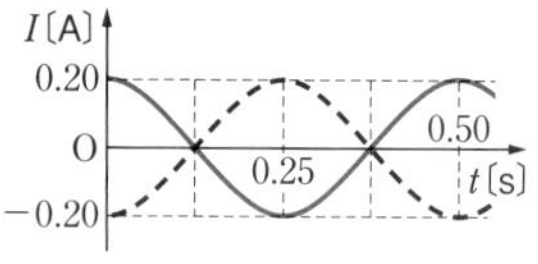

図 a

148. 交流の性質 ● 周波数 f の交流に対する抵抗，コイル，コンデンサーの性質を右の表にまとめた。抵抗値を R，コイルの自己インダクタンスを L，コンデンサーの電気容量を C として，表の(a)~(d)に入る文章，(e)に入る式を示せ。

	抵抗または リアクタンス	流れる電流と 周波数との関係	電源電圧に対する電流の位相
抵抗	R	(a)	同じ
コイル	$2\pi fL$	(b)	(c)
コンデンサー	(e)	f が大きいほど電流は流れやすい。	(d)

(a)＿＿＿＿　(b)＿＿＿＿

(c)＿＿＿＿　(d)＿＿＿＿　(e)＿＿＿＿

▷ 例題 78

149. 交流のグラフ ● 図のように，50μF のコンデンサーCと周波数が 50Hz で電圧が $V = 100\sin\omega t$ で表される交流電源を接続した。ここで，t〔s〕は時刻，ω〔rad/s〕は角周波数であり，V〔V〕は図のaよりbが高電位のときを正とする。また，図の矢印の向きを正とする電流を I〔A〕とする。

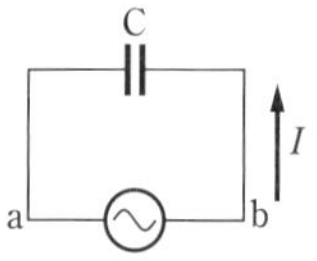

(1) I〔A〕の最大値 I_0〔A〕を求めよ。

(2) 図の矢印の向きを正とする電流 I〔A〕の時間変化を表すグラフを図示せよ。

(2)

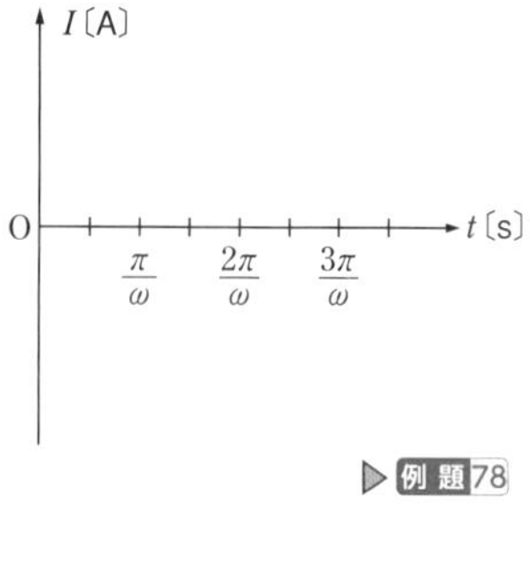

(1)＿＿＿＿

▷ 例題 78

例題 79 交流回路

➡ 150

解説動画

次の [ ] に適当な用語または数式を入れよ。

図のように，周波数 f〔Hz〕を変えることができる交流電源に，理想的なコイル L（自己インダクタンス L〔H〕）とコンデンサー C（電気容量 C〔F〕）を並列に接続した。

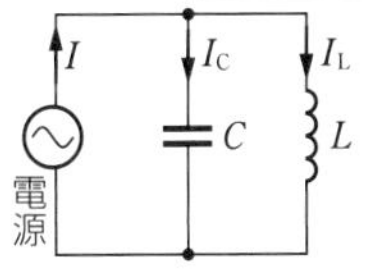

コイルのリアクタンスは周波数 f に [ア] し，コンデンサーのリアクタンスは周波数 f に [イ] して変化する。ある周波数 f_0〔Hz〕で両者のリアクタンスは等しくなる。この周波数でコイルに流れる電流 I_L とコンデンサーに流れる電流 I_C は位相が [ウ] だけ異なるので電源に流れる電流 I は　$I=I_L+I_C=$ [エ]　となる。このとき，コイルとコンデンサーを結ぶ閉回路には，コンデンサーからコイル，コイルからコンデンサーへと電流は振動的に流れる。

f_0 を表す式は　$f_0=$ [オ]　となる。この周波数を [カ] 周波数という。

指針 C と L の並列回路では，C と L に加わる電圧の瞬間値は常に等しい。この共通の電圧 V に対し，I_C の位相は $\frac{\pi}{2}$ 進み，I_L の位相は $\frac{\pi}{2}$ 遅れる。したがって，I_C と I_L の位相差は π となる。

これをベクトル的に表すと右図のようになる（ω〔rad/s〕は角周波数）。

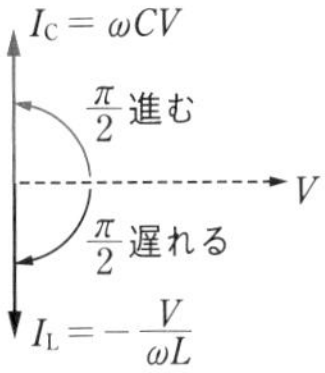

解答 (ア) コイルのリアクタンス $\omega L=2\pi fL$〔Ω〕 **比例**

(イ) コンデンサーのリアクタンス $\frac{1}{\omega C}=\frac{1}{2\pi fC}$〔Ω〕

反比例

(ウ) $\boldsymbol{\pi}$（あるいは **180°**）

(エ) $f=f_0$ のとき，I_C と I_L は大きさが等しく，符号（向き）が逆になるので $I=I_L+I_C=\mathbf{0}$

(オ) $2\pi f_0L=\frac{1}{2\pi f_0C}$ より　$f_0=\boldsymbol{\frac{1}{2\pi\sqrt{LC}}}$

(カ) **共振**周波数

150. 共振回路

次の文の [ ] を適当な数式で埋めよ。

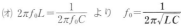

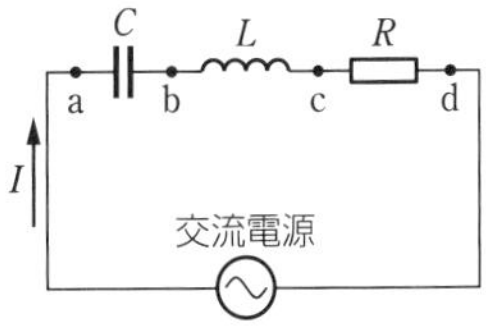

図のように，電気容量 C のコンデンサー，自己インダクタンス L のコイル，抵抗値 R の抵抗を直列に接続し，角周波数が ω の交流電源を接続した。交流電源の内部抵抗は無視できるものとする。回路を流れる電流 I は図の矢印の向きを正とし，時刻 t における電流は　$I=I_0\sin\omega t$　で変化するものとする。I_0 は電流の最大値である。

時刻 t における，点 b に対する点 a の電位 V_C は $V_C=$ [ア]，点 c に対する点 b の電位 V_L は　$V_L=$ [イ]，点 d に対する点 c の電位 V_R は　$V_R=$ [ウ]　とそれぞれ表される。また，抵抗で消費される電力の時間平均は [エ] である。

交流電源の角周波数 ω を変化させると，$\omega=\omega_0$ のとき，ac 間の電圧は常に 0 となった。ω_0 は　$\omega_0=$ [オ]　である。

〔15 関西大 改〕

ア：

イ：

ウ：

エ：

オ：

▷ 例題 79

リード C

例題 80 電気振動

➡151

解説動画

図のように，自己インダクタンス 1.0×10^{-2}H のコイルと，電気容量 1.0×10^{-6}F のコンデンサーを接続する。コンデンサーを電圧 10V で充電してから，スイッチを入れると回路には振動電流が流れた。

(1) スイッチを入れる前，コンデンサーが蓄えている静電エネルギーを求めよ。

(2) 振動電流の回路の共振周波数を求めよ。

(3) 回路を流れる電流の最大値を求めよ。

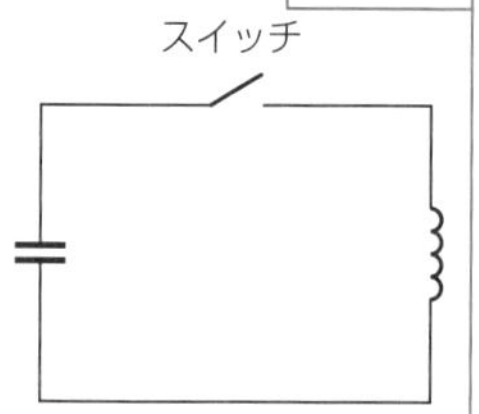

指針 (1) 電気容量 C のコンデンサーを電圧 V で充電したときにコンデンサーが蓄える静電エネルギーは　$U=\frac{1}{2}CV^2$

(3) 自己インダクタンス L のコイルに電流 i が流れているときにコイルが蓄えるエネルギーは　$U'=\frac{1}{2}Li^2$

コンデンサーの電荷が 0 になるとき，回路の電流が最大となり，U が U' に変わると考える。

解答 (1)「$U=\frac{1}{2}CV^2$」より

$$U=\frac{1}{2}\times(1.0\times10^{-6})\times10^2=\mathbf{5.0\times10^{-5}\,J}$$

(2) 電気振動の固有周波数の式「$f=\frac{1}{2\pi\sqrt{LC}}$」より

$$f=\frac{1}{2\pi\sqrt{1.0\times10^{-2}\times1.0\times10^{-6}}}=\frac{1}{6.28\times10^{-4}}$$
$$=1.59\cdots\times10^3\fallingdotseq\mathbf{1.6\times10^3\,Hz}$$

(3) $\frac{1}{2}CV^2=\frac{1}{2}Li^2$ より

$$i=V\sqrt{\frac{C}{L}}=10\sqrt{\frac{1.0\times10^{-6}}{1.0\times10^{-2}}}=\mathbf{0.10\,A}$$

151. 電気振動 ● 図1の回路でEは起電力 6.0V の電池，Cはコンデンサー，Lは自己インダクタンス 2.0H のコイル，Sはスイッチである。

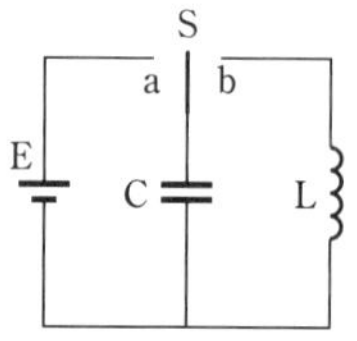

図1

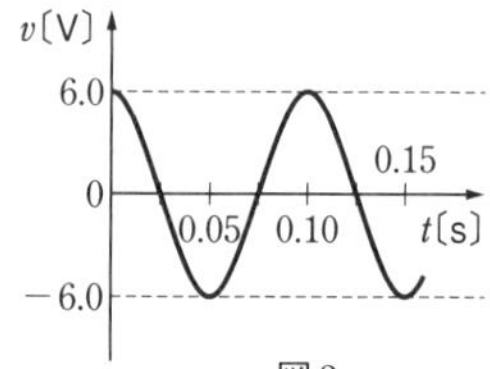

図2

(1) Sをa側に入れてCを充電した後，Sをb側に入れかえて，Cに加わる電圧 v〔V〕の時間的変化を調べたところ，図2のようになった。$t=0$ はSをb側に入れた時刻である。Cの電気容量 C〔F〕を求めよ。

(2) このとき，コイルに流れる電流 I〔A〕の時間的変化を図に記入せよ（C→S→L の向きに流れるときを正とする）。また，このときの最大電流 I_0〔A〕を求めよ。ただし，回路での抵抗はないものとする。

(2)
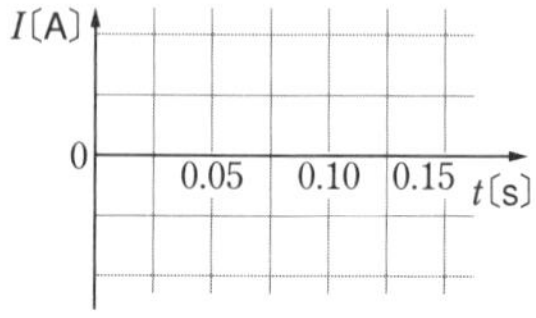

(1)

▷例題80

2 電磁波

リードAの確認問題

a 電磁波

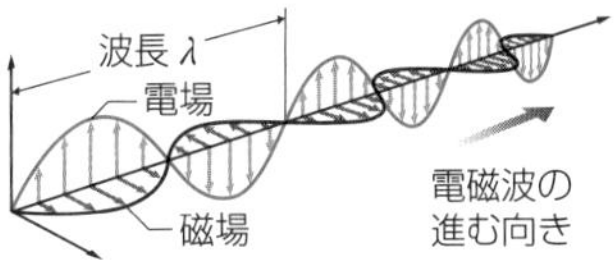

電場の変動と磁場の変動が影響しあって進む波を**電磁波**という。電磁波は，振動数の小さい（波長が長い）ほうから順に，**電波**，**赤外線**，**可視光線**，**紫外線**，**X線**，**γ線**と大きく分類される。これらは振動数が違うだけで，すべて空気中を秒速約 30 万 km で進む。

電磁波の進む速さを c〔m/s〕，電磁波の振動数を f〔Hz〕，波長を λ〔m〕とすると，$\boldsymbol{c=f\lambda}$ の関係がある。

リードB

基礎CHECK

1. 電磁波は，電場と磁場が進行方向に垂直で振動して伝わっていく。電場と磁場の位相差はいくらか。

〔　　　　　〕

解答

1. 同位相で変動する。**0**

リードC

Let's Try!

例題81 電磁波

➡152

解説動画

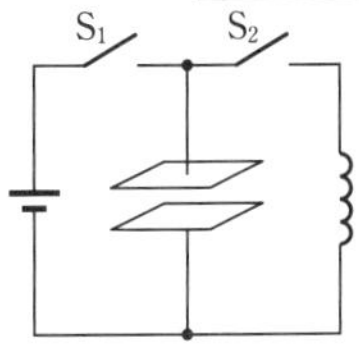

右の図のように起電力 V の電池，電気容量 C のコンデンサー，自己インダクタンス L のコイルが，スイッチ S_1 と S_2 で接続された回路がある。初め S_1 は閉じ，S_2 は開いていて，十分時間が経過してから，S_1 を開き，S_2 を閉じた。

(1) 振動回路を流れる電流の最大値 I_0 を求めよ。

(2) 電気振動にあわせてコンデンサーから放射される電磁波の波長を求めよ。

$L=1.0\times10^{-3}$H，$C=10$pF，光の速さ $c=3.0\times10^8$m/s とする。

指針 電気振動によって電磁波放射が起こるので，固有周波数と電磁波の周波数は等しい。

解答 (1) 初めコンデンサーに蓄えられていたエネルギーは保存されてコイルのエネルギーとなるので

$$\frac{1}{2}CV^2=\frac{1}{2}LI_0{}^2 \quad よって \quad I_0=\sqrt{\frac{C}{L}}V$$

(2) 電気振動の周期の式より

$$T=2\pi\sqrt{LC}=2\pi\sqrt{(1.0\times10^{-3})\times(10\times10^{-12})}$$
$$=2\pi\times10^{-7}\text{s}$$

光の速さと波長の式「$\lambda=cT$」より

$$\lambda=(3.0\times10^8)\times(2\pi\times10^{-7})\fallingdotseq\mathbf{1.9\times10^2\,m}$$

152. 電磁波 ● 電磁波について次の各問いに答えよ。ただし，光の速さを 3.0×10^8m/s とし，答の数値は有効数字 2 桁で答えよ。

(1) 波長 390nm の紫色の可視光線の振動数を求めよ。

(2) FM 放送には超短波の電磁波が使用される。周波数（振動数）81.3MHz の FM 放送に使用される超短波の波長を求めよ。

(3) ラジオの AM 放送と FM 放送では，どちらのほうが建物や山のかげにも届きやすいか。

(1)＿＿＿＿＿＿　(2)＿＿＿＿＿＿　(3)＿＿＿＿＿＿

▶例題81

第21章

編末問題

153. ガウスの法則 ● 十分薄く広い平面A上に一様に分布している正電荷がつくる電気力線，電場および電位を考える。電気力線はAに垂直でかつ一様である。クーロンの法則の比例定数を k〔N·m^2/C^2〕として空欄を埋めよ。図のように，面積 S〔m^2〕の上面と下面をもち，Aに垂直な円筒を仮想的に考える。円筒内部におけるA上の電気量が Q〔C〕($Q>0$) であったとすると，円筒の上面と下面を貫いて出ていく電気力線の総数 N は $N=$ ［ア］〔本〕で表される。したがって，円筒の上面と下面を貫く単位面積当たりの電気力線の本数，すなわち電場の強さ E は円筒の上面と下面において $E=$ ［イ］〔N/C〕で表される。Aにおける電位を0Vとすると，Aから距離 d〔m〕の点における電位は ［ウ］〔V〕となる。

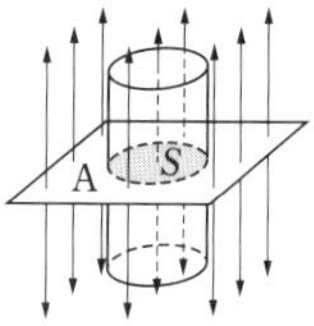

〔18 近畿大〕

ア：＿＿＿＿ イ：＿＿＿＿ ウ：＿＿＿＿

154. 電位 ● 図のように，y 軸上の点R$(0,\ 3d)$ と点S$(0,\ -3d)$ に電気量 $Q\ (>0)$ の点電荷が固定されており，x 軸にそって正の向きへ進んでいる電気量 $q\ (>0)$，質量 m の点電荷が点P$(-4d,\ 0)$ をある速さで通過した。d を正の定数，クーロンの法則の比例定数を k とする。

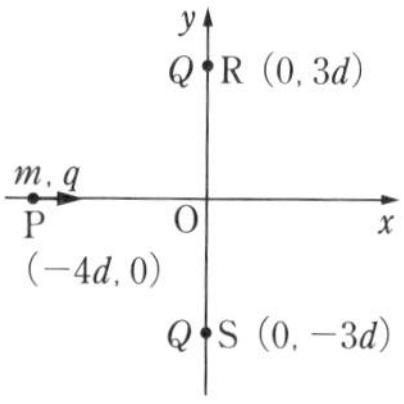

(1) 無限遠点を電位の基準とするとき，点RとSに固定された2つの点電荷が点Pにつくる電位の大きさはいくらか。

(2) 点Pでの速さがいくらより大きいと，電気量 q の点電荷は点Oを通過することができるか。〔15 東京電機大〕

(1)＿＿＿＿ (2)＿＿＿＿

155. 誘電体の挿入 ● V〔V〕の電池をつないだ電気容量 C〔F〕の平行平板空気コンデンサーがある。次の(1)，(2)のように，両極板間に比誘電率 ε_r の誘電体を入れた場合について，コンデンサーに蓄えられる電気量をそれぞれ求めよ。

(1) 図1のように，極板間の右半分を誘電体で満たした場合の電気量 Q_1〔C〕

(2) 図2のように，極板間の下半分を誘電体で満たし，その誘電体の上面を厚さの無視できる金属板でおおった場合の電気量 Q_2〔C〕

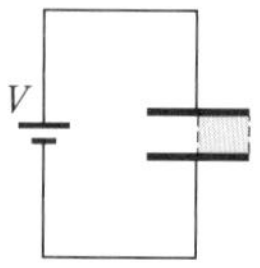

図1

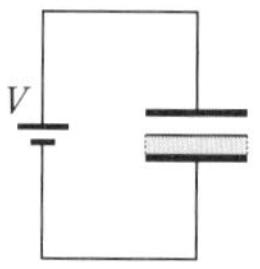

図2

(1)＿＿＿＿ (2)＿＿＿＿

156. コンデンサーの極板間の引力 面積Sの平面極板A，Bが間隔dで平行に保持された平行平板コンデンサーがある。極板A，Bに充電された電気量が$+Q$，$-Q$ $(Q>0)$ のとき，真空の誘電率をε_0として以下の問いに答えよ。

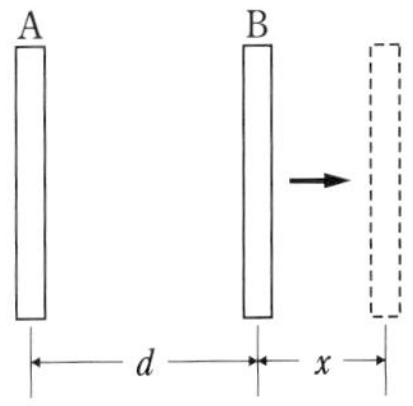

(1) この平行平板コンデンサーの電気容量Cを求めよ。
(2) 極板A，B間の電位差Vを求めよ。
(3) 極板A，B間の電場の強さEを求めよ。
(4) このコンデンサーに蓄えられている静電エネルギーUを求めよ。
(5) 極板Bをわずかに移動して，極板A，B間の距離をxだけ増したときの静電エネルギーの変化ΔUを求めよ。
(6) 極板Bをわずかにxだけ移動したときの外力のする仕事Wを求めよ。
(7) $+Q$，$-Q$に帯電した極板A，B間の引力Fを求めよ。

(1) ＿＿＿＿　(2) ＿＿＿＿　(3) ＿＿＿＿

(4) ＿＿＿＿　(5) ＿＿＿＿　(6) ＿＿＿＿

(7) ＿＿＿＿

157. ホイートストンブリッジ 次の文中の□に適当な数値を入れよ。

図は長さ1.00mの一様な抵抗線AB，起電力2.0Vの内部抵抗を無視できる電池E，抵抗値5.0Ωの抵抗Rと未知の抵抗R_X，電流計，検流計G，切りかえスイッチSからなる回路である。

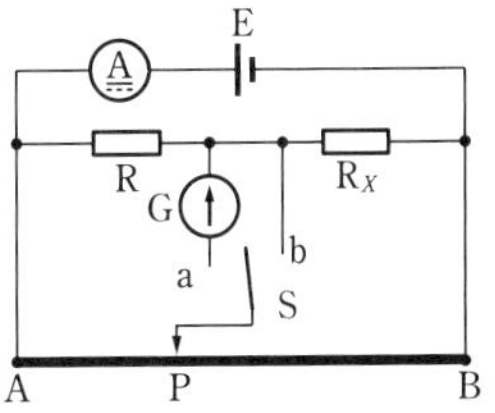

Sをa側に倒し，Gに電流が流れないように可動接点Pを調整したところ，AP間の距離は25cm，電流計の読みは0.30Aであった。R_Xの抵抗値は［ア］Ωであり，抵抗線ABの抵抗値は［イ］Ωである。

次にSをb側に倒し，PをAP間の距離が50cmの位置に移動した。このとき，電流計の読みは［ウ］Aである。
〔北里大 改〕

ア：＿＿＿＿　イ：＿＿＿＿　ウ：＿＿＿＿

考 158. コンデンサーの放電 ● 図１のように電気容量 $C=1.0\text{F}$ のコンデンサーに起電力 $V=5.0\text{V}$ の電池，電気抵抗 $R=50\Omega$ の抵抗器，スイッチ S_1 と S_2 を接続した。導線の電気抵抗はないものとして，次の問いに答えよ。

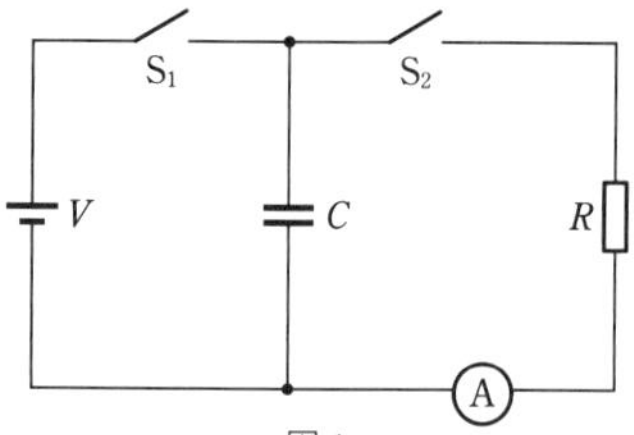

図１

(1) まず，S_2 を開けた状態で S_1 を閉じてコンデンサーを充電し，電気量 Q〔C〕が蓄えられたのちに S_1 を開いた。Q の値を求めよ。

(2) コンデンサーに蓄えられた静電エネルギー U〔J〕の値を求めよ。

(3) 次に S_1 を開いたままで S_2 を閉じてコンデンサーを放電した。S_2 を閉じた瞬間からの時間を t〔s〕として 10 秒間隔ごとに電流計の値 I〔A〕を読み取って記録した。その結果が図２のグラフである。このときのコンデンサーの極板間の電圧 V_c〔V〕の時間変化は，図３の①，②，③のうちどれになるか答えよ。また，それを選んだ理由を答えよ。

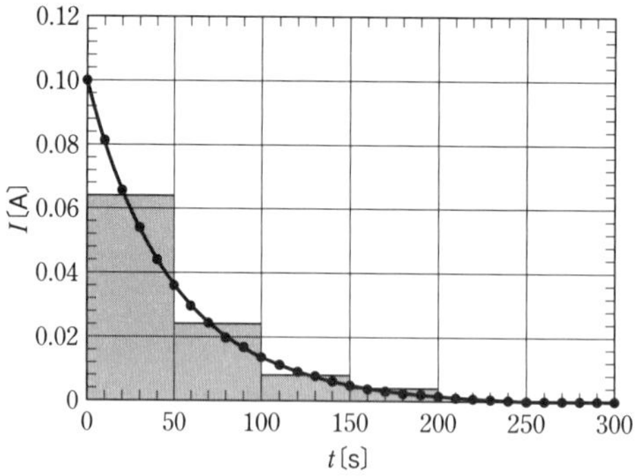

図２

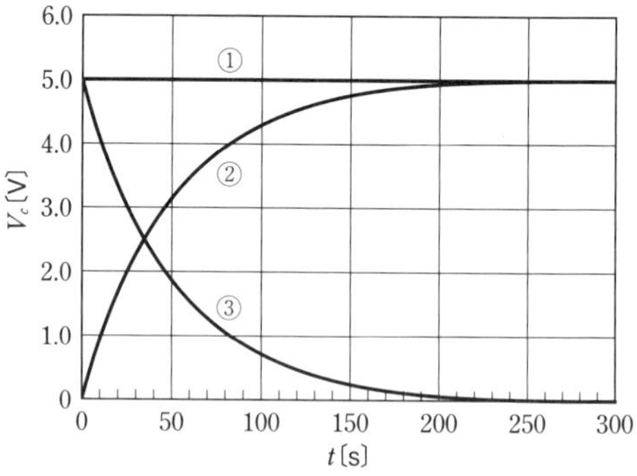

図３

(4) コンデンサーに蓄えられていた電気量 Q〔C〕は，図２の曲線の下の面積に等しくなる。その面積を図の棒グラフの面積で近似して，Q〔C〕の値を有効数字１桁で求め，(1)で求めた値とおおよそ一致することを示せ。

(5) コンデンサーに蓄えられたエネルギー U〔J〕は，放電にともなって何に変わったかを答えよ。〔21 広島工大〕

(1) ＿＿＿＿＿＿＿＿ (2) ＿＿＿＿＿＿＿＿

(3) ＿＿＿＿ 理由：＿＿＿＿＿＿＿＿＿＿＿＿＿＿＿＿

(4) ＿＿＿＿＿＿＿＿＿＿＿＿＿＿＿＿＿＿＿＿

(5) ＿＿＿＿＿＿＿＿＿＿＿＿＿＿＿＿＿＿＿＿

159. 磁場による荷電粒子の加速装置

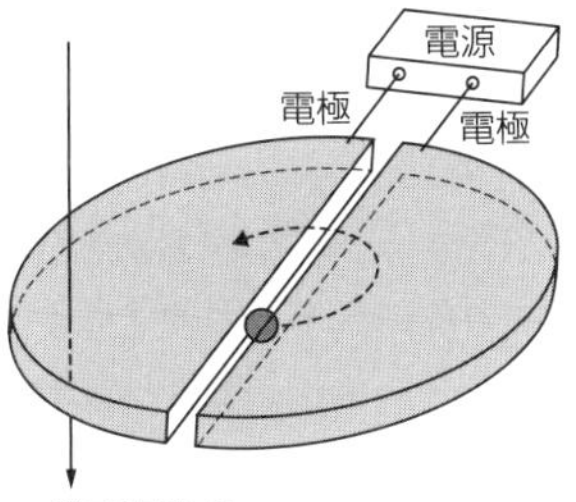

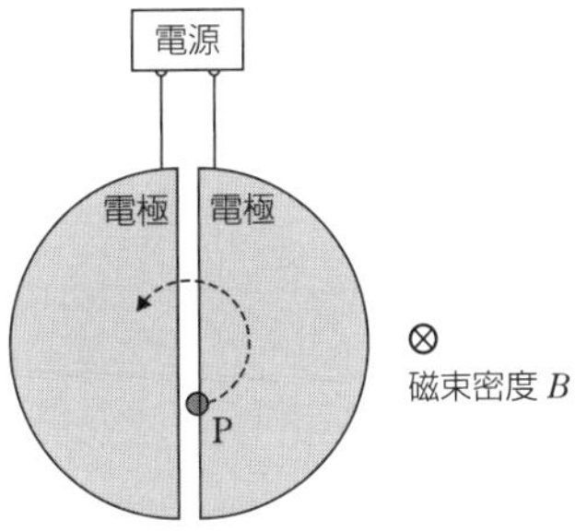

図のように，真空中で荷電粒子を加速する円型の装置を考える。この装置には，内部が中空で半円型の2つの電極が水平に向かい合わせて設置され，それらの間に電圧を加えることができる。全体に一様で一定な磁束密度Bの磁場が鉛直下向きにかかっている。

質量m，正電荷qをもつ粒子が，点Pから入射され，中空電極内では磁場による力のみを受けて円運動を行い，半周ごとに電極間を通過する。電極間の電場の向きは粒子が半周するたびに反転して，電極間を通過する粒子は，大きさVの電圧で常に加速されるものとする。

(1) 運動エネルギーE_0をもつ粒子が電極内に入射し，電極間をn回通過した。粒子のもつ運動エネルギーを表す式を求めよ。

(2) 粒子が電極間をn回通過した後の運動エネルギーをE_nとする。そのときの速さvと円運動の半径rを求めよ。 〔15 センター試験〕

(1) ＿＿＿＿　(2) v：＿＿＿＿　r：＿＿＿＿

160. 磁場中の斜面をすべり下りる導体棒

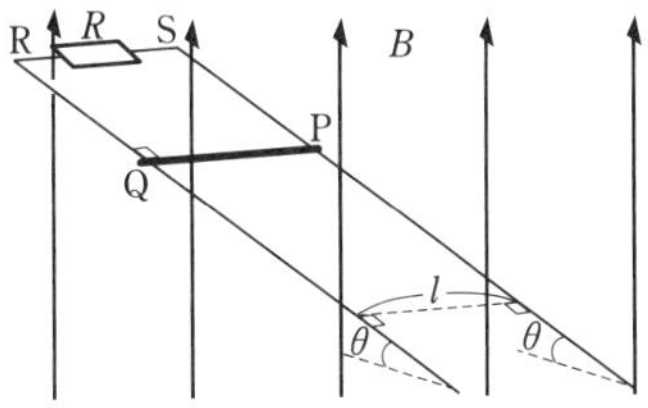

鉛直上向きの一様な磁束密度Bの磁場中に，水平面に対してθの角をなすなめらかで十分に長い2本の導線のレールがlの間隔で置かれている。このレールの端の点をR，Sとし，RS間を抵抗値がRの抵抗でつなぐ。レールの上に質量mの直線状の導体棒をレールに直角にのせると，やがて導体棒は常にレールと直角に接したままレール上を一定の速さvで運動した。ただし，導体棒とレールの接点をP，Qとし，導線と導体棒の電気抵抗は無視できるものとする。また，重力加速度の大きさをgとする。

(1) 抵抗を流れる電流の向きを答えよ。またその大きさをB, l, R, v, θで表せ。ただし，回路を流れる電流がつくる磁場は無視できるものとする。

(2) 導体棒の速さvをB, g, l, m, R, θで表せ。

(3) 抵抗で消費される電力をB, g, l, m, R, θで表せ。 〔16 千葉工大〕

(1) 向き：＿＿＿＿　大きさ：＿＿＿＿　(2) ＿＿＿＿　(3) ＿＿＿＿

第22章 電子と光

1 電子

リードAの確認問題

a 電子の発見

(1) **気体放電**　非常に高い電圧を加えたとき，気体中を電流が流れる現象。

(2) **真空放電**　放電管内の希薄な気体中の放電。あまり高くない真空度では気体特有の色の光を出す。

(3) **陰極線(電子線)**　放電管内の真空度が高いとき，陰極から出る粒子は電場や磁場によって進路が曲げられ，その曲がり方からこの粒子は**電子**であるとわかった。

(4) **電子**　**電子の電気量**　$-e=-1.60\times10^{-19}\,\mathrm{C}$　　**電子の質量**　$m=9.11\times10^{-31}\,\mathrm{kg}$

電子の比電荷　$\dfrac{e}{m}=1.76\times10^{11}\,\mathrm{C/kg}$

J. J. トムソンによる電場・磁場中での電子の運動の解析から電子の比電荷が測定され，ミリカンによる油滴を用いた実験から電子の電気量が測定された。

b 電場による偏向

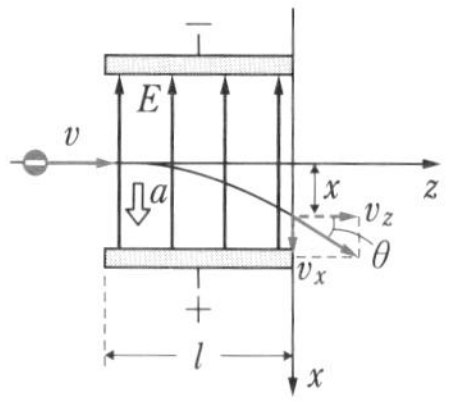

z 方向の初速度 v，$-x$ 方向の電場 E，電極の幅 l，通過時間 t として

z 方向(等速直線運動)　速度 v のまま運動　　$v_z=v$　　$z(=l)=vt$

x 方向(等加速度運動)　運動方程式　$ma=eE$　　$v_x=at$　　$x=\dfrac{1}{2}at^2$

軌道は放物線になる(水平投射と同じ放物運動)。　$\tan\theta=\dfrac{v_x}{v_z}$

c 磁場による偏向

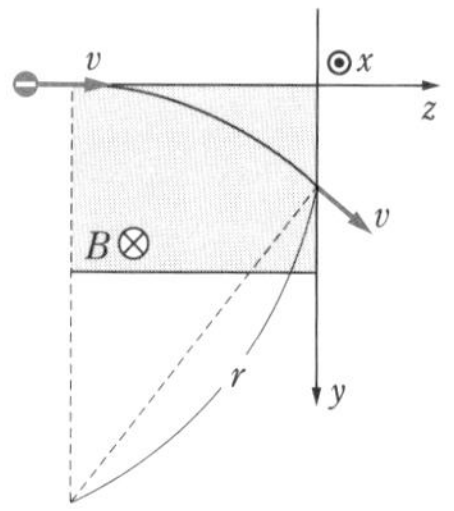

z 方向の初速度 v，$-x$ 方向の磁束密度 B とすると，電子は磁場からローレンツ力を受け，**等速円運動**する。

軌道半径：運動方程式　$m\dfrac{v^2}{r}=evB$　　よって　$r=\dfrac{mv}{eB}$

d ミリカンの実験

ミリカンは，一様な電場中に油滴を吹きこみ，その電気量を測定して，最大公約数から電子の電気量を求めた。

電場 E のときには油滴がつりあって空中で静止する。

$mg=qE$

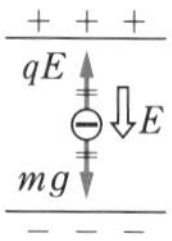

電場 0 のときには油滴は空気抵抗を受けて等速で落下する。

$mg=kv$

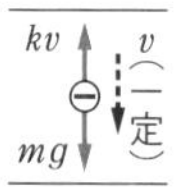

両式より　$q=\dfrac{kv}{E}$

基礎 CHECK

1. ガラス管に高い電圧を加えて，管内の真空度を増していくと［ ア ］極側の管壁が蛍光を発するようになる。この蛍光は反対側の電極から［ イ ］線が出て管壁にぶつかって生じたものである。［ イ ］線は，電場や磁場によって［ ウ ］の電荷をもつ粒子と同じ曲がり方をする。ア：〔　　〕
イ：〔　　〕　ウ：〔　　〕

2. 電子の比電荷 $1.76\times10^{11}\,\mathrm{C/kg}$，電気素量 $e=1.60\times10^{-19}\,\mathrm{C}$ から電子の質量 m〔kg〕を求めよ。

〔　　〕

解答

1. (ア) **陽**　(イ) **陰極(電子)**　(ウ) **負**

2. $m=\dfrac{e}{\dfrac{e}{m}}=\dfrac{1.60\times10^{-19}}{1.76\times10^{11}}\fallingdotseq \mathbf{9.09\times10^{-31}\,kg}$

Let's Try!

例題 82 電場による電子の偏向

➡ 161

解説動画

図のように，長さ l の領域に y 軸の負の向きの一様な電場 E を加える。この電場と垂直に，質量 m，電気量 $-e$ の電子を x 軸の正の向きに初速度 v_0 で電場内に入れた。

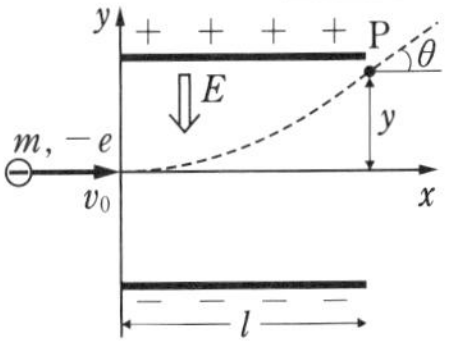

(1) 電場内を電子が通りぬける時間 t を求めよ。
(2) 電場内での電子の加速度 a の大きさと向きを求めよ。
(3) 電場を通りぬけた点Pでの y 座標(図の y)を求めよ。
(4) (3)の点Pで，軌道と x 軸がなす角 θ の正接($\tan\theta$)を求めよ。

指針 x 方向には速度 v_0 で等速度運動，y 方向には初速度0の等加速度運動をする。

解答 (1) 速度の x 成分は v_0 で一定だから

$l=v_0t$ よって $t=\boldsymbol{\dfrac{l}{v_0}}$

(2) 電子は y 軸の正の向きに静電気力を受ける。
「$F=qE$」の式より，運動方程式は

$ma=eE$

よって $a=\boldsymbol{\dfrac{eE}{m}}$，**$y$ 軸の正の向き**

(3) y 方向の運動について，等加速度運動の式
「$y=v_{0y}t+\dfrac{1}{2}at^2$」を用いると

$$y=\frac{1}{2}at^2=\frac{1}{2}\cdot\frac{eE}{m}\cdot\left(\frac{l}{v_0}\right)^2=\boldsymbol{\frac{eEl^2}{2mv_0^2}}$$

(4) 点Pでの速度の x 成分は $v_x=v_0$
y 成分は，「$v_y=v_{0y}+at$」の式より

$$v_y=at=\frac{eE}{m}\cdot\frac{l}{v_0}$$

よって $\tan\theta=\dfrac{v_y}{v_x}=\dfrac{\dfrac{eEl}{mv_0}}{v_0}=\boldsymbol{\dfrac{eEl}{mv_0^2}}$

POINT 電場中の電子の運動
電場に垂直な方向 ⟶ 等速直線運動
電場の方向 ⟶ 等加速度直線運動

161. 電場と磁場による電子の偏向 ● 図のように，x 軸に平行な長さ l の極板FとGがあり，極板間には y 軸の負の向きに強さ E の一様な電場が加えられている。この極板間に，電子を図の点Oから速さ v_0 で x 軸に平行に入射させたところ，電子は電場によって軌道を曲げられ，蛍光面Sに当たり輝点を生じた。電気素量を e，電子の質量を m，極板の中央から蛍光面Sまでの距離を L とする。

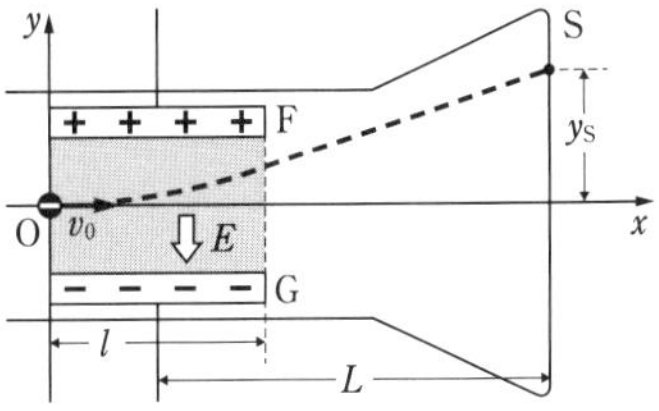

(1) 極板FG間での電子の加速度の大きさ a を求めよ。
(2) 電子が蛍光面に当たった位置の y 座標 y_S を求めよ。
(3) 極板間に磁場を加えたところ，電子は軌道を曲げられることなく極板FG間を直進した。加えた磁場の磁束密度の大きさ B と，その向きを求めよ。
(4) 電子の比電荷 $\dfrac{e}{m}$ を，E，B，l，L，y_S を用いて表せ。

(1)　　　　(2)

(3) B：　　　　向き：　　　　(4)

▷ 例題82

リードC

例題83 ミリカンの実験

➡162 解説動画

質量 2.8×10^{-15} kg の油滴があり，速さが v〔m/s〕のとき $3.5\times10^{-11}v$〔N〕の空気抵抗力を受ける。重力加速度の大きさを $9.8\,\text{m/s}^2$ とする。

(1) 電場がないとき，等速で落下する油滴の速さ v を求めよ。

(2) 鉛直下向きに 7.0×10^3 V/m の一様な電場を加えたら，油滴の落下速度が(1)の 0.60 倍になった。油滴のもつ電気量を符号をつけて求めよ。

指針 電場がないとき，油滴には鉛直下向きの重力がはたらいて落下するが，速さの増加に伴って空気抵抗力が増えるので，やがて重力と抵抗力がつりあって合力0になり，一定の速さで落下するようになる。電場を下向きに加えると油滴が減速しているので，静電気力は上向きにはたらいており，油滴の電荷は負であることがわかる。このとき，重力とつりあうのは静電気力と抵抗力の和になる。

解答 (1) 重力と空気抵抗力がつりあって速さ v で等速直線運動をしているので，空気抵抗の係数を $k=3.5\times10^{-11}$ kg/s とおくと，つりあいの式は

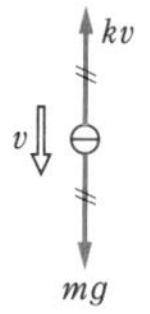

$$mg-kv=0$$

$$v=\frac{mg}{k}=\frac{2.8\times10^{-15}\times9.8}{3.5\times10^{-11}}=7.84\times10^{-4}$$

$$\fallingdotseq \mathbf{7.8\times10^{-4}\ m/s}$$

(2) 重力と（静電気力 qE＋空気抵抗力）がつりあって，速さ $0.60v$ で等速直線運動をしているので，油滴のもつ電気量の大きさを q としてつりあいの式は

$$mg-qE-k\times0.60v=0$$

ここで(1)より $kv=mg$ を代入すると

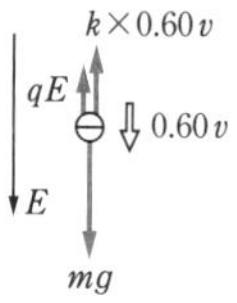

$$mg-qE-0.60mg=0$$

$$qE=0.40mg$$

$$q=\frac{0.40mg}{E}$$

$$=\frac{0.40\times2.8\times10^{-15}\times9.8}{7.0\times10^3}$$

$$=1.568\times10^{-18}\fallingdotseq1.6\times10^{-18}\ \text{C}$$

電場が下向きで静電気力が上向きであることから，油滴のもつ電気量は負である。よって　$\mathbf{-1.6\times10^{-18}}$ **C**

162. ミリカンの実験

次の文の□に適当な数式を入れよ。

微小な大きさの油滴が空気中を運動するときに受ける空気の抵抗力は，油滴の球の半径と速さの積に比例する（比例定数を k とする）。したがって，質量 m，半径 r の油滴が一定の速さ v_1 で落下するとき，力のつりあいの式は［ア］となる。この油滴を，上下に間隔 d だけ離して水平に置いた2枚の平行電極板間に入れ，電気量 $-q$ $(q>0)$ を与える。極板間に電圧 V を加えたとき，油滴が一定の速さ v_2 で上昇しているとすると，力のつりあいの式は［イ］となる。重力加速度の大きさを g とする。

(ア)，(イ)の2式から q を k，r，v_1，v_2，d，V で表すと　$q=$［ウ］となる。

ア：　　　　イ：　　　　ウ：

▷例題83

163. 電気素量

ミリカンの実験で，5個の油滴について電気量の大きさを求めたところ，以下の数値を得た。これから電気素量 e〔C〕を有効数字3桁で求めよ。

4.74,　6.41,　7.95,　11.27,　14.31　$(\times10^{-19}\,\text{C})$

2 光の粒子性

リードAの確認問題

a 光量子仮説

振動数 ν〔Hz〕, 波長 λ〔m〕の電磁波は，粒子(**光子**または**光量子**)の集まりの流れである。
真空中の光の速さ $c=3.0\times10^{8}$ m/s，**プランク定数** $h=6.63\times10^{-34}$ **J·s** とすると

光子のエネルギー $E=h\nu=\dfrac{hc}{\lambda}$　　光子の運動量 $p=\dfrac{h\nu}{c}=\dfrac{h}{\lambda}$

b 光電効果

(1) **光電効果**　金属に光を当てたとき電子(**光電子**という)が飛び出す現象。光が粒子性をもつことを示し，次の特徴をもつ。

① 光の振動数が**限界振動数** ν_0(金属の種類によって決まる固有の値)より小さいと，光を強くしても光電子は飛び出さない。

② 光電子の**運動エネルギーの最大値** K_0 は，光の振動数 ν によって変化する。

③ 光の強さを増すと光電子数は増えるが，K_0 は変わらない。

(2) **光電効果の式**　金属内の自由電子を外に取り出すのに必要なエネルギーを**仕事関数** W という。光電効果においてエネルギーが保存すると，次の式が成りたつ。

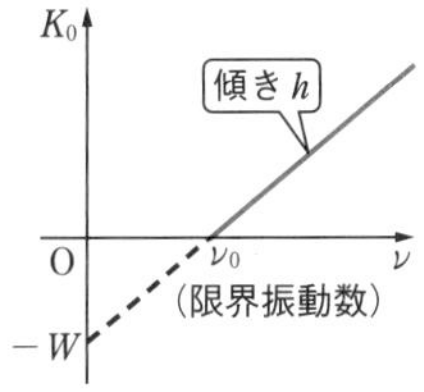

光電子のエネルギー		光子のエネルギー		取り出すエネルギー
K_0	$=$	$h\nu$	$-$	W
		‖		‖
		$\dfrac{hc}{\lambda}$		$h\nu_0=\dfrac{hc}{\lambda_0}$

(λ_0：限界波長)

$K_0=eV_0$

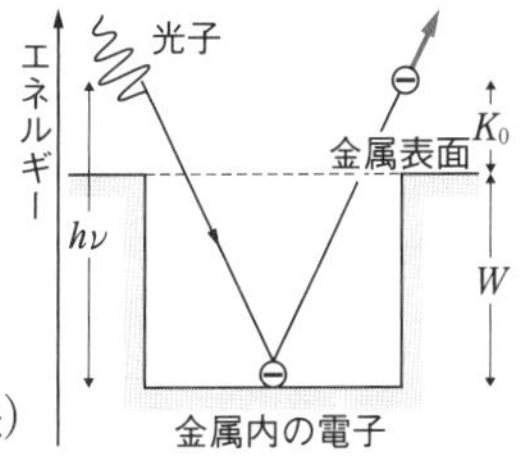

(3) **光電管の特性**

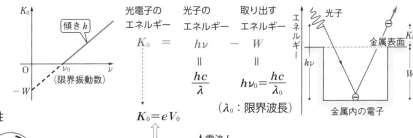

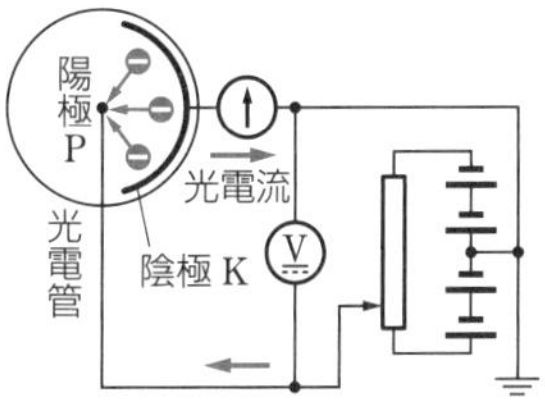

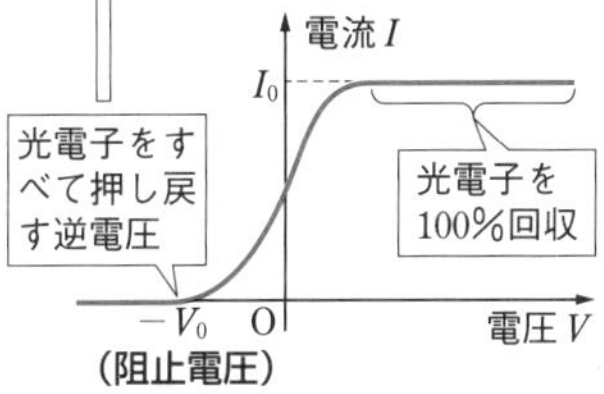

$\Longrightarrow \dfrac{I_0}{e}=$ 1秒当たりの光電子の数

(4) **電子ボルト**　電気量 e〔C〕の粒子が 1 V の電圧で加速されたときに得るエネルギー。
1 eV $=1.60\times10^{-19}$ J，1 MeV $=10^{6}$ eV

リード B

基礎 CHECK

1. 振動数が 2.0×10^{15} Hz の光の光子のエネルギー E は何 J か。プランク定数を 6.6×10^{-34} J·s とする。
〔　　　　〕

2. 仕事関数 3.5×10^{-19} J の金属に，光子のエネルギーが 6.1×10^{-19} J の光を当てたとき，
(1) 飛び出す電子の運動エネルギーの最大値 K_0 は何 J か。
(2) この金属の限界振動数 ν_0 は何 Hz か。プランク定数を 6.6×10^{-34} J·s とする。
(1)〔　　　　〕(2)〔　　　　〕

3. 光電管の阻止電圧が 2.0 V のとき，飛び出した光電子の運動エネルギーの最大値 K_0 はいくらか。電気素量を 1.6×10^{-19} C とする。
〔　　　　〕

解答

1. 光子のエネルギーの式「$E=h\nu$」より
$E=(6.6\times10^{-34})\times(2.0\times10^{15})=1.32\times10^{-18}$
$\fallingdotseq$ **1.3×10^{-18} J**

2. (1) 光電効果の式より
$K_0=h\nu-W=6.1\times10^{-19}-3.5\times10^{-19}=$ **2.6×10^{-19} J**
(2) 仕事関数 W と限界振動数 ν_0 の間には $W=h\nu_0$〔J〕の関係がある。
$\nu_0=\dfrac{W}{h}=\dfrac{3.5\times10^{-19}}{6.6\times10^{-34}}\fallingdotseq$ **5.3×10^{14} Hz**

3. 阻止電圧とは，陰極から飛び出した光電子の運動エネルギーをすべて奪うだけの仕事をする電位差のことであるから，「$W=qV$」の式より
$K_0=eV_0=(1.6\times10^{-19})\times2.0=$ **3.2×10^{-19} J**
これは 2.0 V の電圧で加速するエネルギーに相当するので，$K_0=$ **2.0 eV** でもよい。

Let's Try!

例題 84 光電効果

➡ 164

解説動画

図1は光電効果を調べる装置で，光を金属面Kに当て，飛び出した光電子を電極Pで捕獲すると，回路に電流が流れる。このときPの電位がKより V_0〔V〕以上低くなると，光電子はPに達する前に押しもどされ，電流が0になる。光の振動数 ν〔Hz〕と阻止電圧 V_0〔V〕の関係を調べたら図2のようになった。光の速さ $c=3.0\times10^8$ m/s，電子の電気量 $-e=-1.6\times10^{-19}$ C とする。

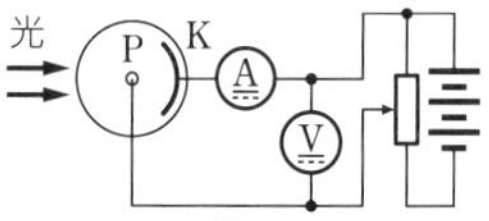

図1

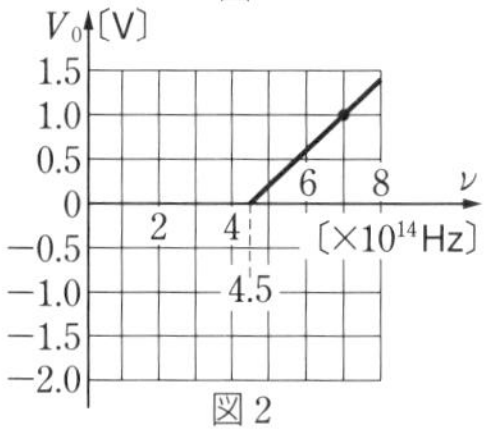

図2

(1) この光電管の限界波長 λ_0（光電効果が起こる光のうち最も長い波長）を求めよ。

(2) 金属Kの仕事関数 W は何 J か。

(3) プランク定数 h は何 J・s か。

指針 光電効果の式「$\boldsymbol{K_0=h\nu-W}$」，光電管の阻止電圧の式「$\boldsymbol{K_0=eV_0}$」より，$eV_0=h\nu-W$，$V_0=\dfrac{h}{e}\nu-\dfrac{W}{e}$ だから，図2は傾き $\dfrac{h}{e}$，V_0 切片 $-\dfrac{W}{e}$ の直線である。

解答 (1) グラフの直線と横軸との交点が限界振動数 ν_0〔Hz〕である。「$c=\nu_0\lambda_0$」の関係より

$$\lambda_0=\frac{c}{\nu_0}=\frac{3.0\times10^8}{4.5\times10^{14}}$$

$\fallingdotseq$ **6.7×10^{-7} m**

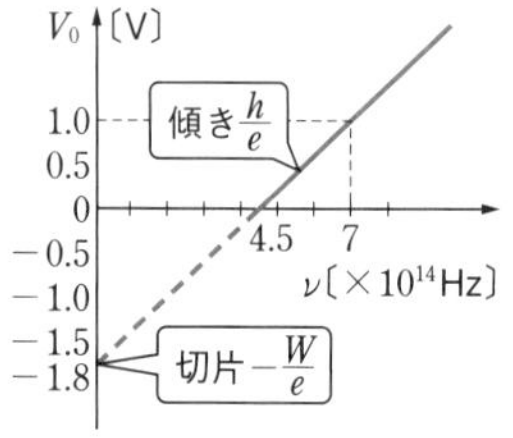

(2) グラフより，V_0 軸の切片は −1.8 V なので

$$-\frac{W}{e}=-1.8$$

$W=1.8\times(1.6\times10^{-19})\fallingdotseq$ **2.9×10^{-19} J**

(3) グラフは ν が 4.5×10^{14} Hz 増加する間に 1.8 V 増えるので，傾きは $\dfrac{h}{e}=\dfrac{1.8}{4.5\times10^{14}}$

$$h=\frac{1.8}{4.5}\times10^{-14}\times(1.6\times10^{-19})=\mathbf{6.4\times10^{-34}\ J\cdot s}$$

164. 光電効果

さまざまな振動数の光を金属Aに当て，光の振動数 ν と，飛び出てくる電子の運動エネルギーの最大値 K_0 との関係を調べると，図のようになった。

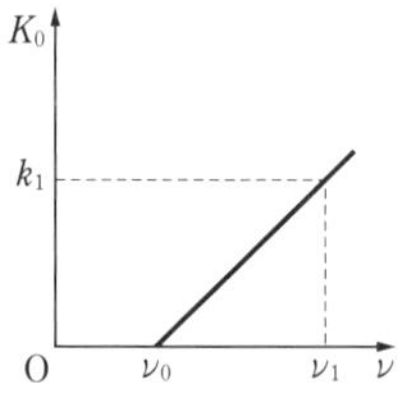

(1) 図中の ν_0，ν_1，k_1 を用いてプランク定数 h を表せ。

(2) 図中の ν_0，ν_1，k_1 を用いて金属Aの仕事関数 W_A を表せ。

次に，仕事関数 W_B（$W_B=2W_A$）の金属Bにおいても，ν と K_0 との関係を調べた。

(3) 解答欄の金属Aのグラフを参考にして，金属Bの ν と K_0 との関係を表すグラフをかけ。

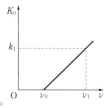

(3)

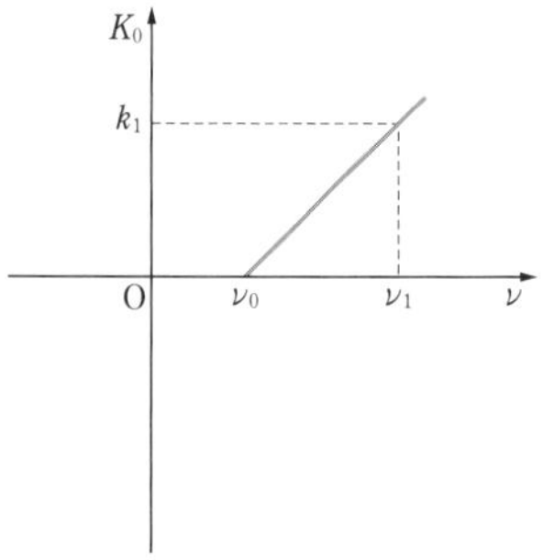

(1) ____________　(2) ____________

▶ 例題 84

リードAの確認問題

第22章

3 X線・粒子の波動性

a X線の発生

(1) 高速の電子が金属面に当たり急に止められるとき，電子の運動エネルギーの一部または全部がX線光子のエネルギーに変わる。

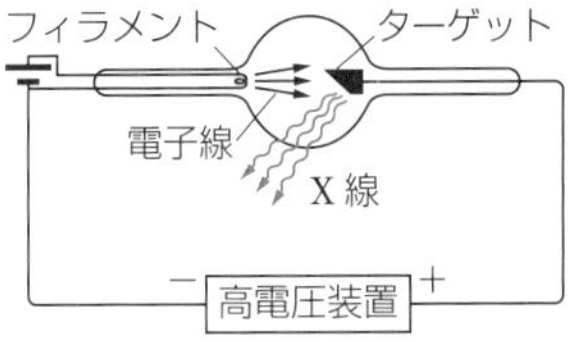

(2) **X線の本体**　紫外線より波長の短い電磁波(光子)。

(3) **X線のスペクトル**

① **連続X線**　電子のエネルギーがどれだけX線になるかに応じて，波長の長い側に連続的に伸びたスペクトル。

② **固有X線(特性X線)**　金属(ターゲット)の材質によって特定の波長だけが出るスペクトル。

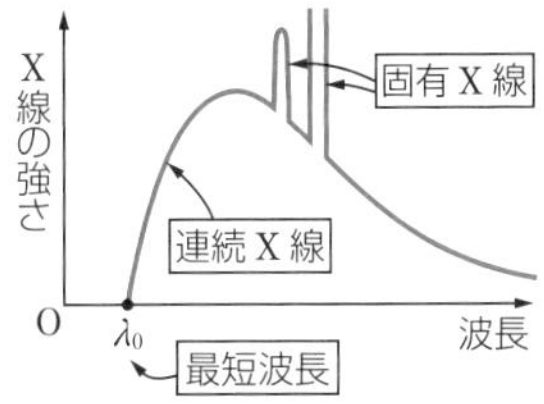

(4) **X線の最短波長**　初速0から，加速電圧Vで加速された電子の運動エネルギー eV〔J〕のすべてがX線光子のエネルギーになるとき，X線の波長は最短になる。　$eV=h\nu_0=\dfrac{hc}{\lambda_0}$，　最短波長 $\lambda_0=\dfrac{hc}{eV}$

b X線回折(X線の波動性)

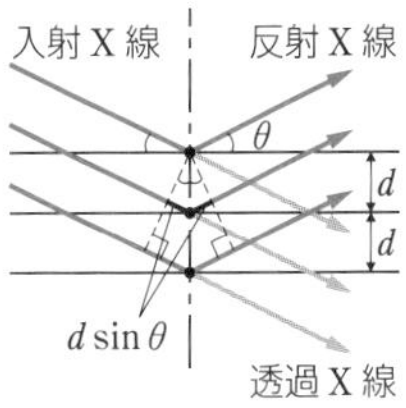

結晶にX線を当てると，結晶内の原子によって散乱されたX線が干渉して，干渉模様の写真(**ラウエ斑点**)が得られる。このような現象を**X線回折**という。強めあう条件(**ブラッグの条件**)は　$2d\sin\theta=n\lambda$　($n=1,\ 2,\ 3,\ \cdots$)

c コンプトン効果(X線の粒子性)

物質にX線(波長λ)を当てると，散乱X線に波長の長いX線(λ')が含まれる。

X線光子がエネルギー $\dfrac{hc}{\lambda}$ と運動量 $\dfrac{h}{\lambda}$ をもつ粒子で，電子と平面上で衝突したと考えると

エネルギー保存

$$\frac{hc}{\lambda}=\frac{hc}{\lambda'}+\frac{1}{2}mv^2$$

運動量保存

$$\begin{cases} x\text{ 方向} & \dfrac{h}{\lambda}=\dfrac{h}{\lambda'}\cos\phi+mv\cos\theta \\ y\text{ 方向} & 0=\dfrac{h}{\lambda'}\sin\phi-mv\sin\theta \end{cases}$$

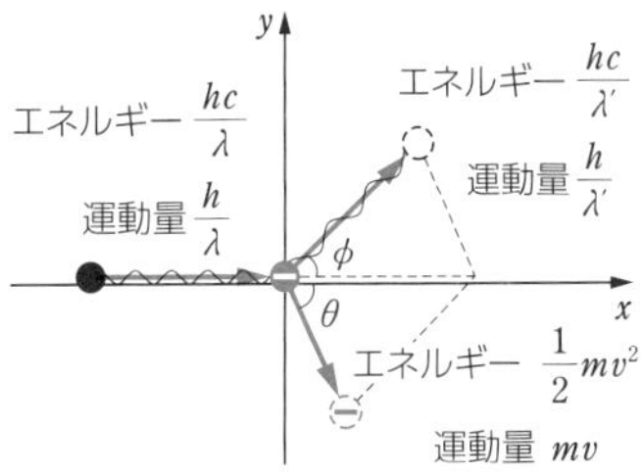

$\lambda\fallingdotseq\lambda'$ のとき，3式より　$\lambda'-\lambda=\dfrac{h}{mc}(1-\cos\phi)$ となる。

d 物質波

物質粒子が波動としてふるまうときの波。特に電子の場合の物質波を**電子波**という。

質量 m，速さ v の粒子の波長(**ド・ブロイ波長**)　$\lambda=\dfrac{h}{p}=\dfrac{h}{mv}$

e 電子線の干渉・回折

結晶に電子線を当てると，X線の場合と同様に干渉模様が得られる。

リードB

基礎CHECK

1. 波長5.0×10^{-9}mのX線を結晶面に対して30°の角度で当てたら，1次($n=1$)の反射X線が強めあった。結晶面の間隔dは何mか。

〔　　　　　〕

2. 速さ1.0×10^5m/sで動く電子の，電子波の波長λは何mか。プランク定数を6.6×10^{-34}J·s，電子の質量を9.1×10^{-31}kgとする。

〔　　　　　〕

解答

1. ブラッグの条件「$2d\sin\theta=n\lambda$」の式で，$\theta=30°$，$n=1$(1次の反射X線)とおくと

$2d\sin30°=1\times(5.0\times10^{-9})$

$d=\mathbf{5.0\times10^{-9}}$ **m**

2. ド・ブロイ波長の式「$\lambda=\dfrac{h}{mv}$」より

$$\lambda=\frac{6.6\times10^{-34}}{(9.1\times10^{-31})\times(1.0\times10^5)}\fallingdotseq\mathbf{7.3\times10^{-9}}\ \mathbf{m}$$

Let's Try!

例題 85 X線の発生と性質

➡ 165, 166

解説動画

図1はX線を発生させる装置で，図2は初速0で陰極から放出された電子(質量 m，電気量 $-e$)を電位差 V の陽極に衝突させたときに発生したX線のスペクトルである。波長 λ_2，λ_3 には固有X線(特性X線)のピークがある。プランク定数を h，光の速さを c とする。

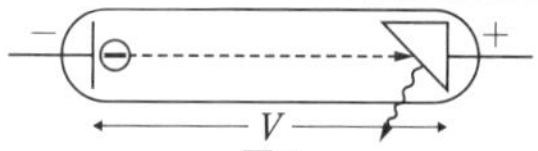

図1

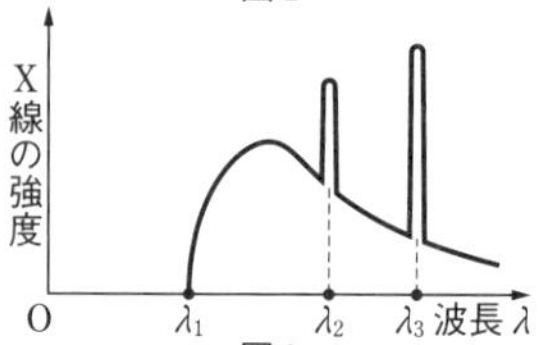

図2

(1) 陽極に衝突するときの電子の運動エネルギー E，速さ v，および電子波の波長 λ_e はいくらか。

(2) 発生するX線の最短波長 λ_X はいくらか。

(3) 加速電圧を増大していくと，図中の波長 λ_1，λ_2，λ_3 はそれぞれどう変化するか。変化する，変化しない，で答え，その理由を簡潔に述べよ。

(4) X線の性質について知るところを3つ述べよ。

指針 電位差 V によって電子が受けた仕事が電子の運動エネルギーとなり，それがすべてX線のエネルギーになったときに最短波長となる。電子の運動量と波長の関係「$\lambda=\dfrac{h}{p}=\dfrac{h}{mv}$」と，光子のエネルギー「$E=h\nu=\dfrac{hc}{\lambda}$」を用いる。

解答 (1) 電子がされた仕事(＝電子の運動エネルギー)は「$W=qV$」の式より　$E=W=\boldsymbol{eV}$

よって　$\dfrac{1}{2}mv^2=eV$　　$v=\boldsymbol{\sqrt{\dfrac{2eV}{m}}}$

$$\lambda_e=\frac{h}{p}=\frac{h}{mv}=\frac{h}{m}\sqrt{\frac{m}{2eV}}=\boldsymbol{\frac{h}{\sqrt{2meV}}}$$

(2) (1)のエネルギーがすべてX線のエネルギーになるので

$eV=h\nu_X=h\dfrac{c}{\lambda_X}$　　よって　$\lambda_X=\boldsymbol{\dfrac{hc}{eV}}$

(3) **λ_1：変化する。　λ_2，λ_3：変化しない。**

(理由)　最短波長 $\lambda_1(=\lambda_X)$ は V に反比例するが，固有(特性)X線の波長 λ_2，λ_3 は，陽極(ターゲット)の材質に固有のもので，V に関係なく一定である。

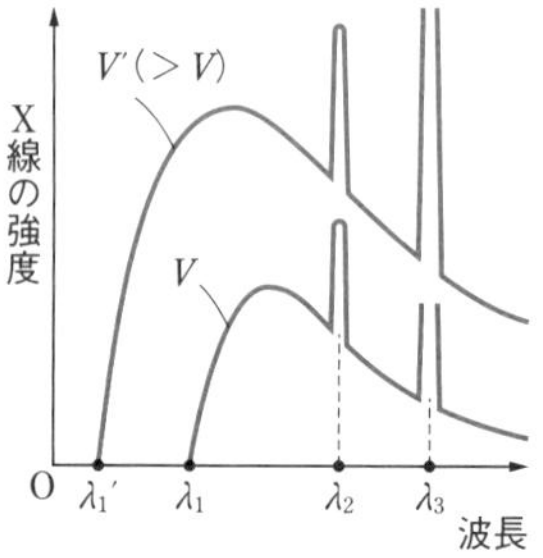

(4) **・物質への透過力が強い。**
・写真フィルムを感光させる。
・気体を電離し，蛍光物質に蛍光を発生させる。

165. X線 ● 5万Vの電圧で加速された電子によって発生する，X線の最短波長 λ_0 はいくらか。ただし，電気素量を 1.6×10^{-19} C，プランク定数を 6.6×10^{-34} J·s，真空中の光の速さを 3.0×10^{8} m/s とする。

▶ 例題85

166. 電子波とX線 ● 図1のようなX線管で，陰極を初速度0で出た電子が 8.0×10^{3} V の加速電圧を受けて陽極に衝突し，X線を発生させる。電気素量 $e=1.6\times10^{-19}$ C，電子の質量 $m=9.0\times10^{-31}$ kg，プランク定数 $h=6.6\times10^{-34}$ J·s，光の速さ $c=3.0\times10^{8}$ m/s とする。

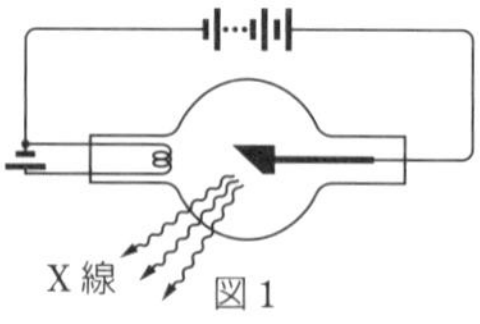

図1

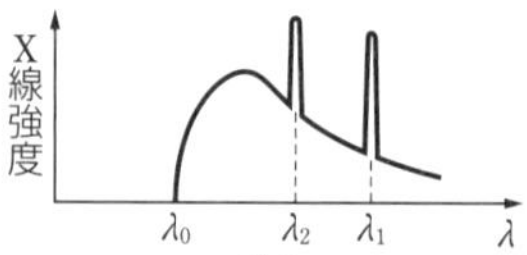

図2

(1) 陽極に達したときの電子の速さ v を求めよ。　(2) (1)の電子のド・ブロイ波長 λ_e を求めよ。

(3) 図2は発生したX線のスペクトルの強度を示す。

① 波長 λ_0 を求めよ。　② 加速電圧を2倍にしたら，図2のグラフはどうなるか。図に示せ。

(1)

(2)

(3) ①

②

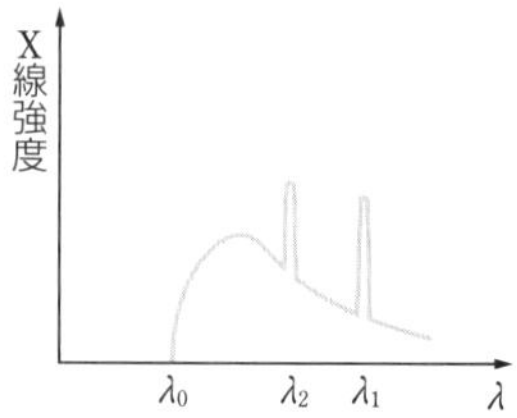

▶ 例題85

例題86 電子線の回折

➡167 解説動画

質量 m，運動エネルギー E の電子を用いて，図のように電子線を格子面間隔 d の結晶面に入射して，反射電子線の強度を測定した。角 θ を 0 から増加させていったところ，$\theta=\theta_0$ で反射強度が初めて極大を示した。プランク定数を h とする。

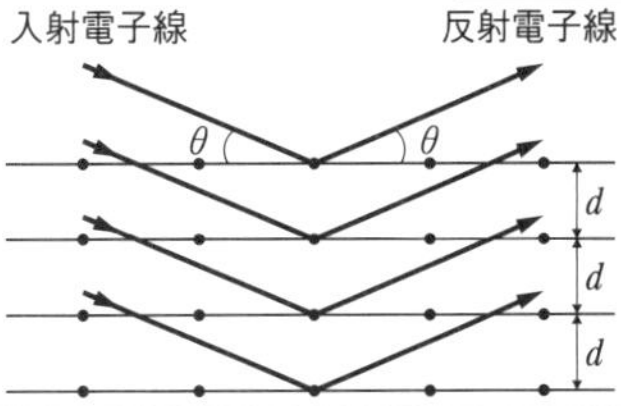

(1) 電子の運動量 p を E などで表せ。　(2) 電子線の波長 λ を E などで表せ。

(3) E を m，d，θ_0，h で表せ。

指針 電子線は波としての性質をもち，X線と同様にブラッグの条件が成りたつ。

解答 (1) 電子1個の運動量 p は

$$p=mv \quad よって \quad v=\frac{p}{m}$$

運動エネルギー E は

$$E=\frac{1}{2}mv^2=\frac{1}{2}m\left(\frac{p}{m}\right)^2=\frac{p^2}{2m}$$

よって　$\boldsymbol{p=\sqrt{2mE}}$

(2) 電子線の波長は

$$\lambda=\frac{h}{p}=\boldsymbol{\frac{h}{\sqrt{2mE}}}$$

(3) 隣りあう結晶面で反射した電子線の道のりの差は $2d\sin\theta$ なので，X線と同様，ブラッグの条件 $2d\sin\theta=n\lambda$ が成りたつ。θ_0 のとき初めて $(n=1)$ 強めあうので

$$2d\sin\theta_0=1\times\lambda$$
$$\lambda=2d\sin\theta_0$$

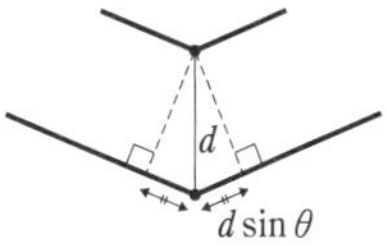

(2)より　$2d\sin\theta_0=\dfrac{h}{\sqrt{2mE}}$

よって　$E=\boldsymbol{\dfrac{h^2}{8md^2\sin^2\theta_0}}$

167. 電子波 ● ド・ブロイは，電子のような粒子が波動性をもつと考えた。

(1) 静止している電子（質量 m，電気量 $-e$）を電圧 V で加速するとき，電子波の波長 λ を e，m，V およびプランク定数 h を使って表せ。

(2) $e=1.6\times10^{-19}$ C，$h=6.6\times10^{-34}$ J·s，$m=9.1\times10^{-31}$ kg とすると，$V=55$ V のとき λ は何mか。

(2)で求めた λ の値はX線と同程度であるから，X線と同様な干渉・回折の実験を行うことができる。図のように，原子面の間隔が d で，規則正しく並んだ結晶面に角 θ で波長 λ の電子線を入射させる。各原子面での電子線の反射角は θ である。

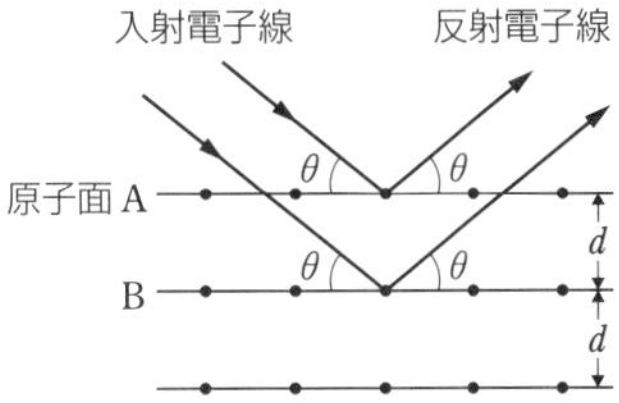

(3) A，B 2つの原子面による散乱波の経路差を，d と θ を使って表せ。

(3)で求めた経路差が波長 λ の整数倍に等しいとき，2つの波は強めあってたくさんの電子が反射される。

(4) 加速電圧 55V の電子線を使って回折の実験を行ったら，$\theta=30^\circ$ のとき，反射電子線の強度に最初の極大が観測された。この結晶の原子面の間隔 d は何mか。

(1)＿＿＿＿　(2)＿＿＿＿　(3)＿＿＿＿　(4)＿＿＿＿

▷例題86

第23章 原子と原子核

リード A

1 原子の構造とエネルギー準位

リードAの確認問題

a ラザフォードの原子模型

薄い金箔(ぱく)にα線(正電荷をもつ)を当てると 90° 以上曲げられるものがあることから，正に帯電した**原子核**の存在が判明した。

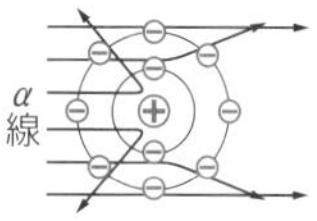

b 水素原子のスペクトル

水素原子から出る光のスペクトル波長λは $\dfrac{1}{\lambda}=R\left(\dfrac{1}{n'^2}-\dfrac{1}{n^2}\right)$ R:**リュードベリ定数** $R=1.10\times10^7$/m

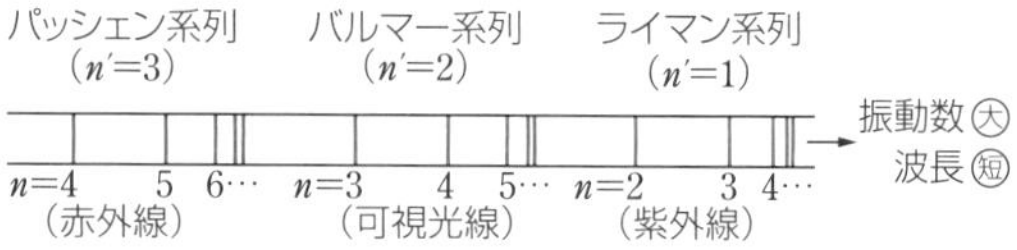

c ボーアの理論

水素原子は，原子核(電気量 $+e$)とそのまわりを回る電子(質量 m，電気量 $-e$) 1 個からなり，電子軌道として次の定常状態(軌道)だけが許される。

(1) **量子条件** 電子の軌道(半径 r)は，円周の長さが電子波の波長λの整数倍になる円軌道に限られる。 $2\pi r=n\lambda=n\cdot\dfrac{h}{mv}$ $(n=1,\ 2,\ 3,\ \cdots)$ h：プランク定数，n：**量子数**

(2) **軌道半径 r** 電子は原子核からの静電気力を向心力として等速円運動する。

運動方程式は $m\dfrac{v^2}{r}=k_0\dfrac{e^2}{r^2}$ k_0：クーロンの法則の比例定数

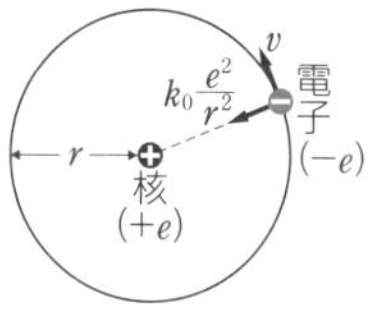

(1)，(2)の式より $$r=\frac{h^2}{4\pi^2k_0me^2}\cdot n^2=a_0n^2\quad(n=1,\ 2,\ 3,\ \cdots)$$

a_0は $n=1$ の最も内側で安定な軌道の半径で，**ボーア半径**という。

(3) **エネルギー準位 E_n** 定常状態における電子のエネルギーを**エネルギー準位**という。

(2)の式より $v^2=\dfrac{k_0e^2}{mr}$ を用いると

運動エネルギー $\dfrac{1}{2}mv^2=\dfrac{1}{2}\cdot\dfrac{k_0e^2}{r}$

位置エネルギー $U=-eV=-e\cdot k_0\dfrac{e}{r}$

$$E_n=-\frac{1}{2}\cdot\frac{k_0e^2}{r}=-\frac{2\pi^2k_0^2me^4}{h^2}\cdot\frac{1}{n^2}\quad(n=1,\ 2,\ 3,\ \cdots)$$

(E_1：**基底状態**，E_2，E_3，…：**励起状態**)

(4) **振動数条件** 原子が，準位 E_n の定常状態から $E_{n'}$ の定常状態に移るとき，振動数νの光子を放出する。

$E_n-E_{n'}=h\nu$ $(n>n')$ $E_n\to E_{n'}$：放出 $E_{n'}\to E_n$：吸収

(5) **水素原子のスペクトルの式**

(3)，(4)の式より $-\dfrac{2\pi^2k_0^2me^4}{h^2}\left(\dfrac{1}{n^2}-\dfrac{1}{n'^2}\right)=h\dfrac{c}{\lambda}$

$$\frac{1}{\lambda}=\frac{2\pi^2k_0^2me^4}{ch^3}\left(\frac{1}{n'^2}-\frac{1}{n^2}\right)=R\left(\frac{1}{n'^2}-\frac{1}{n^2}\right)$$

Rを用いると，エネルギー準位 $E_n=-\dfrac{Rch}{n^2}$ $(n=1,\ 2,\ 3,\ \cdots)$

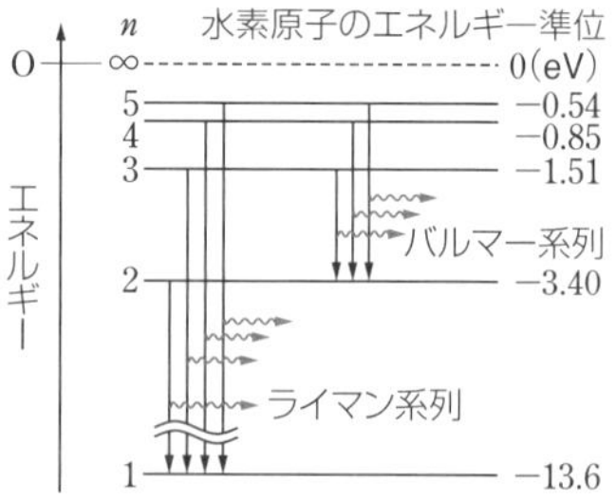

リード B

基礎 CHECK

1. 水素原子のエネルギー準位 E_n は，次の式で与えられる。 $E_n=-\dfrac{13.6}{n^2}$ eV ($n=1$，2，3，……)

(1) 水素原子の基底状態のエネルギーは何 eV か。

[ ]

(2) 水素原子の $n=2$ の励起状態のエネルギーは何 eV か。また，電子が $n=2$ の軌道から $n=1$ の軌道に移るとき，放出される光子のエネルギーは何 eV か。

[ ] [ ]

解答

1. (1) 基底状態とは，量子数 $n=1$ の状態のこと。

$E_1=-\dfrac{13.6}{1^2}=$ **−13.6 eV**

(2) $E_2=-\dfrac{13.6}{2^2}=$ **−3.40 eV**

2 つの軌道のエネルギーの差を外へ放出するので

$E_2-E_1=(-3.40)-(-13.6)=$ **10.2 eV**

Let's Try!

例題87 水素原子の構造

➡168　解説動画

水素原子は，陽子とそのまわりを回る電子からできている。電子（電気量 $-e$，質量 m）は陽子（電気量 e）から静電気力（クーロン力）を受け，これを向心力として半径 r で速さ v の等速円運動をしているとする。クーロンの法則の比例定数を k_0，光の速さを c，プランク定数を h，量子数を n（$n=1, 2, 3, \cdots$）とする。

(1) 電子の円運動の円周の長さ $2\pi r$ を，m，v，h，n を用いて表せ。

(2) 電子の円運動の運動方程式を示せ。　(3) 以上より，電子の軌道半径を v を用いずに表せ。

(4) 電子の運動エネルギー K，位置エネルギー U（基準を無限遠にとる），および全エネルギー E を k_0，r の入った式で表せ。

(5) E を量子数 n を用いて表せ。

(6) (5)を振動数条件に代入し，リュードベリ定数 R を求めよ。ただし，水素原子から出る光のスペクトルの波長は $\dfrac{1}{\lambda}=R\left(\dfrac{1}{n'^2}-\dfrac{1}{n^2}\right)$ で表される（$n>n'$）。

指針 (1) 円周の長さ $2\pi r$＝量子数 n×電子波の波長 λ を満たす（量子条件）。

(2) 電子は陽子から受ける静電気力（クーロン力）$k_0\dfrac{e^2}{r^2}$ を向心力として，等速円運動を行う。

解答 (1) 速さ v で運動する電子波の波長は $\lambda=\dfrac{h}{mv}$

円周の長さが λ の整数倍より　$2\pi r=\boldsymbol{n\cdot\dfrac{h}{mv}}$

(2) クーロンの法則「$F=k_0\dfrac{q_1q_2}{r^2}$」より，$k_0\dfrac{e\times e}{r^2}$ の引力を受けて等速円運動をするので　$\boldsymbol{m\dfrac{v^2}{r}=k_0\dfrac{e^2}{r^2}}$

(3) (2)より　$v^2=\dfrac{k_0e^2}{mr}$ ……①

(1)より　$v^2=\left(\dfrac{nh}{2\pi mr}\right)^2=\dfrac{n^2h^2}{4\pi^2m^2r^2}$

両式より　$\dfrac{k_0e^2}{mr}=\dfrac{n^2h^2}{4\pi^2m^2r^2}$　　$r=\boldsymbol{\dfrac{h^2}{4\pi^2k_0me^2}\cdot n^2}$

(4) ①式を用いると　$K=\dfrac{1}{2}mv^2=\dfrac{1}{2}m\cdot\dfrac{k_0e^2}{mr}=\boldsymbol{\dfrac{k_0e^2}{2r}}$

陽子がつくる電位 V は「$V=k_0\dfrac{Q}{r}$」より　$V=k_0\dfrac{e}{r}$

「$U=qV$」より，電子の位置エネルギー U は

$$U=-e\times V=-e\cdot k_0\frac{e}{r}=-\boldsymbol{\frac{k_0e^2}{r}}$$

$$E=K+U=\frac{k_0e^2}{2r}-\frac{k_0e^2}{r}=-\boldsymbol{\frac{k_0e^2}{2r}}$$

(5) (4)の E に(3)の r を代入して

$$E=-\frac{k_0e^2}{2}\cdot\frac{4\pi^2k_0me^2}{h^2}\cdot\frac{1}{n^2}=-\boldsymbol{\frac{2\pi^2k_0{}^2me^4}{h^2}\cdot\frac{1}{n^2}}$$

(6) 振動数条件　$E_n-E_{n'}=\dfrac{hc}{\lambda}$　より

$$\frac{1}{\lambda}=\frac{E_n-E_{n'}}{hc}=\frac{2\pi^2k_0{}^2me^4}{ch^3}\left(\frac{1}{n'^2}-\frac{1}{n^2}\right)$$

よって　$R=\boldsymbol{\dfrac{2\pi^2k_0{}^2me^4}{ch^3}}$

168. 水素原子のエネルギー準位 ●　次の □ に適当な数式を入れよ。

1個の陽子を中心とし，1個の電子が円軌道を描いて回っている水素原子模型を考える。今，定常状態にある水素原子の電子の円運動の半径を a，速さを v，量子数を n とし，電子の質量とプランク定数をそれぞれ m，h とすると，量子条件は［ア］$=nh$ で表される。クーロンの法則の比例定数を k とすれば，陽子と電子の間に作用する静電気力の大きさは，両者の電気量の大きさ e を用いて，［イ］で示される。電子が円運動をするためには，向心力が電子にはたらく静電気力に等しくなければならない。したがって，［ウ］＝［イ］が成立する。以上から v を消去すると，$a=$［エ］となる。一方，電子の全エネルギー E は静電気力による位置エネルギー（基準を無限遠にとる）と運動エネルギーの和で示され，$E=$［オ］$+\dfrac{1}{2}mv^2$ で与えられる。(ウ)と(エ)を用いて a，v を消去すると，量子数 n の定常状態の軌道電子のエネルギーは $E_n=$［カ］となり，これをリュードベリ定数 R，光の速さ c，および h を用いて表すと $E_n=$［キ］となる。

ア：＿＿＿＿　イ：＿＿＿＿　ウ：＿＿＿＿

エ：＿＿＿＿　オ：＿＿＿＿　カ：＿＿＿＿　キ：＿＿＿＿

▶例題87

リードA

2 原子核・放射線とその性質

リードAの確認問題

a 原子核の構成

(1) **核子** 原子核を構成する陽子と中性子の総称。

(2) **原子番号 Z** 原子核内の陽子の数。元素の種類はこの数で決まる。

(3) **質量数 A** 原子核を構成する核子の数。原子の質量はほぼこの数に比例する。中性子の数を N とすると，$\boldsymbol{A=Z+N}$

原子 { 原子核 { **陽子** ……電気量 $+e$ / **中性子**……電気量 0 } **核子** / **電子** ………………電気量 $-e$ }

(4) **同位体(アイソトープ)** 同じ元素(陽子の数が同じ元素)で，中性子の数が異なる原子。

b 原子核の表し方

元素記号 X，原子番号 Z，質量数 A の原子核を $^{A}_{Z}\mathrm{X}$ で表す。核反応に関与する粒子も同様に表す。**陽子** $^{1}_{1}\mathrm{p}$ または $^{1}_{1}\mathrm{H}$，**中性子** $^{1}_{0}\mathrm{n}$ など。

c 統一原子質量単位(記号 u)

原子，核子，電子など小さな質量を表すために決められた単位。$^{12}_{6}\mathrm{C}$ の質量を 12u とする。$\boldsymbol{1\,\mathrm{u}=1.66\times10^{-24}\,\mathrm{g}}$

d 放射線

(1) **放射性崩壊** 原子核が放射線(高エネルギーの粒子や電磁波)を出して，自然に別の原子核に変わる現象。

(2) **放射能** 自然に放射線を出す性質。 (3) **放射性同位体(ラジオアイソトープ)** 放射能をもつ同位体。

(4) **放射性物質** 放射能をもつ物質。

(5) **放射線の種類** 右の表のようなものがある。

放射線	本体	崩壊	電気量	電離作用	透過力	遮蔽(へい)材	反応式
α 線	$^{4}_{2}\mathrm{He}$(α 粒子)	α 崩壊	$+2e$	強	弱	厚紙	$^{A}_{Z}\mathrm{X}\longrightarrow{}^{A-4}_{Z-2}\mathrm{X}'+{}^{4}_{2}\mathrm{He}$
β 線	電子	β 崩壊	$-e$	中	中	木板	$^{A}_{Z}\mathrm{X}\longrightarrow{}_{Z+1}^{A}\mathrm{X}''+\mathrm{e}^-$
γ 線	電磁波	γ 線放出※	0	弱	強	鉛板	$^{A}_{Z}\mathrm{X}\longrightarrow{}^{A}_{Z}\mathrm{X}+\gamma$

※ γ 線は α 崩壊や β 崩壊によってできた新しい原子核がエネルギーの低い状態に移るときに放出される。

e 半減期

(1) **原子核の崩壊** 同じ原子核では，同一時間内に崩壊する原子核の数は，そのとき存在する原子核の数に比例する。

(2) **半減期** 原子核の数が崩壊によって半分になるまでの時間。原子核の種類によって決まっている。

(3) **崩壊の式** $t=0$ における放射性原子核の数を N_0，時刻 t において崩壊しないで存在する数を N，半減期を T とすると $\quad \boldsymbol{\dfrac{N}{N_0}=\left(\dfrac{1}{2}\right)^{\frac{t}{T}}}$

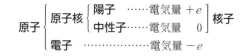

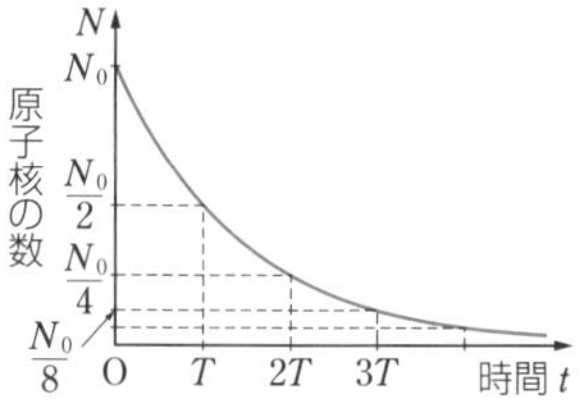

リードB

基礎CHECK

1. $^{210}_{82}\mathrm{Pb}$ の原子核がある。① 陽子と中性子何個ずつからできているか。② α 崩壊すると原子番号，質量数はいくつになるか。③ β 崩壊したときはどうか。

①陽子：[ ]　中性子：[ ]
②原子番号：[ ]　質量数：[ ]
③原子番号：[ ]　質量数：[ ]

2. 半減期が1時間の放射性物質がある。3時間後に，この放射性物質は現在の量の何倍になるか。

[ ]

解答

1. ① $^{210}_{82}\mathrm{Pb}$ の原子番号 $Z=82$，質量数 $A=210$ である。
陽子数 $=Z=$ **82個**
中性子数 $=A-Z=210-82=$ **128個**

② α 崩壊とは α 粒子(ヘリウム原子核) $^{4}_{2}\mathrm{He}$ を放出することなので
原子番号 $Z=82-2=$ **80**　質量数 $A=210-4=$ **206**

③ β 崩壊とは原子核中の中性子が陽子と電子になり，電子 e^- を放出することなので
原子番号 $Z=82+1=$ **83**　質量数 $A=$ **210**

2. 現在の放射性物質の原子核の数を N_0，3時間後の数を N とすると，崩壊の式より

$$\frac{N}{N_0}=\left(\frac{1}{2}\right)^{\frac{t}{T}}=\left(\frac{1}{2}\right)^{\frac{3}{1}}=\frac{1}{8}\ 倍$$

Let's Try!

例題 88 放射性崩壊

➡ 169, 170

解説動画

$^{218}_{84}Po$ は安定な原子核 $^{206}_{82}Pb$ になるまで一連の放射性系列に従って崩壊する。

$$^{218}_{84}\mathrm{Po} \xrightarrow[\alpha\text{崩壊}]{} \underset{①}{\mathrm{Pb}} \xrightarrow[\beta\text{崩壊}]{} \underset{②}{\mathrm{Bi}} \xrightarrow[\beta\text{崩壊}]{} \underset{③}{\mathrm{Po}} \longrightarrow \cdots\cdots \longrightarrow {}^{206}_{82}\mathrm{Pb}$$

(1) $^{218}_{84}Po$ の原子核に含まれる陽子数と中性子数を求めよ。

(2) ①の Pb，②の Bi の原子番号と質量数をそれぞれ求めよ。　(3) ③の Po の同位体を上記の中から選べ。

(4) $^{218}_{84}Po$ が $^{206}_{82}Pb$ になるまでに α 崩壊，β 崩壊をそれぞれ何回行うか。

(5) 静止した $^{218}_{84}Po$ から放出された α 粒子の運動エネルギー K_α と，①の Pb の運動エネルギー K_{Pb} の比 $K_\alpha : K_{Pb}$ を求めよ。

指針 α 崩壊は $Z\to-2$，$A\to-4$。β 崩壊は $Z\to+1$，$A\to\pm0$。(5) 分裂の際，運動量が保存することから，速さの比 $v_\alpha : v_{Pb}$ が求められる。質量比＝質量数の比

解答 (1) 陽子数＝原子番号 $Z=$**84**
中性子数＝A(質量数)$-Z=218-84=$**134**

(2) α 崩壊は $Z\to-2$，$A\to-4$ なので
① $Z=84-2=$**82**　$A=218-4=$**214**
β 崩壊は $Z\to+1$，$A\to\pm0$ なので
② $Z=82+1=$**83**　$A=214\pm0=$**214**

(3) 同位体とは原子番号 Z が同じ(元素記号も同じ)で質量数 A が異なる原子核のこと。したがって　$^{218}_{84}$**Po**

(4) それぞれ α 回，β 回とおくと
$A\to218-4\alpha=206$　$\alpha=$**3回**
$Z\to84-2\alpha+\beta=82$　$\beta=$**4回**

(5) α 粒子は ^4_2He，①の Pb は $^{214}_{82}Pb$ なので，
$m_\alpha : m_{Pb}=4:214=2:107$
分裂の前後で運動量保存より
$0=m_\alpha v_\alpha - m_{Pb}v_{Pb}$　　$v_\alpha : v_{Pb}=m_{Pb} : m_\alpha$

$$K_\alpha : K_{Pb}=\frac{1}{2}m_\alpha {v_\alpha}^2 : \frac{1}{2}m_{Pb}{v_{Pb}}^2$$
$$=m_\alpha {m_{Pb}}^2 : m_{Pb}{m_\alpha}^2 = m_{Pb} : m_\alpha = \mathbf{107:2}$$

169. 放射性崩壊と放射線 ● 次の文中の □ に適当な言葉を入れ，{ }からは1つ選べ。

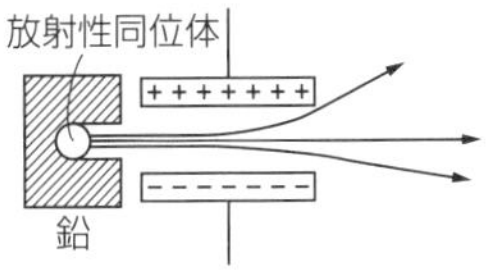

原子核は [ア] と [イ] から構成され，(ア)の数は原子の [ウ] と一致し，元素の種類を決定する。(ア)と(イ)の数の和を [エ] という。放射性の原子核が崩壊するときに放出される放射線に図のような電場を加えたとき，正極側に曲がる放射線を [オ] という。この実体は [カ] で，この放出により，核の(ア)数は [キ] 個 [ク]{増加，減少}し，(イ)数は [ケ] 個 [コ]{増加，減少}する。また負極側に曲がる放射線を [サ] といい，この放出により，核の(ア)数は [シ] 個 [ス]{増加，減少}し，(イ)数は [セ] 個 [ソ]{増加，減少}する。電場中を直進する放射線を [タ] といい，その実体は [チ] であるから，この放出により核の(ア)数や(イ)数は [ツ]。(タ)は(オ)や(サ)の放出後，不安定な [テ] 状態にある核がエネルギーを外に出して安定化する際に放出される。3つの放射線の中で，原子をイオン化するはたらきが最も大きいのは [ト] であり，木板や鉄板を通りぬけてしまうのは [ナ] である。

ア：＿＿　イ：＿＿　ウ：＿＿　エ：＿＿　オ：＿＿　カ：＿＿
キ：＿＿　ク：＿＿　ケ：＿＿　コ：＿＿　サ：＿＿　シ：＿＿
ス：＿＿　セ：＿＿　ソ：＿＿　タ：＿＿　チ：＿＿
ツ：＿＿　テ：＿＿　ト：＿＿　ナ：＿＿

▶ 例題 88

170. 放射性崩壊 ● $^{238}_{92}U$ は引き続く何回かの放射性崩壊によって，$^{206}_{82}Pb$ となって安定化する。この間の α 崩壊の回数と β 崩壊の回数を求めよ。

α：＿＿　β：＿＿

▶ 例題 88

リードC

例題 89 半減期

➡ 171, 172

解説動画

図は，ある原子核の残留率（放射性崩壊をせずに残っている原子核の割合）を表している。

(1) この原子核の半減期は何日か。

(2) 16 日後における残留率は何分の 1 か。

(3) 残留率が $\frac{1}{16}$ になるのは何日後か。

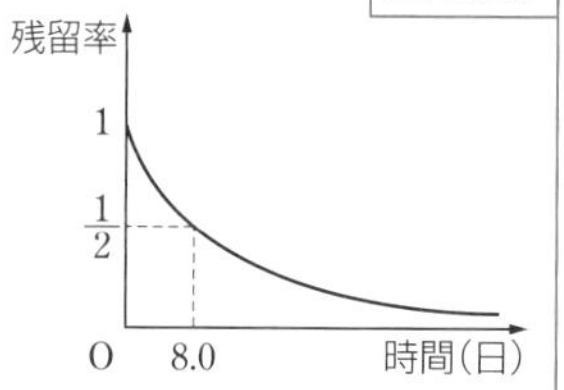

指針 半減期は，残留率が半分になるまでの時間である。

解答 (1) 半減期は，残っている原子核の割合が最初の半分になるまでの時間である。
グラフより **8.0 日**

(2) 「$\frac{N}{N_0}=\left(\frac{1}{2}\right)^{\frac{t}{T}}$」より

$$\left(\frac{1}{2}\right)^{\frac{16}{8.0}}=\left(\frac{1}{2}\right)^{2}=\mathbf{\frac{1}{4}}$$

(3) t 日後とすると，「$\frac{N}{N_0}=\left(\frac{1}{2}\right)^{\frac{t}{T}}$」より

$$\frac{1}{16}=\left(\frac{1}{2}\right)^{4}=\left(\frac{1}{2}\right)^{\frac{t}{8.0}}$$

指数の部分を比較して　$4=\frac{t}{8.0}$

よって　$t=4\times8.0=$ **32 日**

171. $^{14}_{6}C$ **と年代測定** ● 次の文の □ に適当な語句，または数値を入れよ。

大気中には，宇宙線によって生じる放射性炭素 $^{14}_{6}C$ が存在する。この $^{14}_{6}C$ は通常の $^{12}_{6}C$ の［ア］でその半減期は 5.7×10^{3} 年で［イ］を放出して安定な $^{14}_{7}N$ になる。したがって，古い遺跡から発掘した木材に含まれる放射性炭素 $^{14}_{6}C$ の割合が現在の新しい木材中の $^{14}_{6}C$ の含有量の $\frac{1}{8}$ の場合，その遺跡は今から約［ウ］年前のものと推定される。

ア：　　　イ：　　　ウ：

▷ 例題 89

172. **放射性崩壊と半減期** ● ポロニウム（$^{210}_{84}Po$）は半減期 138 日で α 崩壊する。

(1) ポロニウムが α 崩壊して生じる原子の質量数と原子番号を答えよ。

(2) はじめに 1.0 g あったポロニウムは，69 日後，276 日後には何 g あるか。また 69 日間に放出した α 粒子は何 g（有効数字 1 桁）か。陽子と中性子の質量は等しいとする。

(3) ポロニウムの原子数がはじめの $\frac{1}{10}$ になるのは何日後か。$\log_{10}2=0.301$ とする。

(4) 1.0 g のポロニウムの質量はどう変化するか。横軸に日数，縦軸に質量をとり，グラフをかけ。

(1) 質量数：

原子番号：

(2) 69 日後：

276 日後：

α 粒子：

(3)

(4)

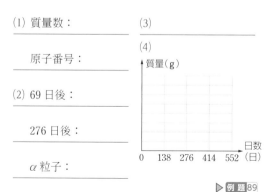

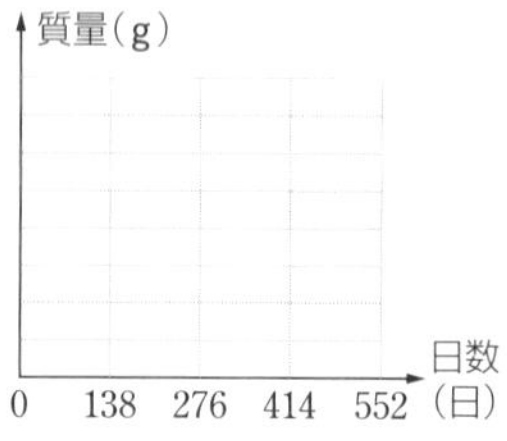

▷ 例題 89

3 核反応と核エネルギー・素粒子

リードAの確認問題

a 核反応 原子核と他の粒子の相互作用により，原子核が変化する反応。

(1) **核反応式** 反応の前後で質量数(核子の数)の和と電気量の和は一定に保たれる。

$^{A_1}_{Z_1}X_1+^{A_2}_{Z_2}X_2 \longrightarrow ^{A_3}_{Z_3}X_3+^{A_4}_{Z_4}X_4$ のとき

$A_1+A_2=A_3+A_4$ (核子の数の保存)
$Z_1+Z_2=Z_3+Z_4$ (電気量の保存)

(2) **核分裂** ^{235}U のような質量数の大きい原子核が中性子などを吸収し，いくつかの原子核に分かれる反応。多量のエネルギーを放出する。反応が次々に進むことを**連鎖反応**といい，核燃料が一定量(**臨界量**)に達すると起きる。連鎖反応が起こる状態を**臨界**という。

(3) **核融合** 原子番号の小さい原子核どうしが反応して，より重い原子核を生み出す反応をいう。このときにも，多量のエネルギーが解放される。

b 核エネルギー

(1) **質量とエネルギーの等価性** 質量とエネルギーとは同等であり，m〔kg〕の質量に相当するエネルギーを E〔J〕とすると

$\boldsymbol{E=mc^2}$ (c は真空中の光の速さ)

(2) **質量欠損** 原子核の質量は，それを構成する核子が単独にあるときの質量の和より小さい。この質量の差を**質量欠損**という。

原子番号Z，質量数Aの原子核の質量を m_0，陽子と中性子の質量を m_p，m_n とすると

質量欠損 $\Delta m=Zm_p+(A-Z)m_n-m_0$

(3) **結合エネルギー** 原子核をばらばらの核子にするには，質量欠損 Δm に相当するエネルギー Δmc^2 を与える必要があり，Δmc^2 を**結合エネルギー**という。

(4) **核エネルギー** 核子1個当たりの結合エネルギー $\dfrac{\Delta mc^2}{A}$ が小さい(不安定な)原子核から大きい(安定な)原子核に変換されるとき，その結合エネルギーの差に相当する**核エネルギー**が解放される。

c 素粒子

(1) **自然の階層性** 物質を細分化していくと，分子，原子，原子核という構成単位が現れ，その究極に位置する粒子を**素粒子**という。

(2) **素粒子の分類**

素粒子
- **クォーク**…クォークが2個または3個集まって，それぞれ**中間子**，**バリオン**となる。中間子，バリオンをまとめて**ハドロン**という。ハドロンは“強い力”を受ける。クォークの電気量の大きさは，電子の 1/3, 2/3 である。
- **レプトン**…電子，ニュートリノなど“強い力”を受けない軽粒子。
- **ゲージ粒子**……光子やウィークボソンなど，力を伝達する粒子。
- **ヒッグス粒子**…物質に質量を与える素粒子。

(3) **クォークとレプトン** クォーク，レプトンともに6種類あり，それぞれに反粒子がある。

リードB

基礎CHECK

1. 次の核反応式の □ の中に適当な記号を入れ，その名称を記せ。

$^{226}_{88}$Ra ⟶ $^{222}_{86}$Rn + [ア]
$^{214}_{83}$Bi ⟶ $^{214}_{84}$Po + [イ]
$^{14}_{7}$N + $^{4}_{2}$He ⟶ $^{17}_{8}$O + [ウ]
$^{9}_{4}$Be + $^{4}_{2}$He ⟶ $^{12}_{6}$C + [エ]

ア：〔　　〕
イ：〔　　〕
ウ：〔　　〕
エ：〔　　〕

2. 質量 1.0g に相当するエネルギーは何 J か。真空中の光の速さを 3.0×10^8 m/s とする。

〔　　〕

3. ハドロン，レプトン，ゲージ粒子は素粒子の分類名である。陽子や中性子は [ア] に，電子は [イ] に，光子は [ウ] に属している。

ア：〔　　〕
イ：〔　　〕　ウ：〔　　〕

解答

1. 反応式の左辺と右辺で原子番号の総和，および質量数の総和が等しいことから，まず答えの原子番号と質量数が求められる。その結果，質量数が0でなければ核子か原子核，0なら電子や光子などである。原子番号から元素記号，電気量がわかる。

(ア) $^{4}_{2}$**He**（**α粒子**または**ヘリウム原子核**）　(イ) **e⁻**（**電子**）
(ウ) $^{1}_{1}$**H**（**陽子**）　(エ) $^{1}_{0}$**n**（**中性子**）

2. 「$E=mc^2$」より
$E=(1.0\times10^{-3})\times(3.0\times10^8)^2=\boldsymbol{9.0\times10^{13}}$ **J**

3. (ア) **ハドロン**　(イ) **レプトン**　(ウ) **ゲージ粒子**

Let's Try!

例題 90 原子核反応と核エネルギー

➡ 173, 174　解説動画

次の問い(1), (2)に答えよ。真空中の光の速さを c とする。

(1) 原子核の質量は，一般にその構成粒子の質量の和より小さい。この差 Δm を何というか。

(2) 原子核の結合エネルギーを，Δm，c を用いて表せ。

次の問い(3), (4)に答えよ。陽子，中性子，${}^{4}_{2}\mathrm{He}$ 原子核，${}^{7}_{3}\mathrm{Li}$ 原子核の質量をそれぞれ 1.0073u，1.0087u，4.0015u，7.0144u とし，$c=3.00\times10^{8}\,\mathrm{m/s}$，$1\,\mathrm{u}=1.66\times10^{-27}\,\mathrm{kg}$，$1\,\mathrm{eV}=1.60\times10^{-19}\,\mathrm{J}$ とする。

(3) ${}^{7}_{3}\mathrm{Li}$ 原子核の結合エネルギー E_1 は何 J か。またそれは何 MeV か。

(4) 次の核反応

$${}^{1}_{1}\mathrm{H}+{}^{7}_{3}\mathrm{Li}\longrightarrow{}^{4}_{2}\mathrm{He}+{}^{4}_{2}\mathrm{He}$$

で放出されるエネルギー E_2 は何 J か。またそれは何 MeV か。

指針 (2) 質量とエネルギーの等価性より，質量 m に相当するエネルギーは $E=mc^2$ で表される。
(4) 核反応の前後で減少した質量に相当するエネルギーが放出される。

解答 (1) **質量欠損**

(2) $\boldsymbol{\Delta mc^2}$

(3) ${}^{7}_{3}\mathrm{Li}$ 原子核は陽子 3 個，中性子 4 個からなるので

$\Delta m=(3\times1.0073+4\times1.0087)-7.0144$
$=0.0423\,\mathrm{u}$
$=0.0423\times(1.66\times10^{-27})\,\mathrm{kg}$

よって

$E_1=\Delta mc^2$
$=0.0423\times(1.66\times10^{-27})\times(3.00\times10^{8})^2$
$=6.319\cdots\times10^{-12}\fallingdotseq\boldsymbol{6.32\times10^{-12}\,\mathrm{J}}$

$1\,\mathrm{MeV}=10^{6}\,\mathrm{eV}=(1.60\times10^{-19})\times10^{6}\,\mathrm{J}$　より

$$E_1=\frac{6.319\times10^{-12}}{(1.60\times10^{-19})\times10^{6}}\fallingdotseq\boldsymbol{39.5\,\mathrm{MeV}}$$

(4) 核反応前後での質量の減少は

$(1.0073+7.0144)-4.0015\times2=0.0187\,\mathrm{u}$
$=0.0187\times(1.66\times10^{-27})\,\mathrm{kg}$

よって

$E_2=0.0187\times(1.66\times10^{-27})\times(3.00\times10^{8})^2$
$=2.793\cdots\times10^{-12}\fallingdotseq\boldsymbol{2.79\times10^{-12}\,\mathrm{J}}$

(3)と同様に

$$E_2=\frac{2.793\times10^{-12}}{(1.60\times10^{-19})\times10^{6}}\fallingdotseq\boldsymbol{17.5\,\mathrm{MeV}}$$

173. 結合エネルギー ● ${}^{4}_{2}\mathrm{He}$ と ${}^{7}_{3}\mathrm{Li}$ は，核子 1 個当たりの結合エネルギーの比較からどちらの原子核が安定といえるか。ただし，それぞれの粒子の質量は，${}^{1}_{1}\mathrm{H}$：$1.6726\times10^{-27}\,\mathrm{kg}$，${}^{1}_{0}\mathrm{n}$：$1.6749\times10^{-27}\,\mathrm{kg}$，${}^{4}_{2}\mathrm{He}$：$6.6447\times10^{-27}\,\mathrm{kg}$，${}^{7}_{3}\mathrm{Li}$：$11.6478\times10^{-27}\,\mathrm{kg}$ とし，光の速さ $c=3.0\times10^{8}\,\mathrm{m/s}$ とする。

▷例題 90

174. 原子核反応と β 崩壊 ● 窒素に中性子が衝突して，炭素と陽子ができるときの原子核反応は，${}^{14}_{7}\mathrm{N}+{}^{1}_{0}\mathrm{n}\longrightarrow{}^{14}_{6}\mathrm{C}+{}^{1}_{1}\mathrm{H}$ で表される。それぞれの質量を統一原子質量単位 u で表すと，${}^{14}_{7}\mathrm{N}=14.0031$，${}^{1}_{0}\mathrm{n}=1.0087$，${}^{14}_{6}\mathrm{C}=14.0032$，${}^{1}_{1}\mathrm{H}=1.0073$ である。光の速さを $3.00\times10^{8}\,\mathrm{m/s}$，$1\,\mathrm{MeV}=1.60\times10^{-13}\,\mathrm{J}$，アボガドロ定数を $6.02\times10^{23}/\mathrm{mol}$ とする。

(1) 1u の質量は何 kg か。また，これは何 MeV のエネルギーに相当するか。

(2) この原子核反応で放出されるエネルギー ΔE [MeV] を求めよ。

(3) この反応で生成された ${}^{14}_{6}\mathrm{C}$ は β 崩壊をする。この崩壊でできる元素は何か。

(1) ＿＿＿＿ kg ＿＿＿＿ MeV

(2) ＿＿＿＿　(3) ＿＿＿＿

▷例題 90

例題 91 結合エネルギー

➡175 解説動画

図は原子核の結合エネルギーを質量数でわった，1 核子当たりの結合エネルギーの実測値を，横軸に質量数をとって示したものである。ただし，計算に必要な実測値は表に示してある。

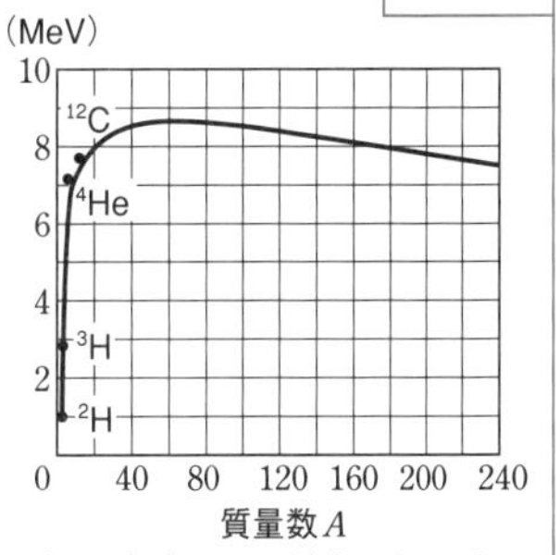

核子 1 個当たりの結合エネルギー

(1) 原子核 ^{12}C の結合エネルギーは何 MeV か。

(2) 原子核 ^{12}C の質量欠損は電子の質量の何倍か。ただし，電子が静止状態でもつエネルギーは 0.51MeV である。

(3) 2 つの原子核 ^{3}H と ^{2}H が核融合を起こし，^{4}He と中性子がつくられたとする。このときに発生するエネルギーはいくらか。

(4) 原子核 ^{235}U が核分裂を起こし，質量数のほぼ等しい 2 つの原子核に分裂したとする。このときに放出されるエネルギーはおよそいくらになるか。次の数値から近いものを選び，その理由を簡単に記せ。

{50MeV，100MeV，200MeV，500MeV，1000MeV}

原子核	^{2}H	^{3}H	^{4}He	^{12}C
核子 1 個当たりの結合エネルギー (MeV)	1.1	2.7	7.1	7.7

(5) 質量数の小さい軽い原子核では(3)のような核融合が起こり，ウランのように重い原子核では(4)のように核分裂が起こる。図よりその理由を説明せよ。

指針 核子 1 個当たりの結合エネルギーは，質量数 65 の付近で最も大きいことがわかる(図参照)。結合エネルギーの大きな原子核では，核子間の結合は強く，原子核は壊れにくく安定である。

解答 (1) ^{12}C の核子の数は 12 であるから，結合エネルギー E は $E=7.7\times12=92.4\fallingdotseq$ **92MeV**

(2) ^{12}C の結合エネルギーは 92.4MeV であり，これが質量欠損に相当する。一方，電子の質量に相当するエネルギーは 0.51MeV であるから

$$\frac{92.4}{0.51}\fallingdotseq\mathbf{1.8\times10^{2}}\text{ **倍**}$$

(3) ^{3}H と ^{2}H の結合エネルギーの和と，生成核 ^{4}He の結合エネルギーとの差に相当するエネルギーが解放される。

$$7.1\times4-(2.7\times3+1.1\times2)$$
$$=28.4-10.3=18.1\fallingdotseq\mathbf{18MeV}$$

(4) **200MeV**

(理由) グラフから核子 1 個当たりの結合エネルギーは，$A=235$ 付近では 7.6MeV，$A=120$ 付近では 8.5MeV である。反応の前後で核子数の合計は変わらず 235 個なので，放出されるエネルギーは

$$(8.5-7.6)\times235=211.5\fallingdotseq200\text{MeV}$$

(5) 軽い原子核では核融合することにより，また，重い原子核では核分裂することにより，核子 1 個当たりの結合エネルギーの大きい安定な原子核に変換されるから。

175. 核融合 ● 太陽の中では 4 個の水素原子核 $^{1}_{1}H$ から 1 個のヘリウム原子核 $^{4}_{2}He$ と 2 個の陽電子 e^{+} がつくられる核融合反応が起きているとされている。$^{1}_{1}H$ の質量を 1.6726×10^{-27}kg，$^{4}_{2}He$ の質量を 6.6447×10^{-27}kg，陽電子の質量を 9.1×10^{-31}kg，光の速さを 3.0×10^{8}m/s，アボガドロ定数を 6.0×10^{23}/mol とする。

(1) 4 個の $^{1}_{1}H$ が反応したときに解放されるエネルギー E〔J〕を求めよ。

(2) 1g の $^{1}_{1}H$ すべてが反応したときに解放されるエネルギー W〔J〕を求めよ。

(3) (2)のエネルギーがすべて電力に変えられたとし，平均的な家庭の 1 か月の電力使用量を 300kWh と仮定したとき，何年分の電気エネルギーに相当するか。

(1) ＿＿＿＿ (2) ＿＿＿＿ (3) ＿＿＿＿

▷例題91

編末問題

考 176. 光電効果の実験 ● [　] には適当な式を入れ，[　] にはグラフの概形をかけ。ただし電気素量を e，プランク定数を h とする。

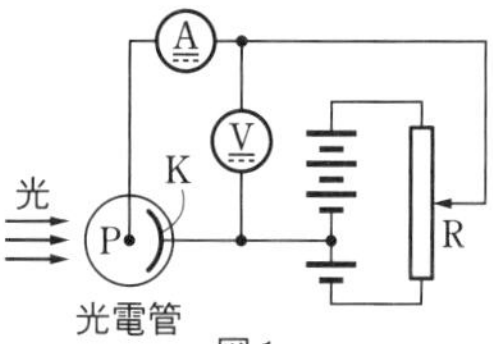

図1

図1は光電効果の実験回路図である。振動数 ν，エネルギー [1] の光子が陰極Kに当たると電子が飛び出して回路に電流が流れる。金属内部から電子を出すのに必要な仕事を W とすると，光子の振動数が ν_0= [2] 以下では電子が出ない。振動数が $\nu(>\nu_0)$ のとき，飛び出した電子の運動エネルギーの最大値 K_0= [3] なので，K_0 と ν の関係を図2にかくと [4] となる。図1で抵抗Rを調節して陽極Pの電位を陰極Kより V_0 低くし，回路に電流が流れなくなるとき，V_0 を用いて K_0= [5] となる。このことからプランク定数 h を ν，ν_0 などで表すと h= [6] となる。光の強さ，振動数を一定にして，抵抗Rを変えながら陽極Pの陰極Kに対する電位 V と流れる電流 I の関係を調べ，図3にかくと [7] となる。

1：＿＿＿＿　2：＿＿＿＿　3：＿＿＿＿

5：＿＿＿＿　6：＿＿＿＿

4：

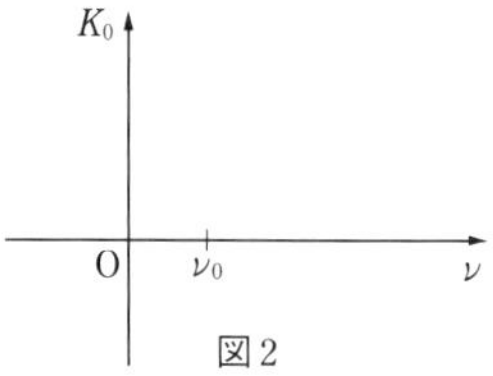

図2

7：

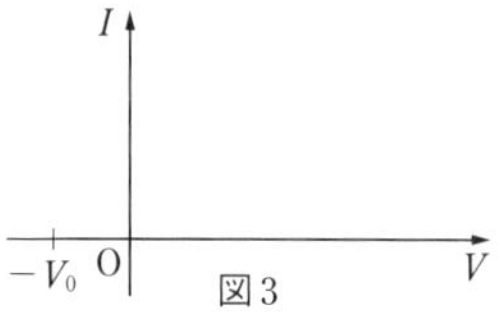

図3

177. コンプトン効果 ● x 軸上で静止している質量 m の電子に，x 軸の正の向きに進む波長 λ のX線を当てたら，X線は波長 $\lambda'(>\lambda)$ となって x 軸の負の向きに散乱された。このときの電子の速さを v，プランク定数を h，光の速さを c とする。

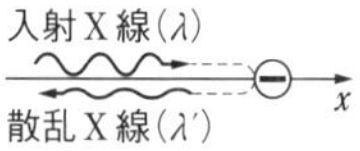

(1) 衝突前後のエネルギー保存の式を示せ。

(2) 衝突前後の運動量保存の式を示せ。

(3) $\dfrac{\lambda'}{\lambda}+\dfrac{\lambda}{\lambda'}\fallingdotseq 2$ とおいて，$\lambda'-\lambda$ を v を用いずに表せ。

(1)＿＿＿＿　(2)＿＿＿＿　(3)＿＿＿＿

178. 核分裂 次の□に適当な式または数値を入れよ。ただし，光の速さを 3.0×10^8 m/s，アボガドロ定数を 6.0×10^{23}/mol，$^{235}_{92}U$ の原子量を 235，1 eV $=1.6\times10^{-19}$ J とする。

(1) $^{235}_{92}U$ に中性子を当てると核分裂が起こる。その一例を次に示す。

$$^{235}_{92}U + ^{1}_{0}n \longrightarrow ^{140}_{54}Xe + ^{93}_{38}Sr + \boxed{\text{ア}} \quad \cdots\cdots ①$$

この核分裂では，$^{235}_{92}U$ と中性子の質量の和と核分裂生成物の質量の和との差がエネルギーに変換される。①式の場合，$^{235}_{92}U$ の原子核1個の分裂で 1.8×10^2 MeV のエネルギーが発生する。したがって，この核分裂反応では，$^{235}_{92}U$ の原子核1個当たり，質量が［イ］kg 減少する。

(2) 核分裂で放出される中性子を有効に使えば，他の $^{235}_{92}U$ の原子核を核分裂させることができる。ある原子炉では，毎秒 4.7×10^{-7} kg の $^{235}_{92}U$ 原子の核分裂が起こり，このとき放出されるエネルギーの 10% が利用される。原子炉内の $^{235}_{92}U$ 原子が①式の核分裂反応に従うとすれば，この原子炉の熱出力は［ウ］kW である。

(1) ア：　　　　イ：　　　　(2) ウ：

179. α崩壊 静止した放射性原子核 $^{210}_{84}Po$ が α 崩壊によって原子核 $^{206}_{82}Pb$ と α 粒子に分裂し，核エネルギー Q が放出された。ただし，$^{210}_{84}Po$ と $^{206}_{82}Pb$ の原子核，および α 粒子の質量を，それぞれ M_{Po}，M_{Pb}，M_α とし，また，真空中の光の速さを c とする。

(1) Q を表す式を求めよ。

(2) 崩壊後，$^{206}_{82}Pb$ の原子核と α 粒子は互いに逆方向に運動した。このときの $^{206}_{82}Pb$ の原子核の速さ v_{Pb} と α 粒子の速さ v_α の比 $\dfrac{v_{Pb}}{v_\alpha}$ を求めよ。ただし，v_{Pb} と v_α は光の速さ c に比べて十分に小さい。

(3) 初めに N 個あった $^{210}_{84}Po$ の原子核が α 崩壊により減り，$\dfrac{N}{8}$ 個になるのに 420 日かかった。$^{210}_{84}Po$ の半減期を求めよ。 〔15 センター試験〕

(1)　　　　(2)　　　　(3)

巻末チャレンジ問題　大学入学共通テストに向けて

実験に関する問題や，日常生活に関連した題材を扱った問題など，共通テスト対策に役立つ問題を収録しました。

180. 物体が倒れない条件 ●　2個の同じ角材(角材1と角材2)，および質量が無視できて変形しない薄い板を，図1のように貼りあわせて水平な床に置いた。図2の(ア)～(エ)のように薄い板の長さが異なるとき，倒れることなく床の上に立つものをすべて選び出した組合せとして最も適当なものを，次の①～④のうちから1つ選べ。ただし，図2は図1を矢印の向きから見たものであり，G_1 と G_2 はそれぞれ角材1と角材2の重心，Cは G_1 と G_2 の中点である。

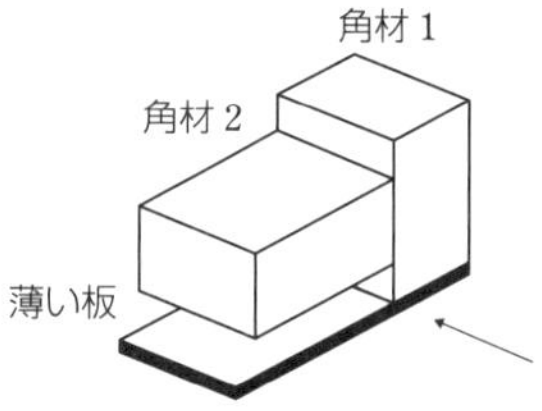

図1

① (ア)　② (ア)，(イ)　③ (ア)，(イ)，(ウ)　④ (ア)，(イ)，(ウ)，(エ)

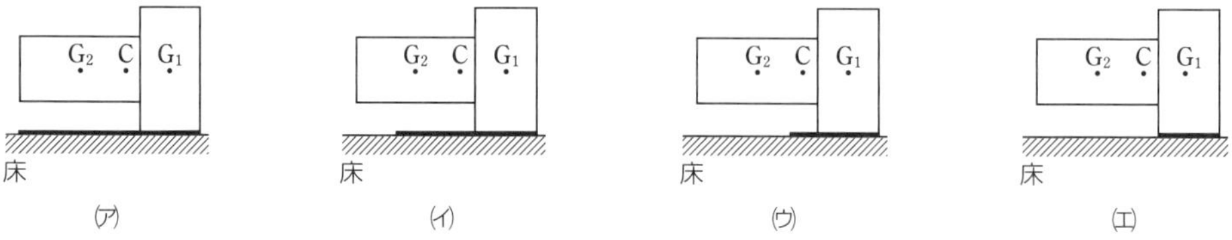

図2

〔21 共通テスト〕

181. 台車の衝突 ●　図1のように，水平面内の直線上をなめらかに運動する質量 m_A の台車Aを，同じ直線上をなめらかに運動する質量 m_B の台車Bに追突させる。台車Aにはばねが取りつけてある。図2は，このときの台車A，Bの衝突前後の速度 v と時間 t の関係を表す v-t 図であり，速度の正の向きは図1の右向きである。次の文中の空欄［　］に入れる語句として最も適当なものを，直後の｛　｝で囲んだ選択肢のうちから1つ選べ。ただし，台車A，Bの車輪とばねの質量は，無視できるものとする。

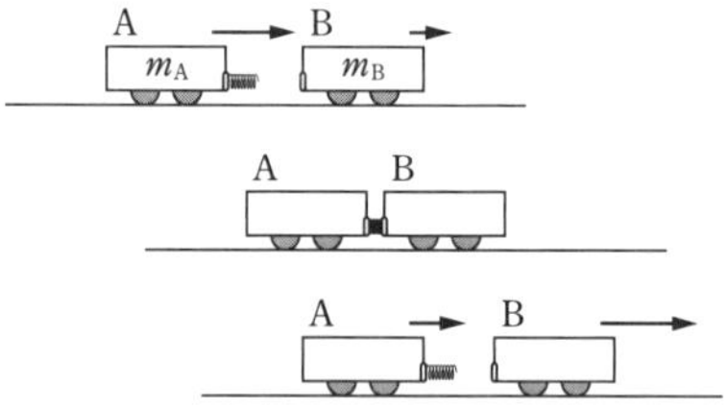

図1

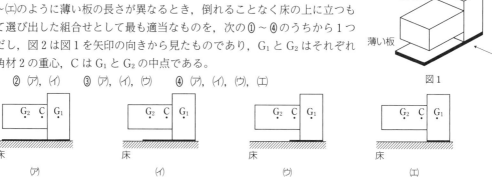

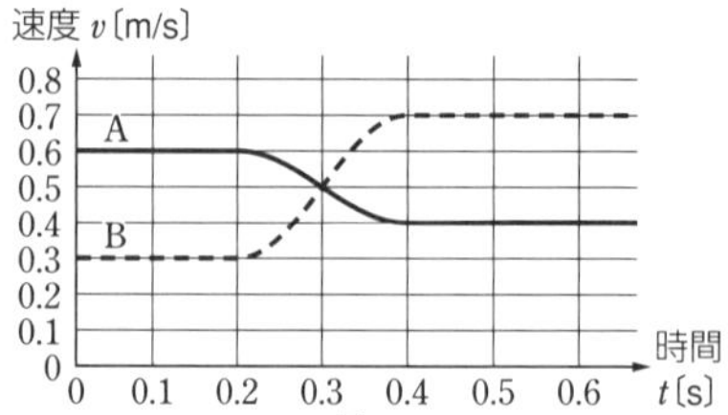

図2

台車Aの質量と台車Bの質量の比 $\frac{m_A}{m_B}$ は，

［　］｛
① 0.5である。
② 1.0である。
③ 1.5である。
④ 2.0である。
⑤ これだけでは定まらない。｝

〔22 共通テスト〕

182. 等温変化と断熱変化 ● 次の文章中の空欄［ア］～［ウ］に入れる語と式の組合せとして最も適当なものを，次の①～④のうちから1つ選べ。

なめらかに動くピストンのついた円筒容器中に理想気体が閉じこめられている。図1(a)のように，この容器は鉛直に立てられており，ピストンは重力と容器内外の圧力差から生じる力がつりあって静止していた。次に，ピストンを外から支えながら円筒容器の上下を逆さにして，図1(b)のように外からの支えがなくても静止するところまでピストンをゆっくり移動させた。容器内の気体の状態変化が等温変化であった場合，静止したピストンの容器の底からの距離は $L_{等温}$ であった。また，容器内の気体の状態変化が断熱変化であった場合には $L_{断熱}$ であった。

図2は，容器内の理想気体の圧力 p と体積 V の関係（p-V 図）を示している。ここで，実線は［ア］，破線は［イ］を表しており，これを用いると $L_{等温}$ と $L_{断熱}$ の大小関係は，［ウ］である。

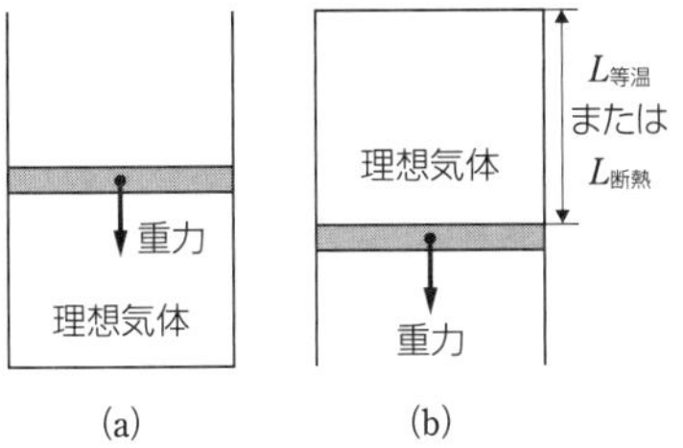

図1

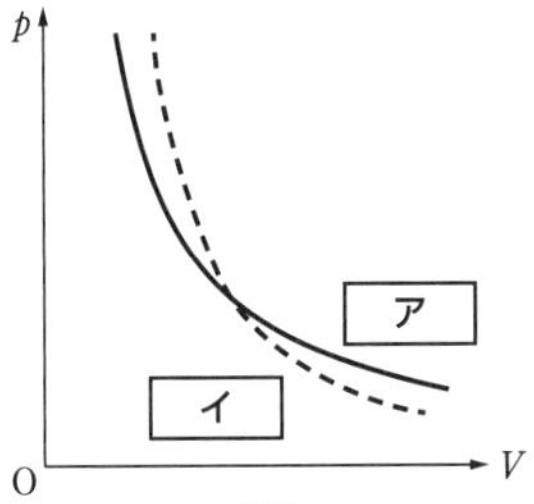

図2

	ア	イ	ウ
①	等温変化	断熱変化	$L_{等温} < L_{断熱}$
②	等温変化	断熱変化	$L_{等温} > L_{断熱}$
③	断熱変化	等温変化	$L_{等温} < L_{断熱}$
④	断熱変化	等温変化	$L_{等温} > L_{断熱}$

〔21 共通テスト〕

183. 波を集める方法 ● 水面波の速さは，水深が深いところより浅いところのほうが小さくなる。このことを利用して，一様な水深の海底にブロックを置くことにより一部の水深を浅くし，水面波の進行方向を変えてブロックの上を通過した波を集めることを考える。そのためのブロックの配置として最も適当なものを，次の①～⑤のうちから1つ選べ。

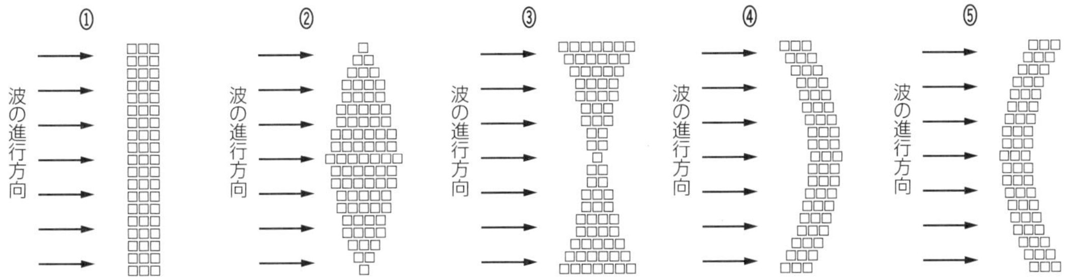

〔センター試験〕

184. ベルトコンベアと電磁気的性質を利用した選別 次の文章中の空欄 ア ～ ウ に入れる語の組合せとして最も適当なものを，次の①～⑥のうちから１つ選べ。

図は，電気と磁気の現象を利用して，鉄，アルミニウムおよびプラスチックの廃棄物破片を選別する装置を示している。廃棄物破片はベルトコンベアの上をゆっくり運ばれてくる。はじめに，電磁石Aは ア の破片をとり除く。残りの破片が，高速に回転する磁石ドラムの位置にさしかかると， イ には電磁誘導によって生じる電流が流れるので， イ の破片はドラムの磁石から力を受けて飛ばされ容器Bに入る。電流が流れない ウ の破片は，ベルトコンベア近くの容器Cに落ちる。

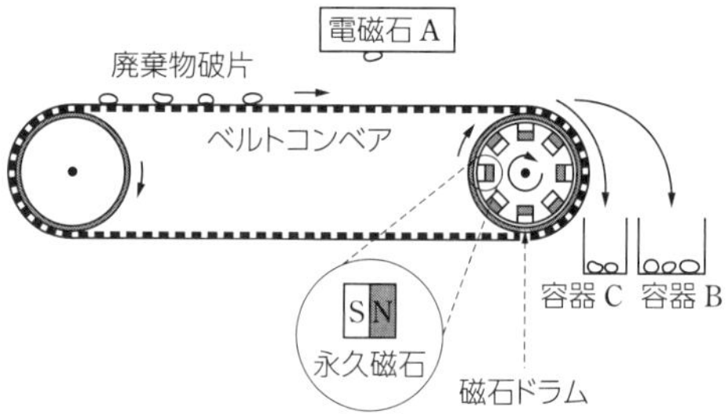

	ア	イ	ウ
①	アルミニウム	鉄	プラスチック
②	アルミニウム	プラスチック	鉄
③	鉄	アルミニウム	プラスチック
④	鉄	プラスチック	アルミニウム
⑤	プラスチック	鉄	アルミニウム
⑥	プラスチック	アルミニウム	鉄

〔センター試験〕

185. 半減期 半減期が１日の放射性原子核が 1.0×10^{10} 個ある。この原子核の個数の今後の時間変化を表すグラフとして最も適当なものを，次の①～⑤のうちから１つ選べ。

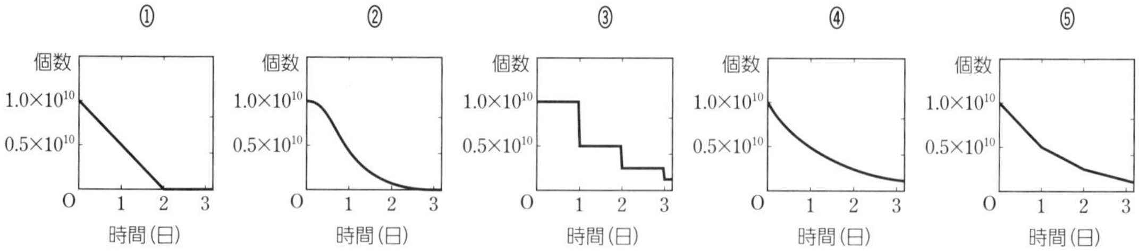

〔センター試験〕

186. サッカーのシュート サッカーのシュートについて，単純化した状況で考えてみよう。図のように，点Pから初速度 $\vec{v}$ でけり出されたボールは，実線で表した軌道を描いて点Aに到達する。点Aの真下の地点Bにいるゴールキーパーは，腕をのばしたまま真上にジャンプし，点Aでこのボールを手でとめる。PB の距離は l，AB の高さは h_0，ゴールキーパーの足が地面を離れた瞬間の手の高さは h_1 $(h_1<h_0)$ であるとする。重力加速度の大きさを g とし，空気の抵抗はないものとする。

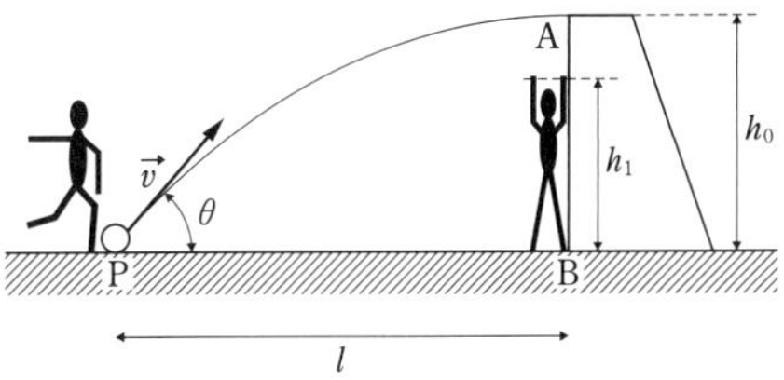

〔A〕ボールはゴールの上端Aに水平に入るようにけられる。次の問い(1)，(2)に答えよ。

(1) ボールが点Pでけられる時刻を 0，点Aに到達する時刻を t_0 とする。ボールの初速度 $\vec{v}$ の鉛直成分 v_1 はいくらか。また，けり上げる角度を θ としたとき $\tan\theta$ はいくらか。それぞれの解答群のうちから正しいものを1つずつ選べ。$v_1=$ [1]，$\tan\theta=$ [2]

[1] の解答群　① $\frac{1}{2}gt_0$　② $\frac{1}{\sqrt{2}}gt_0$　③ gt_0　④ $\sqrt{2}\,gt_0$　⑤ $2gt_0$

[2] の解答群　① $\frac{1}{2l}gt_0^2$　② $\frac{1}{\sqrt{2}\,l}gt_0^2$　③ $\frac{1}{l}gt_0^2$　④ $\frac{\sqrt{2}}{l}gt_0^2$　⑤ $\frac{2}{l}gt_0^2$

(2) 時刻 t_0 を点Aの高さ h_0 を用いて表す式はどれか。次の①～⑤のうちから正しいものを1つ選べ。

① $\frac{1}{2}\sqrt{\frac{h_0}{g}}$　② $\sqrt{\frac{h_0}{2g}}$　③ $\sqrt{\frac{h_0}{g}}$　④ $\sqrt{\frac{2h_0}{g}}$　⑤ $2\sqrt{\frac{h_0}{g}}$

〔B〕ゴールキーパーは，のばしている手がちょうど点Aまでとどくようにジャンプして，点Aでボールをとめる。ただし，ジャンプしてからボールをとめるまで姿勢は変えないものとする。次の問い(3)，(4)の答えを，それぞれ下の①～④のうちから1つずつ選べ。

(3) ゴールキーパーの足が地面をはなれる時刻を t_1 とする。ボールの高さと時間の関係を実線 (――) で，t_1 から後のゴールキーパーの手の高さと時間の関係を破線 (----) でかくとどうなるか。

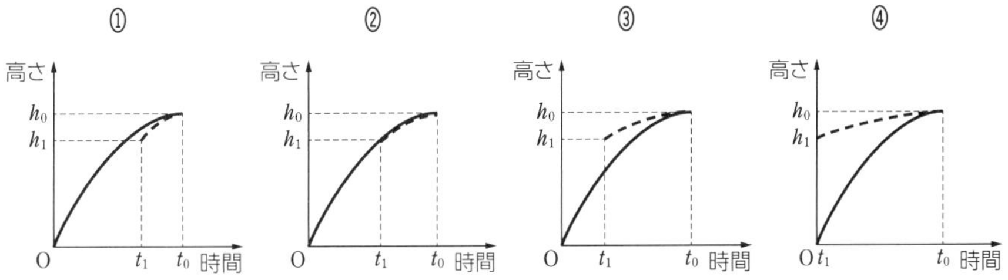

(4) $h_1=\frac{3}{4}h_0$ の場合に時刻 t_1 を表す式はどれか。

① 0　② $\frac{1}{2}\sqrt{\frac{h_0}{g}}$　③ $\sqrt{\frac{h_0}{2g}}$　④ $\sqrt{\frac{h_0}{g}}$

［センター試験］

(1) [1]：＿＿＿＿　[2]：＿＿＿＿　(2)＿＿＿＿　(3)＿＿＿＿　(4)＿＿＿＿

187. ドップラー効果 ● 振動数 f_0 の十分大きな音を出す音源を用意する。密閉された箱内部に質量 m の物体が糸でつるされている装置に，この音源またはマイクロフォン(マイク)を取りつけて，図のように，上空から初速度 0 で鉛直下方に落下させる。装置は図の姿勢を保ったまま落下するものとし，装置の落下の向きを正とする。また，重力加速度の大きさを g，物体を含む装置全体の質量を M，音の速さを V と表す。ただし，風などの影響はないものとする。

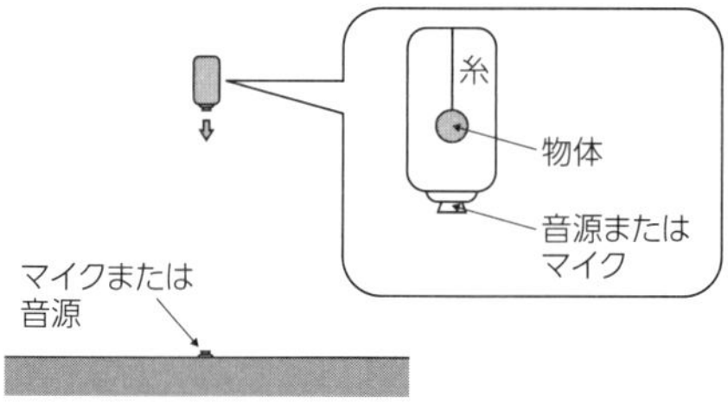

(1) 十分な高さからこの装置を落下させると，その運動に空気の抵抗力の影響が次第に現れてくる。この抵抗力 F_R は装置の落下速度 v に比例し，比例定数 $k\ (k>0)$ を用いて，

$F_R = -kv$

であるとして考えよう。さて，落下開始後しばらくすると，装置の落下速度は大きさ v' の終端速度に達し，一定となる。この v' を表す式として正しいものを，次の①～⑧のうちから 1 つ選べ。

① $\dfrac{Mg}{k}$　② $\dfrac{Mk}{g}$　③ $\dfrac{k}{Mg}$　④ Mgk　⑤ $\dfrac{2Mg}{k}$　⑥ $\dfrac{2Mk}{g}$　⑦ $\dfrac{2k}{Mg}$　⑧ $2Mgk$

(2) 落下中の糸の張力の大きさを記述する文として最も適当なものを，次の①～⑤のうちから 1 つ選べ。

① 常に mg である。
② 落下前は mg であるが，落下を開始すると徐々に小さくなり，終端速度に達すると 0 になる。
③ 落下前は mg であるが，落下を開始すると徐々に小さくなるがまた増加し，終端速度に達すると mg にもどる。
④ 落下前は mg であるが，落下を開始すると同時に 0 になり，その値を保つ。
⑤ 落下前は mg であるが，落下を開始すると同時に 0 になり，その後徐々に増加し，終端速度に達すると mg にもどる。

(3) 装置に音源を，地上にマイクを設置した場合，落下開始後しばらくして装置が終端速度(大きさ v')に達した。その後に音源を出た音がマイクに届いたときの振動数 f_1 を表す式として正しいものを，次の①～⑥のうちから 1 つ選べ。

① $\dfrac{V+v'}{V}f_0$　② $\dfrac{V}{V+v'}f_0$　③ $\dfrac{V+v'}{V-v'}f_0$　④ $\dfrac{V-v'}{V}f_0$　⑤ $\dfrac{V}{V-v'}f_0$　⑥ $\dfrac{V-v'}{V+v'}f_0$

(4) 逆に，装置にマイクを，地上に音源を設置して落下させた。落下開始後しばらくして装置が終端速度(大きさ v')に達した後，マイクに届いた音の振動数 f_2 を表す式として正しいものを，次の①～⑥のうちから 1 つ選べ。

① $\dfrac{V+v'}{V}f_0$　② $\dfrac{V}{V+v'}f_0$　③ $\dfrac{V+v'}{V-v'}f_0$　④ $\dfrac{V-v'}{V}f_0$　⑤ $\dfrac{V}{V-v'}f_0$　⑥ $\dfrac{V-v'}{V+v'}f_0$

(5) (4)のようにマイクがついた装置を時刻 $t=0$ に落下させる場合，装置の速度は徐々に変化して終端速度に達する。マイクに届いた音の振動数 f と f_0 の差の絶対値 $|f-f_0|$ を，時刻 t を横軸にとって表したグラフの概形として最も適当なものを，次の①～④のうちから 1 つ選べ。

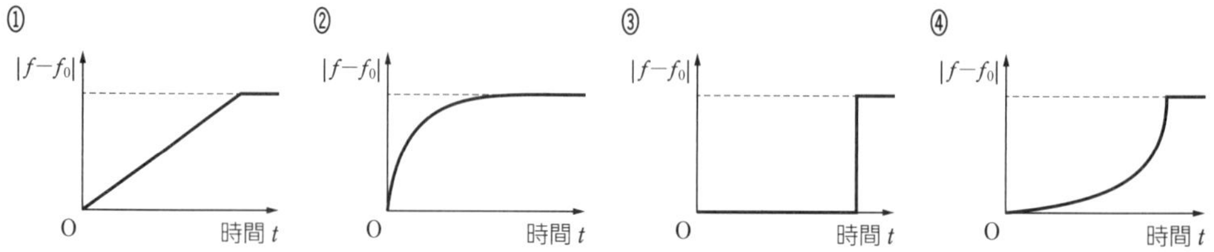

〔22 共通テスト〕

(1) ＿＿＿＿　(2) ＿＿＿＿　(3) ＿＿＿＿　(4) ＿＿＿＿　(5) ＿＿＿＿

巻末チャレンジ問題

思考力・判断力・表現力を養う問題

記述問題や，実験に関する問題(実験データを分析する問題，実験結果を判断する問題)など，思考力・判断力・表現力の育成に特に役立つ問題を扱いました。

188. 単振り子による重力加速度の測定 ● 図に示すように軽い糸の一端を固定し，他端に金属球をつるして単振り子をつくる。金属球を鉛直下方から十分小さい角度だけ傾けて手をはなすと金属球の運動は単振動となり，重力加速度の大きさを g〔m/s²〕としたときその周期 T〔s〕と単振り子の糸の長さ l〔m〕との間には，$T=2\pi\sqrt{\frac{l}{g}}$ の関係式が成りたつ。この式より T と l を測定すれば g を求めることができる。図でOは固定点，A，C は金属球の最大振幅の点，B はOの鉛直下方の点とする。

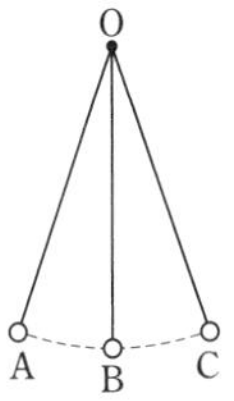

(1) 単振り子の周期はなるべく正確に測定しなければ g の誤差が大きくなる。単振り子の振動の回数を1回と数えるには次のどの方法がよいか。図を見て次の①～③の中から適当なものを選んで記号で答えよ。また，それを選んだ理由を述べよ。
① 金属球がAを通過したときからB，C，Bを通ってAにもどってくるときまで。
② 金属球がBを通過したときからC，B，Aを通ってBにもどってくるときまで。
③ 金属球がBを通過したときからCを通ってBにもどってくるときまで。

(2) 単振り子の糸の長さ l の値をいろいろと変化させて測定した周期 T の値が T の2乗 T^2，T の平方根 $\sqrt{T}$ の値とともに表に示してある。3つの量(T，T^2，$\sqrt{T}$)のうち，l と比例関係がある量を1つ選び，そのグラフをかけ。

(3) 表中の(イ)の値を用いて重力加速度の大きさ g の値を求めよ。答えは四捨五入して有効数字3桁まで求めよ。ここで $\pi=3.142$ とする。

(4) g の正しい値を9.80m/s² とすれば，(3)で求めた g の測定値には正しい値に対して何%の誤差(相対誤差)があるか。

記号	l	T	T^2	$\sqrt{T}$
(ア)	0.757	1.74	3.03	1.32
(イ)	1.020	2.02	4.08	1.42
(ウ)	1.252	2.24	5.02	1.50
(エ)	1.501	2.45	6.00	1.57
(オ)	1.742	2.64	6.97	1.62

注：ただし，l と T の単位はそれぞれ，〔m〕と〔s〕である。

〔宮崎大 改〕

(1) 記号：　　　理由：

(2) l と比例関係がある量：

(3)

(4)

(2) グラフ

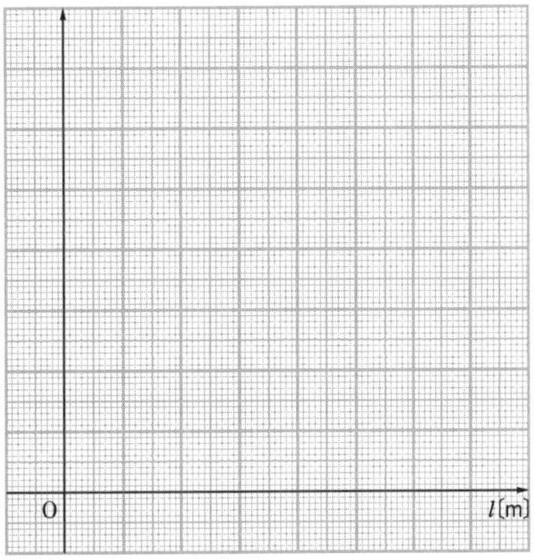

189. 気体の状態変化 ● 体積を変えることのできる容器に，単原子分子からなる理想気体1molを封入し，1サイクルの状態変化をゆっくりさせて気体の温度 T〔K〕と体積 V〔m³〕の変化を測定したところ，図のような結果が得られた。すなわち，状態Aにおける圧力を P_0〔Pa〕，体積を V_0〔m³〕，温度を T_0〔K〕として，状態Bは体積が $2V_0$〔m³〕，温度が $4T_0$〔K〕，状態Cは体積が $4V_0$〔m³〕，温度が $4T_0$〔K〕であった。また，過程B→Cにおいて気体は等温変化し $\left(\dfrac{T}{T_0}=4\right)$，過程C→Aでは体積に対して温度が直線的に変化した $\left(\dfrac{T}{T_0}=\dfrac{V}{V_0}\right)$。さらに，過程A→Bでは体積の2乗に比例して温度が変化しており，詳しい計測結果は表のようになった。この気体の気体定数を R〔J/(mol·K)〕，定積モル比熱を $\dfrac{3}{2}R$〔J/(mol·K)〕とする。次の問いに答えよ。

	$\dfrac{V}{V_0}$	$\dfrac{T}{T_0}$
状態A	1.00	1.00
	1.20	1.44
	1.40	1.96
	1.60	2.56
	1.80	3.24
状態B	2.00	4.00

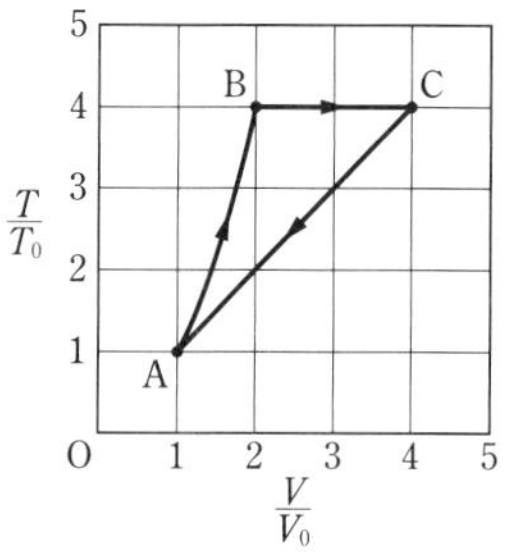

(1) 状態Bの圧力 P_B〔Pa〕と状態Cの圧力 P_C〔Pa〕を P_0 を用いて表せ。

(2) 過程A→Bにおける $\dfrac{P}{P_0}$ と $\dfrac{V}{V_0}$ の関係を表す式を示せ。

(3) A→B→C→Aの1サイクルの状態変化の過程における $\dfrac{P}{P_0}$ と $\dfrac{V}{V_0}$ の関係を表すグラフをかけ。グラフにはA，B，Cの各状態を表す点とサイクルの変化の方向を示す矢印も記入せよ。

(4) 状態Aにおける気体の内部エネルギー U_A〔J〕と，状態Bにおける気体の内部エネルギー U_B〔J〕との差 U_B-U_A〔J〕を P_0 と V_0 を用いて表せ。

(5) 過程A→Bにおいて気体が吸収した熱量 Q〔J〕を P_0 と V_0 を用いて表せ。

〔芝浦工大〕

(1) P_B：

P_C：

(2)

(4)

(5)

(3)

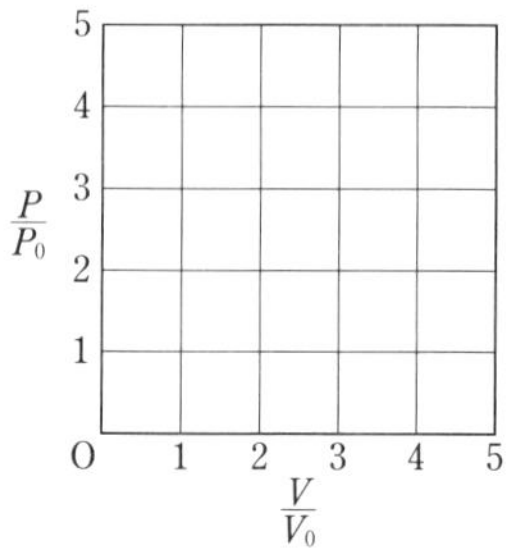

190. くさび形空気層による光の干渉 表面がなめらかな平面ガラス板(厚さ T)が2枚ある。これらを重ねあわせて一端を密着し，そこから L の位置に厚さ $D(\ll T)$ のアルミ箔(はく)を挟むと，図1のように間にくさび形の空気の層ができる。真上から波長 λ の単色光を当てて，上から見ると図2のような縞(しま)模様が観察された。

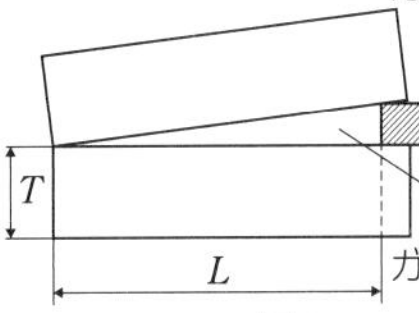

図1

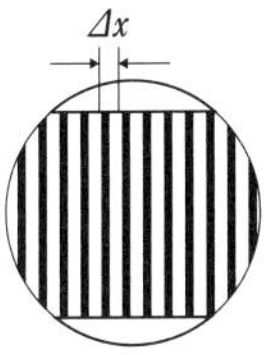

図2

(1) 縞の間隔 Δx を T, L, D, λ のうち必要なものを用いて表せ。

(2) 赤($\lambda=650$ nm)，緑($\lambda=540$ nm)，紫($\lambda=410$ nm)の光のもとで現れる縞の間隔 Δx を知るために，2.00 cm 中に含まれる明るい縞の本数を10回ずつ測定したところ，右表のような結果を得た。ここで，$L=20.0$ cm としてこれらの結果から，箔の厚さを推測せよ。

測定回	明るい縞の本数 (2.00 cm 中)		
	赤	緑	紫
1	9	12	18
2	8	13	17
3	10	12	16
4	11	11	15
5	12	12	16
6	10	14	14
7	9	10	16
8	10	12	16
9	11	11	17
10	10	13	15

(3) 光を白色光に変え，同じアルミ箔を重ねて同様の実験を行ったところ，重ねる枚数を増やしていくにつれ，縞模様が見えなくなった。白色光と単色光の違いを考慮して，その理由を説明せよ。 〔京都教育大 改〕

(1) ____________ (2) ____________

(3) ____________

191. 自由電子の運動のモデル ● 直線状で一定断面積の導線について，その電気抵抗の機構を理解するため，次のようなモデルを考える。導線に電圧を加えたとき，導線内の個々の自由電子が電場の強さEに比例する一定加速度を受けながら，導線の長さ方向にそった直線上を運動し，周期的に導線内の原子と衝突して速度が0にもどるとする。このモデルでは，衝突直前の速度を$\frac{1}{2}$倍した速度が平均速度となる。電場の向きを正，電子の質量をm，電子の電荷を$-e\,(e>0)$，導線内の自由電子の数密度をn，導線の断面積をSとして，次の問いに答えよ。

(1) 自由電子の加速度の大きさを求めよ。ただし自由電子が衝突により速度を失う瞬間は除いて考えること。

(2) A案では，自由電子と原子との衝突は，電場の強さEに関係なく，自由電子が一定距離d進むごとに起こると仮定して立式する。次の問いに答えよ。

(a) 自由電子の直線運動の平均速度v_Aを，m，e，E，dを用いて表せ。

(b) 導線を流れる電流の大きさI_Aを，m，e，E，n，S，dを用いて表せ。

(3) B案では，自由電子と原子との衝突は，電場の強さEに関係なく，一定の時間間隔Tごとに起こると仮定して立式する。次の問いに答えよ。

(a) 自由電子の直線運動の平均速度v_Bを，m，e，E，Tを用いて表せ。

(b) 導線を流れる電流の大きさI_Bを，m，e，E，n，S，Tを用いて表せ。

(4) 導線を流れる電流の大きさが導線に加える電圧に比例する，オームの法則が成りたつとき，これに合致するモデルとして，A案とB案のどちらがより適切か。より適切な案のアルファベットを記し，その理由を説明せよ。

(5) 導線の抵抗率ρは，導線の長さL当たりの抵抗値をRとして，$\rho=\frac{RS}{L}$で表される。(4)で選んだ案について，ρをm，e，E，n，S，L，d，Tのうち必要なものを用いて表せ。

〔22 広島大〕

(1) ______ (2) (a) ______ (b) ______

(3) (a) ______ (b) ______

(4) ______ 理由：______

(5) ______

※図に関する問題は割愛した。

答 え の 部

1. 平面内の運動

1. (1) 4.0m/s (2) 2.0m/s (3) 3.5m/s

2. (1) $v_{雨}=6.9$m/s, $v_{A雨}=8.0$m/s (2) 12m/s

3. (1) 2.9s (2) 60m (3) 28m/s (4) 35m/s

4. (1) 44m (2) 68m

2. 剛体にはたらく力のつりあい

5. 2.0kg **6.** $k_A=40$N/m, $k_B=1.2\times10^2$N/m

7. (a) T：69N, F：35N (b) T：24N, F：36N
(c) T：42N F：42N

8. (1) $N_A=\dfrac{2\sqrt{3}}{9}W$〔N〕, $N_B=W$〔N〕, $F=\dfrac{2\sqrt{3}}{9}W$〔N〕
(2) 45° **9.** $x_G=0.40$m, $y_G=0.10$m

10. 点Oより左に 3.0×10^{-2}m の位置 **11.** (1) 6.0N (2) 0.25

3. 運動量の保存

12. (1) 7.8N·s (2) 7.8×10^2N

13. (1) 12N·s (2) 2.4N (3) 9.0m/s **14.** (1) $\dfrac{mv}{M+m}$
(2) $\dfrac{1}{2g}\left(\dfrac{mv}{M+m}\right)^2$ **15.** (1) $\dfrac{mv_0}{M+m}$ (2) $\dfrac{Mv_0}{\mu(M+m)g}$

16. 1.0m/s **17.** (1) $v_B-v_A=-u$ (2) $v+\dfrac{Mu}{M+m}$〔m/s〕

18. $v_1'=1.0$m/s, $v_2'=0.58$m/s **19.** (1) 0.80 (2) 2.6s
(3) 直前：11m/s，直後：9.0m/s **20.** (1) 6.0kg (2) 0.14

21. (1) $v_A=0$, $v_B=v_0$, 力学的エネルギーの変化量：0
(2) $v_A=\dfrac{v_0}{2}$, $v_B=\dfrac{v_0}{2}$, 力学的エネルギーの変化量：$-\dfrac{1}{4}mv_0^2$

4. 等速円運動・慣性力

22. (1) $mr\omega^2=S$ (2) $\sqrt{\dfrac{S}{mr}}$〔rad/s〕

23. (1) 点Oを向く向きに $l\omega^2$〔m/s²〕 (2) $ml\omega^2$〔N〕
(3) $\dfrac{ml\omega^2}{l-l_0}$〔N/m〕 **24.** (1) 55N (2) 下向きの加速度1.8m/s² の運動 **25.** (1) $m(g+a)$ (2) $\sqrt{\dfrac{2h}{g+a}}$

26. (1) 水平方向：$k\Delta l\sin\theta-m(l+\Delta l)\omega^2\sin\theta=0$,
鉛直方向：$k\Delta l\cos\theta-mg=0$
(2) $\Delta l=\dfrac{mg}{k\cos\theta}$, $T=2\pi\sqrt{\dfrac{kl\cos\theta+mg}{kg}}$

27. (1) $T=mL\omega^2$, $N=m(g-\omega^2H)$ (2) $\sqrt{\dfrac{g}{H}}$

28. (1) $\sqrt{gl}$ (2) $\sqrt{5gl}$ (3) $2\sqrt{gl}$

5. 単振動

29. ω：2.0rad/s, T：3.1s

30. (1) $x=0.20\sin\pi t$ (2) 0.10m
(3) $v=0.54$m/s, $a=-0.99$m/s² (4) $a=-9.9x$

31. (1) 0.20m (2) 1.6s (3) 0.80m/s (4) 1.6N

32. (1) $F=-(k_1+k_2)x$, $a=-\dfrac{k_1+k_2}{m}x$ (2) $\pm x_0$
(3) $2\pi\sqrt{\dfrac{m}{k_1+k_2}}$ **33.** (1) $\dfrac{mg}{k}$ (2) $A=v\sqrt{\dfrac{m}{k}}$, $T=2\pi\sqrt{\dfrac{m}{k}}$
(3) $\dfrac{3\pi}{2}\sqrt{\dfrac{m}{k}}$ (4) $g\sqrt{\dfrac{m}{k}}$ **34.** (1) $F=-mg\sin\theta$
(2) $F=-\dfrac{mg}{l}x$ (3) $T=2\pi\sqrt{\dfrac{l}{g}}$ (4) $T'=2\pi\sqrt{\dfrac{l}{g+\alpha}}$

35. (1) 1倍 (2) $\sqrt{2}$倍 (3) 1倍 (4) $\sqrt{6}$倍

6. 万有引力

36. $v_B=\dfrac{1}{4}v$, $v_C=\dfrac{1}{2}v$ **37.** 6.0×10^{24}kg

38. 1.7m/s² **39.** (1) $G\dfrac{Mm}{R^2}$ (2) $G\dfrac{Mm}{R^2}-mR\omega^2$

40. (1) $mr\omega^2$ (2) $G\dfrac{Mm}{r^2}$ (3) $\dfrac{4\pi^2}{GM}$

41. (1) $2\pi\sqrt{\dfrac{(R+h)^3}{gR^2}}$ (2) $\sqrt[3]{\dfrac{gR^2T_0^2}{4\pi^2}}-R$

42. (1) $\sqrt{gR}$ (2) $-\dfrac{1}{2}mgR$ (3) $\dfrac{1}{2}mgR$

編末問題 (p.40〜43)

43. (1) $\dfrac{6H}{v_0\cos\theta}$ (2) $\dfrac{6gH}{v_0\cos\theta}-v_0\sin\theta$ (3) $\dfrac{4}{3}$

44. $\mu>\dfrac{a}{b}$ **45.** (1) $\dfrac{L}{v_0}$ (2) $\sqrt{\dfrac{2h}{g}}$ (3) $\dfrac{1}{2}m(1-e^2)v_0^2$

46. (1) 左向きに $a=g\tan\theta$ (2) $g\sin\theta$

47. (1) $\sqrt{v_0^2+2gR(1-\cos\theta)}$ (2) $(3\cos\theta-2)mg-m\dfrac{v_0^2}{R}$
(3) $v_{min}=\sqrt{gR}$ **48.** (1) $x_0=\dfrac{(M+m)g}{k}$ (2) A：$ma=N-mg$,
B：$Ma=k(x_0-x)-N-Mg$ (3) $X\leqq x_0$

49. (1) $\sqrt{\dfrac{2R_1GM}{R_0(R_0+R_1)}}$ (2) $\sqrt{\dfrac{GM}{R_0+R_1}}$ (3) $\dfrac{2\pi(R_0+R_1)}{V}$
(4) 緯度が低いほど自転の回転半径が大きいので回転する速さも大きく，これを打ち上げの初速度に加算できるため。

50. (1) $\sqrt{\dfrac{1}{2}gR}$ (2) $4\pi\sqrt{\dfrac{2R}{g}}$
(3) $\dfrac{1}{2}mv_1^2+\left(-\dfrac{1}{2}mgR\right)=\dfrac{1}{2}mv_2^2+\left(-\dfrac{1}{6}mgR\right)$
(4) $\dfrac{1}{3}v_1$ (5) v_1：$\dfrac{1}{2}\sqrt{3gR}$, v_2：$\dfrac{1}{6}\sqrt{3gR}$ (6) $16\pi\sqrt{\dfrac{R}{g}}$

7. 気体の法則

51. 0.40倍 **52.** (1) 圧力，質量 (2) 528cm³

53. 7.2×10^{-2}m³ **54.** 16cm

55. (1) 前：$pV=300nR$, 後：$pV=360n'R$ (2) 17%

56. (1) 1.5mol (2) 容器Aから容器Bへ0.3mol移動した。

8. 気体分子の運動・気体の状態変化

57. (1) (ア) $-2mv_x$ (イ) $2mv_x$ (ウ) $\dfrac{v_xt}{2L}$ (エ) $\dfrac{mv_x^2}{L}$
(2) (オ) $\dfrac{Nm\overline{v^2}}{3L}$ (カ) $\dfrac{Nm\overline{v^2}}{3L^3}$ (3) (キ) $\dfrac{3R}{2N_A}T$ (ク) $\sqrt{\dfrac{3R}{M_0\times10^{-3}}T}$

58. (1) $\dfrac{3}{2}N_AkT$ (2) $\dfrac{3}{2}N_Ak$ (3) 1倍 (4) 2倍

59. (1) $T=T_1$, $p=\dfrac{n_1RT_1}{V_1+V_2}$
(2) $T=\dfrac{n_1T_1+n_2T_2}{n_1+n_2}$, $p=\dfrac{R(n_1T_1+n_2T_2)}{V_1+V_2}$

60. (1) ① (2) ①，④ (3) ①，④ (4) $(p_1-p_2)(V_2-V_1)$

61. (ア) 0 (イ) $\dfrac{nR(T-T_0)S}{p_0S+Mg}$ (ウ) $\dfrac{3}{2}nR(T-T_0)$
(エ) $nR(T-T_0)$ (オ) $\dfrac{5}{2}nR(T-T_0)$

62. (1) Q_0 (2) $W_{BC}=-\dfrac{2}{3}p_0V_0$, $Q_{BC}=-\dfrac{5}{3}p_0V_0$
(3) $W_{CA}=0$, $\Delta U_{CA}=p_0V_0$ (4) $\dfrac{3Q_0-2p_0V_0}{3(Q_0+p_0V_0)}$

編末問題 (p.56〜59)

63. (1) $p_0-\dfrac{mg}{4S}$ (2) $\dfrac{1}{4}mg$

64. (1) $P_B=2P_A$ (2) 容器A：$P_A'(V_A-2Sx)=RT'$,
容器B：$P_B'(V_B+Sx)=RT'$ (3) 容器A：$\frac{1}{2}V_A+V_B$,
容器B：$\frac{1}{4}V_A+\frac{1}{2}V_B$

65. (1) $\frac{1}{2}(p_1+p_2)(V_2-V_1)$〔J〕 (2) $\frac{1}{2}(p_2-p_1)(V_2-V_1)$〔J〕

66. (1) W_1：0J, Q_1：$\frac{3}{2}nR(T_B-T_A)$〔J〕 (2) $\frac{3}{2}R$〔J/(mol·K)〕
(3) W_2：$nR(T_B-T_A)$〔J〕, Q_2：$\frac{5}{2}nR(T_B-T_A)$〔J〕
(4) 気体に与えられた熱量Q_2は，モル比熱C_2を用いると$Q_2=nC_2(T_B-T_A)$と表すことができるので，(3)の結果より
$\frac{5}{2}nR(T_B-T_A)=nC_2(T_B-T_A)$　よって　$C_2=\frac{5}{2}R$
ここで，(2)の結果より $C_2-C_1=\frac{5}{2}R-\frac{3}{2}R=R$ となるから，
$C_2=C_1+R$ と表すことができる。
(5) ピストンを急激に押し込むと，気体と外部との熱の出入りがなくても外部からの仕事があるので，熱力学第一法則より，気体が外部からされた仕事の分だけ内部エネルギーが増加するから。　**67.** (1) 240K (2) −80J (3) 80J

68. (1) $\Delta U_B=\frac{3}{2}p_0V_0\frac{T_2-T_0}{T_0}$〔J〕 (2) $W_A=\frac{3}{2}p_0V_0\frac{T_1-T_0}{T_0}$〔J〕
(3) $Q=\frac{3}{2}p_0V_0\frac{T_1+T_2-2T_0}{T_0}$〔J〕

69. (1) ① (2) ② (3) $W_3<W_2<W_1$ (4) ① (エ) ② (ウ) ③ (ア)

70. (1) $p_D=1.0\times10^5$Pa, $T_D=3.0\times10^2$K (2) 3.8×10^3J

9. 正弦波の式

71. $A=0.3$m, $T=0.5$s, $f=2$Hz　**72.** $A=0.20$m, $T=0.40$s, $\lambda=20$m, $f=2.5$Hz, $v=50$m/s

73. (1) $T=0.25$s, $v=24$m/s (2) $y=2.0\sin 8.0\pi\left(t-\frac{x}{24}\right)$

74. (1) $A=0.15$m, $\lambda=24$m, $T=0.40$s
(2) $y_0=0.15\sin 5.0\pi t$ (3) $y=0.15\sin 5.0\pi\left(t-\frac{x}{60}\right)$

10. 平面上を伝わる波

75. A：振幅0.50cmで振動する，B：振幅0.50cmで振動する，C：振動しない　**76.** (1) 強めあい大きく振動する (2) 0.50cm, 1.5cm, 2.5cm, 3.5cm, 4.5cm　**77.** (1) $i=60°$, $r=30°$
(2) 1.7 (3) 2.9m/s (4) $\lambda_1=0.30$m, $\lambda_2=0.17$m

78. (1) $\lambda_1=3.6$cm, $\lambda_2=1.8$cm, $v_2=4.5$cm/s

11. 音の伝わり方

79. (1) 2.0m (2) 強めあう点 (3) 弱めあう点

80. (1) $\lambda=0.40$m, $f=8.5\times10^2$Hz (2) 5.0×10^{-2}m

12. ドップラー効果

81. (1) 0.500m (2) 680Hz　**82.** (1) 0.20m/s (2) 0.10m/s
(3) 3.3Hz　**83.** 700Hz　**84.** すれ違う前：810Hz, すれ違った後：640Hz　**85.** (1) $\lambda_1=\frac{V}{f_0}$, $f_1=\frac{V-v}{V}f_0$
(2) $\lambda_2=\frac{(V+v)V}{(V-v)f_0}$, $f_2=\frac{V-v}{V+v}f_0$ (3) $\frac{2v}{V+v}f_0$

86. (1) $V_R=V+w$, $V_L=V-w$ (2) $f'=\frac{V-w}{V-w+v_S}f$

13. 光の性質・レンズ

87. 5.0×10^2s　**88.** (1) $v=2.0\times10^8$m/s, $\lambda_0=6.0\times10^{-7}$m
(2) 0.75　**89.** 0.75m　**91.** 30cm, 60cm

92. (ア) 前 (イ) 20 (ウ) 0.33 (エ) 正立虚　**93.** (2) 暗くなる

95. 15cm

14. 光の干渉と回折

96. (ア) ヤング (イ) $\sqrt{l^2+\left(x-\frac{d}{2}\right)^2}$ (ウ) $\sqrt{l^2+\left(x+\frac{d}{2}\right)^2}$
(エ) $\frac{d}{l}x$ (オ) $\frac{d}{l}x=m\lambda$ (カ) 4.5×10^{-3}

97. (1) $\frac{dD}{l}$ (2) 中央の明線：白色の明線，次の明線：しだいに色の変わる光の帯（スペクトル） (3) 5.0×10^{-7}m

98. (1) Ⅰ：逆になる，Ⅱ：逆になる
(2) $2nd=\left(m+\frac{1}{2}\right)\lambda$ (3) $\frac{\lambda}{4n}$ (4) (a) $2nd\cos r=\left(m+\frac{1}{2}\right)\lambda$
(b) 小さくなる　**99.** (1) $2d=\left(m+\frac{1}{2}\right)\lambda$
(2) $2x\tan\theta=\left(m+\frac{1}{2}\right)\lambda$ (3) $\frac{\lambda}{2\tan\theta}$ (4) 3.0×10^{-6}m

編末問題 (p.84〜87)

100. (1) 波長：0.8m, 速さ：0.4m/s, 振動数：0.5Hz
(2) $a=0.2$m, $b=2$s, $c=0.8$m

101. (1) $|l_A-l_B|=\left(m+\frac{1}{2}\right)vT$ (2) $\frac{vT}{4}$　**102.** 48.6m/s

103. 日の出は早くなり，日の入りは遅くなる。

104. (1) $\frac{\sin\alpha}{\sin\beta}=n_1$ (2) $\sin\alpha<\sqrt{n_1^2-n_2^2}$ (3) $n_1>\sqrt{1+n_2^2}$

105. 赤色　**106.** (1) ④ (2) ③, ⑤

107. (1) $m\lambda$〔m〕 (2) 暗く見える (3) $\sqrt{mR\lambda}$〔m〕 (4) $\frac{1}{\sqrt{n}}$倍
(5) 上から反射光を観察した場合と明暗の環の位置が逆になる。

15. 静電気力と電場・電位

108. $-2\sqrt{2}Q$　**109.** (1) 2.7×10^{-4}N, 引力
(2) 左の球・右の球：1.0×10^{-8}C
(3) 9.0×10^{-5}N, 斥力

110. A：①, B：②, A′：③, B′：③

111. (1) (a) ① (b) ① (c) ② (d) ①
(2) (e) ④ (f) ② (3) (g) ①　**問**：閉じていく

112. (1) A→Bの向きに $\frac{4kq}{r^2}$〔N/C〕
(2) A→Bの向きに $\frac{5kq}{r^2}$〔N/C〕
(3) 直線AB上でBからAと反対側に$2r$〔m〕の点

113. (1) 4.5N/C　**114.** (1) A→B
(2) 点P：2.0×10^2V/m, 点Q：2.0×10^2V/m (3) 点P：8.0V, 点Q：6.0V　**115.** (ア) qEd (イ) 等電位線 (ウ) 2.4×10^{-7}
(エ) 0 (オ) -1.8×10^{-7}　**116.** (1) $\frac{\sqrt{5}kq}{a^2}$〔N/C〕, ③
(2) $\frac{3kq}{a}$〔V〕 (3) $\frac{9kq^2}{a}$〔J〕

16. コンデンサー

117. (1) 3.0×10^{-11}C (2) ②, 6.0×10^{-11}C

118. (1) 2.0×10^{-7}C (2) 4.0×10^{-7}C (3) 1.0×10^2V

119. (1) 1.5μF (2) C_1に加わる電圧：12V, C_1に蓄えられる電気量：2.4×10^{-5}C, C_2に加わる電圧：4.0V, C_2に蓄えられる電気量：2.4×10^{-5}C　**120.** (1) 4.0μF (2) $Q=6.0\times10^{-5}$C, $Q_1=2.4\times10^{-5}$C, $Q_2=2.4\times10^{-5}$C, $Q_3=3.6\times10^{-5}$C

121. (1) $\frac{1}{2}CV^2$ (3) $2CV$ (4) $2V$

122. (1) 2.4×10^{-3}C (2) 2.0×10^2V (3) 0.36Jから0.24Jへと0.12J減少。 (4) 2.7×10^2V

17. 電流

123. (1) ② (2) $Q=2.4\times10^2$C, $n=1.5\times10^{21}$個

124. (1) 4倍 (2) $\frac{9}{2}$倍

18. 直流回路

125. 図2　**126.** (ア) 1.5 (イ) 並列 (ウ) 直列 (エ) 97

127. (1) 6.0×10^{-2} A (2) 0.72 W (3) $I_1=0.10$ A, R_1 : b → a の向き, R_2 : c → d の向き, R_3 : f → e の向き

128. (1) $E=1.40$ V, $r=0.50\,\Omega$ (2) $P_E=0.56$ W, $P_A=0.48$ W

129. (ア) 16 (イ) 4.0

130. (1) 0.50 A (2) 0.60 A

131. (1) 0.30 mA (2) 3.0×10^{-3} C (3) 0.20 mA
(4) $I_2'=0.12$ mA, $Q'=1.8\times10^{-3}$ C

132. (ア) 0.60 (イ) 0.90 (ウ) 0.36

19. 電流と磁場

133. (1) 西の向きへ動く (2) 西の向きへ動く **134.** (1) 25 A/m (2) P_1 : 北向き, P_3 : 南向き (3) $4.0\sqrt{3}\pi$ A **135.** (ア) (g) (イ) $\dfrac{\sqrt{3}I_B}{4\pi r}$ (ウ) (b) (エ) $\dfrac{4}{3}$ **136.** (1) $\dfrac{1}{2a}\sqrt{I_1^2+\dfrac{I_2^2}{\pi^2}}$ (2) $\dfrac{\pi I_1}{I_2}$

137. (1) x 軸の負の向きに 8×10^{-7} N (2) y 軸の正の向きに 2×10^{-7} T (3) x 軸の負の向きに 2×10^{-6} N

138. (1) 紙面の表から裏の向き (2) $\dfrac{mv}{eB}$ [m] (3) $\dfrac{2\pi m}{eB}$ [s]

139. (1) $\sqrt{\dfrac{2qV}{M_1}}$ [m/s] (2) $\dfrac{2M_1v_1}{qB}$ [m] (3) $\sqrt{\dfrac{M_1}{M_2}}$

20. 電磁誘導

140. (1) P (2) 3.0 V (3) 0.60 A

141. (1) 5.0×10^{-2} V (2) Q 端

142. (1) vBa (2) $\dfrac{vBa}{R}$, A → B → C → D → A

143. (1) $\dfrac{vBl}{R}$ [A], ア (2) $\dfrac{vB^2l^2}{R}$ [N] (3) $g-\dfrac{vB^2l^2}{mR}$ [m/s²]
(4) $\dfrac{mgR}{B^2l^2}$ [m/s] (5) $\left(\dfrac{mg}{Bl}\right)^2R$ [J] (6) $\left(\dfrac{mg}{Bl}\right)^2R$ [J]

144. (1) $I_R=\dfrac{V_0}{R_1+R_2}$ [A], $I_L=0$ A, $V_L=\dfrac{R_1V_0}{R_1+R_2}$ [V]
(2) $I_R'=0$ A, $I_L'=\dfrac{V_0}{R_2}$ [A], $V_L'=0$ V

21. 交流と電気振動

146. (ア) $Bab\sin\omega t$ (イ) $\dfrac{b\omega}{2}$ (ウ) $\dfrac{b\omega}{2}\cos\omega t$
(エ) $Bab\omega\cos\omega t$ (オ) $Bab\omega\cos\omega t$ (カ) $\dfrac{Bab\omega}{R}\cos\omega t$
(キ) A → B → C → D → A

147. (1) 50 Hz (2) 1.0 A (3) 1.4 A (4) 1.0×10^2 W

148. (a) f によらない (b) f が大きいほど電流は流れにくい (c) $\dfrac{\pi}{2}$ 遅れる (d) $\dfrac{\pi}{2}$ 進む (e) $\dfrac{1}{2\pi fC}$ **149.** (1) 1.6 A

150. (ア) $\dfrac{1}{\omega C}I_0\sin\left(\omega t-\dfrac{\pi}{2}\right)$ $\left(=-\dfrac{1}{\omega C}I_0\cos\omega t\right)$
(イ) $\omega LI_0\sin\left(\omega t+\dfrac{\pi}{2}\right)$ $(=\omega LI_0\cos\omega t)$
(ウ) $RI_0\sin\omega t$ (エ) $\dfrac{RI_0^2}{2}$ (オ) $\dfrac{1}{\sqrt{LC}}$

151. (1) 1.3×10^{-4} F (2) 4.8×10^{-2} A

152. (1) 7.7×10^{14} Hz (2) 3.7 m (3) AM 放送

編末問題 (p. 134～137)

153. (ア) $4\pi kQ$ (イ) $\dfrac{2\pi kQ}{S}$ (ウ) $-\dfrac{2\pi kQ}{S}d$

154. (1) $\dfrac{2kQ}{5d}$ (2) $2\sqrt{\dfrac{2kqQ}{15md}}$

155. (1) $\dfrac{\varepsilon_r+1}{2}CV$ [C] (2) $\dfrac{2\varepsilon_r}{\varepsilon_r+1}CV$ [C]

156. (1) $\varepsilon_0\dfrac{S}{d}$ (2) $\dfrac{Qd}{\varepsilon_0S}$ (3) $\dfrac{Q}{\varepsilon_0S}$ (4) $\dfrac{Q^2d}{2\varepsilon_0S}$ (5) $\dfrac{Q^2x}{2\varepsilon_0S}$
(6) $\dfrac{Q^2x}{2\varepsilon_0S}$ (7) $\dfrac{Q^2}{2\varepsilon_0S}$

157. (ア) 15 (イ) 10 (ウ) 0.32

158. (1) 5.0 C (2) 13 J (3) ③ 理由：コンデンサーの極板間の電圧は，コンデンサーに蓄えられた電気量に比例するので，放電によって電気量が減少し，それに比例して極板間の電圧も減少するから。(4) 図2の棒グラフの面積の総和は，$0.064\times50+0.024\times50+0.008\times50+0.004\times50=0.1\times50=5$ C となり，(1)で求めた値と一致する。(5) 抵抗で発生したジュール熱

159. (1) $nqV+E_0$ (2) $v=\sqrt{\dfrac{2E_n}{m}}$, $r=\dfrac{\sqrt{2mE_n}}{qB}$

160. (1) 向き：P → Q, 大きさ：$\dfrac{vBl\cos\theta}{R}$ (2) $\dfrac{mgR\sin\theta}{(Bl\cos\theta)^2}$
(3) $R\left(\dfrac{mg\tan\theta}{Bl}\right)^2$

22. 電子と光

161. (1) $\dfrac{eE}{m}$ (2) $\dfrac{eElL}{mv_0^2}$ (3) $\dfrac{E}{v_0}$, 紙面に垂直に表から裏の向き
(4) $\dfrac{Ey_S}{B^2lL}$ **162.** (ア) $mg-krv_1=0$ (イ) $mg+krv_2-q\dfrac{V}{d}=0$
(ウ) $\dfrac{krd(v_1+v_2)}{V}$ **163.** 1.60×10^{-19} C **164.** (1) $\dfrac{k_1}{\nu_1-\nu_0}$
(2) $\dfrac{k_1\nu_0}{\nu_1-\nu_0}$ **165.** 2.5×10^{-11} m

166. (1) 5.3×10^7 m/s (2) 1.4×10^{-11} m (3) ① 1.5×10^{-10} m

167. (1) $\dfrac{h}{\sqrt{2meV}}$ (2) 1.7×10^{-10} m (3) $2d\sin\theta$
(4) 1.7×10^{-10} m

23. 原子と原子核

168. (ア) $2\pi amv$ (イ) $k\dfrac{e^2}{a^2}$ (ウ) $m\dfrac{v^2}{a}$ (エ) $\dfrac{n^2h^2}{4\pi^2kme^2}$
(オ) $-k\dfrac{e^2}{a}$ (カ) $-\dfrac{2\pi^2k^2me^4}{n^2h^2}$ (キ) $-\dfrac{hcR}{n^2}$

169. (ア) 陽子 (イ) 中性子 (ウ) 原子番号 (エ) 質量数 (オ) β 線
(カ) (高速の) 電子 (キ) 1 (ク) 増加 (ケ) 1 (コ) 減少 (サ) α 線
(シ) 2 (ス) 減少 (セ) 2 (ソ) 減少 (タ) γ 線
(チ) (波長の短い) 電磁波 (ツ) 変わらない (テ) 励起 (ト) α 線
(ナ) γ 線

170. α 崩壊：8回, β 崩壊：6回

171. (ア) 同位体 (イ) β 線(電子) (ウ) 1.7×10^4

172. (1) 質量数：206, 原子番号：82
(2) 69日後：0.71 g, 276日後：0.25 g, α 粒子：6×10^{-3} g
(3) 458日後 **173.** ${}^4_2$He

174. (1) 1.66×10^{-27} kg, 934 MeV (2) 1.2 MeV (3) ${}^{14}_{7}$N

175. (1) 3.9×10^{-12} J (2) 5.9×10^{11} J (3) 46 年分

編末問題 (p. 154～155)

176. (1) $h\nu$ (2) $\dfrac{W}{h}$ (3) $h\nu-W$ (5) eV_0 (6) $\dfrac{eV_0}{\nu-\nu_0}$

177. (1) $\dfrac{hc}{\lambda}=\dfrac{hc}{\lambda'}+\dfrac{1}{2}mv^2$ (2) $\dfrac{h}{\lambda}=-\dfrac{h}{\lambda'}+mv$ (3) $\dfrac{2h}{mc}$

178. (1) (ア) $3{}^1_0$n (イ) 3.2×10^{-28} (2) (ウ) 3.5×10^3

179. (1) $(M_{Po}-M_{Pb}-M_\alpha)c^2$ (2) $\dfrac{M_\alpha}{M_{Pb}}$ (3) 140 日

巻末チャレジ問題

大学入学共通テストに向けて

180. ③ **181.** ④ **182.** ②

183. ② **184.** ③ **185.** ④

186. (1) [1] ③, [2] ③ (2) ④ (3) ② (4) ③

187. (1) ① (2) ⑤ (3) ⑤ (4) ① (5) ②

思考力・判断力・表現力を養う問題

188. (1) ② 理由：振動の両端(A, C)付近では，金属球の動きが遅くなるため，位置のずれに対する時間の幅が大きくなる。ゆえに，AまたはCに達した瞬間を決定するときに誤差が大きくなりやすい。一方，振動の中心(B)では金属球の動きが速いため，位置のずれに対する時間の幅が小さく，Bを通過する瞬間の時刻を正確に測定しやすいから。

(2) lと比例関係がある量：T^2

(3) $9.87\,\mathrm{m/s^2}$ (4) 0.7%

189. (1) $P_B=2P_0$〔Pa〕，$P_C=P_0$〔Pa〕

(2) $\dfrac{P}{P_0}=\dfrac{V}{V_0}$ (4) $\dfrac{9}{2}P_0V_0$〔J〕 (5) $6P_0V_0$〔J〕

190. (1) $\Delta x=\dfrac{L\lambda}{2D}$ (2) $3.26\times10^{-5}\,\mathrm{m}$

(3) 単色光とは異なり，白色光はさまざまな波長の光を含む。そのため，白色光を入射すると，さまざまな色に分かれた縞模様が観察される。

アルミ箔を重ねる枚数を増やしていくと，どの波長の光についても明線間隔Δxが狭くなる。よって，隣りあう異なる色どうしの間隔も狭くなるので，色が混ざって全体的に白色に見えるようになるから。

191. (1) $\dfrac{eE}{m}$ (2) (a) $-\sqrt{\dfrac{eEd}{2m}}$ (b) $enS\sqrt{\dfrac{eEd}{2m}}$

(3) (a) $-\dfrac{eET}{2m}$ (b) $\dfrac{e^2nSET}{2m}$

(4) B 理由：オームの法則では，電流が電圧に比例する。また，一様な電場において，電圧は電場の強さEに比例する。したがって，電流が電場の強さEに比例しているのはB案だから。

(5) $\dfrac{2m}{e^2nT}$

物理基礎・物理(2012年～)
初 版 第1刷 2013年11月1日 発行
四訂版 第1刷 2019年11月1日 発行
物理基礎・物理(2022年～)
初 版 第1刷 2022年11月1日 発行

新課程
リードLightノート物理

ISBN978-4-410-26086-5
編 者 数研出版編集部
発行者 星野 泰也
発行所 数研出版株式会社
〒101-0052 東京都千代田区神田小川町2丁目3番地3
〔振替〕00140-4-118431
〒604-0861 京都市中京区烏丸通竹屋町上る大倉町205番地
〔電話〕代表(075)231-0161
ホームページ https://www.chart.co.jp
印刷 寿印刷株式会社

Zoom ③ いろいろな場合のドップラー効果

第12章 1 → p.68

●動く反射板によるドップラー効果

反射板が「観測者として聞く音」と,「音源として出す音」に分けて考える。また,音が観測者に伝わる向きを正として式を立てる(音の速さは V)。

○板を観測者としたとき

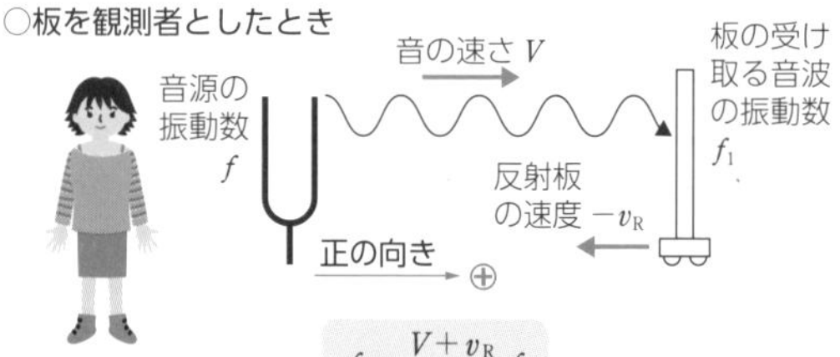

$$f_1 = \frac{V+v_R}{V}f$$

○板を音源としたとき

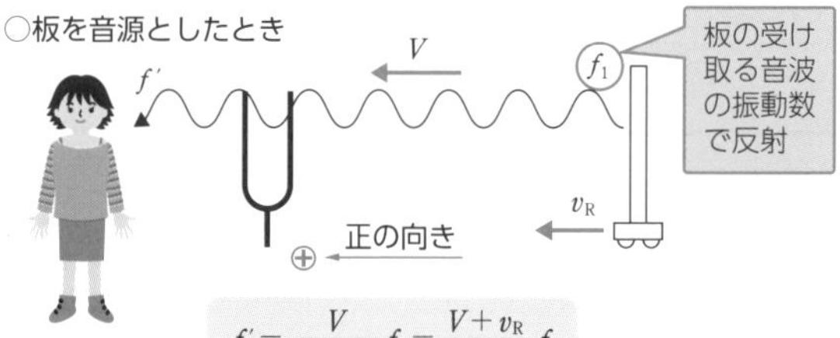

$$f' = \frac{V}{V-v_R}f_1 = \frac{V+v_R}{V-v_R}f$$

●風がある場合のドップラー効果

音は空気を媒質にしているため,その媒質自体が速さをもつ(風がある)と,音の速さも変化する。

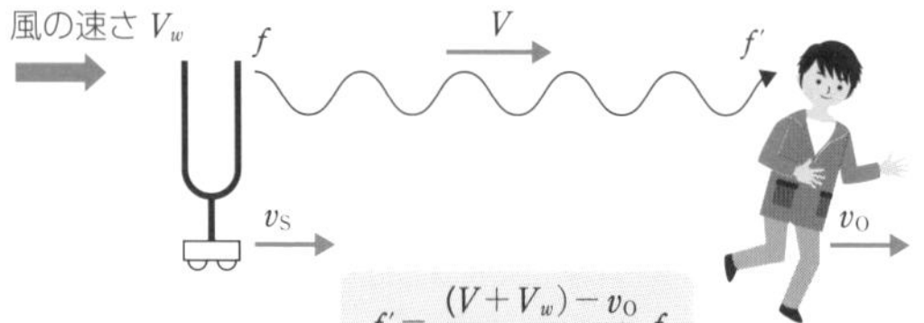

$$f' = \frac{(V+V_w)-v_O}{(V+V_w)-v_S}f$$

●斜め方向のドップラー効果

観測者と音源を結ぶ方向の速度成分を考える。

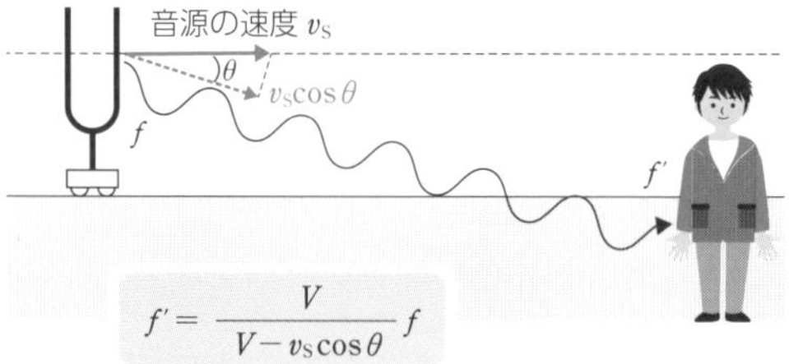

$$f' = \frac{V}{V-v_S\cos\theta}f$$

Zoom ④ 光の干渉の考え方

第14章 1 → p.79

●3ステップで考える!

① 干渉する 2 つの光の光路差を求める

・真空中(または空気中)では,光路差＝経路差

・屈折率 n の媒質中では,光路差＝屈折率 n × 経路差

② 反射による位相の変化をチェックする

・「屈折率大 ⇄ 小」の反射では,位相は変化しない

・「屈折率小 ⇄ 大」の反射では,位相が π ずれる

③ 干渉の条件式を立てる

強めあう　光路差＝ $m\lambda$

弱めあう　光路差＝ $\left(m+\frac{1}{2}\right)\lambda$ 　($m=0, 1, 2, \ldots$)

➡ 位相のずれが π のときは,条件式が逆になる

ヤングの実験

①光路差(＝経路差) $\fallingdotseq d\sin\theta \fallingdotseq \frac{d}{l}x$

②位相の変化なし

③強めあう条件 $\frac{d}{l}x = m\lambda$

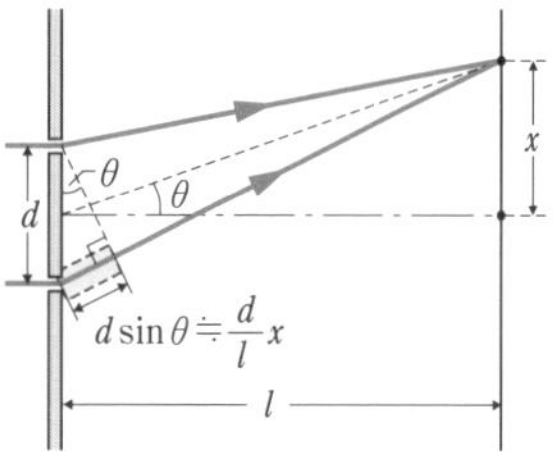

回折格子

①光路差(＝経路差) $\fallingdotseq d\sin\theta$

②位相の変化なし

③強めあう条件 $d\sin\theta = m\lambda$

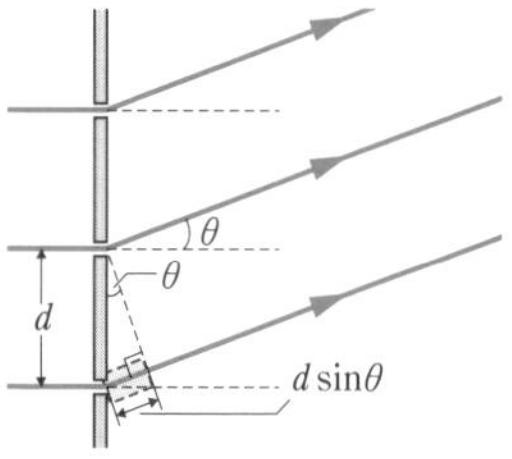

薄膜

①光路差(＝ n × 経路差) $\fallingdotseq 2nd\cos r$

②位相は π ずれる

③強めあう条件 $2nd\cos r = \left(m+\frac{1}{2}\right)\lambda$

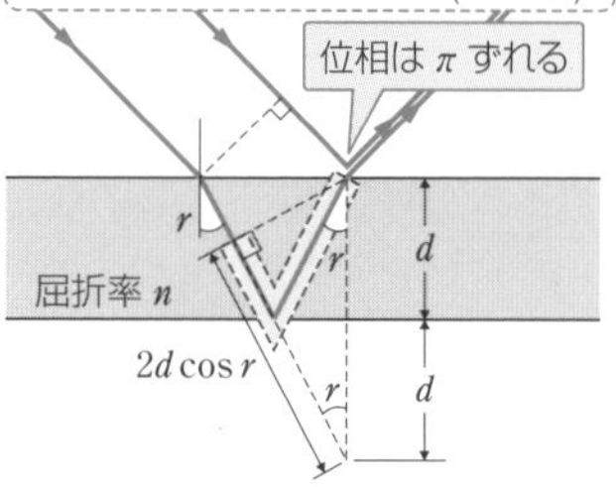

くさび形空気層

①光路差(＝経路差) $=2d$

②位相は π ずれる

③強めあう条件

$2d = \left(m+\frac{1}{2}\right)\lambda$

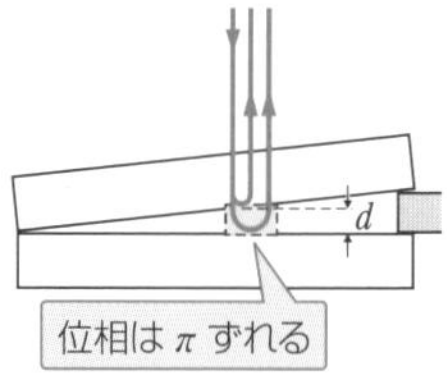

ニュートンリング

①光路差(＝経路差) $=2d \fallingdotseq \frac{x^2}{R}$

②位相は π ずれる

③強めあう条件 $\frac{x^2}{R} = \left(m+\frac{1}{2}\right)\lambda$

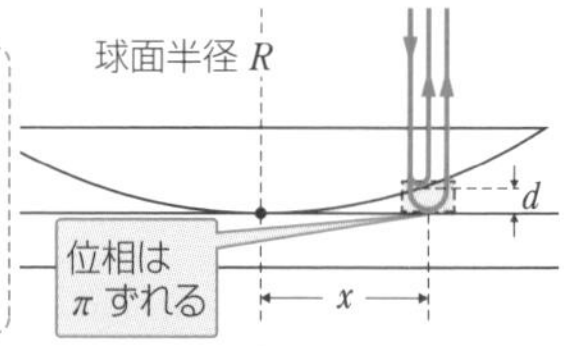

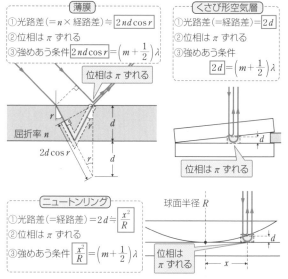

新課程

リードLightノート 物理

解答編

数研出版
https://www.chart.co.jp

第1章 平面内の運動

1.

Point! 船の静水上での速度 $\vec{v_1}$ と川の流れの速度 $\vec{v_2}$ を平行四辺形の法則を用いて合成した速度が岸に対する船の速度 $\vec{v}$（A→Bの向き）である。船首の向き（$\vec{v_1}$ の向き）が川岸に直角であるから，$\vec{v_1}$ と $\vec{v_2}$ のなす角は直角になる。したがって，まず $\vec{v}$ を求め，これを川に直交する成分 v_1 と川に平行な成分 v_2 とに分解すれば，v_1，v_2 が求められる。

解答 (1) 川幅＝AB sin 30°＝30m より AB＝60m なので，岸に対する速さ v [1]は，「$x=vt$」 を用いて

$$v=\frac{x}{t}=\frac{\mathrm{AB}}{t}=\frac{60}{15}=\mathbf{4.0\,m/s}$$

(2) 岸に対する速度 $\vec{v}$ を，川と直交する成分 v_1（静水上での船の速さ）と平行な成分 v_2（川の流れの速さ）とに分解すると図のようになるので[2]

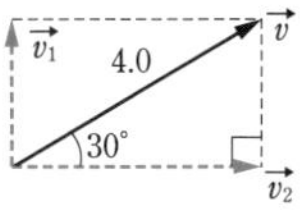

$$v_1=4.0\sin 30°=\mathbf{2.0\,m/s}$$

(3) (2)の図より

$$v_2=4.0\cos 30°$$
$$=4.0\times\frac{\sqrt{3}}{2}=2.0\times 1.73\ [3]=3.46≒\mathbf{3.5\,m/s}$$

補足 [1] 問題文の「岸に対する速さ」とは，岸にいる人が見る船の速度 $\vec{v}$ の大きさのことである。

[2] 図より，「川を渡る」という行為については川の流速は無関係であり，$\vec{v_1}$ だけが「渡る」ことに関係する。

[3] 有効数字2桁のとき，$\sqrt{3}$ は3桁で代入する。

2.

Point! 地上から見た雨の速度 $\vec{v_雨}$，電車Aの速度 $\vec{v_A}$，Aから見た雨の速度 $\vec{v_{A雨}}$ の関係を，ベクトルで図示して考える。$\vec{v_{A雨}}$ は，$\vec{v_A}$ と $\vec{v_雨}$ の始点をそろえたとき，$\vec{v_A}$ の終点から $\vec{v_雨}$ の終点に引いたベクトルで表される。

解答 (1) $\vec{v_雨}$，$\vec{v_A}$，$\vec{v_{A雨}}$ の関係は図aのようになるので

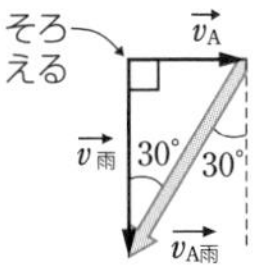

図a

$$v_雨=\frac{v_A}{\tan 30°}\ [1]$$
$$=4.0\times\sqrt{3}=4.0\times 1.73=6.92$$
$$≒\mathbf{6.9\,m/s}$$

$$v_{A雨}=\frac{v_A}{\sin 30°}\ [2]$$
$$=4.0\times 2$$
$$=\mathbf{8.0\,m/s}$$

(2) 電車Bの速度を $\vec{v_B}$，電車Bから見た雨の速度を $\vec{v_{B雨}}$ とすると，これらと $\vec{v_雨}$ の関係は図bのようになるので

$$v_B=v_雨\tan 60°$$
$$=(4.0\times\sqrt{3})\times\sqrt{3}\ [3]$$
$$=4.0\times 3$$
$$=\mathbf{12\,m/s}$$

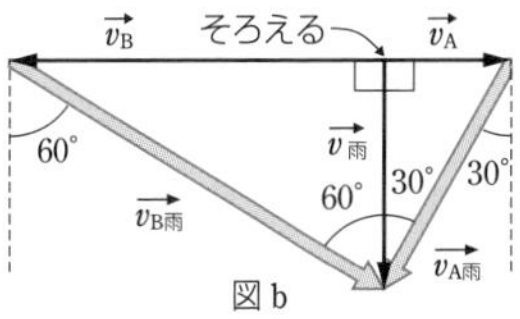

図b

補足 [1] $\tan 30°=\dfrac{v_A}{v_雨}$

[2] $\sin 30°=\dfrac{v_A}{v_{A雨}}$

[3] $v_雨$ には 6.9m/s ではなく，もとの値の $4.0\times\sqrt{3}$ m/s を代入する。

3.

Point! 小石の運動を，水平方向（等速直線運動と同等），鉛直方向（自由落下と同等）とに分けて考える。

解答 (1) 鉛直方向には自由落下と同等の運動を行う。

自由落下の式「$y=\frac{1}{2}gt^2$」より　$40=\frac{1}{2}\times 9.8\times t^2$

$t>0$ より　$t=\sqrt{\dfrac{40}{4.9}}=\sqrt{\dfrac{400}{49}}\ [1]=\dfrac{20}{7.0}\ [2]=2.85\cdots≒\mathbf{2.9\,s}$

(2) 水平方向は，速さ 21m/s の等速直線運動と同等の運動を行う。等速直線運動の式「$x=vt$」より

$$x=21\times\frac{20}{7.0}=\mathbf{60\,m}$$

(3) 自由落下の式「$v=gt$」より

$$v_y=9.8\times\frac{20}{7.0}=\mathbf{28\,m/s}$$

(4) 水平方向の速さは $v_x=21$m/s のままなので，三平方の定理より

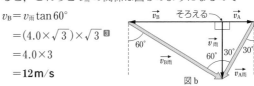

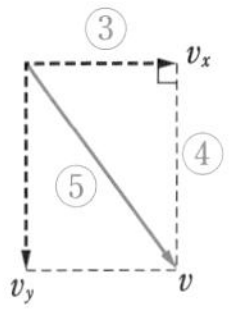

$$v=\sqrt{v_x{}^2+v_y{}^2}$$
$$=\sqrt{21^2+28^2}\ [3]=\mathbf{35\,m/s}$$

補足 [1] $49=7^2$ をつくるように，分母と分子を10倍する。

[2] (2)以降，$t=\dfrac{20}{7.0}$ s と分数のまま代入すると計算がしやすい。

[3] $21=3\times 7$，$28=4\times 7$ より

$$\sqrt{21^2+28^2}=\sqrt{3^2\times 7^2+4^2\times 7^2}=\sqrt{(3^2+4^2)\times 7^2}$$
$$=\sqrt{5^2\times 7^2}=\sqrt{35^2}=35$$

4.

Point! 塔の上を原点とし，水平方向に x 軸，鉛直上向きに y 軸をとる。水平方向には，初速度の x 成分のまま等速度運動をし，鉛直方向には，初速度の y 成分で鉛直に投げ上げたのと同じ等加速度運動(加速度は $-9.8\,\mathrm{m/s^2}$)をする。最高点は速度の y 成分 v_y が 0 になることから求められ，地面に達する時刻は地面の y 座標が $-39.2\,\mathrm{m}$ であることから求められる。

解答 (1) 初速度の x 成分 v_{0x}，y 成分 v_{0y} は，それぞれ

$$v_{0x}=v_0\cos 30°=19.6\times\frac{\sqrt{3}}{2}=9.80\sqrt{3}\ \mathrm{m/s}$$ [1]

$$v_{0y}=v_0\sin 30°=19.6\times\frac{1}{2}=9.80\,\mathrm{m/s}$$ [1]

投げてから最高点に達するまでの時間を t_1〔s〕とする。最高点では速度の y 成分 v_y が 0 なので，y 方向について「$v=v_0-gt$」の式より

$0=9.80-9.8t_1$　　$t_1=1.0\,\mathrm{s}$

塔の上から最高点までの高さを h〔m〕とすると，

「$y=v_0t-\frac{1}{2}gt^2$」より

$$h=9.80\times1.0-\frac{1}{2}\times9.8\times1.0^2=4.9\,\mathrm{m}$$ [2]

したがって，地上から最高点までの高さ H は

$H=39.2+h=39.2+4.9=44.1\fallingdotseq\mathbf{44\,m}$

(2) 投げてから地面に達するまでの時間を t_2〔s〕とする。地面は $y=-39.2\,\mathrm{m}$ の点なので[3]，y 方向について

「$y=v_0t-\frac{1}{2}gt^2$」の式より

$$-39.2=9.80t_2-\frac{1}{2}\times9.8t_2^2$$

両辺を 4.9 でわり，t_2 について整理すると

$t_2^2-2t_2-8=0$

因数分解して

$(t_2-4)(t_2+2)=0$

$t_2>0$ であるから，$t_2=4.0\,\mathrm{s}$

x 方向には v_{0x} のまま等速度運動をするので，「$x=vt$」の式より

$l=v_{0x}t_2=9.80\sqrt{3}\times4.0=67.8\cdots$ [4] $\fallingdotseq\mathbf{68\,m}$

補足 [1]

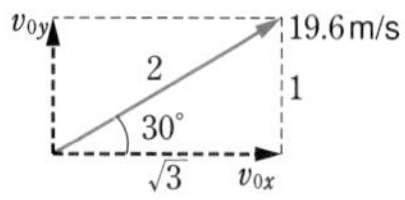

[2] 別解 $v_y^2-v_{0y}^2=2\cdot(-g)\cdot y$ より

$0^2-9.80^2=-2\times9.8\times y$

$y=4.9\,\mathrm{m}$

[3] 注 $y=39.2$ ではないことに注意する。

[4] 有効数字が 2 桁なので，$\sqrt{3}$ には 1 桁多く 1.73 を代入する。

第２章 剛体にはたらく力のつりあい

5.

Point! 円板は，おもりAをつるした糸の張力によって反時計回りに，おもりBをつるした糸の張力によって時計回りに回転させられようとする(張力の大きさは，それぞれのおもりにはたらく重力の大きさに等しい)。これらの力の，点Oのまわりの力のモーメントの和が 0 であれば，円板はどちらにも回転しない。

解答 重力加速度の大きさを g〔$\mathrm{m/s^2}$〕とする。

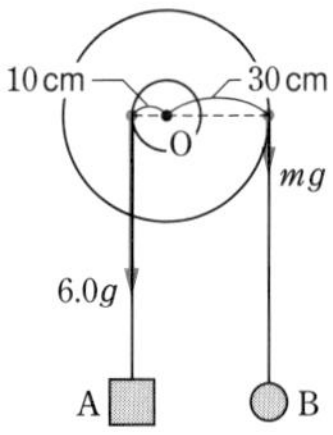

図のように，円板は，$6.0g$ の力によって反時計回り，mg の力によって時計回りに回転させられようとする。点Oのまわりの力のモーメントのつりあいより(反時計回りを正とする)

$6.0g\times0.10-mg\times0.30=0$

よって

$m=\mathbf{2.0\,kg}$

6.

Point! 棒には点P，Qでフックの法則「$F=kx$」によるばねの弾性力，棒の中心に重力がはたらき，この 3 力がつりあう。弾性力が，どちらも大きさが不明なので，その一方である点Pのまわりの力のモーメントのつりあいを考えると k_B が求められる[1]。また，鉛直方向の力がつりあっている。

解答 棒にはたらく力は図のようになる。ばねの弾性力は，A，Bそれぞれ

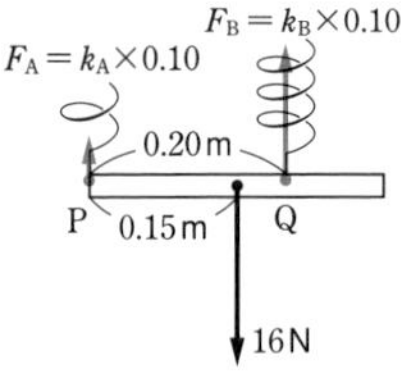

$F_A=k_A\times0.10$

$F_B=k_B\times0.10$

となる。点Pのまわりの力のモーメントのつりあいより[2]

$(k_B\times0.10)\times0.20-16\times0.15=0$

よって　$k_B=\mathbf{1.2\times10^2\,N/m}$

鉛直方向の力のつりあいより

$k_A\times0.10+(1.2\times10^2)\times0.10-16=0$

$k_A=\mathbf{40\,N/m}$

補足 [1] 別解 ばねA，Bの弾性力の合力が棒の中心にはたらき，16 N の大きさであればよいので

$k_A\times0.10:k_B\times0.10=(0.20-0.15):0.15$

よって $k_A:k_B=1:3$

これと

$k_A\times0.10+k_B\times0.10=16$

より k_A，k_B を求める。

[2] 点Qのまわりの力のモーメントのつりあいを考えてもよい。

7. **Point!** 棒にはたらく力は，重心G（棒の中点）にはたらく重力 W，糸の張力 T，外力 F の３力で，これらがつりあっている。(a)，(c)のように，平行でない３力がつりあうとき，３力の作用線は１点で交わる。これを利用すれば，３力の矢印（大きさ，向き）を作図することができる。この図をもとに，水平，鉛直方向の力のつりあいの式，あるいは，力のモーメントのつりあいの式を立てる。(b)のような，３つの平行な力のつりあいでは，力のモーメントのつりあいの式を立てればよい。

解答 (a) 棒にはたらく，重力 W，糸の張力 T，外力 F の３力の作用線は点Aで交わる（図ａ）。

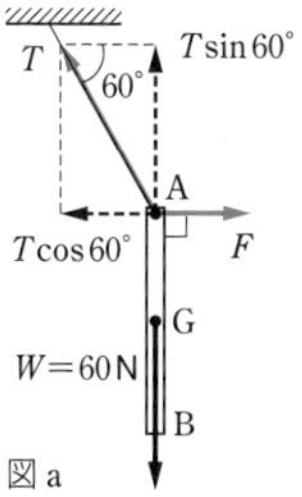

図ａ

水平方向の力のつりあいより

$$F - T\cos 60^\circ = 0$$

$$F - \frac{1}{2}T = 0 \quad \cdots\cdots①$$

鉛直方向の力のつりあいより

$$T\sin 60^\circ - W = 0$$

$$\frac{\sqrt{3}}{2}T - W = 0 \quad \cdots\cdots②$$

②式より　$T = \dfrac{2}{\sqrt{3}}W = \dfrac{2\sqrt{3}}{3} \times 60 = 40\sqrt{3}$

$\fallingdotseq$ **69N**

①式より　$F = \dfrac{1}{2}T = \dfrac{40\sqrt{3}}{2} = 20\sqrt{3} \fallingdotseq$ **35N**

(b) 水平に対する棒の傾きの角を θ とする（図ｂ）。

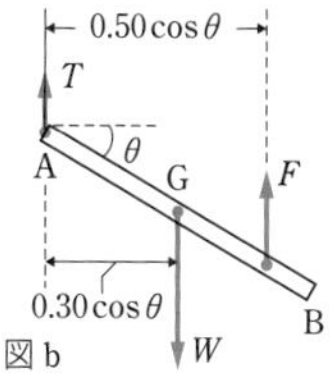

図ｂ

点Aのまわりの力のモーメントのつりあいより

$$F \times 0.50\cos\theta - W \times 0.30\cos\theta = 0$$ [1]

よって　$F = \dfrac{3}{5}W = \dfrac{3}{5} \times 60 =$ **36N**

鉛直方向の力のつりあいより

$$T + F - W = 0$$

よって　$T = W - F = 60 - 36 =$ **24N**

(c) 外力 F と棒（水平方向）のなす角を θ とする（図ｃ）。外力 F の作用線は棒ABの垂直２等分線（重心Gを通る鉛直線）と張力 T の作用線の交点Oを通る。

したがって　△AOG≡△BOG

よって　$\theta = 45^\circ$

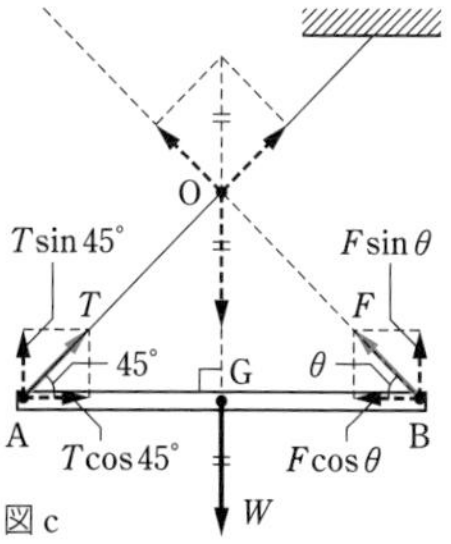

図ｃ

水平方向の力のつりあいより

$$T\cos 45^\circ - F\cos 45^\circ = 0$$

よって　$T = F \quad \cdots\cdots①$

鉛直方向の力のつりあいより

$$T\sin 45^\circ + F\sin 45^\circ - W = 0$$

$$T + F = \sqrt{2}\,W \quad \cdots\cdots②$$

①，②式より　$T = F = \dfrac{\sqrt{2}}{2}W = \dfrac{\sqrt{2}}{2} \times 60 = 30\sqrt{2}$

$\fallingdotseq$ **42N** [2]

補足 [1] **別解**　力を分解して考える。

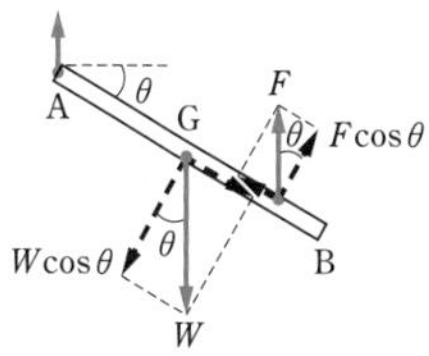

点Aのまわりの力のモーメントのつりあいより

$$F\cos\theta \times 0.50 - W\cos\theta \times 0.30 = 0$$

[2] **別解**　点Bのまわりの力のモーメントのつりあいより

$$W \times 0.30 - T\sin 45^\circ \times 0.60 = 0$$

よって　$T = \dfrac{\sqrt{2}}{2}W \fallingdotseq$ **42N**

8. **Point!** 棒にはたらく力は，鉛直方向におもりをつるした糸の張力 W（おもりにはたらく重力に等しい）と床から受ける垂直抗力 N_B，水平方向に壁から受ける垂直抗力 N_A と床から受ける摩擦力 F である[1]。これらの力のつりあい，および力のモーメントのつりあいの式を連立させて解く。

解答 (1) 棒にはたらく力は図のようになる。鉛直方向の力のつりあいより

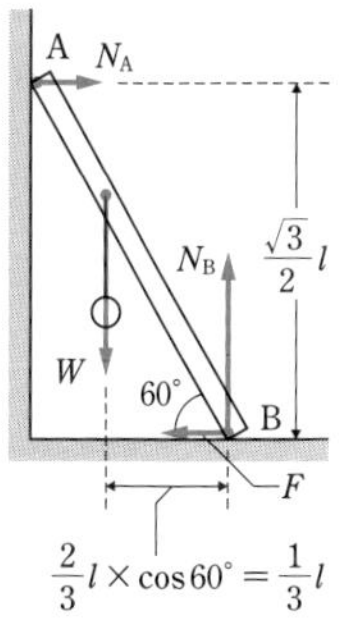

$$N_B - W = 0 \quad \cdots\cdots①$$

水平方向の力のつりあいより

$$N_A - F = 0 \quad \cdots\cdots②$$

点Bのまわりの力のモーメントのつりあいより

$$W \times \frac{1}{3}l - N_A \times \frac{\sqrt{3}}{2}l = 0 \quad \cdots\cdots③$$

①式より　$N_B = \boldsymbol{W}$ **〔N〕**

③式より　$N_A = \dfrac{2}{\sqrt{3}} \times \dfrac{1}{3}W = \dfrac{2\sqrt{3}}{9}\boldsymbol{W}$ **〔N〕**

これと②式より　$F = N_A = \dfrac{2\sqrt{3}}{9}\boldsymbol{W}$ **〔N〕**

(2) 棒の立てかける角度を θ とする。静止摩擦係数は $\dfrac{2}{3}$ なので，棒が倒れない条件は

$$F \leqq \frac{2}{3}N_B \quad \cdots\cdots④$$

②式より

$F=N_A \leqq \frac{2}{3}N_B$ ……⑤

角度 θ のとき③式の力のモーメントのつりあいの式は

$W\times\frac{2}{3}l\cos\theta-N_A\times l\sin\theta=0$ ……③′

①，③′ 式より⑤式は

$\frac{2W}{3\tan\theta}\leqq\frac{2}{3}W$

よって　$1\leqq\tan\theta$

ゆえに　$\theta\geqq$ **45°**

補足 1 「軽い棒」とあるので，棒にはたらく重力は考えなくてよい。また，「なめらかな壁」とあるので，壁からの摩擦力ははたらかないと考えてよい。

9.

Point! 針金を 0.60m の部分と 1.2m の部分に分けて考えると，重力はそれぞれの中心にはたらくと考えてよい。これらの座標を求め，x，y 座標それぞれについて重心の式を用いる。

解答　図のように針金の両端を A，B とすると，AO 部分の重心の座標は (0, 0.30)，OB 部分の重心の座標は (0.60, 0) となる。AO 部分の質量を m [kg] とすると，OB 部分の質量は $2m$ [kg] となるから，

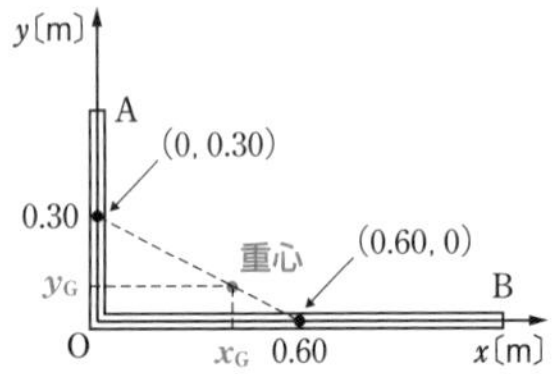

「$x_G=\frac{m_1x_1+m_2x_2}{m_1+m_2}$」，「$y_G=\frac{m_1y_1+m_2y_2}{m_1+m_2}$」より

$x_G=\frac{m\times0+2m\times0.60}{m+2m}=$ **0.40m**

$y_G=\frac{m\times0.30+2m\times0}{m+2m}=$ **0.10m**

10.

Point! 切り抜かれた板（重心G）と，切り抜いた部分（重心 G′：OF の中点）を合計したとき，その重心はもとの正方形 ABCD の重心O に一致する。

解答　切り抜かれた板を板 1，切り抜いた部分の板を板 2 とする。

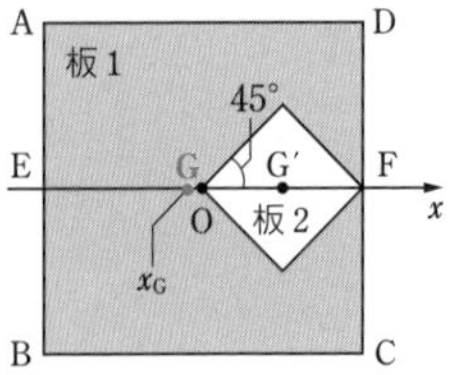

板 1 は EF に対して線対称だから，その重心G は EF 上にある。図のように x 軸をとり，Gの座標を x_G [m] とする。

板 2 の重心 G′ は OF の中点であるから，その座標は $x_{G'}=0.21$m である。

ここで，板 2 の 1 辺の長さは

$\mathrm{OF}\sin45°=\frac{1}{2}\mathrm{AB}\times\frac{1}{\sqrt{2}}=\frac{1}{2\sqrt{2}}\mathrm{AB}$

よって

正方形 ABCD の面積：板 2 の面積

$=\mathrm{AB}^2:\left(\frac{1}{2\sqrt{2}}\mathrm{AB}\right)^2=1:\frac{1}{8}=8:1$

質量は面積に比例するので

板 1 の質量：板 2 の質量＝(8－1)：1＝7：1

板 1 と板 2 を合計したとき，その重心はもとの正方形 ABCD の重心O に一致するから，「$x_G=\frac{m_1x_1+m_2x_2}{m_1+m_2}$」より

$0=\frac{7\times x_G+1\times0.21}{7+1}$

よって　$x_G=-3.0\times10^{-2}$m 1

以上より，重心G は，**点O より左に 3.0×10^{-2}m の位置**にある。

補足 1 別解　負の質量を考える方法：板 1 は正方形 ABCD の板から板 2 を切り抜いたものである。
正方形 ABCD の重心に 8 の質量が，板 2 の重心に －1 の質量があると考えることによって，板 1 の重心は

$x_G=\frac{8\times0+(-1)\times0.21}{8+(-1)}=-3.0\times10^{-2}$m

11.

Point! (1) 下の図の点Aのまわりの力のモーメントの和が 0 になったとき，物体は傾き始める。
(2) 物体と面との間の摩擦力が，最大摩擦力の大きさ「$F_0=\mu N$」より小さければよい。

解答 (1) 引く力の大きさが F_0 [N] のとき，右の図で点A のまわりの力のモーメントの和 M [N·m] は 0 となる。

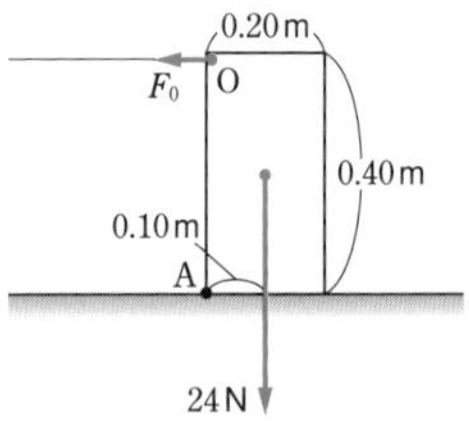

$M=F_0\times0.40-24\times0.10$
$=0$

これより　$F_0=$ **6.0N**

(2) (1)のとき，物体が水平面から受ける摩擦力の大きさ f [N] は，水平方向の力のつりあいより　$f=F_0=6.0$N
(1)のときまでに，物体がすべりださないためには，f が最大摩擦力の大きさ以下であればよい。したがって，静止摩擦係数を μ として

$f\leqq\mu\times24$　　よって　$6.0\leqq\mu\times24$

ゆえに　$\mu\geqq0.25$　　よって　$\mu_0=$ **0.25**

第3章　運動量の保存

12.

Point! 物体の運動量の変化が一直線上でおこる場合は，正の向きを定めることにより数式のみで扱うことができるが，一直線上でおこらない場合は図をかいて解くのがわかりやすい。ピッチャーが投げたボールをセンター方向へ打ちかえしたのだから，地面に対して垂直な平面上での運動と考えられる。

解答 (1) ボールの運動量の変化＝与えられた力積　なので，図で表すと右図のようになる。

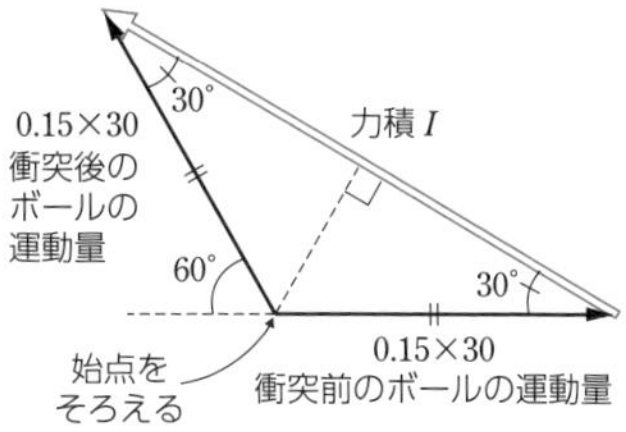

得られたベクトルの図は二等辺三角形なので，等しい２角は 30° となる。

$I=0.15\times30\times\cos30°\times2$

$=0.15\times30\times\dfrac{\sqrt{3}}{2}\times2$

$=4.5\sqrt{3}\fallingdotseq$ **7.8N·s**

(2) ボールとバットが接触している間の力は複雑に変化していると考えられるが，一定の力（平均の力）が加わっていたとして「$I=\overline{F}\varDelta t$」より

$\overline{F}=\dfrac{4.5\sqrt{3}}{1.0\times10^{-2}}\fallingdotseq$ **7.8×10²N**

13.

Point! F-t 図が t 軸と囲む面積は力積を表す。力が一定の場合の力積は，長方形の面積から求められるが，力が一定でない場合は工夫して面積を求める必要がある。
また，物体に与えられた力積によって，物体の運動量は変化するので，物体の速度も変化する。

解答 (1) F-t 図が t 軸と囲む図形が台形なので面積を求めると

$I=\dfrac{(1.0+5.0)\times4.0}{2}=$ **12N·s**

(2)「$I=\overline{F}\varDelta t$」より

$\overline{F}=\dfrac{I}{\varDelta t}=\dfrac{12}{5.0}=$ **2.4N**

(3) 運動量の変化＝与えられた力積　となるので
「$mv'-mv=I$」[1]より

$3.0v'-3.0\times5.0=12$　　よって　$v'=$ **9.0m/s**

補足 [1]「$mv+I=mv'$」(はじめ＋力積＝終わり）を用いてもよい。

14.

Point! 弾丸と木片が一体になるとき，運動量は保存されるが，エネルギーは保存されないことに注意する。初めの弾丸の運動エネルギー＝終わりの位置エネルギー　としてはいけない。

解答 (1) 一体となる前後で，弾丸と木片の運動量の和は保存されるから

$mv=(M+m)V$　　よって　$V=\boldsymbol{\dfrac{mv}{M+m}}$

(2) 衝突直後と最高点に達した瞬間とで，力学的エネルギー保存則より

$\dfrac{1}{2}(M+m)V^2=(M+m)gh$[1]　　よって　$h=\dfrac{V^2}{2g}$

(1)の結果を代入して　$h=\boldsymbol{\dfrac{1}{2g}\left(\dfrac{mv}{M+m}\right)^2}$

補足 [1] 注　$\dfrac{1}{2}mv^2=(M+m)gh$ としてはいけない。

15.

Point! 小物体が板に対して静止したとき，これら２物体の速度は等しくなっているので，２物体は「合体した」と考えることができる。
また，小物体が板に対して静止するまでの時間 t は，小物体または板が受ける力積をもとに求めることができる。

解答 (1) 小物体と板の運動量の和は保存されるから

$mv_0=(M+m)V$　　よって　$V=\boldsymbol{\dfrac{mv_0}{M+m}}$　……①

(2) 小物体が板に対して静止するまでの間に，小物体が板から受ける動摩擦力の大きさは

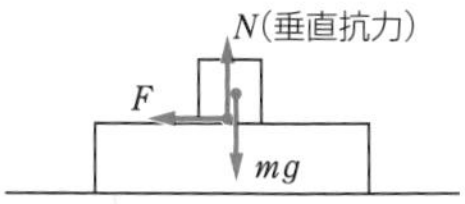

$F=\mu N=\mu mg$　……②

小物体の運動量の変化＝小物体が受けた力積　が成りたつので

$mV-mv_0=-Ft$[1]

これに，①，②式を代入して

$m\left(\dfrac{mv_0}{M+m}\right)-mv_0=-\mu mg\cdot t$

よって　$\dfrac{Mmv_0}{M+m}=\mu mgt$

ゆえに　$t=\boldsymbol{\dfrac{Mv_0}{\mu(M+m)g}}$[2]

補足 [1] 小物体にはたらく動摩擦力は左向きなので，力積にはマイナスをつける。

[2] 別解1　板に注目すると

$MV-M\times0=Ft$

$M\left(\dfrac{mv_0}{M+m}\right)=\mu mg\cdot t$　　$t=\boldsymbol{\dfrac{Mv_0}{\mu(M+m)g}}$

別解2　２物体の運動方程式を立てて，それぞれの加速度を求め，２物体の速度が等しくなるまでの時間 t を求める方法もある。

16.

Point! 静止していた物体でも分裂あるいは物体の放出などがおこると動きだす。しかし，それらの現象の前後で運動量保存則が成りたつので，運動量の和は常に 0 になっている。

解答 人の進んだ向きを正とする。

運動量保存則「$m_1v_1+m_2v_2=m_1v_1'+m_2v_2'$」より

$$(60+3.0)\times 0=60v+3.0\times(-20)$$ [1]

よって $v=\mathbf{1.0\,m/s}$

補足 [1] 人の進んだ向きは物体の進んだ向きとは必ず逆になるのでマイナスになる。

17.

Point! 宇宙空間での運動を考えるときは，観測者がどこにいるのかに注意する。分離するロケットの一方から他方を見ると互いの関係は相対速度で与えられるが（もし実際にロケットに乗っていたら自分の位置から分離した部分が遠ざかっていくように見えるはずである），運動量の保存は相対速度ではなく地上に固定した視点で考える。

解答 (1) Aから見たBの相対的な速さの意味を考えてみると，右図に示したようにBがAから速さ u〔m/s〕で負の向きに遠ざかっていることがわかる。したがって

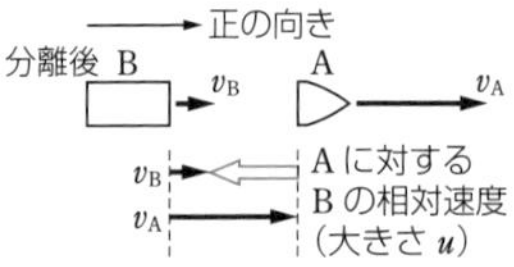

$$\boldsymbol{v_B-v_A=-u}$$ [1]

(2) 地上の観測者から見た運動量の保存を考えると「$m_1v_1+m_2v_2=m_1v_1'+m_2v_2'$」より

$$(M+m)v=mv_A+Mv_B$$ [2]

(1)の結果より $v_B=v_A-u$ を代入して

$$(M+m)v=mv_A+M(v_A-u)$$ [3]

$$=(M+m)v_A-Mu$$

よって $\boldsymbol{v_A=v+\dfrac{Mu}{M+m}}$〔m/s〕

補足 [1] 相対速度の式「$v_{AB}=v_B-v_A$」において

$v_{AB}=-u$ より

$-u=v_B-v_A$

[2] 注 次のようにはしないこと。

$(M+m)v=mv_A+Mu$

または

$(M+m)v=mv_A+M(-u)$

[3] 地上から見てBは，正の向きに進んでいるので

$v_B=v_A-u>0$

18.

Point! 平面内での衝突では，運動量を垂直な2方向の成分に分解し，各方向で運動量保存則を考える。

解答 図のように x，y 軸を定め，それぞれの方向について運動量保存則の式を立てる。

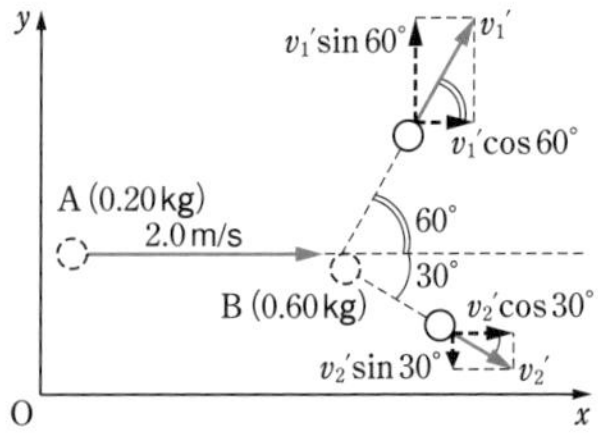

x 成分について

$$0.20\times 2.0+0.60\times 0$$
$$=0.20\times v_1'\cos 60°+0.60\times v_2'\cos 30°$$

整理して

$$0.20\times v_1'\times\frac{1}{2}+0.60\times v_2'\times\frac{\sqrt{3}}{2}=0.20\times 2.0$$

$$v_1'+3\sqrt{3}\,v_2'=4.0 \qquad \cdots\cdots①$$

y 成分について

$$0.20\times 0+0.60\times 0$$
$$=0.20\times v_1'\sin 60°+0.60\times(-v_2'\sin 30°)$$

整理して

$$0.20\times v_1'\times\frac{\sqrt{3}}{2}-0.60\times v_2'\times\frac{1}{2}=0$$

$$v_1'-\sqrt{3}\,v_2'=0 \qquad \cdots\cdots②$$

①，②式を解いて

$$v_1'=\mathbf{1.0\,m/s},\quad v_2'=\frac{1.0}{\sqrt{3}}=\frac{\sqrt{3}}{3}\fallingdotseq\mathbf{0.58\,m/s}$$

19.

Point! ボールと床との衝突では，反発係数の式「$e=-\dfrac{v'}{v}$」を用いる。衝突後のボールの運動は，対称性に着目して考えるとよい。

解答 (1) ボールが床に衝突する直前・直後の速さを v_1，v_1'〔m/s〕とする。

自由落下の式「$v^2=2gy$」より

$$v_1{}^2=2\times 9.8\times 10 \qquad \cdots\cdots①$$

鉛直投げ上げの式「$v^2-v_0{}^2=-2gy$」より

$$0^2-v_1'^2=-2\times 9.8\times 6.4 \qquad \cdots\cdots②$$

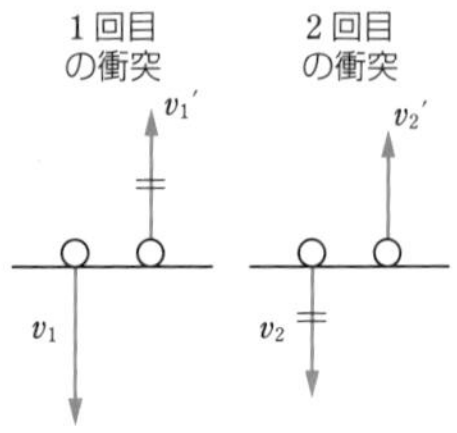

①，②式より

$$\frac{v_1'^2}{v_1{}^2}=\frac{6.4}{10}=0.64$$

よって $\dfrac{v_1'}{v_1}=0.80$

反発係数 e は $e=-\dfrac{-v_1'}{v_1}=\dfrac{v_1'}{v_1}=\mathbf{0.80}$ [1]

(2) ボールが 10 m の距離を自由落下するのにかかる時間 t_0〔s〕は，「$y=\frac{1}{2}gt^2$」より

$$10=\frac{1}{2}\times9.8\times t_0{}^2$$

よって　$t_0=\sqrt{\frac{2\times10}{9.8}}=\frac{10}{7}$ s

ボールがはねかえってから，最高点に達するまでにかかる時間 t_1〔s〕は，「$v=v_0-gt$」より $0=v_1'-gt_1$

よって

$$t_1=\frac{v_1'}{g}=\frac{\sqrt{2\times9.8\times6.4}}{9.8}=\sqrt{\frac{2\times6.4}{9.8}}=\frac{8}{7}\text{ s}$$ [2]

以上より　$T=t_0+t_1=\frac{10}{7}+\frac{8}{7}=\frac{18}{7}\fallingdotseq$ **2.6 s**

(3) 2 回目にボールが床に衝突する直前・直後の速さを v_2, v_2'〔m/s〕とする。運動の対称性から

$$v_2=v_1'=\sqrt{2\times9.8\times6.4}=11.2\fallingdotseq\mathbf{11\,m/s}$$

また，反発係数の式より $e=-\frac{-v_2'}{v_2}$

よって

$$v_2'=ev_2=0.80\times11.2=8.96\fallingdotseq\mathbf{9.0\,m/s}$$

補足 [1] 別解 「$e=\sqrt{\frac{h'}{h}}$」より

$$e=\sqrt{\frac{6.4}{10}}=\sqrt{0.64}=\mathbf{0.80}$$

[2] 別解1 t_1 は 6.4m の距離を自由落下するのにかかる時間に等しい。よって「$y=\frac{1}{2}gt^2$」より

$$6.4=\frac{1}{2}\times9.8\times t_1{}^2$$

$$t_1=\sqrt{\frac{2\times6.4}{9.8}}=\frac{8}{7}\text{ s}$$

別解2 「$e=\frac{t'}{t}$」より　$t_1=et_0=0.80\times\frac{10}{7}=\frac{8}{7}$ s

20.

Point! 2 物体が衝突したとき，衝突の前後で運動量保存則が成りたち，速度の変化からは反発係数を求めることができる。

解答 (1) 右向きを正の向きとする。運動量保存則「$m_1v_1+m_2v_2=m_1v_1'+m_2v_2'$」より

$$4.0\times21+m\times(-14)$$
$$=4.0\times(-3.0)+m\times2.0$$

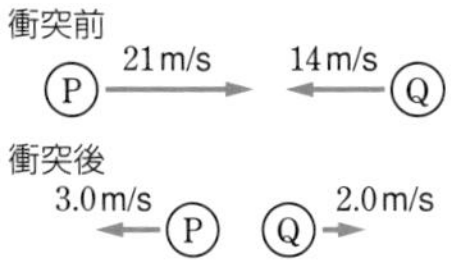

よって

$$m=\mathbf{6.0\,kg}$$

(2) 反発係数の式「$e=-\frac{v_1'-v_2'}{v_1-v_2}$」より

$$e=-\frac{(-3.0)-2.0}{21-(-14)}\fallingdotseq\mathbf{0.14}$$ [1]

補足 [1] 反発係数 e は衝突前後での相対速度の比なので，単位はない。

21.

Point! 弾性衝突（$e=1$）の場合には，力学的エネルギーは保存される。**それ以外の衝突（$0\leqq e<1$）では，力学的エネルギーは減少する。**

解答 衝突前後での運動量保存則「$m_1v_1+m_2v_2=m_1v_1'+m_2v_2'$」より

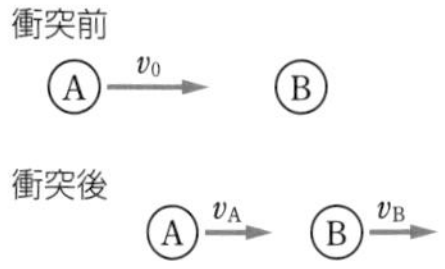

$$mv_0=mv_A+mv_B$$

よって　$v_0=v_A+v_B$　……①

反発係数の式「$e=-\frac{v_1'-v_2'}{v_1-v_2}$」より

$$e=-\frac{v_A-v_B}{v_0-0}$$

よって　$ev_0=-v_A+v_B$　……②

①，②式より　$v_A=\frac{1-e}{2}v_0$,　$v_B=\frac{1+e}{2}v_0$

(1) 弾性衝突の場合は $e=1$ より　$v_A=\mathbf{0}$,　$v_B=\boldsymbol{v_0}$ [1]

衝突前後での力学的エネルギーの変化は

$$\left(\frac{1}{2}mv_A{}^2+\frac{1}{2}mv_B{}^2\right)-\frac{1}{2}mv_0{}^2$$
$$=0+\frac{1}{2}mv_0{}^2-\frac{1}{2}mv_0{}^2=\mathbf{0}$$

(2) 完全非弾性衝突の場合は $e=0$ より

$$v_A=\boldsymbol{\frac{v_0}{2}},\quad v_B=\boldsymbol{\frac{v_0}{2}}$$ [2]

衝突前後での力学的エネルギーの変化は

$$\left(\frac{1}{2}mv_A{}^2+\frac{1}{2}mv_B{}^2\right)-\frac{1}{2}mv_0{}^2$$
$$=\frac{1}{2}m\left(\frac{v_0}{2}\right)^2+\frac{1}{2}m\left(\frac{v_0}{2}\right)^2-\frac{1}{2}mv_0{}^2$$
$$=\left(\frac{1}{8}+\frac{1}{8}-\frac{1}{2}\right)\times mv_0{}^2=\boldsymbol{-\frac{1}{4}mv_0{}^2}$$ [3]

補足 [1] 参考 質量が等しい 2 物体が弾性衝突（$e=1$）を行うと，互いの速度が入れかわる。

[2] 参考 2 物体が完全非弾性衝突（$e=0$）を行うと，衝突後の速度は互いに等しくなる（合体する）。

[3] 注 「変化」を求めるので，答えは負の値となる。すなわち，力学的エネルギーは減少する。

第4章 等速円運動・慣性力

22.

Point! 糸の張力が等速円運動の向心力の役割をしている。

解答 (1) 物体は糸の張力を向心力として等速円運動をする。

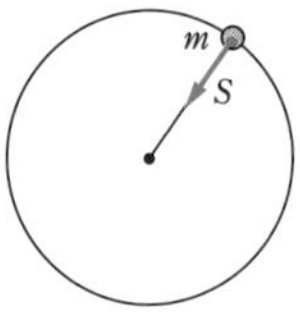

よって，等速円運動の運動方程式「$mr\omega^2=F$」より

$$\boldsymbol{mr\omega^2=S}$$

(2) (1)の結果より

$$\omega=\sqrt{\frac{\boldsymbol{S}}{\boldsymbol{mr}}}\ \text{〔rad/s〕}$$

23.

Point! 小球をつけたばねの一端を中心に一定の角速度で回転させると，ばねが伸びておもりは等速円運動をする。小球はばねの伸びに応じた弾性力で円の中心に向かって常に引かれている。この弾性力が向心力のはたらきをする。

解答 (1) 加速度の式「$a=r\omega^2$」で，半径は l なので

$a=\boldsymbol{l\omega^2}$〔m/s²〕

向きは，**点Oを向く**。

(2) 向心力の式「$F=mr\omega^2$」❶より

$F=\boldsymbol{ml\omega^2}$〔N〕

(3) ばねの弾性力が向心力のはたらきをしている。

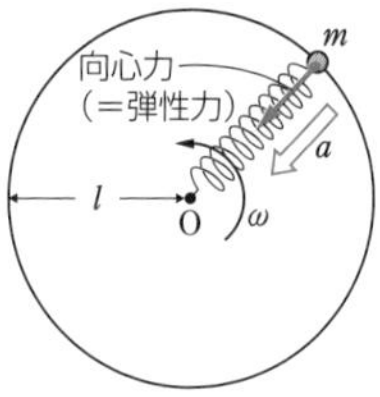

ばねの伸びは $l-l_0$〔m〕なので，弾性力は $k(l-l_0)$〔N〕である。

$$k(l-l_0)=ml\omega^2$$

よって　$k=\dfrac{\boldsymbol{ml\omega^2}}{\boldsymbol{l-l_0}}$〔N/m〕

補足 ❶ $ma=F$ で(1)の結果を代入してもよい。

24.

Point! エレベーター内の人から見て，おもりにはたらく重力，はかりからの垂直抗力，観測者が見るみかけの力，すなわち慣性力，の3力がつりあっている。

解答 (1) おもりの質量を m〔kg〕とすると

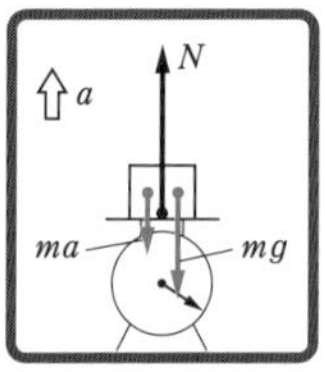

$$mg=49$$

よって　$m=5.0$kg

エレベーターが上向きの加速度 a〔m/s²〕で動いているとき，はかりが及ぼす垂直抗力を N〔N〕とすると，力のつりあいより

$$N=mg+ma\text{❶}$$

よって

$$N=5.0\times(9.8+1.2)=55\text{N}$$

はかりの針が示す値は N と等しい。よって **55N**

(2) (1)のつりあいの式より

$$a=\frac{N}{m}-g=\frac{40}{5.0}-9.8=-1.8$$

下向きの加速度 1.8m/s² の運動

補足 ❶ 別解 地上で静止した観測者から見ると，おもりは上向きの加速度 a で運動している。おもりの運動方程式は

$$ma=N-mg$$

25.

Point! リフト内の観測者から見ると，小球には下向きの慣性力がはたらくように見える。(1)では，小球にはたらく重力，糸が引く力，慣性力がつりあっている。(2)では，重力と慣性力の合力により，小球は等加速度直線運動を行う。

解答 (1) リフト内の観測者から見ると，小球にはたらく力は，重力，糸が引く力，慣性力である。

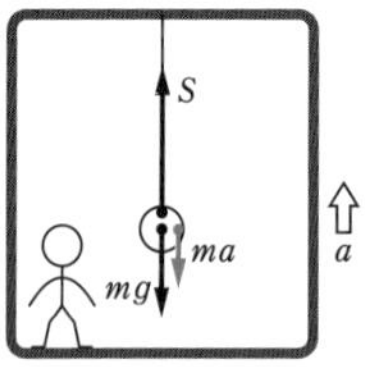

力のつりあいより

$$S-mg-ma=0$$

よって　$S=\boldsymbol{m(g+a)}$❶

(2) リフト内の観測者から見ると，糸が切れてからは，重力と慣性力のみが小球にはたらく。これら2力の合力によって初速度0の等加速度直線運動を行う。リフト内の観測者から見た小球の加速度を α とおくと，小球の運動方程式「$ma=F$」は❷

$$m\alpha=mg+ma\qquad よって\quad \alpha=g+a$$

したがって，小球が床に当たるまでの時間 t は，等加速度直線運動の式「$x=v_0t+\dfrac{1}{2}at^2$」より

$$h=0+\frac{1}{2}(g+a)t^2\qquad よって\quad t=\sqrt{\frac{\boldsymbol{2h}}{\boldsymbol{g+a}}}$$

補足 ❶ 別解 地上で静止した観測者から見ると，小球は上向きの加速度 a で運動している。小球の運動方程式は

$$ma=S-mg$$

よって $S=\boldsymbol{m(g+a)}$

❷ 注 リフト内の観測者の立場（非慣性系）では，運動方程式は成りたたないが，みかけの力である慣性力を考えることによって，慣性系の場合と同じように，運動方程式を立てることができる。

26.

Point! 小球とともに回転する観測者から見ると，重力 mg とばねの弾性力 $k\Delta l$ と遠心力の 3 力がつりあっている。

解答 (1) 小球は回転半径 $(l+\Delta l)\sin\theta$，角速度 ω の円運動をしている。小球とともに回転する観測者の立場で考えると，重力 mg とばねの弾性力 $k\Delta l$ と遠心力 $m\cdot(l+\Delta l)\sin\theta\cdot\omega^2$ の 3 力がつりあい，小球は静止しているように見える。

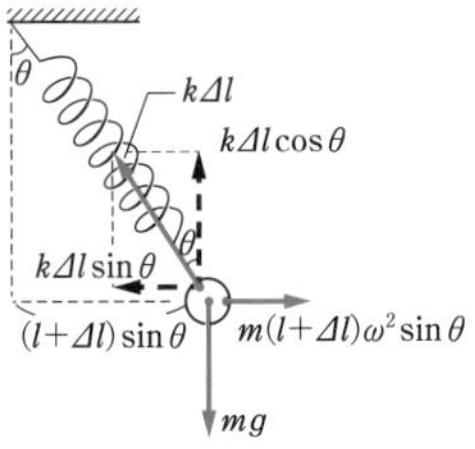

水平方向の力のつりあいの式は

$$\boldsymbol{k\Delta l\sin\theta-m(l+\Delta l)\omega^2\sin\theta=0} \quad \cdots\cdots①$$

鉛直方向の力のつりあいの式は

$$\boldsymbol{k\Delta l\cos\theta-mg=0} \quad \cdots\cdots②$$

(2) ②式より $\Delta l=\boldsymbol{\dfrac{mg}{k\cos\theta}}$ ……③

①式より $\omega^2=\dfrac{k\Delta l\sin\theta}{m(l+\Delta l)\sin\theta}=\dfrac{k\Delta l}{m(l+\Delta l)}$

これに③式の Δl を代入して

$$\omega^2=\frac{k\cdot\dfrac{mg}{k\cos\theta}}{m\left(l+\dfrac{mg}{k\cos\theta}\right)}=\frac{kg}{kl\cos\theta+mg}$$

よって $\omega=\sqrt{\dfrac{kg}{kl\cos\theta+mg}}$

ゆえに周期 T は

$$T=\frac{2\pi}{\omega}=\boldsymbol{2\pi\sqrt{\frac{kl\cos\theta+mg}{kg}}}$$

27.

Point! 小球とともに運動する立場で考えると，糸の張力と垂直抗力と重力と遠心力の 4 力がつりあい，小球は静止しているように見える。角速度が増加すると，糸の張力が増加し，垂直抗力が小さくなっていき，垂直抗力が 0 となったときに浮き上がろうとする。

解答 (1) 頂点Fで棒と糸のなす角度を θ とすると，糸の張力の鉛直成分は $T\cos\theta$，水平成分は $T\sin\theta$ である。小球とともに運動する立場で考えると，小球には遠心力がはたらき，水平方向について力のつりあいが成りたつから

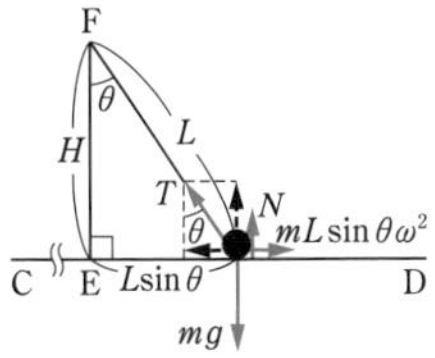

$$T\sin\theta-m\cdot L\sin\theta\cdot\omega^2=0 \text{❶} \quad \cdots\cdots①$$

鉛直方向の力のつりあいより

$$T\cos\theta+N-mg=0 \quad \cdots\cdots②$$

①式より $T=\boldsymbol{mL\omega^2}$

これと②式から❷

$$mL\omega^2\cdot\frac{H}{L}+N-mg=0$$

よって $N=\boldsymbol{m(g-\omega^2H)}$

(2) 小球が CD 面から浮き上がろうとするのは $N=0$ となるときである。

$$N=m(g-\omega^2H)=0$$

よって $\omega=\boldsymbol{\sqrt{\dfrac{g}{H}}}$

補足 ❶ 別解 水平面内の円運動の運動方程式は

$$m\cdot L\sin\theta\cdot\omega^2=T\sin\theta$$

❷ 上の図において $\angle F=\theta$ であるから

$$\cos\theta=\frac{H}{L}$$

28.

Point! 糸が引く力の大きさを S とすると，糸がたるむことなく円運動を続けるための条件は，最高点（点B）で $S\geqq 0$ である。小球とともに運動する観測者から見ると，小球が点Bを通過するとき，重力 mg と糸が引く力 S と遠心力がつりあっている。

解答 (1) 糸が引く力の大きさを S，点Bにおける小球の速さを v_B とおく。小球とともに運動する観測者から見ると，小球には重力 mg，糸が引く力 S，遠心力 $m\dfrac{v_B^2}{l}$ がはたらく。小球にはたらく力のつりあいより

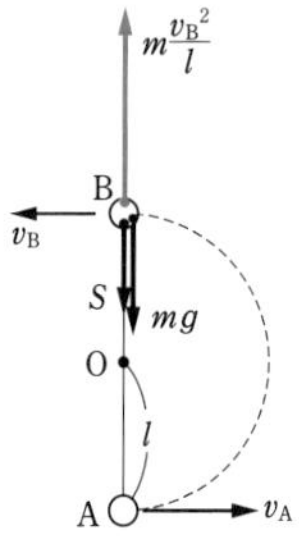

$$S+mg-m\frac{v_B^2}{l}=0 \text{ ❶}$$

よって　$S=m\dfrac{v_B^2}{l}-mg$

糸がたるむことなく最高点Bを通過するための条件は $S\geqq 0$ である❷。

$$S=m\frac{v_B^2}{l}-mg\geqq 0 \qquad よって \quad v_B\geqq\sqrt{gl} \qquad \cdots\cdots①$$

ゆえに，v_B の最小値は $v=\sqrt{gl}$

(2) 点Aにおいて小球に与える速さを v_A とおく。力学的エネルギー保存則より

$$\frac{1}{2}mv_A^2+0=\frac{1}{2}mv_B^2+mg\cdot 2l$$

よって

$$v_B^2=v_A^2-4gl \qquad \cdots\cdots②$$

①，②式より

$$v_B^2=v_A^2-4gl\geqq gl \qquad よって \quad v_A\geqq\sqrt{5gl}$$

ゆえに，v_A の最小値は $v_0=\sqrt{5gl}$

(3) 糸のかわりに硬い棒を用いた場合，点Bにおいて小球の速さ v_B が0より大きければ，小球は点Bを通過できる。(2)と同様に，力学的エネルギー保存則が成りたつので，②式を用いて

$$v_B^2=v_A^2-4gl>0 \qquad よって \quad v_A>2\sqrt{gl}$$

補足 ❶ 別解 糸にそった方向の運動方程式を立てると

$$m\frac{v_B^2}{l}=S+mg$$

❷ 糸が引く力の大きさ S が0になると，その後は糸がたるんでしまう。点Bにおいて糸が引く力が存在していれば（$S\geqq 0$），糸がたるまずに1回転できる。

第5章 単振動

29.

Point! 単振動の変位の式「$x=A\sin\omega t$」より単振動の加速度の式は「$a=-A\omega^2\sin\omega t=-\omega^2 x$」とかける。

解答 単振動の加速度の式「$a=-\omega^2 x$」より

$0.80=\omega^2\times 0.20$　　よって　$\omega=$ **2.0 rad/s**

単振動の周期の式より　$T=\dfrac{2\pi}{\omega}=\dfrac{2\times 3.14}{2.0}\fallingdotseq$ **3.1 s**

30.

Point! 単振動が x 軸上でおこっていると考える。Oを原点，$\overrightarrow{OQ}$ の向きを x 軸の正の向きとし，変位は座標軸上の値で与える。

解答 (1) 振幅 $A=0.20$ m，周期 $T=2.0$ s

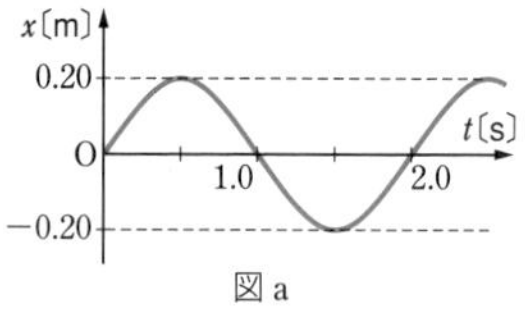

図 a

角振動数の式より

$$\omega=\frac{2\pi}{T}=\frac{2\pi}{2.0}=\pi \text{ rad/s}$$

変位 x の時間変化のようすは**図a**のようになる。

単振動の変位の式「$x=A\sin\omega t$」より

$x=$ **$0.20\sin\pi t$**

(2) 初期位相が0であると考えてよいので，(1)の結果より

$$x=0.20\sin\left(\pi\times\frac{1}{6}\right)=0.20\sin\frac{\pi}{6}=0.20\times\frac{1}{2}$$

$=$ **0.10 m**

(3) 単振動の速度・加速度の式

$$\begin{cases} v=A\omega\cos\omega t \\ a=-A\omega^2\sin\omega t \end{cases} \quad より$$

$$v=0.20\pi\cos\frac{\pi}{6}=0.20\times 3.14\times\frac{\sqrt{3}}{2}=0.543\cdots$$

$\fallingdotseq$ **0.54 m/s**

$$a=-0.20\pi^2\sin\frac{\pi}{6}=-0.20\times 3.14^2\times\frac{1}{2}$$

$=-0.985\cdots\fallingdotseq$ **-0.99 m/s²** ❶

(4) 単振動の加速度の式「$a=-\omega^2 x$」より

$$\boldsymbol{a}=-\omega^2 x=-\pi^2\times x=-3.14^2\times x\fallingdotseq \boldsymbol{-9.9x}$$

補足 ❶ 別解 「$a=-\omega^2 x$」より

$a=-\pi^2\times 0.10=-3.14^2\times 0.10\fallingdotseq$ **-0.99 m/s²**

31.

Point! ばね振り子ではつりあいの位置が振動の中心である。したがって，水平ばね振り子の場合には，ばねが自然の長さとなる位置が振動の中心である。小球の速さの最大値 v_0 は，等速円運動の速さに等しい。

解答 (1) 初めの小球の位置が振動の端で，ばねが自然の長さとなる位置が振動の中心である。よって，

$A=\mathbf{0.20\,m}$

(2) ばね振り子の周期の式「$T=2\pi\sqrt{\dfrac{m}{k}}$」より

$$T=2\pi\sqrt{\frac{0.50}{8.0}}=2\pi\sqrt{\frac{1}{16}}=\frac{2\pi}{4.0}=\frac{2\times3.14}{4.0}=1.57$$

$\fallingdotseq\mathbf{1.6\,s}$

(3) 小球の速さの最大値は，「$v_{最大}=A\omega$」より

$$v_0=A\omega=A\frac{2\pi}{T}=0.20\times2\pi\times\frac{4.0}{2\pi}=\mathbf{0.80\,m/s}$$ [1]

(4) 小球にはたらく力の大きさの最大値は，振動の端（初めの位置）のときにはたらく力の大きさである。

よって「$F=kx$」より

$F_0=8.0\times0.20=\mathbf{1.6\,N}$ [2]

補足 [1] 別解 速さが最大になるのは，振動中心（ばねは自然の長さ）を通るときである。力学的エネルギー保存則より

$$0+\frac{1}{2}kA^2=\frac{1}{2}mv_0{}^2+0$$

$$v_0=A\sqrt{\frac{k}{m}}=0.20\times\sqrt{\frac{8.0}{0.50}}=0.20\times4.0=\mathbf{0.80\,m/s}$$

[2] 別解 加速度の最大値は $a_0=A\omega^2$ であるから

$$F_0=mA\omega^2=mA\left(\frac{2\pi}{T}\right)^2$$

から求めることもできる。

32.

Point! (1) 物体は，ばね A，B から力を受けている。この合力が求める力である。

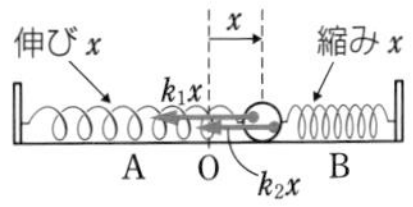

解答 (1) 物体が位置 x にあるとき，ばねAは x だけ伸び，ばねBは x だけ縮んでいる。よって

$$F=-k_1x-k_2x=\boldsymbol{-(k_1+k_2)x}$$

求める加速度 a は運動方程式「$ma=F$」より

$$ma=-(k_1+k_2)x \qquad a=\boldsymbol{-\frac{k_1+k_2}{m}x}$$

(2) 加速度の大きさが最大になるのは，物体が振動の中心から最も離れたときなので

$x=\boldsymbol{\pm x_0}$

(3) $F=-Kx$ のとき，周期 T は $2\pi\sqrt{\dfrac{m}{K}}$ である。

この問題では $K=k_1+k_2$ であるから

$$T=\boldsymbol{2\pi\sqrt{\frac{m}{k_1+k_2}}}$$ [1]

補足 [1] 別解 $a=-\dfrac{k_1+k_2}{m}x$ を「$a=-\omega^2x$」と比較して

$$\omega=\sqrt{\frac{k_1+k_2}{m}}$$

よって

$$T=\frac{2\pi}{\omega}=\boldsymbol{2\pi\sqrt{\frac{m}{k_1+k_2}}}$$

33. Point! ばね振り子ではつりあいの位置が振動の中心である。したがって，鉛直ばね振り子の場合には，重力とばねの弾性力がつりあう位置が振動の中心である。周期は，水平ばね振り子の場合と変わらない。単振動での経過時間を求めるときは，周期をもとにして考える。

解答 (1) おもりが静止しているとき，重力と弾性力がつりあっている。

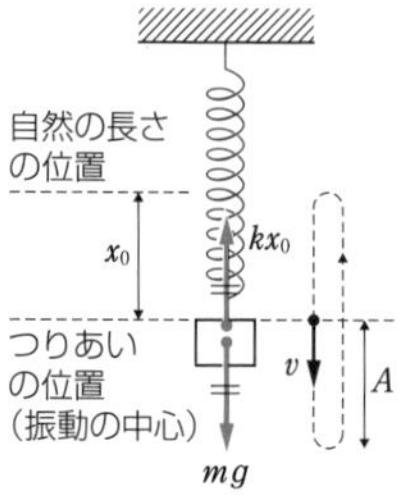

力のつりあいより

$$kx_0-mg=0$$

よって　$x_0=\boldsymbol{\dfrac{mg}{k}}$　……①

(2) おもりは，つりあいの位置を中心に，単振動をする。よって，振幅 A はつりあいの位置から最下点までの距離である。また，最下点でのばねの伸びは x_0+A である。最下点を重力による位置エネルギーの基準として，力学的エネルギー保存則より

$$\frac{1}{2}mv^2+mgA+\frac{1}{2}kx_0{}^2=0+0+\frac{1}{2}k(x_0+A)^2$$

$$=\frac{1}{2}k(x_0{}^2+2x_0A+A^2)$$

$$=\frac{1}{2}kx_0{}^2+kx_0A+\frac{1}{2}kA^2$$

$$\frac{1}{2}mv^2+mgA=kx_0A+\frac{1}{2}kA^2$$

ここで，(1)より　$kx_0=mg$　であるから

$\dfrac{1}{2}mv^2=\dfrac{1}{2}kA^2$　　よって　$A=\boldsymbol{v\sqrt{\dfrac{m}{k}}}$ [1]　……②

周期　$T=\boldsymbol{2\pi\sqrt{\dfrac{m}{k}}}$

(3) おもりが振動の中心から降下し，最下点で折り返して最高点に達した時刻は $\dfrac{3}{4}$ 周期経過した時刻である。

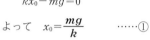

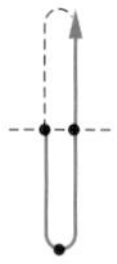

$$\frac{3}{4}T=\frac{3}{4}\times2\pi\sqrt{\frac{m}{k}}=\boldsymbol{\frac{3\pi}{2}\sqrt{\frac{m}{k}}}$$

(4) おもりはつりあいの位置を中心に振幅 A の単振動をする。ばねが自然の長さとなるのは，つりあいの位置より x_0 だけ上方である。よって，$A=x_0$ であればよい。①，②式より

$$v\sqrt{\frac{m}{k}}=\frac{mg}{k}$$

よって

$$v=\frac{mg}{k}\sqrt{\frac{k}{m}}=\boldsymbol{g\sqrt{\frac{m}{k}}}$$

補足 [1] 別解1 「$v_{最大}=A\omega$」を用いる。この単振動の速さの最大値は v，角振動数は

$\omega=\sqrt{\dfrac{k}{m}}$　より　$v=A\sqrt{\dfrac{k}{m}}$

よって　$A=\boldsymbol{v\sqrt{\dfrac{m}{k}}}$

別解2 重力と弾性力の合力による位置エネルギー「$U=\dfrac{1}{2}kx^2$」(x は，ばねの伸びではなく，つりあいの位置からの変位を表す) を考える。力学的エネルギー保存則より

$$\frac{1}{2}mv^2+0=0+\frac{1}{2}kA^2$$

よって　$A=\boldsymbol{v\sqrt{\dfrac{m}{k}}}$

34.

Point! 単振り子ではおもりの振れが小さいとき，単振動とみなすことができる。加速度運動するエレベーターの中で単振り子を観察すると，重力加速度の大きさはみかけの重力加速度の大きさに変わるので，単振り子の周期も変わる。

解 答 (1) おもりにはたらく力は，重力 mg と糸が引く力 S である。円の接線方向の力の成分 F は，$\theta>0$ のとき，時計回り $(F<0)$ の向きであるから

$$F=-mg\sin\theta$$

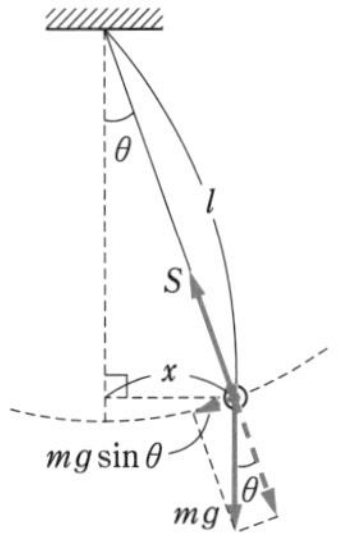

(2) 図より $\sin\theta=\dfrac{x}{l}$

よって $F=-mg\sin\theta=-mg\times\dfrac{x}{l}$

$$=-\dfrac{mg}{l}x$$

(3) 振れが小さい場合，水平方向の力 F と水平方向の変位 x の間の関係が「$F=-Kx$」の形に表されるので，おもりは単振動をする。$K=\dfrac{mg}{l}$ と，単振動の周期の式「$T=2\pi\sqrt{\dfrac{m}{K}}$」より

$$T=2\pi\sqrt{\dfrac{m}{K}}=2\pi\sqrt{m\times\dfrac{l}{mg}}=2\pi\sqrt{\dfrac{l}{g}}\ \blacksquare$$

(4) エレベーター内の観測者は，おもりには重力 mg のほかに慣性力 $m\alpha$ が下向きにはたらいていると観測するので，みかけの重力加速度の大きさは $g+\alpha$ となる $\blacksquare$。(3) の g を $g+\alpha$ で置きかえて

$$T'=2\pi\sqrt{\dfrac{l}{g+\alpha}}$$

補足 $\blacksquare$ 別解 おもりの加速度を a とすると，運動方程式は

$$ma=-\dfrac{mg}{l}x \qquad よって \quad a=-\dfrac{g}{l}x$$

これを「$a=-\omega^2 x$」と比較して

$$\omega=\sqrt{\dfrac{g}{l}} \qquad ゆえに \quad T=\dfrac{2\pi}{\omega}=2\pi\sqrt{\dfrac{l}{g}}$$

$\blacksquare$ 注 上昇加速度 α で運動しているエレベーター内におもりをつるすと，おもりにはたらく力のつりあいより糸が引く力の大きさ S は

$$S=mg+m\alpha$$
$$=m(g+\alpha)$$

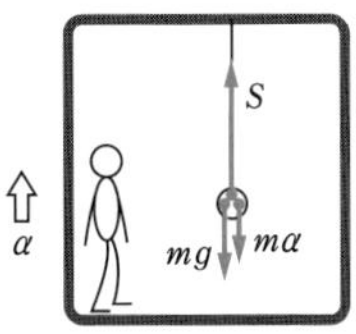

よって，みかけの重力加速度の大きさは $g+\alpha$ である。

35.

Point! 単振り子の周期の式「$T=2\pi\sqrt{\dfrac{l}{g}}$」をもとに考える。この式より単振り子の周期は，振り子の糸の長さ l と重力加速度 g のみに依存していることがわかる。

解 答 単振り子の周期の式「$T=2\pi\sqrt{\dfrac{l}{g}}$」をもとに考える。

(1) 振幅は周期に影響しないので **1倍**

(2) 糸の長さが $l\to 2l$ になるので，このときの周期 T' は

$$T'=2\pi\sqrt{\dfrac{2l}{g}}=\sqrt{2}\times 2\pi\sqrt{\dfrac{l}{g}}=\sqrt{2}\,T$$

よって $\sqrt{2}$ **倍**

(3) おもりの質量は周期に影響しないので **1倍**

(4) 重力加速度が $g\to\dfrac{1}{6}g$ になるので，このときの周期 T'' は

$$T''=2\pi\sqrt{\dfrac{6l}{g}}=\sqrt{6}\times 2\pi\sqrt{\dfrac{l}{g}}=\sqrt{6}\,T$$

よって $\sqrt{6}$ **倍**

第6章 万有引力

36.

Point! 惑星の速度の方向はだ円の接線方向である。太陽と惑星を結ぶ線分と速度のなす角が直角でない場合は，その角 θ について $\sin\theta$ を求め，面積速度一定の法則「$\frac{1}{2}rv\sin\theta=$一定」を使う。

解答 太陽のある点をOとする。$OB=8r$ であるから，Bでの面積速度は

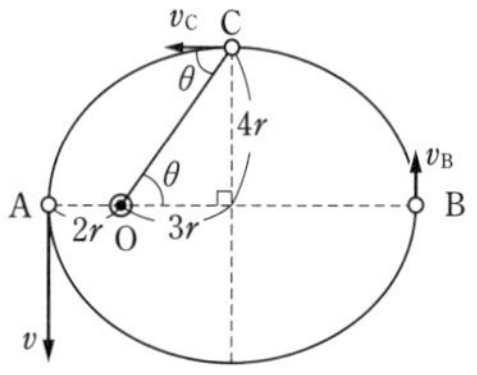

$$\frac{1}{2}\cdot 8r\cdot v_B=4rv_B$$

である。これはAでの面積速度 $\frac{1}{2}\cdot 2r\cdot v=rv$ に等しいから

$$4rv_B=rv \qquad よって \quad v_B=\boldsymbol{\frac{1}{4}v}$$

また，上図より $OC=\sqrt{(3r)^2+(4r)^2}=5r$ であり，v_C と OC のなす角 θ について，$\sin\theta=\frac{4r}{OC}=\frac{4r}{5r}=\frac{4}{5}$ となるから，C での面積速度は

$$\frac{1}{2}\cdot 5r\cdot v_C\cdot\frac{4}{5}=2rv_C$$

である。これがAでの面積速度 rv に等しいから

$$2rv_C=rv \qquad よって \quad v_C=\boldsymbol{\frac{1}{2}v}$$

37.

Point! 重力は物体と地球の間の万有引力と地球の自転による遠心力との合力であるが，遠心力は最大の赤道上でも万有引力の約 $\frac{1}{300}$ 程度なので，重力≒万有引力とみなしてよい。単位に注意して，地球の半径 $R=6.4\times10^3$km $=6.4\times10^6$m に直して代入する。

解答 地球上にある物体の質量を m とする。重力≒万有引力として $mg=G\frac{Mm}{R^2}$ より $\quad M=\frac{gR^2}{G}$

よって $M=\frac{9.8\times(6.4\times10^6)^2}{6.7\times10^{-11}}\fallingdotseq\boldsymbol{6.0\times10^{24}}$**kg**

38.

Point! 重力＝万有引力，「$mg=G\frac{Mm}{R^2}$」より　重力加速度「$g=\frac{GM}{R^2}$」

解答 地球，月の質量を M，M'，半径を R，R' とし，それぞれの表面での重力加速度の大きさを g，g' とすると

$$g=\frac{GM}{R^2},\quad g'=\frac{GM'}{R'^2} \quad (G：万有引力定数)$$

$$\frac{g'}{g}=\frac{M'}{M}\left(\frac{R}{R'}\right)^2=\frac{1}{81}\times\left(\frac{26}{7}\right)^2=\frac{1}{81}\times\frac{676}{49}$$

よって $g'=\frac{676\times9.8}{81\times49}\fallingdotseq$ **1.7 m/s²** [1]

補足 [1] 参考 月面での重力加速度の大きさは，地球上での重力加速度の大きさのおよそ $\frac{1}{6}$ 倍である。

39.

Point! 重力は，物体と地球の間の万有引力と地球の自転による遠心力との合力である。遠心力は緯度によって異なり，赤道上(緯度 $\theta=0°$)で最も大きく，北極・南極(緯度 $\theta=90°$)では0となる。

解答 (1) 北極は，地球の自転軸上なので遠心力は0である。「重力＝万有引力」より

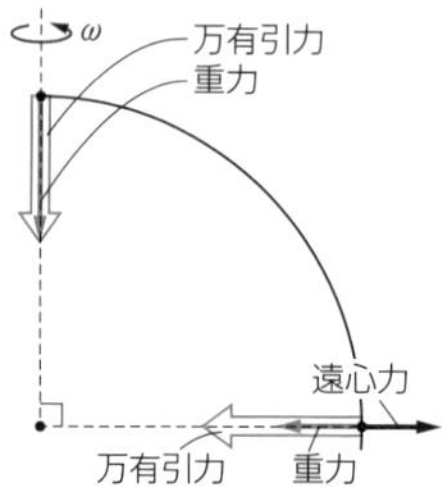

$$\boldsymbol{G\frac{Mm}{R^2}}$$

(2) 赤道上は，地球の自転によって半径 R の等速円運動をしているので「重力＝万有引力－遠心力」より

$$\boldsymbol{G\frac{Mm}{R^2}-mR\omega^2}$$

40.

Point! ニュートンは，ケプラーの法則と運動の法則とから万有引力の法則を導いたが，ここでは，これと逆の道をたどって，運動の法則と万有引力の法則とからケプラーの法則(第三法則)を導くことになる。
月の等速円運動には向心力 $mr\omega^2$ が必要であるが，地球と月との間の万有引力 $G\dfrac{Mm}{r^2}$ がこの役割をしている。

解答 (1) 向心力の大きさ

$$F_1 = \boldsymbol{mr\omega^2}$$

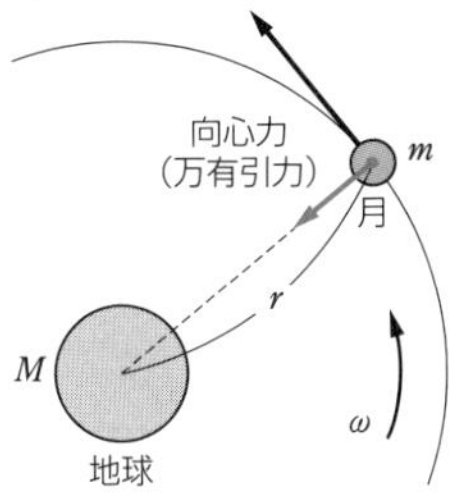

(2) 万有引力の大きさ

$$F_2 = \boldsymbol{G\frac{Mm}{r^2}}$$

(3) $mr\omega^2 = G\dfrac{Mm}{r^2}$ に

$\omega = \dfrac{2\pi}{T}$ を代入すれば

$$mr\left(\frac{2\pi}{T}\right)^2 = G\frac{Mm}{r^2}$$

よって　$\dfrac{T^2}{r^3} = \boldsymbol{\dfrac{4\pi^2}{GM}}$ (一定) 1

補足 1 これはケプラーの第三法則を表している。

41.

Point! 人工衛星は地球との間の万有引力「$F = G\dfrac{Mm}{r^2}$」を向心力として等速円運動している。

解答 (1) 人工衛星の質量を m，地球を回る角速度を ω とする。地表から高さ h の円軌道を回るから，人工衛星は半径 $R+h$ の等速円運動をする。運動方程式「$mr\omega^2 = F$」より

$$m(R+h)\omega^2 = G\frac{Mm}{(R+h)^2}$$

(M：地球の質量，G：万有引力定数)

よって　$\omega = \sqrt{\dfrac{GM}{(R+h)^3}}$ ……①

ここで，地球上での「重力＝万有引力」の関係より

$mg = G\dfrac{Mm}{R^2}$　　よって　$GM = gR^2$ ……②

②式を①式に代入して　$\omega = \sqrt{\dfrac{gR^2}{(R+h)^3}}$

周期は　$T = \dfrac{2\pi}{\omega} = \boldsymbol{2\pi\sqrt{\dfrac{(R+h)^3}{gR^2}}}$ 1

(2) (1)の結果に $T = T_0$ を代入して，h について解く。

$T_0 = 2\pi\sqrt{\dfrac{(R+h)^3}{gR^2}}$　　より　$\left(\dfrac{T_0}{2\pi}\right)^2 = \dfrac{(R+h)^3}{gR^2}$

$$(R+h)^3 = gR^2\left(\frac{T_0}{2\pi}\right)^2 = \frac{gR^2T_0^2}{4\pi^2}$$

$$R+h = \sqrt[3]{\frac{gR^2T_0^2}{4\pi^2}}$$

よって

$$h = \boldsymbol{\sqrt[3]{\frac{gR^2T_0^2}{4\pi^2}} - R}$$ 2

補足 1 別解 人工衛星が地球を回る速さを v とすると

$$m\frac{v^2}{R+h} = G\frac{Mm}{(R+h)^2}$$

$$v = \sqrt{\frac{GM}{R+h}} = \sqrt{\frac{gR^2}{R+h}}$$

($GM = gR^2$ を用いた)

よって

$$T = \frac{2\pi(R+h)}{v} = \boldsymbol{2\pi\sqrt{\frac{(R+h)^3}{gR^2}}}$$

2 地球の自転周期と等しい周期で赤道上を運動する人工衛星を静止衛星という。静止衛星の高度は，この式で一意的に決まる。

42.

Point! **人工衛星は地球との万有引力（重力）を向心力として等速円運動している。**人工衛星が無限に遠くへ行くには，無限遠（位置エネルギー 0）で速さが 0 以上であればよい。

解答 (1) 地球の表面すれすれの円軌道を回るから，人工衛星は重力 mg を向心力として半径 R の等速円運動をする。運動方程式「$m\dfrac{v^2}{r}=F$」より

$$m\frac{v^2}{R}=mg \qquad \text{よって} \qquad v=\boldsymbol{\sqrt{gR}}\ [1] \qquad \cdots\cdots①$$

(2) 地球上での「重力＝万有引力」の関係より

$$mg=G\frac{Mm}{R^2} \quad (M：地球の質量，G：万有引力定数)$$

$$\text{よって} \quad g=\frac{GM}{R^2} \quad \text{または} \quad GM=gR^2 \qquad \cdots\cdots②$$

人工衛星の力学的エネルギー E は

$$E=\frac{1}{2}mv^2+\left(-G\frac{Mm}{R}\right)$$

①，②式を用いて

$$E=\frac{1}{2}m\cdot gR-gR^2\frac{m}{R}=\frac{1}{2}mgR-mgR$$

$$=\boldsymbol{-\frac{1}{2}mgR}\ [2]$$

(3) 無限遠（位置エネルギー 0）で速さが 0 以上であればよい[3]。したがって，力学的エネルギーが 0 以上であればよい。人工衛星に与えるエネルギーを $\varDelta E$ とすると，$E+\varDelta E\geqq 0$ より

$$-\frac{1}{2}mgR+\varDelta E\geqq 0 \qquad \text{よって} \qquad \varDelta E\geqq\frac{1}{2}mgR$$

ゆえに必要なエネルギーは $\boldsymbol{\dfrac{1}{2}mgR}$

補足 [1] 地球の表面すれすれの円軌道を回るときの速さを第一宇宙速度という。

[2] **注** G，M が与えられていないので，最終的な答えにはこれらの文字を用いてはいけない。このような場合には，②式を用いて g，R の式に書きかえる。

[3] 無限遠に達する前に速さが 0 になると，万有引力によって再び地球に引き寄せられる。

第1編 編末問題

43.

Point! **斜方投射において，水平方向には初速度の水平成分で等速直線運動と同様の運動をし，鉛直方向には初速度の鉛直成分で鉛直投げ上げと同様の運動をする。(3)では，点Bでの小球の速度の水平成分と鉛直成分の関係を考えればよい。**

解答 (1) 点Aを原点とし，水平右向きに x 軸，鉛直上向きに y 軸をとる。初速度 v_0 の x 成分は $v_0\cos\theta$，y 成分は $v_0\sin\theta$ となり，x 方向には速度 $v_0\cos\theta$ の等速直線運動と同様の運動をするので，求める時間を t とすると

$$6H=v_0\cos\theta\cdot t$$

よって

$$t=\boldsymbol{\frac{6H}{v_0\cos\theta}} \qquad \cdots\cdots①$$

(2) y 方向には初速度 $v_0\sin\theta$ の鉛直投げ上げと同様の運動をするので，小球が点Bに達したときの速度の y 成分 v_y は

$$v_y=v_0\sin\theta-gt$$

ここで，点Bには最高点を通過した後に達しているので，$v_y<0$ である。

よって，求める速さは

$$|v_y|=-v_y=gt-v_0\sin\theta$$

①式を代入して

$$|v_y|=\boldsymbol{\frac{6gH}{v_0\cos\theta}-v_0\sin\theta}$$

(3) 点Bの y 座標は

$$y=3H-2H=H$$

であることから

$$H=v_0\sin\theta\cdot t-\frac{1}{2}gt^2$$

①式を代入して

$$H=6H\tan\theta-\frac{1}{2}g\left(\frac{6H}{v_0\cos\theta}\right)^2 \qquad \cdots\cdots②$$

また，図aのように小球が点Bに達したときの速度の x 成分と y 成分の速さの比が $1:1$ であることから

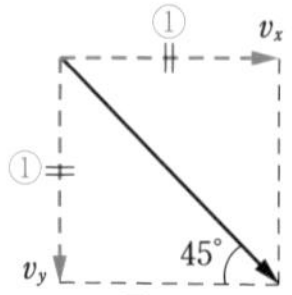

図 a

$$|v_x|=|v_y|$$

ここで，(2)の結果を用いて

$$v_0\cos\theta=\frac{6gH}{v_0\cos\theta}-v_0\sin\theta$$

式を整理すると

$$v_0{}^2=\frac{6gH}{(\sin\theta+\cos\theta)\cos\theta} \qquad \cdots\cdots③$$

③式を②式へ代入すると

$$H=6H\tan\theta-\frac{g}{2}\cdot\frac{36H^2}{\dfrac{6gH}{(\sin\theta+\cos\theta)\cos\theta}\cdot\cos^2\theta}$$

$$=6H\tan\theta-\frac{3H(\sin\theta+\cos\theta)}{\cos\theta}$$

$$=6H\tan\theta-3H(\tan\theta+1)$$

よって　$\tan\theta=\mathbf{\frac{4}{3}}$

44. Point! 円柱が転倒するとき，円柱の重心位置が倒れる側の端点の真上をこえる。このときの摩擦力は最大摩擦力以下である。

解答

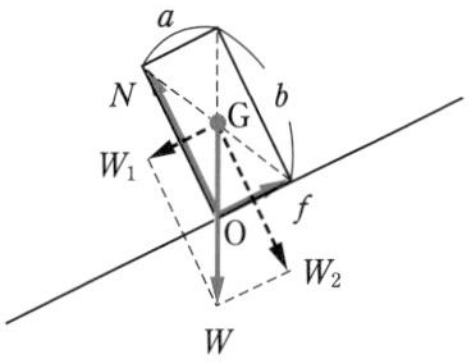

図 a

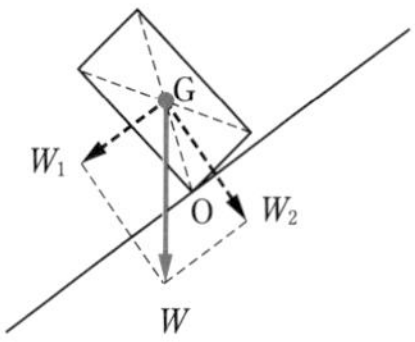

図 b

円柱が転倒する直前は円柱の重心Gと回転軸Oが鉛直線上に並んでいる。重心の位置が回転軸Oより左にきたとき，円柱は転倒する。円柱にはたらく重力，垂直抗力，摩擦力をそれぞれ W, N, f とすると図aのようになる。重力を斜面方向の成分 W_1，斜面に垂直な成分 W_2 に分解すると，それぞれの方向での力のつりあいの式は

$$N-W_2=0$$

よって　$N=W_2$　……①

$$f-W_1=0$$

よって　$f=W_1$　……②

また，最大摩擦力を f_0 とすると，板の上をすべらない条件は

$$f\leqq f_0=\mu N$$　……③

①，②式を③式に代入して

$$W_1\leqq\mu W_2$$

よって　$\mu\geqq\frac{W_1}{W_2}$　……④

また，図aより転倒する直前は $W_1:W_2=a:b$ であるので，$\frac{W_1}{W_2}>\frac{a}{b}$ となれば円柱は転倒する（図b）。

よって④式より　$\boldsymbol{\mu>\frac{a}{b}}$ 1

補足 1 別解　まず，板と水平面のなす角が θ のときに円柱がすべらない条件を考える。円柱の質量を m，重力加速度の大きさを g とすると，円柱が静止している場合の力のつりあいの式は図cより

水平方向：$mg\sin\theta-f=0$

鉛直方向：$N-mg\cos\theta=0$

よって，円柱がすべらない条件 $f\leqq\mu N$ は

$$mg\sin\theta\leqq\mu mg\cos\theta$$

ゆえに　$\tan\theta\leqq\mu$　……⑤

次に，板と水平面のなす角が θ のときに円柱が転倒する条件を考える。転倒する瞬間は図dのように，倒れる側の端点Oに垂直抗力 N と摩擦力 f が加わる。このとき，反時計回りを正とした点Oのまわりの力のモーメントの和は0より大きくなるので

$$mg\sin\theta\cdot\frac{b}{2}-mg\cos\theta\cdot\frac{a}{2}>0$$

よって　$\frac{a}{b}<\tan\theta$　……⑥

⑤，⑥式より，ある角度 θ において $\frac{a}{b}<\tan\theta\leqq\mu$ を満たしていればよいので，求める μ の条件は　$\boldsymbol{\mu>\frac{a}{b}}$

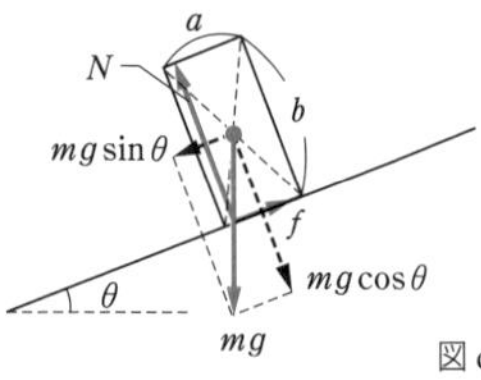

図ｃ

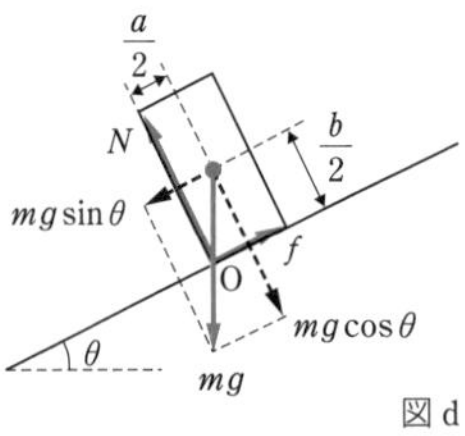

図ｄ

45. **Point!** **なめらかな壁との衝突では，壁から摩擦力がはたらかないので，衝突の前後で壁の面と平行な速度成分は変化しない。**

解答 (1) 点Oを原点とし，水平右向きに x 軸，鉛直下向きに y 軸をとる。小球は x 軸方向には速さ v_0 の等速直線運動をして，時間 t_1 に距離 L を進むので

$$L=v_0t_1$$

よって　$t_1=\boldsymbol{\frac{L}{v_0}}$

(2) 壁がなめらかなので，Pの衝突前後で小球の速度の y 成分は変化しない。したがって，小球は y 軸方向には自由落下運動を続け，時間 t_2 に距離 h を落下するので

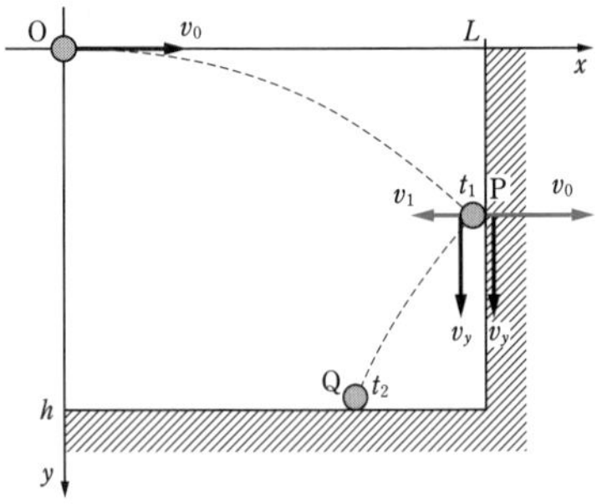

$$h=\frac{1}{2}gt_2^2$$

よって　$t_2=\boldsymbol{\sqrt{\frac{2h}{g}}}$

(3) 小球は壁との衝突の前後で運動エネルギーを失う。Pで衝突した直後の小球の速度の x 成分の大きさを v_1 とすると，反発係数が e なので

$$e=\frac{v_1}{v_0}$$

よって　$v_1=ev_0$

また，衝突の前後で小球の速度の y 成分は変化しない。よって，Pでの小球の速度の y 成分を v_y とすると，衝突の前後で小球が失った運動エネルギーは

$$\begin{aligned}\Delta K&=\frac{1}{2}m(v_0^2+v_y^2)-\frac{1}{2}m(v_1^2+v_y^2)\\&=\frac{1}{2}m(v_0^2+v_y^2)-\frac{1}{2}m\{(ev_0)^2+v_y^2\}\\&=\frac{1}{2}m(1-e^2)v_0^2\end{aligned}$$

小球のOからP，PからQの落下運動では，重力のみが小球にはたらくので，小球の力学的エネルギーは保存する。したがって，OからQの運動で力学的エネルギーはPでの壁との衝突で失った運動エネルギー ΔK だけ減少する。よって

$$E_0-E_1=\Delta K=\boldsymbol{\frac{1}{2}m(1-e^2)v_0^2}$$

46.

Point! (1) 加速度運動する斜面とともに運動する観測者から見ると，斜面上で物体が静止しているので，物体にはたらく重力，斜面からの垂直抗力，慣性力の3力がつりあっている。一方，床に静止している観測者から見ると重力，垂直抗力の合力が加速度を生じさせているので，小物体は左方へ加速度運動している。
(2) 斜面の加速度を2倍にすると，力のつりあいは成りたたなくなる。この場合，慣性力も含めた運動方程式を立てる。

解答 (1) 斜面とともに運動する観測者の視点で考える。物体(質量をmとする)が静止するには，右向きに慣性力がはたらけばよい。よって斜面の加速度の向きは**左向き**。

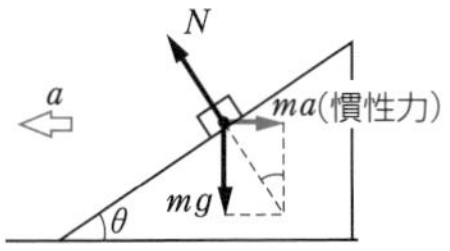

物体はつりあいの状態なので，力を鉛直方向と水平方向に分解して

鉛直方向：$N\cos\theta=mg$

水平方向：$N\sin\theta=ma$

よって上の2式より

$$\tan\theta^{❶}=\frac{ma}{mg} \qquad \text{ゆえに} \quad \boldsymbol{a=g\tan\theta}^{❷}$$

(2) 斜面の加速度を2倍にすると，慣性力も2倍になる。慣性力も含めた力を図示し，斜面とともに運動する観測者の視点で，斜面にそって上向きを正として運動方程式を立てると

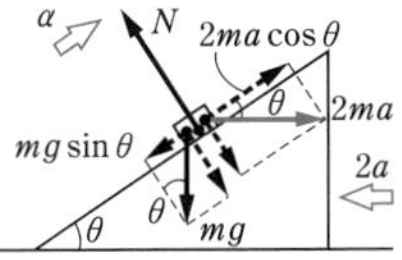

$$m\alpha=2ma\cos\theta-mg\sin\theta$$

(1)の結果を代入して

$$m\alpha=2mg\tan\theta\cdot\cos\theta-mg\sin\theta^{❸}$$
$$=2mg\sin\theta-mg\sin\theta$$
$$=mg\sin\theta$$

よって $\boldsymbol{\alpha=g\sin\theta}$

補足 ❶ $\sin\theta$を含む式の各辺を$\cos\theta$を含む式でわり

$$\tan\theta=\frac{\sin\theta}{\cos\theta}$$

を利用する。

❷ **別解** 床に静止している観測者の視点で考えると，物体は左方へ加速度運動をしている。鉛直方向は力のつりあいの式，水平方向は運動方程式を立てる。

鉛直方向：$N\cos\theta=mg$

水平方向：$ma=N\sin\theta$

よって，上の2式より $\boldsymbol{a=g\tan\theta}$

視点を変えても同じ結果が得られる。

❸ $\tan\theta\cdot\cos\theta=\dfrac{\sin\theta}{\cos\theta}\cdot\cos\theta=\sin\theta$

47.

Point! 小球はAからBまでは円筒面上をすべる。小球とともに運動する観測者から見ると，小球には重力，面からの垂直抗力，遠心力がはたらき，これらの力の半径方向の成分はつりあっている。

解答 (1) 円筒面はなめらかなので摩擦力ははたらかない。よってAからPへの運動について，力学的エネルギー保存則を立てると

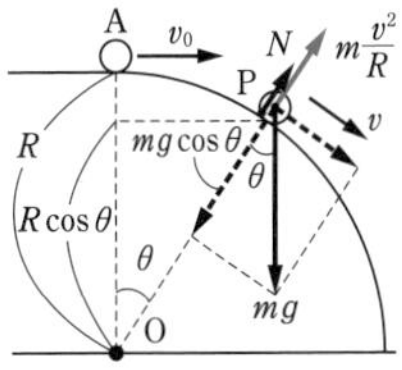

図 a

$$\frac{1}{2}mv_0^2+mgR$$
$$=\frac{1}{2}mv^2+mgR\cos\theta$$

よって $\boldsymbol{v=\sqrt{v_0^2+2gR(1-\cos\theta)}}$

(2) 点Pでは，小球には重力mg，面からの垂直抗力N，遠心力$m\dfrac{v^2}{R}$がはたらく。半径OP方向の力のつりあいより

$$mg\cos\theta-N-m\frac{v^2}{R}=0^{❶}$$

よって

$$N=mg\cos\theta-m\frac{v^2}{R}$$

(1)の結果を代入して

$$N=mg\cos\theta-m\frac{v_0^2+2gR(1-\cos\theta)}{R}$$
$$=\boldsymbol{(3\cos\theta-2)mg-m\frac{v_0^2}{R}}$$

(3) 小球が点Aですぐに面から離れるには $\theta=0°$ において$N=0$ であればよいので

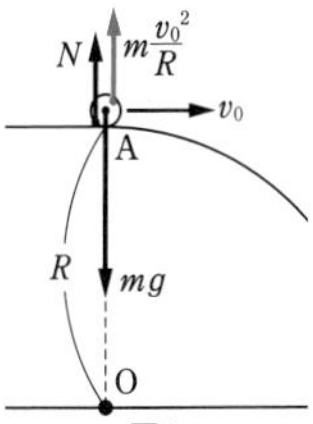

図 b

$$N=(3\times1-2)mg-m\frac{v_0^2}{R}$$
$$=mg-m\frac{v_0^2}{R}=0$$

整理して $v_0=\sqrt{gR}$

この速さ以上であれば点Aですぐに面から離れるので

$$\boldsymbol{v_{\min}=\sqrt{gR}}$$

補足 ❶ **別解** 円筒の半径方向の運動方程式を立てると

$$m\frac{v^2}{R}=mg\cos\theta-N$$

48.

Point! 物体Aが台Bと離れずに運動する条件は常に $N \geqq 0$ となることである。

解答 (1) 物体Aと台Bを一体とみなす。ばねの弾性力と重力のつりあいより

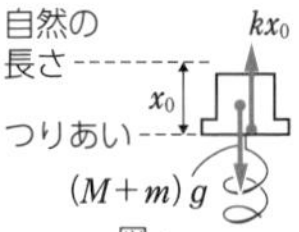

図a

$$kx_0=(M+m)g$$

$$x_0=\boldsymbol{\frac{(M+m)g}{k}}$$

(2) 物体Aには，垂直抗力Nと重力 mg がはたらく(図b)。よって，物体Aの運動方程式は

$$\boldsymbol{ma=N-mg} \quad \cdots\cdots①$$

台Bには，垂直抗力Nの反作用と重力 Mg とばねの弾性力の3力がはたらく。ここで，つりあいの位置からの変位がxのとき，ばねは自然の長さから x_0-x だけ縮んでいるので，ばねの弾性力の大きさは $k(x_0-x)$ である。よって，台Bの運動方程式は

$$\boldsymbol{Ma=k(x_0-x)-N-Mg} \quad \cdots\cdots②$$

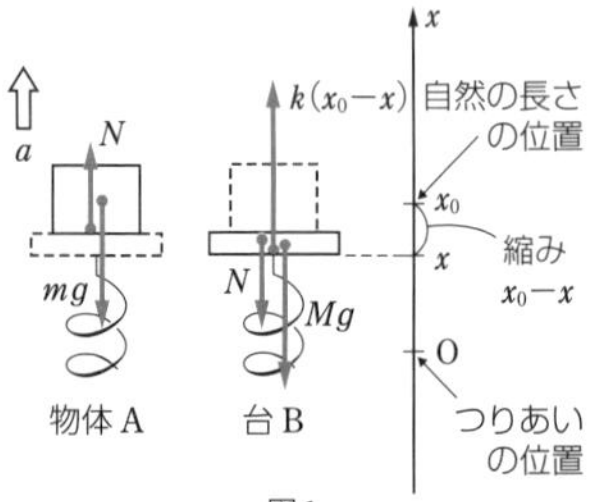

図b

(3) 物体Aが台Bと離れずに運動するためには，常に $N \geqq 0$ であればよい。①式と②式よりaを消去すると

$$N=\frac{m}{M+m}k(x_0-x)$$ [1]

物体Aと台Bは $x=-X$ と $x=X$ の間を単振動し，この区間においてNは $x=X$ で最小値をとるから，常に $N \geqq 0$ となるためには $x=X$ のときに $N \geqq 0$ となればよい。

よって

$$N=\frac{m}{M+m}k(x_0-X) \geqq 0$$

ゆえに求める条件は $\boldsymbol{X \leqq x_0}$

補足 [1] 垂直抗力は $x=x_0$ のときに0となる。よって，$x=x_0$ のとき(ばねが自然の長さになったとき)に物体Aと台Bが離れる。

49.

Point! 万有引力による運動では，力学的エネルギーが保存される。万有引力による位置エネルギーは，無限遠を基準点として「$U=-G\dfrac{Mm}{r}$」で表される。
自転軸から遠いほど回転半径が大きくなる。

解答 (1) 地球の表面から高さ R_1 に達するまで力学的エネルギーは保存される。この場合の力学的エネルギーは運動エネルギーと万有引力による位置エネルギーの和で，初速度が最小となるのは高さ R_1 で速度0のときなので

$$\frac{1}{2}mV_0^2-G\frac{Mm}{R_0}=-G\frac{Mm}{R_0+R_1}$$

よって　$V_0=\boldsymbol{\sqrt{\dfrac{2R_1GM}{R_0(R_0+R_1)}}}$

(2) 万有引力がSの円運動の向心力になる。

万有引力Fは　$F=G\dfrac{Mm}{(R_0+R_1)^2}$ より

$$m\frac{V^2}{R_0+R_1}=G\frac{Mm}{(R_0+R_1)^2}$$

よって　$V=\boldsymbol{\sqrt{\dfrac{GM}{R_0+R_1}}}$

(3) 円運動の周期の式「$T=\dfrac{2\pi r}{v}$」より

$$T=\boldsymbol{\frac{2\pi(R_0+R_1)}{V}}$$

(4) **緯度が低いほど[1]自転の回転半径が大きいので回転する速さも大きく，これを打ち上げの初速度に加算できるため。**

補足 [1] 打ち上げに最も有利なのは赤道上の地点で，約465m/sの速さで回転運動する。自転の向き(西から東)にあわせ，東向きに打ち上げると最も効率よく自転を利用できる。日本の場合は種子島(北緯30度)に宇宙センターが設けられ，ロケット・衛星の発射が行われている。

50. **Point!** 人工衛星の運動では，力学的エネルギー保存則に加えて，面積速度一定の法則（ケプラーの第二法則）が成りたつ。また，地球のまわりを回るすべての人工衛星について，ケプラーの第三法則「$\frac{T^2}{a^3}$＝一定」が成りたつ。

解答 (1) 地球の質量を M，万有引力定数を G とする。人工衛星の円軌道の半径は $2R$ で，人工衛星にはたらく万有引力が向心力となるから

$$m\frac{v_0{}^2}{2R}=G\frac{Mm}{(2R)^2}$$

よって　$m\frac{v_0{}^2}{2R}=G\frac{Mm}{4R^2}$ ……①

地球上での「重力＝万有引力」の関係より

$mg=G\frac{Mm}{R^2}$ ……②

①式に②式を代入して

$$m\frac{v_0{}^2}{2R}=\frac{1}{4}mg$$

よって　$v_0{}^2=\frac{1}{2}gR$

$$v_0=\sqrt{\frac{1}{2}gR}$$ [1]

(2) 周期 T_0 は「$T=\frac{2\pi r}{v}$」より

$$T_0=\frac{2\pi\cdot 2R}{v_0}=4\pi R\sqrt{\frac{2}{gR}}=4\pi\sqrt{\frac{2R}{g}}$$

(3) 点A，点Bについて，力学的エネルギー保存則の式を立てる。万有引力による位置エネルギー「$U=-G\frac{Mm}{r}$」より

$$\frac{1}{2}mv_1{}^2+\left(-G\frac{Mm}{2R}\right)=\frac{1}{2}mv_2{}^2+\left(-G\frac{Mm}{6R}\right)$$

②式を変形した式 $GM=gR^2$ を用いて

$$\frac{1}{2}mv_1{}^2+\left(-gR^2\frac{m}{2R}\right)=\frac{1}{2}mv_2{}^2+\left(-gR^2\frac{m}{6R}\right)$$

$\frac{1}{2}mv_1{}^2+\left(-\frac{1}{2}mgR\right)=\frac{1}{2}mv_2{}^2+\left(-\frac{1}{6}mgR\right)$ [2] ……③

(4) 点A，点Bについて，面積速度一定の法則を用いる。

$\frac{1}{2}\times 2R\times v_1=\frac{1}{2}\times 6R\times v_2$ [3]

よって　$v_2=\frac{1}{3}v_1$ ……④

(5) ③式より

$$\frac{1}{2}mv_1{}^2-\frac{1}{2}mv_2{}^2=\frac{1}{2}mgR-\frac{1}{6}mgR=\frac{1}{3}mgR$$

④式を代入して

$$\frac{1}{2}mv_1{}^2-\frac{1}{2}m\left(\frac{1}{3}v_1\right)^2=\frac{1}{3}mgR$$

$$\frac{8}{18}mv_1{}^2=\frac{1}{3}mgR$$

よって　$v_1{}^2=\frac{3}{4}gR$

$$v_1=\frac{1}{2}\sqrt{3gR}$$

④式より　$v_2=\frac{1}{3}v_1=\frac{1}{3}\times\frac{1}{2}\sqrt{3gR}=\frac{1}{6}\sqrt{3gR}$

(6) 半径 $2R$ の円軌道と，だ円軌道との間で，ケプラーの第三法則「$\frac{T^2}{a^3}$＝一定」を用いる[4]。だ円軌道の半長軸の長さは $\frac{1}{2}(2R+6R)=4R$ であるから

$$\frac{T_0{}^2}{(2R)^3}=\frac{T^2}{(4R)^3}$$

よって　$T^2=\frac{4^3R^3}{2^3R^3}T_0{}^2=8T_0{}^2$

$$T=2\sqrt{2}\,T_0=2\sqrt{2}\times 4\pi\sqrt{\frac{2R}{g}}=16\pi\sqrt{\frac{R}{g}}$$

補足 [1] 注 G，M が与えられていないので，最終的な答えにはこれらの文字を用いてはいけない。

[2] 注 両辺を m でわるなどの変形をしてはいけない（力学的エネルギー保存則の式ではなくなってしまうため）。

[3] 面積速度$=\frac{1}{2}rv\sin\theta$

θ は，地球の中心と人工衛星を結ぶ線分と，速度がなす角度。点Aと点Bはともに $\theta=90°$ であるから $\sin 90°=1$

[4] 地球を中心とする人工衛星であれば，円軌道であってもだ円軌道であっても $\frac{T^2}{a^3}$ の値は等しい（ケプラーの第三法則）。

第7章 気体の法則

51. **Point!** 水面より h〔m〕のコップ内の空気の圧力は，大気圧＋水圧 である。空気の温度が一定という条件なので，ボイルの法則「pV＝一定」で考える。

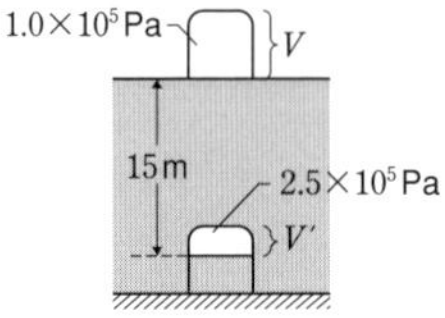

解答 湖底でのコップ内の空気の圧力 p は，大気圧＋水圧に等しいので

$$p=(1.0\times10^5)+(1.0\times10^5)\times\frac{h}{10}$$

で表される。よって

$$p=(1.0\times10^5)+(1.0\times10^5)\times\frac{15}{10}$$
$$=2.5\times10^5\,\text{Pa}$$

湖面でのコップ内の空気の体積を V とし，湖底でのコップ内の空気の体積を V' とすると，ボイルの法則より

$$(1.0\times10^5)\times V=(2.5\times10^5)\times V'$$
$$V'=\frac{1.0}{2.5}V=0.40V$$

よって **0.40倍**

52. **Point!** フラスコ内の空気の圧力が一定であることを確認し，シャルルの法則「$\frac{V}{T}$＝一定」を用いる。

解答 (1) フラスコ内の空気は水銀滴で封じられているので出入りができない。よって**質量**は一定。
また，水銀滴にはたらく力は常につりあっているから，フラスコ内の空気の**圧力**は常に外気圧と等しく一定。

(2) フラスコ内の空気の圧力は一定なので，シャルルの法則「$\frac{V}{T}$＝一定」より

$$\frac{500}{273+15}=\frac{V}{273+31} \quad ❶❷$$

よって $V=\frac{500\times304}{288}=527.7\cdots\fallingdotseq$ **528 cm³**

補足 ❶ 温度は絶対温度にして代入する。
15°C＝(273＋15)K
31°C＝(273＋31)K
❷ 体積の単位は，左辺と右辺で同じであれば何でもよい。ここでは，単位 cm³ のまま用いた。

53. **Point!** ボイル・シャルルの法則「$\frac{pV}{T}$＝一定」を用いる。

解答 ボイル・シャルルの法則「$\frac{pV}{T}$＝一定」より

$$\frac{(2.0\times10^5)\times(3.0\times10^{-2})}{273+27}=\frac{(1.0\times10^5)\times V}{273+87} \quad ❶$$

よって

$$V=\frac{(2.0\times10^5)\times(3.0\times10^{-2})\times360}{300\times(1.0\times10^5)}=\mathbf{7.2\times10^{-2}\,m^3}$$

補足 ❶ 温度は絶対温度にして代入する。
27°C＝(273＋27)K
87°C＝(273＋87)K

54. **Point!** ピストンにはたらく力は，おもりが上から押す力，大気が上から押す力，容器内の気体が上へ押す力の3力である。ピストンの断面積に気をつけて圧力を求め，ボイル・シャルルの法則を利用して解く。

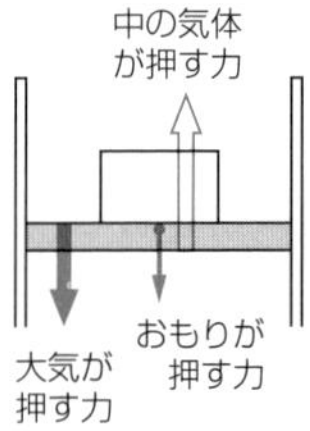

解答 気体の圧力を p〔Pa〕とすると，ピストンにはたらく力のつりあいは，「$p=\frac{F}{S}$」を用いて

$$p\times(1.4\times10^{-3})-(1.0\times10^5)\times(1.4\times10^{-3})-10\times9.8=0$$

よって $p=(1.0\times10^5)+\frac{10\times9.8}{1.4\times10^{-3}}$
$$=1.7\times10^5\,\text{Pa}$$

ボイル・シャルルの法則「$\frac{pV}{T}$＝一定」より

$$\frac{(1.0\times10^5)\times\{(1.4\times10^{-3})\times(24\times10^{-2})\}}{300}=\frac{(1.7\times10^5)\times\{(1.4\times10^{-3})\times(h\times10^{-2})\}}{340} \quad ❶$$

よって $h=$ **16 cm**

補足 ❶ 高さの単位をcmからmに換算する。
24 cm＝24×10^{-2} m
h〔cm〕＝$h\times10^{-2}$〔m〕

55. Point! 前後の状態それぞれについて理想気体の状態方程式「$pV=nRT$」を立てる。物質量 n〔mol〕が空気の量を表すので，これが前後で何％減ったかを考えるとよい。

解答 (1) 温める前後について理想気体の状態方程式を立てると

前：$pV=nR\times(273+27)$[1]

後：$pV=n'R\times(273+87)$[1]

よって

前：$\boldsymbol{pV=300nR}$ ……①

後：$\boldsymbol{pV=360n'R}$ ……②

(2) ②式÷①式 より $\dfrac{n'}{n}=\dfrac{300}{360}=\dfrac{5}{6}$

したがって，逃げた空気$(n-n')$の，nに対する割合は

$$\frac{n-n'}{n}\times100=\left(1-\frac{n'}{n}\right)\times100$$

$$=\left(1-\frac{5}{6}\right)\times100$$

$$\fallingdotseq\mathbf{17\,\%}$$

補足 [1] 温度は絶対温度にして代入する。

27℃＝(273＋27)K

87℃＝(273＋87)K

56. Point! (1) 理想気体の状態方程式

「$pV=nRT$」より，「$n=\dfrac{pV}{RT}$」となるので，物質量 n は体積 V に比例する。

(2) 気体が容器の内部で移動しても全体の物質量は変わらない。また，容器Aと容器Bの気体の圧力は等しい。

解答 (1) 理想気体の状態方程式「$pV=nRT$」より，物質量は体積に比例する。

よって，容器B内の気体の物質量 n_B は

$$n_B=4.5\times\frac{V_0}{2V_0+V_0}=4.5\times\frac{1}{3}=\mathbf{1.5\,mol}$$

(2) 移動後の容器A，B内の物質量を n_A'，n_B' とする。また，2つの容器の圧力は等しいので，その圧力を p とする。容器A，B内の気体それぞれについて理想気体の状態方程式を立てると，気体定数を R として

$p\cdot2V_0=n_A'R\times400$

よって

$$n_A'=\frac{2pV_0}{400R}=\frac{pV_0}{200R} \quad ……①$$

$pV_0=n_B'R\times300$

よって

$$n_B'=\frac{pV_0}{300R} \quad ……②$$

①，②式より $n_A':n_B'=\dfrac{pV_0}{200R}:\dfrac{pV_0}{300R}=3:2$

全体の物質量は 4.5 mol であるから

$$n_A'=4.5\times\frac{3}{5}=2.7\,\text{mol},\quad n_B'=4.5\times\frac{2}{5}=1.8\,\text{mol}$$

よって，**容器Aから容器Bへ** $1.8-1.5=\mathbf{0.3\,mol}$ **移動した。**

第8章 気体分子の運動・気体の状態変化

57.

Point! 分子が壁に衝突してはねかえるとき，運動量のうち壁に垂直な成分が変化するので，分子は運動量変化に等しい力積を壁から受ける。この反作用として壁が受ける(容器の外へ向かう)力積が圧力の原因となる。全分子について時間 t の間の力積の合計を求めることによって，平均の力が求められ，これを壁の面積でわった値が圧力となる。

解答 (1) (ア) 1個の分子が速度の x 成分 v_x で壁面Aに向かうとき，x 方向の運動量は $+mv_x$ である。壁と弾性衝突すると，速度の x 成分の向きが逆になり，大きさは変わらないので，x 方向の運動量は $-mv_x$ となる[1]。一方壁面がなめらかなので，y, z 方向の運動量は変化しない。

よって，分子の運動量変化は x 方向のみで

$$\text{運動量変化} = \text{変化後} - \text{変化前} = (-mv_x)-(+mv_x) = \boldsymbol{-2mv_x}$$

(イ) 運動量と力積の関係「$mv'-mv=F\Delta t$」より

分子が受けた力積＝分子の運動量変化＝$-2mv_x$

この反作用を壁面Aは分子から受けるので，

$$\text{壁面Aが受けた力積} = -(\text{分子が受けた力積}) = \boldsymbol{2mv_x}$$

(ウ) 分子が時間 t の間に x 方向に移動する道のりは

$$x=v_xt$$

であり，分子は x 軸方向に容器内を1往復(距離 $2L$)するたびに壁面Aと衝突するので

$$\text{時間 } t \text{ の間の衝突回数} = \boldsymbol{\frac{v_xt}{2L}}$$ [2]

(エ) (イ)と(ウ)より，時間 t の間に壁面Aが1分子から受ける力積の合計は

$$ft=2mv_x\times\frac{v_xt}{2L}=\frac{mv_x^2t}{L}$$

よって $f=\boldsymbol{\dfrac{mv_x^2}{L}}$

(2) (オ) $\overline{v^2}=\overline{v_x^2}+\overline{v_y^2}+\overline{v_z^2}$ と $\overline{v_x^2}=\overline{v_y^2}=\overline{v_z^2}$ より

$$\overline{v^2}=3\overline{v_x^2}$$

すなわち $\overline{v_x^2}=\dfrac{\overline{v^2}}{3}$

この結果と(エ)を用いて，N個の分子について力を求めると

$$F=N\times f=N\times\frac{m\overline{v_x^2}}{L}=\boldsymbol{\frac{Nm\overline{v^2}}{3L}}$$

(カ) 壁面Aの面積 $S=L^2$ に(オ)の力がかかるので

$$p=\frac{F}{S}=\frac{\frac{Nm\overline{v^2}}{3L}}{L^2}=\boldsymbol{\frac{Nm\overline{v^2}}{3L^3}}$$

(3) (キ) (カ)の結果の分母 L^3 は容器の体積 V なので，書きなおすと

$$p=\frac{Nm\overline{v^2}}{3V}$$

すなわち

$$pV=\frac{2N}{3}\times\frac{1}{2}m\overline{v^2}=\frac{2N}{3}\times\overline{E}$$

これと状態方程式 $pV=nRT$ を比べると

$$\frac{2N}{3}\times\overline{E}=nRT$$

よって $\overline{E}=\dfrac{3}{2}\times\dfrac{n}{N}RT=\dfrac{3}{2}\times\dfrac{\frac{N}{N_A}}{N}RT=\boldsymbol{\dfrac{3R}{2N_A}T}$ [3]

(ク) $\overline{E}=\dfrac{1}{2}m\overline{v^2}=\dfrac{3R}{2N_A}T$

の式を $mN_A=M_0\times10^{-3}$(kg 単位) を用いて変形すると

$$\overline{v^2}=\frac{3R}{mN_A}T=\frac{3R}{M_0\times10^{-3}}T$$

よって $\sqrt{\overline{v^2}}=\boldsymbol{\sqrt{\dfrac{3R}{M_0\times10^{-3}}T}}$

補足 [1] 運動量の変化

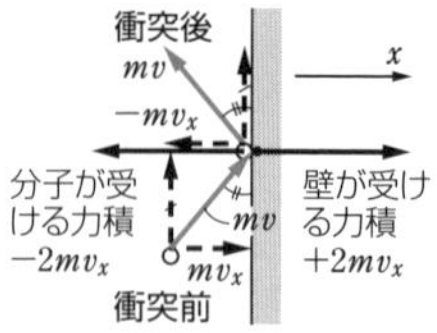

反発係数 $e=-\dfrac{v_x'}{v_x}=1$

よって $v_x'=-v_x$

[2] 走る距離 v_xt の中に往復距離 $2L$ が何個入っているかを求めればよい。

別解 1回の衝突に要する時間は $\dfrac{2L}{v_x}$ であるから，時間 t の間の衝突回数は

$$\frac{t}{\frac{2L}{v_x}}=\boldsymbol{\frac{v_xt}{2L}}$$

[3] $\dfrac{R}{N_A}=k$ とおくと

$$\overline{E}=\frac{1}{2}m\overline{v^2}=\frac{3}{2}kT$$

k をボルツマン定数という。(キ)の結果から，分子の平均運動エネルギーが絶対温度に比例することがわかる。

58. **Point!** 1 mol の単原子分子理想気体の内部エネルギー「$U=\frac{3}{2}RT$」，ボルツマン定数 k は，「$k=\frac{R}{N_A}$ $\frac{(気体定数)}{(アボガドロ定数)}$」。内部エネルギーは，温度で決まるので，内部エネルギーの変化を考えるときは，温度変化を考える。

解答 (1) 温度 T〔K〕の，単原子分子 n〔mol〕の内部エネルギー U は，気体定数を R とすると $U=\frac{3}{2}nRT$，

1 mol では $U=\frac{3}{2}RT$

$k=\frac{R}{N_A}$ より，$R=N_Ak$　これを代入すると

$$U=\boldsymbol{\frac{3}{2}N_AkT}$$

(2) 定積変化では $W=0$，熱力学第一法則「$\Delta U=Q+W$」より　$Q=\Delta U$

(1)より $\Delta U=\frac{3}{2}N_Ak\Delta T$ であるので，定積変化で温度を1度上げるのに必要な熱量[1]は

$Q=\Delta U=\frac{3}{2}N_Ak\Delta T$ の式に $\Delta T=1$ を代入して

$$Q=\boldsymbol{\frac{3}{2}N_Ak}$$

(3) 温度一定なので　$\Delta T=0$

よって　$\Delta U=\frac{3}{2}N_Ak\Delta T=0$ となり，内部エネルギーは変化しないので，**1倍**

(4) 圧力一定なので，シャルルの法則「$\frac{V}{T}=$一定」より，V を2倍にすると T も2倍になる。$U=\frac{3}{2}N_AkT$ より，内部エネルギー U も**2倍**になる。

補足 [1] 1 mol の理想気体を，定積変化で1K上げるのに必要な熱量を定積モル比熱といい，C_V で表す。

$$C_V=\frac{3}{2}R=\frac{3}{2}N_Ak$$

59. **Point!** 気体の混合では，外部からの熱や仕事の出入りがなければ，気体全体の内部エネルギーは保存される。

解答 (1) 混合の前後で内部エネルギーの総和は保存される。また，混合前の容器2には気体が入っていないので，内部エネルギーは0である。単原子分子理想気体の内部エネルギーの式「$U=\frac{3}{2}nRT$」を用いると

$$\frac{3}{2}n_1RT_1+0=\frac{3}{2}n_1RT \qquad よって \quad T=\boldsymbol{T_1}$$ [1]

気体全体について，理想気体の状態方程式「$pV=nRT$」より

$$p(V_1+V_2)=n_1RT$$

よって　$p=\frac{n_1RT}{V_1+V_2}=\boldsymbol{\frac{n_1RT_1}{V_1+V_2}}$

(2) 混合の前後で内部エネルギーの総和は保存されるので

$$\frac{3}{2}n_1RT_1+\frac{3}{2}n_2RT_2=\frac{3}{2}(n_1+n_2)RT$$

よって　$n_1T_1+n_2T_2=(n_1+n_2)T$

ゆえに　$T=\boldsymbol{\frac{n_1T_1+n_2T_2}{n_1+n_2}}$

気体全体について，理想気体の状態方程式「$pV=nRT$」より

$$p(V_1+V_2)=(n_1+n_2)RT$$

よって

$$p=\frac{(n_1+n_2)RT}{V_1+V_2}=\frac{(n_1+n_2)R}{V_1+V_2}\cdot\frac{n_1T_1+n_2T_2}{n_1+n_2}$$
$$=\boldsymbol{\frac{R(n_1T_1+n_2T_2)}{V_1+V_2}}$$

補足 [1] 気体を真空容器につないで膨張させる場合，気体は外部に仕事をしない。外部と熱のやりとりもないため，内部エネルギーは変化しない。よって，温度は変化しない。

60. **Point!** p-V 図上で，気体の状態変化を表すグラフが V 軸との間につくる面積は，気体がする仕事を表す。温度の大小関係は，グラフ上に等温曲線をかいて考えるとよい。

解答 (1) 気体が外部に正の仕事をするのは，体積が膨張している過程である。

よって　①

(2) 理想気体の内部エネルギーは絶対温度 T に比例する。p-V 図に等温曲線をかくと，各過程で温度が上昇しているか，下降しているかがわかる。

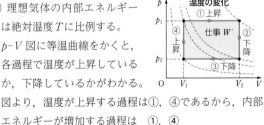

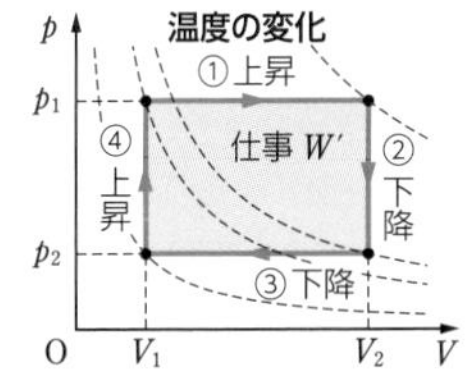

図より，温度が上昇する過程は①，④であるから，内部エネルギーが増加する過程は　①，④

(3) 熱力学第一法則「$\Delta U=Q+W=Q-W'$」（W'：気体がした仕事）より，「$Q=\Delta U+W'$」の関係を用いる。各過程で吸収する熱量 Q の正負を求めると表のようになる。熱を吸収する過程は　①，④

	ΔU	W'	Q
①	＋	＋	＋
②	－	0	－
③	－	－	－
④	＋	0	＋
一周	0	＋	＋

(4) 1サイクルで，気体が外部にする仕事 W' は，過程①～④を表す直線で囲まれた部分の面積である。

よって　$W'=\boldsymbol{(p_1-p_2)(V_2-V_1)}$

61.

Point! なめらかに動くピストン（上ぶた）では，定圧変化となる。初めの容器内の圧力は，ピストンにはたらく力のつりあいより求める。定圧変化では，気体がする仕事「$W'=p\Delta V$」，加えられた熱量 Q は熱力学第一法則より，「$Q=\Delta U+W'$（W'：気体がした仕事）」。未知数に応じて，気体の状態方程式「$pV=nRT$」の式を立てる。

解答 (ア) なめらかに動くピストンでふたをされた気体の状態変化は，定圧変化なので，圧力の増加は **0 Pa**

(イ) 初めの容器の中の体積を V_0，変化後の体積を V，圧力を p とすると，気体の状態方程式「$pV=nRT$」より

$$pV_0=nRT_0,\quad pV=nRT$$

よって $V_0=\dfrac{nRT_0}{p}$，　$V=\dfrac{nRT}{p}$

体積の増加量 $\Delta V=V-V_0=\dfrac{nRT}{p}-\dfrac{nRT_0}{p}$

$$=\frac{nR}{p}(T-T_0) \quad \cdots\cdots①$$

ピストンにはたらく力のつりあいより

$$pS=p_0S+Mg \text{ [1]}$$

$$p=\frac{p_0S+Mg}{S} \quad \cdots\cdots②$$

②式を①式に代入すると　$\Delta V=\boldsymbol{\dfrac{nR(T-T_0)S}{p_0S+Mg}}$〔m³〕

(ウ) 単原子分子理想気体の内部エネルギーの増加量「$\Delta U=\dfrac{3}{2}nR\Delta T$」より

$$\Delta U=\boldsymbol{\frac{3}{2}nR(T-T_0)}\text{〔J〕}$$

(エ) 定圧変化では，気体がする仕事「$W'=p\Delta V$」，気体の状態方程式より

$$W'=p\Delta V=nR\Delta T=\boldsymbol{nR(T-T_0)}\text{〔J〕 [2]}$$

(オ) 気体に加えられた熱量 Q は，
熱力学第一法則「$\Delta U=Q+W$」より

$$\Delta U=Q-W' \quad \text{よって} \quad Q=\Delta U+W'$$

$$Q=\frac{3}{2}nR(T-T_0)+nR(T-T_0)$$

$$=\boldsymbol{\frac{5}{2}nR(T-T_0)}\text{〔J〕}$$

補足 [1]

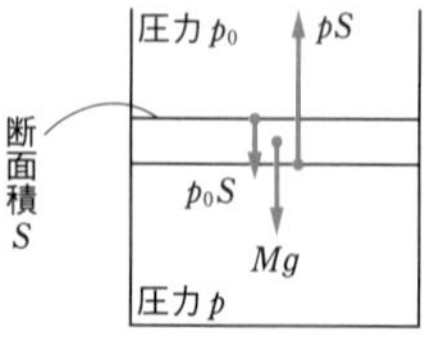

[2] $p=\dfrac{p_0S+Mg}{S}$　　$\Delta V=\dfrac{nR(T-T_0)S}{p_0S+Mg}$
を $p\Delta V$ に代入してもよい。

62.

Point! 熱効率を求めるとき，「気体がした仕事」は正の仕事・負の仕事をあわせた正味の仕事を考える。一方，「気体が吸収した熱量」には，気体が放出した熱量を含めない。問題文に与えられていない文字を使った場合には，状態方程式「$pV=nRT$」を用いて，与えられている文字に変換するとよい。

解答 (1) A→B は等温変化なので，内部エネルギーの変化 $\Delta U_{AB}=0$ である。
熱力学第一法則「$\Delta U=Q+W=Q-W'$（W'：気体がした仕事）」より

$$0=Q_0-W_{AB}$$

よって　$W_{AB}=\boldsymbol{Q_0}$

(2) B→C は定圧変化である。気体がした仕事は「$W'=p\Delta V$」より

$$W_{BC}=\frac{1}{3}p_0\times(V_0-3V_0)=\boldsymbol{-\frac{2}{3}p_0V_0}$$

次に，単原子分子理想気体の内部エネルギーの式「$U=\dfrac{3}{2}nRT$」を，「$pV=nRT$」を用いて書きかえると「$U=\dfrac{3}{2}pV$」と表すことができる。この式より

$$\Delta U_{BC}=\frac{3}{2}\times\frac{1}{3}p_0\times V_0-\frac{3}{2}\times\frac{1}{3}p_0\times3V_0=-p_0V_0$$

熱力学第一法則「$\Delta U=Q+W=Q-W'$（W'：気体がした仕事）」より

$$-p_0V_0=Q_{BC}-\left(-\frac{2}{3}p_0V_0\right)$$

よって　$Q_{BC}=\boldsymbol{-\dfrac{5}{3}p_0V_0}$

(3) C→A は定積変化なので，気体がした仕事 $W_{CA}=\boldsymbol{0}$ である。内部エネルギーの変化は，「$U=\dfrac{3}{2}pV$」より

$$\Delta U_{CA}=\frac{3}{2}\times p_0\times V_0-\frac{3}{2}\times\frac{1}{3}p_0\times V_0=\boldsymbol{p_0V_0}$$

(4) C→A において，熱力学第一法則「$\Delta U=Q+W=Q-W'$」より　$p_0V_0=Q_{CA}-0$
よって　$Q_{CA}=p_0V_0$
以上の結果をまとめると次のようになる。

	Q =	ΔU +	W'
A→B（等温）	Q_0	0	Q_0
B→C（定圧）	$-\frac{5}{3}p_0V_0$	$-p_0V_0$	$-\frac{2}{3}p_0V_0$
C→A（定積）	p_0V_0	p_0V_0	0
一周	$Q_0-\frac{2}{3}p_0V_0$	0	$Q_0-\frac{2}{3}p_0V_0$

1サイクルで，気体がした正味の仕事 W' は

$$W' = W_{AB} + W_{BC} + W_{CA} = Q_0 - \frac{2}{3}p_0V_0$$ [1]

気体が吸収した熱量 Q_{in} は

$$Q_{in} = Q_{AB} + Q_{CA} = Q_0 + p_0V_0$$ [1]

よって $$e = \frac{W'}{Q_{in}} = \frac{Q_0 - \frac{2}{3}p_0V_0}{Q_0 + p_0V_0} = \mathbf{\frac{3Q_0 - 2p_0V_0}{3(Q_0 + p_0V_0)}}$$

補足 [1] 注 W' は正の仕事・負の仕事をあわせた正味の仕事を考える。一方，Q_{in} には，気体が放出した熱量(ここでは Q_{BC})を含めない。

第2編 編末問題

63. **Point!** シリンダー内の気体の圧力を p として，左右それぞれのピストンにはたらく力のつりあいを考える。左右のピストンの断面積が異なるので，同じ圧力でも圧力と面積の積である力は異なる。

解答 (1) 左側の糸の張力の大きさを T とする。おもりにはたらく力のつりあいの式は

$T - mg = 0$ よって $T = mg$

シリンダー内の気体の圧力が p より，「$p = \frac{F}{S}$」を用いると，左側のピストンにはたらく力のつりあいの式は

$p_0 \cdot 4S - p \cdot 4S - T = 0$ [1]

$T = mg$ を代入すると

$4p_0S - 4pS - mg = 0$ $p = \mathbf{p_0 - \frac{mg}{4S}}$ ……①

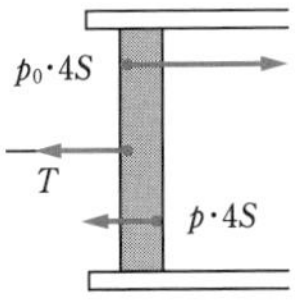

図a

(2) 右側のピストンにはたらく力のつりあいの式は

$F + pS - p_0S = 0$

よって $F = p_0S - pS$

①式を代入して

$$F = p_0S - \left(p_0 - \frac{mg}{4S}\right)S = \mathbf{\frac{1}{4}mg}$$ [2]

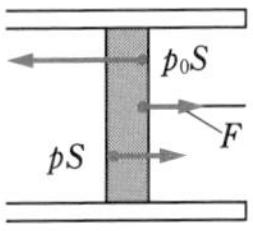

図b

補足 [1] 張力の大きさ T は正であるから $T = 4(p_0 - p)S > 0$
すなわち，この場合はシリンダー内の気体の圧力 p は大気圧 p_0 よりも小さくなっている。

[2] 断面積の小さいピストンを引く力は，おもりの重さ mg より小さい $\frac{1}{4}mg$ の力ですむ。$\frac{1}{4}$ は左右のピストンの断面積の比になっている。

64. **Point!** この問題においては容器A，Bの外は真空である。よって断熱容器内外の「圧力」ではなく，断面積を考慮した上でA，B内の両気体がピストンを押す「力」のつりあいを考える。

解答 (1) ピストンにはそれぞれの気体からの圧力がはたらき，力のつりあいが成りたっている。

$P_A \times 2S = P_B \times S$

よって $P_B = \mathbf{2P_A}$

(2) 図のように容器Aは $2Sx$ だけ体積が減少し，容器Bは Sx だけ体積が増加する。

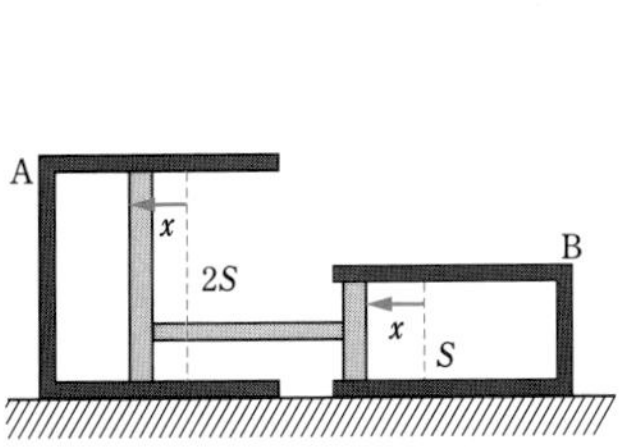

理想気体の状態方程式「$pV=nRT$」より

容器Aについては　$\boldsymbol{P_A'(V_A-2Sx)=RT'}$

容器Bについては　$\boldsymbol{P_B'(V_B+Sx)=RT'}$

(3) (2)の2つの状態方程式より

$$P_A'(V_A-2Sx)=P_B'(V_B+Sx) \quad \cdots\cdots①$$

ここで(1)と同様に $P_B'=2P_A'$ の関係があるので①式に代入すると

$$P_A'(V_A-2Sx)=2P_A'(V_B+Sx)$$

この式を Sx について表すと

$$Sx=\frac{V_A-2V_B}{4}$$

したがって，容器Aの気体の体積は

$$V_A-2Sx=V_A-2\left(\frac{V_A-2V_B}{4}\right)=\boldsymbol{\frac{1}{2}V_A+V_B}$$

容器Bの気体の体積は

$$V_B+Sx=V_B+\frac{V_A-2V_B}{4}=\boldsymbol{\frac{1}{4}V_A+\frac{1}{2}V_B}$$

65.

Point! ばねつきピストンで封じた気体を膨張させると，ピストンにはばねの弾性力がはたらくので，容器内の気体の圧力は変化する。このとき，気体が外部にする仕事は p-V 図によって囲まれた面積となる。
容器内の気体はピストンに仕事をし，ピストンは外部の気体にする仕事とばねを縮める仕事をする。

解答 (1) 気体がピストンにした仕事は p-V 図によって囲まれた面積で表されるから，求める仕事は右図の斜線部分の面積となる。

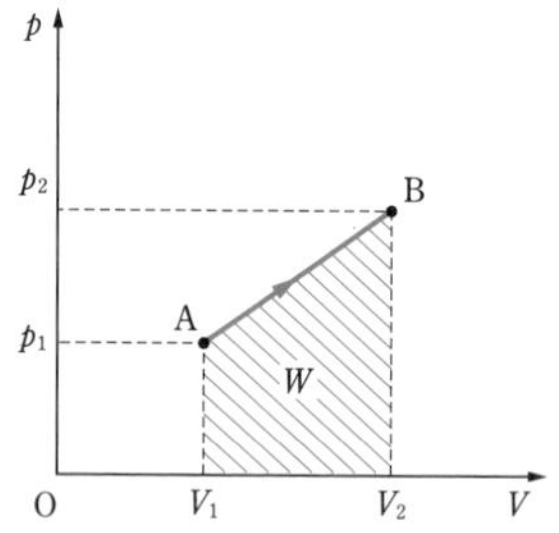

したがって，気体がピストンにした仕事は

$$W=\boldsymbol{\frac{1}{2}(p_1+p_2)(V_2-V_1)}\text{〔J〕}$$

(2) ピストンが外部にする仕事は，外部の気体にする仕事 $W_{外}$〔J〕とばねに蓄えられる弾性エネルギー E〔J〕になるから　$W=W_{外}+E$

外部の圧力は p_1〔Pa〕で一定だから，外部の気体がピストンからされる仕事は　$W_{外}=p_1(V_2-V_1)$

よって

$$E=W-W_{外}=\frac{1}{2}(p_1+p_2)(V_2-V_1)-p_1(V_2-V_1)$$
$$=\boldsymbol{\frac{1}{2}(p_2-p_1)(V_2-V_1)}\text{〔J〕}$$

66.

Point! C_1 を定積モル比熱といい，C_2 を定圧モル比熱という。また，$C_2=C_1+R$（マイヤーの関係）が成りたつ。
(5) 断熱圧縮では $\Delta U=W$ となり，気体の温度が上昇する。

解答 (1) 定積変化では，気体は外部に仕事をしない。

よって　$W_1=\boldsymbol{0\,\text{J}}$

また，熱力学第一法則「$Q=\Delta U+W'$」より

$$\Delta U=Q_1-W_1=Q_1 \quad \cdots\cdots①$$

また，「$\Delta U=\frac{3}{2}nR\Delta T$」より

$$\Delta U=\frac{3}{2}nR(T_B-T_A) \quad \cdots\cdots②$$

①式，②式より　$Q_1=\boldsymbol{\frac{3}{2}nR(T_B-T_A)}$〔J〕　……③

(2) 気体に与えられた熱量 Q_1 はモル比熱 C_1 を用いると

$$Q_1=nC_1(T_B-T_A) \quad \cdots\cdots④$$

と表すことができるので，③式，④式より

$$\frac{3}{2}nR(T_B-T_A)=nC_1(T_B-T_A)$$

よって　$C_1=\boldsymbol{\frac{3}{2}R}$〔J/(mol·K)〕

(3) 定圧変化では，気体の圧力を p，体積変化を ΔV とすると，外部にした仕事は $W_2=p\Delta V$ と表すことができる。操作前の気体の体積を V_A，操作後の気体の体積を V_B とすると

$$W_2=p(V_B-V_A) \quad \cdots\cdots⑤$$

理想気体の状態方程式「$pV=nRT$」より

$$pV_A=nRT_A \quad \cdots\cdots⑥$$
$$pV_B=nRT_B \quad \cdots\cdots⑦$$

⑥式，⑦式を⑤式に代入すると

$$W_2=\boldsymbol{nR(T_B-T_A)}\text{〔J〕} \quad \cdots\cdots⑧$$

また，熱力学第一法則より　$\Delta U=Q_2-W_2$　……⑨

②式，⑧式を⑨式に代入すると

$$\frac{3}{2}nR(T_B-T_A)=Q_2-nR(T_B-T_A)$$

よって　$Q_2=\boldsymbol{\frac{5}{2}nR(T_B-T_A)}$〔J〕

(4) 気体に与えられた熱量 Q_2 はモル比熱 C_2 を用いると

$$\boldsymbol{Q_2=nC_2(T_B-T_A)}$$

と表すことができるので，(3)の結果より

$$\boldsymbol{\frac{5}{2}nR(T_B-T_A)=nC_2(T_B-T_A)}$$

よって　$C_2=\frac{5}{2}R$

ここで，(2)の結果より　$C_2-C_1=\frac{5}{2}R-\frac{3}{2}R=R$

となるから，$C_2=C_1+R$ と表すことができる。

(5) **ピストンを急激に押しこむと，気体と外部との熱の出入りがなくても外部からの仕事があるので，熱力学第一法則より，気体が外部からされた仕事の分だけ内部エネルギーが増加するから。**

67.

Point! 断熱変化では「$pV^{\gamma}=$一定」または「$TV^{\gamma-1}=$一定」$\left(\gamma=\dfrac{C_p}{C_V}\right)$が成りたち，これをポアソンの法則という。

解答 (1) 問題文の関係式「$TV^{\gamma-1}=$一定[1]」，$\gamma=\dfrac{5}{3}$ を用いると

$$540\times(8.0\times10^{-4})^{\frac{5}{3}-1}=T_B\times(2.7\times10^{-3})^{\frac{5}{3}-1}$$

これを T_B について解いていくと

$$540\times(8.0\times10^{-4})^{\frac{2}{3}}=T_B\times(2.7\times10^{-3})^{\frac{2}{3}}$$

$$T_B=540\times\left(\frac{8.0\times10^{-4}}{2.7\times10^{-3}}\right)^{\frac{2}{3}}=540\times\left(\frac{8.0}{27}\right)^{\frac{2}{3}}$$

$$=540\times\left(\frac{2.0^3}{3.0^3}\right)^{\frac{2}{3}}=540\times\left(\frac{2.0}{3.0}\right)^{3\times\frac{2}{3}}\text{[2]}$$

$$=540\times\left(\frac{2.0}{3.0}\right)^2=\mathbf{240\,K}$$

(2) 単原子分子理想気体の内部エネルギーの変化は

$$\varDelta U=\frac{3}{2}nR\varDelta T\quad(n：物質量，R：気体定数)$$

初めの状態について，状態方程式「$pV=nRT$」より

$$nR=\frac{pV}{T}$$

（p，V，T：初めの状態の圧力，体積，温度）

ゆえに

$$\varDelta U=\frac{3}{2}\times\frac{pV}{T}\varDelta T\text{[3]}$$

$$=\frac{3}{2}\times\frac{(1.2\times10^5)\times(8.0\times10^{-4})}{540}(240-540)$$

$$=\mathbf{-80\,J}$$

(3) 断熱変化であるから，熱力学第一法則「$\varDelta U=Q+W=Q-W'$」で，$Q=0$ として

$$W'=-\varDelta U=-(-80)=\mathbf{80\,J}$$

補足 [1] 温度 T_B を求めるので，「$TV^{\gamma-1}=$一定」の式を用いた。

[2] $a^{\frac{1}{3}}=\sqrt[3]{a}$

$(a^m)^n=a^{mn}$

[3] 問題文に与えられていない文字が含まれる場合（ここでは，n と R），状態方程式を用いることによって，別の文字を用いた式に書きかえられる。

68.

Point! (2) A室内の気体は断熱変化をするため，熱力学第一法則「$\varDelta U=Q+W$」において，$Q=0$ となる。

(3) A室とB室からなる系に着目すると，この系は外部から仕事をされないので，熱力学第一法則「$\varDelta U=Q+W$」において，$W=0$ となる。

解答 (1) B室内の気体の物質量を n_B〔mol〕，気体定数を R〔J/(mol·K)〕とすると理想気体の状態方程式「$pV=nRT$」より

$$n_B=\frac{p_0V_0}{RT_0}\quad\cdots\cdots①$$

単原子分子理想気体の内部エネルギーの式「$U=\dfrac{3}{2}nRT$」より

$$\varDelta U_B=\frac{3}{2}n_BRT_2-\frac{3}{2}n_BRT_0=\frac{3}{2}n_BR(T_2-T_0)$$

①式より

$$\varDelta U_B=\frac{3}{2}\frac{p_0V_0}{RT_0}R(T_2-T_0)$$

$$=\boldsymbol{\frac{3}{2}p_0V_0\frac{T_2-T_0}{T_0}}\,\textbf{〔J〕}\quad\cdots\cdots②$$

(2) A室に着目すると，A室は断熱材で囲まれているため熱の出入りはなく，加えられた熱量 $Q=0$ J である。よって，A室内の気体の内部エネルギーの変化を $\varDelta U_A$〔J〕とすると，熱力学第一法則「$\varDelta U=Q+W$」より

$$\varDelta U_A=W_A\quad\cdots\cdots③$$

また，A室内の気体の物質量を n_A〔mol〕とすると，(1)と同様にして

$$n_A=\frac{p_0V_0}{RT_0}$$

よって

$$\varDelta U_A=\frac{3}{2}n_AR(T_1-T_0)=\frac{3}{2}p_0V_0\frac{T_1-T_0}{T_0}\quad\cdots\cdots④$$

③式と④式より，求める仕事は

$$W_A=\varDelta U_A=\boldsymbol{\frac{3}{2}p_0V_0\frac{T_1-T_0}{T_0}}\,\textbf{〔J〕}$$

(3) A室とB室を合わせて１つの系と考える。この系は外部から仕事をされないので，外部からされた仕事 $W=0$ J である。また，この系の内部エネルギーの増加量は $\varDelta U_A+\varDelta U_B$〔J〕である。よって，熱力学第一法則「$\varDelta U=Q+W$」より

$$\varDelta U_A+\varDelta U_B=Q$$

この式に，②式と④式を代入して

$$Q=\varDelta U_A+\varDelta U_B$$

$$=\frac{3}{2}p_0V_0\frac{T_1-T_0}{T_0}+\frac{3}{2}p_0V_0\frac{T_2-T_0}{T_0}$$

$$=\boldsymbol{\frac{3}{2}p_0V_0\frac{T_1+T_2-2T_0}{T_0}}\,\textbf{〔J〕}$$

69.

Point! p-V 図の面積は，仕事を表す。気体の内部エネルギーは気体の絶対温度に比例する。気体の温度の変化は，内部エネルギーの変化から考えるとよい。

解答 (1) ①断熱変化は熱が気体に出入りしないようにした状態変化，②等温変化は気体の温度が一定になるようにした状態変化，③定圧変化は気体の圧力が一定になるようにした状態変化である。よって，①。

(2) 内部エネルギーは気体の絶対温度によって決まり，等温変化では内部エネルギーの変化はない。よって②。

(3) 圧力 p が一定で気体の体積が ΔV だけ変化したときに，気体が外部からされる仕事は

$$W=-p\Delta V$$

である。体積が減少するときは $\Delta V<0$ なので

$$W=p|\Delta V|$$

となり，これは圧力 p と体積 V のグラフの面積になる。図 a のように圧力が変化するときも，圧力 p が一定の微小区間 ΔV に区切って考えると，その区間の仕事は長方形の面積 $p|\Delta V|$ となる。よって，圧力が変化するときに気体が外部からされる仕事は，区間を無限に小さくしたときの長方形の面積の和なので，やはり p-V 図の面積となる。したがって，過程①，②，③の気体が外部からされる仕事 W_1，W_2，W_3 は，それぞれ図 b の斜線部の面積となるので，$\boldsymbol{W_3<W_2<W_1}$ である。

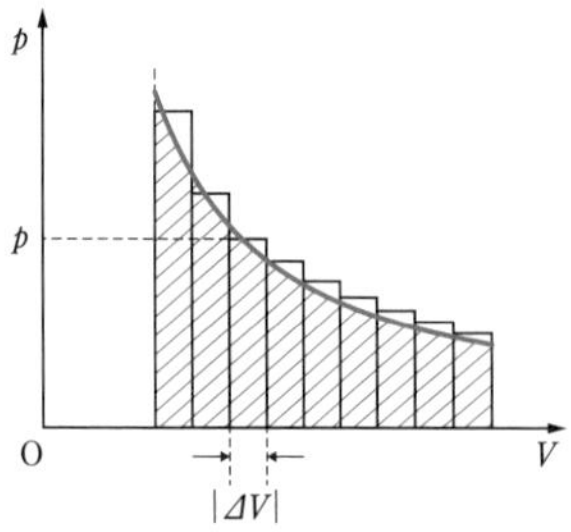

図 a

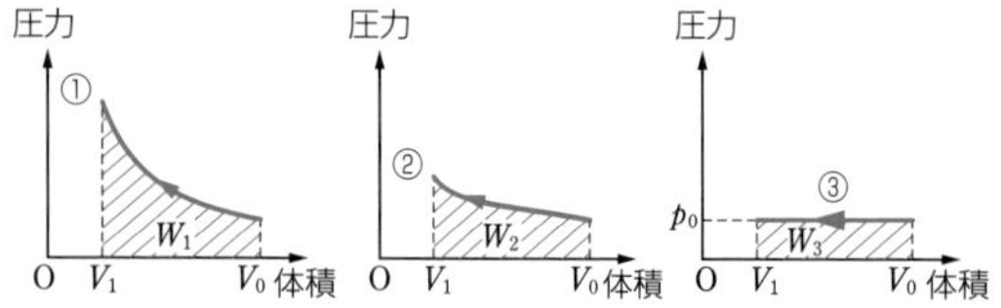

図 b

(4) ①の変化は断熱圧縮なので，$W_1>0$ である。内部エネルギーの変化を ΔU とすると，熱力学第一法則から $\Delta U=W_1>0$ であり，内部エネルギーが増加し，気体の温度が上昇する。よって，①は(エ)である。

②の変化は等温変化なので，気体の温度は変化しない。よって，②は(ウ)である。

③の変化は定圧変化なので，シャルルの法則から気体の体積 V と絶対温度 T は比例する $\left(\dfrac{V}{T}=\text{一定}\right)$。

よって，③は(ア)である。

70.

Point! 理想気体の状態方程式は，気体の圧力を p，体積を V，物質量を n，気体定数を R，絶対温度を T とすれば $pV=nRT$ である。
特に，単原子分子であれば，その気体の内部エネルギーは $U=\dfrac{3}{2}nRT=\dfrac{3}{2}pV$ で与えられる。

解答 (1) グラフより $p_D=p_C$ なので，p_C を求めればよい。B→C は等温変化であるから，ボイルの法則を B，C に適用して

$$p_C\times(10\times10^{-2})=(2.0\times10^5)\times(5.0\times10^{-2})$$

$$p_C=p_D=\mathbf{1.0\times10^5\,Pa}$$

また，状態方程式を用いて

$$p_DV_D=1\times RT_D$$

よって

$$T_D=\frac{p_DV_D}{R}$$

$$=\frac{(1.0\times10^5)\times(2.5\times10^{-2})}{8.3}\fallingdotseq\mathbf{3.0\times10^2\,K}$$

(2) 状態Aの温度を T_A とすると

$$\Delta U_{DA}=\frac{3}{2}\times1.0\times R(T_A-T_D)$$

状態方程式を用いて

$$T_A=\frac{p_AV_A}{1.0\times R},\quad T_D=\frac{p_DV_D}{1.0\times R}$$

$V_A=V_D$ であるから

$$\Delta U_{DA}=\frac{3}{2}R(T_A-T_D)$$

$$=\frac{3}{2}R(p_A-p_D)\times\frac{V_A}{R}$$

$$=\frac{3}{2}\{(2.0\times10^5)-(1.0\times10^5)\}\times(2.5\times10^{-2})$$

$$=3.75\times10^3\fallingdotseq\mathbf{3.8\times10^3\,J}$$

(3) **右図**

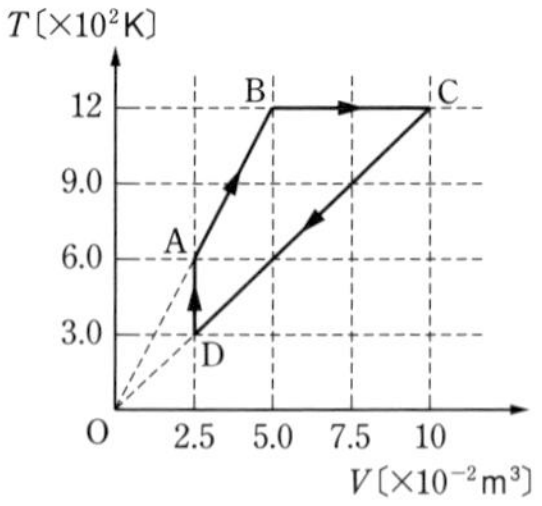

ボイル・シャルルの法則を用いて，状態 A，B，C の温度 T_A，T_B，T_C を求める。

(1)より，$T_D=3.0\times10^2$K であるから

$$T_A=2T_D=6.0\times10^2\,\text{K}$$

$$T_B=T_C=2T_A=4T_D=12\times10^2\,\text{K}$$

A→B，C→D は定圧変化であるから，シャルルの法則が成りたち，V と T は比例関係となるので，グラフは原点に向かう直線となる。

第9章 正弦波の式

71.

Point! 単振動をする物体の，時刻 t における変位を表す式「$y=A\sin\frac{2\pi}{T}t$」と比較して，振幅A，周期 T を求める。振動数 f は「$f=\frac{1}{T}$」の関係から求められる。

解答　単振動の式「$y=A\sin\frac{2\pi}{T}t$」と与えられた式を比較して

$A=\mathbf{0.3\,m}$

$4\pi=\frac{2\pi}{T}$　より　$T=\mathbf{0.5\,s}$

「$f=\frac{1}{T}$」より　$f=\frac{1}{0.5}=\mathbf{2\,Hz}$

72.

Point! 正弦波の式「$y=A\sin 2\pi\left(\frac{t}{T}-\frac{x}{\lambda}\right)$」と与えられた式を比較する。

解答　与えられた式を変形すると

$y=0.20\sin\pi(5.0t-0.10x)$

$=0.20\sin 2\pi(2.5t-0.050x)$

$=0.20\sin 2\pi\left(\frac{t}{0.40}-\frac{x}{20}\right)$

これと正弦波の式「$y=A\sin 2\pi\left(\frac{t}{T}-\frac{x}{\lambda}\right)$」を比較して❶

$A=\mathbf{0.20\,m}$,　$T=\mathbf{0.40\,s}$,　$\lambda=\mathbf{20\,m}$

「$f=\frac{1}{T}$」より　$f=\frac{1}{0.40}=\mathbf{2.5\,Hz}$

「$v=f\lambda$」より　$v=2.5\times 20=\mathbf{50\,m/s}$

補足 ❶ 別解 $y=A\sin 2\pi\left(\frac{t}{T}-\frac{x}{\lambda}\right)$ を $y=A\sin\pi\left(\frac{2}{T}t-\frac{2}{\lambda}x\right)$ と変形して，問題の式と比較してもよい。

$\frac{2}{T}=5.0$,　$\frac{2}{\lambda}=0.10$

73.

Point! (1) 原点は単振動をしている。単振動の式「$y=A\sin\frac{2\pi}{T}t$」と与えられた式を比較する。

(2) 原点から位置 x〔m〕まで振動が伝わるのに時間 $\frac{x}{v}$〔s〕かかる。よって，与えられた式の t を $t-\frac{x}{v}$ で置きかえればよい。

解答　(1) 与えられた式と単振動の式「$y=A\sin\frac{2\pi}{T}t$」を比較して

$\frac{2\pi}{T}=8.0\pi$　よって　$T=\mathbf{0.25\,s}$

「$v=\frac{\lambda}{T}$」より　$v=\frac{6.0}{0.25}=\mathbf{24\,m/s}$

(2) 与えられた式の t を $t-\frac{x}{v}$❶ で置きかえればよい。よって

$\boldsymbol{y=2.0\sin 8.0\pi\left(t-\frac{x}{24}\right)}$

補足 ❶ x 軸上を負の向きに進む正弦波のときは，t を $t+\frac{x}{v}$ で置きかえる。

74.

Point! (1) 図から振幅と波長がわかり，波は 0.10 秒間に $AA'=6.0\,m$ 進んだということから波の速さがわかる。

(2) 原点は，時刻 $t=0$ のときに変位 $y=0$ であり，次の瞬間に正の向きに変位する。よって，その変位は単振動の式「$y=A\sin\frac{2\pi}{T}t$」で表される。

(3) (2)の式の t を $t-\frac{x}{v}$ で置きかえる。

解答　(1) 図より　$A=\mathbf{0.15\,m}$,　$\lambda=\mathbf{24\,m}$

波の速さを v〔m/s〕とすると，波は 0.10 秒間に $AA'=6.0\,m$ 進んだから

$v=\frac{6.0}{0.10}=60\,m/s$

「$v=\frac{\lambda}{T}$」より　$T=\frac{\lambda}{v}=\frac{24}{60}=\mathbf{0.40\,s}$

(2)「$y=A\sin\frac{2\pi}{T}t$」より

$y_0=0.15\sin\frac{2\pi}{0.40}t=\mathbf{0.15\sin 5.0\pi t}$

(3) (2)の t を $t-\frac{x}{v}$ で置きかえればよい。よって

$\boldsymbol{y=0.15\sin 5.0\pi\left(t-\frac{x}{60}\right)}$

第10章 平面上を伝わる波

75.

Point! 2つの波源から同位相の波が出ている場合，各波源からの距離の差が，整数×波長となる点で波は強めあい，$\left(整数+\frac{1}{2}\right)$×波長となる点で波は弱めあう。

解答 S_1，S_2 から点Aまでの距離の差は

$S_2A-S_1A=14.0-6.0=8.0\,\text{cm}$

波長 $\lambda=4.0\,\text{cm}$ であるから　$S_2A-S_1A=2\times\lambda$

よって，2つの波の振動は同位相であるから，点Aで波は強めあい，振幅は2倍（$2\times0.25=0.50\,\text{cm}$）になる。

したがって，**振幅 0.50cm で振動する。**

S_1，S_2 から点Bまでの距離の差は

$S_2B-S_1B=16.0-12.0=4.0\,\text{cm}$

よって，$S_2B-S_1B=1\times\lambda$

したがって，点Bで波は強めあい，**振幅 0.50cm で振動する。**

S_1，S_2 から点Cまでの距離の差は

$S_1C-S_2C=25.0-15.0=10.0\,\text{cm}$

よって，$S_1C-S_2C=\frac{5}{2}\lambda=\left(2+\frac{1}{2}\right)\times\lambda$

したがって，点Cで波は弱めあうので，**振動しない。**

76.

Point! 2つの波源の間の線分上には波形の進行しない波である定在波ができている。定在波の腹（大きく振動する所）や節（まったく振動しない所）は，それぞれもとの波の半波長の間隔で並ぶ。

解答 (1) 波長を λ とすると，$\lambda=2.0\,\text{cm}$ である。したがって，$2.0\,\text{cm}=2\times\frac{\lambda}{2}$ となり，$PS_1-PS_2=2.0\,\text{cm}$ を満たす点Pは，強めあう点である。波面の交点で $PS_1-PS_2=2\times\frac{\lambda}{2}$ となる点を曲線で結ぶと**図a**のようになる。この線上の点は波が**強めあい大きく振動する。**

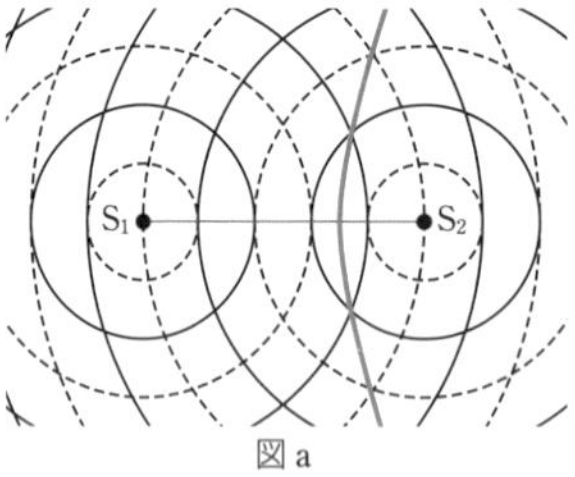

図a

(2) (1)で求めた曲線以外の強めあう点を連ねた線を同様にかき，線分 S_1S_2 との交点を求めると，その点が定在波の腹になる。図bより，S_1S_2 上で S_1 から最も近い腹までの距離は $\frac{1}{4}\lambda=0.50\,\text{cm}$ であり，腹と腹の間隔は $\frac{1}{2}\lambda=1.0\,\text{cm}$ であるから，S_1 からの距離で表した腹の位置は

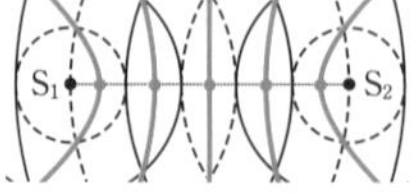

図b

0.50cm，1.5cm，2.5cm，3.5cm，4.5cm [1]

補足 [1] **別解** S_1S_2 上の点Pの S_1 からの距離を x〔cm〕とすると，$0<x<\frac{5}{2}\lambda$ である。Pが強めあう点である条件は

$|PS_1-PS_2|=\left|x-\left(\frac{5}{2}\lambda-x\right)\right|=\left|2x-\frac{5}{2}\lambda\right|=m\lambda$

$2x-\frac{5}{2}\lambda=\pm m\lambda$　　よって　$x=\frac{(\pm2m+5)\lambda}{4}$

$|PS_1-PS_2|$ が $\frac{5}{2}\lambda$ より小さいから，$m=0,\ 1,\ 2$ だけが許される。

よって

$x=\frac{1}{4}\lambda,\ \frac{3}{4}\lambda,\ \frac{5}{4}\lambda,\ \frac{7}{4}\lambda,\ \frac{9}{4}\lambda$

$=0.50\,\text{cm},\ 1.5\,\text{cm},\ 2.5\,\text{cm},\ 3.5\,\text{cm},\ 4.5\,\text{cm}$

77.

Point! 入射角・屈折角は境界面の法線に対する角度であることに注意する。屈折では振動数は変わらず波の速さと波長が変わる。

解答 (1) 図より

$i=60°,\ r=30°$

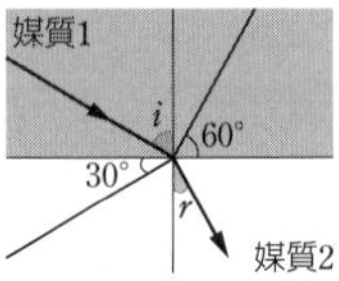

(2) 屈折の法則「$\frac{\sin i}{\sin r}=n_{12}$」より

$n_{12}=\frac{\sin60°}{\sin30°}=\frac{\sqrt{3}}{2}\div\frac{1}{2}$

$=\sqrt{3}=$ **1.7**

(3) 屈折の法則「$\frac{v_1}{v_2}=n_{12}$」より，媒質2での波の速さ v_2〔m/s〕は

$v_2=\frac{v_1}{n_{12}}=\frac{5.1}{\sqrt{3}}=1.7\sqrt{3}=1.7\times1.7=2.89$

$\fallingdotseq$ **2.9m/s**

(4)「$v=f\lambda$」より

$\lambda_1=\frac{5.1}{17}=$ **0.30m**

屈折の法則「$\frac{\lambda_1}{\lambda_2}=n_{12}$」より

$\lambda_2=\frac{\lambda_1}{n_{12}}=\frac{0.30}{\sqrt{3}}=0.10\sqrt{3}=0.10\times1.7=$ **0.17m**

78. **Point!** 媒質2での屈折波の波長は $\lambda_2=\frac{\lambda_1}{n_{12}}$ になるので，屈折波の山の波面の間隔は入射波の山の波面の間隔の $\frac{1}{n_{12}}$ 倍になる。

解答 (1)「$v=f\lambda$」より

$\lambda_1=\frac{v_1}{f}=\frac{9.0}{2.5}=$ **3.6cm**

屈折の法則「$\frac{\lambda_1}{\lambda_2}=n_{12}$」より

$\lambda_2=\frac{\lambda_1}{n_{12}}=\frac{3.6}{2.0}=$ **1.8cm**

屈折の法則「$\frac{v_1}{v_2}=n_{12}$」より

$v_2=\frac{v_1}{n_{12}}=\frac{9.0}{2.0}=$ **4.5cm/s**

(2) 右図のように，媒質1での入射波の波長CDをかく。媒質2での屈折波の波長がCDの $\frac{1}{n_{12}}=\frac{1}{2.0}$ 倍になるように，$\frac{\text{CD}}{2.0}$ の長さの半径の半円をEを中心としてかく。Dからこの半円に接線を引きその接点をFとすると，EFが媒質2での屈折波の波長および屈折波の進行方向を表す。接線DFに平行になるようにかいた**図の赤い実線**が屈折波の山の波面となる。

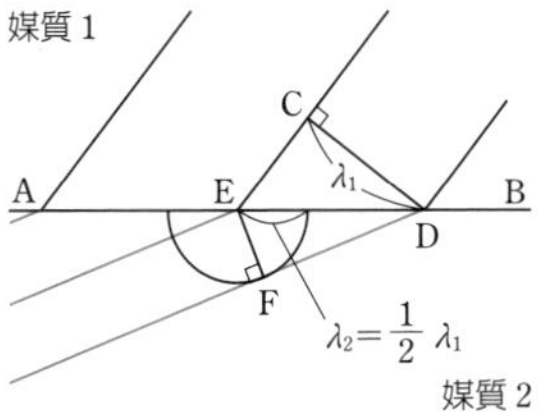

第11章 音の伝わり方

79. **Point!** 2つの波源から注目する点までの経路差が，整数×波長 のときは強めあう点，$\left(整数+\frac{1}{2}\right)$×波長 のときは弱めあう点になる。

解答 (1)「$V=f\lambda$」より　$3.4\times10^2=(1.7\times10^2)\times\lambda$

よって　$\lambda=$ **2.0m**

(2) 点Aは線分 S_1S_2 の垂直二等分線上の点であるから $AS_1=AS_2$ である。

よって　$|AS_1-AS_2|=0$

つまり，点Aでは S_1 と S_2 からの音波が同位相で重なりあうので，**強めあう点**となる。

(3) 問題の図より　$BS_1=4.0\text{m}$

また，三平方の定理より　$BS_2=5.0\text{m}$

よって　$|BS_1-BS_2|=1.0\text{m}=\frac{1}{2}\lambda$

つまり，点Bでは S_1 と S_2 からの音波が半波長ずれて(逆位相で)重なりあうので，**弱めあう点**となる。

80. **Point!** 2つの経路(PAQとPBQ)の経路差が $\left(整数+\frac{1}{2}\right)$×波長 のとき，音は弱めあう。初めの状態では経路差が0であるから，初めて音が聞こえなくなるのは経路差が半波長になるときである。

解答 (1) 2つの音波が弱めあう条件は

$$|\text{PAQ}-\text{PBQ}|=\left(m+\frac{1}{2}\right)\lambda \quad (m=0,\ 1,\ 2,\ \cdots)$$

PAQを0.10m引き出したときの経路差は，往復であることに注意して

$|\text{PAQ}-\text{PBQ}|=2\times0.10=0.20\text{m}$

このとき，初めて弱めあうので　$m=0$

以上より　$0.20=\frac{1}{2}\lambda$　　よって　$\lambda=$ **0.40m**

「$V=f\lambda$」より　$3.4\times10^2=f\times0.40$

よって　$f=$ **8.5×10^2Hz**

(2)「$V=f\lambda$」より，1オクターブ高い音(振動数が2倍の音)の波長は，もとの音の波長の半分である。したがって，引き出す距離も半分となる。

よって　**5.0×10^{-2}m**

第12章 ドップラー効果

81.

Point! 音源が観測者に近づくとき，観測者が受け取る音波の波長は「$\lambda'=\dfrac{V-v_S}{f}$」で表される。

解答 (1)「$\lambda'=\dfrac{V-v_S}{f}$」より

$$\lambda=\frac{340-25}{630}=\mathbf{0.500\,m}$$

(2) $f=\dfrac{V}{\lambda}=\dfrac{340}{0.500}=\mathbf{680\,Hz}$

82.

Point! (1) いちばん外側の波は，経過時間の間に 40cm の距離を進んでいる。これより速さを求める。
(2) 時刻 0 において，小球Pはいちばん外側の波面の中心である $x=0$ にいて，経過時間の間に $x=20$cm に達する。これより速さを求める。
(3) 音源が動く場合のドップラー効果の式「$f'=\dfrac{V}{V-v_S}f$」を用いる。

解答 (1) 波面が 10 個あることから，経過時間は $t=2.0$s とわかる。
この間に，いちばん外側の波面は 40cm (0.40m) の距離を進んでいるので　$V=\dfrac{0.40}{2.0}=\mathbf{0.20\,m/s}$

(2) 小球Pは 2.0 秒間に 20cm (0.20m) 移動しているので

$$v=\frac{0.20}{2.0}=\mathbf{0.10\,m/s}$$

(3)「$f'=\dfrac{V}{V-v_S}f$」より

$$f=\frac{0.20}{0.20-(-0.10)}{}^{[1]}\times5.0\fallingdotseq\mathbf{3.3\,Hz}$$

補足 [1] 点Qから見ると，音源（波源）は遠ざかっているので
$v_S=-0.10$m/s
とする。

83.

Point! 観測者が動く場合のドップラー効果の式「$f'=\dfrac{V-v_O}{V}f$」を用いる。観測者の速度 v_O は，音源から観測者の向きを正とするので，この場合は $v_O=-10$m/s と負の値となる点に注意。

解答 観測される振動数を f'〔Hz〕とすると，
「$f'=\dfrac{V-v_O}{V}f$」より

$$f'=\frac{340-(-10)}{340}\times680=\mathbf{700\,Hz}$$

84.

Point! ドップラー効果の式「$f'=\dfrac{V-v_O}{V-v_S}f$」を用いる。音源の速度 v_S と観測者の速度 v_O は，音源から観測者の向きを正とするので，すれ違う前では $v_S=20$m/s, $v_O=-20$m/s, すれ違った後は $v_S=-20$m/s, $v_O=20$m/s とする。

解答

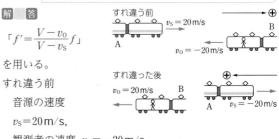

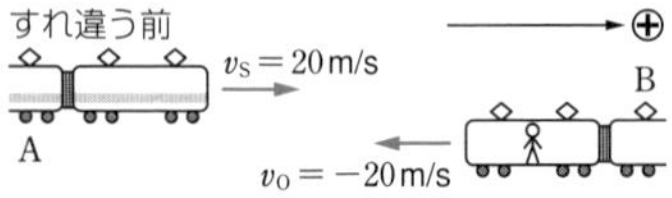

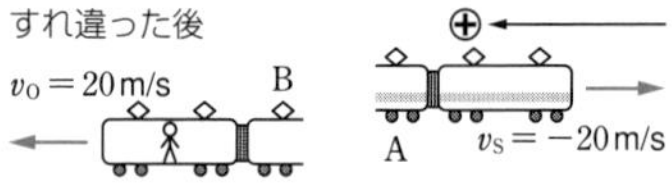

「$f'=\dfrac{V-v_O}{V-v_S}f$」
を用いる。
すれ違う前
　音源の速度
　$v_S=20$m/s,
　観測者の速度 $v_O=-20$m/s
を代入して

$$f'=\frac{340-(-20)}{340-20}\times720=\mathbf{810\,Hz}$$

すれ違った後
　音源の速度 $v_S=-20$m/s, 観測者の速度 $v_O=20$m/s
を代入して

$$f'=\frac{340-20}{340-(-20)}\times720=\mathbf{640\,Hz}$$

85.

Point! (1) Sを音源（速度0），Rを観測者（速度 v）とする。
(2) Rを，振動数 f_1 の音を発する音源（速度 $-v$），Pを観測者（速度0）とする。
(3) Pは，Sからの直接音（振動数 f_0）と，Rからの反射音（振動数 f_2）を聞く。

解答 (1) 音源をS，観測者をRとする。音源は動いていない（速度0）ので，λ_1 はSが発する音の波長に等しい。「$V=f\lambda$」より

$$\lambda_1=\boldsymbol{\frac{V}{f_0}}$$

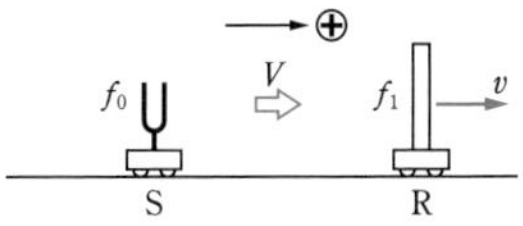

Rから見ると，相対的な音の速さは $V-v$ となる。「$V=f\lambda$」より

$$f_1=\frac{V-v}{\lambda_1}=\boldsymbol{\frac{V-v}{V}f_0}$$

(2) 音源をR（振動数 f_1，速度 $-v$），観測者をPとする。
「$\lambda'=\dfrac{V-v_S}{f}$」および「$f'=\dfrac{V}{V-v_S}f$」より

$$\lambda_2=\frac{V-(-v)}{f_1}$$
$$=\boldsymbol{\frac{(V+v)V}{(V-v)f_0}}$$

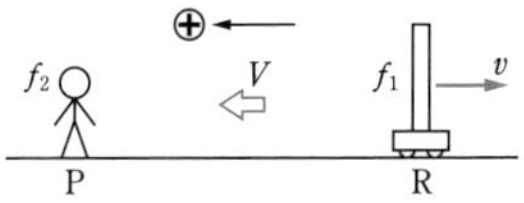

$$f_2=\frac{V}{V-(-v)}f_1$$
$$=\boldsymbol{\frac{V-v}{V+v}f_0}$$

(3) Pは，振動数 f_0 と振動数 f_2 の2つの音を聞くので，「$f=|f_1-f_2|$」より

$$N=|f_0-f_2|=\left|f_0-\frac{V-v}{V+v}f_0\right|$$
$$=\boldsymbol{\frac{2v}{V+v}f_0}$$

86.

Point! 風は媒質（空気）全体を一様に移動させるので，音波の進む向きに風が吹く場合の音の速さは $(V+w)$，音波と逆の向きに風が吹く場合の音の速さは $(V-w)$ となる。

解答 (1) 図の右向きに進む音の速さ V_R は，音波の進む向きと風の向きが同じ（追い風）なので

$$V_R=\boldsymbol{V+w}$$ [1]

図の左向きに進む音の速さ V_L は，音波の進む向きと風の向きが反対（向い風）なので

$$V_L=\boldsymbol{V-w}$$ [1]

(2) ドップラー効果の式「$f'=\dfrac{V-v_O}{V-v_S}f$」において，音源Sの速度を $-v_S$，観測者Oの速度を0，音の速さを $V-w$ とすると

$$f'=\frac{(V-w)-0}{(V-w)-(-v_S)}f=\boldsymbol{\frac{V-w}{V-w+v_S}f}$$

補足 [1] $V+w$，$V-w$ は風があるときの，大地（静止観測者）に対する音の速さを表す。

第13章 光の性質・レンズ

87.

Point! 光の速さは 3.0×10^8 m/s である。

解答 「$x=vt$」より

$$t=\frac{x}{v}=\frac{1.5\times10^{11}}{3.0\times10^8}=\mathbf{5.0\times10^2\,s}$$ [1]

補足 [1] 太陽から出た光はおよそ 500 秒≒8.3 分かけて地球に届く。

88.

Point! $n=1.5$ の媒質中から空気中へ入射する場合の屈折の法則の式は「$\frac{1}{n}=\frac{v}{c}=\frac{\lambda}{\lambda_0}=\frac{\sin i}{\sin r}$」である。

解答 (1) $\frac{v}{c}=\frac{1}{n}$ より

$$v=\frac{c}{n}=\frac{3.0\times10^8}{1.5}=\mathbf{2.0\times10^8\,m/s}$$

また，$\frac{\lambda}{\lambda_0}=\frac{1}{n}$ より

$$\lambda_0=n\lambda=1.5\times(4.0\times10^{-7})=\mathbf{6.0\times10^{-7}\,m}$$

(2) $\frac{\sin i}{\sin r}=\frac{1}{n}$ より

$$\sin r=n\sin i=1.5\times\sin30^\circ=1.5\times\frac{1}{2}=\mathbf{0.75}$$

89.

Point! プールの底から出た光は，水面で屈折して空気中へ進む。このとき，観測者の目に入る光は，屈折波の延長線上の点から出たように見える。プールの真上から見るとき，光線の入射角 i，屈折角 r はともにきわめて小さいので，$\sin i≒\tan i$，$\sin r≒\tan r$ として，屈折の法則を用いてプールの見かけの深さを求める。

解答 プールの底の点Pを出て液面で入射角 i，屈折角 r で屈折し観測者の目に入る光は，点P′から出たように見える(右図)。プールの水深を d，見かけの深さを d'，水の屈折率を n とする。屈折の法則より

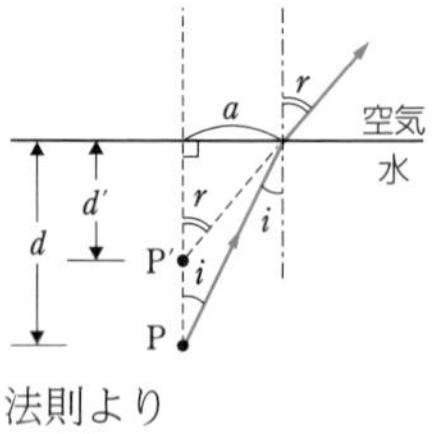

$$\frac{\sin i}{\sin r}=\frac{1}{n} \quad \cdots\cdots①$$

また，真上から見たときは i，r がきわめて小さいから

$$\sin i≒\tan i=\frac{a}{d} \quad \cdots\cdots②$$

$$\sin r≒\tan r=\frac{a}{d'} \quad \cdots\cdots③$$

以上①，②，③式より

$$\frac{\frac{a}{d}}{\frac{a}{d'}}=\frac{1}{n} \quad ゆえに \quad d'=\frac{d}{n}=\frac{1.0}{\frac{4}{3}}=\frac{3}{4}=\mathbf{0.75\,m}$$

90.

Point! 空気中からプリズムに入射するときは，屈折の法則を適用して作図する。プリズム中から空気中へ入射するときは，$\sin i_0=\frac{1}{\sqrt{3}}$ (i_0 は臨界角) なので，入射角 i と i_0 とを比べ，屈折するか ($i<i_0$)，全反射するか ($i>i_0$) を判定する。

解答 このガラスの臨界角を i_0 とする。

屈折の法則より

$$\frac{\sin i_0}{\sin 90^\circ}=\frac{1}{\sqrt{3}}$$

$$\sin i_0=\frac{1}{\sqrt{3}}=\frac{\sqrt{3}}{3} \quad \cdots\cdots①$$

A：図の点Aでの屈折角を r_A とすると

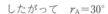

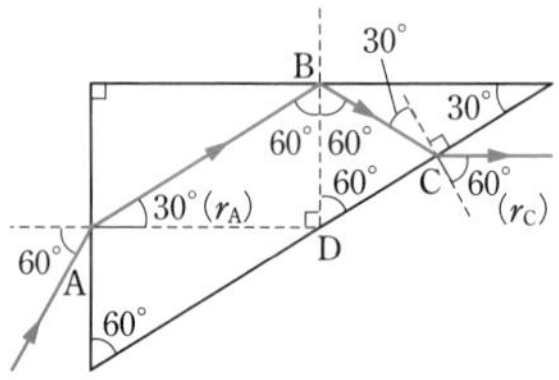

$$\frac{\sin 60^\circ}{\sin r_A}=\frac{\sqrt{3}}{1}$$

これより

$$\sin r_A=\frac{1}{2}$$

したがって　$r_A=30^\circ$

B：図の点Bへの入射角 i_B は，△ABD の内角の和 (=180°) を考えて $i_B=60^\circ$ である。

$\sin i_B=\sin 60^\circ=\frac{\sqrt{3}}{2}$ なので，①式と比べて，$i_B>i_0$ となり，点Bでは全反射が起こる。反射角は 60° である。

C：△BCD は正三角形で，図の点Cへの入射角 i_C は 30° である。

$\sin i_C=\sin 30^\circ=\frac{1}{2}$ なので，①式と比べて $i_C<i_0$ となり，点Cでは屈折が起こる。屈折角 r_C は

$$\frac{\sin 30^\circ}{\sin r_C}=\frac{1}{\sqrt{3}} \quad より \quad \sin r_C=\frac{\sqrt{3}}{2}$$

よって　$r_C=60^\circ$

91.

Point! 写像公式を利用する。レンズから物体までの距離 a〔cm〕とレンズから像までの距離 b〔cm〕には $a+b=90\,\text{cm}$ の関係がある。

解答 レンズから物体までの距離を a〔cm〕とすると，レンズから像までの距離は $90-a$〔cm〕で与えられる。焦点距離 $f=20\,\text{cm}$ であるから，写像公式より

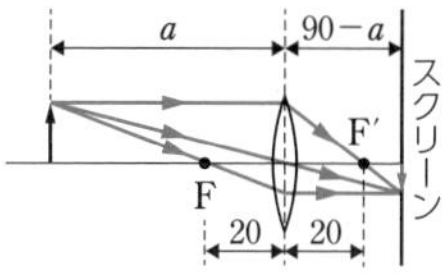

$$\frac{1}{a}+\frac{1}{90-a}=\frac{1}{20}$$

この式を変形すると　$20(90-a)+20a=a(90-a)$

より　$a^2-90a+1800=0$

因数分解して　$(a-30)(a-60)=0$

よって　$a=$ **30cm**，**60cm**[1]

補足 [1] 参考 写像公式「$\frac{1}{a}+\frac{1}{b}=\frac{1}{f}$」の左辺は対称式だから，ある値の a，b で結像すれば，a と b の値を入れかえても結像する。

92.

Point! 写像公式「$\frac{1}{a}+\frac{1}{b}=\frac{1}{f}$」を活用する。凹レンズだから，$f=-30\,\text{cm}$ で，$a=60\,\text{cm}$。

解答 $\frac{1}{60}+\frac{1}{b}=\frac{1}{-30}$

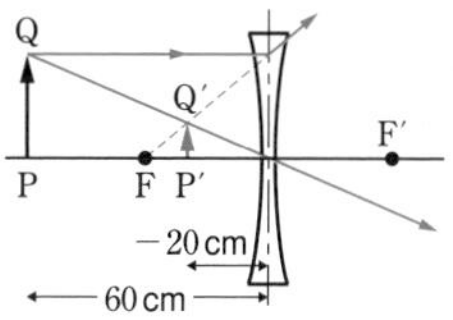

したがって，$b=-20\,\text{cm}$

$b<0$ だから，レンズの(ア) **前方**，

(イ) **20cm** の位置に，

(ウ) 倍率 $\left|\frac{b}{a}\right|=\frac{20}{60}\fallingdotseq$ **0.33** 倍 の(エ) **正立虚**像ができる。

93.

Point! (1) 凸レンズによる像の作図では，次の3本の光の線から2本を作図して求める。①光軸に平行な光は，後方の焦点を通る。②前方の焦点を通る光は，光軸に平行に進む。③レンズの中心を通る光は直進する。

解答 (1)

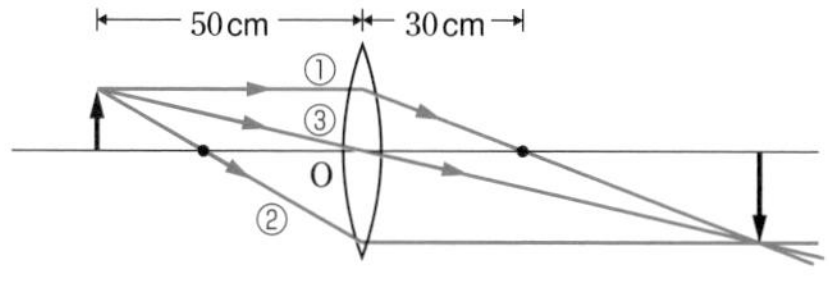

①光軸に平行な光，②前方の焦点を通る光，③レンズの中心を通る光を作図する[1]。

(2) レンズの下半分をおおうと，レンズの下半分は光を透過しない。しかし，上半分を通った光によって，物体の像は形成される。ただし，像を形成する光の量は減少するため，像全体は**暗くなる**。

補足 [1] 実際には，①~③のうち2本を作図すればよい。

94.

Point! 球面鏡による像の作図では，レンズの場合と同じように次の3本の光の線のうちから2本を作図して求める。

●凹面鏡による像の作図

①主軸に平行な光は，反射後，焦点を通る。

②焦点を通る光は，反射後，主軸に平行に進む。

③球面の中心を通る光は，反射後，同じ直線を逆向きに進む。

凹面鏡では，焦点と物体との位置関係によって，倒立実像と正立虚像の2種類の像ができる。

●凸面鏡による像の作図

①主軸に平行な光は，反射後，焦点から出たように進む。②焦点に向かう光は，反射後，主軸に平行に進む。③球面の中心に向かう光は，反射後，同じ直線を逆向きに進む。

解答 それぞれ，①主軸に平行な光，②焦点を通る（凸面鏡の場合は，焦点に向かう）光，③球面の中心を通る（凸面鏡の場合は，球面の中心に向かう）光を作図する[1][2]。

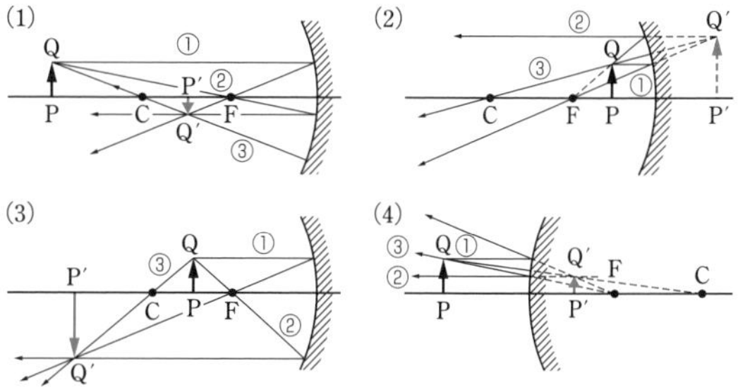

補足 [1] 実際には，①~③のうち2本を作図すればよい。

[2] 実際に作図する場合，(3)の③のように鏡面の大きさが小さく，反射する光の線がかけない場合がある。そのときは，その光以外の2本の光の線でかけばよい。鏡面を延長し，そこで反射したと考えても，Qから出た光はQ′を通る。

95.

Point! 球面鏡の半径 R と焦点距離 f の間には $f=\dfrac{R}{2}$ の関係がある。

球面鏡の写像公式「$\dfrac{1}{a}+\dfrac{1}{b}=\dfrac{1}{f}$」を用いる。凸面鏡の場合 f, b は負であることに注意する。

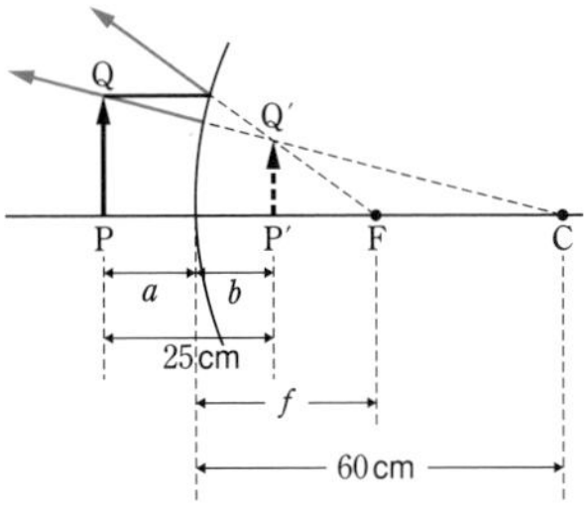

解答 凸面鏡の焦点距離を f〔cm〕とすると，f は球面鏡の半径の $\dfrac{1}{2}$ だから

$$f=\frac{60}{2}=30\,\text{cm}$$

凸面鏡と顔との距離を a〔cm〕とすると，凸面鏡と像の距離 b〔cm〕は

$$b=25-a$$

これらを球面鏡の写像公式に代入して

$$\frac{1}{a}+\frac{1}{-(25-a)}=\frac{1}{-30}$$

整理して　$a^2+35a-750=0$

因数分解して　$(a-15)(a+50)=0$

$a>0$ だから　$a=\mathbf{15\,cm}$

第14章 光の干渉と回折

96.

Point! スリット S_1，S_2 は同位相の波源となるので，点Pで明線となる条件式は　光路差＝(整数)×(波長)　となる。空気の屈折率が1なので，光路差＝経路差　である。光路差を求めるには，S_1 から S_2P に垂線を下ろした交点をHとし，S_2H の長さを求める方法があるが，ここでの方法もよく使われるので，導出の手順に慣れておきたい。

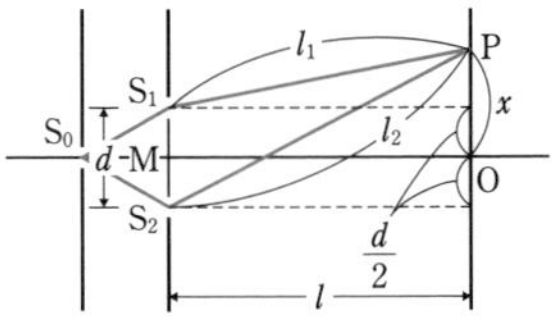

解答 (ア) **ヤング**

(イ)，(ウ) $S_1P=l_1$，$S_2P=l_2$ とする。

三平方の定理を用いて（右図）

$$l_1=\sqrt{\boldsymbol{l^2+\left(x-\frac{d}{2}\right)^2}},\qquad l_2=\sqrt{\boldsymbol{l^2+\left(x+\frac{d}{2}\right)^2}}$$

(エ) 光路差

$$l_2-l_1$$
$$=\sqrt{l^2\left\{1+\frac{(x+d/2)^2}{l^2}\right\}}-\sqrt{l^2\left\{1+\frac{(x-d/2)^2}{l^2}\right\}}$$
$$=l\sqrt{1+\left(\frac{x+d/2}{l}\right)^2}-l\sqrt{1+\left(\frac{x-d/2}{l}\right)^2}$$
$$\fallingdotseq l\left\{1+\frac{1}{2}\left(\frac{x+d/2}{l}\right)^2\right\}-l\left\{1+\frac{1}{2}\left(\frac{x-d/2}{l}\right)^2\right\}\ \text{❶}$$
$$=l+\frac{x^2+dx+(d/2)^2}{2l}-l-\frac{x^2-dx+(d/2)^2}{2l}$$
$$=\boldsymbol{\frac{d}{l}x}\ \text{❷}$$

(オ) スリット S_1，S_2 はスリット S_0 から等距離にあるので，S_1，S_2 からは同位相の回折光が広がる。よって，点Pで明線となる条件式は

$$\boldsymbol{\frac{d}{l}x=m\lambda}\quad(m=0,1,2,\cdots\cdots)$$

(カ) (オ)の明線の条件式より，点Oから m 番目の明線までの距離 x_m は

$$x_m=\frac{ml\lambda}{d}\quad(m=0,1,2,\cdots\cdots)$$

よって，隣りあう明線の間隔を Δx とすると

$$\Delta x=x_{m+1}-x_m=\frac{(m+1)l\lambda}{d}-\frac{ml\lambda}{d}=\frac{l\lambda}{d}\ \text{❸}$$

$\lambda=4.5\times10^{-7}\,\text{m}$ の青色の単色光源を用いた場合は

$$\Delta x=\frac{l\lambda}{d}=\frac{1.0\times(4.5\times10^{-7})}{0.10\times10^{-3}}=\mathbf{4.5\times10^{-3}}\,\text{m}$$

補足 ❶ この近似が適用できるのは，x や d に比べて l が十分大きいため，$\left(\dfrac{x+d/2}{l}\right)^2$ と $\left(\dfrac{x-d/2}{l}\right)^2$ が1と比べて十分小さいからである。

2 別解　三平方の定理より

$l_1{}^2=l^2+\left(x-\frac{d}{2}\right)^2,\qquad l_2{}^2=l^2+\left(x+\frac{d}{2}\right)^2$

よって　$l_2{}^2-l_1{}^2=2dx$

$(l_2-l_1)(l_2+l_1)=2dx$

$l_2-l_1=\frac{2dx}{l_2+l_1}$

d，x が l に比べて十分小さい場合，$l_2+l_1 \fallingdotseq 2l$ と近似できるので

$l_2-l_1 \fallingdotseq \frac{2dx}{2l}=\boldsymbol{\frac{d}{l}x}$

3 参考　Δx について，次の要点を理解しておきたい。

① d を小さくすると，Δx は大きくなる。

② 赤色光と青色光とでは，λ の長い赤色光のほうが Δx は大きい。

③ 複スリット面とスクリーン面との間を屈折率 n の液体で満たすと波長が $\frac{1}{n}$ 倍に短縮するので，Δx も $\frac{1}{n}$ 倍に短縮する。

97.

Point! 回折格子による光の干渉での，強めあいの条件式 $d\sin\theta=m\lambda$　$(m=0,\ 1,\ 2,\ \cdots)$ を用いる。
(1)は，1次の明線 $(m=1)$ について，(2)は，回折スペクトルについての設問である。(3)では，可視光の波長範囲から次数 m の値を決定した後，条件式から波長 λ' を求める。

解答 (1) 1次の明線の条件式は

経路差 $d\sin\theta=1\times\lambda$　……①

近似式 $\sin\theta \fallingdotseq \tan\theta=\frac{D}{l}$ より　$\lambda=\boldsymbol{\frac{dD}{l}}$

(2) 中央の明線 $(m=0)$ については，どの波長の光についても経路差0となり強めあうので，**白色の明線**となる。次の明線 $(m=1)$ では，①式より，波長 λ の違いにより回折角 θ が異なるから，**しだいに色の変わる光の帯（スペクトル）**[1]となる。

(3) 強めあいの条件式は　$d\sin\theta'=m\lambda'$

θ' が小さい角なので $\sin\theta' \fallingdotseq \theta'$ として

$d\theta'=m\lambda'$

よって　$\lambda'=\frac{d\theta'}{m}=\frac{(5.0\times10^{-6})\times0.10}{m}$

$=\frac{5.0\times10^{-7}}{m}\,\mathrm{m}$　……②

$3.8\times10^{-7}\,\mathrm{m} \leqq \lambda' \leqq 7.7\times10^{-7}\,\mathrm{m}$ より

$3.8 \leqq \frac{5.0}{m} \leqq 7.7$　……③

整数 m で③式を満たすのは $m=1$ だけであるから

②式より　$\lambda'=\frac{5.0\times10^{-7}}{1}=\boldsymbol{5.0\times10^{-7}\,\mathrm{m}}$

補足 **1** $\sin\theta$ が λ に比例するので，θ の小さい側に λ の短い紫，大きい側に λ の長い赤の順に並ぶ。$m=1$ のスペクトルを第1次のスペクトルという。

98.

Point! 屈折率大の媒質から小の媒質へ入射する場合の反射では位相は変化しない。屈折率小の媒質から大の媒質へ入射する場合の反射では位相が逆になる。(4)(a)では，光路差は
$n\times(\mathrm{DB}+\mathrm{BC})=n\times\mathrm{DC'}$
（下図で，点C′は膜の下面に関する点Cの対称点である）(4)(b)では，経路差と入射角 i の関係を考えるとよい。

解答 (1) 境界面Ⅰ：屈折率小の媒質から大の媒質へ入射する場合だから，反射の際，位相は**逆になる**。

境界面Ⅱ：物質の屈折率は膜の屈折率より大きいから，上と同様に，反射の際，位相は**逆になる**。

(2) 2つの光の経路差は $2d$，光路差は $2nd$ である。境界面ⅠでもⅡでも位相が逆になるので，光が弱めあうための条件式は

$\boldsymbol{2nd=\left(m+\frac{1}{2}\right)\lambda}$　$(m=0,\ 1,\ 2,\ \cdots)$　……①

(3) 反射光が最も弱められる場合の最小の膜の厚さは，①式で $m=0$ より

$2nd=\frac{\lambda}{2}$　ゆえに　$d=\boldsymbol{\frac{\lambda}{4n}}$[1]

(4)(a) 右図より

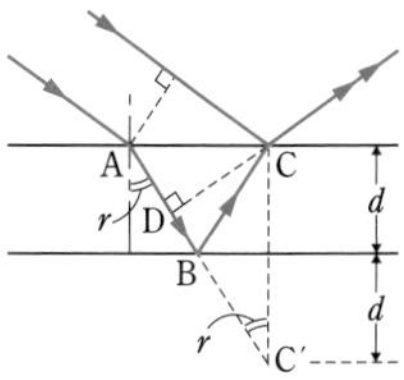

光路差 $=n\times(\mathrm{DB}+\mathrm{BC})$

$=n\times\mathrm{DC'}$

$=2nd\cos r$

点Bと点Cでの反射で，ともに位相が逆になるので，暗く見えるための条件式は

$\boldsymbol{2nd\cos r=\left(m+\frac{1}{2}\right)\lambda}$　$(m=0,\ 1,\ 2,\ \cdots)$

(b) 2つの光の経路差は $2d\cos r$ である。入射角 i が大きくなると，それに伴い屈折角 r も大きくなる。屈折角 r が大きくなると $\cos r$ は小さくなるので，経路差も**小さくなる**。

補足 **1** 参考　レンズなどのガラスの表面では，約4％の光が反射される。この反射を防ぐために，ガラスの表面に薄膜を蒸着させ，反射を弱めるようにしている。

この場合，波長 λ の反射光は $d=\frac{\lambda}{4n}$ で弱められるが，このとき，波長 λ の透過光は最も強められている。

99. **Point!** 光Ⅰは屈折率の小さな空気に当たっての反射光，光Ⅱは屈折率の大きなガラスに当たっての反射光である。光Ⅰ，Ⅱの経路差は $2d$ である。

解答 (1) 点Pが明線になる条件は，光Ⅱだけが反射の際に位相が逆になることを考慮して[1]

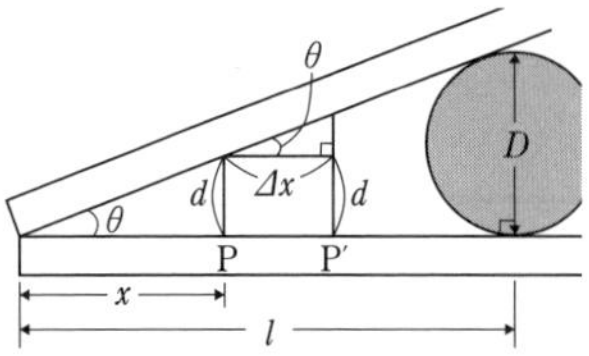

$$\boldsymbol{2d=\left(m+\frac{1}{2}\right)\lambda}\quad(m=0,\ 1,\ 2,\ \cdots)$$

(2) $\tan\theta=\dfrac{d}{x}$ より　$d=x\tan\theta$

よって，点Pが明線になる条件は，(1)より

$$\boldsymbol{2x\tan\theta=\left(m+\frac{1}{2}\right)\lambda}\quad(m=0,\ 1,\ 2,\ \cdots)\qquad\cdots\cdots①$$

(3) 図のように，隣りあう明線の位置をP，P′として，点Pで①式が成りたつとする。点P′では

$$2(x+\Delta x)\tan\theta=\left\{(m+1)^{[2]}+\frac{1}{2}\right\}\lambda\qquad\cdots\cdots②$$

が成りたつ。②式−①式より

$$2\Delta x\tan\theta=\lambda\qquad よって\quad \Delta x=\boldsymbol{\frac{\lambda}{2\tan\theta}}\qquad\cdots\cdots③$$

(4) 繊維の太さを D，ガラス板の端から繊維までの距離を l とすると　$\tan\theta=\dfrac{D}{l}$[3]　……④

④式を③式に代入して　$\Delta x=\dfrac{l\lambda}{2D}$

よって

$$D=\frac{l\lambda}{2\cdot\Delta x}=\frac{(5.0\times10^{-2})\times(5.9\times10^{-7})}{2\times(5.0\times10^{-3})}$$
$$=2.95\times10^{-6}\fallingdotseq\boldsymbol{3.0\times10^{-6}\,m}$$

補足 [1] 屈折率の小さな媒質に当たって反射：同位相で反射
屈折率の大きな媒質に当たって反射：逆位相で反射

注　光が屈折する際には，どのような場合でも，そのままの状態で屈折する。

[2] PとP′とは隣りあう明線の位置なので，Pが m ならば，P′では $m+1$ となる。

[3] 図のように繊維の断面が円であるとすると，④式は厳密には成立しないように思える。しかし，このようなくさび形空気層における θ はきわめて小さいので，近似的にこの式で扱ってよい。(4)の結果を用いて実際に $\tan\theta$ を計算すると

$$\tan\theta=\frac{D}{l}=\frac{3.0\times10^{-6}}{5.0\times10^{-2}}=6.0\times10^{-5}$$

となり，θ がきわめて小さいことがわかる。この $\tan\theta$ の値に対応する $\theta\fallingdotseq0.0034°$ である。

第３編 編末問題

100. **Point!** 正弦波の式「$y=A\sin2\pi\left(\dfrac{t}{T}-\dfrac{x}{\lambda}\right)$」にグラフから読み取った物理量を代入する。また，位置 $x=0$ における媒質の振動は，$t=0$ で $y=0$ の状態から時間がたつと y 軸正の向きに動くので，$y=A\sin\dfrac{2\pi}{T}t$ で表される。

解答 (1) 問題文の図より波長 $\lambda=\boldsymbol{0.8\,m}$

また，0.5s で x 軸正の向きに 0.2m 進んだので，波の速さ $v=\dfrac{0.2}{0.5}=\boldsymbol{0.4\,m/s}$

波の基本式「$v=f\lambda$」より，求める振動数 f は

$0.4=f\times0.8$

よって　$f=\dfrac{0.4}{0.8}=\boldsymbol{0.5\,Hz}$

(2) 問題文の図より振幅 $A=0.2$m，周期

$T=\dfrac{1}{f}=\dfrac{1}{0.5}=2$s であるから，正弦波の式

「$y=A\sin2\pi\left(\dfrac{t}{T}-\dfrac{x}{\lambda}\right)$」[1]に代入すると

$$y=0.2\sin2\pi\left(\frac{t}{2}-\frac{x}{0.8}\right)$$

となる。

よって　$a=\boldsymbol{0.2\,m}$　$b=\boldsymbol{2\,s}$　$c=\boldsymbol{0.8\,m}$

(3) (2)で求めた式に $x=0$ を代入すると

$y=0.2\sin\pi t$

となり，y と t との関係を表すグラフは図のようになる。

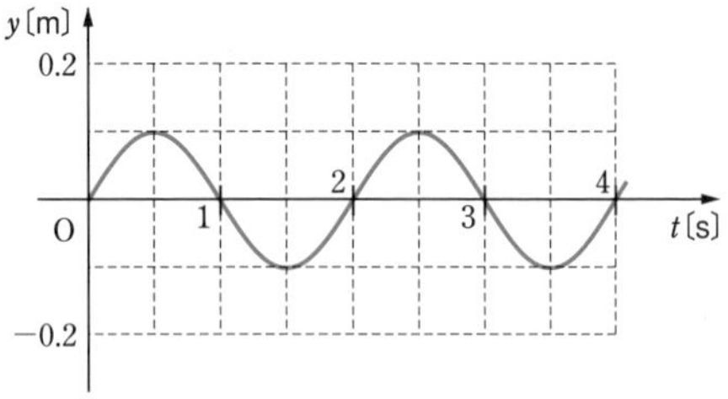

補足 [1] x 軸負の向きに進む正弦波の場合は，
$y=A\sin2\pi\left(\dfrac{t}{T}+\dfrac{x}{\lambda}\right)$ となる。

101. **Point!** 2つの波源の振動が逆位相の場合，各波源からの距離の差が，整数×波長 となる点で波は弱めあい，$\left(整数+\frac{1}{2}\right)$×波長 となる点で波は強めあう。

解答 (1) 振動の中心から出口A，Bまでの距離が等しいので，仕切り板の両側で生じた逆位相の波は，A，Bから逆位相の波となって回折して広がる。したがって，強めあう条件は，波の波長をλ，$m=0, 1, 2, \cdots$ としたとき

$$|l_A-l_B|=m\lambda+\frac{1}{2}\lambda \quad \cdots\cdots①$$

ここで，波長λは速さvで1周期の時間Tに波が伝わる距離なので

$$\lambda=vT \quad \cdots\cdots②$$

よって，①，②式から

$$|\boldsymbol{l_A-l_B}|=\left(\boldsymbol{m+\frac{1}{2}}\right)\boldsymbol{vT}$$

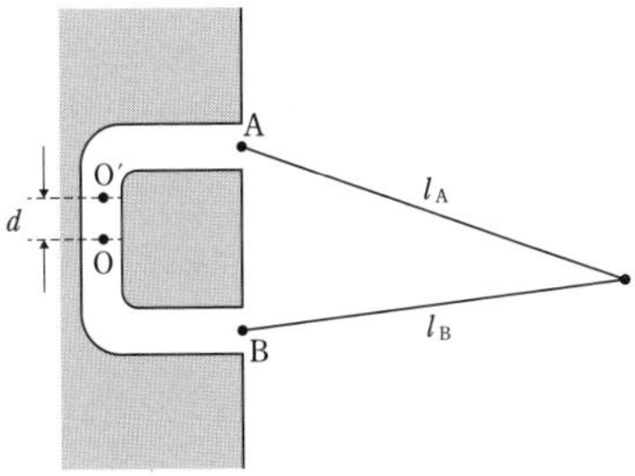

(2) 点A，Bが逆位相のときに強めあっている点が弱めあうようになるためには，点A，Bで同位相になればよい。よって，振動の中心O′とA，Bの距離の差が $\left(整数+\frac{1}{2}\right)\times\lambda$ となる。

A，Bからの経路の長さが等しい振動の中心OとA，Bの距離をLとすると

$$|(L-d)-(L+d)|=m'\lambda+\frac{1}{2}\lambda \quad (m'=0, 1, 2, \cdots)$$

よって

$$2d=m'\lambda+\frac{1}{2}\lambda$$

なので，dの最小値は $m'=0$ のときで，②式を用いると

$$d=\frac{1}{4}\lambda=\boldsymbol{\frac{vT}{4}}$$

102. **Point!** 音源が動く場合のドップラー効果の式「$f'=\frac{V}{V-v_S}f$」を用いる。電車が遠ざかる場合は $f'=\frac{V}{V+v_S}f$ とすればよい。

解答 音源が動く場合のドップラー効果の式「$f'=\frac{V}{V-v_S}f$」より，警笛の振動数をf〔Hz〕，求める電車の速さをv_S〔m/s〕とすると

$$800=\frac{340}{340-v_S}f \quad \cdots\cdots①$$

$$600=\frac{340}{340+v_S}f \quad \cdots\cdots②$$

①式を②式の辺々で割ると

$$\frac{4}{3}=\frac{340+v_S}{340-v_S}$$

$$4(340-v_S)=3(340+v_S)$$

$$7v_S=340$$

よって　$v_S=48.57\cdots\fallingdotseq$ **48.6m/s**

103. **Point!** 太陽光線が大気によってどのように屈折するのかを考える。日の出，日の入りは観測地点から水平方向に太陽が見えるときである。

解答 図aのように地球に大気がないと仮定した場合，観測地点から水平方向の点Aに太陽があると日の出となり，点Bに太陽があると日の入りとなる。

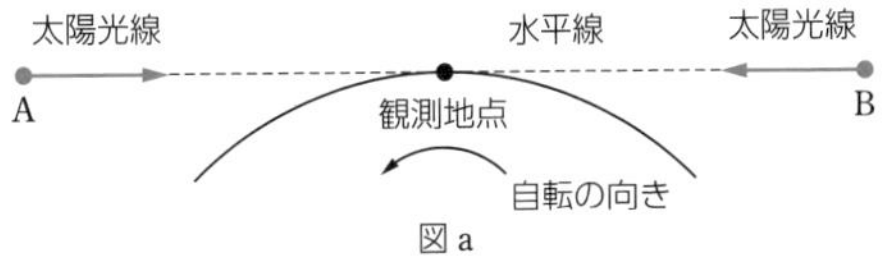

図a

ところが地球に大気がある場合，大気のあるところのほうが屈折率が大きいため，図bのように太陽光線が大気によって屈折するので，太陽が点A′にある時点で，観測地点からは水平方向に太陽が見える。これは，大気がない場合と比べて日の出が早く見えることを意味する。同様に，太陽が点B′にあると観測地点からは水平方向に太陽が見えるので，日の入りが遅くなることを意味する。

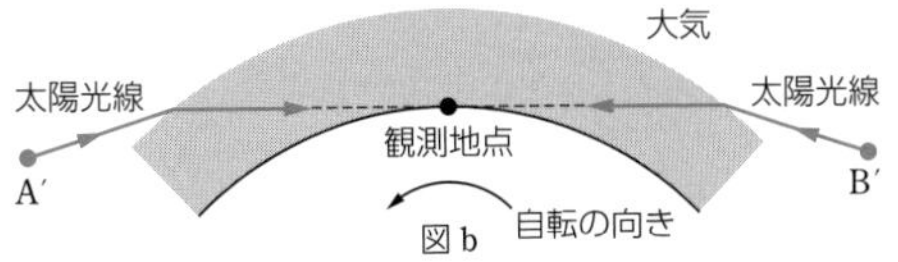

図b

したがって，**日の出は早くなり，日の入りは遅くなる。**

104. Point! 入射角，屈折角は入射方向，屈折方向と媒質の境界面に対する法線とのなす角をいう。光ファイバー内部に入った光が全反射をくり返すことにより，低損失での長距離伝送を可能としている。

解答

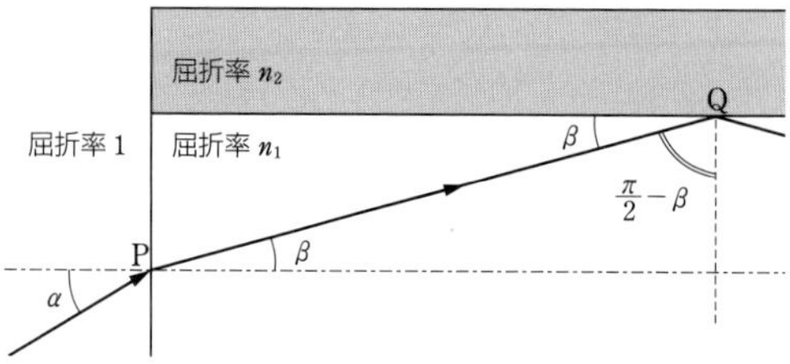

(1) 屈折の法則「$\dfrac{\sin i}{\sin r}=n_{12}=\dfrac{n_2}{n_1}$」より　$\dfrac{\sin\alpha}{\sin\beta}=\dfrac{n_1}{1}$

よって　$\boldsymbol{\dfrac{\sin\alpha}{\sin\beta}=n_1}$

(2) 図より，Q における単色光の入射角は $\dfrac{\pi}{2}-\beta$〔rad〕である。臨界角を i_0 とすると

$$\frac{\sin i_0}{\sin 90^\circ}=\sin i_0=\frac{n_2}{n_1}$$

となるので，$0<\dfrac{\pi}{2}-\beta<\dfrac{\pi}{2}$ より，Q で全反射する条件は $\dfrac{\pi}{2}-\beta>i_0$ となればよい。

$$\sin\left(\frac{\pi}{2}-\beta\right)>\sin i_0=\frac{n_2}{n_1}$$

三角関数の公式「$\sin\left(\dfrac{\pi}{2}-\theta\right)=\cos\theta$」ならびに「$\sin^2\theta+\cos^2\theta=1$」より

$$\sin\left(\frac{\pi}{2}-\beta\right)=\cos\beta=\sqrt{1-\sin^2\beta}$$

また(1)より $\sin\beta=\dfrac{\sin\alpha}{n_1}$ なので条件式は

$$\sqrt{1-\sin^2\beta}=\sqrt{1-\left(\frac{\sin\alpha}{n_1}\right)^2}>\frac{n_2}{n_1}$$

両辺を 2 乗して整理すると

$$1-\left(\frac{\sin\alpha}{n_1}\right)^2>\left(\frac{n_2}{n_1}\right)^2$$

$$n_1{}^2-\sin^2\alpha>n_2{}^2$$

$$\sin^2\alpha<n_1{}^2-n_2{}^2$$

$$\boldsymbol{\sin\alpha<\sqrt{n_1{}^2-n_2{}^2}}$$

(3) α の値によらず全反射を続けるためには，(2)の条件式がどのような α においても成りたつようにすればよい。$0<\sin\alpha<1$ であるので条件式は

$$1<\sqrt{n_1{}^2-n_2{}^2}$$

これを n_1 について表すと，$\boldsymbol{n_1>\sqrt{1+n_2{}^2}}$

105. Point! 水の屈折率は，光の振動数(あるいは波長)によってわずかに異なり，波長の長い光(赤色)よりも波長の短い光(紫色)のほうが大きい。

解答　水の屈折率は，波長の長い赤色光よりも波長の短い紫色光のほうが大きいので，赤色光よりも紫色光のほうがより大きく曲げられる[1]。よって，紫色光の進路は**図a**のようになる。

また，赤色光のほうが紫色光よりも仰角が大きくなるため，赤色光は上のほう(外側)から目に届くことになる(図b)。よって，外側は**赤色**になる。

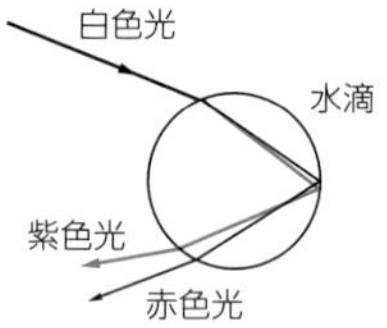

図a

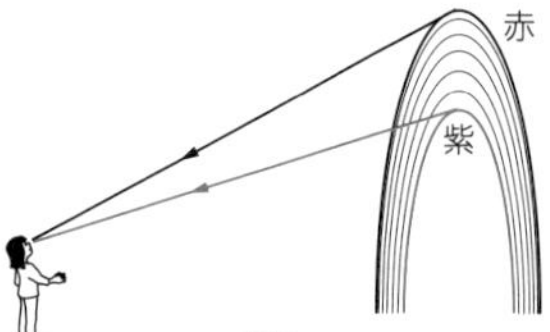

図b

補足 1

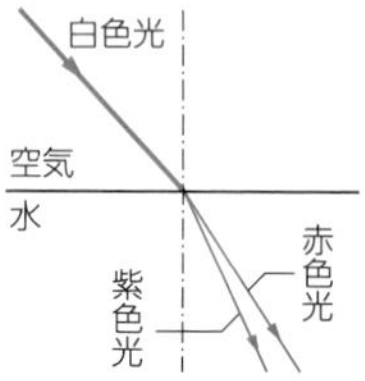

106. **Point!** 円筒型コップを凸レンズと考え，次の 2 本の光線を作図して考える。
①光軸に平行な光は，後方の焦点を通る。
②レンズの中心を通る光は直進する。

解答 (1) 円筒型コップを真上から見たとき，図 a のように円筒型コップを凸レンズと考えることができるので，物体を焦点よりもレンズに近い側に置くと，観測者からは左右に拡大された正立の像が見える[1]。よって④

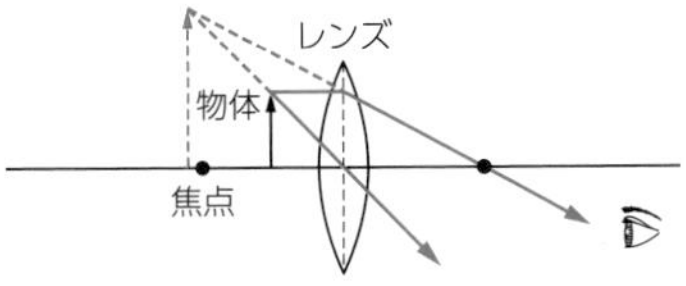

図 a

(2) (1)と同様にして，図 b のように物体を焦点の外側に置くと，観測者からは左右が逆になった倒立の像が見える。よって③，⑤

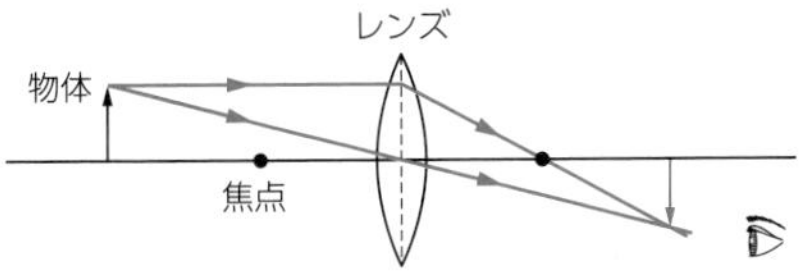

図 b

補足 [1] 円筒型コップを真上から見ると図 a のような凸レンズと考えることができるので，「あ」の文字の左右の方向のみが拡大される。一方，円筒型コップを真横から見ると図 c のようになるので，凸レンズと考えることはできず，「あ」の文字の上下方向については拡大されない(何も変わらない)。

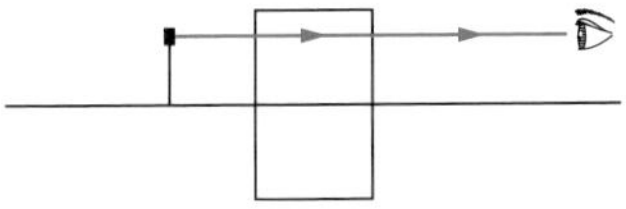
図 c

この考え方は，(2)においても同様である。

107. **Point!** 中心 O から r の距離での空気層の厚さ d を求めるには，d が R に比べて非常に小さいときの近似を用いる。(5)で下から観察する場合は，上から下へストレートに透過する光と，上から空気層へ入り，下側のガラス板で反射して上側の球面で反射し，ガラス板を透過して下へ出てくる光の干渉を考える。

解答 (1) 空気層の上面と下面で反射する 2 つの光の経路差は厚さ d の往復分で $2d$ である。図 1 のように，下面での反射だけ位相が逆になるから，位置 P が暗く見える条件は

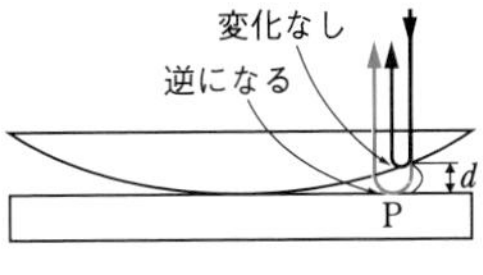

図 1

$2d = m\lambda$〔m〕 ($m = 0,\ 1,\ 2,\ \cdots\cdots$) ……①

(2) 接点 O では，空気層上面と下面での反射光が，経路差 0 で反対の位相で重なり，打ち消しあうので，接点 O の付近は**暗く見える**[1]。

(3) 図 2 の △ABC について三平方の定理より

$R^2 = (R-d)^2 + r^2$

$R^2 = R^2 - 2Rd + d^2 + r^2$

d は R に比べて十分小さいので，d^2 の項を無視すると

$0 = -2Rd + r^2$

したがって　$d = \dfrac{r^2}{2R}$

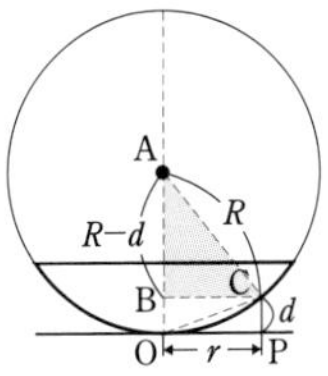

図 2

これを①式に代入すると

$2 \times \dfrac{r^2}{2R} = m\lambda$

したがって，　$r = \sqrt{mR\lambda}$〔m〕 ……②

(4) 液体の屈折率 n はガラスの屈折率より小さいので，反射による位相の変化のしかたは，液体で満たす前と同じである。したがって，r' を求めるには，②式の λ を液体中での波長 $\dfrac{\lambda}{n}$ でおきかえるだけでよい[2]。

$r' = \sqrt{\dfrac{mR\lambda}{n}}$　　したがって　$\dfrac{r'}{r} = \dfrac{1}{\sqrt{n}}$ **倍**

(5) 空気層下面で反射し，さらに上面で反射して下へ出てくる光は，空気層の厚さの往復分だけ長い道のりを進むから，

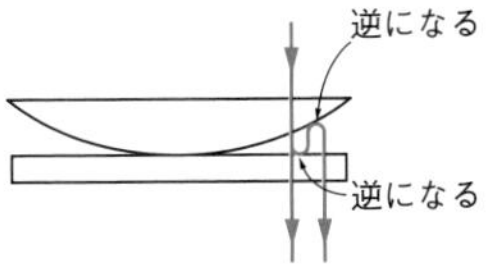

経路差は上から観察する場合と同じである。反射してから下へ出てくる光は，空気層の下面と上面の両面での反射で位相が 2 度逆になるから，(3)の②式は明環の式になる。すなわち，下から透過光を観察する場合，**上から反射光を観察した場合と明暗の環の位置が逆になる。**

補足 [1] 接点 O を中心とする暗い小円が見える。O は同心円状の縞模様の中心となる。
[2] ①式の左辺 $2d$ は，液体で満たした場合は経路差であるから，空気中の波長を液体中の波長でおきかえなければならない。

第15章 静電気力と電場・電位

108.

Point! 同符号の電荷どうしには斥力が，異符号の電荷どうしには引力がはたらく。

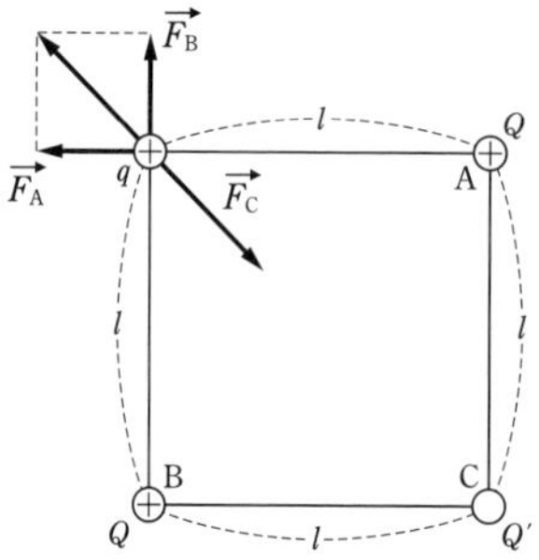

解答　図のように正方形の一辺の長さを l，電気量 Q，Q，Q' の電荷をA，B，C，クーロンの法則の比例定数を k とする。電気量 q の電荷がAから受ける静電気力 $\vec{F_A}$ は左向きで，その大きさは

$$F_A=k\frac{qQ}{l^2}$$

Bから受ける静電気力 $\vec{F_B}$ は上向きで，その大きさは

$$F_B=k\frac{qQ}{l^2}$$

となる。電気量 q の電荷にはたらく静電気力がつりあっているので，Cから受ける静電気力 $\vec{F_C}$ は $\vec{F_A}$ と $\vec{F_B}$ の合力と大きさが同じで逆向きの力である。よって，図のように $\vec{F_C}$ はCとの引力となり，$Q'<0$ である。

また，図から，$\vec{F_C}$ の大きさは

$$F_C=F_A\times\sqrt{2}=k\frac{qQ}{l^2}\times\sqrt{2}$$

となる。ここで，クーロンの法則より，Cから受ける静電気力の大きさ F_C は

$$F_C=k\frac{q|Q'|}{(\sqrt{2}\,l)^2}$$

である。よって，$Q'<0$ であることから

$$k\frac{qQ}{l^2}\times\sqrt{2}=k\frac{q|Q'|}{(\sqrt{2}\,l)^2}$$

よって　$\boldsymbol{Q'=-2\sqrt{2}\,Q}$

109.

Point! クーロンの法則の式「$F=k\frac{q_1q_2}{r^2}$」を用いる。等しい材質・形状・大きさの2球が接触すると，各球は等量の電荷をもつようになる。

解答　(1) クーロンの法則の式「$F=k\frac{q_1q_2}{r^2}$」より

$$F=9.0\times10^9\times\frac{3.0\times10^{-8}\times1.0\times10^{-8}}{0.10^2}$$

$$=\boldsymbol{2.7\times10^{-4}\,\mathrm{N}}$$

電荷が異符号なので**引力**[1]。

(2) 3.0×10^{-8} C と -1.0×10^{-8} C の電荷が結合し，合計 2.0×10^{-8} C[2]の電荷が残る。この電荷が2つの金属球に分かれるが，金属球の材質・形状・大きさが等しいときは，電荷は両方に等量ずつ分配される。

それぞれ $\boldsymbol{1.0\times10^{-8}\,\mathrm{C}}$

(3) $$F'=9.0\times10^9\times\frac{1.0\times10^{-8}\times1.0\times10^{-8}}{0.10^2}$$

$$=\boldsymbol{9.0\times10^{-5}\,\mathrm{N}}$$[3]

電荷が同符号なので**斥力**。

補足　[1] 力の大きさを計算するとき，電気量に符号をつけて計算し

$$\begin{cases}F>0\cdots\cdots斥力\\F<0\cdots\cdots引力\end{cases}$$

と処理する方法もある。

[2] $3.0\times10^{-8}+(-1.0\times10^{-8})=2.0\times10^{-8}$ C

[3] 別解　2球の電気量の絶対値を比べると，一方の電荷は(1)の場合と同じ，他方は $\frac{1}{3}$ 倍。したがって，及ぼしあう力の大きさは(1)のときの $\frac{1}{3}$ 倍の $\boldsymbol{9.0\times10^{-5}\,\mathrm{N}}$

110.

Point! 導体の静電誘導では，自由電子が導体内を自由に移動するので，AとBをはなしたとき，それぞれが正や負に帯電している。一方，不導体の誘電分極では，自由電子による電荷の移動がないため，A′とB′をはなしても，それぞれが正や負に帯電することはない。

解答　A，Bは金属なので，静電誘導が起こり，帯電した管の負の電気にしりぞけられた自由電子がAからBへ移動する（図a）。操作後も電荷分布は同じなので

A：正　……①

B：負　……②

A′，B′は不導体なので，誘電分極が起こる。分子内の電子配置のずれで，図bのように帯電した管に近い側に正，遠い側に負の電気が現れるが，A′，B′間に実際の電荷の移動がないので，操作後はA′，B′とも帯電していない。

A′　……③　　B′　……③

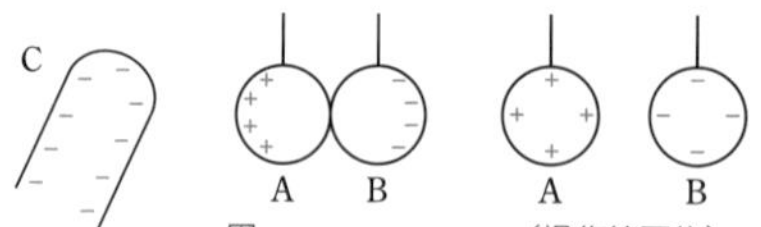

図a

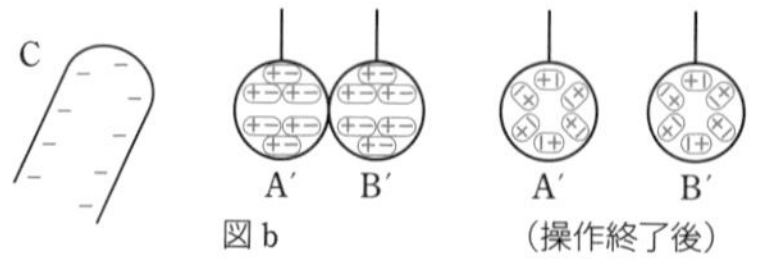

図b

111. Point! 箔検電器の金属円板に帯電体を近づけると，静電誘導により，帯電体に近い側には帯電体と異種，遠い側には同種の電気が現れる。

解答 (1) (a) 金属は導体なので，静電誘導が起こる。 ……①

(b) 帯電体に近い金属円板には，帯電体と異符号（正）の電気が現れる（図 a）。 ……①

(c) 帯電体から遠い箔には，帯電体と同符号（負）の電気が現れる（図 a）。 ……②

(d) 2 枚の箔に負の電気が分布し，反発するので，箔は開く。 ……①

(2) (e) 箔は閉じる（理由は(f)）。 ……④

(f) 箔にある自由電子が，指を通じて逃げるため[1]。 ……②

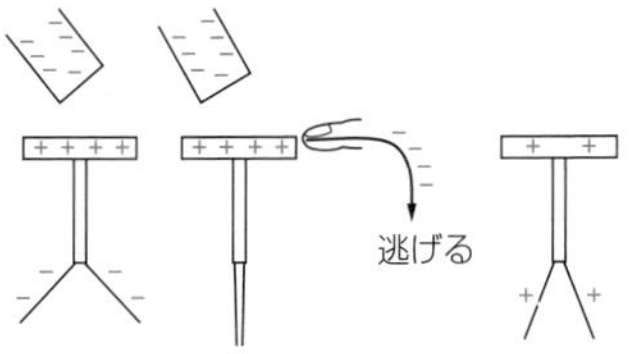

図 a　図 b　図 c

(3) (g) 指を離し，帯電体を遠ざけると，正の電気は金属円板と箔に分布するため，箔は開く（図 c）。 ……①

問 負の帯電体が近づくので，自由電子が金属円板から箔へ移動していく。そのため，箔はしだいに**閉じていく**（図 d ～ f）[2]。

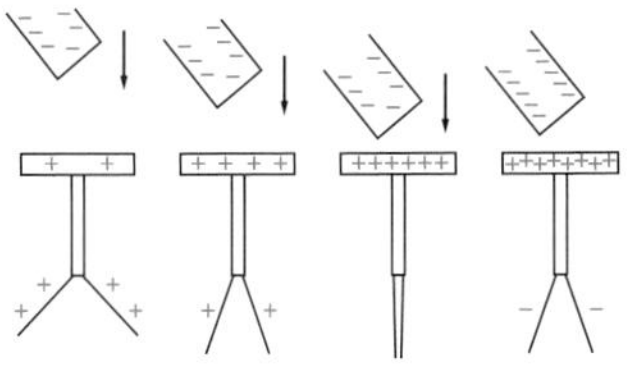

図 d　図 e　図 f　図 g

補足 [1] このとき，金属円板の正の電気は，帯電体の負の電気から引力を受けるため逃げない。

[2] 帯電体の帯電が強い場合は，さらに自由電子を箔に追いやるので，箔は負に帯電し，再び開き始める（図 g）。

112. Point! 点電荷のまわりの電場の式

「$E=k\frac{Q}{r^2}$」を用いる。電場はベクトル量であるから，合成する場合は強さとともに向きも考える。

解答 (1) 点電荷のまわりの電場の式「$E=k\frac{Q}{r^2}$」より

$$E_A=k\frac{4q}{r^2}=\boldsymbol{\frac{4kq}{r^2}}\text{〔N/C〕}\qquad \mathbf{A\to B の向き}$$

(2) (1)と同様に，点 B 上の電荷による点 M の電場 $\overrightarrow{E_B}$ は

$$E_B=k\frac{q}{r^2}=\frac{kq}{r^2}\text{〔N/C〕}\qquad \text{A}\to\text{B の向き}$$

点 M の電場は，$\vec{E}=\overrightarrow{E_A}+\overrightarrow{E_B}$ であるから

$$E=E_A+E_B=\boldsymbol{\frac{5kq}{r^2}}\text{〔N/C〕}\qquad \mathbf{A\to B の向き}$$

(3) 直線 AB 以外の点では，2 つの電荷による電場は同一直線上になく，合成電場が 0 となることはない。また，直線 AB 上の A の左側の点では，$+4q$ がつくる B → A 向きの電場が $-q$ がつくる A → B 向きの電場より常に大きくなるので，合成電場が 0 となる点はない。

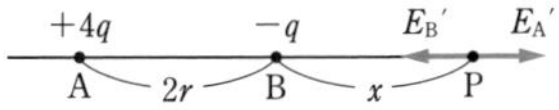

求める点 P を直線 AB 上の B から右側に x〔m〕の点とすると

$$E_A'=\frac{4kq}{(2r+x)^2}\qquad \text{A}\to\text{B の向き}$$

$$E_B'=\frac{kq}{x^2}\qquad \text{B}\to\text{A の向き}$$

E_A' と E_B' が等しくなる所が電場 0 だから

$$\frac{4kq}{(2r+x)^2}=\frac{kq}{x^2}$$

整理して　$3x^2-4rx-4r^2=0$

$(3x+2r)(x-2r)=0$

$x>0$ より　$x=2r$

ゆえに，**直線 AB 上で B から A と反対側に $2r$〔m〕の点**

113. Point! 複数の電荷がつくりだす電場は，それぞれの電荷が単独でつくる電場ベクトルの合成によって求められる。ベクトルの合成は必ず図を用いて考えること。

電気力線は電場の中で正電荷が受ける力の向きに少しずつ動かすときに描く線である。

したがって，正電荷から出ていき負電荷に入っていく。また，電気力線どうしは交わったり，折れ曲がったり，枝分かれすることはない。電気力線の密度は電場の強さと対応するので，A，Bより遠くなるほど間隔が広くなることに注意して作図する。

解答 (1) A，Bに置かれた電荷が点Cにつくる電場をそれぞれ $\vec{E_A}$，$\vec{E_B}$ とする。A，Bの電荷の絶対値は等しく AC＝BC なので，$E_A=E_B$ となる。また，$\vec{E_A}$ はA→Cの向き，$\vec{E_B}$ はC→Bの向きであることと，△ABC は正三角形であることから作図すると，$E=E_A=E_B$ となる。

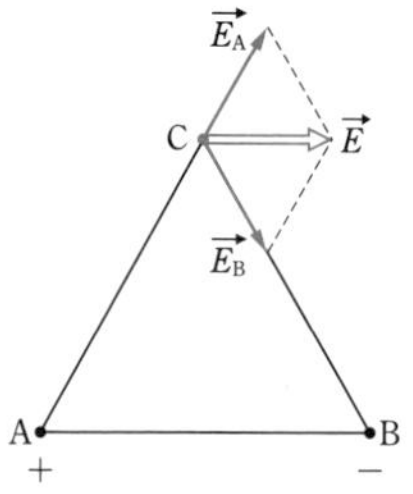

点電荷のまわりの電場の式「$E=k\dfrac{Q}{r^2}$」より

$$E=9.0\times10^9\times\frac{2.0\times10^{-9}}{2.0^2}$$

$$=\mathbf{4.5\,N/C}$$

(2) 2つの点電荷の電気量の絶対値が等しいので電気力線は，直線ABに関して対称で，さらに直線ABの垂直二等分線Lに関して対称になる。電気力線はLと直交し，電気力線どうしはL上で平行になる。また電気力線の向きに矢印を入れる。

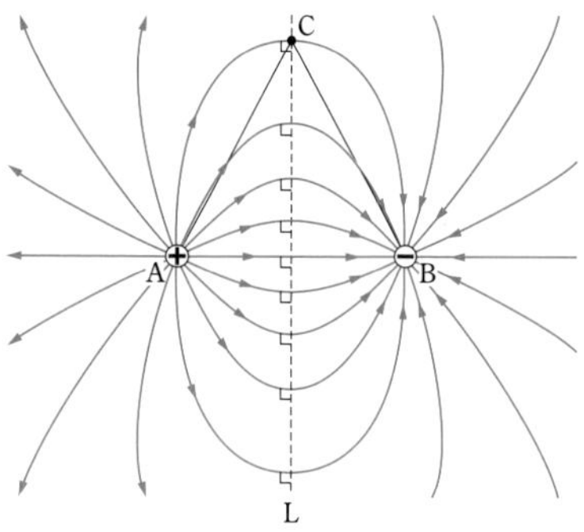

114. Point! 正と負に帯電した2枚の大きな平面金属板の間には，一様な電場（電場ベクトル $\vec{E}$ がどの点においても等しい電場）ができる。

電場と電位差の関係式「$E=\dfrac{V}{d}$」「$V=Ed$」を用いる。

解答 (1) 電場の向きは電位が高い側から低い側へ向かう向きだから，**A → B** の向き。

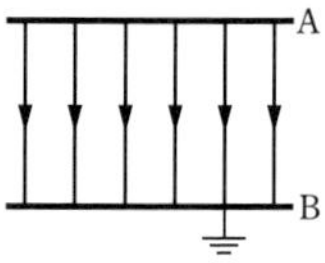

(2) 平面金属板の間には一様な電場ができ[1]，P，Qにおける電場の強さは等しい。

「$E=\dfrac{V}{d}$」より

$$E=\frac{12}{6.0\times10^{-2}}=\mathbf{2.0\times10^2\,V/m}$$

(3) 平面金属板Bに対するPの電位 V_P は 「$V=Ed$」より

$$V_P=2.0\times10^2\times(6.0-2.0)\times10^{-2}=8.0\,V$$

平面金属板Bの電位は0Vだから，Pの電位は

$$0+8.0=\mathbf{8.0\,V}$$

同様に，平面金属板Bに対するQの電位 V_Q は

$$V_Q=2.0\times10^2\times(6.0-3.0)\times10^{-2}=6.0\,V$$

平面金属板Bの電位は0Vだから，Qの電位は

$$0+6.0=\mathbf{6.0\,V}$$

補足 [1] 単位面積当たりの電気力線の本数が電場の強さに対応している。PでもQでも単位面積当たりの電気力線の本数は等しく，電場の強さは等しい。

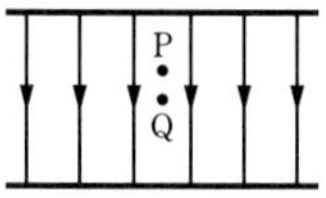

115. **Point!** 電荷(電気量 q〔C〕)を点A(電位 V_A〔V〕)から点B(電位 V_B〔V〕)まで移動するとき，静電気力がする仕事 W〔J〕は，静電気力による位置エネルギーの差 $qV_A-qV_B=q(V_A-V_B)$〔J〕である。静電気力とつりあう外力を加えて，電荷をゆっくりと移動させるとき，外力がする仕事 W'〔J〕は，W と同じ大きさで符号が逆になる。 $W=q(V_A-V_B)$，
$W'=-W=q(V_B-V_A)$
これらの仕事は，運ぶ経路には関係がなく，また，q，V_A，V_B の符号が正でも負でも成りたつ。

解答 (ア) 右図において，電荷の移動の始点をA(電位 V_A〔V〕)，終点をB(電位 V_B〔V〕)とする。

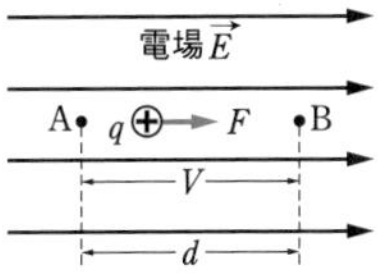

電場が電荷にする仕事 W〔J〕は，静電気力による位置エネルギーの差であるから
$$W=qV_A-qV_B=q(V_A-V_B)$$
電場が一様なので，2点A，Bの電位差は
$V=V_A-V_B=Ed$〔V〕であり
$$\boldsymbol{W=qEd}\text{〔J〕}$$ 1

(イ) **等電位線**

問題の図において，点A，B，C，Dの電位をそれぞれ V_A，V_B，V_C，V_D〔V〕とし，(ウ)~(オ)の各区間で外力がする仕事をそれぞれ W_{AB}，W_{BC}，W_{CD}〔J〕とする。各区間で始点を基準とした終点の電位は，図の等電位線の間隔の数から考えて
$$V_B-V_A=2.0\times4=8.0\,\text{V},\quad V_C-V_B=2.0\times0=0\,\text{V}$$
$$V_D-V_C=-2.0\times3=-6.0\,\text{V}$$

(ウ) $W_{AB}=q(V_B-V_A)=(3.0\times10^{-8})\times8.0$
$=\boldsymbol{2.4\times10^{-7}}$ **J** 2

(エ) $W_{BC}=q(V_C-V_B)=q\times0=\boldsymbol{0}$ **J** 2

(オ) $W_{CD}=q(V_D-V_C)=(3.0\times10^{-8})\times(-6.0)$
$=\boldsymbol{-1.8\times10^{-7}}$ **J** 2

補足 1 別解 電場から電荷にはたらく静電気力は
$F=qE$〔N〕
電場が一様なので，この力の大きさは一定である。
よって，電場が電荷にする仕事 W〔J〕は
$W=Fd=\boldsymbol{qEd}$〔J〕

2 このとき，電場が電荷にする仕事は，同じ大きさで符号が逆になる。

参考 点Aから点Dまで，A→B→C→Dの経路で電荷をゆっくりと運ぶとき，外力のする仕事 $W_{A\sim D}$ は
$W_{A\sim D}=W_{AB}+W_{BC}+W_{CD}=6.0\times10^{-8}$ J
また，点Aから点Dへ，直接運ぶときの外力の仕事 W_{AD} は
$W_{AD}=q(V_D-V_A)=(3.0\times10^{-8})\times2.0$
$=6.0\times10^{-8}$ J
すなわち，$W_{A\sim D}=W_{AD}$ であり，運ぶ仕事は経路によらない。

116. **Point!** 電場はベクトルなので作図によって合成し(ベクトル和)，電位はスカラーなので，各電荷による電場の電位を足しあわせる(代数和)。

解答 (1) 点A，Bにある点電荷による点Pの電場をそれぞれ $\vec{E_A}$，$\vec{E_B}$〔N/C〕とする(図1)。

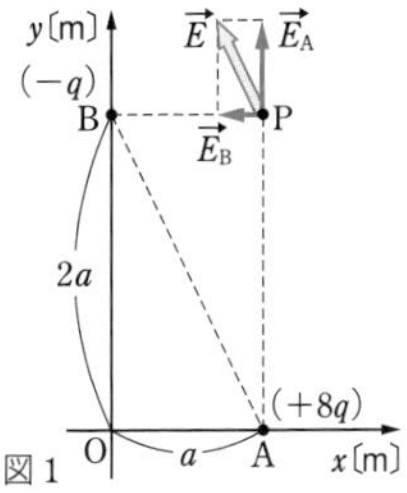

図1

点電荷のまわりの電場の式「$E=k\dfrac{Q}{r^2}$」より
$$E_A=k\frac{8q}{(2a)^2}=\frac{2kq}{a^2}\text{〔N/C〕}$$
$$E_B=\frac{kq}{a^2}\text{〔N/C〕}$$
$\vec{E_A}$ と $\vec{E_B}$ は垂直なので，三平方の定理より
$$E=\sqrt{E_A{}^2+E_B{}^2}=\boldsymbol{\frac{\sqrt{5}\,kq}{a^2}}\text{〔N/C〕}$$
また $\dfrac{OB}{OA}=2$，$\dfrac{E_A}{E_B}=2$ なので，電場 $\vec{E}$ の方向は，線分ABの方向と平行になる。したがって，$\vec{E}$ の向きは，図1より $\overrightarrow{AB}$ と同じになる。
答え③

(2) 点A，Bのそれぞれの電荷による点Pの電位を V_A および V_B〔V〕とする。無限遠を基準とすると，点電荷のまわりの電位の式「$V=k\dfrac{Q}{r}$」より
$$V_A=k\frac{8q}{2a}=\frac{4kq}{a}\text{〔V〕}$$
$$V_B=k\frac{(-q)}{a}=-\frac{kq}{a}\text{〔V〕}$$
よって $V_P=V_A+V_B=\boldsymbol{\dfrac{3kq}{a}}$〔V〕

(3) 原点Oの電位を V_O〔V〕とする。(2)と同様に考えて
$$V_O=k\frac{8q}{a}+k\frac{(-q)}{2a}=\frac{15kq}{2a}\text{〔V〕}$$
したがって，$+2q$〔C〕の電荷をPから原点Oまで動かす仕事 W〔J〕は，外力がする仕事の式「$W=qV$ 1」より
$W=(+2q)(V_O-V_P)$ 2
$=\boldsymbol{\dfrac{9kq^2}{a}}$〔J〕

補足 1 点Aから点Bまで，静電気力に逆らって，電気量 q の電荷をゆっくりと運ぶ仕事 W は，静電気力による位置エネルギー U の差から
$W=U_B-U_A=q(V_B-V_A)$

2 このとき，静電気力(電場)がする仕事 W' は
$W'=(+2q)(V_P-V_O)=-\dfrac{9kq^2}{a}$〔J〕$(=-W)$

第16章 コンデンサー

117. Point! スイッチSが閉じている場合，極板間の電圧は一定に保たれる。電気容量の式「$C=\varepsilon\frac{S}{d}$」と電気量と極板間電圧の式「$Q=CV$」を用いて考える。

解答 (1) 電気容量の式「$C=\varepsilon\frac{S}{d}$」より，極板の間隔を3倍に広げると，電気容量は$\frac{1}{3}$倍になる。スイッチは閉じたままであるので，極板間の電位差は一定に保たれる。したがって，電気量と極板間の電圧の式「$Q=CV$」より，Cが$\frac{1}{3}$倍になるので，Qも$\frac{1}{3}$倍になる。

$$Q=\frac{1}{3}\times9.0\times10^{-11}=\mathbf{3.0\times10^{-11}\,C}$$

(2) 極板の間隔を広げると，コンデンサーに蓄えられる電気量が減少したので，電流の向きは②。
電気量の減少分が点Pを通過するので

$$9.0\times10^{-11}-3.0\times10^{-11}=\mathbf{6.0\times10^{-11}\,C}$$

118. Point! コンデンサーに電池をつなぐと，コンデンサーの極板間の電圧を常に一定に保つように電荷の移動が起こり，極板間電圧は一定である。一方，電池を外してしまうと，あらかじめ充電されていた電気量は変化しない。したがって，このときは，電気容量が変化すると極板間の電圧も変化する。
また，コンデンサーの極板間を絶縁体で満たすと電気容量が比誘電率倍になる。

解答 (1) 蓄えられる電気量と極板間電圧の式「$Q=CV$」より

$$Q_1=\{(1.0\times10^{3})\times10^{-12}\}^{❶}\times(2.0\times10^{2})=\mathbf{2.0\times10^{-7}\,C}$$

(2) 絶縁体を入れたときの電気容量をCとすると，Cは何も入っていない場合の比誘電率倍になるので

$$C=2.0\times\{(1.0\times10^{3})\times10^{-12}\}=2.0\times10^{-9}\,\mathrm{F}$$

電池をつないだままなので，極板間電圧は一定に保たれている。蓄えられる電気量と極板間電圧の式「$Q=CV$」より

$$Q_2=(2.0\times10^{-9})\times(2.0\times10^{2})=\mathbf{4.0\times10^{-7}\,C}^{❷}$$

(3) 電池をつないだまま絶縁体を取り除くと，電気容量は(1)の状態にもどり，蓄えられる電気量も(1)と同じ値にもどる。その状態から電池を外すと電荷の供給がされず，蓄えられた電気量は一定のままとなる。その後，絶縁体を入れると電気容量は $C=2.0\times10^{-9}\,\mathrm{F}$ になるので，蓄えられる電気量と極板間電圧の式「$Q=CV$」より

$$2.0\times10^{-7}=(2.0\times10^{-9})\times V$$

よって $V=\mathbf{1.0\times10^{2}\,V}$

補足 ❶ $1\,\mathrm{pF}=10^{-12}\,\mathrm{F}$

❷ 別解 電圧が一定なので，蓄えられる電気量は電気容量に比例する。電気容量は(1)に比べて2.0倍になるので，電気量も2.0倍になる。

$$Q_2=2Q_1$$
$$=2\times(2.0\times10^{-7})=\mathbf{4.0\times10^{-7}\,C}$$

119.

Point! 電荷を蓄えていないコンデンサーを直列に接続して充電すると，各コンデンサーが蓄える電気量は等しい。

解答 (1) $\dfrac{1}{C}=\dfrac{1}{2.0}+\dfrac{1}{6.0}$ [1] $=\dfrac{4.0}{6.0}$

よって　$C=\dfrac{6.0}{4.0}=\mathbf{1.5\,\mu F}$

(2) コンデンサー C_1 と C_2 に加わる電圧をそれぞれ V_1，V_2〔V〕，蓄えられる電気量を Q〔C〕とすると，

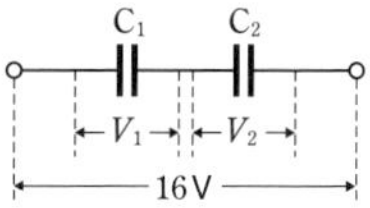

電気量と極板間電圧の式「$Q=CV$」より

$Q=2.0\times10^{-6}\times V_1$　……①

$Q=6.0\times10^{-6}\times V_2$　……②

また，電圧の関係より　$V_1+V_2=16$　……③

①，②式より

$V_1=\dfrac{Q}{2.0\times10^{-6}}$　……①′

$V_2=\dfrac{Q}{6.0\times10^{-6}}$　……②′

③式に①′，②′式を代入すると

$$\frac{Q}{2.0\times10^{-6}}+\frac{Q}{6.0\times10^{-6}}=16$$

ゆえに　$Q=\mathbf{2.4\times10^{-5}\,C}$

Qの値を①′，②′式に代入して

$V_1=\dfrac{2.4\times10^{-5}}{2.0\times10^{-6}}=\mathbf{12\,V}$ [2]，$V_2=\dfrac{2.4\times10^{-5}}{6.0\times10^{-6}}=\mathbf{4.0\,V}$ [2]

補足 [1] 直列接続の合成容量の式

「$\dfrac{1}{C}=\dfrac{1}{C_1}+\dfrac{1}{C_2}+\cdots+\dfrac{1}{C_n}$」

で，$n=2$ とした式 $\dfrac{1}{C}=\dfrac{1}{C_1}+\dfrac{1}{C_2}$ を用いる。

[2] 別解 直列接続なので，各コンデンサーが蓄える電気量Qは等しい。また，Qの値は合成容量 1.5μF のコンデンサーに，全電圧 16V が加わったものに等しい。

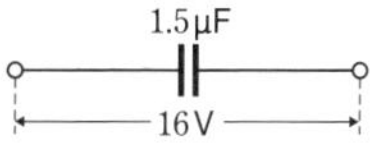

$Q=CV=1.5\times10^{-6}\times16=\mathbf{2.4\times10^{-5}\,C}$

C_1 に加わる電圧 V_1 は

$V_1=\dfrac{Q}{C_1}=\dfrac{2.4\times10^{-5}}{2.0\times10^{-6}}=\mathbf{12\,V}$

C_2 に加わる電圧 V_2 は

$V_2=\dfrac{Q}{C_2}=\dfrac{2.4\times10^{-5}}{6.0\times10^{-6}}=\mathbf{4.0\,V}$

120.

Point! 直列接続の C_1，C_2 の合成容量を求めてから，C_3 との並列接続を考えて全体の合成容量を求める。初期電荷が 0 の直列接続のコンデンサーに蓄えられる電気量は等しい。

解答 (1) C_1 と C_2 は直列接続であるから，これらの合成容量を C_{12} とすると

$$\frac{1}{C_{12}}=\frac{1}{C_1}+\frac{1}{C_2}=\frac{1}{2.0}+\frac{1}{8.0}=\frac{5.0}{8.0}$$

$C_{12}=1.6\,\mu F$

C_3 はこれと並列接続であるから

$C=C_{12}+C_3=1.6+2.4=\mathbf{4.0\,\mu F}$

(2) 3つのコンデンサーを1つにみなしたときの電気容量はCであり，加わる電圧が 15V であるから，「$Q=CV$」より

$Q=4.0\times10^{-6}\times15=\mathbf{6.0\times10^{-5}\,C}$

C_1，C_2 は直列接続で，最初は電荷が蓄えられていなかったから

$Q_1=Q_2$　……①

合成容量 C_{12} のコンデンサーには電気量 Q_1 が蓄えられていて，加わる電圧が 15V であるから，「$Q=CV$」より

$Q_1=C_{12}\times15$

$=1.6\times10^{-6}\times15=\mathbf{2.4\times10^{-5}\,C}$

①式より

$Q_2=\mathbf{2.4\times10^{-5}\,C}$

C_3 には電気量 Q_3 が蓄えられていて，加わる電圧が 15V であるから，「$Q=CV$」より

$Q_3=C_3\times15$

$=2.4\times10^{-6}\times15=\mathbf{3.6\times10^{-5}\,C}$

121.

Point! コンデンサーの極板間に金属板を挿入すると，金属板は静電誘導を起こし，金属板全体が等電位となり，コンデンサーの極板間隔が，金属板の厚み分だけ狭くなったと考えられる。それに伴って，電気容量も変化し，スイッチSを閉じた状態ではコンデンサーに蓄えられる電気量も変化する。

解答 (1) 静電エネルギーの式より　$U=\mathbf{\dfrac{1}{2}CV^2}$

(2) スイッチSを閉じたままなので，AB 間の電位差は V に保たれている。金属板Pが極板間の中央に置かれているので，AP 間，PB 間の電位差はともに $\dfrac{V}{2}$ となる。

また，AP 間，PB 間の電場(電位の傾き)は等しい。金属板Pの内部には電場がなく，金属板全体は等電位なので**右図**のようになる[1]。

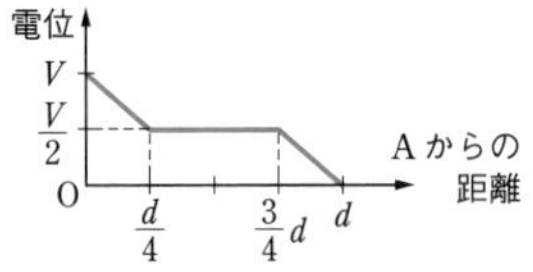

(3) 金属板の挿入により，極板間距離が $\frac{d}{2}$ になったと考えられるので，この状態での電気容量 C' は $C'=2C$[2]。コンデンサーに蓄えられる電気量と極板間電圧の式「$Q=CV$」より

$$Q=C'V=\mathbf{2CV}$$[3]

(4) スイッチSを開いた後に金属板Pを取りさったので，極板上の電気量は(3)のQに保たれている。また，電気容量はCにもどったので，コンデンサーに蓄えられる電気量と極板間電圧の式「$Q=CV$」より

$$CV'=2CV$$

よって　$V'=\mathbf{2V}$

補足 [1] **参考** 電場のグラフは次のようになる。

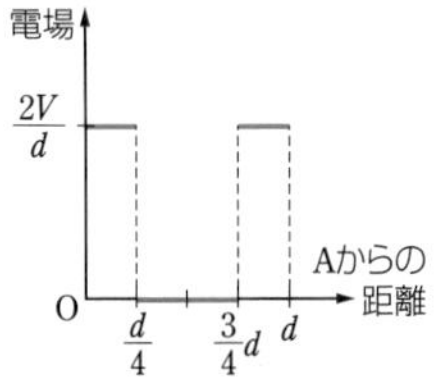

別解 コンデンサーの極板間に金属板が入ると，極板間隔が狭い2つのコンデンサーを直列接続したものと考えることができる。このとき，極板間隔は $\frac{d}{4}$ となる。この極板間のみで電位は変化しているので，図のように表せる。

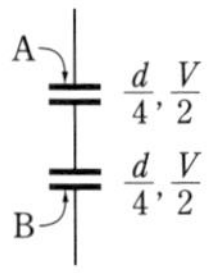

[2] 電気容量の式「$C=\varepsilon\frac{S}{d}$」より，電気容量は極板間隔に反比例する。

[3] **別解** (2)の別解にしたがって考えると，Aと金属板Pにはさまれたコンデンサー，Bと金属板Pにはさまれたコンデンサーの電気容量はそれぞれ$4C$なので，直列接続すると合成容量C'は

$$\frac{1}{C'}=\frac{1}{4C}+\frac{1}{4C}=\frac{2}{4C}=\frac{1}{2C}$$

よって　$C'=2C$

これを　$Q=CV$ に代入する。

122.

Point! 充電されたコンデンサーをスイッチの切りかえによって，他のコンデンサーに接続すると，2つのコンデンサーの極板間電圧が等しくなるまで，あらかじめ充電されていたコンデンサーから電荷が移動していく。

解答 (1) コンデンサーに蓄えられる電気量と極板間電圧の式「$Q=CV$」より

$$Q_2=C_2V=(8.0\times10^{-6})\times(3.0\times10^{2})=\mathbf{2.4\times10^{-3}\,C}$$

(2) C_1とC_2の上側極板どうし，下側極板どうしの電位がそれぞれ等しくなるので，並列接続とみなせる。

よって合成容量 C は

$$C=C_1+C_2=4.0+8.0=12.0\,\mu F$$

電気量保存の法則より，電荷はあらかじめ C_2 に蓄えられていた分が2つのコンデンサーに分配されるだけなので

$$V_1=\frac{Q_2}{C}=\frac{2.4\times10^{-3}}{12.0\times10^{-6}}=\mathbf{2.0\times10^{2}\,V}$$

(3) 静電エネルギーの式「$U=\frac{1}{2}CV^2$」より，スイッチを切りかえる前の静電エネルギー U は

$$U=0+\frac{1}{2}\times(8.0\times10^{-6})\times(3.0\times10^{2})^2=0.36\,J$$

スイッチを切りかえた後の静電エネルギー U' は

$$U'=\frac{1}{2}\times(4.0\times10^{-6})\times(2.0\times10^{2})^2+\frac{1}{2}\times(8.0\times10^{-6})\times(2.0\times10^{2})^2=0.24\,J$$[1]

スイッチを切りかえる前後の静電エネルギーの変化 ΔU は

$$\Delta U=U'-U=0.24-0.36=-0.12\,J$$

よって，**0.36 J から 0.24 J へと 0.12 J 減少。**

(4) (2)のとき，C_1 に蓄えられる電気量を Q_1 とする。蓄えられる電気量と極板間電圧の式「$Q=CV$」より

$$Q_1=C_1V_1=(4.0\times10^{-6})\times(2.0\times10^{2})=8.0\times10^{-4}\,C$$

スイッチをAに切りかえても，Q_1 は変わらない。

一方，C_2 には，再び(1)と同じ量の電気量が充電される。よって，再びスイッチをBに切りかえると，全電気量Qは

$$Q=Q_1+Q_2=(8.0\times10^{-4})+(2.4\times10^{-3})=3.2\times10^{-3}\,C$$

よって　$V_2=\frac{Q}{C}=\frac{3.2\times10^{-3}}{12.0\times10^{-6}}\fallingdotseq\mathbf{2.7\times10^{2}\,V}$

補足 [1] スイッチを切りかえた後のC_1，C_2の合成容量Cを用いてU'を求めることもできる。

$$U'=\frac{1}{2}CV_1^2=\frac{1}{2}\times(12.0\times10^{-6})\times(2.0\times10^{2})^2=0.24\,J$$

第17章 電流

123.

Point! 電流の向きは正の電気が移動する向きと定められているので，負の電気をもつ電子の移動する向きと逆である。I〔A〕の電流によって，t〔s〕の間に It〔C〕の電気量が導線の断面を通過する。

解答 (1) 自由電子の移動する向きは電流の向きと逆であるから，②の向き。

(2) 1.0 分は 60 s であるから，「$Q=It$」より

$$Q=4.0\times60=\mathbf{2.4\times10^2\,C}$$

この電気量が 1 個につき $e=1.6\times10^{-19}$ C の大きさの電気量をもつ自由電子 n 個によって運ばれたとすると

$$Q=ne$$

よって　$n=\dfrac{Q}{e}$

$$n=\frac{2.4\times10^2}{1.6\times10^{-19}}=\mathbf{1.5\times10^{21}\,個}$$

124.

Point! 各抵抗を流れる電流 I の比を調べ，ジュール熱の式「$Q=I^2Rt$」より比べる。

解答 (1) 抵抗 A，B，C の抵抗値を R とし，抵抗 A を流れる電流を I とすると，B，C の抵抗値は等しいので，B，C を流れる電流は $\dfrac{I}{2}$ となる（図 a）。

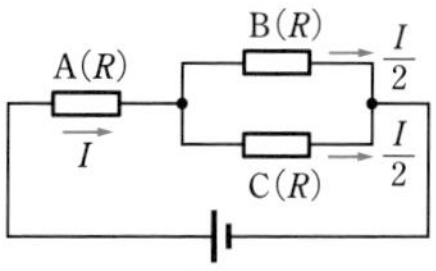

図 a

A で発生するジュール熱　$Q_A=I^2Rt$

B で発生するジュール熱　$Q_B=\left(\dfrac{I}{2}\right)^2Rt=\dfrac{1}{4}I^2Rt$

$$\frac{Q_A}{Q_B}=\frac{I^2Rt}{\frac{1}{4}I^2Rt}=4$$

よって，Q_A は Q_B の **4 倍**である。

(2) 抵抗 A，B の抵抗値を R，抵抗 C の抵抗値を $2R$ とし，抵抗 A を流れる電流を I とすると，抵抗 B と抵抗 C の抵抗値の比が 1：2 なので，B を流れる電流は $\dfrac{2}{3}I$，C を流れる電流は $\dfrac{1}{3}I$ となる❶。

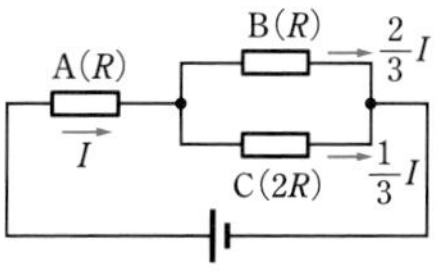

図 b

A で発生するジュール熱　$Q_A=I^2Rt$

C で発生するジュール熱　$Q_C=\left(\dfrac{1}{3}I\right)^2\times2Rt=\dfrac{2}{9}I^2Rt$

$$\frac{Q_A}{Q_C}=\frac{I^2Rt}{\frac{2}{9}I^2Rt}=\frac{9}{2}$$

よって，Q_A は Q_C の $\mathbf{\dfrac{9}{2}}$ **倍**である。

補足 ❶ 並列部分では，電圧が等しくなるので，その電圧を V とし，B，C を流れる電流を I_B，I_C とすると，オームの法則より

$V=RI_B$
$V=2R\times I_C$
$RI_B=2RI_C$
$I_B：I_C=2：1$

すなわち，並列部分では電流は，抵抗の逆比に分割される。

第18章 直流回路

125. **Point!** 電流計の接続による電流の変化を小さくするために，電流計の内部抵抗は小さくしてある。また，電圧計に流れる電流により測定する電圧が変化しないように，電圧計の内部抵抗は大きくしてある。ここでは，2つの回路において，電流計・電圧計に流れる電流と加わる電圧の大きさを，Rに流れる電流と加わる電圧の大きさと比較する。

解答 図1の回路ではRを流れる電流値は正しくはかれるが，電圧計はRの電圧と電流計の内部抵抗による電圧の和を示す。このときどちらも抵抗の値が等しいので加わる電圧も等しく，したがって電圧計に示される値はRに加わる電圧の2倍になり，誤差が大きい。

図2ではRの両端の電圧の値は正しくはかることができる。また，電流計にはRと電圧計を流れる電流との和が表示されるが，電圧計はその内部抵抗がRの抵抗値の1000倍であるから，流れる電流の大きさはRに流れる電流の大きさの1000分の1で，きわめて小さい。したがって，誤差がわずかなので，**図2**のほうがよい[1]。

補足 [1] 参考 Rの抵抗値が大きい(数kΩ)ときは，図1の回路のほうが誤差が小さくなる。

126. **Point!** 電流計の測定範囲を広げるには，抵抗を電流計と並列に接続して分岐路をつくればよい。
また，100Vまでの電圧を測定可能にするには，抵抗を電流計と直列に接続して，合成抵抗を大きくすればよい。

解答 (ア) 図のように，2.0Aの電流を抵抗 R に分流させる。

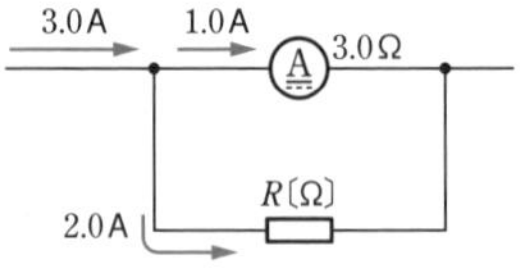

「抵抗 R〔Ω〕の両端の電位差＝電流計の両端の電位差」だから

$R\times2.0=3.0\times1.0$

よって $R=\mathbf{1.5\,\Omega}$

(イ) **並列**　(ウ) **直列**

(エ) 図のように，電流計と抵抗 R' の合成抵抗 $(3.0+R')$〔Ω〕に100Vの電圧が加わるので

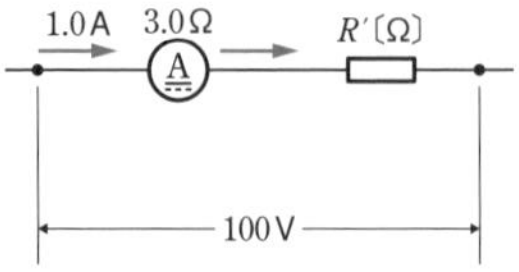

$(3.0+R')\times1.0=100$

よって $R'=\mathbf{97\,\Omega}$

127. **Point!** (3) 抵抗 R_1，R_2，R_3 を流れる電流が未知量となるので，次の3つの方程式をつくる。
① 点dについて　流れこむ電流の和＝流れ出る電流の和(キルヒホッフの法則Ⅰ)
② 経路 E_1bfeaE_1 について
電池の電圧の和＝抵抗の両端の電圧の和
(キルヒホッフの法則Ⅱ)
③ 経路 E_2dfecE_2 について
電池の電圧の和＝抵抗の両端の電圧の和
(キルヒホッフの法則Ⅱ)

解答 (1) このときの回路は図aのように考えられる。この回路の合成抵抗を R とすると，直列接続の合成抵抗の式「$R=R_1+R_2$」より

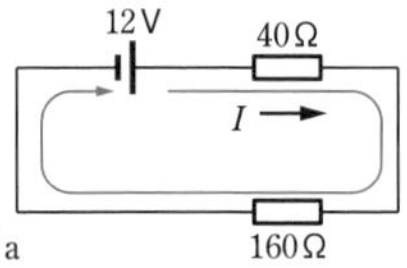

図a

$R=40+160=200\,\Omega$

オームの法則「$V=RI$」より

$12=200I$

よって $I=\mathbf{6.0\times10^{-2}\,A}$[1]

(2) 電力の式「$P=I^2R$」より

$P=(6.0\times10^{-2})^2\times200=\mathbf{0.72\,W}$

(3) 各抵抗に流れる電流の向きと大きさを図bのように仮定する。

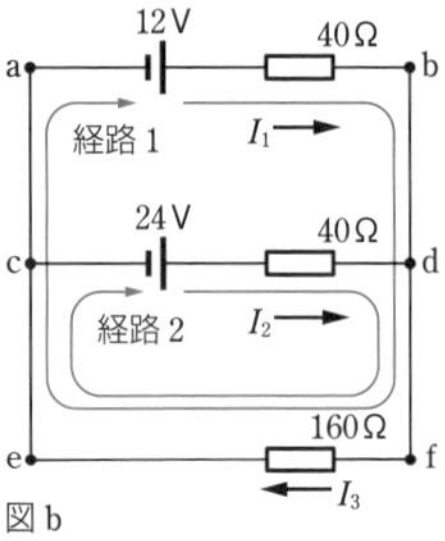

図b

キルヒホッフの法則Ⅰより
点dについて

$I_1+I_2=I_3$ ……①

キルヒホッフの法則Ⅱより
経路1について

$12=40I_1+160I_3$ ……②

経路2について

$24=40I_2+160I_3$ ……③

①～③式より $I_1=-0.10\,A$，$I_2=0.20\,A$，$I_3=0.10\,A$

よって，R_1 に流れる電流の大きさは **0.10A**

また，$I_1<0$，$I_2>0$，$I_3>0$ であるから，電流の向きは

R_1：**b→a の向き**[2]

R_2：**c→d の向き**

R_3：**f→e の向き**

補足 [1] 別解 キルヒホッフの法則Ⅱより

$12=40I+160I$

よって $I=\mathbf{6.0\times10^{-2}\,A}$

[2] 電流 I_1 は負であるから，図bで仮定した矢印 I_1 の向きと逆の向きに流れる。

128.

Point! 起電力 E，内部抵抗 r の電池から電流 I が流れ出ているとき，r による電圧降下 rI のため，電池の端子電圧 V は $V=E-rI$ となる。V-I 図は，傾きが $-r$，V 切片（V 軸との交点）が E の直線になる。

解答 (1) 電池の起電力を E〔V〕，内部抵抗を r〔Ω〕，抵抗に加わる電圧を V〔V〕，回路を流れる電流を I〔A〕とする。内部抵抗に加わる電圧は rI〔V〕なので，電池の起電力は

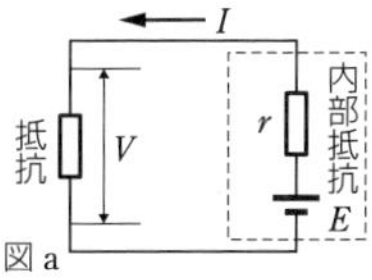

図a

$$E=V+rI$$

となり

$$V=E-rI$$

したがって，V-I グラフは右下がりの直線になり，$I=0$ のときの V の値（V 切片）が起電力 E，傾きの大きさが内部抵抗 r となる。

実験データを通る直線をかくと，図bのグラフのようになる。

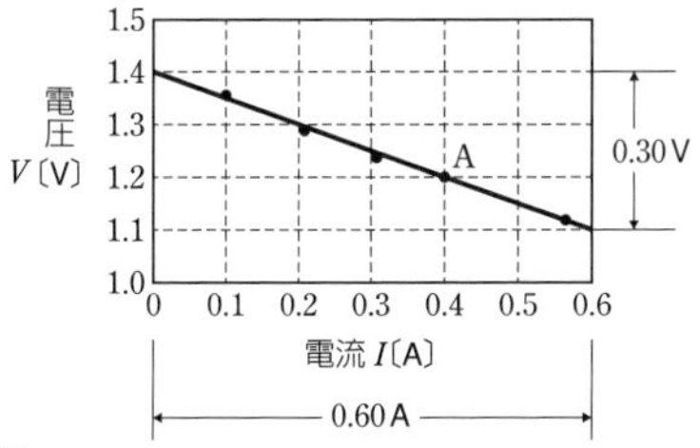

図b

したがって，グラフの V 切片を読み取って電池の起電力 E〔V〕は

$$E=\mathbf{1.40\,V}$$

グラフの傾きの大きさから内部抵抗 r〔Ω〕は

$$r=\frac{1.40-1.10}{0.60}=\mathbf{0.50\,\Omega}$$

(2) Aの状態のとき，回路を流れる電流は 0.40 A であるから，電池が供給する電力は起電力 E を使って計算でき

$$P_E=EI=1.40\times0.40=\mathbf{0.56\,W}$$

抵抗の両端の電圧は 1.20 V であるから，抵抗で消費される電力は「$P=VI$」より

$$P_A=1.20\times0.40=\mathbf{0.48\,W}$$

129.

Point! 電力の式は「$P=IV=I^2R=\dfrac{V^2}{R}$」である。直列回路では I が一定であるので，$P(=I^2R)$ は R に比例する。並列回路では V が一定であるので，$P\left(=\dfrac{V^2}{R}\right)$ は R に反比例する。

解答 (ア) 可変抵抗の抵抗値を R_1〔Ω〕とし，回路全体の消費電力を P_1（$=20$ W）とする。回路全体の抵抗は $(R_1+4.0)$〔Ω〕となるので，電力の式「$P=\dfrac{V^2}{R}$」より

$$P_1=\frac{20^2}{R_1+4.0}=20$$

よって　$R_1=\mathbf{16\,\Omega}$

(イ) 可変抵抗の抵抗値を R〔Ω〕とし，4.0 Ω の抵抗を r として右図の回路を考える。

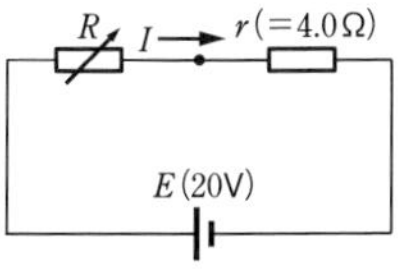

回路の電流 $I=\dfrac{20}{R+r}$〔A〕より，

可変抵抗での消費電力 P〔W〕は

$$P=I^2R=\left(\frac{20}{R+r}\right)^2R=\left(\frac{20\sqrt{R}}{R+r}\right)^2$$

$$=\frac{20^2}{\left(\sqrt{R}+\dfrac{r}{\sqrt{R}}\right)^2}=\frac{20^2}{\left(\sqrt{R}-\dfrac{r}{\sqrt{R}}\right)^2+4r} \quad ❶$$

よって，$\sqrt{R}=\dfrac{r}{\sqrt{R}}$ すなわち $R=r$ のとき，P は最大となる❷。

したがって　$R=r=\mathbf{4.0\,\Omega}$❸

補足 ❶ $(a+b)^2=(a-b)^2+4ab$ の関係を使用。

❷ **別解** 相加相乗平均の関係より

$$\sqrt{R}+\frac{r}{\sqrt{R}}\geqq2\sqrt{\sqrt{R}\times\frac{r}{\sqrt{R}}}=2\sqrt{r}$$

よって　$P\leqq\dfrac{20^2}{(2\sqrt{r})^2}$

で，P は $\sqrt{R}=\dfrac{r}{\sqrt{R}}$ すなわち $R=r$ のとき最大となる。

❸ **参考1** 起電力 E，内部抵抗 r の電池の場合，外部抵抗 $R=r$ のときに P が最大になる。このことを利用して，4.0 Ω の抵抗を電池の内部抵抗 r，可変抵抗を外部抵抗 R と考えて，ただちに，P が最大になる R の値は

$R=r=4.0\,\Omega$ としてもよい。

参考2 この場合の P の最大値は，

$$P_{max}=\frac{20^2}{4r}=\frac{20^2}{4\times4.0}=25\,\text{W}$$

130.

Point! 豆電球や白熱電灯など，電流を流すとその温度が大きく変化する導体は，電流と電圧の関係がオームの法則にしたがわない。このような抵抗(非直線抵抗)は，回路への組みこみ方によって電流・電圧がある1通りの値しかとれない。回路全体での電流-電圧の関係のグラフと非直線抵抗の特性曲線を重ねて図示し，交点を読み取ることで電流・電圧を確定できる。

解答 (1) 1個の電球に加わる電圧は，電源電圧を3等分したものなので　12÷3=4.0V

図1より　4.0Vのときは

$I=$ **0.50A**

(2) 1個の電球を流れる電流を I〔A〕とすると，抵抗を流れる電流は $2I$〔A〕である。抵抗での電圧降下は $10\times2I$〔V〕となるので，キルヒホッフの法則Ⅱより

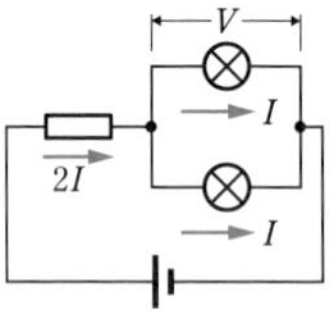

$8.0=10\times2I+V$

よって　$I=-\dfrac{V}{20}+0.40$

この結果を図1に記入すると右図のようになる[1]。

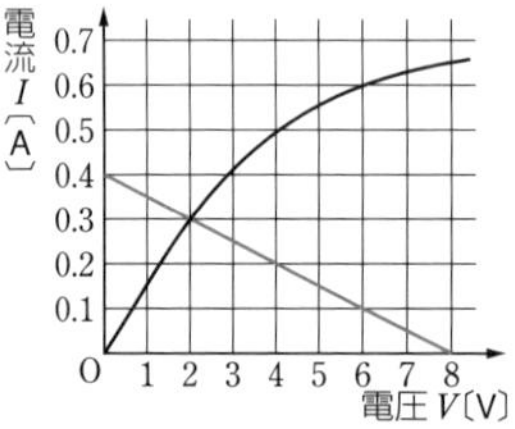

電球の条件との交点から

$I=0.30$A

よって　$I_A=2I=$ **0.60A**

補足 [1] 図1に記入するときは，$V=0$ を代入し I 切片，$I=0$ を代入し V 切片を求め，その2点を直線で結ぶ。

131.

Point! コンデンサーは，外部から充電されているときには導線(抵抗値は，充電開始直後は0，終了後は∞)とみなされ，外部へ放電しているときには電源とみなされる。

解答 (1) S_1 を閉じた瞬間は，Cに蓄えられている電気量は0で，極板間の電圧も0であるから，Cは抵抗のない導線とみなせる。よって，図aより

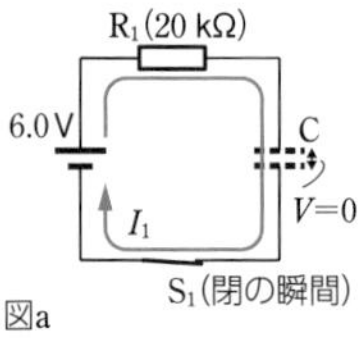

図a

$I_1=\dfrac{6.0}{20}=$ **0.30mA**[1]

(2) 十分時間がたつと回路に電流は流れなくなる。よって，極板間の電圧はEと同じ6.0Vになるので，コンデンサーの電気量と極板間の電圧の式「$Q=CV$」より

$Q=(500\times10^{-6})\times6.0=$ **3.0×10^{-3}C**

(3) 充電後に S_1 を開いたとき，Cの電位差は6.0Vとなる。よって，図bより

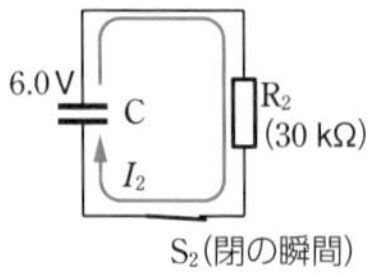

図b

$I_2=\dfrac{6.0}{30}=$ **0.20mA**[2]

(4) S_1，S_2 を閉じ，充電が終わると，Cに電荷が流れこまなくなる。このとき，R_1，R_2 は直列につながれるので，図cより

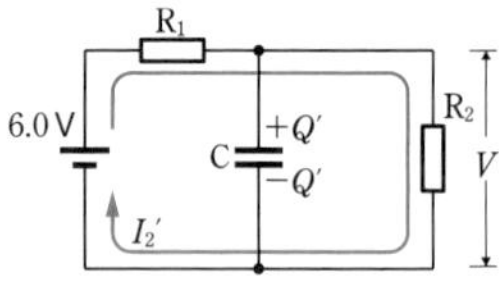

図c

$I_2'=\dfrac{6.0}{20+30}=$ **0.12mA**

R_2 に加わる電圧 V は

$V=30\times0.12=3.6$V[1]

よって，コンデンサーの電気量と極板間の電圧の式「$Q=CV$」より

$Q'=(500\times10^{-6})\times3.6=$ **1.8×10^{-3}C**

補足 [1] 単位kΩ，mAの間には，次の関係がある。

$1\,\mathrm{k\Omega}=10^3\,\Omega$

$1\,\mathrm{mA}=10^{-3}\,\mathrm{A}$

よって

$\mathrm{k\Omega}\times\mathrm{mA}=\Omega\times\mathrm{A}=\mathrm{V}$

$\dfrac{\mathrm{V}}{\mathrm{k\Omega}}=\mathrm{mA}$

[2] **参考** S_2 を閉じた瞬間，R_2 には $I_2=0.20$mA の電流が流れるが，その後，徐々に減少して0になる。コンデンサーCに蓄えられていたエネルギーは，この間に R_2 でジュール熱になる。

132. **Point!** ダイオードに加わる電圧を V，流れる電流を I として，キルヒホッフの法則Ⅱの V，I の関係式をつくる。この式をグラフにかき入れ，交点の電圧，電流の値を読み取る。

解答 ダイオードに加わる電圧を V〔V〕，抵抗に加わる電圧を V'〔V〕，回路に流れる電流(＝ダイオードに流れる電流)を I〔mA〕とする(図１)。

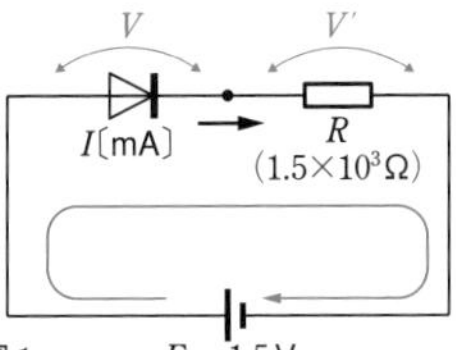

図１

I〔mA〕$=I\times10^{-3}$〔A〕なので，
オームの法則より

$$V'=R\times(I\times10^{-3})$$
$$=(1.5\times10^{3})\times(I\times10^{-3})$$
$$=1.5I\text{〔V〕} \quad \cdots\cdots①$$ [1]

よって，キルヒホッフの法則Ⅱ
$E=V+V'$ より

$$1.5=V+1.5I \quad \cdots\cdots②$$ [1]

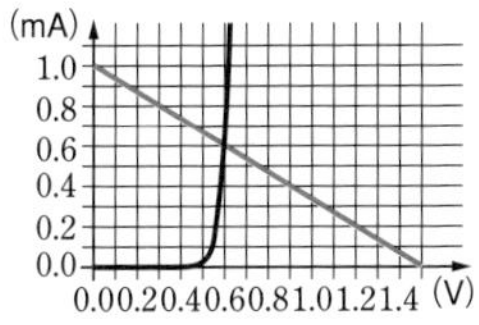

図２

(ア) ②式を特性曲線のグラフにかき入れ，交点の値を読み取ると(図２)

$V=0.60$V　　$I=$ **0.60mA**

(イ) ①式より

$V'=1.5I=1.5\times0.60=$ **0.90V** [2]

(ウ) ダイオードの消費電力を P〔mW〕とすると

$P=I$〔mA〕$\times V$〔V〕より　$P=0.60\times0.60=$ **0.36mW**

補足 [1] ①，②式の電流 I の単位は mA，電圧 V，V' の単位は V であることに注意する。

[2] **別解** $R=1.5\times10^{3}\,\Omega$
$I=0.60\times10^{-3}$A
として
$V'=RI=(1.5\times10^{3})\times(0.60\times10^{-3})$
$=$ **0.90V**

第19章 電流と磁場

133. **Point!** 右ねじの法則を用いて，直線電流が周囲につくる磁場から磁極が受ける力の向きを考える。

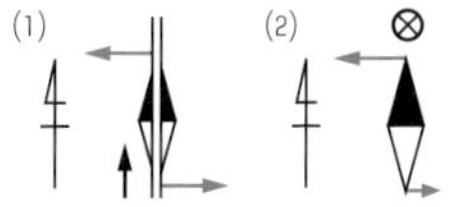

解答 (1) 右ねじの法則より，**西の向きへ動く。**

(2) 右ねじの法則より，**西の向きへ動く。**

134. **Point!** 直線電流がつくる磁場の向きは右ねじの法則，磁場の強さは「$H=\dfrac{I}{2\pi r}$」によって求める。各点に置いた小磁針のN極は，その点で地球の磁場の水平成分と直線電流のつくる磁場を合成した磁場の向きをさす。

解答 (1) 直線電流が P_2 につくる磁場 $\vec{H_2}$ は，右ねじの法則より向きは西向き。

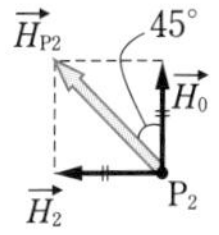

図 a

「$H=\dfrac{I}{2\pi r}$」より，強さ H_2 は

$$H_2=\frac{4.0\pi}{2\pi\times8.0\times10^{-2}}=25\,\text{A/m}$$

地球の磁場の水平成分 $\vec{H_0}$ と $\vec{H_2}$ を合成した合成磁場 $\vec{H}_{P2}$ の向きが小磁針のN極のさす向きとなるから，図 a のように $H_0=H_2$ となる。

よって　$H_0=$ **25A/m**

(2) 直線電流が P_1，P_3 につくる磁場を $\vec{H_1}$，$\vec{H_3}$，その強さを H_1，H_3 とする。

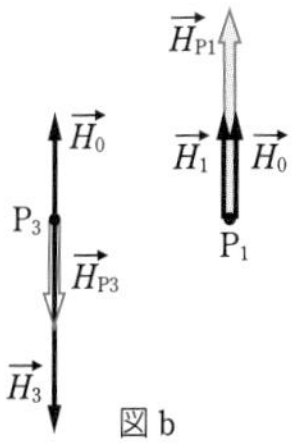

図 b

$OP_1=OP_2$ と(1)より

$$H_1=H_2=H_0$$

また，$OP_3=\dfrac{1}{2}OP_2$ であるから，

「$H=\dfrac{I}{2\pi r}$」より

$$H_3=2H_2=2H_0$$

右ねじの法則より $\vec{H_1}$，$\vec{H_3}$ の向きはそれぞれ北向き，南向きとなるから，P_1，P_3 における $\vec{H_0}$ との合成磁場 $\vec{H}_{P1}$，$\vec{H}_{P3}$ は図 b のようになる。よって，小磁針のN極は P_1 では**北向き**，P_3 では**南向き**に振れる。

(3) 小磁針のN極のさす向きから，P_4 の位置に電流がつくる磁場 $\vec{H_4}$ と $\vec{H_0}$ の合成磁場 $\vec{H}_{P4}$ は図 c のようになる。これより $\vec{H_4}$ の強さ H_4 は

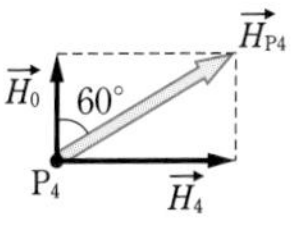

図 c

$$H_4=H_0\tan60°=\sqrt{3}\,H_0 \quad \cdots\cdots①$$

(1)より

$$H_0 = H_2 = \frac{4.0\pi}{2\pi \times 8.0 \times 10^{-2}} \quad \cdots\cdots ②$$

求める電流を I〔A〕とすると

$$H_4 = \frac{I}{2\pi \times 8.0 \times 10^{-2}} \quad \cdots\cdots ③$$

②，③式の辺々の比をとると

$$\frac{H_4}{H_0} = \frac{I}{4.0\pi}$$

これは①式より $\sqrt{3}$ に等しいから

$$\sqrt{3} = \frac{I}{4.0\pi} \qquad \text{よって} \quad I = \mathbf{4.0\sqrt{3}\,\pi\,A}$$

135.

Point! 直線電流がつくる磁場の向きは，右ねじの進む向きを電流の向きにあわせたときの右ねじの回る向きとなる(右ねじの法則)。
(エ) $\vec{H_A}$ と $\vec{H_B}$ の合成磁場の向きが(d)のとき，$\vec{H_A}$ と $\vec{H_B}$ の(d)に垂直な成分の和は 0 になる。

解答 (ア) 右ねじの法則より，$\vec{H_A}$ の向きは **(g)**

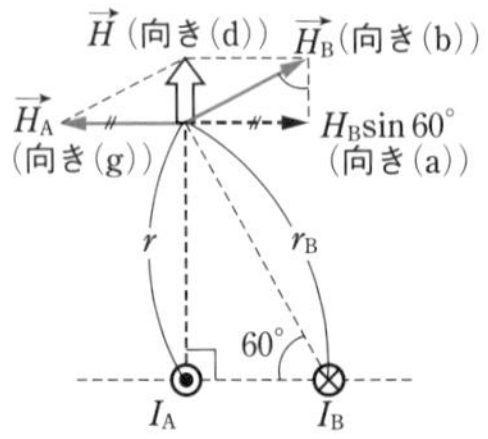

(イ) PB 間の距離を r_B とする。

右図より

$$\frac{r}{r_B} = \sin 60° = \frac{\sqrt{3}}{2}$$

ゆえに　$r_B = \frac{2}{\sqrt{3}} r$

よって，直線電流がつくる磁場の式より

$$H_B = \frac{I_B}{2\pi r_B} = \boldsymbol{\frac{\sqrt{3}\, I_B}{4\pi r}}$$

(ウ) $\vec{H_B}$ の向きは，右ねじの法則より　**(b)**

(エ) このとき，向き(d)に垂直な方向((a)(g)方向)の $\vec{H_A}$ と $\vec{H_B}$ の成分の和は 0 となるから

$$H_B \sin 60° - H_A = 0 \qquad \text{よって} \quad H_B = \frac{2}{\sqrt{3}} H_A \ \text{❶}$$

H_A，H_B の値を代入して　$\frac{\sqrt{3}\, I_B}{4\pi r} = \frac{2}{\sqrt{3}} \left(\frac{I_A}{2\pi r} \right)$

ゆえに　$I_B = \frac{4}{3} I_A$　　よって，(エ)の答え　$\mathbf{\frac{4}{3}}$

補足 ❶ **別解** 図より

$$\frac{H_A}{H_B} = \sin 60° = \frac{\sqrt{3}}{2}$$

ゆえに　$H_B = \frac{2}{\sqrt{3}} H_A$

136.

Point! 直線電流のまわりには同心円状の磁場ができ，円形電流のまわりにも棒磁石に似た磁場ができる。磁場はベクトル量なので，複数の磁場がつくられる場合，合成してそれぞれの点での磁場を求める。

解答 (1) 円形電流がつくる磁場を $\vec{H_1}$，直線電流がつくる磁場を $\vec{H_2}$ とする。$\vec{H_1}$ と $\vec{H_2}$ のなす角は直角となるので，合成磁場は三平方の定理より

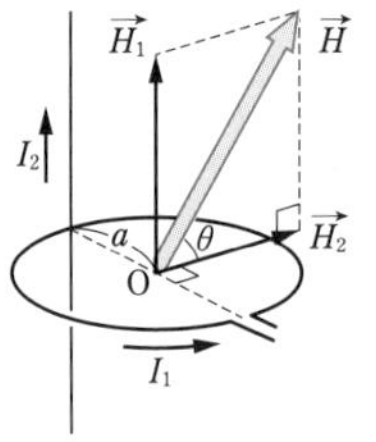

$$H = \sqrt{H_1^2 + H_2^2}$$
$$= \sqrt{\left(\frac{I_1}{2a}\right)^2 + \left(\frac{I_2}{2\pi a}\right)^2}$$
$$= \boldsymbol{\frac{1}{2a}\sqrt{I_1^2 + \frac{I_2^2}{\pi^2}}}$$

(2) 右図より　$\tan\theta = \frac{H_1}{H_2} = \frac{I_1/2a}{I_2/2\pi a} = \boldsymbol{\frac{\pi I_1}{I_2}}$

137.

Point! 平行電流が及ぼしあう力 F〔N〕を表す式，および直線電流がつくる磁場の磁束密度 B〔T〕を表す式は，それぞれ次のようになる。

$$F = \frac{\mu I_1 I_2}{2\pi r} l \qquad B = \mu H = \frac{\mu I}{2\pi r}$$

なお，平行電流が及ぼしあう力は，電流の向きが同じときには引力，反対のときには斥力となる。

解答 (1) 平行電流が及ぼしあう力の式「$F = \frac{\mu I_1 I_2}{2\pi r} l$」に $\mu = 4\pi \times 10^{-7}$ N/A^2，$I_1 = 4$ A，$I_2 = 2$ A，$r = 2$ m，$l = 1$ m を代入して

$$F = \frac{(4\pi \times 10^{-7}) \times 4 \times 2}{2\pi \times 2} \times 1$$
$$= \mathbf{8 \times 10^{-7}\,N}$$

平行電流の向きが反対なので，4 A の電流は **x 軸の負の向き**の力(斥力)を受ける。

(2) 直線電流がつくる磁場の強さ H，および磁束密度 B を表す式より

$$H = \frac{I}{2\pi r}$$
$$B = \mu H$$
$$= (4\pi \times 10^{-7}) \times \frac{I}{2\pi r}$$
$$= (2 \times 10^{-7}) \times \frac{I}{r} \quad \cdots\cdots ①$$

電流 I_1, I_2 がそれぞれ点Qの位置につくる磁場の磁束密度を B_1, B_2 とし，合成磁場の磁束密度を B とする(図1)。①式より

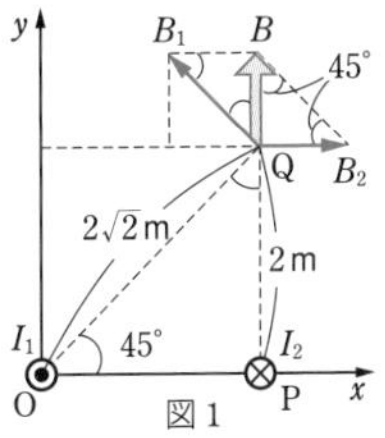

図1

$$B_1=(2\times10^{-7})\times\frac{4}{2\sqrt{2}}$$
$$=2\sqrt{2}\times10^{-7}\,\mathrm{T}$$
$$B_2=(2\times10^{-7})\times\frac{2}{2}=2\times10^{-7}\,\mathrm{T}$$

右ねじの法則より，B_1, B_2 の向きは図1に示す向きとなり，B の向きは **y 軸の正の向き**となる。図より，B の大きさは B_2 に等しいので　$B=\mathbf{2\times10^{-7}\,T}$

(3) 点Qを通る電流 $I\,(=10\,\mathrm{A})$ は，(2)の合成磁場(磁束密度 $B=2\times10^{-7}\,\mathrm{T}$)から力を受ける。力の向きはフレミングの左手の法則より，**x 軸の負の向き**となる(図2)。1m当たりにはたらく力の大きさ F〔N〕は

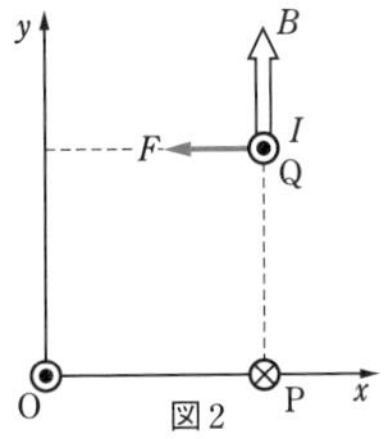

図2

$$F=IBl=10\times(2\times10^{-7})\times1=\mathbf{2\times10^{-6}\,N}$$ [1]

補足 [1] 別解　電流 I が1m当たりに受ける力を，電流 I_1 から F_1(引力)，電流 I_2 から F_2(斥力)とする(右図)。

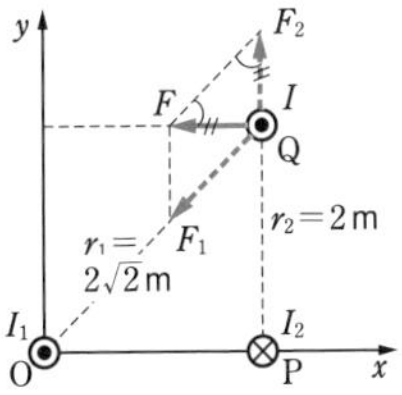

$F_1=\dfrac{(4\pi\times10^{-7})\times II_1}{2\pi\times r_1}\times1$ より

$F_1=2\sqrt{2}\times10^{-6}\,\mathrm{N}$

同様に　$F_2=2\times10^{-6}\,\mathrm{N}$

力 F は力 F_1 と F_2 の合力である。上図より

$F=F_2=\mathbf{2\times10^{-6}\,N}$

138.

Point! **磁場の中を運動する電子はローレンツ力を受ける。このローレンツ力が向心力となって電子は等速円運動をする。**

解答 (1) フレミングの左手の法則より，磁場の向きは，**紙面の表から裏の向き**。

(2) 電子はローレンツ力「$f=evB$」を受ける。このローレンツ力が向心力となって電子は円運動をする。

等速円運動の運動方程式「$m\dfrac{v^2}{r}=F$」より

$$m\frac{v^2}{R}=evB$$

したがって　$R=\boldsymbol{\dfrac{mv}{eB}}$〔m〕

(3) 等速円運動の周期の式「$T=\dfrac{2\pi r}{v}$」より

$$T=\frac{2\pi R}{v}=\boldsymbol{\frac{2\pi m}{eB}}\text{〔s〕}$$

139.

Point! **磁場中を運動するイオン(荷電粒子)はフレミングの左手の法則に従った向きにローレンツ力を受ける。ローレンツ力とイオンの運動の向きは直交しているので，磁場が一様ならばローレンツ力も一定の大きさではたらき，イオンは等速円運動をする。**
また，電場中を運動するイオンは，電場からエネルギーをもらい加速される。

解答 (1) イオンは電場中で加速され，磁場に入射される。図にある電位差は正の電荷を加速して磁場中に入射させる向きなので，$q>0$ である。イオンがもっている運動エネルギーは電場からされる仕事によって与えられるので，電場からされる仕事の式「$W=qV$」と運動エネルギーの式より

$$qV=\frac{1}{2}M_1v_1{}^2$$

よって　$v_1=\boldsymbol{\sqrt{\dfrac{2qV}{M_1}}}$〔m/s〕

(2) イオンの円運動の半径は $\dfrac{L_1}{2}$ である。イオンにはたらくローレンツ力が向心力のはたらきをするので，ローレンツ力の式「$f=qvB$」と等速円運動の運動方程式「$m\dfrac{v^2}{r}=F$」より　$M_1\dfrac{v_1{}^2}{L_1/2}=qv_1B$

よって　$L_1=\boldsymbol{\dfrac{2M_1v_1}{qB}}$〔m〕

(3) (2)の結果に(1)の結果を代入すると

$$L_1=\frac{2M_1}{qB}\sqrt{\frac{2qV}{M_1}}=\frac{2}{B}\sqrt{\frac{2M_1V}{q}}$$ [1]

質量 M_2〔kg〕のイオンの場合も同様に

$$L_2=\frac{2}{B}\sqrt{\frac{2M_2V}{q}}$$

よって　$\dfrac{L_1}{L_2}=\boldsymbol{\sqrt{\dfrac{M_1}{M_2}}}$

補足 [1] (2)の結果のままだと，v_1, v_2 が M_1, M_2 を含むので不適である。

第20章 電磁誘導

140.

Point! コイルを上向きに貫く磁束が増加するとき，コイルには下向きの磁場を生じるような誘導電流が流れる。この電流の向きは P→R→Q の向きである。

解答 (1) 回路に流れる誘導電流は，レンツの法則により図 a のように流れる。また，この電流の向きにあわせて PQ 間を電池に置きかえて考えてみると，図 b のようになる。したがって，**P の電位が高い**。

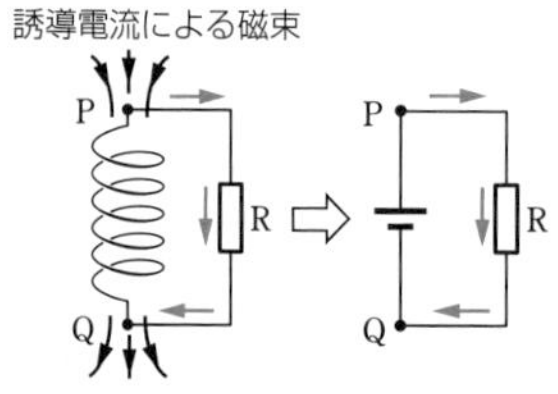

図 a　　図 b

(2) ファラデーの電磁誘導の法則「$V=-N\dfrac{\Delta\Phi}{\Delta t}$」と，

$\Delta\Phi=\Delta BS$ より

$$|V|=\left|-N\frac{\Delta BS}{\Delta t}\right|^{❶}$$

$$=(2.0\times10^3)\times(1.5\times10^{-2})\times0.10=\mathbf{3.0\,V}$$

(3) オームの法則より　$I=\dfrac{|V|}{R}=\dfrac{3.0}{5.0}=\mathbf{0.60\,A}$

補足 ❶ 大きさを答えるので，絶対値記号を付してある。

141.

Point! 一様な磁場（磁束密度 B〔T〕）を垂直に，速さ v〔m/s〕で横切る長さ l〔m〕の金属棒に生じる誘導起電力の大きさは $V=vBl$〔V〕である。

解答 (1)「$V=vBl$」より

$$V=10\times(1.0\times10^{-2})\times0.50$$
$$=\mathbf{5.0\times10^{-2}\,V}$$

(2) 金属棒中の自由電子は，Q→P の向きにローレンツ力を受けるので，P 側に負，Q 側に正の電荷が集まる。

よって，正の電荷が現れるのは **Q端**

142.

Point! コイルを貫く磁束（＝磁束密度×面積）が変化するとコイルに誘導起電力が生じ，誘導電流が流れる。誘導電流の向きは，磁束の変化を打ち消す向きである（レンツの法則）。(3)では，①辺 CD が磁場に入り始めてから辺 AB が磁場に入るまで ②コイル全体が磁場に入っている間 ③辺 CD が磁場を出てから辺 AB が磁場を出るまで の 3 つの場合に分けて考える。

解答 (1) 短い時間 Δt の間の磁束の変化 $\Delta\Phi$ を考えると　$\Delta\Phi=B\cdot\Delta S=B(av\cdot\Delta t)$

よって誘導起電力 V は

$$V=\left|\frac{\Delta\Phi}{\Delta t}\right|=\left|\frac{B(av\cdot\Delta t)}{\Delta t}\right|=\boldsymbol{vBa}^{❶}$$

(2) コイルの全抵抗は R だから

$$I_0=\frac{V}{R}=\boldsymbol{\frac{vBa}{R}}$$

電流の向きは，レンツの法則より **A→B→C→D→A**

(3) ①辺 CD が磁場に入り始めてから辺 AB が磁場に入るまで（図 a ①）：

時刻は $0\leqq t\leqq\dfrac{a}{v}$ であり，(2)で求めた通り C→D の向き（正）に大きさ $I_0=\dfrac{vBa}{R}$ の電流が流れる。

②コイル全体が磁場に入っている間（図 a ②）：

時刻は $\dfrac{a}{v}\leqq t\leqq\dfrac{b}{v}$ であり，コイルを貫く磁束が変化しないから誘導起電力は生じず，電流は 0 ❷。

③辺 CD が磁場を出てから辺 AB が磁場を出るまで（図 a ③）：

時刻は $\dfrac{b}{v}\leqq t\leqq t_1\left(=\dfrac{a+b}{v}\right)$ であり，B→A の向き（負）に大きさ $I_0=\dfrac{vBa}{R}$ の電流が流れる。

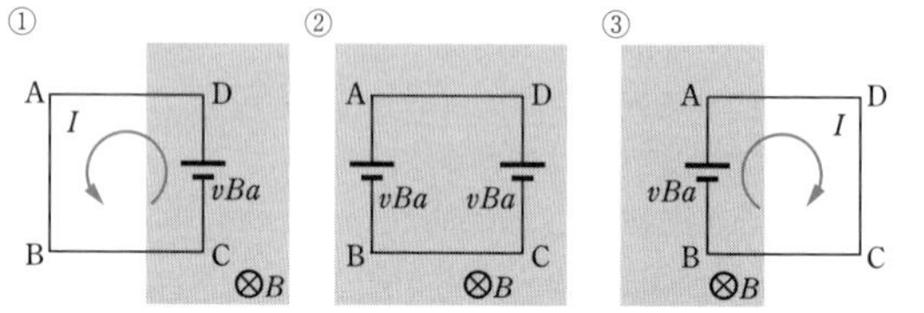

図 a

以上を踏まえると，電流 I と時刻 t の関係は下の**図 b** のようになる。

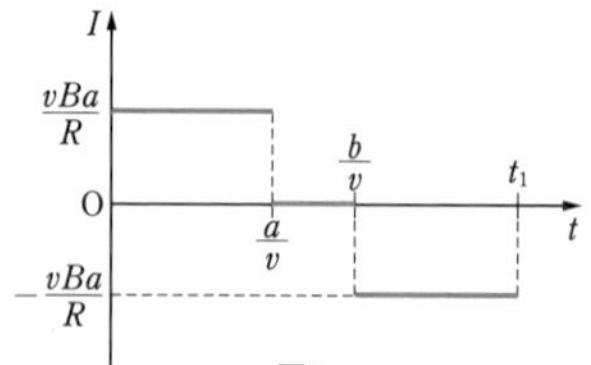

図 b

補足 ❶ 辺 CD が誘導起電力 vBa を生じる導体棒とみなしてもよい。

❷ 磁束を横切る辺 CD，辺 AB がそれぞれ誘導起電力 vBa を生じるが，A と D，B と C がそれぞれ等電位であるために電流が流れないと考えることもできる。

143. **Point!** おもりmが導線PQを引いて降下しているとき，おもりにはたらく力は，重力 mg とひもが引く力 F の 2 力である。力 F は導線PQを流れる誘導電流に磁場が及ぼす力でもある。おもりはこの 2 力の合力 $(mg-F)$ によって加速され，$mg=F$ となると，加速度は 0 となり，以後，等速で降下する。

解答 (1) おもりの速さ(＝導線PQの速さ)が v〔m/s〕のとき，回路に生じる誘導起電力の大きさ V〔V〕は，$V=vBl$ であるから，電流の大きさ I〔A〕は，オームの法則より

$$I=\frac{V}{R}=\boldsymbol{\frac{vBl}{R}}\text{〔A〕}$$

電流 I の向きは，下向きの磁束を生じる向き(レンツの法則)で，右ねじの法則より，**ア**の向きとなる。

(2) 導線PQが磁場から受ける力の大きさを F〔N〕とする(右図)。電流が磁場から受ける力の式「$F=IBl$」より

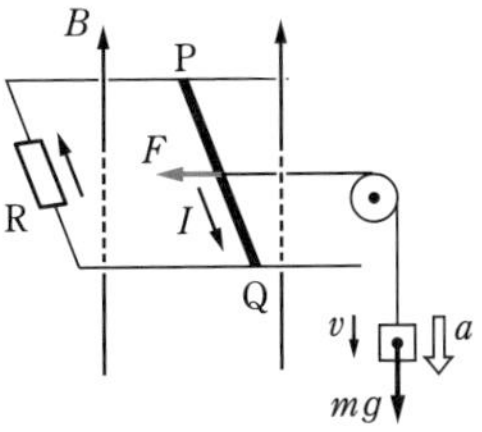

$$F=IBl=\boldsymbol{\frac{vB^2l^2}{R}}\text{〔N〕}$$

(3) (2)の力 F の向きは，フレミングの左手の法則より，PQの運動を妨げる向き(図の左向き)となる。おもりの加速度(下向き)を a〔m/s²〕とすると，おもりは，重力とひもの張力((2)の力 F と同じ大きさ)の合力(差になる)によって加速されるので，運動方程式は

$$ma=mg-F$$

ゆえに $a=g-\frac{F}{m}=\boldsymbol{g-\frac{vB^2l^2}{mR}}$〔m/s²〕

(4) (3)の加速度 a の式より，a は v の増加とともに減少していくので，$a=0$ になる速さに達すると，以後，この一定の速さで降下するようになる。この速さを v_0〔m/s〕とすると，(3)の a の式より

$$0=g-\frac{v_0B^2l^2}{mR} \qquad \text{ゆえに} \quad v_0=\boldsymbol{\frac{mgR}{B^2l^2}}\text{〔m/s〕}$$

(5) このとき，おもりは 1 秒間に $h=v_0\times1$〔m〕だけ降下するので，重力が 1 秒間にする仕事 W〔J〕は

$$W=mgh=mgv_0=\boldsymbol{\left(\frac{mg}{Bl}\right)^2R}\text{〔J〕}$$ [1]

(6) このとき，抵抗Rで 1 秒間に発生する熱量を Q〔J〕とすると，ジュール熱の式「$Q=IVt=\frac{V^2}{R}t$」より，v_0 の値を用いて

$$Q=\frac{V^2}{R}t=\frac{(v_0Bl)^2}{R}\times1=\frac{1}{R}\times\left(\frac{mgR}{B^2l^2}\right)^2B^2l^2$$
$$=\boldsymbol{\left(\frac{mg}{Bl}\right)^2R}\text{〔J〕}$$ [1]

補足 [1] **参考** $Q=W$ の関係が成りたち，エネルギーが保存されていることがわかる。

144. **Point!** 抵抗だけの回路では，スイッチを閉じると，回路には瞬時に電流が流れるが，回路にコイルがあると，コイルには電流の変化を妨げる向きに誘導起電力が発生するため，スイッチを閉じた直後には，コイルには電流が流れない。

解答 (1) Sを閉じた直後，コイルには電流が流れるのを妨げる向きに誘導起電力が生じるため，電流は R_1 の抵抗側に流れる。

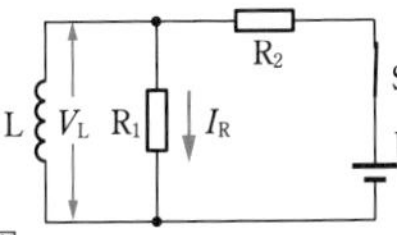

図a

よって $I_L=\boldsymbol{0}$ **A**

また，キルヒホッフの法則Ⅱより $V_0=R_1I_R+R_2I_R$

ゆえに $I_R=\boldsymbol{\frac{V_0}{R_1+R_2}}$〔A〕

コイルLに生じる誘導起電力の大きさ V_L は，図aより R_1 の抵抗の両端の電圧に等しいので

$$V_L=R_1I_R=\boldsymbol{\frac{R_1V_0}{R_1+R_2}}\text{〔V〕}$$

(2) Sを閉じて十分時間が経過すると，抵抗 R_1 はコイルL(抵抗値 0)によって短絡され，電流はすべてコイルLに流れ，抵抗 R_1 には流れない。

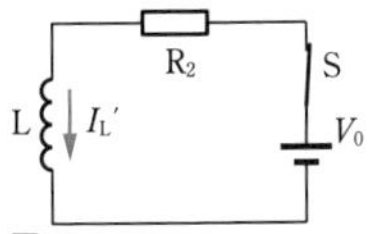

図b

よって $I_R'=\boldsymbol{0}$ **A**

また，回路は図bの回路と同等になり，電流は正の向きに流れるので

$$I_L'=\boldsymbol{\frac{V_0}{R_2}}\text{〔A〕}$$

このとき，コイルに誘導起電力は生じていないので

$V_L'=\boldsymbol{0}$ **V**

145. **Point!** 2つのコイルが，同一の鉄心に巻かれていると，片方のコイルの電流変化によって生じる磁束変化が鉄心を介してそのまま伝えられる。よって，もう一方のコイルには，伝えられた磁束変化を妨げるような誘導起電力が発生する。

解答 相互誘導の式「$V_2=-M\dfrac{\Delta I_1}{\Delta t}$」より

時刻 0～1s：$V_2=-0.02\times\dfrac{10-0}{1}=-0.2\,\text{V}$

1～3s：$V_2=-0.02\times\dfrac{0-10}{2}=0.1\,\text{V}$

3～4s：$V_2=-0.02\times\dfrac{10-0}{1}=-0.2\,\text{V}$

4～6s：$V_2=-0.02\times\dfrac{0-10}{2}=0.1\,\text{V}$　　答えは**図a**

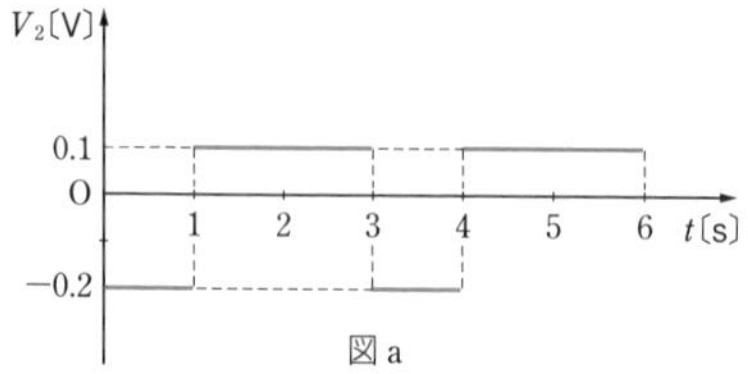

図a

第21章 交流と電気振動

146. **Point!** 一様な磁場の中でコイルを一定の速さで回転させると，コイルには誘導起電力が生じる。この誘導起電力はコイル内を貫く磁束の変化によって生じると考えることができ，レンツの法則に従う。コイルの回転角は時間によって変化するので，誘導起電力も時間によって変化する。

解答 (ア) コイルを辺 AD 側から見ると右図のようになる。

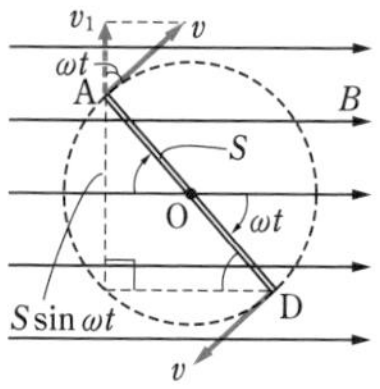

コイルを貫く磁束「$\Phi=BS$」より

$\Phi=B\times S\sin\omega t$

$=\boldsymbol{Bab\sin\omega t}$〔Wb〕

(イ) 半径が $\dfrac{b}{2}$〔m〕の等速円運動とみなせるので，等速円運動する物体の速さの式「$v=r\omega$」より

$v=\dfrac{b}{2}\times\omega=\boldsymbol{\dfrac{b\omega}{2}}$〔m/s〕

(ウ) AB(CD) の磁場に垂直な方向の速度成分の大きさを v_1〔m/s〕とする。図より

$v_1=v\cos\omega t=\boldsymbol{\dfrac{b\omega}{2}\cos\omega t}$〔m/s〕

(エ) AB と CD は，それぞれ速さ v_1〔m/s〕で磁場を垂直に横切るので，磁場の方向から見たコイルの面積の変化率(単位時間当たりの面積の変化)は

$\dfrac{\Delta S}{\Delta t}=av_1\times 2=ab\omega\cos\omega t$〔m²/s〕

よって，磁束の変化率は

$\dfrac{\Delta\Phi}{\Delta t}=B\left(\dfrac{\Delta S}{\Delta t}\right)=\boldsymbol{Bab\omega\cos\omega t}$〔Wb/s〕

(オ) コイルに生じる誘導起電力の式「$V=\dfrac{\Delta\Phi}{\Delta t}$」より

$V=\boldsymbol{Bab\omega\cos\omega t}$〔V〕[1]

(カ) オームの法則「$I=\dfrac{V}{R}$」より

$I=\boldsymbol{\dfrac{Bab\omega}{R}\cos\omega t}$〔A〕

(キ) レンツの法則により，コイルを貫く磁束が増えるのを打ち消すような向きに，誘導電流が流れるので，**A→B→C→D→A** の向き。

補足 [1] **別解** 速さ v_1 で磁場を垂直に横切る AB と CD には，それぞれ v_1Ba〔V〕の誘導起電力が生じるので，コイルには

$V=v_1Ba\times 2=\boldsymbol{Bab\omega\cos\omega t}$〔V〕

の起電力が生じる。

147. **Point!** 交流電源に抵抗だけをつないだ場合，抵抗を流れる交流電流は交流電圧といっしょに変動し，オームの法則が適用できる。交流電流の最大値 I_0 と実効値 I_e の間には $I_e=\frac{1}{\sqrt{2}}I_0$ の関係がある。また，消費電力の時間平均は交流電流の実効値と交流電圧の実効値の積で表される。

解答 (1) 交流電流は交流電圧といっしょに変動するので $f=$**50Hz**

(2) オームの法則より[1]

$$I_e=\frac{100\,\text{V}}{100\,\Omega}=\mathbf{1.0\,A}$$

(3)「$I_e=\frac{1}{\sqrt{2}}I_0$」より

$$I_0=\sqrt{2}\,I_e=1.41\times1.0\fallingdotseq\mathbf{1.4\,A}$$

(4) (2)より $I_e=1.0$A，電圧の実効値 $V_e=100$V であるから

$$\overline{P}=I_eV_e=1.0\times100=\mathbf{1.0\times10^2\,W}$$

補足 [1] オームの法則を使うときは，電圧・電流とも実効値で使うか，電圧・電流とも最大値で使う。

148. **Point!** 交流に対する抵抗・コイル・コンデンサーの性質の違いを理解する。

解答 (a) **f によらない。**

(b) コイルのリアクタンス $\omega L=2\pi fL$ より，**f が大きいほど電流は流れにくい（f が小さいほど電流は流れやすい）。**

(c) **$\frac{\pi}{2}$ 遅れる。**　(d) **$\frac{\pi}{2}$ 進む。**　(e) $\frac{1}{\omega C}=\mathbf{\frac{1}{2\pi fC}}$

149. **Point!** コンデンサーのリアクタンス「$X_C=\frac{1}{\omega C}$」と，オームの法則に相当する $V_0=X_CI_0$ を使う。コンデンサーでは電流は電圧より位相が $\frac{\pi}{2}$ 進んでいる。

解答 (1) 交流電源の周波数 f[Hz] は $f=50$Hz，コンデンサーの電気容量 C[F] は $C=50\times10^{-6}$F である。コンデンサーのリアクタンス X_C[Ω] は，コンデンサーのリアクタンスの式「$X_C=\frac{1}{\omega C}$」より

$$X_C=\frac{1}{\omega C}=\frac{1}{2\pi fC}$$

よって，電流の最大値 I_0[A] は，電圧の最大値を $V_0=100$V として

$$I_0=\frac{V_0}{X_C}=V_0\times2\pi fC$$
$$=100\times2\times3.14\times50\times(50\times10^{-6})=1.57$$
$$\fallingdotseq\mathbf{1.6\,A}$$

(2) コンデンサーでは，電圧に対して電流の位相が $\frac{\pi}{2}$ 進むので，$V=V_0\sin\omega t$ のとき

$$I=I_0\sin\left(\omega t+\frac{\pi}{2}\right)=1.6\sin\left(\omega t+\frac{\pi}{2}\right)$$

よって，電流 I[A] の時間変化は次の**図**のようになる。

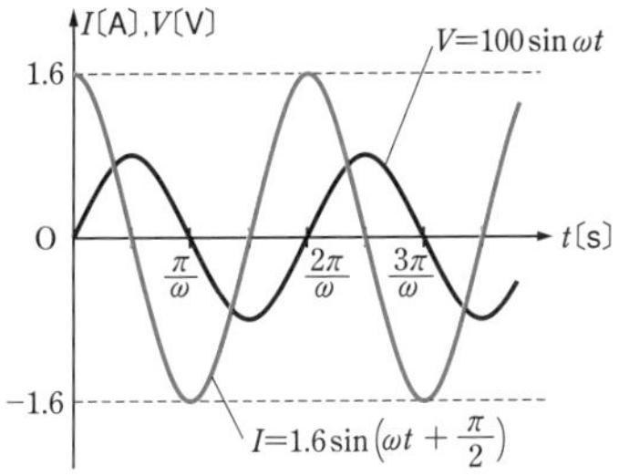

150. **Point!** コンデンサー，コイルに交流を流すと，電圧と電流の位相は $\frac{\pi}{2}$ だけずれるが，抵抗では位相が同じである。このとき，コンデンサーとコイルは電力を消費しないが，抵抗は電流と電圧の実効値の積 I_eV_e で表される電力(時間平均)を消費する。

解答 (ア) コンデンサーに加わる電圧の最大値は $\frac{1}{\omega C}I_0$ [1] で，電圧の位相は電流より $\frac{\pi}{2}$ だけ遅れているから，点bに対する点aの電位は

$$V_C=\boldsymbol{\frac{1}{\omega C}I_0\sin\left(\omega t-\frac{\pi}{2}\right)}$$

$$\left(\text{あるいは}\ \boldsymbol{-\frac{1}{\omega C}I_0\cos\omega t}\right)$$

(イ) コイルに加わる電圧の最大値は ωLI_0 [2] で，電圧の位相は電流より $\frac{\pi}{2}$ だけ進んでいるから，点cに対する点bの電位は

$$V_L=\boldsymbol{\omega LI_0\sin\left(\omega t+\frac{\pi}{2}\right)}$$

$$\left(\text{あるいは}\ \boldsymbol{\omega LI_0\cos\omega t}\right)$$

(ウ) 抵抗に加わる電圧の最大値は RI_0 で，電圧と電流は同位相であるから，点dに対する点cの電位は

$$V_R=\boldsymbol{RI_0\sin\omega t}$$

(エ) 抵抗を流れる電流と加わる電圧の実効値 [3] は，それぞれ

$$I_e=\frac{I_0}{\sqrt{2}},\quad V_e=\frac{RI_0}{\sqrt{2}}$$

で，抵抗で消費される電力の時間平均 $\overline{P}$ は [4]

$$\overline{P}=I_eV_e=\boldsymbol{\frac{RI_0^2}{2}}$$

(オ) $\omega=\omega_0$ のとき ac 間の電圧が常に0になったので

$$V_C+V_L=0$$

(ア)と(イ)の結果を使うと

$$\frac{1}{\omega_0C}I_0\sin\left(\omega_0t-\frac{\pi}{2}\right)+\omega_0LI_0\sin\left(\omega_0t+\frac{\pi}{2}\right)=0$$

$\sin\left(\omega_0t-\frac{\pi}{2}\right)=-\cos\omega_0t$，$\sin\left(\omega_0t+\frac{\pi}{2}\right)=\cos\omega_0t$ の関係を用いて

$$\left(\omega_0L-\frac{1}{\omega_0C}\right)I_0\cos\omega_0t=0$$

時刻 t によらず常にこの式が成りたつから

$$\omega_0L-\frac{1}{\omega_0C}=0$$

でなければならない。したがって

$$\omega_0{}^2=\frac{1}{LC}\qquad \text{よって}\quad \omega_0=\boldsymbol{\frac{1}{\sqrt{LC}}}$$ [5]

補足 [1] コンデンサーのリアクタンス(交流に対する抵抗のはたらきをする)は $X_C=\frac{1}{\omega C}$，コンデンサーに加わる電圧の最大値は $V_{C0}=X_CI_0$ と表される。

[2] コイルのリアクタンスは $X_L=\omega L$，コイルに加わる電圧の最大値は $V_{L0}=X_LI_0$ と表される。

[3] 電流，電圧の実効値は電流，電圧の最大値をそれぞれ $\sqrt{2}$ でわった値である。

[4] 抵抗に交流を流したとき，消費電力は時間とともに変化するが，その時間平均は電流と電圧の実効値 I_e と V_e で $\overline{P}=I_eV_e$ と表せる。

[5] このとき回路は共振しているといい，ω_0 を LCR 直列回路の共振角周波数という。

151. **Point!** 充電されたコンデンサーとコイルを接続すると一定の周期で向きが変わる電流(振動電流)が流れる。この振動の周期は $T=2\pi\sqrt{LC}$ で表される。また，回路の抵抗が0であれば，コンデンサーが蓄えるエネルギーとコイルが蓄えるエネルギーの和は常に一定に保たれる。

解答 (1) 振動回路での周期の式「$T=2\pi\sqrt{LC}$」より

$$C=\frac{T^2}{4\pi^2L}=\frac{0.10^2}{4\times3.14^2\times2.0}\ [1] \fallingdotseq \boldsymbol{1.3\times10^{-4}\ \mathrm{F}}$$

(2) コイルを流れる電流の位相は電圧より $\frac{\pi}{2}$ $\left(\text{時間差}\ \frac{T}{4}\right)$ だけ遅れる。また，電気振動においては，回路の電気抵抗が0であればエネルギーが保存されるので

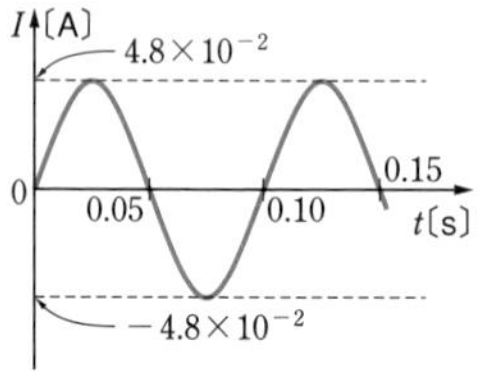

$\frac{1}{2}CV_0{}^2=\frac{1}{2}LI_0{}^2$ より

$$I_0=\sqrt{\frac{C}{L}}V_0=\sqrt{\frac{T^2}{4\pi^2L^2}}V_0=\frac{TV_0}{2\pi L}\ [2]$$

$$=\frac{0.10\times6.0}{2\times3.14\times2.0}\fallingdotseq\boldsymbol{4.8\times10^{-2}\ \mathrm{A}}$$

補足 [1] 図2より $T=0.10$ s である。

[2] やみくもに値を代入せずに文字式を整理してから数値を代入する(計算が楽になる場合が多い)。

152. Point! 電磁波の進む速さ c と振動数 f，波長 λ の間の関係式 $c=f\lambda$ を用いる。

解答 (1)「$c=f\lambda$」より

$$f=\frac{3.0\times10^8\,\mathrm{m/s}}{390\,\mathrm{nm}}=\frac{3.0\times10^8}{390\times10^{-9}}$$

$$=7.69\cdots\times10^{14}\fallingdotseq\mathbf{7.7\times10^{14}\,Hz}$$

(2)「$c=f\lambda$」より

$$\lambda=\frac{3.0\times10^8\,\mathrm{m/s}}{81.3\,\mathrm{MHz}}=\frac{3.0\times10^8}{81.3\times10^6}$$

$$=3.69\cdots\fallingdotseq\mathbf{3.7\,m}$$

(3) 波長が長い電磁波ほど回折しやすい。AM 放送と FM 放送では，AM 放送のほうが波長が長い。したがって **AM 放送**のほうが建物や山のかげにも届きやすい。

第4編 編末問題

153. Point! この場合のような電場を求めるときは，ガウスの法則[1]を用いる。このとき電場が平面Aの上下で対称になっていることに注意する。

一様な電場内で，電場方向の2点間の電位差は $V_{高}-V_{低}=Ed$ で求められる。

解答 (ア) この円筒にガウスの法則[1]を適用すると

$N=\boldsymbol{4\pi kQ}$〔本〕

(イ) 上面と下面を貫く電気力線の本数はそれぞれ ES〔本〕であるから，円筒を貫く電気力線の総数は $2ES$〔本〕である。ゆえに，(ア)の結果より

$$2ES=4\pi kQ \qquad よって \quad E=\boldsymbol{\frac{2\pi kQ}{S}}\,\text{〔N/C〕}$$

(ウ) (イ)の結果より，平面Aのまわりには一様な電場ができることがわかる。Aから距離 d〔m〕の点をPとし，Pの電位を V_P〔V〕，Aの電位を V_A〔V〕とすると(図a)，AP間の電位差 V_A-V_P は[2]一様な電場の式「$V=Ed$」より

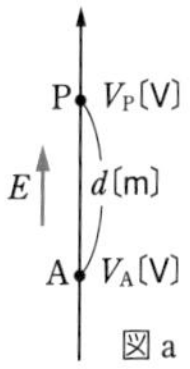

図a

$$V_A-V_P=Ed=\frac{2\pi kQ}{S}d$$

$V_A=0\,\mathrm{V}$ であるから　$V_P=\boldsymbol{-\frac{2\pi kQ}{S}d}$〔V〕[3]

補足 [1] Q〔C〕の帯電体から出る電気力線の総数 N〔本〕は $N=4\pi kQ$〔本〕である。

[2] 電場の向きは電気力線の向きで，電位の高いほうから低いほうに向かう。

[3] Aの電位のほうがPの電位より高いので，$V_P<0$ である。

154. **Point!** 静電気力は保存力なので，電場内で静電気力だけを受けて運動する荷電粒子では

$\left(\text{運動エネルギー } \frac{1}{2}mv^2\right) + \left(\text{静電気力による位置エネルギー } qV\right) = \text{一定}$

解答 (1) 図１の△OPRの３辺の比より[1]，PR＝PS＝$5d$ である。また，点R，Sに置かれている電荷は等しいので，R，Sの点電荷がそれぞれ点Pにつくる電位を V_1，V_2 とすると点電荷のまわりの電位の式「$V=k\frac{Q}{r}$」より

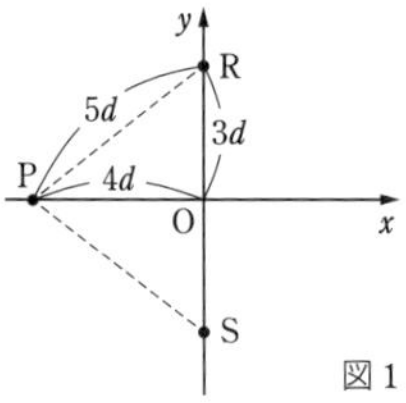

図１

$$V_1=V_2=k\frac{Q}{5d}$$

点Pにつくられる電位 V は V_1 と V_2 の代数和であるから

$$V=V_1+V_2=\boldsymbol{\frac{2kQ}{5d}}$$

(2) 点Pにおける電気量 q の点電荷の速さを v_0，点Oを通過するときの速さを v とする。点Oの電位 V' は OR＝OS＝$3d$ であるので(1)と同様に $V'=\frac{2kQ}{3d}$ と表せる。

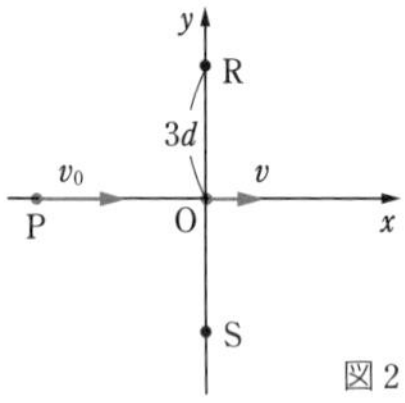

図２

点Pから点Oまでの移動中に点電荷は静電気力（保存力）のみの仕事を受けるので，力学的エネルギー保存則が成りたつ。運動エネルギーの式および点電荷の位置エネルギーの式「$U=qV$」より

$$\frac{1}{2}mv_0{}^2+q\frac{2kQ}{5d}=\frac{1}{2}mv^2+q\frac{2kQ}{3d}$$

変形して

$$\frac{1}{2}mv^2=\frac{1}{2}mv_0{}^2+\frac{2kqQ}{d}\left(\frac{1}{5}-\frac{1}{3}\right)$$

$$=\frac{1}{2}mv_0{}^2-\frac{4kqQ}{15d}$$

点Oを通過する条件は $\frac{1}{2}mv^2>0$ であるので上式より

$$\frac{1}{2}mv_0{}^2-\frac{4kqQ}{15d}>0$$

$$\frac{1}{2}mv_0{}^2>\frac{4kqQ}{15d}$$

よって　$v_0{}^2>\frac{8kqQ}{15md}$　　ゆえに　$v_0>2\sqrt{\boldsymbol{\frac{2kqQ}{15md}}}$

補足 [1] △OPRは３：４：５の直角三角形である。

155. **Point!** 電池をつないだコンデンサーの極板間に誘電体（絶縁体）を挿入すると，誘電体は誘電分極を起こす。誘電体のある部分だけを別のコンデンサーとみなす。挿入の仕方によってコンデンサーの並列接続，直列接続（あるいはそれらを複合した接続）とみなせるので，コンデンサー全体としての電気容量は変化し，コンデンサーに蓄えられる電気量も変化する。

解答 (1) 誘電体を挿入することで，極板の面積が半分の，２つのコンデンサーの並列接続とみなせる。それぞれのコンデンサーの電気容量を $C_{左}$，$C_{右}$ とすると，電気容量の式「$C=\varepsilon\frac{S}{d}$」より

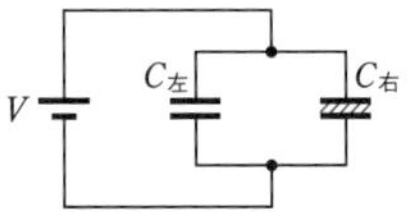

$$C_{左}=\frac{C}{2},\quad C_{右}=\frac{\varepsilon_r C}{2}$$

全体としては並列接続なので，合成容量 C_1 は

$$C_1=C_{左}+C_{右}=\frac{(\varepsilon_r+1)C}{2}$$ [1]

コンデンサーに蓄えられる電気量と極板間電圧の式「$Q=CV$」より

$$Q_1=C_1V=\boldsymbol{\frac{\varepsilon_r+1}{2}CV}\ \text{〔C〕}$$ [1]

(2) 誘電体を挿入することで，極板間距離が半分の，２つのコンデンサーの直列接続とみなせる[2]。それぞれのコンデンサーの電気容量を $C_{上}$，$C_{下}$ とすると

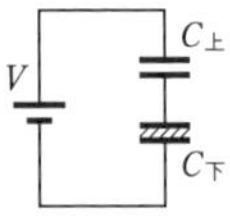

$$C_{上}=2C,\quad C_{下}=2\varepsilon_r C$$

全体としては直列接続なので，合成容量 C_2 は

$$\frac{1}{C_2}=\frac{1}{C_{上}}+\frac{1}{C_{下}}=\frac{1}{2C}+\frac{1}{2\varepsilon_r C}$$

よって　$C_2=\frac{2\varepsilon_r C}{\varepsilon_r+1}$ [1]

コンデンサーに蓄えられる電気量と極板間電圧の式「$Q=CV$」より

$$Q_2=C_2V=\boldsymbol{\frac{2\varepsilon_r}{\varepsilon_r+1}CV}\ \text{〔C〕}$$ [1]

補足 [1] $\varepsilon_r=1$ とすると，誘電体を挿入しない場合の結果と等しいことが確かめられる。

[2] **注** 誘電体を厚さの無視できる金属板でおおったとして考えたが，これはなくても結果には変わりはない。

156. **Point!** 極板を引きはなすには，極板間引力に逆らって外力を加える必要がある。このとき，外力はコンデンサーに対して仕事をするので，コンデンサーの静電エネルギーは増加することになる。また，極板間引力は，極板間隔が極板の大きさに比べ十分に小さいときは，間隔によらず一定。

解答 (1) 電気容量の式「$C=\varepsilon\dfrac{S}{d}$」より

$$C=\boldsymbol{\varepsilon_0\frac{S}{d}}$$

(2) コンデンサーに蓄えられる電荷と極板間電圧の式「$Q=CV$」より

$$V=\frac{Q}{C}=\boldsymbol{\frac{Qd}{\varepsilon_0 S}}$$

(3) 一様な電場と電位差の関係式「$E=\dfrac{V}{d}$」より

$$E=\boldsymbol{\frac{Q}{\varepsilon_0 S}}$$

(4) 静電エネルギーの式「$U=\dfrac{1}{2}QV$」より

$$U=\boldsymbol{\frac{Q^2 d}{2\varepsilon_0 S}}$$

(5) $\Delta U=$〔極板間距離が $d+x$ のときの静電エネルギー〕$-U$

よって　$\Delta U=\dfrac{Q^2(d+x)}{2\varepsilon_0 S}-\dfrac{Q^2 d}{2\varepsilon_0 S}=\boldsymbol{\dfrac{Q^2 x}{2\varepsilon_0 S}}$

(6) 静電エネルギーの増加分は，極板間の引力に逆らって極板を引きはなす外力が仕事をすることにより与えられる。

よって　$W=\Delta U=\boldsymbol{\dfrac{Q^2 x}{2\varepsilon_0 S}}$

(7) 極板を引きはなす力は極板間引力と等しい大きさである。仕事の式「$W=Fx$」より

$$F=\frac{W}{x}=\boldsymbol{\frac{Q^2}{2\varepsilon_0 S}}$$ [1]

補足 [1] Q, S, ε_0 は極板間隔によらないので，極板間引力は一定である。

157. **Point!** 図の装置はメートルブリッジともよばれる，スライド式の簡単なホイートストンブリッジである。ホイートストンブリッジの4つの抵抗のうちの2つは，1本の一様な抵抗線の2つの部分を使っている。一様な抵抗線の抵抗値は長さに比例するので，ホイートストンブリッジの回路の式は，次のようになる。

$\dfrac{R}{R_{AP}}=\dfrac{R_X}{R_{PB}}$ より　$\dfrac{R}{R_X}=\dfrac{R_{AP}}{R_{PB}}=\dfrac{AP}{PB}$

解答 (ア) $AP=l_1$ $(=25\,\text{cm})$，$PB=l_2$ $(=75\,\text{cm})$ とする（図1）。

$\dfrac{R}{R_X}=\dfrac{AP}{PB}$ より　$\dfrac{R}{R_X}=\dfrac{l_1}{l_2}$

よって　$R_X=\dfrac{l_2}{l_1}R=\dfrac{75}{25}\times 5.0=\mathbf{15\,\Omega}$

(イ) 抵抗線 AB の抵抗値を r_{AB}〔Ω〕とし，各抵抗に流れる電流の向きと大きさを図1のように仮定する。

$$I_1=\frac{V}{R+R_X}=\frac{2.0}{5.0+15}$$
$$=0.10\,\text{A}　……①$$

$$I_2=\frac{V}{r_{AB}}=\frac{2.0}{r_{AB}}\,[\text{A}]　……②$$

キルヒホッフの法則Ⅰを点Cについて用いて，$I=I_1+I_2$ より

$$I_1+I_2=0.30\,\text{A}　……③$$

①～③式より

$$0.10+\frac{2.0}{r_{AB}}=0.30$$

よって　$r_{AB}=\mathbf{10\,\Omega}$

図1

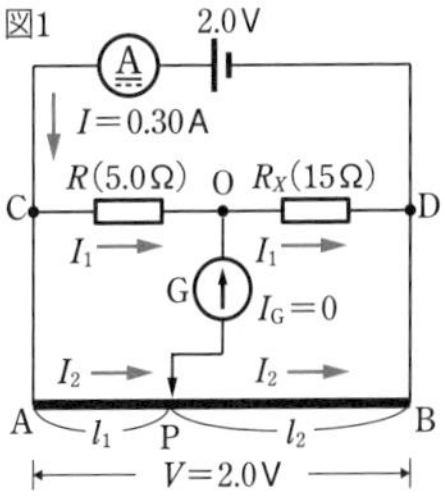

図2

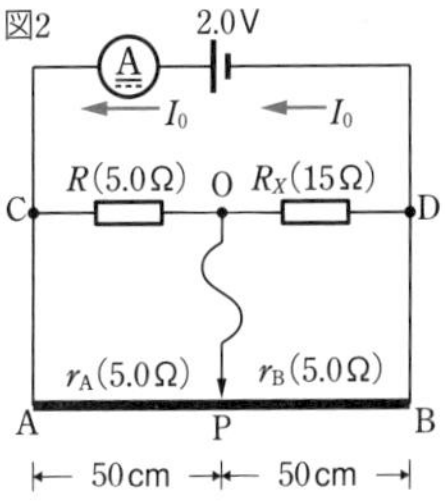

(ウ) このときの抵抗線 AB の，AP 間，PB 間の抵抗値をそれぞれ r_A，r_B〔Ω〕とする（図2）。一様な導線の抵抗は長さに比例するので

$$r_A=r_B=\frac{r_{AB}}{2}=5.0\,\Omega$$

このとき，R と r_A，R_X と r_B はそれぞれ並列[1]になるので，それぞれの合成抵抗を R_A，R_B〔Ω〕とすると

$$\frac{1}{R_A}=\frac{1}{R}+\frac{1}{r_A}=\frac{1}{5.0}+\frac{1}{5.0}=\frac{2}{5.0}$$

よって　$R_A=2.5\,\Omega$

$$\frac{1}{R_B}=\frac{1}{R_X}+\frac{1}{r_B}=\frac{1}{15}+\frac{1}{5.0}=\frac{4}{15}$$

よって　$R_B=3.75\,\Omega$

R_A, R_B は直列になるので，回路全体の合成抵抗を R_0〔Ω〕とし，全電流(電流計を流れる電流)を I_0〔A〕とすると(図3)

図3
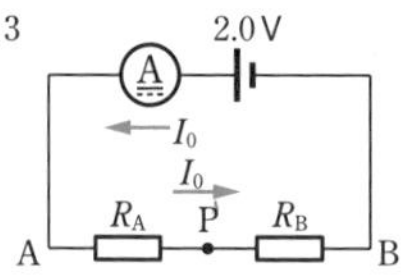

$$I_0=\frac{V}{R_0}=\frac{V}{R_A+R_B}=\frac{2.0}{2.5+3.75}=\mathbf{0.32\,A}$$

補足 1 注 図1の状態ではOP間の電流は0であるが，図2の状態では，OP間に電流が流れており，R と R_X および r_A と r_B を直列としてはいけない。

158.

Point! 充電されたコンデンサーを抵抗に接続すると，電流が流れ始め，その電流は次第に0へと近づく。この過程で，コンデンサーに蓄えられた静電エネルギーは抵抗でジュール熱として消費される。

解答 (1) コンデンサーの基本式「$Q=CV$」より

$$Q=1.0\times5.0=\mathbf{5.0\,C}$$

(2) 静電エネルギーの式「$U=\frac{1}{2}CV^2$」より

$$U=\frac{1}{2}\times1.0\times5.0^2=12.5\fallingdotseq\mathbf{13\,J}$$

(3) ③

(理由) **コンデンサーの極板間の電圧は，コンデンサーに蓄えられた電気量に比例するので，放電によって電気量が減少し，それに比例して極板間の電圧も減少するから。**

(4) 電流の定義式 「$I=\frac{Q}{t}$」 より，$Q=It$ となる。

したがって，横軸に時間 t，縦軸に電流 I をとったグラフの面積はその時間内に移動した電気量となる。問題文の図2の棒グラフの面積の総和は

$$\mathbf{0.064\times50+0.024\times50+0.008\times50+0.004\times50}$$
$$\mathbf{=0.1\times50=5\,C}$$

となり，(1)で求めた値と一致する。

(5) **抵抗で発生したジュール熱**

159.

Point! ローレンツ力は運動方向に垂直であり，仕事はしない。電極間では常に粒子を加速する向きに，大きさ V の電圧がかかるから，粒子は電場を通過するたびに電場から同じ大きさの仕事を受ける。粒子の運動方向と垂直な磁場内では，ローレンツ力が向心力となって粒子は等速円運動をする。

解答 (1) 大きさ V の電圧で電気量 q の粒子が加速されたときに，電場が粒子にする仕事は

$$W=qV$$

よって，電極間を n 回通過したときに粒子が電場からされる仕事 W_n は

$$W_n=nW=nqV$$

運動エネルギー E_0 の粒子が電極間を n 回通過したときの運動エネルギーを E_n とすると，粒子の運動エネルギーの変化は粒子がされた仕事に等しいので

$$E_n-E_0=nqV \qquad よって \quad E_n=\boldsymbol{nqV+E_0}$$

(2) 運動エネルギーが E_n のときの速さが v なので

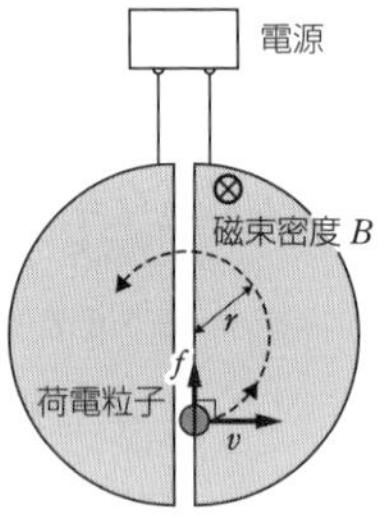

$$E_n=\frac{1}{2}mv^2$$

$$よって \quad v=\sqrt{\frac{\boldsymbol{2E_n}}{\boldsymbol{m}}}$$

磁場中を運動する荷電粒子には，常に速度に垂直な向きのローレンツ力がはたらき，荷電粒子はこのローレンツ力を向心力として磁場中を等速円運動する。ローレンツ力の大きさは $f=qvB$ なので，円運動の中心方向の運動方程式より

$$m\frac{v^2}{r}=qvB \qquad よって \quad r=\frac{mv}{qB}=\frac{\boldsymbol{\sqrt{2mE_n}}}{\boldsymbol{qB}}$$

160. **Point!** 傾斜したレールを重力によって転がる導体棒は，その速度に比例した誘導起電力を発生させる。それにより誘導電流が導体棒の重力による加速を打ち消す向きに流れる。やがて斜面方向で，導体棒を流れる電流が磁場から受ける力と重力がつりあって，導体棒は等速になる。

解答 (1) PQRS のコイル内を貫く上向きの磁束が増加するので，レンツの法則より，これを打ち消す下向きの磁束を生じるような電流が発生する。右ねじの法則より

P → Q の向き

また，図1より導体棒の速度 v の，磁場に対して垂直な成分は $v\cos\theta$ である。磁場を垂直に横切る導線に生じる誘導起電力の式「$V=vBl$」より導体棒に生じる誘導起電力 V は

$$V=vBl\cos\theta$$

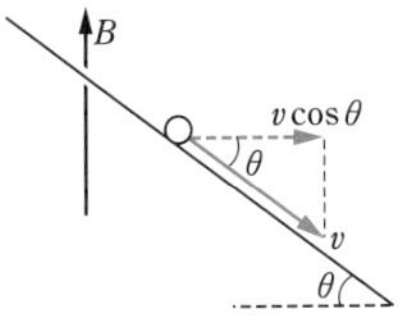

図1

オームの法則より抵抗および導体棒を流れる電流 I は

$$I=\frac{V}{R}=\boldsymbol{\frac{vBl\cos\theta}{R}}$$

(2) 導体棒は等速で運動しているので，レールにそった成分についての力のつりあいが成りたつ。

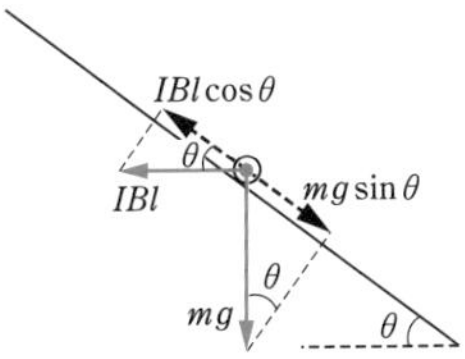

図2

図2より

$$mg\sin\theta-IBl\cos\theta=0$$

$$mg\sin\theta=IBl\cos\theta$$

$$=\left(\frac{vBl\cos\theta}{R}\right)Bl\cos\theta$$

$$=\frac{v(Bl\cos\theta)^2}{R}$$

よって　$v=\boldsymbol{\frac{mgR\sin\theta}{(Bl\cos\theta)^2}}$

(3) 抵抗の消費電力を P とすると，電力の式「$P=IV$」より

$$P=\frac{vBl\cos\theta}{R}\cdot vBl\cos\theta$$

$$=\frac{v^2(Bl\cos\theta)^2}{R}$$

(2)で求めた v を代入して

$$P=\left\{\frac{mgR\sin\theta}{(Bl\cos\theta)^2}\right\}^2\cdot\frac{(Bl\cos\theta)^2}{R}$$

$$=\left(\frac{mgR\sin\theta}{Bl\cos\theta}\right)^2\cdot\frac{1}{R}$$

$$=\boldsymbol{R\left(\frac{mg\tan\theta}{Bl}\right)^2}$$ 1

補足 1 **別解** レール，導体棒，抵抗を含む系のエネルギーの収支を考えると，導体棒が失う重力による位置エネルギー，つまり重力が導体棒にする仕事が誘導電流の電力消費につながっていることがわかる。電力とは単位時間当たりのエネルギー消費であるので，導体棒の単位時間当たりの位置エネルギーの減少量 $\varDelta U$ を考えると重力による位置エネルギーの式「$U=mgh$」より

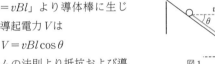

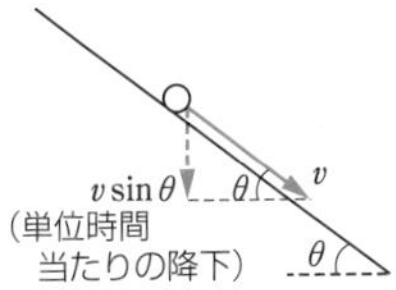

図3

$$\varDelta U=mg\cdot\varDelta h$$

$$=mg\cdot v\sin\theta$$

(2)で求めた v を代入して

$$\varDelta U=mg\cdot\frac{mgR\sin\theta}{(Bl\cos\theta)^2}\cdot\sin\theta=\boldsymbol{R\left(\frac{mg\tan\theta}{Bl}\right)^2}$$

第22章 電子と光

161. **Point!** 電子は極板FG間において，y 軸の正の向きに静電気力 eE を受ける。よって，x 軸方向には速度 v_0 の等速直線運動と同様の運動をし，y 軸方向には初速度0の等加速度直線運動と同様の運動をする。極板間を出た後は電子は力を受けないので，等速直線運動となる。静電気力 eE とローレンツ力 ev_0B が力のつりあいの関係になったとき，電子は直進する。

解答 (1) 電子は極板FG間で，y 軸の正の向きに静電気力 eE を受ける。y 軸方向の運動について運動方程式「$ma=F$」を立てると

$$ma=eE \quad \text{よって} \quad a=\boldsymbol{\frac{eE}{m}}$$

(2) 電子が極板FG間を抜けるのにかかる時間を t_1，その間の y 軸方向の変位を y_1 とする。x 軸方向には速度 v_0 の等速直線運動と同様の運動をするので，「$x=vt$」より

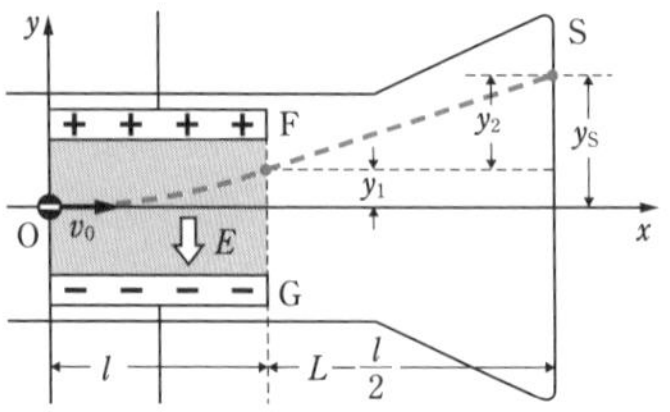

$$l=v_0t_1 \quad \text{よって} \quad t_1=\frac{l}{v_0}$$

y 軸方向には初速度0の等加速度直線運動と同様の運動をするので，「$y=v_0t+\frac{1}{2}at^2$」より

$$y_1=\frac{1}{2}\times\frac{eE}{m}\times\left(\frac{l}{v_0}\right)^2=\frac{eEl^2}{2mv_0{}^2}$$

電子が極板FG間を抜けてから蛍光面Sに到達するまでの時間を t_2，その間の y 軸方向の変位を y_2 とする。この間は電子は力を受けないので，等速直線運動となる。x 軸方向の運動について，「$x=vt$」より

$$L-\frac{l}{2}=v_0t_2 \quad \text{よって} \quad t_2=\frac{1}{v_0}\left(L-\frac{l}{2}\right)$$

この間の y 軸方向の速度 v_y は，「$v=v_0+at$」より

$$v_y=\frac{eE}{m}\times\frac{l}{v_0}=\frac{eEl}{mv_0}$$

$$\text{よって} \quad y_2=v_yt_2=\frac{eEl}{mv_0{}^2}\left(L-\frac{l}{2}\right)$$

以上より

$$y_S=y_1+y_2=\frac{eEl^2}{2mv_0{}^2}+\frac{eEl}{mv_0{}^2}\left(L-\frac{l}{2}\right)=\boldsymbol{\frac{eElL}{mv_0{}^2}} \quad \cdots\cdots①$$

(3) ローレンツ力 ev_0B が y 軸の負の向きにはたらき，静電気力 eE と力のつりあいの関係になったとき，電子は直進する。よって

$$ev_0B=eE \quad \text{より} \quad B=\boldsymbol{\frac{E}{v_0}} \quad \cdots\cdots②$$

磁場の向きは，**紙面に垂直に表から裏の向き**[1]。

(4) ②式より　$v_0=\frac{E}{B}$　これを①式に代入して

$$y_S=\frac{eElL}{m}\left(\frac{B}{E}\right)^2=\frac{eB^2lL}{mE} \quad \text{よって} \quad \frac{e}{m}=\boldsymbol{\frac{Ey_S}{B^2lL}}$$

補足 [1] フレミングの左手の法則により求められる。

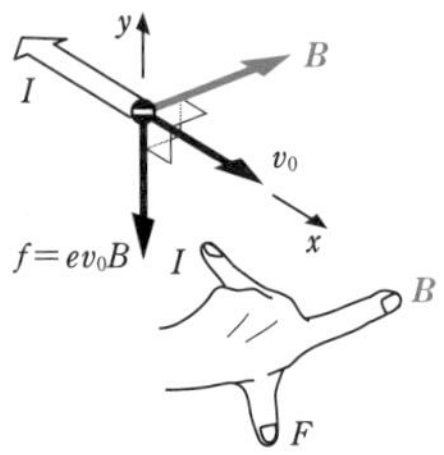

162. **Point!** 油滴が速さ v_1 で落下するとき，油滴にはたらく重力と空気の抵抗力がつりあっている。一方，油滴が速さ v_2 で上昇するとき，油滴には上向きに静電気力がはたらき，これと重力，空気の抵抗力（下向き）がつりあっている。空気抵抗は krv，静電気力は $q\frac{V}{d}$ で表される。

解答 (ア) 重力と空気の抵抗力がつりあって速さ v_1 で等速直線運動をしているので[1]，つりあいの式は

$$\boldsymbol{mg-krv_1=0}$$

(イ) 上向きの静電気力は，「$F=qE$」および一様な電場の式「$E=\frac{V}{d}$」より，$F=q\frac{V}{d}$ と表される。これが下向きの重力，空気の抵抗力とつりあうので[1]，つりあいの式は

$$\boldsymbol{mg+krv_2-q\frac{V}{d}=0}$$

(ウ) (ア)より　$mg=krv_1$

これを(イ)の式に代入すると

$$krv_1+krv_2-q\frac{V}{d}=0$$

$$\text{よって} \quad q=\boldsymbol{\frac{krd(v_1+v_2)}{V}}$$

補足 [1]

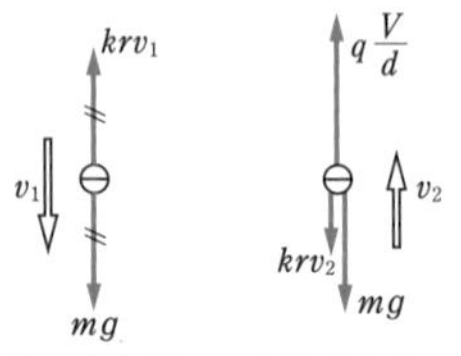

(ア)のとき　(イ)のとき

163. **Point!** 油滴はそれぞれ整数個の電子のやりとりにより帯電している。すなわち，すべてのデータは電気素量 e の整数倍であるから，大きさの順で隣りあうデータの差をとると e の近似値が得られる（データには誤差が含まれているので，差をとるだけでは正確な e の値は得られない）。この近似値をもとにして，各データが電気素量の何倍に相当するかを推測し，全データの合計値より平均の e の値（これが真の値に最も近いと考えられる）を求める。

解答 隣りあうデータの差をとると

データ	4.74	6.41	7.95	11.27	14.31	（$\times 10^{-19}$C）
差	1.67	1.54	3.32	3.04		

これらはいずれもほぼ1.6程度の値の1倍か2倍である。したがって，電気素量 e の近似値は1.6と考えてよい。これをもとに各データが電気素量の何倍かを調べると

$4.74 = 1.6\times 2.96 \fallingdotseq e\times 3$

$6.41 \fallingdotseq e\times 4,\quad 7.95 \fallingdotseq e\times 5,$

$11.27 \fallingdotseq e\times 7,\quad 14.31 \fallingdotseq e\times 9$

以上から，得られた5つのデータの総和を $(3+4+5+7+9)$ でわって平均値を求めると

$$e=\frac{(4.74+6.41+7.95+11.27+14.31)\times 10^{-19}}{3+4+5+7+9}$$

$$=1.595\times 10^{-19}$$

$$\fallingdotseq \mathbf{1.60\times 10^{-19}\ C}$$

164. **Point!** 光電効果の測定で用いる K_0-ν グラフは，極にどのような金属を用いても同じ傾きの直線となり，その値がプランク定数 h となる。仕事関数 W と限界振動数 ν_0 はそれぞれの軸との交点なので，複数の金属の仕事関数の大きさの比は，それらの金属の限界振動数の比と一致する。

解答 (1) 光電効果の式「$K_0=h\nu-W$」より，プランク定数 h は K_0-ν グラフの傾きである。

よって $h=\boldsymbol{\dfrac{k_1}{\nu_1-\nu_0}}$

(2) 仕事関数 W_A を K_0-ν グラフ上に表すと，図のようになる。グラフの傾きはプランク定数 h を表すので

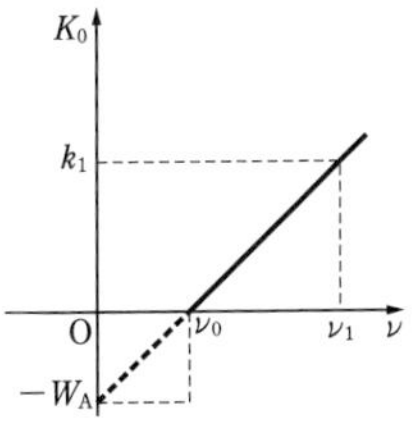

$$h=\frac{W_A}{\nu_0}=\frac{k_1}{\nu_1-\nu_0}$$

よって $W_A=\boldsymbol{\dfrac{k_1\nu_0}{\nu_1-\nu_0}}$

(3) 右図[1]

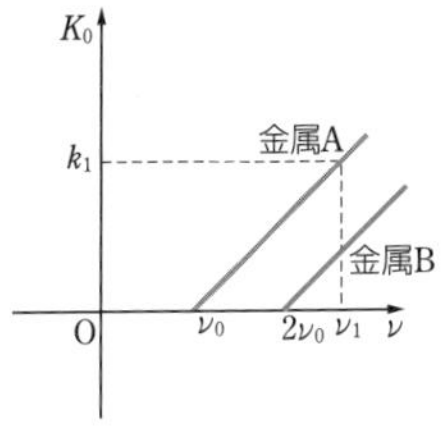

補足 [1] グラフの傾きは金属によって変わらない。グラフを延長したときの K_0 軸の切片は $-W_B=-2W_A$ を満たす。よって金属Bの限界振動数は $2\nu_0$ となる。

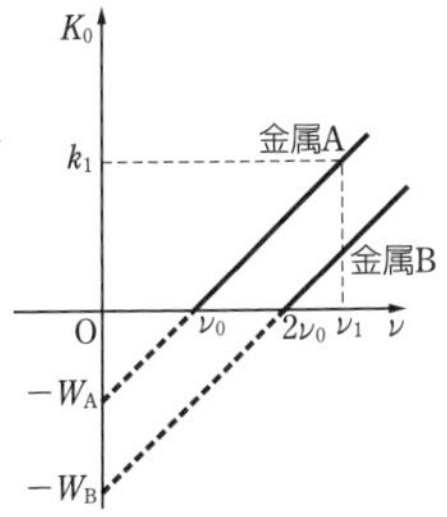

165. **Point!** 電子が電圧 V で加速されたとき，電子が電場から受けた仕事が電子の運動エネルギーとなる。この電子の運動エネルギーがすべてX線のエネルギーになったときに最短波長となる。

解答 加速されたときに，電子が電場からされた仕事は「$W=qV$」より eV〔J〕であり，これが電子の運動エネルギーになる。このエネルギーが100％X線のエネルギーになったときが最短波長 λ_0 になるので

$$eV=\frac{1}{2}mv^2=h\frac{c}{\lambda_0}$$

よって $\lambda_0=\dfrac{hc}{eV}=\dfrac{(6.6\times 10^{-34})\times(3.0\times 10^{8})}{(1.6\times 10^{-19})\times 50000}$

$$=2.475\times 10^{-11}\fallingdotseq \mathbf{2.5\times 10^{-11}\ m}$$

166.

Point! 加速電圧 V による仕事「$W=qV$」が電子の運動エネルギー $\frac{1}{2}mv^2$ になる。このエネルギーがすべてX線のエネルギーになったときが最短波長 λ_0 である。したがって，加速電圧が大きくなると λ_0 の値は小さく（エネルギーが強く）なる。また，全体的にX線の強度（光子の数）が増す。

解答 (1) 電圧 V によって電子が受ける仕事 eV が，電子の運動エネルギーになるので

$$eV=\frac{1}{2}mv^2$$

$$v=\sqrt{\frac{2eV}{m}}=\sqrt{\frac{2\times(1.6\times10^{-19})\times(8.0\times10^3)}{9.0\times10^{-31}}}$$

$$=\frac{16}{3.0}\times10^7\fallingdotseq\mathbf{5.3\times10^7\ m/s}$$

(2)「$\lambda=\frac{h}{mv}$」より

$$\lambda_e=\frac{h}{mv}\ \text{[1]}=\frac{6.6\times10^{-34}}{(9.0\times10^{-31})\times\left(\frac{16}{3.0}\times10^7\right)}$$

$$\fallingdotseq\mathbf{1.4\times10^{-11}\ m}$$

(3) ① λ_0 はX線の最短波長で，電子の運動エネルギーが100%X線のエネルギーに変換されたときに発生するので[2]

$$eV\left(=\frac{1}{2}mv^2\right)=\frac{hc}{\lambda_0}$$

よって

$$\lambda_0=\frac{hc}{eV}=\frac{(6.6\times10^{-34})\times(3.0\times10^8)}{(1.6\times10^{-19})\times(8.0\times10^3)}\fallingdotseq\mathbf{1.5\times10^{-10}\ m}$$

② $\lambda_0=\frac{hc}{eV}$ より，V が2倍になると最短波長は $\frac{1}{2}$ 倍になる。また，電圧が増すと電子の運動エネルギーが増し，電子の数も増加するので，X線の強度も全体的に（波長によらず）増加する。ただし，固有X線の波長 λ_1，λ_2 は陽極に用いた金属の材質によって決まっているので，加速電圧を2倍にしても変わらない。よって，答えは**右図の実線**。

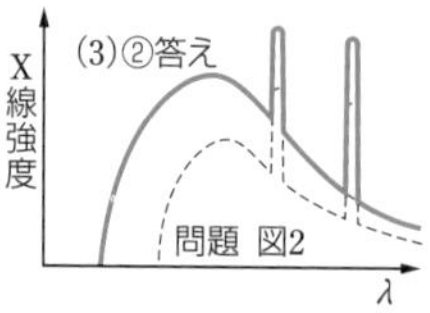

補足 [1] ド・ブロイ波長とは，物質粒子が波動的性質をもつときの，物質波の波長のこと。

[2] 最短波長のとき，X線のエネルギーが最も大きく，電子の運動エネルギーと等しい。λ_0 より長い波長ではそれよりエネルギーが低く，その差は熱エネルギーになっている。

167.

Point! 光子が「$p=\frac{h}{\lambda}$」の運動量をもつのに対して，電子は「$p=mv=\frac{h}{\lambda}$」すなわち「$\lambda=\frac{h}{mv}$」の波長をもつ波としてふるまう。電子の速さ v は，電圧 V によって加速されたことによって得た運動エネルギーから求められる。この電子波が光と同様に干渉し，隣りあう経路の差$=n\lambda$（$n=1,\ 2,\ 3,\ \cdots$）のとき強めあう。

解答 (1) 電圧 V で荷電粒子を加速する仕事「$W=qV$」によって電子が運動エネルギーを得るので

$$eV=\frac{1}{2}mv^2 \qquad mv^2=2eV$$

したがって，運動量 mv は

$$(mv)^2=m\times mv^2=m\times2eV \qquad mv=\sqrt{2meV}\ \text{[1]}$$

よって　$\lambda=\frac{h}{mv}=\boldsymbol{\frac{h}{\sqrt{2meV}}}$

(2) (1)の答えに代入して

$$\lambda=\frac{h}{\sqrt{2meV}}=\frac{6.6\times10^{-34}}{\sqrt{2\times(9.1\times10^{-31})\times(1.6\times10^{-19})\times55}}$$

$$\fallingdotseq\frac{6.6\times10^{-34}}{\sqrt{16.01\times10^{-48}}}\fallingdotseq\frac{6.6\times10^{-34}}{4.0\times10^{-24}}\ \text{[2]}$$

$$=1.65\times10^{-10}\fallingdotseq\mathbf{1.7\times10^{-10}\ m}$$

(3) 右図のように経路ⅠとⅡを進む電子波がそれぞれ原子P，Rに当たって散乱する場合，経路Ⅰの波面がPに達した瞬間に経路Ⅱの同じ波面はQまでしか達していない。したがって，原子Rより手前で $QR=d\sin\theta$ の経路差が生じる。同様にRでの散乱後も対称性から同じ距離だけ経路差が生じるので

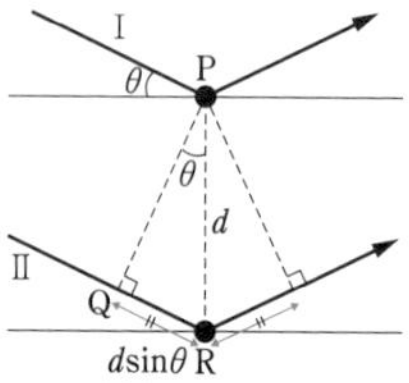

経路差$=d\sin\theta\times2=\mathbf{2d\sin\theta}$

(4) 干渉して強めあう条件は

経路差＝整数×λ すなわち $2d\sin\theta=n\lambda$

（$n=1,\ 2,\ \cdots$）

d，λ が一定のとき，n の増加とともに強めあう角 θ も増加する[3]。$\theta=0°$ から角を増やして $\theta=30°$ で初めて強めあったことから，$n=1$ であることがわかる。よって，干渉条件の式は　$2d\sin30°=1\times(1.65\times10^{-10})$

よって　$d=1.65\times10^{-10}\fallingdotseq\mathbf{1.7\times10^{-10}\ m}$

補足 [1] **別解** $eV=\frac{1}{2}mv^2$ より $v=\sqrt{\frac{2eV}{m}}$

$mv=m\sqrt{\frac{2eV}{m}}=\sqrt{2meV}$ としてもよい。

[2] 有効数字2桁なので，$16.01\fallingdotseq4.0^2$ とした。

[3] $\sin\theta$ は $0°\leqq\theta\leqq90°$ の範囲では単調に増加するので，n が大きくなるほど $\sin\theta$ が大きくなり，θ も大きくなる。

第23章 原子と原子核

168. Point! 速さ v で陽子のまわりを回る電子は粒子的な面と波動的な面をもつ。粒子としては，陽子から受ける静電気力を向心力とした等速円運動をするので，円運動についての運動方程式「$m\frac{v^2}{r}=F$」を満たす。一方，波動としては「$\lambda=\frac{h}{mv}$」のド・ブロイ波長をもち，軌道の長さが λ の整数倍になるときのみ定常状態となる（量子条件）。電子がエネルギー E_n の定常状態から $E_{n'}$ の定常状態へ移るとき，$E_n-E_{n'}=\frac{hc}{\lambda}$ のエネルギーの光を放出し，その波長 λ は「$\frac{1}{\lambda}=R\left(\frac{1}{n'^2}-\frac{1}{n^2}\right)$」で表される。

解答 (ア) 軌道の長さ（半径 a の円の円周 $2\pi a$）が電子のド・ブロイ波長 $\frac{h}{mv}$ の整数倍であることから

$$2\pi a=n\times\frac{h}{mv} \qquad \text{よって} \quad \boldsymbol{2\pi amv=nh}$$

(イ) クーロンの法則「$F=k\frac{q_1q_2}{r^2}$」に陽子の電気量 $+e$，電子の電気量 $-e$ の絶対値を代入すると[1]

$$F=k\frac{e\times e}{a^2}=\boldsymbol{k\frac{e^2}{a^2}}$$

(ウ) 円運動の運動方程式「$m\frac{v^2}{r}=F$」より

$$\boldsymbol{m\frac{v^2}{a}}=k\frac{e^2}{a^2}$$

(エ) (ア)より $v^2=\left(\frac{nh}{2\pi am}\right)^2=\frac{n^2h^2}{4\pi^2a^2m^2}$

(ウ)より $v^2=\frac{ke^2}{ma}$

よって $\frac{ke^2}{ma}=\frac{n^2h^2}{4\pi^2a^2m^2}$

したがって $a=\boldsymbol{\frac{n^2h^2}{4\pi^2kme^2}}$

(オ) 陽子が電子の位置につくる電位 V は，点電荷のまわりの電位の式「$V=k\frac{Q}{r}$」より

$$V=k\frac{e}{a}$$

したがって，電子の位置エネルギー U は，「$U=qV$」の式に $q=-e$ を代入して[2]

$$U=-eV=-e\times k\frac{e}{a}=-k\frac{e^2}{a}$$

E は位置エネルギー U と運動エネルギー K の和なので

$$E=U+K=\boldsymbol{-k\frac{e^2}{a}+\frac{1}{2}mv^2}$$

(カ) (ウ)の式より $mv^2=\frac{ke^2}{a}$

これを(オ)の式に代入すると

$$E=-k\frac{e^2}{a}+\frac{1}{2}\cdot\frac{ke^2}{a}=-\frac{ke^2}{2a}$$

ここに(エ)の答えを代入すると

$$E_n=-\frac{ke^2}{2}\times\frac{4\pi^2kme^2}{n^2h^2}=\boldsymbol{-\frac{2\pi^2k^2me^4}{n^2h^2}}$$

(キ) 振動数条件の式「$E_n-E_{n'}=h\nu=\frac{hc}{\lambda}$」に，水素原子のスペクトル波長の式「$\frac{1}{\lambda}=R\left(\frac{1}{n'^2}-\frac{1}{n^2}\right)$」と(カ)の答えを代入すると[3]

$$-\frac{2\pi^2k^2me^4}{n^2h^2}-\left(-\frac{2\pi^2k^2me^4}{n'^2h^2}\right)=hc\cdot\frac{1}{\lambda}=hcR\left(\frac{1}{n'^2}-\frac{1}{n^2}\right)$$

整理すると

$$\frac{2\pi^2k^2me^4}{h^2}\left(\frac{1}{n'^2}-\frac{1}{n^2}\right)=hcR\left(\frac{1}{n'^2}-\frac{1}{n^2}\right)$$

よって $\frac{2\pi^2k^2me^4}{h^2}=hcR$

これを(カ)の答えに代入すると

$$E_n=-\frac{1}{n^2}\times\frac{2\pi^2k^2me^4}{h^2}=\boldsymbol{-\frac{hcR}{n^2}}$$

補足 [1] 電気量の符号を示す±と力の向きを示す±を混同しないため，絶対値で代入して力の大きさを求める。

[2] 位置エネルギーとは，基準点（陽子から無限遠方の点）から求める点（電子の位置）まで電荷を運ぶ仕事 W のことである。
$V_\infty=0$ なので
$W=-e\times(V-V_\infty)=-eV$
となる。

[3] 両式とも，量子数 n から n' $(n>n')$ へ電子が移るときに放出する光の波長を λ としている。

169. **Point!** α 崩壊では，原子核を構成している核子のうち陽子 2 個と中性子 2 個（${}^{4}_{2}$He 核）が核外へ放出される。β 崩壊では，核内の中性子が陽子と電子に崩壊し，この電子が核外に放出される。これらの崩壊後，エネルギーが高く不安定な原子核が γ 線を放出して安定化する。

解答 (ア)，(イ) 原子核を構成する核子は陽子と中性子の 2 種類であり，そのうち元素の種類によって固有の数をもつのは陽子である❶。よって (ア)…**陽子**，(イ)…**中性子**

(ウ) 原子核内の陽子数を**原子番号**という。

(エ) 原子核内の陽子数と中性子数の和を**質量数**という。

(オ) 正極側に曲がる放射線は負の電荷を帯びているので **β 線**である。

(カ) β 線の実体は**(高速の)電子**である。核内で中性子が崩壊して陽子になる際に放出される❷。

(キ)，(ク)，(ケ)，(コ) (カ)より，中性子が崩壊して陽子になることから，陽子数は (キ)…**1 個** (ク)…**増加** し，中性子数は (ケ)…**1 個** (コ)…**減少** する。

(サ) 負極側に曲がる放射線は正の電荷を帯びているので **α 線**である。

(シ)，(ス)，(セ)，(ソ) α 線の実体は ${}^{4}_{2}$He（ヘリウム）原子核で陽子 2 個，中性子 2 個から構成されているので，陽子数は (シ)…**2 個** (ス)…**減少** し，中性子数は (セ)…**2 個** (ソ)…**減少** する。

(タ) 電場中を直進する放射線は電荷をもたないので **γ 線**である。

(チ) γ 線の実体は**(波長の短い)電磁波**である。

(ツ) 核内の余分なエネルギーを電磁波の形で放出したものが γ 線なので，物質粒子の数は関係しない。よって陽子数や中性子数は**変わらない**。

(テ) エネルギーが高く不安定な状態を**励起**状態という。

(ト) 原子に放射線が当たって核のまわりを回る電子をはじき飛ばすと，原子はイオンになる。このはたらきを電離作用❸といい，電気量の大きい順に電離作用が強い。よって電離作用が最も大きいのは **α 線**である。

(ナ) 放射線が物質を通りぬける性質の強さを透過力❸といい，最も透過力が強く木板や鉄板を通りぬけるのは **γ 線**である。

補足 ❶ 陽子数が同じ核はすべて同じ元素記号で表し，そのうち中性子数の異なる核を同位体という。

❷ 中性子は単独では不安定で，

$$n \longrightarrow p + e^- + \overline{\nu_e}$$

のように崩壊する。$\overline{\nu_e}$ は電子ニュートリノとよばれる素粒子の反粒子である。

❸ 電離作用の強さは α 線 > β 線 > γ 線，透過力の強さは γ 線 > β 線 > α 線。

170. **Point!** α 崩壊は ${}^{4}_{2}$He を放出するので，原子番号 $Z \to -2$，質量数 $A \to -4$ だけ変化する。また β 崩壊では，中性子が崩壊して陽子に変わり，e^- を放出するので，原子番号 $Z \to +1$ だけ変化し，質量数は変化しない。実際の崩壊系列には一定の順序があるが，その回数を求める際には順序は無関係なので，まず α 回だけ α 崩壊をして，その後 β 回だけ β 崩壊をすると考えてもよい。原子番号 Z，質量数 A の変化についてそれぞれ式を立てて求める。

解答 α 崩壊，β 崩壊の回数をそれぞれ α 回，β 回とする。質量数が減ったのはすべて α 崩壊によるもので，1 回ごとに 4 減ることから❶

$$238 - 4\alpha = 206 \qquad \alpha = 8$$

一方，原子番号は α 崩壊 1 回ごとに 2 減り，β 崩壊 1 回ごとに 1 増えるので❶

$$92 - 2\alpha + \beta = 82$$

$\alpha = 8$ を代入すると

$$\beta = 82 + 2 \times 8 - 92 = 6$$

よって，　α 崩壊：**8 回**，β 崩壊：**6 回**

補足 ❶ α 粒子…${}^{4}_{2}$He

β 粒子…e^-

β 崩壊では，核内で

$$n \longrightarrow p + e^- + \overline{\nu_e}$$

の反応が生じ，中性子が崩壊して陽子に変わる。

171. Point! 遺跡から発掘した木が生きていた当時は，光合成により大気と同じ比率の $^{14}_{6}C$ を体内に吸収していたはずで，その比率は現在の大気や新しい木材の中の $^{14}_{6}C$ の比率と同じであったと考えられる。しかし木が死んでからは大気からの $^{14}_{6}C$ の吸収がなくなり，木材の中で $^{14}_{6}C$ が徐々に崩壊していくので，その比率は崩壊の式に従って減少していく。その量は半減期 5.7×10^3 年たつごとに半分ずつ減っていく。

解答 (ア) 原子番号が等しく，質量数の異なる原子核をもつ原子を**同位体**(または**アイソトープ**)という。

(イ) $^{14}_{6}C$ と $^{14}_{7}N$ を比べると，原子番号が 1 増加し，質量数は変化していない。このような崩壊は β 崩壊であり，放出するのは **β 線 (電子)** である。

(ウ) 木材中の $^{14}_{6}C$ の数が，木が生存していた当時に木の中にあった $^{14}_{6}C$ の $\frac{1}{8}$ に減少したと考えられる[1]。崩壊の式

「$\frac{N}{N_0}=\left(\frac{1}{2}\right)^{\frac{t}{T}}$」より

$$\left(\frac{1}{2}\right)^{\frac{t}{5.7\times10^3}}=\frac{1}{8}=\left(\frac{1}{2}\right)^3$$

$$\frac{t}{5.7\times10^3}=3$$

よって　$t=(5.7\times10^3)\times3\fallingdotseq\mathbf{1.7\times10^4}$ **年**

補足 [1] 前提として，木が生きていた当時と現在とで空気中の $^{14}_{6}C$ の割合が同じであることが仮定されている。

172. Point! α 崩壊では $^{4}_{2}He$ の原子核 (α 粒子) を放出する。崩壊によってポロニウム原子核の数は減少し，残った原子核の数は崩壊の式「$\frac{N}{N_0}=\left(\frac{1}{2}\right)^{\frac{t}{T}}$」に従う。ポロニウムが 1 個崩壊するたびに α 粒子を 1 個放出するので，放出した α 粒子の数は崩壊したポロニウムの数と等しい。原子核の質量は近似的に質量数に比例する。崩壊の式の $\frac{t}{T}$ の値が整数ではないときは，両辺の対数をとるとよい。

解答 (1) α 崩壊は，原子核が $^{4}_{2}He$ 原子核を放出するので，原子番号 Z は -2，質量数 A は -4 だけ変化する。よって

質量数 $A=210-4=\mathbf{206}$

原子番号 $Z=84-2=\mathbf{82}$[1]

(2) 崩壊の式「$\frac{N}{N_0}=\left(\frac{1}{2}\right)^{\frac{t}{T}}$」において，原子核の数は質量に比例する。

初めの質量 M_0 ($=1.0\,g$)，t 日後の質量を M [g] とすると

$$\frac{N}{N_0}=\frac{M}{M_0}=\left(\frac{1}{2}\right)^{\frac{t}{T}} \qquad M=M_0\left(\frac{1}{2}\right)^{\frac{t}{T}}$$

$t=69$ 日 のとき

$$M=1.0\times\left(\frac{1}{2}\right)^{\frac{69}{138}}=\left(\frac{1}{2}\right)^{\frac{1}{2}}=\frac{1}{\sqrt{2}}=\frac{\sqrt{2}}{2}\fallingdotseq\mathbf{0.71\,g}$$

$t=276$ 日 のとき

$$M=1.0\times\left(\frac{1}{2}\right)^{\frac{276}{138}}=\left(\frac{1}{2}\right)^2=\frac{1}{4}=\mathbf{0.25\,g}$$

69 日間に崩壊した $^{210}_{84}Po$ 原子核の質量は

$1.0-0.71=0.29\,g$

$^{210}_{84}Po$ 原子核と α 粒子 ($^{4}_{2}He$ 原子核) の質量比は原子核の質量数の比 210：4 としてよく[2]，崩壊した $^{210}_{84}Po$ 原子核数は放出した α 粒子数と等しいので，求める質量を m [g] とすると

$$\frac{4}{210}=\frac{m}{0.29}$$

よって　$m=0.29\times\frac{4}{210}\fallingdotseq\mathbf{6\times10^{-3}\,g}$

(3) 崩壊の式より

$$\frac{N}{N_0}=\frac{1}{10}=\left(\frac{1}{2}\right)^{\frac{t}{138}} \qquad 逆数にして\quad 10=2^{\frac{t}{138}}$$

両辺の対数 (10 を底とする) をとると

$$\log_{10}10=\log_{10}2^{\frac{t}{138}} \qquad すなわち\quad 1=\frac{t}{138}\log_{10}2$$

$$t=\frac{138}{\log_{10}2}=\frac{138}{0.301}\fallingdotseq\mathbf{458}\ \textbf{日後}$$

(4) $^{210}_{84}$Po の原子核は，半減期の 138 日ごとに半分に減っていくので，276 日後には $\frac{1}{4}$，414 日後には $\frac{1}{8}$，552 日後には $\frac{1}{16}$ になる。よって答えは**上図**。

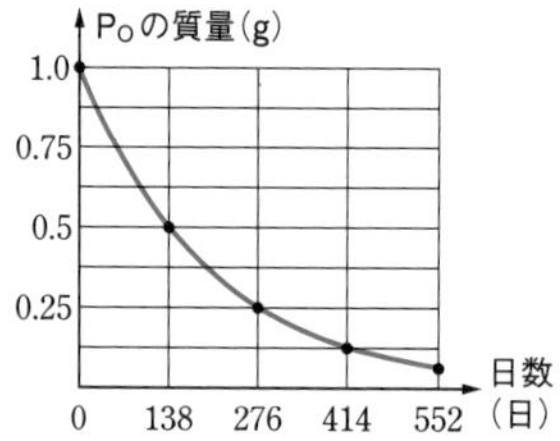

補足 ❶ 原子番号 82 は鉛 Pb なので，この α 崩壊は

$^{210}_{84}$Po ⟶ $^{206}_{82}$Pb＋$^{4}_{2}$He

という反応式で表される。

❷ 厳密には陽子と中性子の質量に微妙な差があるが，本問ではこの差を無視しているので，質量比＝核子数の比＝質量数の比 としてよい。

173.

Point! $^{4}_{2}$He，$^{7}_{3}$Li の原子核をばらばらにした状態と比べ，Δmc^2 を求める。これを質量数(＝核子の個数)でわると，核子 1 個当たりの結合エネルギーが求められる。質量数 A の核子 1 個当たりの結合エネルギー E の大きいほうが，原子核は安定する。E は Fe (鉄) のあたりで最大になる。

解答 $^{4}_{2}$He の陽子 ($^{1}_{1}$H) の数は 2，中性子 ($^{1}_{0}$n) の数は 2，$^{7}_{3}$Li の陽子の数は 3，中性子の数は 4 である。

$^{4}_{2}$He の場合，質量欠損 Δm は

$$\Delta m = \{(2\times1.6726+2\times1.6749)-6.6447\}\times10^{-27}$$
$$=0.0503\times10^{-27}\,\text{kg}$$

結合エネルギー Δmc^2 は

$$\Delta mc^2=(0.0503\times10^{-27})\times(3.0\times10^{8})^2$$
$$\fallingdotseq 4.5\times10^{-12}\,\text{J}$$

核子 1 個当たりの結合エネルギーは

$$\frac{4.5\times10^{-12}}{4}\fallingdotseq 1.1\times10^{-12}\,\text{J}$$ ❶

一方，$^{7}_{3}$Li の場合は

$$\Delta m'=\{(3\times1.6726+4\times1.6749)-11.6478\}\times10^{-27}$$
$$=0.0696\times10^{-27}\,\text{kg}$$
$$\Delta m'c^2=(0.0696\times10^{-27})\times(3.0\times10^{8})^2$$
$$\fallingdotseq 6.3\times10^{-12}\,\text{J}$$

核子 1 個当たりの結合エネルギーは

$$\frac{6.3\times10^{-12}}{7}\fallingdotseq 0.90\times10^{-12}\,\text{J}$$ ❶

したがって，核子 1 個当たりの結合エネルギーは，$^{4}_{2}$He のほうが大きいから，$^{7}_{3}$Li より **$^{4}_{2}$He** のほうが，安定な原子核である。

補足 ❶ 光の速さ c に 3.0×10^8 m/s を代入して具体的に核子 1 個当たりの結合エネルギーを求めたが，3.0×10^8 m/s を用いなくても，その大小関係は比較できる。

174.

Point! 反応によって減少した質量 Δm がエネルギー $E=\Delta mc^2$ に変換されて放出される。このエネルギーが熱として周囲に伝わったり，放射線粒子の運動エネルギーとなる。1 u は $^{12}_{6}$C 原子 1 個の質量の $\frac{1}{12}$ で，$^{12}_{6}$C の原子量 (アボガドロ数個の原子の質量を (g) 単位で表した数値) が 12 であることから，1 u の大きさが求められる。

解答 (1) $^{12}_{6}$C の原子 1 個の質量は 12 u で，6.02×10^{23} 個の質量が 12 g なので

$$1\,\text{u}=\frac{12\times10^{-3}\,\text{kg}}{6.02\times10^{23}\,個}\times\frac{1}{12}\fallingdotseq 1.661\times10^{-27}$$
$$\fallingdotseq \mathbf{1.66\times10^{-27}\,kg}$$

この質量を「$E=mc^2$」の関係を用いてエネルギーに換算すると

$$E=mc^2=(1.661\times10^{-27})\times(3.00\times10^{8})^2\,\text{J}$$
$$=\frac{(1.661\times10^{-27})\times(3.00\times10^{8})^2}{1.60\times10^{-13}}\,\text{MeV}$$ ❶
$$\fallingdotseq \mathbf{934\,MeV}$$

(2) この反応での質量の減少は

$$\Delta m=14.0031+1.0087-14.0032-1.0073$$
$$=0.0013\,\text{u}$$

よって，放出されるエネルギーは

$$\Delta E=\Delta m\times934\fallingdotseq \mathbf{1.2\,MeV}$$

(3) β 崩壊は，中性子が崩壊し陽子に変わり，e^- を放出するので，原子番号 Z は $+1$ だけ変化し，質量数 A は変化しない。

よって崩壊によってできる原子核は

$Z=6+1=7$　　$A=14$

これは窒素である。よって答えは **$^{14}_{7}$N** ❷

補足 ❶ $1\,\text{MeV}=10^6\,\text{eV}=(1.60\times10^{-19})\times10^6\,\text{J}$

$$1\,\text{J}=\frac{1}{1.60\times10^{-13}}\,\text{MeV}$$

❷ $^{14}_{6}$C の β 崩壊の反応式は

$^{14}_{6}$C ⟶ $^{14}_{7}$N＋e^-＋$\overline{\nu_e}$

となる。$\overline{\nu_e}$ は電子ニュートリノとよばれる素粒子の反粒子である。

175. **Point!** 核融合においても，反応で失われた質量 $\varDelta m$ によるエネルギー $E=\varDelta mc^2$ が解放される。${}^1_1\mathrm{H}$ の原子量は1であるから，アボガドロ数個の ${}^1_1\mathrm{H}$ の質量が1gである。電力使用量(kWh)とは，毎秒1000J(1000J/s=1000W)のエネルギーを1時間使ったときのエネルギーのことである。

解答 (1) この反応で失われる質量 $\varDelta m$〔kg〕は

$$\varDelta m=1.6726\times10^{-27}\times4-(6.6447\times10^{-27}+9.1\times10^{-31}\times2)=4.388\times10^{-29}\,\mathrm{kg}$$

よって　$E=\varDelta mc^2=4.38\times10^{-29}\times(3.0\times10^8)^2$ [1]

$=3.942\times10^{-12}\fallingdotseq\mathbf{3.9\times10^{-12}\,J}$

(2) ${}^1_1\mathrm{H}$ の原子量は1であるから，1gの ${}^1_1\mathrm{H}$ の原子核数はアボガドロ数 6.0×10^{23} 個 である。${}^1_1\mathrm{H}$ 原子核4個によって(1)のエネルギーが解放されるので

$$W=E\times\frac{N}{4}=3.94\times10^{-12}\times\frac{6.0\times10^{23}}{4}$$ [1]

$=5.91\times10^{11}\fallingdotseq\mathbf{5.9\times10^{11}\,J}$

(3) $1\,\mathrm{kWh}=1000\,\mathrm{W}\times1\,\mathrm{h}=1000\,\mathrm{J/s}\times3600\,\mathrm{s}=3.6\times10^6\,\mathrm{J}$

であるから，平均的な家庭が1年間に消費するエネルギーは

$300\,(\mathrm{kWh})\times3.6\times10^6\times12$ (か月分) $=1.296\times10^{10}\,\mathrm{J}$

よって，求める年数は(2)の答えを用いて

$$\frac{5.91\times10^{11}}{1.29\times10^{10}}\fallingdotseq\mathbf{46}$$ **年** [1]

補足 [1] 有効数字は2桁であるが，途中式や前の答えを引用するときは1桁多くとる。

第5編 編末問題

176. **Point!** 光電効果では，光子がもっていたエネルギー $h\nu$ の一部が電子を金属内部の束縛から解き放ち(W)，余ったエネルギーが電子の運動エネルギー K_0 になって電子が飛び出す。このときのエネルギー保存の式が「$K_0=h\nu-W$」となる。$K_0=0$ のときが電子を束縛から解き放つ限界の振動数 ν_0 である。光電管は，本来陽極Pの電圧を高くして，飛び出した電子を回収する役割をもつが，逆電圧 $-V_0$ を加えて電子を押しもどすことで，電子の運動エネルギー K_0 ($=V_0$ に相当するエネルギー) を測定することができる。

解答 (1) 振動数 ν の光子のエネルギーは

$E=\boldsymbol{h\nu}$ [1]

(2) W は仕事関数のことである。W より小さなエネルギーの光子が当たっても電子を金属の束縛から解放できないので，光電効果が起きる最低の振動数 ν_0 は

$h\nu_0=W$ [2]

よって　$\nu_0=\boldsymbol{\dfrac{W}{h}}$

(3) 光子のエネルギー $h\nu$ のうち，金属内部から電子をとり出すのに必要な仕事を引いた残りが，電子の運動エネルギーになるので

$K_0=\boldsymbol{h\nu-W}$ [3]

(4) (3)の式は，$K_0\to y$，$\nu\to x$ と考えると，$y=ax+b$ の形をしているから，グラフは直線である。a に相当する h は直線の傾き，b に相当する $-W$ は y 切片である。また，$\nu=\nu_0$ のとき $K_0=0$ なので x 切片は ν_0 となる。

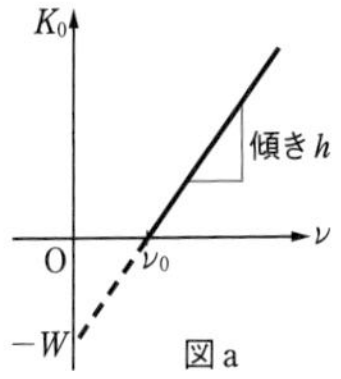

図a

答えは**図a** [4]

(5) PK間で $W=-eV_0$ の仕事を受け，その分運動エネルギーを失って，エネルギーが0になると電流が流れなくなるので

$K_0-eV_0=0$

よって　$K_0=\boldsymbol{eV_0}$ [5]

(6) (2)の $W=h\nu_0$，および(5)の答えを(3)の答えに代入すると

$eV_0=h\nu-h\nu_0$

よって　$h=\boldsymbol{\dfrac{eV_0}{\nu-\nu_0}}$

(7) $V>0$ で十分大きいと，飛び出した電子はすべて陽極Pで回収されるので，飛び出す電子の数が一定であれば，その電流も一定になる❻。

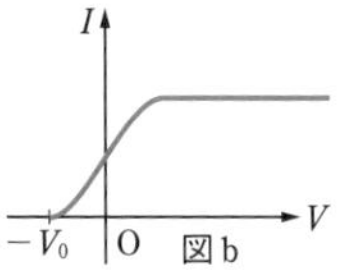

図b

一方，V が0に近いと，一部の電子は陽極に当たらなくなり，電流が小さくなる。さらに $V=-V_0$ のとき，電子はすべて陰極Kに押しもどされる。よって，答えは**図b**。

補足 ❶ 光はエネルギー $h\nu$，運動量 $\dfrac{h\nu}{c}$ をもつ粒子の流れである。

❷ 光電効果の式「$K_0=h\nu-W$」で $K_0=0$ としたときの振動数が ν_0 になる。

❸ $K_0=h\nu-h\nu_0$ でもあるが，ν_0 は(2)で問われた量で与えられた量ではない。

❹ $\nu<\nu_0$ では光電効果が起きないので破線とする。

❺ V_0 は電子の動きを止める（運動エネルギーを0にする）電圧で，阻止電圧という。

❻ 飛び出す電子の数は当てた光子の数，すなわち光の強さに比例する。また1秒当たり流れた電気量が電流である。

177.

Point! コンプトン効果は，電磁波であるX線がX線光子としての粒子性を示す現象の1つである。波長 λ のX線光子はエネルギー $\dfrac{hc}{\lambda}$，運動量 $\dfrac{h}{\lambda}$ をもつ粒子として運動し，電子と衝突する際にエネルギー，運動量とも保存する。本問では入射X線，散乱X線ともに x 軸上を運動しているので，衝突は一直線上で行われ，電子の衝突後の速度 v は x 軸の正の向きになる。

エネルギーはスカラー量なので向きは関係ないが，運動量はベクトル量なので，散乱X線の運動量は負であることに注意する。

解答 (1) 衝突前後のX線のエネルギーは $\dfrac{hc}{\lambda}$，$\dfrac{hc}{\lambda'}$，衝突後の電子の運動エネルギーは $\dfrac{1}{2}mv^2$ なので

$$\boldsymbol{\frac{hc}{\lambda}=\frac{hc}{\lambda'}+\frac{1}{2}mv^2}$$ ❶

(2) 衝突前後のX線の運動量は $+\dfrac{h}{\lambda}$，$-\dfrac{h}{\lambda'}$ で，ともに x 軸に平行な成分しかなく，衝突後の電子の運動量も x 成分のみで $+mv$ となるから

$$\boldsymbol{\frac{h}{\lambda}=-\frac{h}{\lambda'}+mv}$$ ❶

(3) (1)，(2)の式より v を消去する。(1)より

$$m^2v^2=2m\times\left(\frac{hc}{\lambda}-\frac{hc}{\lambda'}\right)=2mhc\frac{\lambda'-\lambda}{\lambda\lambda'} \quad \cdots\cdots①$$

(2)より

$$m^2v^2=\left(\frac{h}{\lambda}+\frac{h}{\lambda'}\right)^2=h^2\left(\frac{\lambda+\lambda'}{\lambda\lambda'}\right)^2$$

$$=h^2\frac{\lambda^2+\lambda'^2+2\lambda\lambda'}{(\lambda\lambda')^2} \quad \cdots\cdots②$$

①，②式より　$2mhc\dfrac{\lambda'-\lambda}{\lambda\lambda'}=h^2\dfrac{\lambda^2+\lambda'^2+2\lambda\lambda'}{(\lambda\lambda')^2}$

両辺で約分し，与えられた近似を用いると

$$\lambda'-\lambda=\frac{h}{2mc}\times\frac{\lambda^2+\lambda'^2+2\lambda\lambda'}{\lambda\lambda'}$$

$$=\frac{h}{2mc}\left(\frac{\lambda}{\lambda'}+\frac{\lambda'}{\lambda}+2\right)\fallingdotseq\frac{h}{2mc}(2+2)=\boldsymbol{\frac{2h}{mc}}$$ ❷

補足 ❶

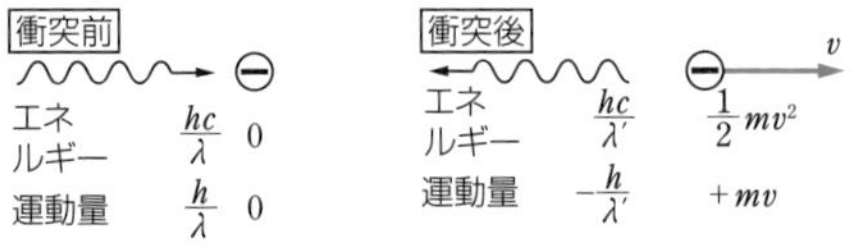

❷ 一般に散乱X線の散乱角（x 軸の正の向きからの角）を ϕ とすると

$$\lambda'-\lambda=\frac{h}{mc}(1-\cos\phi)$$

となる。$\phi=180°$ のときが本問である。

178. **Point!** 核反応式では，原子番号の総和，および質量数の総和が保存されなければならない。反応により減少した質量 Δm に相当するエネルギー $E=\Delta mc^2$ が放出される。反応によって生じた粒子が適当な速さであれば，再び ^{235}U に衝突して同じ反応をくり返す[1]。^{235}U がアボガドロ数個集まると 235g になることから，毎秒起きる核分裂の数がわかる。

解答 (1)(ア) 反応の前後で原子番号の総和，質量数の総和が保存される。

$235+1=140+93+A \qquad A=3$

$${}^{235}_{92}\mathrm{U} + {}^{1}_{0}\mathrm{n} \longrightarrow {}^{140}_{54}\mathrm{Xe} + {}^{93}_{38}\mathrm{Sr} + {}^{A}_{Z}\text{ア}$$ [1]

$92+0=54+38+Z \qquad Z=0$

原子番号 $Z=0$ なので，陽子は含まれず，また電子などの電荷をもつ粒子でもない。質量数 $A=3$ なので，核子(陽子，中性子) 3個から構成される。よって，(ア)は中性子3個である。(ア)の答えは $3{}^{1}_{0}\mathrm{n}$

(イ) $E=\Delta mc^2$ より，減少質量 Δm は

$$\Delta m=\frac{E}{c^2}=\frac{1.8\times10^2\times10^6\times1.6\times10^{-19}}{(3.0\times10^8)^2}\ \mathrm{J}$$ [2]

$$=\mathbf{3.2\times10^{-28}\,kg}$$

(2)(ウ) ^{235}U 原子核 4.7×10^{-7} kg 中の原子核数 N，すなわち，毎秒の分裂個数 N は

$$N=6.0\times10^{23}\times\frac{4.7\times10^{-7}}{235\times10^{-3}}=1.2\times10^{18}\text{個}$$

となる。原子核1個の核分裂で，

$$1.8\times10^2\,\mathrm{MeV}=1.8\times10^2\times10^6\times1.6\times10^{-19}\ \mathrm{J}$$ [2]

$$=2.88\times10^{-11}\ \mathrm{J}$$

のエネルギーが発生し，その10%が利用されるので，求める熱出力 P は[3]

$$P=1.2\times10^{18}\times2.88\times10^{-11}\times\frac{1}{10}\ \mathrm{W}$$

$$\fallingdotseq3.5\times10^6\ \mathrm{W}=\mathbf{3.5\times10^3\,kW}$$

補足 [1] このような反応を連鎖反応という。この反応では，生じた3個の中性子が再び ^{235}U に衝突する。

[2] $1\,\mathrm{MeV}=10^6\,\mathrm{eV}$，$1\,\mathrm{eV}=1.6\times10^{-19}\,\mathrm{J}$ を用いた。

[3] 出力とは1秒当たりに行う仕事，すなわち仕事率のことで，その単位は $\mathrm{J/s=W}$ である。

179. **Point!** 核反応により減少した質量 Δm に相当するエネルギー $E=\Delta mc^2$ が放出される。このとき，放出されたエネルギーは，生じた粒子の運動エネルギーになる。また，核反応の前後で運動量も保存される。

解答 (1) 原子核反応の前後で質量が ΔM だけ減少すると，$Q=\Delta Mc^2$ のエネルギーが放出される。

したがって

$$Q=\boldsymbol{(M_{\mathrm{Po}}-M_{\mathrm{Pb}}-M_\alpha)c^2}$$

(2) 分裂の前後で運動量が保存するので

$$M_{\mathrm{Pb}}v_{\mathrm{Pb}}-M_\alpha v_\alpha=0 \qquad よって \qquad \frac{v_{\mathrm{Pb}}}{v_\alpha}=\boldsymbol{\frac{M_\alpha}{M_{\mathrm{Pb}}}}$$

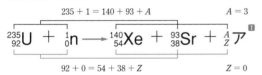

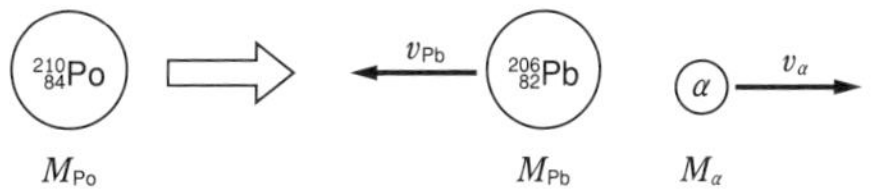

(3) N 個の半減期 T の放射性原子核が，時間 t が経過したときにまだ崩壊していないで残っている原子核の数 N' は

$$N'=N\left(\frac{1}{2}\right)^{\frac{t}{T}} \qquad \cdots\cdots①$$

$N'=\dfrac{N}{8}$ になる時間が420日なので，①式より

$$\frac{N}{8}=N\left(\frac{1}{2}\right)^{\frac{420}{T}}$$

$$\left(\frac{1}{2}\right)^3=\left(\frac{1}{2}\right)^{\frac{420}{T}}$$

$$\frac{420}{T}=3 \qquad よって \qquad T=\mathbf{140\,日}$$

特集 巻末チャレンジ問題
-大学入学共通テストに向けて-

180. 問題文の読み取り方 「倒れることなく床の上に立つ」とあるので，物体にはたらく力のモーメントはつりあっている。つまり，物体にはたらく重力のモーメントと抗力のモーメントの和が0となればよい。

Point! 重心は2つの角材にはたらく重力の合力の作用点である。また，力のモーメントは，ある点から力Fの作用線まで下ろした垂線の長さlを用いて，Flで表すことができる。

解答 2個の角材の質量は等しいので，G_1とG_2の中点Cが全体の重心となり，図aのように大きさWの重力が鉛直下向きにはたらいているものとする。また，角材が床から受ける抗力の大きさをNとすると，静止するためには力のつりあいから，$N=W$ となる。さらに，倒れない(回転しない)ためには，薄い板の左端の点Oのまわりの力のモーメントを考えたときに，重力と抗力の作用線に点Oから下ろした垂線の長さが同じである必要があるので，両者の作用線は一致することがわかる。つまり，重力の真下に抗力の作用点がないと倒れてしまうので，薄い板が点Cの真下にまで伸びていない(エ)だけが倒れてしまう[1]。よって，最も適当なものは③。

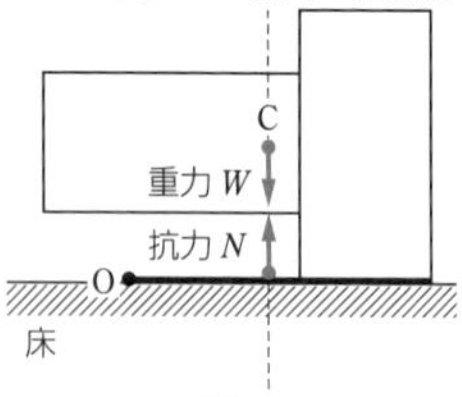

図a

補足 [1] (エ)のとき，仮に図bのように点Oのまわりの力のモーメントを考えると，重力，抗力ともに反時計回りのモーメントとなり，倒れるしかない。

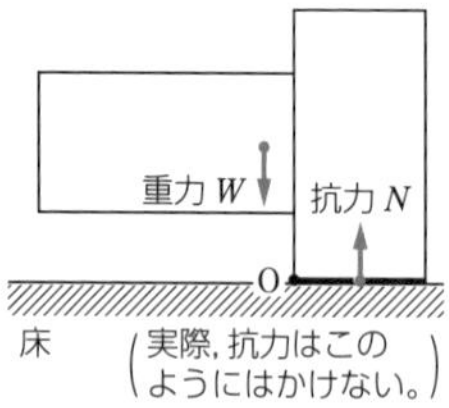

図b

181. 問題文の読み取り方 「台車A，Bの衝突前後の速度vと時間tの関係を表すv-tグラフ」とあるので，グラフから衝突前後の台車の速度を正確に読み取ろう。

Point! 2物体が衝突したとき，衝突の前後で運動量保存則が成りたつ。この問題では，台車A，Bがばねから受ける弾性力が常に同じ大きさで逆向きにはたらくので，この弾性力が内力となり，運動量の和が保存される。

解答 問題文の図2より，衝突前の台車A，Bの速度は0.60m/s，0.30m/s，衝突後の台車A，Bの速度は0.40m/s，0.70m/sである。運動量保存則「$m_1v_1+m_2v_2=m_1v_1'+m_2v_2'$」より

$$m_A\times0.60+m_B\times0.30=m_A\times0.40+m_B\times0.70$$

$$m_A=2.0m_B$$

よって $\dfrac{m_A}{m_B}=2.0$ [1]

したがって，最も適当なものは④。

補足 [1] $t=0$s と $t=0.3$s などで計算してもよい。

$$m_A\times0.60+m_B\times0.30=(m_A+m_B)\times0.50$$

よって $\dfrac{m_A}{m_B}=2.0$

182. 問題文の読み取り方 問題文の図2において，実線と破線の交わったところを同じ図1(a)の状態として考え，図1(b)のようにしたときに，等温変化と断熱変化ではどのようなグラフになるかを考えればよい。このとき，断熱変化において気体の温度変化の仕方に注目しよう。

Point! 熱力学第一法則「$\Delta U=Q+W$」を用いる。断熱変化では，$Q=0$ であるから $\Delta U=W$ となる。気体が外部から仕事をされたときは $W>0$ より $\Delta U>0$ となり，温度が上がる。一方，気体が外部に仕事をしたときは $W<0$ より $\Delta U<0$ となり，温度が下がる。

解答 大気圧をp_0，ピストンの質量をm，断面積をS，重力加速度の大きさをgとする。図a，bでの理想気体の圧力をp_a，p_bとおくと，力のつりあいより

$$p_aS=p_0S+mg$$

よって $p_a=p_0+\dfrac{mg}{S}$ ……①

$$p_bS+mg=p_0S$$

よって $p_b=p_0-\dfrac{mg}{S}$ ……②

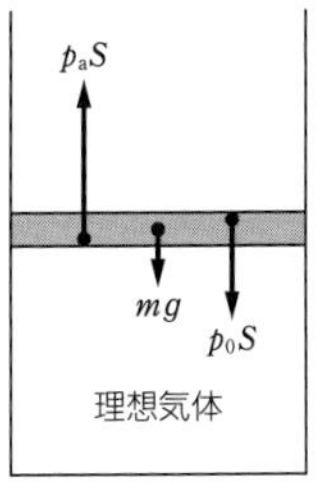

図 a

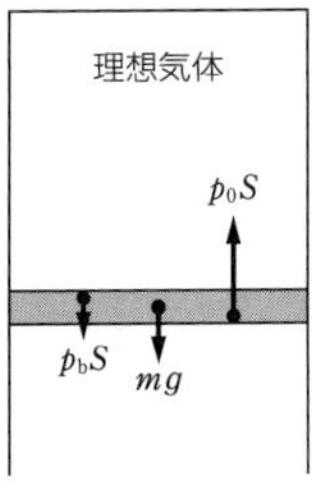

図 b

①式，②式より $p_a > p_b$ となるので，図 c のように p_a，p_b をとる。

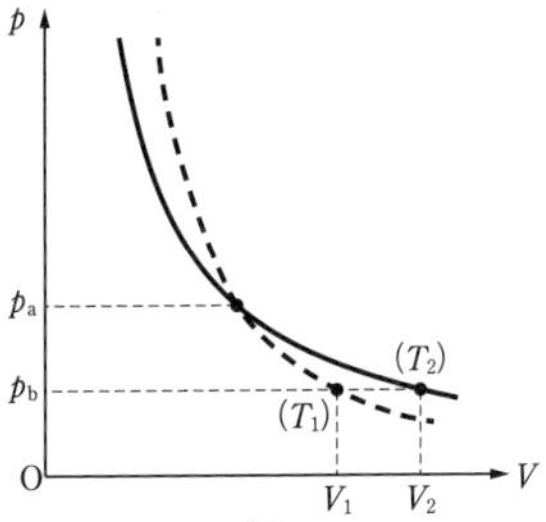

図 c

熱力学第一法則

「$\varDelta U = Q + W$」より，断熱変化では $Q=0$ であるから $\varDelta U = W$ となり，気体が膨張して外部に仕事をするときは $W<0$ より，$\varDelta U<0$ となる。このとき，気体の内部エネルギーは絶対温度に比例するので，温度が下がる[1]。

図 b の状態にしたとき，図 c で破線と実線の各場合の温度と体積を T_1，T_2，V_1，V_2 とおくと，ボイル・シャルルの法則より

$$\frac{p_b V_1}{T_1} = \frac{p_b V_2}{T_2} \qquad \text{よって} \qquad \frac{V_1}{T_1} = \frac{V_2}{T_2}$$

となり，$V_1 < V_2$ であるから $T_1 < T_2$ とわかる。したがって，実線のグラフが等温変化を表し，温度が下がる破線のグラフが断熱変化を表す。

また，$V_1 < V_2$ より，破線の断熱変化のときの方が体積が小さいので，$L_{等温} > L_{断熱}$ とわかる。

よって，最も適当なものは②。

補足 1 参考 例えば，殺虫剤やヘアスプレーを急激に噴射するときは断熱膨張となり，スプレー缶内のガスが冷たくなる。

183. 問題文の読み取り方 問題文に「水面波の速さは，水深が深い所より浅い所の方が小さくなる。」とあるので，ブロックをおいた所では水面波の速さが小さくなる。

Point! 波である光が，速さが小さくなる凸レンズ(ガラス)に入射したときに屈折するのと同じように，水面波がブロックをおいた浅い所で屈折することに気づいたかどうかがポイントである。

解答 波は速さが変わることで屈折する。光が空気中からガラスに入射すると速さが小さくなって屈折するのと同じように，水面波も浅い部分で速さが小さくなることで屈折する。したがって，ブロックを凸レンズの形のようにおけば，その部分で水面波の速さが小さくなるので，凸レンズに平行光線が入射したときと同じように屈折し，波を一点に集めることができる。

よって，最も適当なものは②。

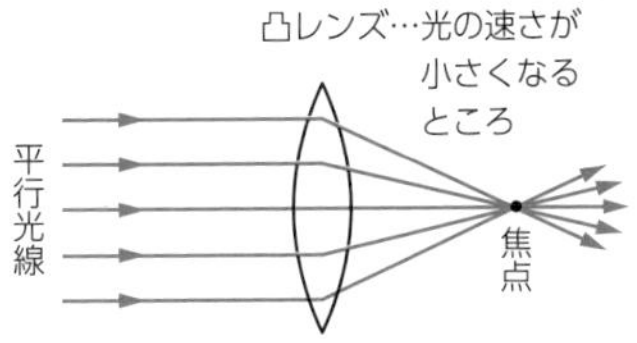

184. 問題文の読み取り方 「 イ には電磁誘導によって生じる電流」とあるので， イ は自由電子をもつ導体であり，電磁誘導によって渦電流が流れたことがわかる。

Point! 図のように導体に磁石が近づくと，電磁誘導によって渦電流が流れ，磁石との間に反発力が生じる。

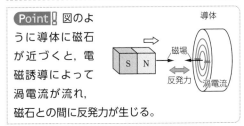

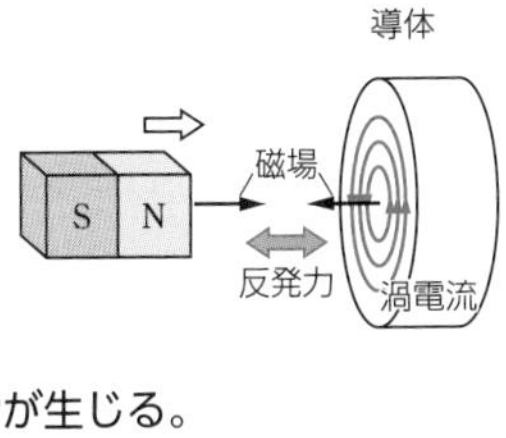

解答 鉄は磁場中で磁場の向きに強く磁化される強磁性体であるので，電磁石Aに強く引かれる。残りの破片が磁石ドラムの位置にさしかかると，破片を貫く磁束が変化するので，導体であるアルミニウムには電磁誘導によって渦電流が流れる。したがって，アルミニウムには近づいてきた永久磁石と同じ極が表面にできるので反発力を受け，ベルトコンベアから離れた容器Bに入る。一方，プラスチックは導体ではないので力を受けず，そのまま落下して容器Cに入る。よって，最も適当なものは③。

185.

問題文の読み取り方「半減期が1日」とあるので，1日たつごとに初めにあった放射性原子核の個数が半分ずつ減少する。

Point! 初めにあった放射性原子核の個数を N_0，半減期を T として，時刻 t において崩壊せず残っている原子核の個数は $N=N_0\left(\frac{1}{2}\right)^{\frac{t}{T}}$ と表せるので，指数関数のグラフを選べばよい。

解答 半減期の式「$N=N_0\left(\frac{1}{2}\right)^{\frac{t}{T}}$」より，$N_0=1.0\times10^{10}$ 個，$T=1$日 を代入すると

$$N=1.0\times10^{10}\times\left(\frac{1}{2}\right)^t$$

となる。

よって，この式を表すグラフとして最も適当なものは④。

186.

問題文の読み取り方「ゴールキーパーは，のばしている手がちょうど点Aまで届くようにジャンプして」とあるので，ボールもゴールキーパーの手も，同時に最高点である点Aに達したことがわかる。

Point! 斜方投射において，ボールは水平方向には初速度の水平成分のまま等速直線運動と同様の運動をし，鉛直方向には初速度の鉛直成分で鉛直投げ上げと同様の運動をする。ゴールキーパーの手も，鉛直投げ上げと同様の運動をする。

解答

［A］

(1) ボールは鉛直方向に初速度 v_1 の鉛直投げ上げと同様の運動をする。時刻 t_0 でボールが点Aに水平に入ったことから，このときボールの速度の鉛直成分が0となるので

$$0=v_1-gt_0$$

よって　$v_1=gt_0$　……①

ゆえに，［1］の解答群のうち，正しいものは③。

図aのように，初速度 $\vec{v}$ の水平成分を v_2 とする。

ボールは水平方向に速度 v_2 の等速直線運動をするので，時刻 t_0 で点Aに到達したことから

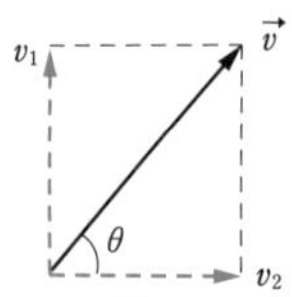

図a

$$l=v_2t_0$$

よって　$v_2=\dfrac{l}{t_0}$　……②

求める $\tan\theta$ の値は①式，②式より

$$\tan\theta=\frac{|\vec{v}|\sin\theta}{|\vec{v}|\cos\theta}=\frac{v_1}{v_2}=\frac{gt_0}{\frac{l}{t_0}}=\frac{1}{l}gt_0^2$$

ゆえに，［2］の解答群のうち，正しいものは③。

(2) 時刻 t_0 でボールは鉛直方向に高さ h_0 まで到達したことから

$$h_0=v_1t_0-\frac{1}{2}gt_0^2$$

①式を代入すると

$$h_0=gt_0\cdot t_0-\frac{1}{2}gt_0^2=\frac{1}{2}gt_0^2$$

これを t_0 について解くと

$$t_0=\sqrt{\frac{2h_0}{g}}\quad\cdots\cdots③$$

よって，正しいものは④。

［B］

(3)

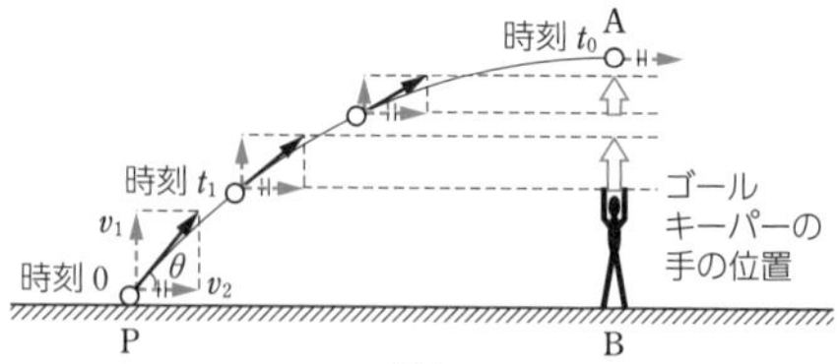

図b

ボールの速度の鉛直成分は，加速度 $-g$ で鉛直投げ上げの運動と同じように変化する。ゴールキーパーの手の速度も同様に変化する。ゴールキーパーの手がちょうど点Aまで届くようにジャンプしているので，ボールもゴールキーパーの手も最高点である点Aに同時に達するということは，ゴールキーパーの手の高さと速度が，ボールの高さと速度の鉛直成分と常に等しいということである（図b）。よって，答えは②[1]。

(4) (3)より，ボールとゴールキーパーの手の高さは t_1 以後等しいので，時刻 t_1 でのボールの高さが $h_1=\frac{3}{4}h_0$ となる。鉛直投げ上げの式「$y=v_0t-\frac{1}{2}gt^2$」より

$$\frac{3}{4}h_0=v_1t_1-\frac{1}{2}gt_1^2\quad\cdots\cdots④$$

①式，③式より

$$v_1=g\sqrt{\frac{2h_0}{g}}=\sqrt{2gh_0}\quad\cdots\cdots⑤$$

⑤式を④式に代入すると

$$\frac{3}{4}h_0=\sqrt{2gh_0}\,t_1-\frac{1}{2}gt_1^2$$

$$gt_1^2-2\sqrt{2gh_0}\,t_1+\frac{3}{2}h_0=0$$

これを t_1 について解くと

$$t_1=\frac{\sqrt{2gh_0}\pm\sqrt{2gh_0-\frac{3}{2}gh_0}}{g}=\sqrt{\frac{h_0}{g}}\left(\sqrt{2}\pm\frac{1}{\sqrt{2}}\right)$$

よって

$$t_1=\sqrt{\frac{h_0}{2g}},\ 3\sqrt{\frac{h_0}{2g}}$$

ここで，$t_1<t_0=\sqrt{\frac{2h_0}{g}}$ であるから $t_1=\sqrt{\frac{h_0}{2g}}$

よって，答えは③ 2。

補足 1 別解 ゴールキーパーの手の初速度を u とすると，時刻 t での手の高さ h は

$$h=h_1+u(t-t_1)-\frac{1}{2}g(t-t_1)^2 \quad \cdots\cdots ⑥$$

時刻 t_0 で高さ h_0 に到達したことから

$$h_0=h_1+u(t_0-t_1)-\frac{1}{2}g(t_0-t_1)^2 \quad \cdots\cdots ⑦$$

⑥式，⑦式より

$$h_0-h=u(t_0-t)-\frac{1}{2}g(t_0+t-2t_1)(t_0-t) \quad \cdots\cdots ⑧$$

時刻 t_0 でゴールキーパーの手の速度が 0 になることから

$$0=u-g(t_0-t_1)$$

$$u=g(t_0-t_1) \quad \cdots\cdots ⑨$$

⑨式を⑧式に代入すると

$$h_0-h=g(t_0-t_1)(t_0-t)-\frac{1}{2}g(t_0+t-2t_1)(t_0-t)$$

$$=g(t_0-t)\left(t_0-t_1-\frac{t_0}{2}-\frac{t}{2}+t_1\right)$$

$$=\frac{g}{2}(t_0-t)^2$$

$$h=h_0-\frac{g}{2}(t_0-t)^2$$

(2)より $h_0=\frac{1}{2}g{t_0}^2$ を代入すると

$$h=\frac{g}{2}{t_0}^2-\frac{g}{2}(t_0-t)^2=gt_0t-\frac{1}{2}gt^2$$

$$=v_1t-\frac{1}{2}gt^2$$

と表すことができるので，ボールの高さを表す式と同じになる。よって，答えは②。

2 別解 h_0-h_1 は点Aから時間 t_0-t_1 で自由落下したときの距離と等しい。よって

$$h_0-h_1=\frac{1}{2}g(t_0-t_1)^2$$

$h_0-h_1=h_0-\frac{3}{4}h_0=\frac{1}{4}h_0$ より

$$t_0-t_1=\sqrt{\frac{2}{g}\cdot\frac{1}{4}h_0}=\sqrt{\frac{h_0}{2g}}$$

ゆえに $t_1=t_0-\sqrt{\frac{h_0}{2g}}$

③式を代入して

$$t_1=\sqrt{\frac{2h_0}{g}}-\sqrt{\frac{h_0}{2g}}=2\sqrt{\frac{h_0}{2g}}-\sqrt{\frac{h_0}{2g}}=\sqrt{\frac{h_0}{2g}}$$

よって，答えは③。

187. 問題文の読み取り方 (1)「装置の落下速度は大きさ v' の終端速度に達し，一定となる」とあるので，v が v' に達すると装置の加速度 a が 0 になることを意味する。このとき，装置にはたらく重力と空気の抵抗力がつりあっている。

Point! (3)では装置が音源，(4)では装置が観測者として速度 v' で運動していることに注意し，ドップラー効果の式を立てること。

(5) 空気抵抗がある場合の自由落下の v-t グラフは右図のようになる。

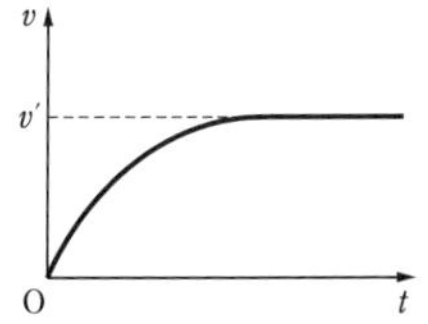

解答 (1) 装置にはたらく力は図 a のようになる。装置の落下の向きを正として，運動方程式「$ma=F$」を立てると

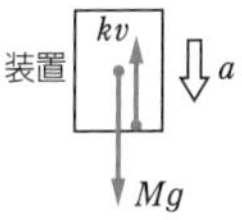

図 a

$$Ma=Mg-kv$$

よって

$$a=g-\frac{kv}{M} \quad \cdots\cdots ①$$

ここで，落下速度 v が v'（終端速度）に達すると速度が一定となり，加速度 a が 0 になることから，①式より

$$0=g-\frac{kv'}{M}$$

これを v' について解くと

$$v'=\frac{Mg}{k} \text{ 1}$$

よって，正しい選択肢は①。

(2) 図 b のように，装置内の観測者から見ると，物体には装置の加速度とは逆向きに，大きさ ma の慣性力がはたらく。糸の張力の大きさを T とすると，力のつりあいより

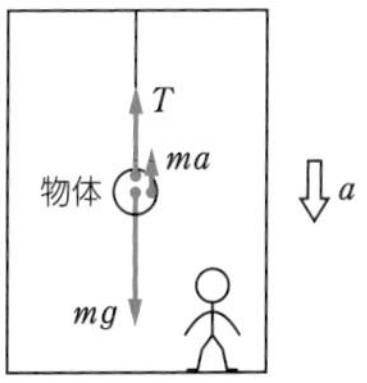

図 b

$$mg-ma-T=0 \text{ 2}$$

よって

$$T=m(g-a) \quad \cdots\cdots ②$$

①式で，落下開始直後は $v=0$ であるから

$$a=g$$

となり，これを②式に代入すると

$$T=0$$

また，①式で v が v' に達すると $a=0$ になることから，②式は

$$T=mg$$

となる。したがって，最も適当な選択肢は⑤。

(3) 音源が動く場合のドップラー効果の式「$f'=\dfrac{V}{V\pm v_S}f$」より

$$f_1=\frac{V}{V-v'}f_0$$

よって，正しい選択肢は⑤。

(4) 観測者が動く場合のドップラー効果の式「$f'=\dfrac{V\pm v_0}{V}f$」より

$$f_2=\frac{V+v'}{V}f_0$$

よって，正しい選択肢は①。

(5) (4)と同様に，装置の落下速度が v のときにマイクに届いた音の振動数 f は

$$f=\frac{V+v}{V}f_0$$

よって

$$|f-f_0|=\left|\frac{V+v}{V}f_0-f_0\right|=\frac{v}{V}f_0 \quad \cdots\cdots③$$

ここで，①式より落下速度 v が増加すると，加速度 a は減少するので，傾きが加速度となる v-t グラフは図cのようになる。

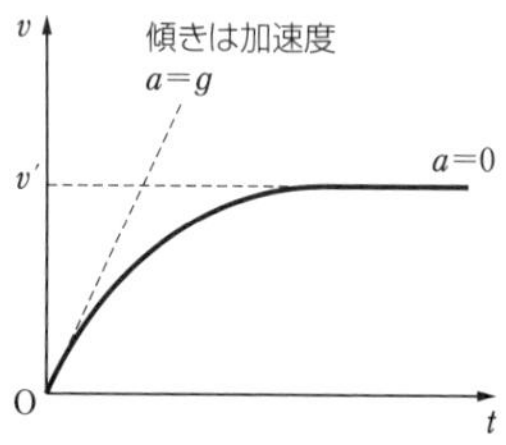

図c

したがって，v が図cのように変化するので，③式より $|f-f_0|$ のグラフの概形として②が最も適当である。

補足 1 別解 装置の落下速度が v'（終端速度）に達すると，速度が一定となり，加速度 a が0になることから，装置にはたらく力が図dのようにつりあっているので

図d

$$kv'=Mg$$

よって　$v'=\dfrac{Mg}{k}$

ゆえに，正しい選択肢は①。

2 装置外の観測者から見ると図eのように物体に力がはたらくので，運動方程式を立てると

$$ma=mg-T$$

となり，変形すると

$$T=m(g-a)$$

となる。これは②式と一致する。

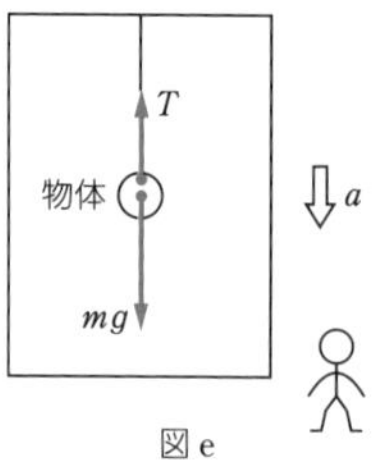

図e

特集 巻末チャレンジ問題
－思考力・判断力・表現力を養う問題－

188. 問題文の読み取り方 (1)「周期はなるべく正確に測定しなければ g の誤差が大きくなる」とあるので，周期をより正確に測定できる方法を述べた選択肢を選べばよい。また，選択肢をみると，①，②では金属球が1回振動した時間を測定していることがわかるが，③では金属球が1回振動した時間を測定できていないことがわかる。

Point! 金属球の速さの変化に着目し，どのタイミングでストップウォッチを押すのが最適かを考えてみよう。動きが速いときのほうがある点を通過する瞬間の時刻を正確に測定できる。

解答 (1) ②

理由：**振動の両端（A，C）付近では，金属球の動きが遅くなるため，位置のずれに対する時間の幅が大きくなる。ゆえに，AまたはCに達した瞬間を決定するときに誤差が大きくなりやすい。一方，振動の中心（B）では金属球の動きが速いため，位置のずれに対する時間の幅が小さく，Bを通過する瞬間の時刻を正確に測定しやすいから。**

(2) l の(ア)，(エ)の値を比べると，(エ)の値は(ア)の値の約2倍になっている。他の量についても同様に(ア)と(エ)の値を比べると，約2倍になっているのは T^2。よって l と比例関係にあるのは $\boldsymbol{T^2}$。グラフは**図a**のようになる。

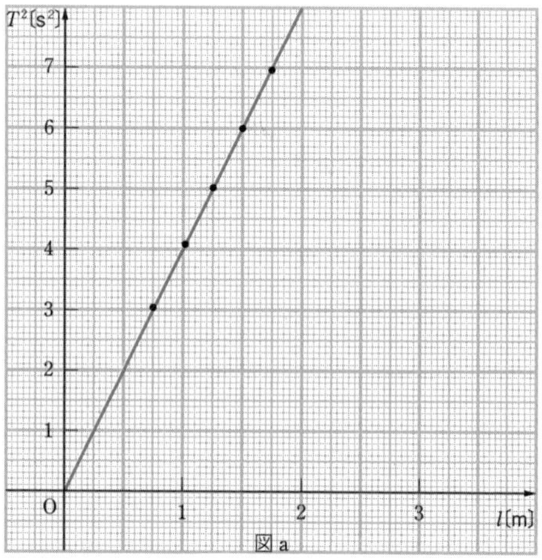

図a

(3) 単振り子の周期の式「$T=2\pi\sqrt{\dfrac{l}{g}}$」より　$T^2=4\pi^2\dfrac{l}{g}$

よって　$g=4\pi^2\dfrac{l}{T^2}=4\times3.142^2\times\dfrac{1.020}{4.08}$

$=9.872\cdots\fallingdotseq\mathbf{9.87\,m/s^2}$

(4) $\dfrac{|9.87-9.80|}{9.80}\times100$ 1 $=\dfrac{0.07}{9.80}\times100=0.71\cdots\fallingdotseq\mathbf{0.7\,\%}$

補足 1 相対誤差は以下の式で求められる。

$$\frac{|測定値-真の値|}{真の値}\times100\,\%$$

189. **問題文の読み取り方** 「過程 A → B では体積の 2 乗に比例して温度が変化」とあるように，表から $\dfrac{T}{T_0}=\left(\dfrac{V}{V_0}\right)^2$ と読み取ることができる。
また，図からは状態 B → C の過程が等温変化であることが確認できる。

Point! 状態 B → C の過程は，温度が一定である等温変化であり，状態 C → A の過程は，圧力が一定である定圧変化であることに気づけば，(3)のグラフをかくことができる。
「$\dfrac{PV}{T}$＝一定」「$PV=nRT$」「$\Delta U=Q+W$」といった，熱力学における基本公式を使いこなそう。

解答 (1) ボイル・シャルルの法則「$\dfrac{PV}{T}$＝一定」より

$$\frac{P_0V_0}{T_0}=\frac{P_B\cdot 2V_0}{4T_0}$$

よって $P_B=\boldsymbol{2P_0}$〔Pa〕

$$\frac{P_0V_0}{T_0}=\frac{P_C\cdot 4V_0}{4T_0}$$

よって $P_C=\boldsymbol{P_0}$〔Pa〕

(2) 表より $\dfrac{T}{T_0}=\left(\dfrac{V}{V_0}\right)^2$ ……①

また，ボイル・シャルルの法則より

$$\frac{P_0V_0}{T_0}=\frac{PV}{T}$$

この式を変形すると

$$\frac{T}{T_0}=\frac{P}{P_0}\cdot\frac{V}{V_0}$$ ……②

②式を①式に代入すると

$$\frac{PV}{P_0V_0}=\left(\frac{V}{V_0}\right)^2$$

よって $\boldsymbol{\dfrac{P}{P_0}=\dfrac{V}{V_0}}$

(3) 状態 A → B では，(2)より $\dfrac{P}{P_0}=\dfrac{V}{V_0}$ である。

状態 B → C では等温変化より「PV＝一定」であるから，$\dfrac{P}{P_0}$ と $\dfrac{V}{V_0}$ は反比例の関係になる。

状態 C → A では，$\dfrac{T}{T_0}=\dfrac{V}{V_0}$ であり，変形すると

$\dfrac{V_0}{T_0}=\dfrac{V}{T}$ となるので，「$\dfrac{V}{T}$＝一定」の定圧変化である。

したがって，**図 a** のようになる。

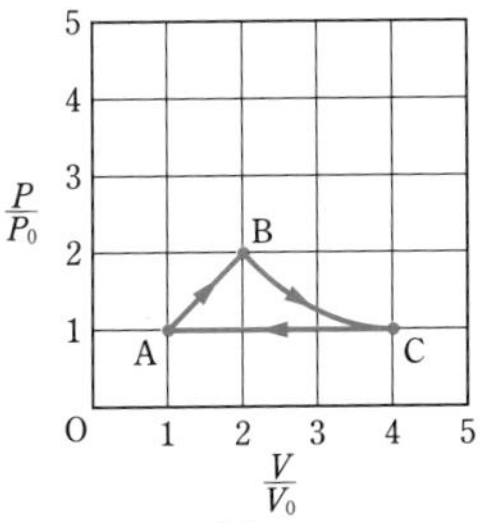

図 a

(4) 単原子分子理想気体の内部エネルギーの式「$U=\dfrac{3}{2}nRT$」より

$$U_B-U_A=\frac{3}{2}R\cdot 4T_0-\frac{3}{2}RT_0$$
$$=\frac{9}{2}RT_0$$ ……③

理想気体の状態方程式「$PV=nRT$」より，状態 A で

$$P_0V_0=RT_0$$ ……④

④式を③式に代入すると

$$U_B-U_A=\boldsymbol{\frac{9}{2}P_0V_0}\text{〔J〕}$$ ……⑤

(5) 図 b のように，p-V 図において状態 A → B で気体がした仕事の大きさ $|W|$ は斜線部分の面積で表されるから

$$|W|=(P_0+2P_0)\times(2V_0-V_0)\times\frac{1}{2}$$
$$=\frac{3}{2}P_0V_0\text{〔J〕}$$ ……⑥

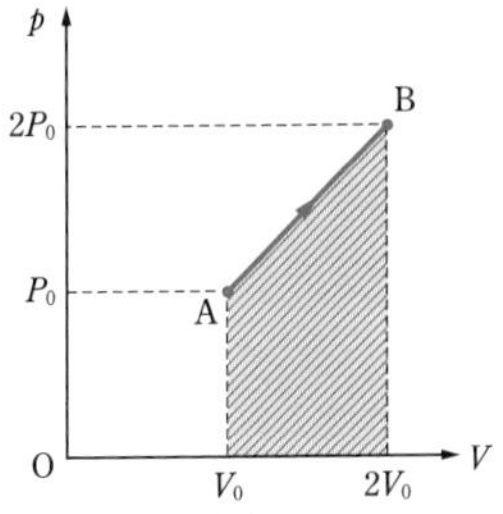

図 b

熱力学第一法則「$\Delta U=Q+W$」より

$$U_B-U_A=Q-|W|$$

これに⑤式，⑥式を代入すると

$$\frac{9}{2}P_0V_0=Q-\frac{3}{2}P_0V_0$$

よって

$$Q=\boldsymbol{6P_0V_0}\text{〔J〕}$$

190. **問題文の読み取り方** (2)「明るい縞の本数を10回ずつ測定した」とあるので，それぞれの単色光で得られた明線間隔を平均した値を用いて，箔の厚さを求めればよい。

Point! 上のガラスの下面で反射する光と，下のガラスの上面で反射する光が干渉するので，ガラス板の厚さ T は干渉とは無関係である。
上のガラスの下面での反射は位相が変化しないが，下のガラスの上面での反射は位相が逆になる（π だけずれる）。

解答 (1) 図のように，平面ガラスの密着した点Oから距離 x の点をP，点Pでの空気層の厚さを d とする。点Pにおいて2つの光の経路差は $2d$ で，上のガラスの下面での反射は位相が変化せず下のガラスの上面での反射は位相が逆になるから，点Pで明線が見える条件は

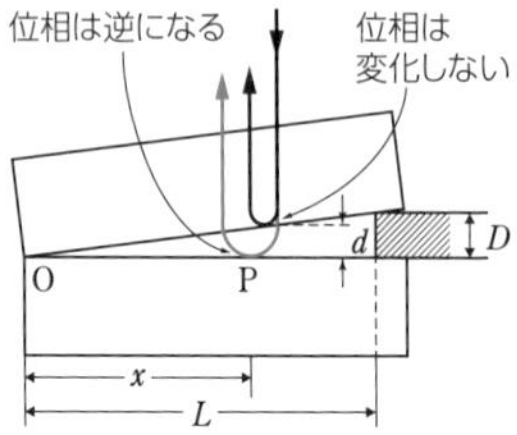

$$2d=\left(m+\frac{1}{2}\right)\lambda \quad (m=0,\ 1,\ 2,\ \cdots\cdots) \qquad \cdots\cdots①$$

図において，空気層の三角形の相似関係から

$$\frac{d}{x}=\frac{D}{L}$$

よって　$d=\dfrac{D}{L}x$

これを①式に代入すると

$$2\frac{D}{L}x=\left(m+\frac{1}{2}\right)\lambda$$

ゆえに　$x=\left(m+\dfrac{1}{2}\right)\dfrac{L\lambda}{2D}$　……②

点Pの隣の明線は②式の m を $m+1$ としたときで，点Oからの距離は $x+\varDelta x$ であるから

$$x+\varDelta x=\left(m+1+\frac{1}{2}\right)\frac{L\lambda}{2D} \qquad \cdots\cdots③$$

③式から②式を辺々引くと

$$\varDelta x=\boldsymbol{\frac{L\lambda}{2D}} \qquad \cdots\cdots④$$

(2) 赤，緑，紫の各測定値の平均値を求めると，赤：10本，緑：12本，紫：16本であるから，各色の明線間隔 $\varDelta x$ は

赤：$\varDelta x=\dfrac{2.00\times10^{-2}}{10}=2.00\times10^{-3}\,\text{m}$

緑：$\varDelta x=\dfrac{2.00\times10^{-2}}{12}=\dfrac{5}{3}\times10^{-3}\fallingdotseq1.67\times10^{-3}\,\text{m}$

紫：$\varDelta x=\dfrac{2.00\times10^{-2}}{16}=1.25\times10^{-3}\,\text{m}$

④式より $D=\dfrac{L\lambda}{2\varDelta x}$ であるから，各色の場合の箔の厚さ D は

赤：$D=\dfrac{(20.0\times10^{-2})\times(650\times10^{-9})}{2\times(2.00\times10^{-3})}=3.25\times10^{-5}\,\text{m}$

緑：$D=\dfrac{(20.0\times10^{-2})\times(540\times10^{-9})}{2\times\left(\dfrac{5}{3}\times10^{-3}\right)}=3.24\times10^{-5}\,\text{m}$

紫：$D=\dfrac{(20.0\times10^{-2})\times(410\times10^{-9})}{2\times(1.25\times10^{-3})}=3.28\times10^{-5}\,\text{m}$

よって，これらの箔の厚さ D の平均値を求めると

$$\frac{3.25+3.24+3.28}{3}\times10^{-5}\fallingdotseq\boldsymbol{3.26\times10^{-5}\,\text{m}}$$

(3) **単色光とは異なり，白色光はさまざまな波長の光を含む。そのため，白色光を入射すると，さまざまな色に分かれた縞模様が観察される。**
アルミ箔を重ねる枚数を増やしていくと，どの波長の光についても明線間隔 $\varDelta x$ が狭くなる[1]**。よって，隣りあう異なる色どうしの間隔も狭くなるので，色が混ざって全体的に白色に見えるようになるから。**

補足 [1] ④式で D を大きくすると，$\varDelta x$ は小さくなる。

191.

問題文の読み取り方 「衝突直前の速度を $\frac{1}{2}$ 倍した速度が平均速度」とあるので，A案では距離 d 進んだとき，B案では時間 T がたったときの自由電子の速度 v を求め，$\frac{1}{2}v$ を答えればよい。

Point! 導線内の自由電子の数密度を n，導線の断面積を S とすると，平均速度 $\bar{v}$ の自由電子が単位時間当たりに断面を通過する総数は $n\bar{v}S$ 個と表されるから，電流の大きさ I は $I=en\bar{v}S$ となる。

解答 (1) 図のように，自由電子は電場の向きとは逆向きに大きさ eE の静電気力を受けるので，

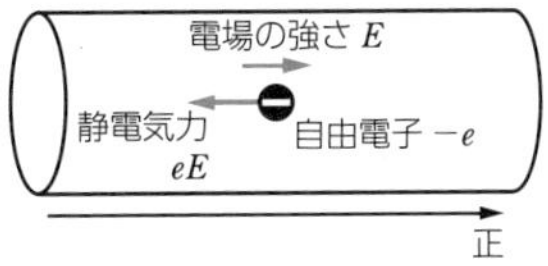

運動方程式 「$ma=F$」 より，電場の向きを正として

$$ma=-eE \qquad a=-\frac{eE}{m} \qquad \cdots\cdots①$$

よって，求める加速度の大きさは $|a|=\boldsymbol{\frac{eE}{m}}$

(2)(a) 等加速度直線運動の式「$v^2-v_0{}^2=2ax$」より，原子と衝突する直前の自由電子の速度 v は

$$v^2-0^2=2a\cdot(-d)$$

ここで①式を代入すると

$$v^2=\frac{2eEd}{m}$$

$v<0$ より $\quad v=-\sqrt{\frac{2eEd}{m}}$

よって，求める平均速度 v_A は

$$v_A=\frac{1}{2}v=-\frac{1}{2}\sqrt{\frac{2eEd}{m}}=-\sqrt{\boldsymbol{\frac{eEd}{2m}}}$$

(b) 電流の大きさは，単位時間当たりに導線の断面を通過する電気量の大きさだから，(a)より

$$I_A=en|v_A|S=\boldsymbol{enS\sqrt{\frac{eEd}{2m}}}$$

(3)(a) 等加速度直線運動の式「$v=v_0+at$」より

$$v=0+aT$$

ここで①式を代入すると

$$v=-\frac{eET}{m}$$

よって，求める平均速度 v_B は

$$v_B=\frac{1}{2}v=-\boldsymbol{\frac{eET}{2m}}$$

(b) (2)(b)と同様にして

$$I_B=en|v_B|S=\boldsymbol{\frac{e^2nSET}{2m}} \qquad \cdots\cdots②$$

(4) **B**

［理由］

オームの法則では，電流が電圧に比例する。また，一様な電場において，電圧は電場の強さ E に比例する。したがって，電流が電場の強さ E に比例しているのはB案だから[1]。

(5) オームの法則「$V=RI$」より，②式を代入すると

$$V=RI_B=\frac{Re^2nSET}{2m} \qquad \cdots\cdots③$$

一様な電場の式「$V=Ed$」より，

$$V=EL \qquad \cdots\cdots④$$

③式，④式より

$$\frac{Re^2nSET}{2m}=EL$$

よって

$$R=\frac{2mL}{e^2nST}$$

これを与えられた式 $\rho=\frac{RS}{L}$ に代入すると

$$\rho=\frac{\frac{2mL}{e^2nST}\cdot S}{L}=\boldsymbol{\frac{2m}{e^2nT}}$$

補足 1 オームの法則「$V=RI$」より，I は V に比例する。また，一様な電場の式「$V=Ed$」より，V は E に比例する。よって，I が E に比例しているB案が適切である。

新課程
リードLightノート物理
解答編

※解答・解説は，数研出版が作成したものです。

編　者　数研出版編集部
発行者　星野 泰也
発行所　数研出版株式会社
〒101-0052 東京都千代田区神田小川町2丁目3番地3
〔振替〕00140-4-118431
〒604-0861 京都市中京区烏丸通竹屋町上る大倉町205番地
〔電話〕代表 (075)231-0161
ホームページ　https://www.chart.co.jp
印刷　寿印刷株式会社